喷气推进基础与应用

Fundamentals of Jet Propulsion with Applications

〔美〕R. D. 弗莱克(RONALD D. FLACK) 著

周文祥 姜成平 高亚辉 译

科学出版社

北京

图字：01-2021-0952

内 容 简 介

本书是关于喷气式发动机和燃气涡轮发动机基本原理的著作。全书从热力学循环分析、部件分析以及系统匹配与分析三个方面全面阐述了喷气推进技术。本书在编排过程中尽量避免对复杂公式的推导，而是以通俗易懂的语言，并结合大量的计算实例来阐述发动机和部件的设计、迭代过程以及参数之间的相互影响关系。

本书可供从事喷气式发动机或燃气涡轮发动机性能研究的工程技术人员与航空院校相关专业的师生教学与参考。

图书在版编目(CIP)数据

喷气推进基础与应用/(美) R. D. 弗莱克(Ronald D. Flack)著；周文祥，姜成平，高亚辉译. —北京：科学出版社，2021.5

书名原文：Fundamentals of Jet Propulsion with Applications

ISBN 978-7-03-068791-3

Ⅰ. ①喷⋯ Ⅱ. ①R⋯ ②周⋯ ③姜⋯ ④高⋯ Ⅲ. ①喷气推进–研究 Ⅳ. ①V235

中国版本图书馆 CIP 数据核字(2021)第 090738 号

责任编辑：李涪汁 高慧元/责任校对：杨聪敏
责任印制：赵 博/封面设计：许 瑞

科学出版社 出版

北京东黄城根北街 16 号
邮政编码：100717
http://www.sciencep.com

涿州市般润文化传播有限公司印刷

科学出版社发行 各地新华书店经销

*

2021 年 5 月第 一 版 开本：787×1092 1/16
2024 年 6 月第二次印刷 印张：38
字数：766 000

定价：199.00 元
(如有印装质量问题，我社负责调换)

谨以此书献给 Harry K. Herr, Jr.（Pete 叔叔）

是您潜移默化的指点让我找到了人生的正确方向。

译 者 序

航空燃气涡轮发动机被誉为"工业皇冠上的明珠"，它的研发、设计与制造能力是一个国家综合实力的集中体现。中华人民共和国成立以来，经过几代航发人的不懈努力，我国成为世界上少有的几个能设计和制造大推力军用发动机的国家之一。但是与西方发达国家相比，我们还存在一定差距，飞机的"心脏病"问题一度成为制约我国航空工业跨越式发展的一个重大瓶颈。为此国家给予高度重视，并在"十三五"期间全面启动实施航空发动机和燃气轮机重大专项，以期突破"两机"关键技术，推动航空发动机和燃气轮机自主创新。

由于历史原因，我国航空发动机正向设计能力偏弱，这是制约航空发动机快速发展的主要因素之一。本书从热力学循环分析、部件分析以及系统匹配与分析三个方面全面阐述了喷气推进技术，对于指导发动机设计，尤其是总体性能设计具有很高的参考价值。相较于大部分讲述发动机原理和总体性能的书籍，本书淡化了对复杂公式的推导，而是以通俗易懂的语言，并结合大量的计算实例来阐述发动机和部件的设计、迭代过程以及参数之间的相互影响关系，这是本书的一大特色。本书阐述的发动机与飞机之间的性能匹配以及发动机部件之间的性能匹配过程，对从事发动机总体性能研究的技术人员来说具有很大的启发和借鉴意义。

本书的翻译工作始于 2014 年，初次翻阅本书时译者发现内容通俗易懂且深入浅出，其结构编排与国内教材有所区别，为便于日后查阅，译者便有意识地将其翻译为中文书稿，并在具体教学过程中加以借鉴，取得了不错的课堂效果。2016 年 1 月在贵阳出差之隙，得缘被中国航发四川燃气涡轮研究院李成斌碰见，他对本书很是欣赏并强烈建议我们翻译、整理出版，并将书稿引荐给了江和甫总师。江总看过书稿后提出了很多修改建议。从那时起，我们便开始了漫长而慎重的梳理和校对工作，并邀请了国内航空院校的专家进行指导。江总对此非常关心，其间还特意询问书稿进展情况。江总对航空发动机事业的奉献精神是我们得以坚持下去的精神源泉，是江总的期盼鼓励着我们，在此向江总表示最诚挚的谢意！

全书翻译工作主要由周文祥、姜成平和高亚辉完成，周文祥负责统稿；李成斌统领了本书的校对工作，具体参与本书校对的有南京航空航天大学的王英锋、李井华、杨荣菲、陈杰、于洋、黄河峡等老师，在此表示衷心的感谢。特别感谢北京航空航天大学的唐海龙教授对本书译稿提供的专业指导和帮助。在编译过程中以尊重原著为出发点，书中保留了大量的英制单位。但针对原著中存在的部分疑误，以脚注的形式进行了标注，并在脚注中标明原著中的描述供读者参考。

编译时针对相关专业技术术语,主要参考了《空气动力学 概念、量和符号 第 1 部分:空气动力学常用术语》(GB/T 16638.1—2008)和南京航空航天大学胡骏教授主编的《航空叶片机原理(第 2 版)》,并得到了中国航发四川燃气涡轮研究院何玉伟、李文发、王严伟,中国航发沈阳发动机研究所边家亮、贾亢,中国航发湖南动力机械研究所蔡建兵、王召广,西北工业大学李广文教授、肖冰教授,北京航空航天大学王亚平博士等诸多业内同仁的帮助,在此一并致谢。

特别感谢南京航空航天大学黄金泉教授、张天宏教授以及中国航发控制系统研究所袁春飞副所长和仇小杰副总师,他们对本书的编译整理和出版工作提供了大量的指导、协助和支持。特别感谢科学出版社引进本书版权,感谢科学出版社李涪汁编辑对出版工作的艰辛付出和对本书编译工作的支持和指导,更感谢各位业内同仁对本书出版的大力支持。

虽然译者和校者在译文、专业内容和专业术语上反复斟酌,并向相关专业人士请教,但限于译者知识水平和理解程度,疏漏之处在所难免,恳请广大读者批评指正。

周文祥　姜成平　高亚辉

2020 年 5 月

序　言

|||||||||||||||||||||||||

    这本由 Ronald D. Flack 编写的《喷气推进基础与应用》，无论作为推进课程的教材，还是作为执业工程师的参考用书，都满足了市场对一本关于推进系统原理综合而现代的书籍的迫切需求。

    Flack 教授为航空航天工程和设计专业的学生们写了这样一本令人兴奋的教材。该书中，Flack 教授结合原理、应用实例并采用实际航空航天工程应用数据的分析来启发学生们；Flack 教授还说明、论证了推进循环背后的原理、约束推进系统部件的基础热力学和流动机制等物理现象——这一切都建立在 Flack 教授对推进系统与匹配设计深刻理解的基础之上。

    该书主要针对机械与航空航天工程专业的高年级本科生，其中部分内容也可用于研究生。尽管在该书前面章节和附录中有全面的基础回顾，但要求读者具有一定的流体力学、气动力学和热力学基础。推进系统是该书的主要内容，但是对于陆基和海基燃气轮机，该书同样适用。叶轮机械是该书的第二个针对点，因此，关于压气机和涡轮的一些基础与前沿课题在该书中也会有所述及。

    该书最大且独一无二的贡献在于它同时关注基础理论和现代发动机。而且每一个关注点都得以均衡对待。此外，作者在书中还采用了一种综合的方法来组织全书——每一步都建立在上一步的基础上(首先阐述循环分析和发动机设计；再论述部件分析与设计；最后也是很独特的，将前面所有内容整合在一起，分析了部件匹配以及它对循环的影响)。最后一点是该书非常突出的一个特色。与其他大部分教材相比，作者给出了很多的数值实例来演示当前发动机和部件并用以佐证书中的主要论点。这些实例是该书的一大特色，作者也是通过这些例子来强调重点的。通过这些实例，作者淡化了对现成公式的使用。书中还给出了大量的趋势分析，使学生可以形成一个直观的印象：发动机或部件参数变化后发动机的变化。该书既可作为大学课程教材，也可作为自学参考用书。

    在每章的开头，作者都给出了简介，勾勒出了相关的历史进程和每章的目标。在每章结尾，作者也对该章的重点进行了总结复习，并从宏观上将每章与全书内容进行比较。该书也非常适合学生或执业工程师自学。书中很多内容超出了本科燃气涡轮一学期课程的典型内容，因而该书也是一本非常有价值的参考书。

　　作为航空航天工程课业的一名教师，我向工程学院的师生、实用工程师以及那些想挑战推进技术基础领域问题的大众强烈推荐该书。

Abraham Engeda

密歇根州立大学机械工程系教授、叶轮机械实验室主任

2004 年

前 言

撰写本书之前，我已在燃气涡轮工业界工作了超过 30 年。撰写本书的目的之一是回馈这一可敬职业。在我的职业生涯，我真正的热情所在是教育事业，而撰写本书也是我能做到的并与学生们分享经验的一种方式。本书的构思源于约 40 年前我对本门课程的期望，而那时我还只是一个本科生。因此，本书根据学生的需求做了调整，将会是一本很受学生欢迎的书。

本书旨在对吸气式喷气推进技术做一个介绍性的描述，主要针对机械与航空工程专业的高年级本科生。本书要求读者具有一定的流体力学、气动力学和热力学基础，也对热力学做了简要的回顾，并在附录中引用了部分的气动力学知识作为参考。尽管本书在书名中冠以"喷气推进"字样，但是也可以用来理解一些用于航海推进、地面交通或发电等"航改"的海基或陆基燃气轮机设备的基础理论。叶轮机械不是本书的主要内容，而是第二关注点，但是在本书中阐述了很多压气机和涡轮的基础知识甚至是高级内容。

本书关注的是喷气式发动机和燃气轮机的基本工作原理。基本的数学原理和组成部件在本书中都有所提及。为了便于读者掌握这些方法，并对不同的典型性物理参数有一定的理解，本书给出了很多现代发动机的实例。因此方程或公式的推导不是本书的重点，所有实例的解答也主要强调逻辑和方法。这些实例是本书的重要组成部分，而非可选读部分。要求读者能够理解整个发动机或单个部件分析过程中的每一步。通过这些实例和习题，期望读者能够对分析过程有更好的理解。换句话说，如果某个部件做了一个已知的改变，读者应能判断整个发动机的性能将会如何变化。在实例中，我们同时给出了英制单位和国际标准制单位。本书最重要和有特色的一部分(第 11 章)是站在一个更高的视角将前面十章的内容综合进行部件匹配。利用这种综合分析方法，可以同时分析发动机设计点与非设计点的性能。

全书中不同篇章的重要性是一致的，有些部分存在相互依赖性——即每一章依赖于前一章的内容。全书内容包括以下三个基本部分。

(1) 循环分析(第 1~3 章)——这三章中，我们给出了不同类型发动机的定义；介绍了发动机不同部件的基础热力学和气动力学特性；并将每一种发动机作为一个整体，对其进行理想循环和非理想循环分析。我们还详细地回顾了基础应用热力学原理。这一部分中，对各部件级的性能分析也就展开到热力学原理这一层级。我们还介绍了变化趋势和定量分析方法，并比较了理想特性和非理想特性。

　　(2)部件分析(第 4~10 章)——这七章中，我们利用热力学、流体力学和气动力学对每一个部件进行了详细的研究和分析，具体包括进气道、尾喷管、轴流式压气机、离心式压气机、轴流式涡轮、燃烧室、加力燃烧室、外涵道和混合室。通过这些分析，我们可预测和分析各种部件的特性，包括设计点与非设计点的性能和特性图，从而可对第一部分循环分析中的内容进行更细致的展开，也包括不同几何因素对各部件的性能影响分析。这一部分还包括一些先进的研讨课题。

　　(3)系统匹配与分析(第 11 章)——这一章中，我们从顶层综合部件进行分析，将部件分析和特性曲线纳入广义循环分析，同时对各部件和整机特性进行评估和分析。该章还包括设计点与非设计点分析，对发动机性能参数进行预测，如共同工作线与压气机喘振裕度等。

　　每一章中，我们都从历史的角度开始，并勾勒出该章的主要目标。每一章结尾都总结了该章的重点，并指出了学生应该掌握哪些具体内容。我们还在附录中回顾和介绍了可压缩气流的基础知识、叶轮机械的基本概念以及迭代方法的基本概念——这些内容贯穿全书始终。

　　本书也非常适合于学生或执业工程师自学。书中的部分命题超出了一个学期燃气涡轮本科课程的内容，因而本书也可以作为一个有效的参考资料使用。

　　在剑桥大学的网站上，我们还为教师提供了一些用户友好的计算机程序。这些程序作为本书的一个补充，可以独立使用。我已经在多种方式下使用过这些程序。而且这些程序(尤其是循环分析程序、叶轮机械程序和匹配程序)在开展设计工作时非常有用，这些程序减少了很多重复性的计算。我已经把这些程序提供给了学生，它们非常适用于基本运算。这些程序包括：

　　Atmosphere——标准大气数据表；

　　Simple1D——可压缩一维计算与数表，包括法诺线、瑞利线、等熵线、正激波或定常静温流；

　　General1D——用于计算包括法诺线、瑞利线、阻力物体、混合气流与面积变化等组合的气流；

　　Shock——计算正激波、平面斜激波或锥形激波；

　　Nozzle——计算无激波尾喷管气流；

　　JetEngineCycle——冲压、涡喷、涡扇和涡轴发动机的理想循环与实际循环分析；

　　PowerGTCycle——带回热的燃气轮机循环分析；

　　Turbomachinery——轴流式和离心式压气机与涡轮的叶轮机械平均中径计算；

　　SLA——含多种确定边界条件类型的径向平衡的轴流式压气机或涡轮的三维流线分析；

　　CompressorPerf——因升力与阻力特性和有攻角气流的压气机级效率基本预测；

　　Kerosene——不同油气比下正癸烷的绝热火焰温度；

　　JetEngineMatch——给定进气道、压气机、燃烧室、涡轮和尾喷管特性曲线，进行匹配后获知涡喷发动机的性能；并给出机身阻力曲线进行发动机与飞机的匹配；

　　PowerGTMatch——给定进气道、压气机、燃烧室、涡轮和回热器和出口特性曲线，进行匹配后获知整个燃气轮机机组的性能。

我们还给教师提供了一个超过 325 道章末习题的解答手册。请与剑桥大学出版社取得联系：solutions@cambridge.org。

本书主要成稿于两个时间段：第一个阶段是 1988~1993 年，第二个阶段是 2000~2004 年，中间的空档期正好是我担任系主任的时间。本书绝大部分书稿是在弗吉尼亚大学完成的，剩下一小部分是我在卡尔斯鲁厄理工学院(2009 年卡尔斯鲁厄大学与卡尔斯鲁厄研究中心合并，成为卡尔斯鲁厄理工学院)学术休假期间(两次)写作的。其中的一部分手稿从 1989 年开始我就用于我的"喷气推进"课程中，1992 年，我开始使用本书的完整手稿。在课程的使用期间，很多学生提出了修改意见，在本书中我已采纳。有超过 300 名学生对本书的成稿有贡献。我还将本书草稿版中的一部分内容用于我的一门研究生课程"叶轮机械"中，这些研究生们也提出了很多有用的建议。过去 15 年内，我已经将很多来自学生们的建议收入这本书内，并非常慎重地采纳了这些建议。在此我向对本书做过贡献的学生们表达我最诚挚的谢意。

本书的出版是我人生中最愉快的一件事，并定格为我人生历程上的一个顶点。在本书的写作过程中，通过对学生建议的整理，我成为了一个更好也更有耐心的教师。感谢是从 1968 年的 Mac Mellor 和 Sigmar Witting 开始的，然后是 1971 年的 Doyle Thompson，是你们在普渡大学的项目中激发了我对气动力学和燃气涡轮的兴趣——从那时起，这些词汇就成了我生命的核心。当然，我也要感谢我在弗吉尼亚大学和卡尔斯鲁厄理工学院的同仁们，感谢你们的合作；尤其需要感谢的是我在弗吉尼亚大学、卡尔斯鲁厄理工学院以及鲁尔大学波鸿分校的学生们，是你们让我这么多年还依然年轻。本书中的很多内容可追溯到我在弗吉尼亚大学、卡尔斯鲁厄理工学院和普渡大学本科生的燃气涡轮教学时用的材料。

我的家人也一直给我鼓励。Missy 和 Todd 都是非常乖巧的孩子，是你们让我在需要时能够忘我地工作；而我的孙女 Mya 和 Maddie，又让我看到小孩子们多么有趣、可爱。还有 Zell 和 Dieter，没有比他们更好的朋友了。

至于我的妻子、灵魂伴侣、最好的朋友——Nancy，我们从 1966 年就一直在一起，我不知道该怎样向她表达。如果没有她的积极影响，本书永远不能成稿。是她让我意识到了生命的真正价值，并让我一直保持积极的态度。

Ronald D. Flack

2004 年

目　录

第二篇　部 件 分 析

第三篇 系统匹配与分析

第四篇 附 录

第一篇

循环分析

GE90-94B 发动机

【图片由通用电气友情提供】

第 1 章 绪 论

|||||||||||||||||||||||||

1.1 推进设备和叶轮机械发展简史

人造推进设备的存在历史已经有好几个世纪了，这些设备也在随时间逐步演进。大部分现代发动机和燃气轮机都有共同的组成部分：压气机和涡轮或叶轮机械。本章在讨论现代发动机之前会介绍一些早期的叶轮机械和推进设备，也包括一些与叶轮机械或推进系统无关但也是比较有名的设备。这些人造设备中，很多是经过反复试验之后设计出来的，它们代表了人类在工程设计中的早期尝试，其中很多在当时是非常精致的。Wilson(1982)、Billington(1996)、ASME(1997)、Engeda(1998)、St. Peter(1999)等都结合图片对这一历史进程做了精彩的描述。

人类历史上最早的叶轮机械之一是 Heron(通常被称为"希罗")设计的汽转球，如图 1.1 所示。这一设施设计于约公元前 100 年。它由一个充满水的充气室驱动，其中的水被加热到沸腾状态，通过导管将蒸汽引到一个固定在中空轴上的球内。在球上相对的两个位置设有两个排气装置，这两个排气装置指向相反，引导高速蒸汽产生力矩，带动球体绕轴旋转——这本质上是一个反作用机器。如果将一根绳子与旋转轴相连，Heron 就可以用它来完成开启庙宇大门之类的工作。

大约在公元 1232 年，中国的万户(Wan Hu)设计和测试了火箭橇——这种火箭橇用一种原始的固体推进火箭移动。万户把燃料放在一个容器内燃烧，产生的炽热气体通过一个喷嘴高速排出，从而产生推力。不幸的是，万户最后在他的试验中牺牲，这也是史上记载的最早死于推进设备的事件。

达·芬奇也在叶轮机械领域做出过贡献——1500 年，他设计了旋转式烟囱帽。达·芬奇在烟囱中安装了一个涡轮，利用上升热气流的自由对流来驱动涡轮上一系列叶片转动，然后这种旋转运动通过一组齿轮带动在火焰上的火鸡。如此火鸡被自动烤制。与此同时，达·芬奇还设计了由一个大螺旋桨产生升力的概念直升机。

从 Robert Hooke 和一些其他人的构想开始，从 17~19 世纪，荷兰人将风车广泛地用于抽水磨坊里(图 1.2)——本质上是一种大的风力涡轮。这些巨大的风力涡轮(通常直径大于 50m)将平原地带强劲而稳定的风力资源转换为低速的旋转运动——通过一系列木质斜齿轮和耦合机构后，将扭转功率转化成地面上的可用功率。在荷兰早期的抽水与磨坊中，通常可见一个倒转的水轮——水轮上的水腔将水从低处推到一个更高的位置，再在高处将水倾倒到用堤坝隔拦的地方——如此便可将洪水从海平面以下的陆地中抽取出来。

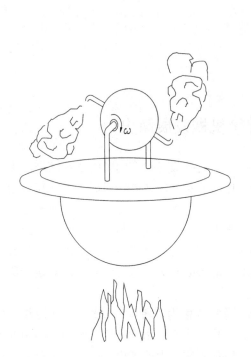

图 1.1 公元前 100 年 Heron 设计的汽转球

图 1.2 荷兰风车【R. Flack 摄】

1629 年，Giovanni de Branca 设计了一个燃气涡轮——早期的冲击式涡轮。Branca 在一个增压容器里将水煮沸，沸腾的蒸汽通过一个喷嘴喷出，产生高速蒸汽可以驱动一根轴上的一系列辐射状叶片。然后通过一系列的斜齿轮来传递扭矩并驱动机械设备。

1687 年，艾萨克·牛顿爵士设计了蒸汽四轮运货马车——可被视为早期汽车。他在四轮马车上安置了一个火炉，用来持续煮沸水箱中的水，然后用一个喷嘴来引导蒸汽以产生推力。通过调整火力、喷嘴上的阀门以及喷嘴方向，就可以调整排汽速度、推力大小和推力方向。尽管这一概念可行，但是要想获取可观的车速，所需功率远超过当时能够提供的功率，这一想法最终被遗弃。

1689 年，Denis Papin 在一个涡螺设计中首次提出了关于泵轮的科学构想。尽管早在公元 4 世纪就有木质离心泵，1754 年，在数学和流体力学领域均有深厚造诣的 Leonhard Euler 进一步推进了与泵相关的领域，因此今天我们把理想泵性能称为"欧拉水头"。1818 年，美国人生产了第一个商用的离心泵。

1730 年，Garonne 设计了一个水驱磨粉机。这个磨粉机是较早使用的水轮(或水轮机)。Garonne 将水坝流下的水引导到一系列圆锥形的叶片上(叶轮)，利用这些高静压头的水转动叶轮。旋转轴带动涡轮上面的磨碎机磨粉。1882 年，Wisconsin 在实际中采用相同的理念，利用径流式水轮机带动发电机发电。

Gifford 是成功利用受控推进设备驱动飞机的第一人。1851 年，他利用一个汽轮机来带动一个螺旋桨推动飞机。但是由于全部负载所需功率明显太大——受限于发动机尺寸、燃烧室燃料量、沸腾用的水量——最终这一想法不可行。

1883 年，Carl de Laval 设计了所谓的 "Hero" 反作用涡轮，如图 1.3 所示。这实际上是早期使用的水力涡轮。水从中空管中流过，在水管尾端形成了高速喷射流，进而绕中间轴旋转。这也是旋转喷水头的基本原型——将水体的内能转换成绕旋转轴转动的动能。

另一个例子是 1897 年 Laval 设计的冲击式汽轮机(图 1.4)。该装置利用蒸汽的反推力推动固定在一个旋转轴上的叶片。高速蒸汽撞击到叶片上后改变方向，在叶片上进行动量交换，从而推动旋转轴，对外提供力矩。

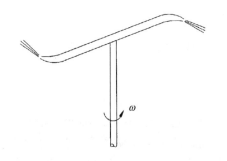
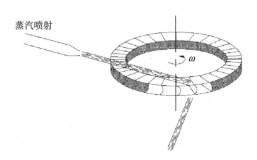

图 1.3　Laval 设计的 "Hero" 反作用涡轮　　　图 1.4　Laval 设计的冲击式汽轮机

接下来的 25 年里，人类在涡轮动力装置领域取得了快速的进步。燃气涡轮和蒸汽涡轮在船舶和发电领域开始广泛应用。例如，1891 年，Charles Parsons 研发了世界上第一台蒸汽涡轮——现代燃气涡轮的前身。该叶轮机包括两个独立的部件：蒸汽发生器(燃烧室)和涡轮。蒸汽发生器产生高压气流，高速喷射到涡轮上。19 世纪初，Richard Trevithick 和其他人发明了船舶用推进器或螺旋桨，这本身也是一种涡轮机构。Parson 发明的蒸汽涡轮功率可达 2100hp(1570kW)，1879 年，它被用来直接驱动一个 100ft(30.5m) 长的远洋船舶，速度达 34kn，在那个大多数交通工具运行速度都很慢的年代里，这是一项非常了不起的成就。

1912 年，在芝加哥，一个多达 64 级的大型蒸汽涡轮开始装机，当时运转速度为 750r/min，能输出高达 25MW 的电功率。20 世纪 20 年代，通用电气已经有多款 40MW 级别的蒸汽涡轮投入使用。它们的运转速度为 1800r/min，拥有 19 级。尽管从那个时候开始，该领域从未停止改良和进步，在现今全世界很多发电厂中仍在使用这些设备，但是其设计仍然基本相同。

20 世纪 30 年代，英国人和德国人几乎同时而独立地展开了燃气涡轮的研究，并取得了极大进展。1930 年，英国的弗兰克·惠特尔爵士获得了现代推进燃气涡轮的专利(图 1.5)。这一发动机转速约 18000r/min，能产生高达 1000lbf(4450N) 的推力。它包含一个离心式压气机和一个回流式燃烧室——燃烧室中的气流方向与整机的气流流向相反——现今在很多需要节省空间的小型发动机中仍采用这种设计理念。经过多年改进，1941 年，该发动机在飞机上应用。这一早期的进展由 Meher-Homji 发现(1997 年)；Dunham 回顾了 Howell 的贡献——

Howell 也是英国人，他完善了惠特尔的研究工作。

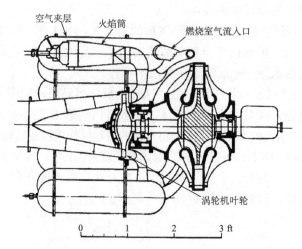

图 1.5　惠特尔设计的 WU1 喷气发动机【图片来源于 Lloyd[1945]图 105，经机械工程师协会理事会授权使用】

　　1939 年，德国人首次在飞行中使用了燃气涡轮。汉斯·冯·奥海因在 1936 年获得了这款飞机发动机的专利授权，如图 1.6 所示。该发动机能产生 1100lbf(4890N)的推力，它包括轴流和离心组合式压气机。总体来讲，德国人设计的涡轮以及之后的改进型发动机在效率和耐用性上比他们的英国同行更胜一筹。仅仅几年之后，德国人 Anselm Franz 设计的 Junkers Jumo 004 型发动机是第一个批量生产的燃气涡轮发动机，见图 1.7。Meher-Homji (1996，1997b，1999) 对这些早年的进展做了饶有兴致的回顾。其他有关叶轮机械和推进系统的历史性回顾包括 Heppenheimer(1993)、St. Peter(1999) 和 Wilson(1982) 等。现在，惠特

图 1.6　奥海因设计的喷气发动机【©德意志博物馆波恩摄影师 Hans-Jochum Becker】

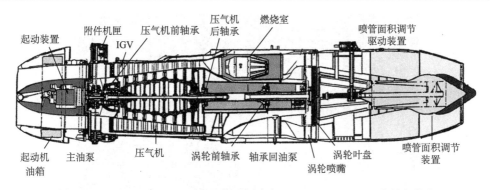

图 1.7 Junkers Jumo 004 型发动机【图片由 Cyrus Meher-Homji 友情提供】

尔和奥海因普遍被人们视为喷气推进发动机的鼻祖。在 20 世纪 30 年代，德国人还研制了用于 V2 火箭上的世界上第一个高速涡轮泵。从燃烧室中排出的高温气体通过涡轮后膨胀，驱动高速的氧气和氢气低温泵，泵反过来压缩这些燃料，为进入燃烧室做准备。V2 火箭的处女航是在 1940 年，它的出现，使早期的长程投运弹头成为可能。这一进展激活了现代火箭技术，且现代火箭技术的基本工作原理与当时仍然一样。

1942 年，通用电气(GE)成功研发了美国的第一个喷气式发动机——GE I-A。这款发动机是早期惠特尔发动机的复制版，是一个只能产生 1300lbf(5785N)推力的小型发动机。在 GE I-A 基础上改进出转速为 16500r/min，重 850lb(385kg)，能产生 1650lbf(7340N)推力的 GE J31(图 1.8)。在这款发动机商用之后，很多典型的其他发电设备制造商开始研发这种类型的发动机，它们有：普惠、艾利逊、霍尼韦尔、盖瑞特、Avco、Solar、沃尔沃、西屋、罗-罗以及其他公司。美国另一个早期的发动机是西屋 J30(图 1.9)，该发动机有一个六级轴流式压气机和一个单级涡轮，能产生 1560lbf(6940N)的推力。

今天，世界上最大的发动机是由普惠(PW 4098)、通用电气(GE90)和罗-罗(遄达，Trent)制造的，所有这些生产商能生产推力超过 100000lbf(445000N)的发动机。罗-罗的遄达涡扇系列就是这一系列发动机中的一员(图 1.10)。从 20 世纪 50 年代开始，从喷气式发动机衍生出来的燃气轮机，开始在汽车(Parnelli Jones 的 Andy Granatelli 涡轮几乎占据了印

图 1.8 通用电气的 J31 发动机【图片由特森空军基地(WPAFB)友情提供】

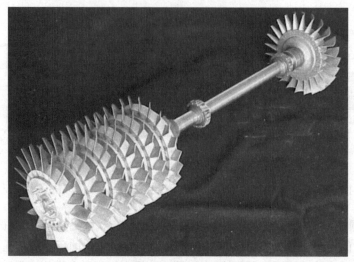

(a) 转子(压气机、轴和涡轮)

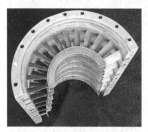

(b) 压气机机匣　　　　　　(c) 燃烧室　　　　　　(d) 喷管

图 1.9　西屋 J30 发动机分解图【R. Flack 摄】

图 1.10　罗-罗的遄达涡扇发动机【图片由罗-罗友情提供】

第安纳波利斯 1967 年 500 台涡轮中的全部)、火车(联合太平洋公司的 BoBoBoBo 4500hp(3360kW)燃油燃气轮机和欧洲与日本的其他型列车),以及海军和商用船只及很多发电单元领域获得了广泛的应用。

在此需要指出和感谢其他非常可敬的书籍与资料给本书提供的参考和不同的角度去分析燃气涡轮和对应部件,也给予了本书很大的启迪。它们包括 Cumpsty(1997)、Cohen 等 (1996)、Hess 和 Mumford(1964)、Hill 和 Peterson(1992)、Kerrebrock(1992)、Mattingly (1996)、Oates(1985,1997)、普惠(1988)、罗-罗(1996)、Treager(1979)和 Whittle(1981)。

1.2 循 环

1.2.1 布雷顿循环

布雷顿循环分析是燃气涡轮的理论基础,可用来对这类设备的热力循环进行近似分析。喷气发动机的工作循环是一个开式循环:新鲜空气被引入压气机而排放物直接从涡轮排出,并不重复使用。图 1.11(a)所示为一个典型的理想系统:图中包括压气机、燃烧室和涡轮。需要注意压气机和涡轮是通过同一根轴连接在一起的。这也就意味着,燃料释放给涡轮的功率中有一部分是用来驱动压气机的。图 1.11(b)和图 1.11(c)是该循环的 h-s 曲线和 p-V 曲线。在压缩过程中,压气机对工质做功,使工质压强和焓等熵增加(熵为常数),如图中 2—3。图中的过程 3—4 对应的为燃烧过程,在这一过程中,燃料和空气混合后燃烧,工质的焓显著提高,这一过程理想情况下为等压过程。4—5 对应的是膨胀过程,这一过程中的压力和焓等熵降低,工质的内能被转换为涡轮的机械能。

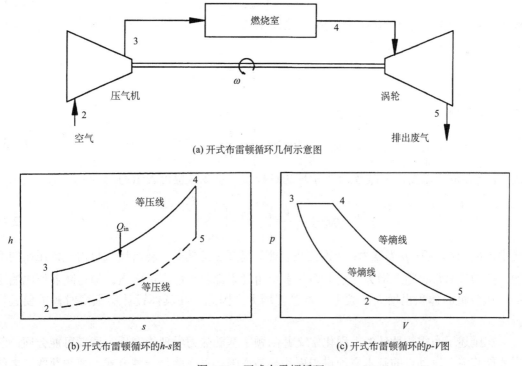

(a) 开式布雷顿循环几何示意图

(b) 开式布雷顿循环的h-s图　　　　(c) 开式布雷顿循环的p-V图

图 1.11 开式布雷顿循环

在一些地面应用和发电场合，使用的是闭式布雷顿循环。在这种循环过程中，同一气体在循环过程中被重复使用，如图 1.12 所示。该过程的 *h-s* 曲线和 *p-V* 曲线与图 1.11(b) 和图 1.11(c) 一致。在闭式循环中，气体在过程 3—4 中通过热量交换后被加热；而从涡轮后出来的炙热气体则经过一个热交换器被冷却，再次被送回压气机中，如过程 5—2 所示。热交换器通常都很重，因而闭式循环不适合在航空喷气式发动机中使用，而且经过热交换器后的气体温度一般都较低，这对增大推力是不利的。对闭式循环而言，理想情况下压缩过程和膨胀过程都是等熵过程，热交换过程都是理想等压过程。

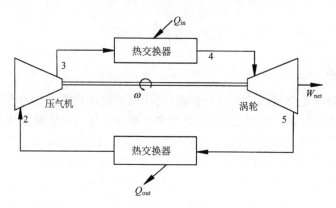

图 1.12　闭式布雷顿循环几何示意图

循环过程的热力学效率是衡量热机整体循环性能的一个重要参数。在闭式循环中，热力学效率被定义为

$$\eta_{th} = \dot{W}_{net} / \dot{Q}_{in} \tag{1.2.1}$$

式中，$\dot{W}_{net}$ 是系统输出的净可用功率，见图 1.12，而 $\dot{Q}_{in}$ 是过程 3—4 中传递给热交换器中的热量。在理想情况下，有

$$\eta_{th} = 1 - \frac{h_5' - h_2}{h_4 - h_3'} \tag{1.2.2}$$

式中，h 是静热焓。对于理想气体，由式(1.2.2)可得

$$\eta_{th} = 1 - \frac{T_5' - T_2}{T_4 - T_3'} \tag{1.2.3}$$

式中，T 是静态温度，上撇号(′)表示理想过程。式(1.2.3)也可表示为

$$\eta_{th} = 1 - \left(\frac{v_3}{v_2}\right)^{\gamma-1} = 1 - \left(\frac{p_2}{p_3}\right)^{\frac{\gamma-1}{\gamma}} \tag{1.2.4}$$

式中，v 为比体积；p 为压力；γ 为比热容比。需要注意的是，随着压气机内气体压比的增加，热效率系数也随之增大。全书将从多个角度来说明和证实这一点。但是随着压比的增加，压气机的体积也增大，成本和重量都增大。因此，在具体设计中很多时候需要进行折中。

在阐述了布雷顿循环的工程化定义并回顾了基础热力学理论之后，读者可能会问，怎样才能将喷气发动机的基本原理讲得更浅显易懂呢？以下就是一种方式：要想获取更大的动量或推力，我们就需要更大的喷射压力。首先压气机对工质做功，使流体压力增大；在燃烧室内，能量以热的形式传递给工质；接着，一部分能量以机械能的形式通过涡轮(在涡轮上降低工质的温度)来驱动压气机，同时降低工质的压力。然而，在燃烧室内加给工质的能量比通过涡轮输出的功更大。结果就是，涡轮出口的压力仍要比压气机入口的压力大。在气体内，仍留有足够的内能来转换为高动量的速度或推力。

1.2.2　回热布雷顿循环

布雷顿循环的一种变化是增加回热。图 1.13(a)所示就是这种循环的几何示意图，其对应的 h-s 曲线如图 1.13(b)所示。这一过程利用开式布雷顿循环中涡轮出口排出废气中的热量。在截面 5 中，热气流通过热交换器对压气机(截面 3)出口的气体进行加热后再进入燃烧室。在使用等量燃料的情况下，这种循环燃烧室出口的气流温度比简单开式布雷顿循环燃烧室出口的温度更高，热力学效率也得到了提升。然而，由于热交换器重量明显增加，尽管在地面上，包括发电厂这一类的燃气涡轮有很多重要的应用，但是并没有在飞机中使用。

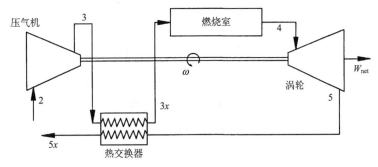

(a) 回热布雷顿循环几何示意图

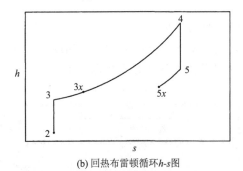

(b) 回热布雷顿循环 h-s 图

图 1.13　回热布雷顿循环

1.2.3　间冷布雷顿循环

布雷顿循环的另一种变化在发电站中加入中间冷却环节。这一类循环如图 1.14 所示。在这类循环中，工质首先被低压压气机压缩，将压力提升到一个中间值；接着，气体被冷却，其温度被降低；然后被进一步压缩到标称压力。在接下来的循环分析(第 2 章和第 3 章)和压气机设计基础(第 6 章)中可以看到，随着气体的温度降低，将气体加压到一个指定压力等级所需的功减少。这样，中间冷却减少了循环中压缩所需的功率，进而提高了净输出功率和热效率。通常将间冷和回热一起使用，以提高热效率。

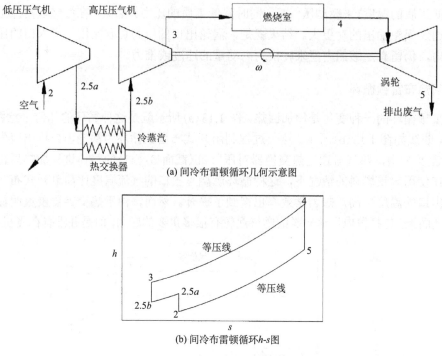

(a) 间冷布雷顿循环几何示意图

(b) 间冷布雷顿循环 h-s 图

图 1.14　间冷布雷顿循环

1.2.4　联合循环

另一种提升简单布雷顿循环性能的方式是燃气-蒸汽联合循环。这种循环在很多地面固定应用燃气轮机中被使用。这类系统的框图如图 1.15(a) 所示。与回热布雷顿循环类似，人们利用这种循环是因为它利用了普通开式布雷顿循环中被排出或废弃的热气中的热能。排

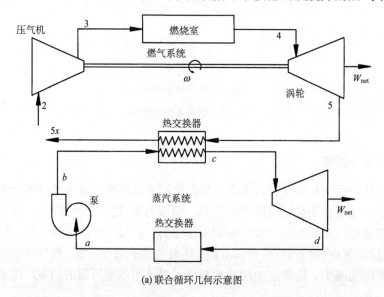

(a) 联合循环几何示意图

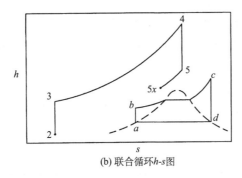

(b) 联合循环 *h-s* 图

图 1.15 燃气–蒸汽联合循环

出的热气在第二个或其他的循环中被用来给水加热。如此，一定量的热能被回收利用并用以驱动二级涡轮。实际上，这里有两个连贯的循环——第一个是开式布雷顿循环；第二个是蒸汽或兰金循环，即两个阶段的另一个循环。这两个独立循环的 *h-s* 曲线如图 1.15 (b) 所示。布雷顿循环包括两个等熵过程和两个等压过程；兰金循环在理想状态下包括两个等熵过程、一个近似定容过程和一个等压过程。

1.3 发动机分类

历史上，发动机经历了一个从简单概念到复杂设计的过程。但仍有很多不同种类的发动机在使用。不同应用场景下，某一个特定种类的发动机可能比其他种类的发动机更合适。就如同人们可能期望短程轻型越野车能满足与超声速飞机不一样的需求。本节我们将给出多种不同发动机的定义和描述。接下来的章节里，我们会对这些发动机部件的基本原理进行阐述，包括诸如 *h-s* 曲线和 *p-V* 曲线等示意图。从这些基本原理出发，可以分析和比较诸多发动机的不同工作特性，并确定哪些参数使得一些发动机比另一些发动机更适合某些应用。接下来的章节里，我们会讲到一些当前或过去曾用到的发动机的详细例子，也会从历史进程的角度对一些过时的发动机进行叙述。很多发动机在不同的应用场景中有不同的子类或结构，这种情况下我们主要介绍其典型特性。这些信息主要摘自《航空周刊与空间技术》、《国际飞行》、Mattingly(1996)、Treager(1979)，以及发动机制造商提供的材料、手册、网页以及军事出版物。尽管我们在搜集这些信息时，尽可能做了认真细致的检查，但是因为一些发动机和制造商一直在持续改进，有些疏漏在所难免。

1.3.1 冲压发动机

最简单的喷气发动机是冲压发动机，如图 1.16 所示。这种类型的发动机仅应用于超高速飞行，它并不适用于借助自身动力起飞的情况。因为冲压发动机没有转动部件，所以它的结构非常简单。简单来讲，发动机相对空气以速度 u_a 运动，气流进入进气道中。由于气流运动速度快，进入进气道后的气压显著提高。接着气流进入燃烧室，与燃料混合并燃烧，使燃气温度提高。最后，热气流膨胀加速，通过尾喷管排出发动机并产生推力。由于发动机必须相对外界环境运动，从而在燃烧室之前建立压升梯度，这种发动机不能在静态条件下工作。冲压发动机也是超燃冲压发动机(超声速燃烧室冲压发动机)的基础。尽管在冲压发动机内部不包含任何转动部件，但是它的燃烧室并不简单，已经有很多针对于此的专项研究。同样，进气道也不是一个简单的设备。这种发动机的总体性能极大程度上由这两个部件的性能决定。

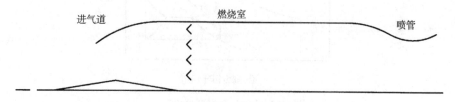

进气道　　　　　　燃烧室　　　　　　　　　　喷管

图 1.16　冲压发动机

1.3.2　涡喷发动机

涡喷发动机代表了下一个复杂级别的发动机。单轴涡喷发动机如图 1.17 所示。它也包括一个用以减少进气速度来提升进气压力的进气道。随后，气流进入压气机中，在这里气流的压力、密度和温度都增大。从压气机出口排出的气流进入燃烧室，与喷射的燃油混合并燃烧，燃气的温度和单位质量占有的体积显著提高。涡轮从高温燃气中提取部分能量来驱动压气机；涡轮和压气机由同一根轴相连。最后炽热的燃气膨胀并以很高的压力从喷管中喷出，加速并产生推力。

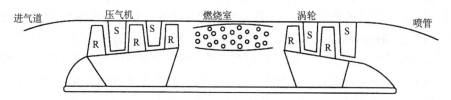

进气道　　　压气机　　　　　燃烧室　　　　涡轮　　　　喷管

图 1.17　单轴涡喷发动机

图 1.17 所示为涡喷发动机的一种结构，这种结构的发动机被称为单轴或单转子发动机，这是一种较早的设计。这类发动机的典型代表是 GE J85-21（图 1.18）。该发动机重 684lb（310kg），最大推力为 3500lbf（15600N）（不含加力燃烧室，见 1.3.3 节），空气质量流量为 52lbm/s（24kg/s），每小时每磅推力耗油量为 1.24lbm（磅质量燃油/（磅推力·小时）将在后面定义为单位推力燃油消耗率（TSFC）或 0.126kg/（N·h））。最小的涡喷发动机之一是 Williams WR24-7（用于靶机），其重 44lb（20kg），推力为 160lbf（710N），空气质量流量仅 3lbm/s（1.4kg/s），TSFC 为 1.2 磅质量燃油/（磅推力·小时）（0.12kg/（N·h））。

图 1.19 所示为另一种结构的涡喷发动机。这是一种双轴或双转子涡喷发动机。这类发动机比单转子涡喷发动机更为复杂，但在非设计点下有着更好的工作性能。这种设计中有两组压气机和涡轮，它们分别通过两根不同的轴（其中一根轴是空心轴）连接起来：一个涡轮组驱动一组压气机，另一涡轮组对应驱动另一组压气机。第一组压气机称为低压压气机，它由后级涡轮驱动（从高温燃气中提取能量的低压涡轮）；另一组压气机称为高压压气机，由高压涡轮驱动。典型情况下，高压轴的旋转转速明显高于低压轴。这一类发动机的一个实例是普惠 J52 双转子涡喷发动机（图 1.20）。其中，J52-P408 推力达到 11200lbf（49800N），

发动机重 2320lb（1050kg），空气质量流量为 140lbm/s（63kg/s），TSFC 为 2.1lbm/（lbf·h）（0.21kg/（N·h））。

图 1.18 GE J85-21 单轴涡喷发动机【图片由通用电气飞机发动机友情提供】

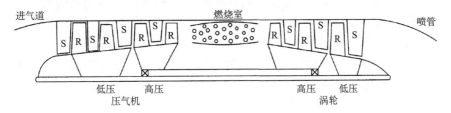

图 1.19 双转子涡喷发动机

R 表示 Rotor 转子；S 表示 Stator 静子

图 1.20 普惠 J52 双转子涡喷发动机【图片由普惠友情提供】

目前涡喷发动机的发展包括一些在航模上的有趣的迷你应用(van den Hout 和 Koullen,
1997)。这些小型发动机的推力为 9lbf(40N),空气消耗量为 0.33lbm/s (0.15kg/s),重
4lb(1.8kg)。

1.3.3　含加力燃烧室的涡喷发动机

含加力燃烧室的涡喷发动机是在涡喷发动机的涡轮之后增加一个加力燃烧室,这种类
型的发动机如图 1.21 所示。附加的燃烧室使发动机具备瞬间获得更多推力和加速度的能力。
这一过程有时也称为加力过程。对军用飞机来说这一点尤为重要。基本所有战斗机使用的
发动机都有加力燃烧室。总体来说,加力燃烧室内的燃烧增加了发动机内气流的温度和体
积,使气流经过尾喷管时速度更大,进而产生更大的推力。但是,加力燃烧室的热力学效
率非常低。因此,加力燃烧室仅用于短期需求中(如在航母上起飞或战斗机摆脱敌机追击)。在
运输机上,基本不采用加力燃烧室(协和号上用到的罗-罗/斯奈克玛奥林巴斯 593 发动机是其
中的例外,协和号是同类级别中推力最大的:不开加力时最大推力为 31350lbf(139500N),开
加力时推力达 38050lbf(169200N),重 6600lb(3000kg),总空气流量 415lbm/s(189kg/s),不
开加力时单位推力燃油消耗率为 0.70lbm/(lbf·h)(0.070kg/(N·h)),开加力时单位推力燃油消
耗率为 1.18lbm/(lbf·h)(0.120kg/(N·h))。而大部分涡喷发动机都具有加力燃烧室,包括单
轴和双轴等。双轴含加力的涡喷发动机的另一个典型例子是普惠 J57,如图 1.22 所示。图
中清晰地标示了双轴,并明显地标记了内部不同温度和压力。这类发动机还有普惠 J58
(图 1.23)。该发动机在开加力时的总推力(有时也称为"湿推力",对应地不开加力时的总
推力称为"干推力")达到 34000lbf(151000N),其列装于"SR-71 黑鸟"三倍声速战斗机
上。GE 的 J85-21 单轴涡喷发动机(图 1.18)最大功率时的推力为 5000lbf (22200N),TSFC
为 2.1lbm/(lbf·h)(0.21kg/(N·h))。

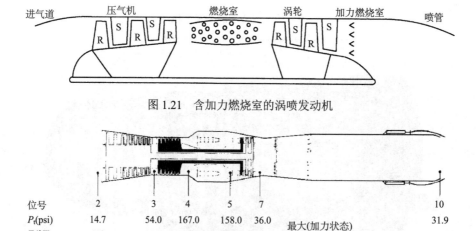

图 1.21　含加力燃烧室的涡喷发动机

位号	2	3	4	5	7		10
P_t(psi)	14.7	54.0	167.0	158.0	36.0	最大(加力状态)	31.9
T_t(°F)	59°	330°	660°	1570°	1013°		2540°
P_t(psi)	14.7	54.0	167.0	158.0	36.0	军用型	33.0
T_t(°F)	59°	330°	660°	1570°	1013°		1013°

图 1.22　普惠 J57 含加力的涡喷发动机内部工况条件【图片由普惠友情提供】
全书中的非法定单位与法定单位的换算关系见附录 F,正文中不再一一给出换算关系

图 1.23　普惠 J58 涡喷发动机开加力状态【图片由普惠友情提供】

1.3.4　涡扇发动机

　　涡扇发动机是比涡喷发动机更复杂的一种发动机。它通常比涡喷发动机显得笨重一些，但是燃油经济性却更高。涡扇发动机包括两种基本类型。下面将分别进行介绍。

　　1. 分开排气涡扇发动机

　　分开排气涡扇发动机如图 1.24 所示。涡扇发动机大多是多转子发动机。在发动机的前段，气流扩张。气流进入风扇后，受风扇压缩，压力升高。接着气流被分流机匣或分流环分开：一部分进入低压压气机并通过核心机，最后经主排气装置排出并产生推力；另一部分产生二次气流，就是所谓的外涵气流。在这类发动机中，外涵气流在外涵喷管被加速，产生外涵推力。风扇和低压压气机由低压涡轮轴驱动，高压压气机则由高压涡轮轴驱动。少数涡扇发动机还采用了三轴结构形式设计。

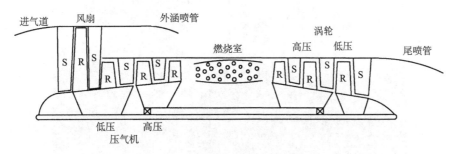

图 1.24　分开排气涡扇发动机

　　通用电气的 CF6-80C2（图 1.25）就是双轴涡扇发动机的一个例子，该发动机装于波音 767 飞机。低压轴和高压轴的转速分别约为 3800r/min 和 10300r/min。改进版的 CF6-80E1A2（装机于空客 A330）推力达 65800lbf（293000N），单位推力燃油消耗率为 0.33lbm/（lbf·h）（0.034kg/（N·h）），发动机总重 11162lb（5060kg），气流流量达 1950 lbm/s（885 kg/s）。这类发动机的另一个例子是罗-罗的 RB211 系列（图 1.26）。这款发动机的推力高达 60000lbf（267000N），实际推力随发动机的具体型号不同而不同。图 1.27 所示为普惠 PW-

图 1.25　通用电气的 CF6-80C2 分开排气涡扇发动机【图片由通用电气飞机发动机友情提供】

图 1.26　罗-罗 RB211-535 分开排气涡扇发动机【图片由罗-罗友情提供】

4000 发动机的示意图，图中给出了发动机内部温度和压力分布示意图。图 1.28 所示为普惠
PW-4084 发动机不同部位采用的材料分布示意图。这类发动机中最小的发动机之一是
Williams/罗-罗 FJ44-1C，重 45lb(20kg)，推力为 1600lbf(7100N)。另一个极端是大型的
GE 90-115B，其现役推力达到了 115000lbf(512000N)(最新测试已经把这一数据推到了高达
约 130000lbf(578000N))，最大直径为 136in(3.45m)，重达 18260lb (8280kg)。在下面两
章中我们将会讨论到，这一类的商用发动机是大涵道比发动机(涵道比：外涵道质量流率与

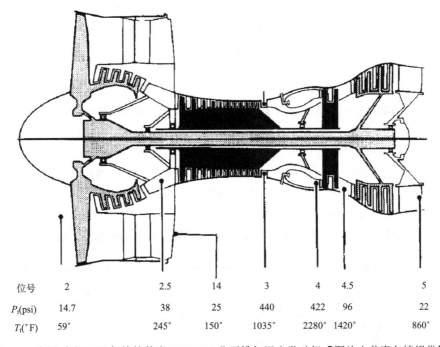

位号	2		2.5	14	3	4	4.5		5
P_t(psi)	14.7		38	25	440	422	96		22
T_t(°F)	59°		245°	150°	1035°	2280°	1420°		860°

图 1.27 标注内部工况条件的普惠 PW-4000 分开排气涡扇发动机【图片由普惠友情提供】

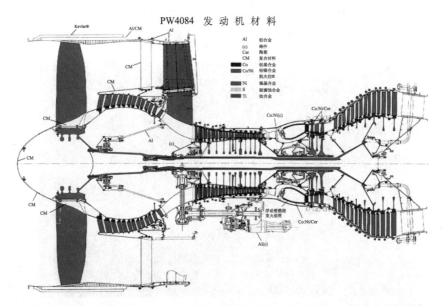

图 1.28 标注材料的普惠 PW-4084 分开排气涡扇发动机【图片由普惠友情提供】

内涵道质量流率之比)：GE 90-115B 发动机的涵道比约为 9。也就是说，发动机中大部分气流流经风扇和外涵排气装置。这种发动机燃油效率非常高，但是在同等推力下比小涵道比涡扇发动机或涡喷发动机重。

前面提到，少数发动机采用了三轴结构形式设计。这种情况下，低压压气机由低压涡轮驱动，中压压气机由中压涡轮驱动，高压压气机由高压涡轮驱动。三个传动轴转速不同，相比于双轴发动机，三轴发动机有更好的非设计点工作性能，但是结构更加复杂。这一类发动机中，一个非常成功的例子就是罗-罗的遄达系列(图 1.10)——这一系列是 RB211 系列的放大版。三个传动轴的典型转速分别是 3000r/min、7500r/min、10000r/min，发动机推力也由于这一特殊构型，高达 104000lbf(463000N)。

2. 混合排气涡扇发动机

混合排气涡扇发动机如图 1.29 所示。这一类发动机与分开排气涡扇发动机类似，但是其外涵气流不直接排出。二次气流经外涵道绕过高低压压气机、燃烧室、高低压涡轮，之后在混合室中与涡轮出口气流掺混，混合之后的气流通过喷管加速，产生推力。普惠 JT8D(图 1.30)就是这类发动机的一个实例。JT8D-209 发动机推力为 18500lbg(82300N)，重 4410lb(2000kg)，单位推力燃油消耗率 0.51bm/(lbf·h)(0.052kg/(N·h))。风扇和核心机气流流量分别为 300lbm/s(136kg/s)和 170lbm/s(77kg/s)。这种类型的另一个例子是用于 B2 隐形轰炸机上的通用电气公司 F118-GE-100 发动机，推力为 19000lbf(84500N)。

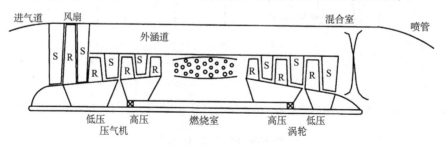

图 1.29　混合排气涡扇发动机

图 1.30　普惠 JT8D 混合排气涡扇发动机【图片由普惠友情提供】

在涡扇发动机的两种基本类型中，二次流还是低压、低温气流的来源。这种来自风扇的气流可用来冷却控制器、涡轮和作其他用途。相比涡喷发动机，这种发动机有更好的经济性能。因此，基本所有的现代商业运输飞机和军用飞机都使用涡扇发动机两种类型中的一种。通常商用飞机使用大涵道比发动机，军用战斗机使用小涵道比发动机。

另外，还有一种结合两种基本类型于一体的混合式涡扇发动机构型。这种涡扇发动机的部分气流进入风扇并由风扇排出，剩余的气流通过尾喷管喷出。

1.3.5　含加力燃烧室的涡扇发动机

类同于涡喷发动机，涡扇发动机同样也可以包括加力燃烧室。同样，含加力燃烧室的涡扇发动机包含两种基本类型。

1. 分开排气涡扇发动机

含加力燃烧室的分开排气涡扇发动机如图 1.31 所示。可以看到，这类涡扇发动机在内涵核心流路的涡轮之后设置一个加力燃烧室。还有一种是在外涵道内介于风扇和外涵喷管之间设置一个加力燃烧室。前一种加力燃烧室在部分涡扇发动机设计中被普遍采用。但后一种设计，因为大多数分开排气涡扇发动机应用于商业飞机，这种加力燃烧室布局方案很少用到。

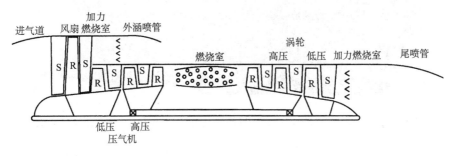

图 1.31　含加力燃烧室的分开排气涡扇发动机

2. 混合排气涡扇发动机

图 1.32 所示为一个含加力燃烧室的混合排气涡扇发动机。这种结构中，加力燃烧室位于混合室下游。这种设计比图 1.31 所示更为常见，且大多用于军用战斗机中。这类发动机中的典型代表如装机于 F15 和 F16 上的普惠 F100-PW-229（图 1.33）。该发动机进口空气流量为 254lbm/s（115kg/s），不开加力和开加力时的推力分别为 17800lbf（79200N）和 29000lbf（129000N），发动机涵道比为 0.40，重 3650lb（1660kg）。不开加力和开加力时单位推力燃油消耗率分别为 0.74lbm/（lbf·h）（0.0755kg/（N·h））和 2.05lbm/（lbf·h）（0.225kg/（N·h））。F100 系列发动机中，具体参数随发动机型号不同有所不同。另一个例子是同样用于 F15 和 F16 上的 GE F100-GE-129 发动机。这款发动机不开加力和开加力时的推力分别为 17000lbf（75600N）和 32000lbf（142000N），发动机涵道比为 0.76，重 3980lb（1805kg）。开加力时单位推力燃油消耗率为 1.9lbm/（lbf·h）（0.19kg/（N·h））。这一类发动机中较小些的有

F404-GE-400（用于最大飞行速度 1.8 马赫数（后面内容中马赫数用字母 M 表示）的超级大黄蜂 F/A-18），不开加力和开加力时的推力分别为 10600lbf（（47100N）和 16000lbf（71200N），涵道比为 0.32，重 2195lb（995kg），开加力时单位推力燃油消耗率为 1.85lbm/（lbf·h）（0.189kg/（N·h））。更小些的有罗-罗的 Adour MK815，不开加力和开加力时的推力分别为 5500lbf（24500N）和 8400lbf（37400N），涵道比为 0.75，重 1630lb（739kg）。这一类的发动机还有为联合攻击战斗机 F35 设计的普惠 F135（图 1.34），这款还在技术验证中的发动机[①]，综合了垂直起降能力和超声速飞行能力，拥有比史上任何混合排气涡扇发动机都大的推重比。

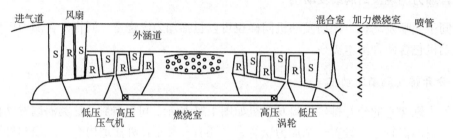

图 1.32　含加力燃烧室的混合排气涡扇发动机

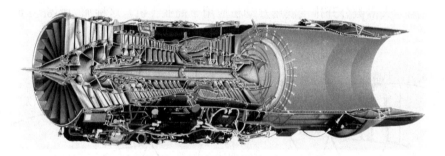

图 1.33　普惠含加力燃烧室的混合排气涡扇发动机 F100【图片由普惠友情提供】

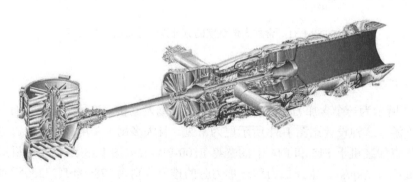

图 1.34　普惠 F135 JSF 发动机【图片由普惠友情提供】

　　与涡喷发动机一样，涡扇发动机中的加力燃烧室也是用于产生瞬时大推力的。但是由于加力燃烧室的热力学效率很低，因此很少用于商用飞机。带有加力燃烧室的涡扇发动机大多数都用于军用战斗机中。它们通常比商用发动机的涵道比小，因而有更小的重量，但

---

① 译者注：F135 发动机随 F35 战斗机已于 2011 年正式服役，在原作者著述时该发动机尚在研发中。

是有大量的气流进入加力燃烧室以产生瞬时大推力。

1.3.6　涡桨发动机

　　另一类发动机是涡桨发动机，如图 1.35 所示。这类发动机的核心机与涡喷发动机相似，也包括进气道、压气机和涡轮。核心气流通过喷气口加速排出，产生部分推力。螺旋桨产生的推力，通常占总推力的大部分。推动螺旋桨的功率则来自于涡桨轴——涡轮中用于驱动螺旋桨的部分。通常采用一个齿轮箱来减速，使螺旋桨的运转速度低于压气机的转速。涡桨发动机的一个实例是罗-罗 Tyne（图 1.36）。这一系列中型号为 512 的发动机能产生的功率为 5500hp（4100kW），进口空气流量为 471lbm/s（21kg/s）。另一个例子是 Garrett TPE331，图 1.37 所示为其剖视图（含复杂的齿轮系统）。这一系列中型号为 12B 的发动机可产生的功

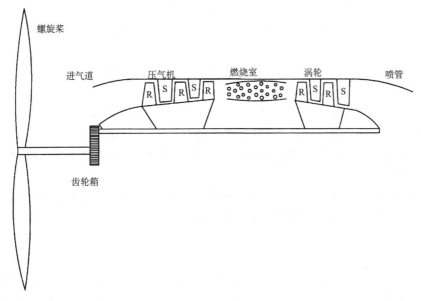

图 1.35　涡桨发动机

图 1.36　Tyne 涡桨发动机【图片由罗-罗友情提供】

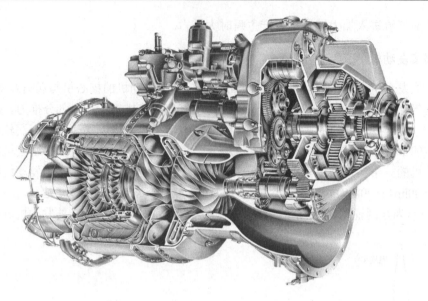

图 1.37　TPE331 涡桨发动机【图片由霍尼韦尔友情提供】

率为 1100hp(820kW)，重 400lb(180kg)，单位功率燃油消耗率为 0.52lbm/(hp·h)（0.32kg/(kW·h)）。这种发动机中还有一个更小些的罗-罗 Allison 250-B17F，重 205lb(93kg)，进口空气流量为 3.6lbm/s(1.6kg/s)，功率为 450hp(336kW)，单位功率燃油消耗率为 0.613lbm/(hp·h)(0.37kg/(kW·h))。

　　受限于螺旋桨的尺寸和转速，涡桨发动机不适用于高速飞行，但是它们的热力学效率很高。因此，涡桨发动机用于很多短途轻型飞机上。

1.3.7　桨扇发动机

　　涡桨发动机的基本构架也适用于无涵道风扇发动机，又称外风扇发动机或桨扇发动机，在 20 世纪 80 年代和 90 年代初曾广受关注。这种发动机可作为涡桨发动机的替代。涡桨发动机有很长的螺旋桨叶，因此限于低速应用，且繁重的齿轮箱也是涡桨发动机的一个缺点。这一时期，NASA 与通用电气、普惠、罗-罗和其他机构等合作开发桨扇发动机(图 1.38 和图 1.39)。在美国，这类发动机没有进入批产，但是在苏联进行了生产。这类发动机综合了涡桨发动机低速高效性与传统涡扇发动机的优点于一体。桨扇发动机的叶片比螺旋桨短，因而能直接连到传动轴上而不需要齿轮箱。同时其叶片设计更为复杂——它们高度扭曲。这种设计在高马赫数下比涡桨发动机的效率更高。尽管在美国这类发动机从未进入批产(主要因为 20 世纪 90 年代油价下跌)，但是由此开发出来的很多先进技术在之后的先进发动机设计中得到应用，例如，通用电气在 GE90 发动机研发中就直接利用了这些技术。

1.3.8　涡轴发动机

　　最后一类飞机上用的发动机是涡轴发动机。这种发动机与涡桨发动机基本相同，除了推力不直接从排气中获得。核心机喷管排气速度很小，因而很难获得推力。这种发动机多用于直升机上。也有较少部分用来驱动坦克和其他地面车辆——连接传动轴而非旋转叶片。

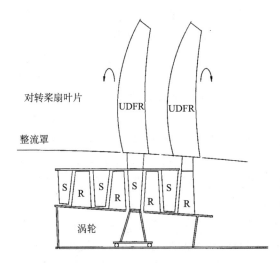

图 1.38　桨扇发动机结构示意图　　　　　图 1.39　GE/NASA 设计的桨扇发动机【图片由通
　　　　　　　　　　　　　　　　　　　　　　　　用电气飞机发动机友情提供】

这类发动机的一个例子是罗-罗/透博梅卡 RTM332（图 1.40）。根据对应的子型号，这种发动机的输出功率达 2800hp（2090kW），重达 540lb（245kg）。普惠加拿大公司生产的普惠 206A 输出功率为 621hp（463kW），输出轴转速为 6240r/min。还有 GE T700-401 系列，重 458lb（208kg），输出功率达 1800hp（1340kW），单位功率燃油消耗率为 0.46lbm/（hp·h）（0.28kg/（kW·h））。很多涡轴发动机与涡桨发动机是同时研发的，因而基于同一核心机的不同设计可用于固定翼和旋翼飞机。

图 1.40　罗-罗/透博梅卡 RTM322 涡轴发动机【图片由罗-罗友情提供】

1.3.9　燃气轮机

接下来讨论的燃气涡轮并不是飞机上用的，而是用于动力装置的。图 1.41 所示为一个燃气轮机的典型设计。从图中可以看出，尽管在设计上有一些细微的差别，这种设备与涡喷发动机非常相似。这种叶轮机械包括驱动压气机的高低压涡轮和发电用的自由涡轮；进气道由喇叭状进气装置替代，喷管由排气装置替代。在主轴或辅轴上连接有功率负载设备，这些设备可以是发电机（转速恒定）、船舰推进器、离岸设备其他机械功率消耗设备。在 2001 年之前，航空发动机仍主导燃气涡轮行业，但在那之后，燃气轮机的销量超过了航空发动机的销量。这当中的一个例子是罗-罗的 RB211 工业燃气轮机，如图 1.42 所示。从名字可以判断，这一用于发电的设备是由航空发动机衍生出来的型号（图 1.26）。在该型燃气轮机和航空发动机上，可以找到诸多相似点。但因为在地面上，重量并非最大关切因素，这种设备比发动机略重。图 1.43 所示的 GE LM2500 燃气轮机是这一类设备中的另一个例子。该型燃气轮机的输出功率高达 33600hp（25000kW），进口空气流量约为 150lbm/s（68kg/s），重 10300lb（4670kg），单位功率燃油消耗率为 0.373lbm/(hp·h)（0.227kg/(kW·h)），热力学效率达 37%。更大些的 LM 6000（功率约 55000hp（41000kW））是由 GE CF6 发动机改装而来。图 1.44 所示为罗-罗海军型 Tyne，同样从名字中可以看出，该航海推进设备由航空涡桨发动机（图 1.36）改进而来。罗-罗遄达是世界上最大的燃气轮机之一，输出功率可高达 69800hp（52000kW），进口空气流量超过 350lbm/s（160kg/s），热力学效率约为 42%。最小的燃气轮机之一是 Capstone 的 C30，其输出功率仅 39hp（29kW），进口空气流量为 0.7lbm/s

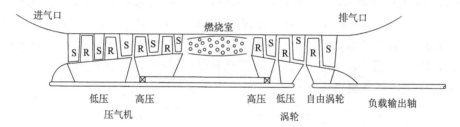

图 1.41　燃气轮机

图 1.42　罗-罗 RB211 工业燃气轮机【图片由罗-罗友情提供】

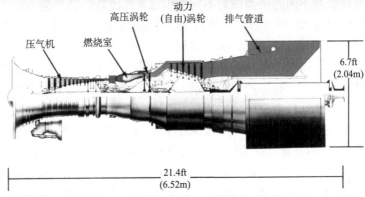

图 1.43　　GE LM2500 燃气轮机【图片由通用电气动力系统友情提供】

（0.32kg/s），热力学效率为 25%。如前面所述，很多现代燃气轮机是航空发动机的航改设备。也就是说，其核心机与喷气发动机本质上是一样的。因为原型研发已经在推进单元中完成（有时由政府"买单"），因此，很多新的功率输出设备在设计研发过程中会节约很多成本，进而使得这类设备的成本大大降低。而且因为功率输出设备和发动机中的很多部件一样，也可减少制造需求和成本。

燃气轮机的一些新型应用包括研发那些能替代小型家用发电机和电池的小型化、微型化燃气轮机。一些已经在开发的设备仅 1in（25.4mm），输出功率仅为 0.067hp（50W）（Ashley，1997）。

图 1.44　罗-罗海军型 Tyne 燃气轮机【图片由罗-罗友情提供】

1.3.10　发动机类型间比较

前面我们罗列了一系列不同应用场景下喷气式发动机或燃气轮机的典型重量、功率、推力以及其他参数。我们列出这些应用是为了使读者能够区分它们的不同用途。前面我们也提到，很多发动机有不同的子类或为不同应用进行过改装。感兴趣的读者，可以经常查阅《航空周刊与空间技术》和《国际飞行》，这两种期刊每年都会总结一次发动机黄页，并在参考名单详细列上普惠、罗-罗、GE、斯奈克玛和其他网站。一个尤为方便的网站是<www.jet-engine.net>，该网站上归类了商用和军用的各种涡扇、涡喷、涡轴发动机。在发动机研发和制造行业有一个有趣的现象，很多十多年前是竞争对手的大公司，现在在一些大发动机的研发与制造项目中成了合作伙伴。例如，CFM 就是由通用电气和斯奈克玛联合投资成立的，MTR 是奔驰（戴勒姆-克莱斯勒分部）、透博梅卡和罗-罗合作的结果，IAE 是国际航空发动机公司（由普惠、罗-罗、日本航空和奔驰合作），发动机联盟是普惠和通用电气的合作结果。而且，公司之间在独立的发动机项目上也有合作：奔驰分别和通用电气、普惠飞机、罗-罗合作，IHI（石川岛-播磨重工业公司）与普惠飞机、罗-罗，宝马和罗-罗等合作。而且很多公司之间有兼并买断，导致生产商名单每年都在改变。厂商们现在都采用了更为健壮的战略——工程研发不应单独进行，这样一些高效的设计思想和研究能在厂商之间更有效的传播。最好的例子可能就是发动机联盟,在这里融合了来自 GE 90 和 PW-4000 发动机的先进技术，每个成员负责设计制造发动机的不同部件。

在表 1.1 中，我们给出了不同类型发动机之间的对比。表中结果是很明确的，读者也可以基于不同的准则做出自己的判断。例如，涡桨发动机在低速时有最好的燃油经济性，涡喷发动机的推重比最大。表中的信息将在接下来两章的循环分析中在不同的应用和示例中得以佐证。

表 1.1 不同类型发动机之间的比较

发动机类型	速度	推力/重量	油耗/推力	推力/空气流量	离地距离
冲压发动机	非常高	中等	高	高	NA
涡喷发动机	高	高	中等	高	好
涡扇发动机	中等	中等/低	低	中等	中等
涡桨发动机	低	低	低	中等	差

注：加力燃烧室：增加速度，增加推力/重量，增加油耗/推力；
NA=不适用。

1.4 发动机推力

喷气式发动机最重要的特性莫过于产生推力的能力。本节我们给出计算发动机推力的基本方程。基于第 2、3 和 11 章用到的简单控制体方法可推导得到这些方程。使用这种方法时，我们假设已知进出口特性。发动机内部气流的具体特征将在第 4~10 章分析。针对两种不同类型的发动机推导了推力方程：涡喷发动机和分开排气涡扇发动机。其他类型的发动机推力可以从这两个情况中找到，但要证明这一点将作为读者的练习。

1.4.1 涡喷发动机

图 1.45 所示为一个涡喷发动机的控制体示意图。此处我们只考虑发动机的进口条件和出口条件。虽然发动机内部不同部件的过程对整体设计和性能都非常重要，但此处我们并不考虑。图中，我们画出了围绕整个发动机的控制体。空气从发动机左侧以速度 u_a 进入。在发动机四周的大直径圆柱形控制体 CV1 穿过发动机外框架。燃料穿过该控制体喷射到发动机内。圆柱体的一个端面位于发动机出口平面，另一个端面在飞机前远离发动机进口处。

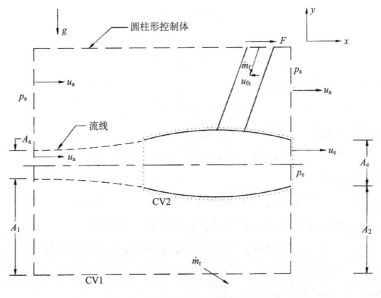

图 1.45 涡喷发动机控制体示意图

利用平面坐标系内的广义线性动量方程得到

$$\sum F_s + \sum F_b = \frac{\partial}{\partial t} \int_{CV} V \rho \mathrm{d}V + \int_{CV} V \rho V \cdot \mathrm{d}A \tag{1.4.1}$$

稳态情况下，动态的偏导项等于零。而且注意到，我们是在 x 轴上利用该方程。在控制体表面的共同作用力包括：作用在控制体上的压力与来自发动机支架的剪切力 $\boldsymbol{F}$。其中剪切力 $\boldsymbol{F}$ 与产生的推力大小相等。因为前端面远离发动机，可认为该处压力均匀且与大气压力 p_a 相等。气流在此端面上以速度 u_a 穿过面积 A_1+A_a。出口端面上，假设发动机出口压力都为 p_e，排气速度都为 u_e，发动机的出口面积为 A_e。控制体的后端面上，气流以速度 u_a 穿过面积 A_2。燃油的质量流率为 $\dot{m}_f$，其在 x 轴的分速度为 $-u_{fx}$，但该项对动量方程的非稳态项贡献不大。另外还有一部分由于发动机气流泄漏的质量流量项 $\dot{m}_r$，在评估和分析时这个也是必须考虑的。综合以上各项，可将动量方程重新写为

$$\begin{aligned}
&F + p_a A_a + p_a A_1 - p_e A_e - p_a A_2 + F_{bx} \\
&= -u_a \rho_a A_a u_a + u_e \rho_e A_e u_e - u_a \rho_a A_1 u_a + u_a \rho_a A_2 u_a + \dot{m}_r u_a - \dot{m}_f u_{fx}
\end{aligned} \tag{1.4.2}$$

另外应该注意，在 x 轴上不存在体积力[①]的作用。且我们假设流过面积 A_e 和 A_a 的气流为均匀气流。因此，进出口端面上的质量流量即进出发动机的气流量分别为

$$\dot{m}_a = \rho_a A_a u_a \tag{1.4.3}$$

$$\dot{m}_e = \rho_e A_e u_e \tag{1.4.4}$$

进出端面的面积满足

$$A_1 + A_a = A_2 + A_e \tag{1.4.5}$$

联立以上三式和式 (1.4.2)，可得到

$$\begin{aligned}
&F + p_a A_2 + p_a A_e - p_e A_e - p_a A_2 \\
&= \dot{m}_e u_e - \dot{m}_a u_a + \dot{m}_r u_a - u_a^2 \rho_a (A_1 - A_2) - \dot{m}_f u_{fx}
\end{aligned} \tag{1.4.6}$$

因为气流为稳态，利用质量连续性原理，仅考虑发动机内部控制体 CV2 有

$$\dot{m}_e = \dot{m}_a + \dot{m}_f \tag{1.4.7}$$

考虑 CV1 时有

$$\dot{m}_e + \rho_a u_a A_2 + \dot{m}_r = \dot{m}_a + \rho_a u_a A_1 + \dot{m}_f \tag{1.4.8}$$

联合以上两个方程，我们可得到

$$\dot{m}_r = \rho_a u_a (A_1 - A_2) \tag{1.4.9}$$

综合式 (1.4.6) 和式 (1.4.9)，合并同类项后得到

$$F = (\dot{m}_e u_e - \dot{m}_a u_a) + A_e (p_e - p_a) - \dot{m}_f u_{fx} \tag{1.4.10}$$

将其代入式 (1.4.7) 得到

$$F = \dot{m}_f u_a + \dot{m}_e (u_e - u_a) + A_e (p_e - p_a) - \dot{m}_f u_{fx} \tag{1.4.11}$$

通常，x 轴方向上燃油速度的分量是可以忽略不计的，这样有

$$F = \dot{m}_f u_a + \dot{m}_e (u_e - u_a) + A_e (p_e - p_a) \tag{1.4.12}$$

---

① 译者注：体积力为穿越空间作用在所有流体元上的非接触力，如重力、惯性力、电磁力等。

式(1.4.12)为涡喷发动机的一般性推力方程。如果进一步简化,燃油流量要远小于空气流量($\dot{m}_f \ll \dot{m}_a$),即有

$$\dot{m}_e = \dot{m}_a = \dot{m} \tag{1.4.13}$$

式(1.4.12)可进一步简化为

$$F = \dot{m}(u_e - u_a) + A_e(p_e - p_a) \tag{1.4.14}$$

可以看出,推力取决于两个因素:一个是流经发动机时被加速的气流质量流量;另一个是发动机出口压力和环境压力的压差。在第 5 章中,我们可以看到,理想情况下(无损失)压力相等或非理想情况下压力近乎相等时,发动机的效率最高(如获得最大推力)。

需要注意的是,尽管以上方程是从涡喷发动机推导得到的,但同样适用于混合排气涡扇发动机,因为这种发动机也只有一个进口和一个出口。具体推导过程感兴趣读者可以参照上述过程自行完成。

例 1.1 一涡喷发动机在海平面以 800ft/s(243.8m/s)的速度飞行,进口空气流量为 250lbm/s(113.4kg/s),燃油流量忽略不计。出口直径为 30in(0.762m),出口压力是 22psi(151.7kPa),出口气流速度为 1300ft/s(396.2m/s),求发动机推力。

解 由题有

$$p_a = 14.7\text{psi}(101.3\text{kPa})$$
$$p_e = 22\text{psi}(151.7\text{kPa})$$
$$\dot{m} = 250\text{lbm/s}(113.4\text{kg/s})$$

又因为32.17lbm = 1slug,$\dot{m} = 7.8\text{slug/s}$

$$A_e = \pi D_e^2 / 4 = 706\text{in}^2(0.4554\text{m}^2)$$
$$u_a = 800\text{ft/s} \ (243.8\text{m/s})$$
$$u_e = 1300\text{ft/s} \ (396.2\text{m/s})$$

利用式(1.4.14),我们就可以得到

$$F = \dot{m}(u_e - u_a) + A_e(p_e - p_a)$$
$$F = 7.8\text{slug/s}(1300 - 800)\text{ft/s} + 706\text{in}^2(22 - 14.7)\text{lbf/in}^2$$

因此,由于lbf = slug·ft/s^2 且 lbf = in^2·lbf/in^2

$$F = 3900 + 5153 = 9053\text{lbf}(40270\text{N}) \qquad \text{题毕。}$$

读者可以看到,其中 3900 lbf(17350 N)的推力来自于质量流量,5153 lbf(22920 N)则由进出口压差产生。

1.4.2 分开排气涡扇发动机

图 1.46 所示为一个分开排气涡扇发动机的控制体示意图。这种分析过程既适用于分开排气的涡扇发动机,也同样适用于混合式涡扇发动机(有一部分外涵气流从外涵喷管排出)。同样,我们给出一个圆柱形控制体 CV1。前端面位于远离发动机进口的前方,后端面一部分位于发动机主排气装置,另一部分位于风扇出口。同样,控制体穿过发动机支架。

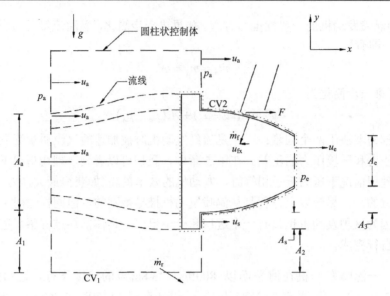

图 1.46　分开排气涡扇发动机控制体示意图

广义线性动量方程与涡喷发动机一样(式(1.4.1))。但是对这种发动机,该方程的应用略微复杂些。表面力也是表面上气体压强的作用结果,力 F 为发动机支架的剪切力。在远离发动机进口的前端面,作用在控制体上的气流均匀,且压强与大气环境压强 p_a 相等。气流以速度 u_a 穿过面积 $A_a + A_1$。之后一部分气流进入核心机,部分气流穿过风扇。在大部分场合下(混合式涡扇发动机),部分进入风扇的气流可以分成两部分:一部分气流从外涵喷管直接排出;另一部分气流与核心机气流混合,最终从尾喷管排出。这两个排气喷管都应予以考虑。在尾喷管处,气流出口压强为 p_e,速度为 u_e;外涵喷管出口气流压强为 p_s,速度为 u_s。尾喷管与外涵喷管面积分别为 A_e 和 A_s。控制体后端面其余部分的压力为 p_a,气流以速度 u_a 穿过面积 A_2。燃油喷射流量为 $\dot{m}_f$。同样,x 轴方向上的体积力为 0,参照式(1.4.1)中各项,得到稳态流态下的方程为

$$F + p_a A_1 + p_a A_a - p_a A_2 - p_s A_s - p_e A_e - p_a A_3 + F_{bx}$$
$$= -u_a \rho_a A_a u_a + u_e \rho_e A_e u_e + u_s \rho_s A_s u_s - u_a \rho_a A_1 u_a + u_a \rho_a A_2 u_a + \dot{m}_r u_a - \dot{m}_f u_{fx} \tag{1.4.15}$$

控制体前后端面满足

$$A_1 + A_a = A_2 + A_s + A_e + A_3 \tag{1.4.16}$$

三个不同截面处的质量流率为

$$\dot{m}_a = \rho_a A_a u_a \tag{1.4.17}$$

$$\dot{m}_e = \rho_e A_e u_e \tag{1.4.18}$$

$$\dot{m}_s = \rho_s A_s u_s \tag{1.4.19}$$

式中,$\dot{m}_a$ 为进入发动机的总空气流量;$\dot{m}_e$ 为内涵喷管主气流流量;$\dot{m}_s$ 为通过外涵喷管的空气流量。将以上四式代入式(1.4.15)得到

$$F = A_e(p_e - p_a) + A_s(p_s - p_a) - \dot{m}_a u_a + \dot{m}_e u_e + \dot{m}_s u_s$$
$$+ \dot{m}_r u_a - u_a^2 \rho_a (A_1 - A_2) - \dot{m}_f u_{fx} \tag{1.4.20}$$

利用连续性方程,考虑第二个控制体 CV2,该控制体仅环绕发动机,有

$$\dot{m}_e + \dot{m}_s = \dot{m}_a + \dot{m}_f \tag{1.4.21}$$

对 CV1 有

$$\dot{m}_e + \dot{m}_s + \rho_a u_a A_2 + \dot{m}_r = \dot{m}_a + \rho_a u_a A_1 + \dot{m}_f \tag{1.4.22}$$

联立以上两个方程，可得

$$\dot{m}_r = \rho_a u_a (A_1 - A_2) \tag{1.4.23}$$

综合式(1.4.23)和式(1.4.20)得

$$F = A_e(p_e - p_a) + A_s(p_s - p_a) + \dot{m}_e(u_e - u_a) + \dot{m}_s(u_s - u_a) + \dot{m}_f u_a - \dot{m}_f u_{fx} \tag{1.4.24}$$

如果 x 方向上的燃油速度足够小，有

$$F = A_e(p_e - p_a) + A_s(p_s - p_a) + \dot{m}_e(u_e - u_a) + \dot{m}_s(u_s - u_a) + \dot{m}_f u_a \tag{1.4.25}$$

式(1.4.25)是分开排气涡扇发动机的一般性推力方程。如果进一步简化，燃油流量要远小于空气流量($\dot{m}_f \ll \dot{m}_a$)，于是有

$$\dot{m}_e = \dot{m}_a + \dot{m}_s \tag{1.4.26}$$

式(1.4.24)进一步简化为

$$F = A_e(p_e - p_a) + A_s(p_s - p_a) + \dot{m}_e(u_e - u_a) + \dot{m}_s(u_s - u_a) \tag{1.4.27}$$

从式(1.4.27)可以看出，这种发动机的推力来源于四个不同部分：第一部分是发动机内涵喷管压力和大气环境的压差；第二部分是发动机外涵喷管压力和大气环境的压差；第三部分和第四部分分别是由内涵喷管与外涵喷管质量流量产生的推力。极限情况下，当外涵流量非常小，小到流速可以忽略不计时，就是涡喷发动机。对比式(1.4.27)和式(1.4.14)可以发现，当 $A_s = 0$，$\dot{m}_s = 0$ 时，式(1.4.27)就演化为式(1.4.14)。

例 1.2 一涡扇发动机(与商用涡扇发动机尺寸相当)在海平面以速度 269.7m/s 飞行，进入核心机的空气流量为 121.1kg/s(267lbm/s)，外涵空气流量是进入核心机流量的 4 倍。外涵出口与内涵出口喷管面积分别为 1.580m² 和 1.704m²(2450in² 和 2642in²)，出口压力分别为 154.4kPa 和 144.8kPa(22.4psi 和 21psi)，排气速度分别为 328.6m/s 和 362.7m/s(1078ft/s 和 1190ft/s)，燃油流量忽略不计。求发动机推力。

解 由题有

$$p_a = 101.3\text{kPa}(14.7\text{psi}), \quad u_a = 269.7\text{m/s}(885\text{ft/s})$$
$$p_s = 154.4\text{kPa}(22.4\text{psi}), \quad u_s = 328.6\text{m/s}(1078\text{ft/s})$$
$$p_e = 144.8\text{kPa}(21\text{psi}), \quad u_e = 362.7\text{m/s}(1190\text{ft/s})$$
$$\dot{m}_e = 121.1\text{kg/s}(267\text{lbm/s} = 8.3\text{slug/s})$$
$$\dot{m}_s = 5 \times 121.1 \text{ kg/s} = 605.4 \text{ kg/s}^{①} (41.7 \text{ slugs/s})$$
$$A_s = 1.580\text{m}^2(2450\text{in}^2), \quad A_e = 1.704\text{m}^2(2642\text{in}^2)$$

因此，利用式(1.4.27)，我们就可以得到

$$F = A_e(p_e - p_a) + A_s(p_s - p_a) + \dot{m}_e(u_e - u_a) + \dot{m}_s(u_s - u_a)$$

---

① 译者注：此处结果为直接从原著作中翻译过来的，全书其他内容再出现此类情况，将不再给出解释。

$$F = 1.704\text{m}^2(144.8 - 101.3)\text{kPa} + 1.580\text{m}^2(154.4 - 101.3)\text{kPa}$$
$$+ 121.1\text{kg/s}(362.7 - 269.7)\text{m/s} + 605.4\text{kg/s}(328.6 - 269.7)\text{m/s}$$

又因为 $\text{N} = \text{kg} \cdot \text{m/s}^2$，$\text{N} = \text{Pa} \cdot \text{m}^2$ 和 $1000\ \text{Pa} = \text{kPa}$，有

$$F = \underset{\text{p-核心机}}{74120} + \underset{\text{p-风扇}}{83900} + \underset{\text{m-核心机}}{11260} + \underset{\text{m-风扇}}{35660}$$
$$= \underset{\text{核心机}}{85380} + \underset{\text{风扇}}{119560} = 204940\text{N}$$

　　　　　　　　　　　　　　　　　　　　　　　　　　　　题毕。

对比上式中四项可以看出，有 19200 lbf(85380N) 推力由核心机气流产生，26880 lbf (119560N) 的推力则由外涵气流产生。

1.4.3　涡桨发动机

由前面分析可知，涡桨发动机本质上是一个带螺旋桨的涡喷发动机。因此，其推力方程的推导过程与涡喷发动机类似。涡桨发动机的推力由式(1.4.28)给出：

$$F = \dot{m}_f u_a + \dot{m}_e(u_e - u_a) + A_e(p_e - p_a) + F_p \tag{1.4.28}$$

式中，F_p 是由螺旋桨产生的前向拉力。通常，由于燃油流量要远小于空气流量（$\dot{m}_f \ll \dot{m}_a$），于是有

$$F = \dot{m}(u_e - u_a) + A_e(p_e - p_a) + F_p \tag{1.4.29}$$

1.5　性能衡量指标

1.5.1　推力衡量指标

推力 F 无疑是衡量发动机总体性能最重要的参数之一。如果发动机不能够提供足够的推力，飞机就不能飞行。但同时还有一个与推力同样重要的参数就是单位推力燃油消耗率（TSFC），其定义为

$$\text{TSFC} = \dot{m}_{ft}/F \tag{1.5.1}$$

式中，$\dot{m}_{ft}$ 是总燃油质量流率（包括主燃油和加力燃油）。单位推力燃油消耗率是一个衡量在给定推力下燃油消耗率的指标，可用于不同发动机和不同类型发动机之间的比较。它可类比为汽车的公里耗油数（英里加仑数(mpg)）的倒数。一个匹配性良好的发动机的 TSFC 数值应比较低。对不含加力燃烧室的发动机，其定义为

$$\text{TSFC} = \dot{m}_f/F \tag{1.5.2}$$

式中，$\dot{m}_f$ 是燃烧室内的燃油质量流率。结合环境声速，可以将单位推力燃油消耗率无量纲化：

$$\overline{\text{TSFC}} = \text{TSFC} \times a_a \tag{1.5.3}$$

有时候也用另一个指标来衡量燃油经济性能（更多在火箭发动机中使用）——比冲量 I，其定义为

$$I = F/(g \times \dot{m}_{ft}) \tag{1.5.4}$$

式中，g 为重力加速度。比冲与单位推力燃油消耗率之间的联系可由式(1.5.5)给出：

$$I = 1/(g \times \text{TSFC}) \tag{1.5.5}$$

本书采用单位推力燃油消耗率(或其无量纲化量)作为燃油经济性的评价指标。

另一个用来评价燃油消耗率的无量纲化参数是发动机的无量纲化推力。该量定义为

$$\overline{F} = \frac{F}{\dot{m}_t a_a} \tag{1.5.6}$$

式中，$\dot{m}_t$ 为进入发动机的总气流质量流量；a_a 为当地声速。该参数可表征发动机物理尺寸(包括直径和重量)的倒数。也就是说，给定量纲化推力时，无量纲化推力随着所需质量流量(或物理尺寸)的增大而减小，反之亦然。某种意义上，无量纲化推力描述了发动机的推重比变化趋势。

对于喷气式发动机，有时还用一个性能参数来表征推进效率。这一参数定义为推力功率与推进动能转化率之间的比值，用方程的形式表示为

$$\eta_k = \frac{F u_a}{\sum \dot{m}_{exit} u_{exit}^2 - \dot{m}_a u_a^2} \tag{1.5.7}$$

对涡喷发动机或混合排气涡扇发动机，只有一股出口气流。但是对分开排气涡扇发动机，有两股出口气流。需要注意的是，该效率系数并非总热效率系数，因为此处并未考虑焓变过程。该定义的实用性有限。例如，对一个简单的涡喷发动机，若燃油流量可忽略不计且出口压力与环境压力一致，推力为 $F = \dot{m}(u_e - u_a)$，此时效率参数变为 $u_a/(u_a + u_{exit})$，当 $u_{exit} = 0$ 时，效率最大，但是此时推力为负数！而且，如果 $u_{exit} = u_a$，效率是 50%，但推力为 0。因此虽然给出了这一参数的定义，但在本书中并不会使用。

衡量一个航空发动机的总体性能，必须综合考虑推力、单位推力燃油消耗率和无量纲化推力，有时候还要考虑推进效率，而不能分开讨论这四个参数。不同应用场景下的飞机，需要满足的目标也各式各样。例如，对于军用飞机，燃油消耗率没商用货运飞机重要，但是重量却极为重要。对于一个给定应用，不同参数之间的优化必须伴随详细的循环分析进行，这些将在第 2 章和第 3 章进行讨论。

1.5.2　动力装置衡量指标

相对于发动机，燃气轮机最为常用的对应性衡量指标包括净输出功率(P_{net})、热力学效率(η_{th})、热效率(HR)和燃油消耗率(SFC)。后面的三个参数定义由如下三式给出：

$$\eta_{th} = P_{net}/\dot{Q}_{in} \tag{1.5.8}$$

$$HR = \dot{Q}_{in}/P_{net} = \dot{m}_f \Delta H/P_{net} \tag{1.5.9}$$

$$SFC = \dot{m}_f/P_{net} \tag{1.5.10}$$

衡量一个燃气轮机的总体性能，也必须综合考虑净输出功率、燃油消耗率和热力学效率。同样，这三个参数也不能分开考虑。不同的应用场合下，需要满足的目标也是多种多样的。对于给定的应用，不同参数之间的优化也必须伴随着详细的循环分析进行。

1.6　小　　结

本章我们首先对叶轮机械和推进设备进行了历史性的回顾。之后我们介绍了各种不同类型的航空喷气式发动机。早期喷气式推进设备在 20 世纪 30~40 年代在英国和德国同时达

到巅峰，这一时期的发展包括专利申请以及现代喷气发动机的设计雏形。燃气涡轮的热力学基础是布雷顿循环，我们复习了三种不同的循环。我们介绍了不同种类的航空发动机和燃气涡轮，包括冲压发动机、涡喷发动机、两种不同的涡扇发动机、桨扇发动机、涡轴发动机以及燃气轮机。在涡喷和涡扇发动机中都可采用产生加力的加力燃烧室。为了让读者对不同种类航空发动机的应用和历史趋势有一个直观认识，我们同时讨论了一些现代和过时的发动机的典型大小和推力与功率等级。本章也展示了航空发动机和燃气轮机的剖面图和照片。通过综合比较显示了不同工况下最优的发动机类型。很多现代燃气轮机是航空发动机的航改设备；也就是说，其核心机与喷气发动机本质上是一样的。在已知所有进口和出口条件的情况下，推导出了涡喷发动机和涡扇发动机的推力方程。定义了发动机总体性能评价的其他参数：单位推力燃油消耗率、无量纲推力和推进效率。定义了燃气轮机总体性能综合评价的参数：净输出功率、燃油消耗率、热效率。

　　接下来的章节中我们将进一步对各部件和内部气流的热力学和气动力学进行详细分析，得到发动机的工作条件。首先，我们分析各部件在接近理想情况下的特性，得到发动机的总体工作性能(包括推力、TSFC等)。其次，我们考虑发动机运行过程中的各种损失，给出非理想情况下发动机的总体性能。从循环分析可以明显看出不同类型的发动机的变化趋势。类似地，可以根据具体情况选择不同的发动机参数，使得确定应用下，选定类型的发动机总体性能趋于最佳。然后，我们详细分析发动机内的各部件，对不同部件的几何尺寸和不同工作条件下的损失进行推算。最后，在设计综合阶段，我们讨论部件间的匹配，对包括各种损失的不同实际部件进行动力学耦合分析，预测设计与非设计状态下的发动机总体性能。

本章符号表

A	面积	SFC	燃油消耗率
F	力	T	温度
g	重力加速度	TSFC	单位推力燃油消耗率
h	比焓	u	速度
HR	热效率	v	比体积
I	比冲	$\dot{W}$	功率
$\dot{m}$	质量流率	γ	比热容比
p	压力	η	效率
P	功率	ρ	密度
$\dot{Q}$	热流量		
s	熵		

本章脚标表

a	自由来流	k	推力
e	尾喷管	out	部件外部
f	燃油	net	净循环
in	部件内部	p	螺旋桨

r	排斥的	x	x 方向
s	外涵	1,2,3	控制体
t	总的	1,···,5	循环截面
th	热的		

习 题

1.1 一涡喷发动机在海平面运行，移动速度为 728ft/s，进口空气流量为 175lbm/s，燃油流量忽略不计。出口直径为 29in，出口压力为 6.75psi，出口气流速度为 2437ft/s。求发动机的推力。

1.2 一涡喷发动机在 20000ft 高度运行，移动速度为 728ft/s，进口空气流量为 175lbm/s，燃油流量忽略不计。出口直径为 29in，出口压力为 6.75psi，出口气流速度为 2437ft/s。求发动机的推力。

1.3 一涡扇发动机在海平面运行，移动速度为 893ft/s，核心机流量为 150lbm/s，外涵气流流量是核心机流量的 2.2 倍，且外涵气流均通过外涵喷管排出。燃油流量可忽略不计。外涵喷管出口和内涵喷管出口面积分别为 336in^2 和 542in^2。外涵喷管和内涵喷管出口压力分别为 14.7psi 和 15.8psi，出口气流速度分别为 2288ft/s 和 1164ft/s。求发动机的推力，且其中由外涵气流和核心机气流产生的推力各占多少？

1.4 一涡扇发动机在海平面运行，移动速度为 893ft/s，核心机流量为 150lbm/s，外涵气流流量是核心机流量的 2.2 倍，所有气流最后混合后由尾喷管排出。燃油流量可忽略不计。尾喷管面积为 851in^2。尾喷管出口压力为 18.4psi，出口气流速度为 1435ft/s。求发动机的推力。

1.5 一涡桨发动机在海平面运行，移动速度为 783ft/s，进口空气流量为 30lbm/s，燃油流量可忽略不计。出口面积为 290in^2，出口压力为 14.7psi，出口气流速度是 625ft/s。螺旋桨产生的推力为 2517lbf。求发动机的总推力。

1.6 证明混合排气涡扇发动机的推力方程与涡喷发动机的推力方程相同。

1.7 一涡扇发动机在 30000ft 高度以 0.75 马赫数运行。核心机流量为 190lbm/s，外涵流量是核心机流量的 1.2 倍且外涵气流全部由外涵喷管排出。燃油流量为 4.66lbm/s。外涵喷管出口和内涵喷管出口面积分别为 936in^2 和 901in^2。外涵喷管出口和内涵喷管出口压力分别为 4.36psi 和 9.42psi，出口气流速度分别为 1350ft/s 和 1880ft/s。求发动机的推力。且其中由外涵气流和核心机气流产生的推力各占多少？在如下两种条件下求解此题：首先假设燃油流量可忽略不计；然后考虑实际的有限燃油流量。

1.8 一涡喷发动机在 18000ft 高度以 0.8 马赫数运行。出口面积是 361in^2，出口压力是 22.40psi，出口气流速度为 1938ft/s，推力为 11666lbf 且燃油流量为 4.04lbm/s，求空气质量流率。在如下两种条件下求解此题：首先假设燃油流量可忽略不计；然后考虑有限燃油流量。

1.9 一涡扇发动机在 24000ft 高度以 0.7 马赫数运行。发动机涵道比为 3.00 且所有外涵气流经由外涵喷管排出。燃油流量为 3.77lbm/s。外涵喷管和内涵喷管出口面积分别是 1259in^2 和 1302in^2，出口压力分别为 9.74psi 和 5.69psi，出口气流速度分别为 1146ft/s 和 1489ft/s。发动机推力为 15536lbf。求核心机流量。在如下两种条件下求解此题：首先假设燃油流量可忽略不计；然后考虑有限燃油流量。

1.10 一涡桨发动机在 9000ft 高度运行，移动速度为 487ft/s。气流出口压力为 10.5psi，出口速度为 1137ft/s，出口密度为 0.000453slug/ft^3。燃油流量为 0.95lbm/s。螺旋桨产生的推力为 4243lbf，发动机总推力为 4883lbf。①进口空气流量是多少？②如果尾喷管为圆形，求喷管出口直径。

1.11 一涡喷发动机在 20000ft 高度以 0.75 马赫数运行。喷管出口气流压力为 19.70psi，出口气流速度为 1965ft/s，且出口气流密度为 0.000979slug/ft^3。发动机推力为 8995lbf，燃油流量为 3.16lbm/s。①进口空气流量是多少？②如果尾喷管为圆形，求喷管出口直径。

1.12　一冲压发动机在 50000ft 高度以 4 马赫数运行。进口空气流量为 90lbm/s，燃油流量为 3.74lbm/s。喷管出口直径为 31.7in，气流出口压力为 1.60psi，出口速度为 5726ft/s。求发动机推力和 TSFC。

1.13　一涡扇发动机在 25000ft 高度运行，移动速度为 815ft/s。外涵流量是内涵流量的 1.2 倍且外涵气流全部经由外涵喷管排出。核心机油气比为 0.0255。外涵喷管和内涵喷管的气流密度分别为 0.00154slug/ft^3 和 0.000578slug/ft^3，出口压力分别为 10.07psi 和 10.26psi。发动机推力为 10580lbf，且外涵喷管和内涵喷管的排气速度分别为 1147ft/s 和 1852ft/s。求：①核心机流量和 TSFC；②外涵喷管和内涵喷管出口面积。

1.14　一涡扇发动机随飞机在海平面起飞。涵道比为 8.00，且外涵气流全部经由外涵喷管排出。燃油流量为 9.00lbm/s。外涵喷管和内涵喷管的出口面积分别是 6610in^2 和 1500in^2，气流出口压力分别是 14.69psi 和 14.69psi，出口气流速度分别为 885ft/s 和 1225ft/s。核心机流量是 375lbm/s。求发动机推力和 TSFC。

第 2 章　理想循环分析

2.1　引　言

第 1 章中，我们介绍了发动机的基本类型，并定义了燃气涡轮发动机的一些重要工作性能参数。本章我们继续回顾发动机循环过程中的基础热力学循环并分析发动机几个关键部件的热力学特性。尽管每个部件的工作和设计对整个发动机的有效运转非常重要，但本章并不做具体分析。我们仅分析给定部件特性下发动机的总体性能。有关各个部件的工作和设计将在后续章节中详细讨论。本章分析理想部件，目的是回顾理想热力学过程的基础原理(Keenan，1970；Wark 和 Richards，1999)和气体动力学过程(Anderson，1982；Zucrow 和 Hoffman，1976；Shapiro，1953)，并解释各部件的物理过程。为预估发动机的总体性能，我们将各部件组合在一起进行分析。本章中，我们还会给出一些量化的示例来演示具体分析流程，使读者对这些性能有物理上的认识。我们将在第 3 章中分析包含非理想部件损失的发动机总体性能。本章和第 3 章均包含了发动机设计的所有基础参数。接下来我们可以看到，理想循环分析可以得到关于发动机特性的相对简短的闭式方程组。推导这些方程组的目的有三个方面：①让读者在不涉及具体数值运算的情况下利用这些方程组开展发动机建模；②更为重要的是，在不改变参数的情况下让读者更清晰地观察具体参数对发动机总体性能的影响；③在有些情况下，使解析性地优化性能参数成为可能。另外，由于复杂度的增加，非理想循环分析无法得到闭式方程组。

"理想"二字意味着，本章的分析中，所有部件都不考虑损失；也意味着在给定条件下部件按设计状态工作。绝热过程没有热传递，而等熵过程中熵值不变。全书中等熵过程包括一个绝热过程和一个可逆过程。因此，在本章中我们认为部件有如下理想特性：

进气道外——等熵绝热气流；

发动机进口或进气道——等熵绝热气流；

压气机——等熵绝热气流；

风扇——等熵绝热气流；

螺旋桨——螺旋桨所有功率都用来产生前向拉力；

燃烧室——静压和总压都为常数，气流速度非常低；

涡轮——等熵绝热气流；

外涵道——等熵绝热气流；

内外涵道混合室——等熵绝热气流；

加力燃烧室——静压和总压都为常数，气流速度非常低；

尾喷管——等熵绝热气流，出口气压与大气压力相等；

整机——工质为理想气体；

　　　　稳态；

　　　　整个发动机内 c_p、c_v（和 γ）为定值；

　　　　燃油流量可忽略不计；

　　　　传动轴上无功率损失。

首先，读者可回顾一下附录 H 中的理想气体方程和滞止属性，接下来的分析中将会多次用到这几个概念。还要注意本章我们假设气体是理想气体。这不仅意味着气体是理想气体，而且意味着比热容和绝热系数都不是温度的函数。最后，在本章与接下来的章节里，我们会经常利用标准条件。在附录 A 中给出了不同高度下的标准大气参数。为便于引用，标准条件是指 p_{stp}=14.6psi 或 101.33kPa 和 T_{stp}=518.7°R 或 288.2K。回顾了气动力学的一些重要概念后，我们继续讨论理想部件的工作特性，并分析不同类型发动机的理想循环。

2.2　部　　件

本节中，我们将发动机各个部件作为不同的模块分别进行分析，并认为可将一组部件解析性地组合起来分析一个特定的发动机。图 2.1 所示为普惠 F100 发动机部件剖视图，图中标识了本节要讨论的发动机的大部分部件。在本节各部分还会给出该发动机不同部件的放大图。我们也会对一些其他发动机的部件进行讨论。我们讨论这些部件的基本物理过程，并结合焓-熵(h-s)图和压强-体积(p-V)图来进一步阐述其基础热力学过程。

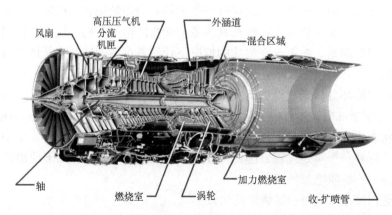

图 2.1　普惠 F100 发动机部件剖视图【图片由普惠友情提供】

图 2.2 所示为一个广义的发动机，但目前实际中并不存在这样的发动机，因为其中的多种特性并不匹配。但是所有类型的发动机都可由这一发动机简化而成。绝大多数情况下，存在三个独立的气流通道：主通道穿过螺旋桨、进气道、风扇和压气机、燃烧室、涡轮、混合室、加力燃烧室和尾喷管；第二个通道包括螺旋桨、进气道、风扇、外涵道、混合室、

加力燃烧室和尾喷管；在第三个通道中，气流穿过螺旋桨、进气道、风扇和外涵喷管。在图 2.2 中，截面 a 为大气环境条件，截面 1 表示进气道进口，截面 2 表示进气道出口或风扇-压气机进口，截面 3 表示压气机出口或燃烧室进口，截面 4 表示燃烧室出口或涡轮进口，截面 5 表示涡轮出口或混合室主气流进口，截面 7 表示风扇出口和外涵喷管与外涵道进口，截面 9 表示外涵喷管，截面 7.5 表示外涵道出口或混合室外涵气流进口，截面 5.5 表示混合室出口和加力燃烧室进口，截面 6 表示加力燃烧室出口和内涵喷管进口，截面 8 表示内涵喷管出口。此处定义的命名规则适用于所有类别的发动机，每种发动机都可视为该广义发动机的简化。本节的目的是讨论图 2.2 中广义发动机每一部件的基础热力学工作特性，并给出一些基本定义。

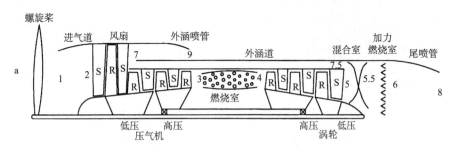

图 2.2 广义发动机描述

2.2.1 进气道

第一个讨论的部件是进气道或气流进口。进气道的作用的是对气流减速，使其静压增大。图 2.3 所示为普惠大涵道比涡扇发动机的进气道。一个理想的进气道如图 2.4 所示。从图中可以看出，从截面 1 到截面 2，流道面积增大，因此气流速度会减小。前面我们对理想循环分析做了假设，在进气道前（从截面 a 到截面 1）和进气道内（从截面 1 到截面 2）的气流都是绝热等熵过程。图 2.5 所示的 h-s 图和 p-V 图即为理想进气道的总体工作特性。自由来流从压力 p_a 绝热减速到总焓为 h_{ta}，然后经过一个等熵过程，总压变为 p_{ta}。从截面 a 到截面 1 和从截面 1 到截面 2 的过程在一条等熵线上。由于速度降低，静焓由外界环境处的焓值升高到截面 2 处的焓值。同样，静压也会升高。图中还给出了临界点条件。因为临界过程是等熵的，可认为临界特性曲线也在同一条等熵过程线上。又因为所有过程都是绝热过程，进气道外的总焓为常数：

$$h_{t1} = h_{ta} \tag{2.2.1}$$

对理想气体，这意味着

$$T_{t1} = T_{ta} \tag{2.2.2}$$

对进气道外的等熵气流，其总压也为常数：

$$p_{t1} = p_{ta} \tag{2.2.3}$$

进气道外的气流，滞止温度或总温的定义为

图 2.3　普惠涡扇发动机进口或进气道【图片由普惠友情提供】

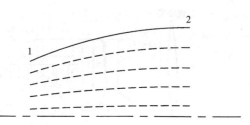

图 2.4　标注流线的理想进气道

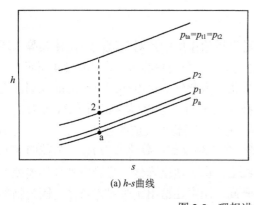

(a) $h\text{-}s$ 曲线

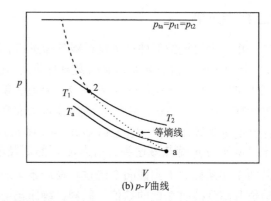

(b) $p\text{-}V$ 曲线

图 2.5　理想进气道的热力学曲线

$$\frac{T_{\text{ta}}}{T_{\text{a}}} = 1 + \frac{\gamma-1}{2}M_{\text{a}}^2 \tag{2.2.4}$$

从滞止压力或总压的定义有

$$\frac{T_{\text{ta}}}{T_{\text{a}}} = \left(\frac{p_{\text{ta}}}{p_{\text{a}}}\right)^{\frac{\gamma-1}{\gamma}} \tag{2.2.5}$$

因此，进气道前的等熵流有

$$\frac{p_{\text{ta}}}{p_{\text{a}}} = \left(1 + \frac{\gamma-1}{2}M_{\text{a}}^2\right)^{\frac{\gamma}{\gamma-1}} \tag{2.2.6}$$

又因为进气道内的气流为绝热的，因此总焓不变，有

$$T_{t1} = T_{t2} \tag{2.2.7}$$

气流也是等熵的，因此总压为常数，有

$$p_{t1} = p_{t2} \tag{2.2.8}$$

因此，对理想进气道有

$$\frac{T_{t2}}{T_a} = 1 + \frac{\gamma - 1}{2} M_a^2 \tag{2.2.9}$$

$$\frac{p_{t2}}{p_a} = \left(1 + \frac{\gamma - 1}{2} M_a^2\right)^{\frac{\gamma}{\gamma - 1}} \tag{2.2.10}$$

如此，根据马赫数和气流的静态属性，按式(2.2.10)就可以求出进气道出口的滞止(或总)温度和压力了。

2.2.2 压气机

下面讨论的部件是压气机。图2.6中给出了一个压气机的结构示意图。图2.7所示为普惠F100发动机中的压气机。从这些图中我们可以看出，压气机中有成排的静止叶片(称为静子叶片)。紧接着静子叶片后面的是旋转的可动叶片(称为转子叶片)，转子安装在鼓盘和传动轴上。压气机中，叶片用来改变局部气流方向，而转子叶片在更改气流方向的同时还对气流做功，详细讨论见第6章。与所有叶片类似，理想情况下，气流穿过静子和转子时前缘攻角(或冲角)为零，且气流沿叶片平稳运动。典型情况下，一个压气机包含5~25组转子叶片和静子叶片。通常情况下，随着压气机整体压比的增高，燃气涡轮的性能也会提升。然而，随着压比的增大，压气机的级数也要增大，代价是成本和重量都会增大。此外，燃烧室内的稳定燃烧需要很高的进口压力(高压压气机出口)。

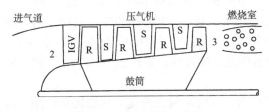

图2.6 压气机结构示意图　　图2.7 普惠F100发动机的十级压气机【来自图2.1】

图 2.8 所示为理想压气机的 *h-s* 图和 *p-V* 图。图中，过程 2—3 是等熵过程，焓(与温度)和压力都增大。图中还给出了 t2 和 t3 条件下的总(或滞止)压和总焓(与温度)。压缩过程中，从截面 2 到截面 3 随着气流能量增大，总压和总焓也与之增大。由相关定义可知，滞止过程也是等熵过程。这样，如图中所示，条件 2、3、t2 和 t3 都在同一等熵过程线上。下面我们给出如下的压气机的两个性能参数——总压比和总温比(从截面 2 到截面 3)：

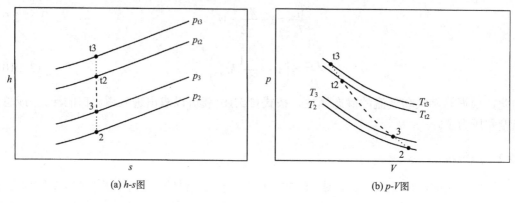

(a) *h-s*图　　　　　　　　　　　　　　　　(b) *p-V*图

图 2.8　理想压气机的热力学曲线

$$\pi_c = \frac{p_{t3}}{p_{t2}} \tag{2.2.11}$$

$$\tau_c = \frac{T_{t3}}{T_{t2}} \tag{2.2.12}$$

在本章随后部分和第 3 章中，我们可以看到，总压比是一个非常重要的设计参数。而且由于在理想压气机中气流的变化是一个等熵过程，总压比和总温比之间的关系满足

$$\pi_c = (\tau_c)^{\frac{\gamma}{\gamma-1}} \tag{2.2.13}$$

如果已知一个压气机的进口条件和总压比，则可求出出口条件。

2.2.3　风扇

在涡扇发动机中，一部分气流穿过发动机核心机(压气机、燃烧室和涡轮，见图 2.2)，而另一部分气流则经过外涵道——穿过风扇后经外涵道由外涵喷管排出。该部件如图 2.9 和图 2.10 所示。除截面不一样，风扇的 *h-s* 图和 *p-V* 图与压气机本质上是一致的。唯一的不同之处在于风扇和压气机的相对增压比和温升比不一样——在压气机中，这两个值要高得多。从 2 到 7 是一个等熵过程，温度和压力都会升高。而且总压和总温的条件为 t2 和 t7，它们在从 2 到 7 的过程中也会增高。由于滞止过程是等熵过程，条件 2、7、t2 和 t7 都在同一条等熵过程线上。

记发动机的核心机流量为 $\dot{m}$，外涵气流或称为二次流流量记为 $\dot{m}_s$，涵道比是外涵气流质量流量与核心机气流质量流量的比值，即

$$\alpha = \frac{\dot{m}_s}{\dot{m}} \tag{2.2.14}$$

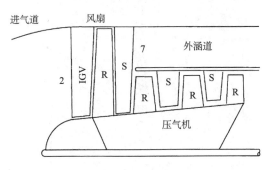

图 2.9　风扇结构示意图　　　　　　　图 2.10　F100 的三级风扇【来自图 2.1】

这是一个非常重要的设计参数。对现代飞机来说，涵道比的典型取值范围为 0.5~9。接下来要给出风扇的总压比和总温比的定义，它们是

$$\pi_f = \frac{p_{t7}}{p_{t2}} \qquad (2.2.15)$$

$$\tau_f = \frac{T_{t7}}{T_{t2}} \qquad (2.2.16)$$

在理想情况下，这两个参数之间的关系可以由等熵结果给出：

$$\pi_f = (\tau_f)^{\frac{\gamma}{\gamma-1}} \qquad (2.2.17)$$

需要注意的是，整个压缩系统的总压比和总温比（π_c 和 τ_c）同时包括风扇和压气机内的总特性，也就是说，风扇同时扮演了低压压气机的前几级的角色。

2.2.4　涡轮

图 2.11 所示为一个涡轮的结构示意图。图 2.12 是 F100 发动机中的涡轮。与压气机类似，发动机中涡轮也是由一系列翼面组成：静止的静子叶片和转动的转子叶片。在涡轮中，转子从工质中获得功率。涡轮的级数比压气机的级数少。图 2.13 是一个理想涡轮的 h-s 图和 p-V 图。与压气机类似，我们也假设工质在涡轮中的变化过程 4—5 是一个理想的等熵过程。不同的是，涡轮中的压力、温度、总压和总温都在下降，这是因为工质对涡轮做功。同样，该过程中，截面 4 到截面 5 的静态条件和滞止条件都在同一条等熵过程线上。与压气机类似，我们给出总压比和总温比的定义：

$$\pi_t = \frac{p_{t5}}{p_{t4}} \qquad (2.2.18)$$

$$\tau_t = \frac{T_{t5}}{T_{t4}} \qquad (2.2.19)$$

同样，由于在理想涡轮中，气流的变化过程是等熵过程，因此有

$$\pi_t = \left(\tau_t\right)^{\frac{\gamma}{\gamma-1}} \qquad (2.2.20)$$

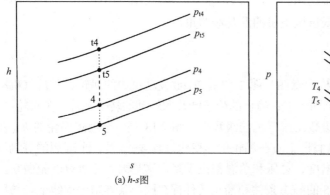

图 2.11　涡轮结构示意图

图 2.12　F100 发动机中四级涡轮【来自图 2.1】

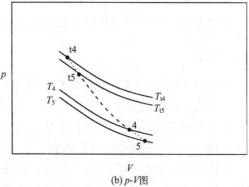

(a) $h\text{-}s$图

(b) $p\text{-}V$图

图 2.13　理想涡轮的热力学曲线

2.2.5　螺旋桨

螺旋桨用在涡桨发动机上（图 2.14 和图 2.15），一定程度上，它可近似作为涵道比非常大（20~100）的风扇。螺旋桨的基本工作原理是从轴向吸入气流，对气流加速，使其速度增大，从涡轮中获得功并对气流做功。由于穿过螺旋桨的气流很大，因此能产生较大的拉力。旋转的螺旋桨叶片对气流做功，设计时要求这些螺旋桨叶片能高效地对气流加速，且在螺旋桨前缘攻角为零（Theodorsen，1948）。通常在设计螺旋桨时，要求可以在叶根处调整或翻转，方便调节螺旋桨叶片的倾转角。这样，螺旋桨就能在不同的转速和高度下，通过调节倾转角，使前缘攻角最小。在特定条件下的叶片设置通常称为"控制计划"。叶片也能在着陆刹车时产生负的推力或反推力。螺旋桨有大的轮毂比——桨叶直径比桨根处直径大得多。由于离心力的作用，螺旋桨要承受巨大的压力。如果直接连接到压气机传动轴上，螺旋桨承受不了那么大的压力，因而通常使用一个减速比为 10~20 的齿轮箱来减小螺旋桨的转速。

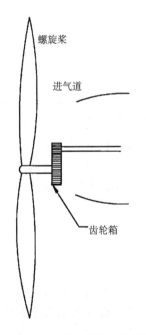

图 2.14　螺旋桨结构示意图　　　　　图 2.15　在地面测试台上配装螺旋桨的罗-罗
　　　　　　　　　　　　　　　　　　　Dart 涡桨发动机【图片由罗-罗友情提供】

对涡桨发动机而言，尽管喷管气流也能产生一部分的推力，但是绝大部分的推力来自螺旋桨。而且螺旋桨需要消耗大量的功率来产生推力。在分析螺旋桨的时候，我们将螺旋桨获得的功率 P_p 定义为螺旋桨推力与气流速度的乘积，即

$$P_p = F_p u_a \tag{2.2.21}$$

本章采用由 Kerrebrock（1992）定义的无量纲量螺旋桨功系数来衡量螺旋桨效率：

$$C_{Wp} = \frac{P_p}{\dot{m} c_p T_a} \tag{2.2.22}$$

如果知道螺旋桨的功系数、核心气流质量流率和飞机的速度，就可以算出推力。

我们还经常使用另外两个特性参数来关联螺旋桨的数据。第一个参数是推力系数，其定义为

$$C_{\mathrm{T}} = \frac{F_{\mathrm{p}}}{\frac{1}{2}\rho_{\mathrm{a}} u_{\mathrm{a}}^2 A_{\mathrm{p}}} \qquad (2.2.23\mathrm{a})$$

式中，A_{p} 是螺旋桨转动时扫过的圆形面积。有时该参数也被定义为

$$C_{\mathrm{T}} = \frac{F_{\mathrm{p}}}{\rho_{\mathrm{a}} N_{\mathrm{p}}^2 D_{\mathrm{p}}^4} \qquad (2.2.23\mathrm{b})$$

式中，N_{p} 是螺旋桨的转速；D_{p} 是螺旋桨的半径。另一个参数是功率系数，其定义为

$$C_{\mathrm{p}} = \frac{P_{\mathrm{p}}}{\frac{1}{2}\rho_{\mathrm{a}} u_{\mathrm{a}}^3 A_{\mathrm{p}}} \qquad (2.2.24\mathrm{a})$$

有时该参数也被定义为

$$C_{\mathrm{p}} = \frac{P_{\mathrm{p}}}{\rho_{\mathrm{a}} N_{\mathrm{p}}^3 D_{\mathrm{p}}^5} \qquad (2.2.24\mathrm{b})$$

第 1 章中我们说桨扇发动机是大尺寸螺旋桨涡桨发动机的一种替代选择。在 20 世纪 80 年代到 90 年代初，NASA 和 GE、普惠、罗-罗(图 1.36 和图 1.37 均所示为涡桨发动机)以及其他厂商对这种发动机进行过研究。这种发动机在美国从未进入批产。这种发动机是涡桨发动机(低速时具有优异的效率与经济性)与传统涡扇发动机的一种结合体。桨扇发动机的螺旋桨比涡桨发动机的螺旋桨短，因而能够不用减速齿轮箱而直接与传动轴连接。而且在这种发动机上还有很多高度后倾的叶片。相比传统的涡桨发动机，这种设计在更高的飞行马赫数时还能具有足够高的效率。

2.2.6　传动轴

除了冲压发动机，在几乎所有的发动机中，驱动所有的压缩部件(包括压气机和可能的风扇或螺旋桨)的功率都来自涡轮部件。图 2.16 和图 2.17 所示为涡喷发动机中的传动轴[①]。理想情况下，从涡轮部件中获得的功率都被传递到压缩部件。而且理想情况下发动机内部

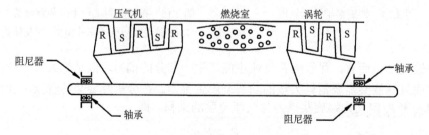

图 2.16　涡喷发动机传动轴示意图

---

① 译者注：图 2.17 所示应该是涡扇发动机的传动轴。

图 2.17 F100 发动机上的传动轴【来自图 2.1】

的质量流率是恒定的(燃油流量忽略不计),因而穿过涡轮的质量流率与穿过压气机的质量流率是相等的。因此,综合考虑压气机、风扇、螺旋桨和涡轮的功率,对于大部分理想情况(图 2.2),利用传动轴的功率平衡有

$$\underbrace{\dot{m}c_p(T_{t3}-T_{t2})}_{压气机}+\underbrace{\dot{m}_s c_p(T_{t7}-T_{t2})}_{风扇}+\underbrace{C_{Wp}\dot{m}c_p T_{ta}}_{螺旋桨}=\underbrace{\dot{m}c_p(T_{t4}-T_{t5})}_{涡轮} \tag{2.2.25}$$

式中, $\dot{m}_s$ 是外涵气流质量流量。综合式(2.2.14),我们可得到

$$\dot{m}c_p(T_{t3}-T_{t2})+\alpha\dot{m}c_p(T_{t7}-T_{t2})+C_{Wp}\dot{m}c_p T_{ta}=\dot{m}c_p(T_{t4}-T_{t5}) \tag{2.2.26}$$

2.2.7 主燃烧室

图 2.18 所示为一个主燃烧室的结构示意图。图 2.19 是 F100 发动机上的燃烧室。燃烧室的设计非常复杂,必须依赖大量试验。燃油注入燃烧室中后与气流逐渐混合,然后燃烧。燃烧室是发动机中唯一产生能量的地方(有时候还有加力燃烧室)。因此,燃烧室内(从截面3 到截面4)的能量平衡非常重要。图 2.20 所示为一个理想燃烧室的 h-s 曲线和 p-V 曲线。理想情况下,过程 3—4 是一个等压过程,但是该过程肯定不是等熵过程,因为在此过程中,存在使熵增加的不可逆燃烧过程。且如果气流速度很低,过程 3—4 中总压也是常数。在燃烧室内,静温和总温会显著地增加。因此,过程 3—4 中静比体积和总比体积都会增加,而工质的密度会显著降低。

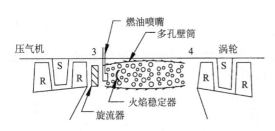

图 2.18 主燃烧室结构示意图

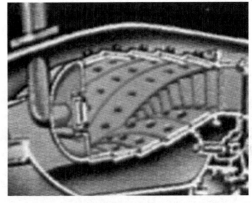

图 2.19 F100 发动机的主燃烧室【来自图 2.1】

首先,我们来分析燃烧室内静态能量方程:

$$\dot{Q}-P=\Delta\dot{h} \tag{2.2.27}$$

式中, $\dot{Q}$ 是燃烧加给工质的热能速率; P 是从气流中获得的功率; $\Delta\dot{h}$ 则对应于气流中总焓的变化率。 $\Delta\dot{h}$ 包括两个部分:一是穿过燃烧室的气流;二是加到燃烧室中的燃油。假设进

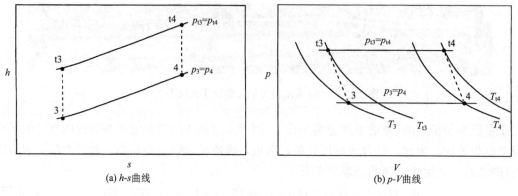

(a) h-s曲线　　　　　　　　　　　　　(b) p-V曲线

图 2.20　理想燃烧室的热力学曲线

出燃烧室的气流的比热容都基于纯空气流来计算，为 c_p。在第 9 章中我们将会看到，对于低的燃油流量而言，这种假设是有效的。燃油的比热容为 c_{pf}。燃烧室出口燃气温度都是 T_{t4}，气流进口温度为 T_{t3}，燃油进口温度为 T_{tf}。将该方程用于过程 3—4，且注意到燃烧室并不做功，于是有

$$\dot{m}_f \Delta H = \dot{m}(h_{t4} - h_{t3}) + \dot{m}_f(h_{t4} - h_{tf}) \tag{2.2.28a}$$

或

$$\dot{m}_f \Delta H = \dot{m}(c_p T_{t4} - c_p T_{t3}) + \dot{m}_f(c_p T_{t4} - c_{pf} T_{tf}) \tag{2.2.28b}$$

式中，ΔH 是燃油的热值；$\dot{m}_f$ 是喷射进燃烧室的燃油质量流量[①]。利用 $\mathrm{d}h = c_p \mathrm{d}T$ 重写该方程，并按式 (2.2.29) 定义发动机参数 τ_b：

$$\tau_b = \frac{T_{t4}}{T_{t3}} \tag{2.2.29}$$

有

$$\frac{\dot{m}_f}{\dot{m}} \Delta H = c_p T_{t3}(\tau_b - 1) + \frac{\dot{m}_f}{\dot{m}} c_p T_{t3}\left(\tau_b - \frac{c_{pf}}{c_p}\right) \tag{2.2.30}$$

接下来，对不含加力燃烧室的发动机，我们定义油气比为

$$f \equiv \frac{\dot{m}_f}{\dot{m}} \tag{2.2.31}$$

对于很多发动机，该参数的数值都很小（数量级约为 0.02）。因此对于理想循环，可以将其忽略不计。这样，利用式 (2.2.30) 解出 $\dot{m}_f$，可以得到

$$\dot{m}_f = \frac{\dot{m} c_p T_{t3}(\tau_b - 1)}{\Delta H} \tag{2.2.32}$$

我们给出的燃烧室的最后一个方程为

$$\pi_b = \frac{p_{t4}}{p_{t3}} \tag{2.2.33}$$

在理想情况下，由于燃烧室内的总压是常数，该值为 1，或

---

① 译者注：原文为质量流率，此处按照行业内的通用表述译为质量流量，后面不再说明。

$$p_{t4} = p_{t3} \tag{2.2.34}$$

为便于将其加入到一个理想循环分析，此处对燃烧室的分析做了极大的简化。在第 9 章中，我们将会对燃烧室进行更为详细和精确的绝热火焰温度分析。在第 9 章我们还会分析燃烧室内的化学平衡(包括所有的反应物和生成物)和热力学分析。对于一个发动机初步循环分析，热值分析方法就足够了。

2.2.8　加力燃烧室

图 2.21 所示为加力燃烧室的结构示意图。在图 2.22 中，我们给出了 F100 发动机的加力燃烧室。加力燃烧室的设计比主燃烧室要简单得多。加力燃烧室简单来说就是在尾喷管上游再喷入燃油燃烧。对一个理想加力燃烧室来说，过程 5.5—6 是一个等压过程但非等熵过程。类似于主燃烧室，不可逆燃烧使熵值增加。而且理想情况下这一过程总压为常数。这样，静比体积和总比体积都会增加，工质密度显著减小。类似于主燃烧室，加力燃烧室内的能量平衡主要考虑燃油释放的热量与工质的温度变化之间的关系。类似于主燃烧室内的推导过程，我们可以得到过程 5.5—6 中有

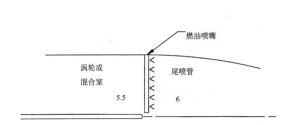

图 2.21　加力燃烧室结构示意图　　　　图 2.22　F100 的加力燃烧室【来自图 2.1】

$$\dot{m}_{fab}\Delta H = \dot{m}_{5.5}(c_p T_{t6} - c_p T_{t5.5}) + \dot{m}_{fab}(c_p T_{t6} - c_{pfab} T_{tfab}) \tag{2.2.35}$$

式中，$\dot{m}_{fab}$ 是喷入加力燃烧室内的燃油质量流率；$\dot{m}_{5.5}$ 是进入加力燃烧室内的气流质量流率。对于理想涡喷发动机或分开排气涡扇发动机来说，$\dot{m}_{5.5}$ 可简化为 $\dot{m}$，对于混合排气涡扇发动机，$\dot{m}_{5.5}$ 为 $(\dot{m} + \alpha\dot{m})$。而且在推导式(2.2.35)过程中，我们认为主燃烧室内的燃油质量流量很小。给出如下定义并重写方程：

$$\tau_{ab} = \frac{T_{t6}}{T_{t5.5}} \tag{2.2.36}$$

有

$$\frac{\dot{m}_{fab}}{\dot{m}_{5.5}}\Delta H = c_p T_{t5.5}(\tau_{ab} - 1) + \frac{\dot{m}_{fab}}{\dot{m}_{5.5}} c_p T_{t5.5}\left(\tau_{ab} - \frac{c_{pfab}}{c_p}\right) \tag{2.2.37}$$

可以比较的是，对于很多发动机来说 $\dot{m}_{fab}/\dot{m}_{5.5}$ 的数值是非常小的。因此理想分析下，该项可忽略不计。因此利用式(2.2.37)可解出 $\dot{m}_{fab}$：

$$\dot{m}_{fab} = \frac{\dot{m}_{5.5} c_p T_{t5.5} (\tau_{ab} - 1)}{\Delta H} \tag{2.2.38}$$

加力燃烧室的油气比定义为

$$f_{ab} \equiv \frac{\dot{m}_{fab}}{\dot{m}} \tag{2.2.39}$$

加力燃烧室的最后一个定义为

$$\pi_{ab} = \frac{p_{t6}}{p_{t5.5}} \tag{2.2.40}$$

而对理想情况而言，加力燃烧室内为恒压，因此有

$$p_{t6} = p_{t5.5} \tag{2.2.41}$$

2.2.9　尾喷管

尾喷管的作用是将中等温度和压力的气流转换成能产生推力的高速气流。图 2.23 所示为一个尾喷管的结构示意图。图 2.24 是 F100 发动机的尾喷管。在图 2.25 中我们给出了理想尾喷管中气流的 h-s 曲线和 p-V 曲线。简单来说，过程 6—8，气流加速，穿过尾喷管之后静温和静压降低。而气流的比体积显著增大（密度减小），速度增大。整个加速过程与滞止过程一样，是一个等熵绝热过程。因此条件 6 和 8 与滞止条件都在同一条等熵过程线上，整个喷管内气流的总压和总温为定值。气流出口总温可表示为

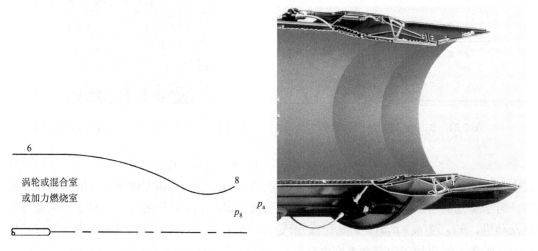

图 2.23　尾喷管结构示意图　　　　　　　图 2.24　F100 发动机的尾喷管【来自图 2.1】

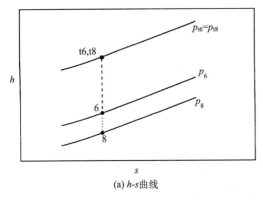

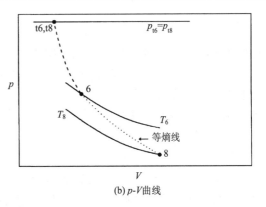

(a) h-s曲线　　　　　　　　　　　　　　(b) p-V曲线

图 2.25　理想尾喷管的热力学曲线

$$T_{t8} = T_8\left(1 + \frac{\gamma-1}{2}M_8^2\right) \tag{2.2.42}$$

理想情况下，尾喷管内的气体流动过程是绝热过程，因此有

$$T_{t8} = T_{t6} \tag{2.2.43}$$

因而

$$T_{t6} = T_8\left(1 + \frac{\gamma-1}{2}M_8^2\right) \tag{2.2.44}$$

出口总压可由式(2.2.45)给出

$$p_{t8} = p_8\left(1 + \frac{\gamma-1}{2}M_8^2\right)^{\frac{\gamma}{\gamma-1}} \tag{2.2.45}$$

理想情况下，尾喷管内的气体流动过程也是等熵过程，于是有

$$p_{t8} = p_{t6} \tag{2.2.46}$$

因而

$$p_{t6} = p_8\left(1 + \frac{\gamma-1}{2}M_8^2\right)^{\frac{\gamma}{\gamma-1}} \tag{2.2.47}$$

对于理想发动机，尾喷管出口压力与环境压力匹配或是相等，也就是

$$p_8 = p_a \tag{2.2.48}$$

如此便有

$$p_{t6} = p_a\left(1 + \frac{\gamma-1}{2}M_8^2\right)^{\frac{\gamma}{\gamma-1}} \tag{2.2.49}$$

因此，如果已知进口总压和环境压力，就可以计算出口马赫数。利用出口马赫数，结合式(2.2.44)，如果已知进口总温就可以计算出口总温。最后，利用声速(式(H.2.8))和马赫数可以计算出口速度：

$$u_8 = M_8\sqrt{\gamma R T_8} \tag{2.2.50}$$

利用绝热过程的能量方程(式(H.2.6))可以得到

$$u_8 = \sqrt{2c_p(T_6 - T_8)} \tag{2.2.51}$$

式(2.2.50)与式(2.2.51)得到的结果相同。

读者需要注意，此处我们做了两个独立的假设：一个就是尾喷管是理想部件，即尾喷管中的过程是等熵绝热过程，整体效率为100%；另一个就是发动机出口是理想条件，也就是说 $p_8 = p_a$。这两个假设是相互独立的，在第3章和第5章中我们会进行分析。

2.2.10 外涵喷管

图2.26所示为一个外涵喷管的结构示意图。对理想的绝热外涵喷管，其基础气动热力学原理与理想绝热的尾喷管基本一致。在外涵喷管内过程7—9，气流速度增加，静温和静压下降，比体积显著增加。因为这一理想加速过程是等熵过程，所以也是理想的等熵绝热过程。因此条件7、9与滞止条件都在同一条滞止过程线上，总压和总温为常数。由于此过程与尾喷管中的过程类似，具体方程的推导过程在此不再赘述。下面直接列出相关方程：

$$T_{t9} = T_9\left(1 + \frac{\gamma - 1}{2}M_9^2\right) \tag{2.2.52}$$

$$T_{t9} = T_{t7} \tag{2.2.53}$$

$$T_{t7} = T_9\left(1 + \frac{\gamma - 1}{2}M_9^2\right) \tag{2.2.54}$$

$$p_{t9} = p_9\left(1 + \frac{\gamma - 1}{2}M_9^2\right)^{\frac{\gamma}{\gamma-1}} \tag{2.2.55}$$

$$p_{t9} = p_{t7} \tag{2.2.56}$$

$$p_{t7} = p_9\left(1 + \frac{\gamma - 1}{2}M_9^2\right)^{\frac{\gamma}{\gamma-1}} \tag{2.2.57}$$

$$p_9 = p_a \tag{2.2.58}$$

$$p_{t7} = p_a\left(1 + \frac{\gamma - 1}{2}M_9^2\right)^{\frac{\gamma}{\gamma-1}} \tag{2.2.59}$$

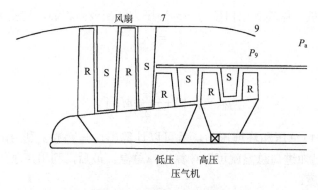

图2.26 外涵喷管结构示意图

$$u_9 = M_9\sqrt{\gamma RT_9} \tag{2.2.60}$$

或

$$u_9 = \sqrt{2c_{\mathrm{p}}(T_7 - T_9)} \tag{2.2.61}$$

2.2.11　外涵道

当发动机中存在风扇且至少有一部分流经风扇的气流与涡轮出口气流混合时，就需要用外涵道(图2.27和图2.28)来引导外涵气流。理想情况下，我们假设所有的外涵气流要么都通过外涵喷管排出，要么都经由外涵道后与核心机气流混合。后一种外涵气流对应的过程从截面7到截面7.5。对理想的外涵气流通道，其中的过程是一个绝热过程，因此气流在流经外涵道的过程中总温为一个常数，即

$$T_{t7.5} = T_{t7} \tag{2.2.62}$$

这一过程也是等熵过程，因此总压也是常数

$$p_{t9} = p_{t7} \tag{2.2.63}$$

在准稳态条件下，来自外涵道的气流与来自核心机的气流在混合室进口处的静压应该相等。如果不相等，就会在风扇或是核心机气流通道发生逆流，而这是不可能的。因此静压必须相等：

$$p_{7.5} = p_5 \tag{2.2.64}$$

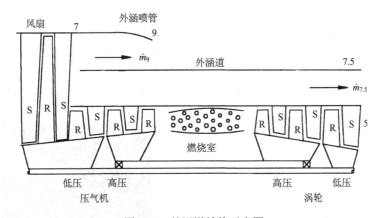

图 2.27　外涵道结构示意图

图 2.28　F100 发动机上的外涵道【来自图 2.1】

将这一条件应用到混合室的分析中还需要知道流速或混合区域的截面积，因为所有其他部件的分析都需要用到总压。但如果两股气流的马赫数基本相等，也就是说 $M_{7.5} \approx M_5$ 或

马赫数都低于 0.3 时压缩效应可忽略不计，此时上述条件就可以由下面的条件替代：

$$p_{t7.5} = p_{t5} \tag{2.2.65}$$

这是一个更为简化的条件，在接下来的理想循环分析中我们将使用这个条件，因为它使我们开展循环分析变得更容易。

2.2.12　混合室

对一个完全混合排气的涡扇发动机来说，混合室的作用是将来自外涵道的气流与来自核心机的气流进行混合。混合室之后的气流 5.5 物理特性按加权平均处理。图 2.29 所示为一个混合室的结构示意图。图 2.30 是 F100 发动机上的混合室。混合室可看作由一系列叶片组成，它将来自外涵道的冷气流与来自涡轮出口的热气流混合成统一的气流。理想情况下，这一过程是等熵过程；因此总压是常数。因此由式 (2.2.65) 中引用的条件可得

$$p_{t5.5} = p_{t5} = p_{t7.5} \tag{2.2.66}$$

对于绝热气流，在混合室前后的总焓之和为定值。且理想情况下，混合室出口气流的静温和总温是一致的。如果考虑截面 5.5 处的气流，可得到能量方程为

$$(\dot{m} + \dot{m}_s)h_{t5.5} = \dot{m}_s h_{t7.5} + \dot{m}h_{t5} \tag{2.2.67}$$

式中，$\dot{m}$ 是核心机内质量流率；$\dot{m}_s$ 是外涵气流质量流率。利用式 (2.2.14) 中涵道比的定义，可得

$$h_{t5.5} = \frac{\alpha h_{t7.5} + h_{t5}}{\alpha + 1} \tag{2.2.68}$$

对于理想气体，式 (2.2.68) 可进一步简化为

$$T_{t5.5} = \frac{\alpha T_{t7.5} + T_{t5}}{\alpha + 1} \tag{2.2.69}$$

至此，若进口气流的特性已知，就可求出出口的气流特性。

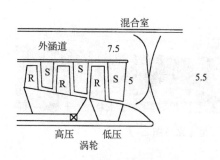

图 2.29　混合室结构示意图

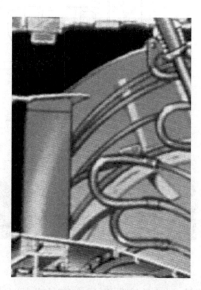

图 2.30　F100 发动机的混合室部分【来自图 2.1】

2.2.13　燃气轮机排气装置

本书的主要内容是喷气推进，而且燃气轮机与之密切相关。事实上，如第 1 章中所讨论的，很多发电和海基应用中的燃气轮机来自"航改"发动机。也就是说，这类燃气涡轮中的很多技术进步部分源于喷气式发动机的设计研究。燃气轮机与喷气式发动机之间最大的区别之一就是燃气轮机的出口气流速度与喷气式发动机尾喷管的气流速度相比非常小而且不产生推力。因此，由于尾喷管和涡轮排气装置的功能不一样，它们也应区别对待并分开讨论。

图 2.31 所示为一个燃气轮机排气装置的结构简图。图 2.32 是 Coberra 6000 系列燃气轮机。读者应注意这种几何外形与喷气式发动机的两大区别：第一，排气装置将涡轮后的轴流式气流转化成径向气流，出口处用一组大的叶片将气流平稳地引向排气系统的末端；第二，进口处有一个喇叭状结构将气流加速引向压气机中。另外还应注意到，这一类装置中

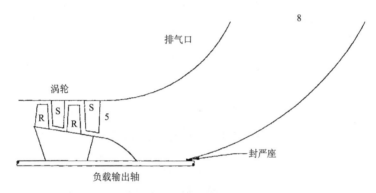

图 2.31　燃气轮机排气装置结构示意图

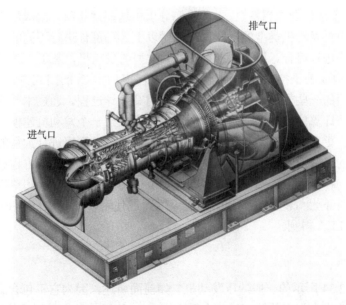

图 2.32　Coberra 6000 系列燃气轮机【图片由罗–罗友情提供】

还有对外输出功率的两级大的辅助涡轮或自由涡轮。通常，燃气轮机的排气装置都很大并且会有很多附属设施，如通过管道连接到烟囱。排气系统的出口气流速度非常小，因此其静压和总压基本一致。排气装置的设计应尽量光滑，气流通道也应避免过于复杂。

图 2.33(a) 所示为理想排气装置的 h-s 曲线，图 2.33(b) 所示为 p-V 曲线。理想排气装置中气流运动过程为一个绝热等熵过程。由于气流速度的减少，静压和静温都随之升高。由于出口处的气流速度非常小，出口静压与环境压力相等。因此，可以得到一组方程：

$$p_{t8} = p_8 = p_{t5} = p_a \qquad (2.2.70)$$

$$T_{t8} = T_8 = T_{t5} \qquad (2.2.71)$$

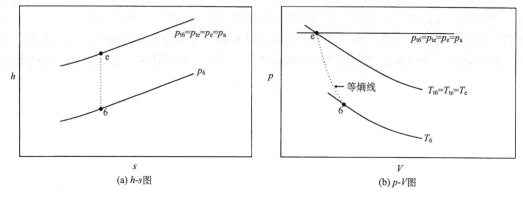

(a) h-s图   (b) p-V图

图 2.33   理想排气装置的热力学曲线

2.3   循 环 分 析

2.2 节描述了各部件的理想特性。本节我们分析由这些理想部件组成的不同类型的发动机的工作特性。根据发动机类型的不同，可以对以上各种部件进行不同的组合，且这些部件可通过两种方式进行组合。第一种：对于不同类型的发动机，基于 2.2 节中部件特性方程，理论上可以构成关于推力和单位推力燃油消耗率(TSFC)的闭式方程组。Kerrebrock (1992)提出了下面的一些方程，但是并未完整说明其推导过程。通过本节读者可以看到，在不进行大量细节计算的前提下，如何组合这些方程来给一个发动机建模。类似的流程也可用于燃气轮机。更为重要的是，利用这种方法，读者可以不用进行大量的数值参数计算而直接判断具体的参数对发动机总体性能的影响。有时候，基于性能方程进行解析性优化也是可行的。第二种：我们以实例的方式通过对每一种部件进行分析和单步的数值计算。不同类型不同条件下燃气涡轮的分析结果也可以通过使用软件"JETENGINECYCLE"和"POWERGTCYCLE"得到。

2.3.1   冲压发动机

我们分析图 2.34 所示的一般冲压发动机。如前面所述，因为它不包含旋转轴，这类发动机是喷气式发动机中最简单的一种。在图 2.34 中，位置 a 处表征的是外界环境，1 代表进气道进口，3 是进气道出口或燃烧室进口，4 是燃烧室出口或尾喷管进口，8 是尾喷管出口。图 2.35 中，我们给出了理想冲压发动机的 $h\text{-}s$ 曲线。从图中可以看出，从 a 到 1 再到 3，是一个等熵过程，由于"冲压"效应，其压力依次增大。过程 3—4 是一个绝热燃烧过程。最后过程 4—8 是一个等熵膨胀过程，对应气流速度增大，压力减小。a 和 8 两个状态处在同一条等压线上，但并不形成一个闭式循环。

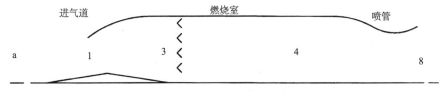

图 2.34　冲压发动机

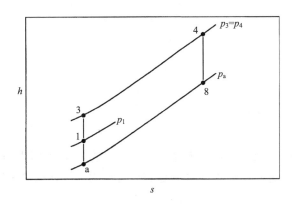

图 2.35　理想冲压发动机的 $h\text{-}s$ 曲线

我们现在要在给定的部件特性基础上，求取发动机推力。理想情况下，燃油流量可以忽略不计，因此可以利用式 (1.4.14)，得到

$$F = \dot{m}(u_e - u_a) + A_e(p_e - p_a) \tag{2.3.1}$$

对于具体的发动机，式中的气流流量 $\dot{m}$ 是已知的。同样，我们认为飞行器的速度 u_a 也是已知的。理想情况下，尾喷管压力与环境压力相等，即 $p_e = p_a$。此时要求得推力，唯一需要知道的数值是 u_e，对于冲压发动机而言，也就是 u_8。利用 $\dot{m}u_a$ 将推力无量纲化，可得到

$$\frac{F}{\dot{m}u_a} = \left(\frac{u_8}{u_a} - 1\right) \tag{2.3.2}$$

因此，要得到式 (2.3.2) 的结果，首先需要求得尾喷管气流速度 u_8 或比值 u_8/u_a。因此接下来几步我们推导推力 F 和单位推力燃油消耗率 TSFC 与发动机控制参数之间的关系。首先要确定的是比值 u_8/u_a，我们可以通过式 (2.3.3) 来确定：

$$\frac{u_8}{u_a} = \frac{M_8 a_8}{M_a a_a} = \frac{M_8 \sqrt{\gamma R T_8}}{M_a \sqrt{\gamma R T_a}} = \frac{M_8 \sqrt{T_8}}{M_a \sqrt{T_a}} \tag{2.3.3}$$

式中，M_8 和 M_a 分别是出口气流与自由来流的马赫数；a_8 和 a_a 则分别是出口气流和自由来流中的声速。截面 a 和 8 处的总压可以按以下公式计算：

$$\frac{p_{ta}}{p_a} = \left(1 + \frac{\gamma-1}{2}M_a^2\right)^{\frac{\gamma}{\gamma-1}} \tag{2.3.4}$$

$$\frac{p_{t8}}{p_8} = \left(1 + \frac{\gamma-1}{2}M_8^2\right)^{\frac{\gamma}{\gamma-1}} \tag{2.3.5}$$

在理想情况下，我们假设出口压力与环境压力相等，即

$$p_8 = p_a \tag{2.3.6}$$

同样，过程 a—1（外部气流）、1—3（进气道）、4—8（尾喷管）都是等熵过程，而过程 3—4（燃烧室）是等压过程（注意是总压为常数，不是静压）。因此，在整个冲压发动机中，总压都是常数：

$$p_{ta} = p_{t1} = p_{t3} = p_{t4} = p_{t8} \tag{2.3.7}$$

综合式（2.3.6）和式（2.3.7）可得

$$\frac{p_{ta}}{p_a} = \frac{p_{t8}}{p_8} \tag{2.3.8}$$

结合式（2.3.4）、式（2.3.5）和式（2.3.8），可以得到

$$M_a = M_8 \tag{2.3.9}$$

这个结论乍看或许有些吃惊——自由来流和出口气流的马赫数相同，但速度并非相等。由于才从燃烧室中排出，进入尾喷管的气流是非常炙热的。结合式（2.3.3）和式（2.3.9）可以得出排气速度：

$$\frac{u_8}{u_a} = \frac{\sqrt{T_8}}{\sqrt{T_a}} \tag{2.3.10}$$

对于截面 a 和截面 8 处的总温，结合附录中式（H.2.9）可以得到

$$\frac{T_{t8}}{T_{ta}} = \frac{T_8\left(1 + \frac{\gamma-1}{2}M_8^2\right)}{T_a\left(1 + \frac{\gamma-1}{2}M_a^2\right)} \tag{2.3.11}$$

但由于马赫数相同，因此有

$$\frac{T_{t8}}{T_{ta}} = \frac{T_8}{T_a} \tag{2.3.12}$$

过程 a—3（外部和进气道）和过程 4—8（尾喷管）都是绝热过程，因此这些过程中的总温都保持不变：

$$T_{t3} = T_{ta} \tag{2.3.13}$$
$$T_{t8} = T_{t4} \tag{2.3.14}$$

如此，有

$$\frac{T_{t8}}{T_{ta}} = \frac{T_{t4}}{T_{t3}} = \tau_b \tag{2.3.15}$$

式中，τ_b 为燃烧室内的总温比。联立式（2.3.10）、式（2.3.12）和式（2.3.15）可得到

$$\frac{u_8}{u_a} = \sqrt{\tau_b} \tag{2.3.16}$$

而且，根据式 (2.3.2) 可得到无量纲化量：

$$\frac{F}{\dot{m}u_a} = \sqrt{\tau_b} - 1 \tag{2.3.17}$$

如果自由来流的速度以声速和马赫数的形式表示（$u_a = M_a a_a$），则无量纲化推力为

$$\frac{F}{\dot{m}a_a} = M_a\left(\sqrt{\tau_b} - 1\right) \tag{2.3.18}$$

至此，我们实现了一半的目标。从该方程可以看出，冲压发动机的量纲化推力与质量流率成正比，而且在其他参数都为常数的情况下，它直接与马赫数成正比。一个极限情况是马赫数为零，此时推力也为零。从这个角度看，冲压发动机是很特别的，此时仅靠自身是无法起飞的，当然其他类型的发动机也是如此。另外，随着燃烧室总温比的增大，推力也会增大。读者需要记住，燃烧室的总温比和进口总温是与自由来流的马赫数相关的，因此，要独立更改马赫数和燃烧室温升比比较困难。

我们已经导出了推力的计算公式，接下来推导如何求解 TSFC。由于这一参数依赖于燃油流量，需要结合稳态能量平衡方程来综合考量燃烧室方程 (2.2.32) 以及方程 (2.3.13) 与方程 (2.2.31)。油气比（$\dot{m}_f/\dot{m}$）为

$$f = \frac{c_p T_{ta}(\tau_b - 1)}{\Delta H} \tag{2.3.19}$$

结合式 (2.3.18)、式 (2.3.19) 和式 (1.5.3)[①]可得无量纲化的 TSFC：

$$\text{TSFC} \cdot a_a = \frac{c_p T_{ta}(\tau_b - 1)}{M_a \Delta H\left(\sqrt{\tau_b} - 1\right)} \tag{2.3.20}$$

利用该方程，基于发动机特性参数，可以估计出 TSFC。比照该方程，可以发现 TSFC 与环境总温直接成正比，但同时环境温度 T_{ta} 与马赫数有关。而且随着燃烧室内总温比的增大，TSFC 也会增加。至此，我们得到了关于期望性能参数（推力和 TSFC）的方程。冲压发动机 TSFC 的典型取值范围为 1.5~3lbm/(lbf·h)。

利用方程 (2.2.4) 求解 T_{ta}，并设 M_a 为 0，我们对方程 (2.3.20) 进行求导，可以非常容易得到：对于给定的高度、热值以及燃烧室内总温比 τ_b，TSFC 的最小值在如下条件下取得：

$$M_{a_{opt}} = \sqrt{\frac{2}{\gamma - 1}} \tag{2.3.21}$$

现在我们可以进行第一个趋势分析。开始之前，我们需要注意一个对所有发动机都非常重要的工作参数——对现代喷气式发动机而言，一个限制参数是材料的耐热极限值。基于这一点考虑，首先要考虑的是涡轮前温度 T_{t4}，因为这是在整个发动机中最为炙热的部分。对冲压发动机而言，对应部位是尾喷管；对包含旋转部件的发动机则为涡轮进口温度。因此，在给定高度下需要限定 T_{t4}/T_a。对于任何一种发动机，最重要的性能参数就是推力与 TSFC。图 2.36 中，我们在固定 T_{t4}/T_a 值（例如，$T_{t4} = 3000°\text{R}$，$T_a = 519°\text{R}$）下，给出了理

---

① 译者注：原文为式 (1.7.3)，根据上下文，应为式 (1.5.3)。

想冲压发动机的无量纲化推力和 TSFC 与马赫数之间的函数关系。图中我们还给出了油气比。在这一趋势和接下来的其他趋势分析中，我们设定比热容比为 1.4，$\Delta H/(c_p T_a)$ 的值为144.62。从图中可以看出，在某一个特定的马赫数下，推力最大；而 TSFC 的最小值则在一个更大的马赫数下得到。这意味着，对于给定的燃料和材料工作限制条件，根据期望最优的参数，存在两种不同的最优飞行条件。而且，在较小的马赫数下，TSFC 的数值快速升高，而推力快速降低，这也表明这种发动机不应在非常小的飞行速度下运行，因为"冲压效应"的缺失，进口总压太小。而随着马赫数的增大，如果 T_{t4} 保持定值，出口气流速度会逼近自由来流速度，结果就是推力下降。这些是非常重要的结论。虽然此处是基于理想分析，但是之后我们可以看到，通过非理想循环分析也可得到类似的趋势。

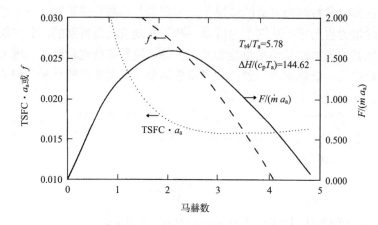

图 2.36　马赫数对理想冲压发动机无量纲化 TSFC、推力和油气比的影响

下面我们考虑一个特例——恰当油气比。在这种条件下，我们精确控制油气比，使加入的燃油和空气中的氧气完全燃烧。后面我们会对这一话题进行详细的讨论，此处我们先对其有个基本认识。基本上，对于给定量的燃油，恰当油气比条件意味着限定了燃烧室总温比 τ_b 和油气比 f，我们记为 τ_{bst} 和 f_{st}。典型情况下，喷气燃油的恰当油气比为 0.06~0.07，在第 9 章中我们将会看到，这会导致温度非常高，大大超过涡轮的极限值。但是，对冲压发动机来说，由于其内部没有转动部件，可以承受更高的温度。此时，方程 (2.3.19) 变为

$$\tau_{bst} - 1 = \frac{f_{st} \Delta H}{c_p T_{ta}} \tag{2.3.22}$$

利用方程 (2.3.20) 可得

$$\text{TSFC}_{st} = \frac{f_{st}}{M_a a_a \left(\sqrt{\tau_b} - 1 \right)} \tag{2.3.23}$$

联立以上两式有

$$\text{TSFC}_{st} = \frac{f_{st}}{M_a a_a \left(\sqrt{\dfrac{f_{st} \Delta H \left(\dfrac{T_a}{T_{ta}} \right)}{c_p T_a} + 1} - 1 \right)} \tag{2.3.24}$$

由图 2.37 可以注意到 T_{t4}/T_a 是自由来流马赫数的单值函数，在式(2.3.4)中已经给出。因此，在化学计量条件下，给定燃油流量后，TSFC 就只是马赫数和 T_a（或给定 γ 时的 a_a）的函数。我们可基于此进行趋势分析。图 2.37 中所示为化学计量条件下无量纲化 TSFC 随马赫数变化的曲线。从图中可以看出，在特定马赫数下，TSFC 取最小值。这种条件下，最大推力也在同一马赫数下取得。比较图 2.36 和图 2.37 可以看到多种特性。例如，在恰当油气比条件下，最优 TSFC 大于恰当油气比条件时的 TSFC。因此，这种条件下燃油经济性更差，但是最大推力却比之前的值高。因此当在恰当油气比条件下运转时，发动机可提供更大的推力。此时的最佳马赫数与非化学计量情况下的两种最优状态都不一致。还有一点很重要：恰当油气比条件下，随着马赫数增大，燃烧室出口温度将显著增大。

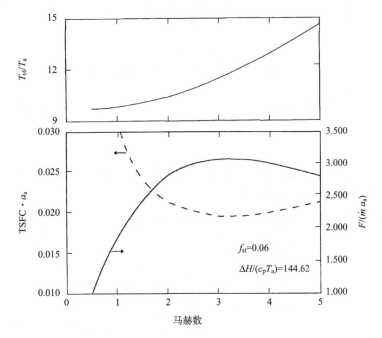

图 2.37　马赫数对理想冲压发动机恰当油气比条件下的无量纲化温度、TSFC 和无量纲化推力的影响

例 2.1　一冲压发动机在高 15000ft(4572m)时以 3 马赫数飞行，外部静温为 465.2°R(258.4K)，外部静压为 8.29psi(57.1kPa)（从附录 A 获得）。燃油热值为 20000Btu/lbm(46520kJ/kg)。发动机的进口空气流量为 100lbm/s(45.35kg/s)。燃烧室出口温度为 3500°R(1944K)。求发动机产生的推力，油气比和 TSFC。比热容比取 1.4。

解　如果只是为了解题，可简单利用方程(2.3.18)和方程(2.3.20)。但是这样会让工程师缺乏对详细信息的认识。因此，此题我们详细介绍每一部件的中间步骤。

(1)进气道。

首先，马赫数 $M_a = 3$，环境温度 $T_a = 258.4\text{K}$，可求得声速 a_a：

$$a_a = \sqrt{\gamma R T_a}$$

$$= \sqrt{1.4 \times 287.1 \frac{\text{J}}{\text{kg} \cdot \text{K}} \times 258.4\text{K} \times \frac{\text{N} \cdot \text{m}}{\text{J}} \times \frac{\text{kg} \cdot \text{m}}{\text{s}^2 \cdot \text{N}}}$$

$$= 322.2\text{m/s}(1057\,\text{ft/s})$$

因此，冲压速度为

$$u_a = M_a a_a = 3 \times 322.2\text{m/s} = 967.1\text{m/s}(3172\text{ft/s})$$

由方程 $\dfrac{T_{ta}}{T_a} = \left(1 + \dfrac{\gamma-1}{2}M_8^2\right)$ 可得滞止总温为

$$T_{ta} = 258.4\text{K}\left(1 + \frac{1.4-1}{2}3^2\right) = 723.9\text{K}(1303°\text{R})$$

因为在进气道中为一个绝热过程，因此进气道出口的温度为

$$T_{t3} = T_{ta} = 723.9\text{K}(1303°\text{R})$$

同样，对于总压，由方程 $\dfrac{p_{ta}}{p_a} = \left(1 + \dfrac{\gamma-1}{2}M_8^2\right)^{\frac{\gamma}{\gamma-1}}$ 可得

$$p_{ta} = 57.1\text{kPa}\left(1 + \frac{1.4-1}{2}3^2\right)^{\frac{1.4}{1.4-1}} = 2099\text{kPa}(304.4\text{psi})$$

又因为进气道、燃烧室和尾喷管都是理想部件，在整个发动机内总压为常数：

$$p_{t8} = p_{t4} = p_{t3} = p_{ta} = 2099\text{kPa}(304.4\text{psi})$$

（2）燃烧室。

题中给出了燃烧室出口温度 $T_{t4} = 1944\text{K}$，燃油热值为 46520kJ/kg，比热容比 $\gamma = 1.4$，压力定常时的比热容是 $1.005\text{kJ}/(\text{kg}\cdot\text{K})$。

因此，利用热力学第一定律可计算出燃油流量：

$$\dot{m}_f = \frac{\dot{m}c_p(T_{t4} - T_{t3})}{\Delta H}$$

$$= \frac{45.35\dfrac{\text{kg}}{\text{s}} \times 1.005\dfrac{\text{kJ}}{\text{kg}\cdot\text{K}} \times (1944 - 723.9)\text{K}}{46520\dfrac{\text{kJ}}{\text{kg}}}$$

$$= 1.195\text{kg/s}(2.636\text{lbm/s})$$

或

$$f = \frac{\dot{m}_f}{\dot{m}} = \frac{1.195}{45.35} = 0.02636$$

可以看出这一值非常小，符合我们之前对燃油流量可忽略不计的假设。

（3）尾喷管。

对于理想分析，从燃烧室到尾喷管的总温认为是常数（绝热过程）：

$$T_{t8} = 1944\text{K}$$

理想情况下，尾喷管出口的压力与环境压力相等：

$$p_8 = p_a = 57.1\text{kPa}(8.29\text{psi})$$

由总压的定义：

$$p_{t8} = p_8\left(1 + \frac{\gamma-1}{2}M_8^2\right)^{\frac{\gamma}{\gamma-1}}$$

可求得出口马赫数为

$$M_8 = \sqrt{\left(\frac{2}{\gamma-1}\right)\left(\left(\frac{p_{t8}}{p_8}\right)^{\frac{\gamma-1}{\gamma}}-1\right)} = \sqrt{\left(\frac{2}{1.4-1}\right)\left(\left(\frac{2099}{57.1}\right)^{\frac{1.4-1}{1.4}}-1\right)}$$

$$= 3.000$$

这与进口处马赫数相等(在方程(2.3.9)中我们已经得到该结论)。

因此,尾喷管出口静温为

$$T_8 = \frac{T_{t8}}{\left(1+\frac{\gamma-1}{2}M_8^2\right)} = \frac{3500}{\left(1+\frac{1.4-1}{2}3.000^2\right)} = 694.4\text{K}(1250°\text{R})$$

出口气流速度为

$$u_8 = M_8 a_8 = M_8\sqrt{\gamma R T_8}$$

$$= 3.000\sqrt{1.4 \times 287.1 \frac{\text{J}}{\text{kg}\cdot\text{K}} \times 694.4\text{K} \times \frac{\text{N}\cdot\text{m}}{\text{J}} \times \frac{\text{kg}\cdot\text{m}}{\text{s}^2\cdot\text{N}}}$$

$$= 1585\text{m/s}(5199\text{ft/s})$$

(4)总推力和 TSFC。

由于发动机进出口压力相等,因此总推力中不含压力项,得

$$F = \dot{m}(u_e - u_a) = 45.35\frac{\text{kg}}{\text{s}}(1585-967.1)\frac{\text{m}}{\text{s}}\frac{\text{N}\cdot\text{s}^2}{\text{kg}\cdot\text{m}} = 28030\text{N}(6302\text{lbf})$$

TSFC 为

$$\text{TSFC} = \frac{\dot{m}_{f_t}}{F} = \frac{1.195\frac{\text{kg}}{\text{s}} \times 3600\frac{\text{s}}{\text{h}}}{28030\text{N}} = 0.1538\frac{\text{kg}}{\text{h}\cdot\text{N}}\left(1.506\frac{\text{lbm}}{\text{h}\cdot\text{lbf}}\right) \qquad \text{题毕。}$$

虽然利用式(2.3.18)和式(2.3.20)可以直接求得答案,但是很多内部的工作条件我们得不到,如超声速出口马赫数、中间过程的压力和温度等。而且,在第 3 章我们将看到,对非理想分析这些步骤则是必不可少的,因为在理想情况下能得到的闭式方程组在非理想情况下并不能得到。

2.3.2　涡喷发动机

图 2.38 所示为一个涡喷发动机。由于内部有旋转轴,这种发动机比冲压发动机要复杂得多。在图中,我们定义了八个截面:截面 a 是环境条件下的自由来流;截面 1 代表进气道进口;截面 2 是进气道出口或压气机进口;截面 3 是压气机出口或燃烧室进口;截面 4 是燃烧室出口或涡轮进口;截面 5 是涡轮出口或加力燃烧室进口;截面 6 是加力燃烧室出口或尾喷管进口;截面 8 是尾喷管出口。进行理想条件下循环分析时,单轴涡喷发动机与多轴涡喷发动机基本相同,因为此时起关键作用的是部件的整体效应。图 2.39 所示为一个理想涡喷发动机的 h-s 曲线。其中进气道内的过程 a 经 1 到 2 是一个等熵压缩过程;3 到 4 是一个等压燃烧过程;涡轮内的膨胀过程可认为是一个等熵过程;加力燃烧室同样可认为

是一个等压燃烧过程；最后尾喷管内从 6 到 8 是一个等熵膨胀过程，该过程中出口气流速度加大。截面 a 和截面 8 处的状态同样是在同一条等压线上，但是它们并不在同一条过程线上。下面分别分析不含加力燃烧室和含加力燃烧室涡喷发动机理想循环过程。

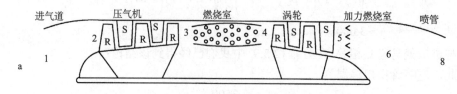

图 2.38　涡喷发动机

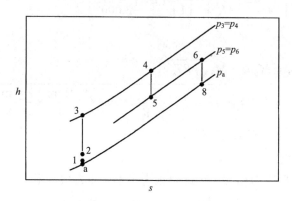

图 2.39　理想含加力燃烧室的涡喷发动机 h-s 曲线

1. 不含加力燃烧室的涡喷发动机

这种类型的发动机中，截面 5 和截面 6 重叠(图 2.40)。对于理想分析，方程(2.3.1)仍然成立。涡喷发动机的无量纲化推力为(注意理想情况下 $\dot{m}_f$ 可忽略不计且 $p_e = p_a$)

$$\frac{F}{\dot{m}u_a} = \frac{u_8}{u_a} - 1 \tag{2.3.25}$$

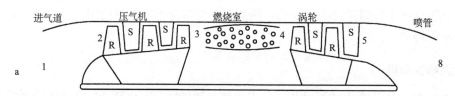

图 2.40　不含加力燃烧室的涡喷发动机

同样，我们需要先求出速度比 u_8/u_a 。考虑到理想情况下在进气道和尾喷管内都是绝热过程($T_{t2} = T_{ta}$ 和 $T_{t8} = T_{t5}$)，同时将出口总温乘除同一个项，有

$$T_{t8} = T_a \frac{T_{ta}}{T_a} \frac{T_{t3}}{T_{t2}} \frac{T_{t4}}{T_{t3}} \frac{T_{t5}}{T_{t4}} \tag{2.3.26}$$

有

$$T_{t8} = T_a \frac{T_{ta}}{T_a} \tau_c \tau_b \tau_t \tag{2.3.27}$$

式中，τ_c 和 τ_t 分别是压气机和涡轮的总温比。同样，在给定出口总压的情况下，由于理想情况下进气道和尾喷管是等熵过程（$p_{t2} = p_{ta}$ 和 $p_{t8} = p_{t5}$），有

$$p_{t8} = p_a \frac{p_{ta}}{p_a} \frac{p_{t3}}{p_{t2}} \frac{p_{t4}}{p_{t3}} \frac{p_{t5}}{p_{t4}} \tag{2.3.28}$$

而且理想情况下，燃烧室前后的总压相等，有

$$p_{t8} = p_a \frac{p_{ta}}{p_a} \pi_c \pi_t \tag{2.3.29}$$

理想情况下尾喷管出口静压与自由来流气压相等（$p_8 = p_a$）。于是由式 (2.2.45) 和式 (2.3.29) 有

$$1 + \frac{\gamma - 1}{2} M_8^2 = \left(\frac{p_{ta}}{p_a} \pi_c \pi_t \right)^{\frac{\gamma - 1}{\gamma}} \tag{2.3.30}$$

结合式 (2.2.42)、式 (2.3.27) 和式 (2.3.30) 可得

$$\frac{T_{t8}}{T_a} = \frac{\dfrac{T_{ta}}{T_a} \tau_c \tau_b \tau_t}{\left(\dfrac{p_{ta}}{p_a} \pi_c \pi_t \right)^{\frac{\gamma - 1}{\gamma}}} \tag{2.3.31}$$

联立式 (2.2.6)、式 (2.2.13)、式 (2.2.20) 和式 (2.3.31) 得到温升比为

$$\frac{T_8}{T_a} = \tau_b \tag{2.3.32}$$

类似于冲压发动机，可得 u_8/u_a 为

$$\frac{u_8}{u_a} = \frac{M_8 a_8}{M_a a_a} = \frac{M_8 \sqrt{\gamma R T_8}}{M_a \sqrt{\gamma R T_a}} = \frac{M_8 \sqrt{T_8}}{M_a \sqrt{T_a}} \tag{2.3.33}$$

从式 (2.2.42)、式 (2.3.27) 和式 (2.3.32) 可得到出口马赫数的平方为

$$M_8^2 = \frac{2}{\gamma - 1} \left(\frac{T_{ta}}{T_a} \tau_c \tau_t - 1 \right) \tag{2.3.34}$$

而由式 (2.2.4) 可得到自由来流马赫数的平方：

$$M_a^2 = \frac{2}{\gamma - 1} \left(\frac{T_{ta}}{T_a} - 1 \right) \tag{2.3.35}$$

结合式 (2.3.32)~式 (2.3.35) 有

$$\frac{u_8}{u_a} = \sqrt{\tau_b \frac{\dfrac{T_{ta}}{T_a} \tau_c \tau_t - 1}{\dfrac{T_{ta}}{T_a} - 1}} \tag{2.3.36}$$

将式 (2.3.36) 与式 (2.3.37) 联立得

$$\frac{F}{\dot{m}a_a} = M_a \left(\sqrt{\tau_b \frac{\dfrac{T_{ta}}{T_a}\tau_c\tau_t - 1}{\dfrac{T_{ta}}{T_a} - 1}} - 1 \right) \tag{2.3.37}$$

利用式(2.3.37)可以根据发动机参数来求取推力。但是还可以做一些简化:同一传动轴上的压气机和涡轮并不是单独工作的。在理想分析中,我们认为涡轮获得的全部功率都用来驱动压气机。将这一能量守恒条件在稳态理想条件下应用到传动轴方程(2.2.26)中可导出:

$$\dot{m}c_p(T_{t3} - T_{t2}) = \dot{m}c_p(T_{t4} - T_{t5}) \tag{2.3.38}$$

或求解涡轮总温比,可得

$$\tau_t = 1 - \frac{T_{ta}}{T_a}\frac{T_a}{T_{t4}}(\tau_c - 1) \tag{2.3.39}$$

将式(2.3.39)与式(2.3.37)联立得到无量纲化推力为

$$\frac{F}{\dot{m}a_a} = M_a \left(\sqrt{\left(\dfrac{\dfrac{T_{ta}}{T_a}}{\dfrac{T_{ta}}{T_a} - 1}\right)\left(\frac{T_{t4}}{T_a}\frac{T_a}{T_{ta}}\frac{1}{\tau_c} - 1\right)(\tau_c - 1) + \left(\dfrac{\dfrac{T_{t4}}{T_a}}{\dfrac{T_{ta}}{T_a}\tau_c}\right)} - 1 \right) \tag{2.3.40}$$

式(2.3.40)就是涡喷发动机理想推力方程。由该方程可以看出,与冲压发动机类似,发动机的量纲化推力与质量流率直接成正比;如果其他参数为常数,它还与马赫数直接成正比。但是需要注意 T_{ta}/T_a 与马赫数和比热容比呈严格函数关系,即 $\dfrac{T_{ta}}{T_a} = 1 + \dfrac{\gamma - 1}{2}M_a^2$。而且随燃烧室总温的升高,推力增大;随环境静温的降低,推力也增大。

从式(2.3.40)中我们也可看出,与总压比直接相关的压气机总温比,对推力性能的影响很大。将该式对 τ_c 求导,可得到使无量纲化推力最大时的参数为

$$\tau_{c_{opt}} = \sqrt{\left(\frac{T_{t4}}{T_a}\right)\bigg/\left(\frac{T_{ta}}{T_a}\right)} \tag{2.3.41}$$

根据式(2.2.13)可将其与总压比关联。

接下来推导 TSFC,类似于冲压发动机,我们再次利用燃烧室的能量方程。注意到跨燃烧室的总温比可写为

$$\frac{T_{t4}}{T_{t3}} = \frac{T_{t4}}{T_a}\frac{T_a}{T_{t2}}\frac{T_{t2}}{T_{t3}} \tag{2.3.42}$$

结合方程(2.2.12),且在理想情况下有 $T_{t2} = T_{ta}$,于是有

$$\tau_b = \frac{T_{t4}}{T_{t3}} = \frac{T_{t4}}{T_a}\frac{T_a}{T_{ta}}\frac{1}{\tau_c} \tag{2.3.43}$$

再利用燃烧室过程的第一定律式(2.2.32),并结合式(1.5.3)、式(2.3.39)和式(2.3.43)有

$$\text{TSFC} \cdot a_{\text{a}} = \frac{\left(\dfrac{T_{\text{t4}}}{T_{\text{a}}} - \dfrac{T_{\text{ta}}}{T_{\text{a}}}\tau_{\text{c}}\right)\left(\dfrac{c_{\text{p}}T_{\text{a}}}{\Delta H M_{\text{a}}}\right)}{\sqrt{\left(\dfrac{\dfrac{T_{\text{ta}}}{T_{\text{a}}}}{\dfrac{T_{\text{ta}}}{T_{\text{a}}} - 1}\right)\left(\dfrac{T_{\text{t4}}}{T_{\text{a}}}\dfrac{T_{\text{a}}}{T_{\text{ta}}}\dfrac{1}{\tau_{\text{c}}} - 1\right)(\tau_{\text{c}} - 1) + \left(\dfrac{T_{\text{t4}}}{T_{\text{a}}}\dfrac{T_{\text{a}}}{T_{\text{ta}}}\dfrac{1}{\tau_{\text{c}}}\right) - 1}} \tag{2.3.44}$$

式(2.3.44)即为理想涡喷发动机无量纲化的 TSFC。同样，式(2.3.40)和式(2.3.44)中，$T_{\text{ta}}/T_{\text{a}}$ 是自由来流马赫数的严格函数。随着环境静温的降低，TSFC 减小；仔细观察还可发现随着 τ_{c}(或 π_{c})增加，TSFC 也减小。涡喷发动机的 TSFC 典型取值范围为 0.75~ 1lbm/(lbf·h)。

对于理想涡喷发动机，我们可进行多种参数评估。例如，我们可评估压气机的总压比对发动机总体性能的影响。图 2.41 中给出了这类分析趋势。从图中可以看出，给定的工作条件(M_{a}、$T_{\text{t4}}/T_{\text{a}}$ 和 $\dot{m}$)时，存在一个临界值使推力最大(或最优)。图中还给出了 TSFC 的变化趋势。可以看出，随着压气机压比增大，TSFC 一直在减小。这一结论可用于指导实际设计，例如，对于一个给定的发动机，其推力可最优，但是其 TSFC 可一直改进。在决定最大化推力和减小 TSFC 之前，设计者需要对发动机的具体应用需求进行调研。

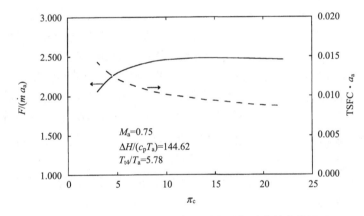

图 2.41　压气机总压比对理想涡喷发动机总体性能的影响

图 2.42 为另一类预测评估。图中给出了无量纲化推力和 TSFC 与无量纲化进口温度之间的函数关系。从图中可以看出，随着进口温度的下降(进口压力和马赫数不变)，推力增大，TSFC 减小。这说明在更低的进口温度条件下发动机效率更高，且对一个给定的发动机其推力随所处环境不同而不同。例如，同一发动机在海平面高度下，在极地地区能比在赤道地区产生更大的推力。为了利用这种现象提高效率，很多发动机在进口设计了一个喷水系统。随着水喷入进气道，水分蒸发使气温下降，最终减小 TSFC。联系式(2.2.13)和式(2.2.25)可解释这种现象。也就是说，在涡轮从燃气中获得用以驱动压气机的能量确定之后(给定压气机内的总温变化)，随着进口温度下降，总温比增大。而总温比增大，总压比也会增大。在第 1 章中我们已经讨论过，总压比增大会使热效率增大，对应于涡喷发动机，就使 TSFC 更小。

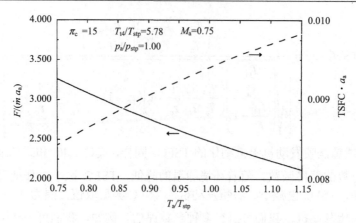

图 2.42　进口静温对理想涡喷发动机总体性能的影响

　　高度对推力也有影响。随着高度增加，压力和温度降低，但是压力下降比温度下降更快，导致空气密度随高度增加而减小，从而减小进口空气流量。式(2.3.40)中我们已经证明进气流量减小会导致推力减小。前面内容讨论过，随着温度降低，推力会增大。但是，温度的影响比进气流量的影响小，综合结果就是随着高度的增加推力减小。而且在标准大气环境下(见附录 A)，在 36000ft(11000m) 以内温度随高度降低，之后温度保持恒定。但是随高度增加，大气压力和空气密度却在持续减小。因此，在高于 36000ft 之后，推力下降幅度比低海拔时更大。于是，很多飞机飞行高度设计在 36000ft 左右。

　　温度的另一类影响分析如图 2.43 所示。此时我们考虑一个简单涡喷发动机中不同的涡轮进口总温。我们首先假定马赫数为常数，分析压气机两种不同的总压比时的情况。首先，我们将 π_c 固定为 15，可以看出，无量纲化推力和 TSFC 单调递增。这意味着推重比显著增大，但 TSFC 也显著增大。另外，我们可以借助方程(2.3.41)来优化压气机的总压比。可以看到这种情况下，无量纲化推力显著增大，但是 TSFC 也在增大——尽管比 π_c 为常数时小很多。这说明在设计阶段，简单增加涡轮进口温度并不是最优选择，而应该将压气机与涡轮进口温度进行匹配设计。

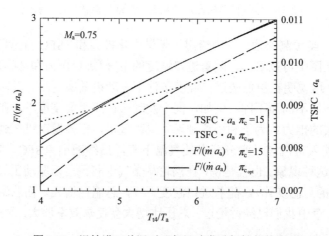

图 2.43　涡轮进口总温对理想涡喷发动机性能的影响

最后我们分析飞行马赫数对发动机总体性能的影响。结果如图 2.44 所示。从图中可以看出，给定 T_{t4}/T_a、$\dot{m}$ 和压气机最优总压比(随马赫数变化，见图 2.44)时，推力和 TSFC 是马赫数的函数。随着马赫数增大，推力减小，TSFC 增大。在某一特定马赫数下，压气机的总压比等于 1(图 2.44 中，$M_a \approx 2.65$)。此时压气机不能再给气流增加能量，更大马赫数下的分析也就没有意义。事实上，由于压气机不再有效，此时发动机类似于冲压发动机。读者也要注意到，比起低马赫数时的情况，此时的推力要小很多，TSFC 则要大很多。因此相比于冲压发动机，涡喷发动机更适合于在低速情况下运用。图中我们也标注了冲压发动机的一般性结论。可以看出，冲压发动机更适用于高速情况。

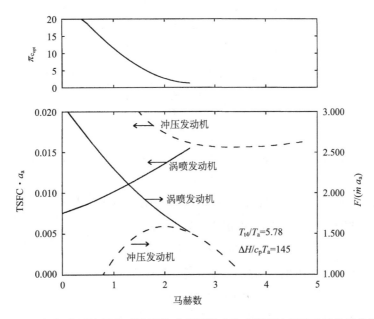

图 2.44　压气机总压比最优时马赫数对理想涡喷发动机及冲压发动机性能的影响[①]

2. 含加力燃烧室的涡喷发动机

接下来我们分析含加力燃烧室的涡喷发动机，这种发动机的结构示意图已经在图 2.38 中给出。其大部分分析与不含加力燃烧室一致。例如，进气道、传动轴(压气机和涡轮)上的功率平衡都一样。当然因为有附加的能量输入，有些部分不一样。

将尾喷管出口总温展开有如下形式：

$$T_{t8} = T_a \frac{T_{ta}}{T_a} \frac{T_{t3}}{T_{t2}} \frac{T_{t4}}{T_{t3}} \frac{T_{t5}}{T_{t4}} \frac{T_{t6}}{T_{t5}} \tag{2.3.45}$$

将对应项换成温升比，有

$$T_{t8} = T_a \frac{T_{ta}}{T_a} \tau_c \tau_b \tau_t \tau_{ab} \tag{2.3.46}$$

式中，τ_{ab} 是加力燃烧室内总温比。该式与不含加力燃烧室情况下的式(2.3.27)对应。利用

---

① 译者注：原文图题为压气机总压比最优时马赫数对理想涡喷发动机性能的影响。

式(2.2.42)、式(2.3.30)、式(2.2.6)、式(2.2.13)和式(2.2.20)可得到静温比值 T_8/T_a 为

$$\frac{T_8}{T_a} = \tau_b \tau_{ab} \tag{2.3.47}$$

该式与式(2.3.32)对应。与前面类似，我们还可以得到速度比如下：

$$\frac{u_8}{u_a} = \sqrt{\tau_b \tau_{ab} \frac{\dfrac{T_{ta}}{T_a}\tau_c\tau_t - 1}{\dfrac{T_{ta}}{T_a} - 1}} \tag{2.3.48}$$

将式(2.3.48)与式(2.3.46)结合得

$$\frac{u_8}{u_a} = \sqrt{\frac{T_{t6}}{T_a}\left(\frac{1 - \dfrac{1}{\dfrac{T_{ta}}{T_a}\tau_c\tau_t}}{\dfrac{T_{ta}}{T_a} - 1}\right)} \tag{2.3.49}$$

式(2.3.49)与式(2.3.36)对应。下面利用式(2.2.38)来分析加力燃烧室内的燃烧过程，将其与主燃烧室内的燃烧过程(式(2.2.32))结合可得

$$(\dot{m}_f + \dot{m}_{fab})\Delta H = \dot{m}c_p(T_{t4} - T_{t3} + T_{t6} - T_{t5}) \tag{2.3.50}$$

由理想循环下传动轴的功率平衡，可由式(2.3.38)得

$$T_{t3} - T_{t2} = T_{t4} - T_{t5} \tag{2.3.51}$$

而且进气道和尾喷管内都是绝热过程，结合式(2.3.51)可得

$$\dot{m}_{ft}\Delta H = \dot{m}c_p(T_{t8} - T_{ta}) \tag{2.3.52}$$

式中，$\dot{m}_{ft}$ 是发动机内的总燃油流量($\dot{m}_f + \dot{m}_{fab}$)。可求得总油气比为

$$f = \frac{\dot{m}_{ft}}{\dot{m}} = \frac{c_p T_{t8}}{\Delta H}\left(1 - \frac{T_{ta}}{T_{t8}}\right) \tag{2.3.53}$$

最后综合式(2.3.49)、式(2.3.39)和式(2.3.25)可得推力为

$$\frac{F}{\dot{m}a_a} = M_a\left(\sqrt{\left(\frac{\dfrac{T_{t8}}{T_a}}{\dfrac{T_{ta}}{T_a} - 1}\right)\left(1 - \frac{\dfrac{T_{t4}}{T_a}\dfrac{T_a}{T_{ta}}}{\tau_c\left(\dfrac{T_{t4}}{T_a} - \dfrac{T_{ta}}{T_a}(\tau_c - 1)\right)}\right)} - 1\right) \tag{2.3.54}$$

将式(2.3.54)与不含加力燃烧室的式(2.3.40)对比，可以发现，和简单涡喷发动机一样，量纲化推力与质量流率直接成正比。当其他参数都为常数时，推力与马赫数直接成正比。随着燃烧室或加力燃烧室总温的升高，或者两个总温都升高，推力也随着增大。由式(2.3.54)可看到，压气机总温升对推力性能的影响也非常大。对于式(2.3.54)，在给定 T_{t8} 时，对 τ_c 进行求导，在导数等于零时求得使无量纲化推力最大时的 τ_c 为

$$\tau_{c_{opt}} = \left(\left(\frac{T_{t4}}{T_a}\right) + \left(\frac{T_{ta}}{T_a}\right)\right)\bigg/\left(2\left(\frac{T_{ta}}{T_a}\right)\right) \tag{2.3.55}$$

可将式(2.2.13)中的总压比关联起来。显然含加力燃烧室的涡喷发动机的这一最大值比不含加力燃烧室的涡喷发动机大。

为计算无量纲化的 TSFC，将式(2.3.53)、式(2.3.54)结合前面的式(1.5.1)和式(2.3.43)可得

$$\mathrm{TSFCa_a} = \frac{\left(\dfrac{T_{t4}}{T_a} - \dfrac{T_{ta}}{T_a}\tau_c\right)\left(\dfrac{c_p T_a}{\Delta H M_a}\right)}{\left(\sqrt{\left(\dfrac{\dfrac{T_{t8}}{T_a}}{\dfrac{T_{ta}}{T_a} - 1}\right)\left(1 - \dfrac{\dfrac{T_{t4}}{T_a}\dfrac{T_a}{T_{ta}}}{\tau_c\left(\dfrac{T_{t4}}{T_a} - \dfrac{T_{ta}}{T_a}(\tau_c - 1)\right)}\right)} - 1\right)} \tag{2.3.56}$$

式(2.3.56)与不含加力燃烧室的涡喷发动机无量纲化 TSFC 的方程(2.3.44)相对应。当压气机的总压比固定时，可利用式(2.3.56)分析涡喷发动机的总体性能。图 2.45 中，我们给出两个基本的趋势分析结果：推力和 TSFC。其中还给出了不含加力燃烧室的涡喷发动机和冲压发动机对应的特性曲线作为对比。三种发动机具有相同的进气流量。显然，含加力燃烧室的涡喷发动机总是要比不含加力燃烧室的发动机推力要大，但同时 TSFC 也要比

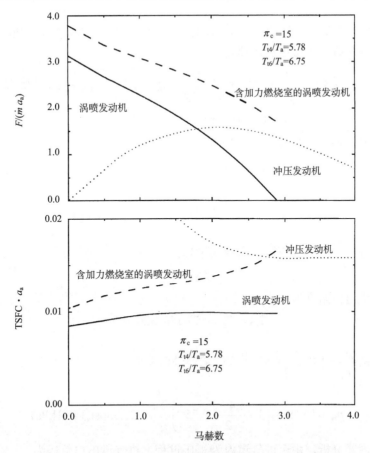

图 2.45　理想涡喷(包括含加力燃烧室与不含加力燃烧室)、冲压发动机的推力和 TSFC
随马赫数变化趋势比较图

不含加力燃烧室的发动机高。这说明加力燃烧室内燃油燃烧产生的热能并未得到充分利用。第 1 章中我们已经讨论过，当需要额外的推力的时候，相比之下 TSFC 就显得不那么重要。与冲压发动机相比，涡喷发动机在高马赫数下可以有更大的推力，但是这取决于加力燃烧室内的燃油流量。在低马赫数下，含加力燃烧室的涡喷发动机的 TSFC 通常比冲压发动机小，但在高马赫数下效率却比冲压发动机低。在特定的马赫数(如 $M_a \approx 2.887$)下，不含加力燃烧室的涡喷发动机推力为零。这是因为进入压气机内的气流总温升高，燃烧产生的焓全部被涡轮汲取用以驱动压气机，致使传递到尾喷管的气流没有足够焓值给气流加速，导致推力为零。注意不要直接将图 2.45 和图 2.44 中的结果进行比较，图 2.45 中的压气机总压比固定为 15，而图 2.44 中的压气机总压比是最优的，除了某个特定马赫数下，其他情况下都不是 15。

例 2.2　一理想涡喷发动机在海平面高度以 0.75 马赫数飞行。进口空气质量流量为 165lbm/s(74.83kg/s)，压气机总压比为 15，燃油热值为 17800Btu/lbm(41400kJ/kg)，燃烧室出口总温为 2500°R(1389K)。求发动机推力和 TSFC。比热容比取 1.4。

解　本题可直接利用式(2.3.40)和式(2.3.44)直接求解，但是这里我们再次给出所有的中间步骤，这样可以得到所有的中间变量。

(1)进气道。

首先，因为发动机运行在海平面高度，从附录 A 可知 $p_a = 14.69\text{psi}(101.3\text{kPa})$，$T_a = 518.7°\text{R}(288.2\text{K})$。可得进口声速为

$$a_a = \sqrt{\gamma R T_a} = \sqrt{1.4 \times 53.35 \frac{\text{ft} \cdot \text{lbf}}{\text{lbm} \cdot °\text{R}} \times 32.17 \frac{\text{lbm}}{\text{slug}} \times 518.7°\text{R} \times \frac{\text{slug} \cdot \text{ft}}{\text{s}^2 \cdot \text{lbf}}}$$
$$= 1116\text{ft/s}(340.1\text{m/s})$$

进口气流速度为 $u_a = M_a a_a = 837.3\text{ft/s}(255.2\text{m/s})$

由 $\dfrac{T_{ta}}{T_a} = \left(1 + \dfrac{\gamma - 1}{2} M_a^2\right)$ 可得进口总温为

$$T_{ta} = 518.7°\text{R}\left(1 + \frac{1.4 - 1}{2} 0.75^2\right) = 577.1°\text{R}(320.6\text{K})$$

对于理想分析，由于进气道内为绝热过程：
$$T_{t2} = T_{ta}$$

因而可得进气道出口温度为

$$T_{t2} = T_{ta} = 577.1°\text{R}(320.6\text{K})$$

类似地，由 $\dfrac{p_{ta}}{p_a} = \left(1 + \dfrac{\gamma - 1}{2} M_a^2\right)^{\frac{\gamma}{\gamma - 1}}$ 可求得进口总压为

$$p_{ta} = 14.69\text{psi}\left(1 + \frac{1.4 - 1}{2} 0.75^2\right)^{\frac{1.4}{1.4 - 1}} = 21.33\text{psi}(147.1\text{kPa})$$

同样对于理想分析，由于进气道内为等压过程，进气道出口总压为
$$p_{t2} = p_{ta} = 21.33\text{psi}(147.1\text{kPa})$$

对于理想气流，有

$$\rho_a = \frac{p_a}{RT_a} = \frac{14.69 \dfrac{lbf}{in^2} \times 144 \dfrac{in^2}{ft^2}}{53.35 \dfrac{ft \cdot lbf}{lbm \cdot °R} \times 518.7°R \times \dfrac{lbm}{slug}}$$

$$= 0.002376 slug/ft^3 (1.225 kg/m^3)$$

因此，如果（并非必要情况）进气道进口速度与喷气速度相等，则进气道进口面积为

$$A_{in} = \frac{\dot{m}}{\rho_a u_a} = \frac{165 \dfrac{lbm}{s} \times 144 \dfrac{in^2}{ft^2}}{0.002376 \dfrac{slug}{ft^3} \times 837.3 \dfrac{ft}{s} \times 32.17 \dfrac{lbm}{slug}} = 371.3 in^2 (0.2395 m^2)$$

于是可得进气道进口直径为 $21.74 in (0.5522 m)$。这一计算过程中，我们假定进气道进口速度与喷气速度相等，但事实并非都是如此。根据发动机工作点的不同，气流速度可能会比自由来流速度或高或低。更多细节将在第 4 章（进气道）中讨论。

（2）压气机。

题中已经给出了压气机总压比，于是可以计算压气机的出口总压为

$$p_{t3} = \pi_c p_{t2} = 15 \times 21.33 psi = 320.0 psi (2206 kPa)$$

理想情况下压气机内过程是等熵过程，于是有

$$\tau_c = \pi_c^{\frac{\gamma-1}{\gamma}} = 15^{\frac{0.4}{1.4}} = 2.168$$

因此压气机出口总温为

$$T_{t3} = T_{t2}\tau_c = 577.1°R \times 2.168 = 1251°R (695.0 K)$$

（3）燃烧室。

同样，理想情况下，燃烧室的总压为常数：

$$p_{t4} = p_{t3}$$

相应地，有燃烧室出口总压为

$$p_{t4} = p_{t3} = 320.0 psi (2206 kPa)$$

燃烧室出口温度题中已经给出 $T_{t4} = 2500°R (1389 K)$，且燃料的热值为 $17800 Btu/lbm$（$41400 kJ/kg$），在 $\gamma = 1.4$ 时，比定压热容为 $0.24 Btu/(lbm \cdot °R)$，可计算出燃油流量为

$$\dot{m}_f = \frac{\dot{m}c_p(T_{t4} - T_{t3})}{\Delta H}$$

$$= \frac{165 \dfrac{lbm}{s} \times 0.24 \dfrac{Btu}{lbm \cdot °R} \times (2500 - 1251)°R}{17800 \dfrac{Btu}{lbm}}$$

$$= 2.778 lbm/s (1.260 kg/s)$$

或 $f = \dfrac{\dot{m}_f}{\dot{m}} = \dfrac{2.778}{165} = 0.01684$。可以看出这一数值很小，与理想情况下的假设相符。

(4)涡轮。

对理想情况下的传动轴，由功率平衡有

$$\dot{m}c_p(T_{t4}-T_{t5})=\dot{m}c_p(T_{t3}-T_{t2})$$

因而可求得涡轮出口总温为

$$T_{t5}=T_{t4}-(T_{t3}-T_{t2})=2500-(1251-577)=1826°\text{R}(1014\text{K})$$

对于理想分析，T_{t8} 也取该值，因为尾喷管内的过程是绝热过程。

等理想(等熵)涡轮，出口总压为

$$p_{t5}=p_{t4}\pi_t=p_{t4}(\tau_t)^{\frac{\gamma}{\gamma-1}}=320.0\left(\frac{1826}{2500}\right)^{\frac{1.4}{0.4}}=320.0\times0.333=106.6\text{psi}(735.0\text{kPa})$$

(5)尾喷管。

对于理想尾喷管，其内部过程为等熵过程，总压为常数：

$$p_{t8}=p_{t5}=106.6\text{psi}(735.0\text{kPa})$$

在尾喷管出口，由于理想情况下，出口压力与环境压力相等，因此有

$$p_8=p_a=14.69\text{psi}(101.3\text{kPa})$$

因此可求得出口的马赫数为

$$M_8=\sqrt{\left(\frac{2}{\gamma-1}\right)\left(\left(\frac{p_{t8}}{p_8}\right)^{\frac{\gamma-1}{\gamma}}-1\right)}=\sqrt{\left(\frac{2}{1.4-1}\right)\left(\left(\frac{106.6}{14.69}\right)^{\frac{0.4}{1.4}}-1\right)}=1.951(\text{超声速})$$

于是，尾喷管的温度为

$$T_8=\frac{T_{t8}}{1+\frac{\gamma-1}{2}M_8^2}=\frac{1826}{1+\frac{1.4-1}{2}1.951^2}=1037°\text{R}(576.1\text{K})$$

出口速度为

$$u_8=M_8a_8=M_8\sqrt{\gamma RT_8}$$
$$=1.951\sqrt{1.4\times53.35\frac{\text{ft}\cdot\text{lbf}}{\text{lbm}\cdot°\text{R}}\times32.17\frac{\text{lbm}}{\text{slug}}\times1037°\text{R}\times\frac{\text{slug}\cdot\text{ft}}{\text{s}^2\cdot\text{lbf}}}$$
$$=1.951\times1579$$
$$=3080\text{ft/s}(938.7\text{m/s})$$

由理想气体方程有

$$\rho_8=\frac{p_8}{RT_8}=\frac{14.69\frac{\text{lbf}}{\text{in}^2}\times144\frac{\text{in}^2}{\text{ft}^2}}{53.35\frac{\text{ft}\cdot\text{lbf}}{\text{lbm}\cdot°\text{R}}\times1037°\times32.17\frac{\text{lbm}}{\text{slug}}}=0.001189\text{slug/ft}^3(0.6127\text{kg/m}^3)$$

因此可以算出尾喷管出口面积为

$$A_8 = \frac{\dot{m}}{\rho_8 u_8} = \frac{165\frac{\text{lbm}}{\text{s}} \times 144\frac{\text{in}^2}{\text{ft}^2}}{0.001189\frac{\text{slug}}{\text{ft}^3} \times 3080\frac{\text{ft}}{\text{s}} \times 32.17\frac{\text{lbm}}{\text{slug}}}$$

$$= 201.7\text{in}^2(0.1301\text{m}^2)$$

这比进气道面积要小，对应的尾喷管直径为 16.02in（0.4070m）。

（6）推力和 TSFC。

最后，由于尾喷管出口压力与环境压力相同，因此理想推力不含压力项，为

$$F = \dot{m}(u_{\text{e}} - u_{\text{a}}) = 165\frac{\text{lbm}}{\text{s}}(3080 - 837.3)\frac{\text{ft}}{\text{s}}\frac{\text{slug}}{32.17\text{lbm}}\frac{\text{lbf}\cdot\text{s}^2}{\text{slug}\cdot\text{ft}}$$

$$= 11502\text{lbf}(51160\text{N})$$

总无量纲化推力为

$$\frac{F}{a_{\text{a}}\dot{m}} = \frac{11502\text{lbf} \times 32.17\frac{\text{lbm}}{\text{slug}} \times \frac{\text{slug}\cdot\text{ft}}{\text{lbf}\cdot\text{s}^2}}{1116\frac{\text{ft}}{\text{s}} \times 165\frac{\text{lbm}}{\text{s}}} = 2.009$$

TSFC 为

$$\text{TSFC} = \frac{\dot{m}_{\text{f}}}{F} = \frac{2.778\frac{\text{lbm}}{\text{s}} \times 3600\frac{\text{s}}{\text{h}}}{11502\text{lbf}} = 0.870\frac{\text{lbm}}{\text{h}\cdot\text{lbf}}\left(0.08866\frac{\text{kg}}{\text{h}\cdot\text{N}}\right) \qquad \text{题毕。}$$

与前面分析一样，所有这些步骤可以忽略，但是具体细节就得不到。在第 3 章中非理想循环分析中我们会给出一个同样的例子。

例 2.3 一理想涡喷发动机，其他条件与上题一致，不同的是它有一个加力燃烧室，且加力燃烧室出口总温为 3200°R（1778K）。求发动机推力和 TSFC。

解 本题大部分题解过程在上例中已经做完——到涡轮出口之前的计算都可直接使用。

（1）加力燃烧室。

加力燃烧室内燃油流量为

$$\dot{m}_{\text{fab}} = \frac{\dot{m}c_{\text{p}}(T_{\text{t6}} - T_{\text{t5}})}{\Delta H} = \frac{165\frac{\text{lbm}}{\text{s}} \times 0.24\frac{\text{Btu}}{\text{lbm}\cdot{}^\circ\text{R}} \times (3200 - 1826){}^\circ\text{R}}{17800\frac{\text{Btu}}{\text{lbm}}}$$

$$= 3.055\text{lbm/s}(1.385\text{kg/s})$$

因此总燃油消耗为

$$\dot{m}_{\text{ft}} = \dot{m}_{\text{f}} + \dot{m}_{\text{fab}} = (2.778 + 3.055)\text{lbm/s} = 5.833\text{lbm/s}(2.645\text{kg/s})$$

（2）尾喷管。

由于进入尾喷管的总压不变，因此尾喷管出口马赫数仍为 1.951。但由于尾喷管的进口总温更高，出口也相应更高。由于尾喷管是绝热过程（$T_{\text{t8}} = T_{\text{t6}} = 3200{}^\circ\text{R}$），于是，尾喷管

的温度为

$$T_8 = \frac{T_{t8}}{1 + \frac{\gamma - 1}{2} M_8^2} = \frac{3200}{1 + \frac{1.4 - 1}{2} 1.951^2} = 1817°\text{R}(1009\text{K})$$

出口速度为

$$u_8 = M_8 a_8 = M_8 \sqrt{\gamma R T_8}$$

$$= 1.951 \sqrt{1.4 \times 53.35 \frac{\text{ft} \cdot \text{lbf}}{\text{lbm} \cdot °\text{R}} \times 32.17 \frac{\text{lbm}}{\text{slug}} \times 1817°\text{R} \times \frac{\text{slug} \cdot \text{ft}}{\text{s}^2 \cdot \text{lbf}}}$$

$$= 4077\text{ft/s}(1234\text{m/s})$$

由理想气体方程有

$$\rho_8 = \frac{p_8}{R T_8} = \frac{14.69 \frac{\text{lbf}}{\text{in}^2} \times 144 \frac{\text{in}^2}{\text{ft}^2}}{53.35 \frac{\text{ft} \cdot \text{lbf}}{\text{lbm} \cdot °\text{R}} \times 1817° \times 32.17 \frac{\text{lbm}}{\text{slug}}} = 0.0006783\text{slug/ft}^3 (0.3497\text{kg/m}^3)$$

从而可以算出尾喷管出口面积为

$$A_8 = \frac{\dot{m}}{\rho_8 u_8} = \frac{165 \frac{\text{lbm}}{\text{s}} \times 144 \frac{\text{in}^2}{\text{ft}^2}}{0.0006783 \frac{\text{slug}}{\text{ft}^3} \times 4077 \frac{\text{ft}}{\text{s}} \times 32.17 \frac{\text{lbm}}{\text{slug}}}$$

$$= 267.1\text{in}^2 (0.17231\text{m}^2)$$

因此，含加力燃烧室的尾喷管直径要更大，固定尺寸的尾喷管不能与更高的出口温度兼容，从而需要一个可调尾喷管，我们将在第 3 章和第 5 章进行详细论述。

(3) 推力和 TSFC。

最后，由于尾喷管出口压力与环境压力相同，因此理想推力不含压力项，具体表示为

$$F = \dot{m}(u_e - u_a) = 165 \frac{\text{lbm}}{\text{s}}(4077 - 837.3) \frac{\text{ft}}{\text{s}} \frac{\text{slug}}{32.17\text{lbm}} \frac{\text{lbf} \cdot \text{s}^2}{\text{slug} \cdot \text{ft}}$$

$$= 16616\text{lbf}(73910\text{N})$$

$$\text{TSFC} = \frac{\dot{m}_{f_t}}{F} = \frac{5.833 \frac{\text{lbm}}{\text{s}} \times 3600 \frac{\text{s}}{\text{h}}}{16616\text{lbf}} = 1.264 \frac{\text{lbm}}{\text{lbf} \cdot \text{h}} \left(0.1288 \frac{\text{kg}}{\text{N} \cdot \text{h}}\right) \qquad \text{题毕。}$$

读者可以将本题结果与上一题相比较：推力增加了 44.5%，而 TSFC 也增加了 45.4%。虽然推力更大了，但是燃油经济性相对更差了。

2.3.3　涡扇发动机

图 2.2 中包含了一个涡扇发动机的全部结构。由本章前面的描述我们知道，这种发动机最多有三种基本气流通道。对这类发动机进行理想分析时，我们讨论两种简化的广义涡扇发动机：内外涵道分开排气涡扇发动机和混合排气涡扇发动机。我们同时考虑不含加力燃烧室和含加力燃烧室的两种情况。在第 3 章进行实际循环分析时，还将包含混合式涡扇

发动机(二次气流中的一部分与核心机气流混合，另一部分直接从外涵喷管排出)。

1. 分开排气涡扇发动机

这类发动机如图 2.46 所示。这种发动机存在两条气流通道：一条气流进入进气道后穿过核心机，从尾喷管排出；另一条也从进气装置进入，穿过风扇后从外涵喷管排出。这类发动机又有两种不同的子类：不含加力燃烧室的涡扇发动机和含加力燃烧室的涡扇发动机。图 2.46 中给出的是一个含加力燃烧室的涡扇发动机，加力燃烧室在图中截面 5 和截面 6 之间。下面我们对这两种发动机分别进行分析。

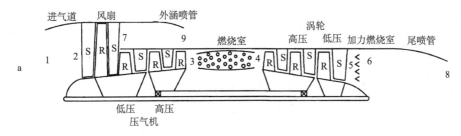

图 2.46　含加力燃烧室的分开排气涡扇发动机

不含加力燃烧室的涡扇发动机。这类发动机中，截面 5 和截面 6 是重叠的，统一为截面 5，如图 2.47 所示。这一类发动机的推力是两个通道气流作用的共同结果。利用方程 (1.4.27)[①]可得

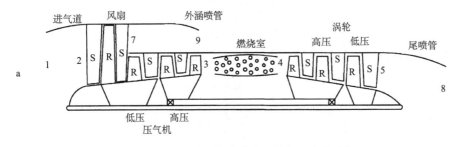

图 2.47　不含加力燃烧室的分开排气涡扇发动机

$$F = \dot{m}(u_8 - u_a) + \dot{m}_s(u_9 - u_a) \tag{2.3.57}$$

式中，u_9 为外涵气流在风扇出口的速度。式 (2.3.57) 也可写为

$$F = \dot{m}u_a\left(\frac{u_8}{u_a} - 1\right) + \dot{m}_s u_a\left(\frac{u_9}{u_a} - 1\right) \tag{2.3.58}$$

式中，$\dot{m}$ 为核心机气流流量；$\dot{m}_s$ 为外涵气流流量(即仅流经发动机风扇外涵和外涵喷管的气流或二次流量)。从截面 a 到截面 8 的气流通道与涡喷发动机完全一致，因此 u_8/u_a 已知，只需求出比值 u_9/u_a 即可。该比值可写为

---

① 译者注：原文为方程(1.6.27)，结合上下文，应为方程(1.4.27)。

$$\frac{u_9}{u_a} = \frac{M_9 a_9}{M_a a_a} = \frac{M_9 \sqrt{\gamma R T_9}}{M_a \sqrt{\gamma R T_a}} = \frac{M_9 \sqrt{T_9}}{M_a \sqrt{T_a}} \tag{2.3.59}$$

理想分析时，外涵出口压力与环境压力相等，即

$$p_9 = p_a \tag{2.3.60}$$

因为过程 a—1、1—2、2—7、7—9 都是等熵过程，因此过程 a—9 也是等熵过程。于是方程(H.2.10)适用于过程 a—9。因此结合式(2.3.60)和式(H.2.10)，尾喷管出口静温与环境温度相等：

$$T_9 = T_a \tag{2.3.61}$$

类似于前面分析，将外涵出口总温展开，有

$$T_{t9} = T_a \frac{T_{ta}}{T_a} \frac{T_{t7}}{T_{t2}} = T_a \frac{T_{ta}}{T_a} \tau_f \tag{2.3.62}$$

结合式(2.3.63)和式(2.2.54)，可得到外涵喷管的马赫数平方为

$$M_9^2 = 2 \left(\frac{\dfrac{T_{ta}}{T_a} \tau_f - 1}{\gamma - 1} \right) \tag{2.3.63}$$

式中，τ_f 为风扇的总温比。根据式(2.2.4)可得到自由来流的马赫数平方为

$$M_a^2 = 2 \left(\frac{\dfrac{T_{ta}}{T_a} - 1}{\gamma - 1} \right) \tag{2.3.64}$$

因此，结合式(2.3.59)、式(2.3.61)、式(2.3.63)和式(2.3.64)可得

$$\frac{u_9}{u_a} = \sqrt{\frac{\dfrac{T_{ta}}{T_a} \tau_f - 1}{\dfrac{T_{ta}}{T_a} - 1}} \tag{2.3.65}$$

又由传动轴的功率平衡方程(2.2.26)可导出

$$\dot{m} c_p (T_{t4} - T_{t5}) = \dot{m} c_p (T_{t3} - T_{t2}) + \alpha \dot{m} c_p (T_{t7} - T_{t2}) \tag{2.3.66}$$

由式(2.3.66)得

$$\frac{T_{t4}}{T_a} (1 - \tau_t) = \frac{T_{t2}}{T_a} \left(\frac{T_{t3}}{T_{t2}} - 1 \right) + \alpha \frac{T_{t2}}{T_a} \left(\frac{T_{t7}}{T_{t2}} - 1 \right) \tag{2.3.67}$$

结合式(2.2.20)、式(2.2.12)和式(2.2.16)，可得

$$\frac{T_{t4}}{T_a} (1 - \tau_t) = \frac{T_{t2}}{T_a} (\tau_c - 1) + \alpha \frac{T_{t2}}{T_a} (\tau_f - 1) \tag{2.3.68}$$

从式(2.3.68)解得涡轮总温比 τ_t 为

$$\tau_t = 1 - \left(\frac{T_{ta}}{T_a} \times \frac{T_a}{T_{t4}} \right) \left((\tau_c - 1) + \alpha (\tau_f - 1) \right) \tag{2.3.69}$$

因为核心机气流通道本质上就是一个简单的涡喷发动机，且有 $p_8 = p_a$，从方程(2.3.36)可以求解出 u_8/u_a，因此结合式(2.3.36)、式(2.3.43)、式(2.3.58)、式(2.3.65)和式(2.3.69)可求得无量纲化推力为

$$\frac{F}{\dot{m}a_a} = M_a\left(\sqrt{\frac{\left(\dfrac{T_{t4}}{T_a}\dfrac{T_a}{T_{ta}}\dfrac{1}{\tau_c}\right)\left(\dfrac{T_{ta}}{T_a}\tau_c\left(1-\left(\dfrac{T_{ta}}{T_a}\times\dfrac{T_a}{T_{t4}}\right)\left((\tau_c-1)+\alpha(\tau_f-1)\right)\right)-1\right)}{\dfrac{T_{ta}}{T_a}-1}}-1\right)$$

$$+\alpha M_a\left(\sqrt{\frac{\dfrac{T_{ta}}{T_a}\tau_f-1}{\dfrac{T_{ta}}{T_a}-1}}-1\right) \tag{2.3.70}$$

由此可见，推力是压气机总压比、风扇总压比、燃烧室出口总温以及涵道比的强耦合函数。下面推导 TSFC。燃烧室内的能量平衡和涡喷发动机的能量平衡与方程(2.2.32)完全一致，因此利用无量纲化 TSFC 的定义并结合式(2.2.32)、式(2.3.43)和式(2.3.70)可得

$$\mathrm{TSFC}\cdot a_a =$$

$$\frac{\left(\dfrac{T_{t4}}{T_a}-\dfrac{T_{ta}}{T_a}\tau_c\right)\left(\dfrac{c_p T_a}{\Delta H M_a}\right)}{M_a\left(\sqrt{\dfrac{\left(\dfrac{T_{t4}}{T_a}\dfrac{T_a}{T_{ta}}\dfrac{1}{\tau_c}\right)\left(\dfrac{T_{ta}}{T_a}\tau_c\left(1-\left(\dfrac{T_{ta}}{T_a}\times\dfrac{T_a}{T_{t4}}\right)\left((\tau_c-1)+\alpha(\tau_f-1)\right)\right)-1\right)}{\dfrac{T_{ta}}{T_a}-1}}-1\right)+\alpha M_a\left(\sqrt{\dfrac{\dfrac{T_{ta}}{T_a}\tau_f-1}{\dfrac{T_{ta}}{T_a}-1}}-1\right)}$$

$$\tag{2.3.71}$$

至此，分开排气涡扇发动机的推力和 TSFC 方程都已得到。这一类发动机 TSFC 的典型取值范围为 0.35~0.7lbm/(lbf·h)。对这种发动机来说，风扇和压气机的温升比是独立的。例如，在设计阶段，可以分别指定 τ_c 和 τ_f。

如果要获得极大推力，可以对方程(2.3.70)中的推力 F 对风扇总温比 τ_f 求导(与风扇总压比直接相关)，取导函数等于零可求出使 F 最大的 τ_f 为

$$\tau_{f_{opt}} = \frac{1+\dfrac{T_{t4}}{T_a}+\dfrac{T_{ta}}{T_a}(1+\alpha-\tau_c)-\dfrac{\dfrac{T_{t4}}{T_a}}{\dfrac{T_{ta}}{T_a}\tau_c}}{\dfrac{T_{ta}}{T_a}(1+\alpha)} \tag{2.3.72}$$

利用式(2.2.72)，结合式(2.2.17)，可以求出最优总压比。有趣的是，这一条件下两个出口的速度相等：

$$u_8 = u_9 \tag{2.3.73}$$

类似在方程(2.3.70)中将 F 对涵道比 α 进行求导，可求出使推力最大时的涵道比为

$$\alpha_{\text{opt}} = \frac{1}{\tau_f - 1} \left(\frac{\dfrac{T_{t4}}{T_a}}{\dfrac{T_{ta}}{T_a}} \left(1 - \frac{1}{\tau_c \dfrac{T_{ta}}{T_a}} - \frac{1}{4\dfrac{T_{ta}}{T_a}} \left(\sqrt{\frac{T_{ta}}{T_a}\tau_f - 1} + \sqrt{\frac{T_{ta}}{T_a} - 1} \right)^2 \right) - (\tau_c - 1) \right) \quad (2.3.74)$$

　　类似地，我们对不同工作条件下、不同发动机类型的性能参数进行比较。在图 2.48 中画出了无量纲化推力随马赫数的变化曲线。可以看出，与涡喷发动机相比，涡扇发动机的无量纲化推力(基于核心机流量)随着马赫数的增加下降更快，这个结论多少有些令人困惑，这是因为涡扇发动机计算无量纲化推力的核心机流量比实际整机空气流量小。现代设计中，涵道比可高达 9 以上，这意味着总气流流量是核心机流量的 10[①] 倍之多。此时，计算无量纲化推力用总气流流量($\dot{m}_t = \dot{m}(1 + \alpha)$)更合适。如果使用这个参数重新分析，可得到图 2.48 中指向右坐标轴的曲线。可以看出，此时无量纲化推力比涡喷发动机小。因此相同尺寸大小的发动机，在总流量一致的情况下，涡喷发动机能产生更大的推力。在图 2.48 中我

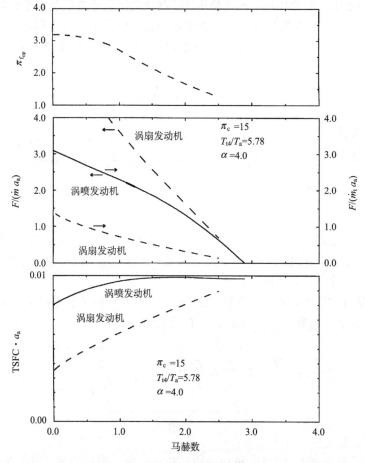

图 2.48　理想分开排气涡扇发动机和涡喷发动机无量纲化推力(基于核心机流量)、无量纲化推力(基于总流量)和无量纲化 TSFC 与马赫数的关系图

---

① 译者注：原文为 8 倍，结合涵道比的定义，应为 10 倍。

们还给出了 TSFC。在这一点上，涡扇发动机比涡喷发动机性能更好。涡扇发动机消耗单位质量燃油所产生的推力比涡喷发动机更大。这也是为何大多数的商用飞机使用大涵道比涡扇发动机。而战斗机为了减小尺寸和重量，则选用涡喷发动机或小涵道比涡扇发动机。

图 2.49 中给出了推力和 TSFC 与风扇总压比之间的关系。从图中可以看出，在获得最大推力的同时，TSFC 取最小值。此时的总压比与方程(2.3.73)给出总温比相对应。

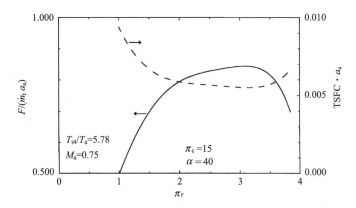

图 2.49 风扇总压比对理想分开排气涡扇发动机的影响

下面我们开展另一个趋势分析：压气机总压比对发动机总体性能的影响，如图 2.50 所示。我们在固定马赫数、涵道比、风扇总压比、燃油流量和涡轮进口温度的前提下开展这一趋势分析。对于简单的涡扇发动机，最优总压比在推力最大化时取得。但是，从图中也可看出，随着压气机内总压比的增大，TSFC 持续减小。

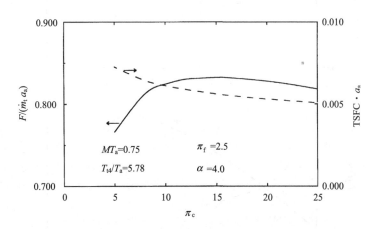

图 2.50 压气机总压比对理想分开排气涡扇发动机性能的影响

图 2.51 所示为无量纲化推力与压气机和风扇总压比之间的关系。图中三维曲面在一组特定的 π_c 和 π_f 处存在顶点——存在一组 π_c 和 π_f 使得无量纲化推力最大化。对应的无量纲化 TSFC 与压气机和风扇总压比之间的关系图见图 2.52。与无量纲化推力不同的是，沿着 π_f 方向上，TSFC 可以最小化，但是沿着 π_c 方向上 TSFC 一直单调递减。

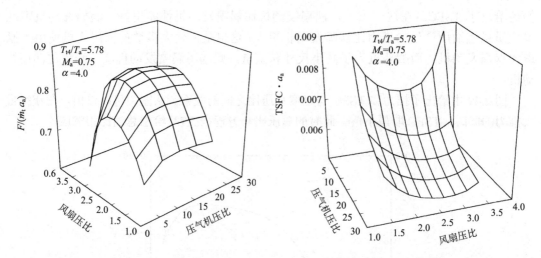

图 2.51　压气机和风扇总压比对理想分开排气涡扇　　图 2.52　压气机和风扇总压比对理想分开排气涡扇
　　　　　发动机无量纲化推力的影响　　　　　　　　　　　　　发动机无量纲化 TSFC 的影响

　　为了进一步分析风扇的性能，我们分析涵道比对发动机总体性能的影响。图 2.53 所示为无量纲化推力和 TSFC 随涵道比的变化趋势。图中，风扇和压气机的总压比、马赫数、核心机流量、涡轮出口温度都是固定的。如果按核心机流量计算无量纲化推力，从图中可以看出在某一特定的涵道比下推力最大（注意如果涵道比为零，对应的就是涡喷发动机）。如果按总气流流量来计算，则随着涵道比的增大无量纲化推力一直减小。对于这类涡扇发

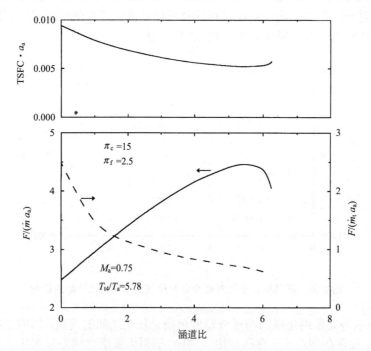

图 2.53　涵道比对理想分开排气涡扇发动机无量纲推力和 TSFC 的影响

动机，在前述参数固定的情况下，存在一个最大的涵道比。如果要尝试突破这个涵道比，就需要从涡轮中获取更多的能量来驱动风扇和压气机，且发动机的流量和总压比会减小。图 2.53 中我们还给出了 TSFC 的变化趋势。从图中可以看出最小 TSFC 和最大推力在相同涵道比下同时取得(仅针对由核心机流量计算的无量纲化推力)。

含加力燃烧室的涡扇发动机。这类发动机如图 2.46 所示。可以看出，加力燃烧室位于发动机核心区域中紧临尾喷管的位置。加力燃烧室还有另外一种可能的安排——在外涵喷管附近，但这种结构几乎不用，因此在此不做讨论。很多用于不含加力燃烧室的分开排气涡扇发动机和含加力燃烧室的涡喷发动机的方程也适用于这种发动机，因此这一部分只需推导较少的方程。例如，方程(2.3.58)仍然适用。同样，我们还需要求出比值 u_8/u_a 和 u_9/u_a。在不含加力燃烧室的涡扇发动机中，我们已经利用方程(2.3.65)准确地计算出了 u_9/u_a。而且通过核心部分的气流与含加力燃烧室的涡喷发动机一样，因而可利用方程(2.3.49)求解 u_8/u_a。因此可利用以下公式求得无量纲化推力：

$$
\frac{F}{\dot{m}a_a} = M_a \left(\sqrt{\left(\frac{\left(\frac{T_{t6}}{T_a}\right)}{\frac{T_{ta}}{T_a} - 1}\right)\left(1 - \frac{1}{\left(\frac{T_{ta}}{T_a}\tau_c\left(1 - \left(\frac{T_{ta}}{T_a}\times\frac{T_a}{T_{t4}}\right)\left((\tau_c - 1) + \alpha(\tau_f - 1)\right)\right)\right)}\right)} - 1 \right)
$$

$$
+ \alpha M_a \left(\sqrt{\frac{\frac{T_{ta}}{T_a}\tau_f - 1}{\frac{T_{ta}}{T_a} - 1}} - 1 \right)
\tag{2.3.75}
$$

这一推力是压气机总压比、风扇总压比、燃烧室出口总温、加力燃烧室出口总温以及涵道比的强耦合函数。当然与其他发动机一样，马赫数和气流质量流率对推力也会有很大的影响。结合式(2.2.32)和式(2.2.38)，我们可以求解总燃油流量($\dot{m}_{ft}$)。但是我们利用之前的整体发动机的能量方程来求解。注意到，如果围绕整机来圈划控制体，就不会包含传动轴的功率，且理想情况下，$\dot{m}_f$ 要比 $\dot{m}$ 小得多。因此，总燃油(主燃油加加力燃油)流量为

$$
\dot{m}_{ft}\Delta H = \sum \dot{m}_{out}h_{out} - \sum \dot{m}_{in}h_{tin}
\tag{2.3.76}
$$

或

$$
\dot{m}_{ft}\Delta H = \left(\dot{m}c_p T_{t6} + \dot{m}_s c_p T_{t7}\right) - c_p T_{ta}\left(\dot{m} + \dot{m}_s\right)
\tag{2.3.77}
$$

结合式(2.2.16)和式(2.2.14)，且注意到理想情况下 $T_{t2} = T_{ta}$，式(2.3.77)可变化为

$$
\dot{m}_{ft} = \frac{\dot{m}c_p T_{ta}}{\Delta H}\left(\frac{T_{t6}}{T_{ta}} + \alpha\tau_f - (1 + \alpha)\right)
\tag{2.3.78}
$$

最后利用无量纲化 TSFC 的定义，可由方程(2.3.78)求得

$$\text{TSFC} \cdot a_{\text{a}} =$$

$$\frac{\left(\dfrac{T_{\text{t6}}}{T_{\text{a}}} \times \dfrac{T_{\text{a}}}{T_{\text{ta}}} + \alpha \tau_{\text{f}} - (1+\alpha)\right)\left(\dfrac{c_{\text{p}}T_{\text{ta}}}{\Delta H}\right)\left(\dfrac{T_{\text{ta}}}{T_{\text{a}}}\right)}{M_{\text{a}}\left(\sqrt{\left(\dfrac{\dfrac{T_{\text{t6}}}{T_{\text{a}}}}{\dfrac{T_{\text{ta}}}{T_{\text{a}}}-1}\right)\left(1-\dfrac{1}{\left(\dfrac{T_{\text{ta}}}{T_{\text{a}}}\tau_{\text{c}}\left(1-\left(\dfrac{T_{\text{ta}}}{T_{\text{a}}} \times \dfrac{T_{\text{a}}}{T_{\text{t4}}}\right)((\tau_{\text{c}}-1)+\alpha(\tau_{\text{f}}-1))\right)\right)}\right)}-1\right) + \alpha M_{\text{a}}\left(\sqrt{\dfrac{\dfrac{T_{\text{ta}}}{T_{\text{a}}}\tau_{\text{f}}-1}{\dfrac{T_{\text{ta}}}{T_{\text{a}}}-1}}-1\right)}$$

$$(2.3.79)$$

对含加力燃烧室的分开排气涡扇发动机，TSFC 比不含加力燃烧室的涡扇发动机大很多。

　　在图 2.54 中描绘了在最大风扇总压比(最大推力)时，含加力燃烧室的分开排气涡扇发动机的无量纲化推力和 TSFC 随马赫数的变化曲线。在图 2.48 中已经给出了风扇总压比的变化趋势图。如预计的情况，含加力燃烧室的涡扇发动机，其无量纲化推力和 TSFC 都比不含加力燃烧室时大。而且我们还将这些趋势与涡喷发动机进行对比。从图中可以看出，当取最优风扇增压比(对应最大推力状态，风扇总压比也常称为风扇增压比)时，在低马赫数下，含加力燃烧室的涡扇发动机，其 TSFC 比含加力燃烧室的涡喷发动机小。而不含加力燃烧室的涡喷发动机，其无量纲化推力(按总空气流量计算)比含加力燃烧室的涡扇发动机大。

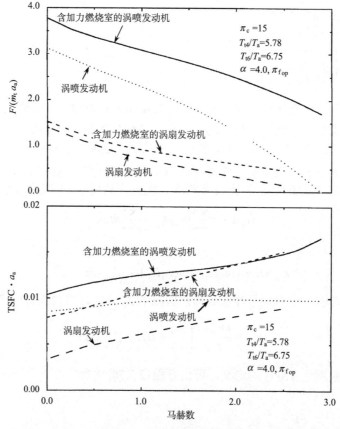

图 2.54　含加力与不含加力燃烧室时，最优风扇总压比分开排气涡扇发动机与涡喷发动机的无量纲化推力和 TSFC 随马赫数的变化对比图

例 2.4　一理想的分开排气涡扇发动机，在海平面高度以 0.75 马赫数飞行。主气流流量为 165lbm/s(74.83kg/s)，涵道比为 1.20。压气机的总压比为 15，风扇总压比为 3。燃油的热值是 17800Btu/lbm(41400kJ/kg)，燃烧室出口总温为 2500°R(1389K)。求发动机推力和 TSFC。γ 取 1.4。

解　如果将此题与之前涡喷发动机的例子进行对比，可以发现除了多了一个分开排气的风扇，其他包括题中所给条件都与之前的例子一样。同样，本例我们还是给出解答的详细步骤，这样可以知道中间环节中与涡喷发动机之间的区别。

本题中很多变量的值与之前的例子完全一样，它们是

$$p_a = 14.69\text{psi}(101.3\text{kPa}), \quad T_a = 518.7°\text{R}(288.2\text{K})$$

$$u_a = 837.3\text{ft/s}(255.2\text{m/s}), \quad a_a = 1116\text{ft/s}(340.1\text{m/s})$$

$$T_{ta} = 577.1°\text{R}(320.6\text{K}) = T_{t2}, \quad p_{ta} = 21.33\text{psi}(147.1\text{kPa}) = p_{t2}$$

$$p_{t3} = 320.0\text{psi}(2206\text{kPa}) = p_{t4}, \quad T_{t3} = 1251°\text{R}(690.5\text{K})$$

(1)进气道。

与涡喷发动机一样，$\rho_a = 0.002376\text{slug/ft}^3(1.225\text{kg/m}^3)$，因此，如果(并非必要情况)进气道进口速度与喷气速度相等，则进气道进口面积为

$$A_{in} = \frac{\dot{m}(1+\alpha)}{\rho_a u_a} = \frac{74.83\dfrac{\text{kg}}{\text{s}}(1+1.2)}{1.225\dfrac{\text{kg}}{\text{m}^3} \times 255.2\dfrac{\text{m}}{\text{s}}} = 0.5269\text{m}^2(816.9\text{in}^2)$$

于是可得进气道进口直径为 32.24in(0.8191m)，这比同样的涡喷发动机要大 48%。

(2)风扇。

由风扇的总压比，可得风扇的出口总压为

$$p_{t7} = \pi_f p_{t2} = 3 \times 147.1 = 441.3\text{kPa}(64.00\text{psi})$$

又因为风扇内假定气体流动为等熵过程，因此风扇出口总温为

$$T_{t7} = T_{t2}\tau_f = T_{t2}\left(\pi_f\right)^{\frac{\gamma-1}{\gamma}} = 320.6(3)^{\frac{0.4}{1.4}} = 438.8\text{K}(789.8°\text{R})$$

(3)外涵喷管。

对理想外涵喷管，出口压力与环境压力相等，于是有

$$p_9 = p_a = 101.3\text{kPa}(14.69\text{psi})$$

而且排气装置内是等熵过程，整个排气装置内的总压不变，于是有

$$p_{t9} = p_{t7} = 441.3\text{kPa}(64.00\text{psi})$$

且由 $p_{t9} = p_9\left(1 + \dfrac{\gamma-1}{2}M_9^2\right)^{\frac{\gamma}{\gamma-1}}$ 可解得外涵出口马赫数为

$$M_9 = \sqrt{\left(\frac{2}{\gamma-1}\right)\left(\left(\frac{p_{t9}}{p_9}\right)^{\frac{\gamma-1}{\gamma}} - 1\right)} = \sqrt{\left(\frac{2}{1.4-1}\right)\left(\left(\frac{441.3}{101.3}\right)^{\frac{0.4}{1.4}} - 1\right)} = 1.617$$

于是有外涵出口静温为

$$T_9 = \frac{T_{t9}}{1 + \frac{\gamma - 1}{2} M_9^2} = \frac{438.8}{1 + \frac{1.4 - 1}{2} 1.617^2} = 288.2 \text{K} (518.7°\text{R})$$

可得排气装置出口气流速度为

$$u_9 = M_9 a_9 = M_9 \sqrt{\gamma R T_9}$$

$$= 1.617 \sqrt{1.4 \times 287.1 \frac{\text{J}}{\text{kg} \cdot \text{K}} \times 288.2\text{K} \times \frac{\text{N} \cdot \text{m}}{\text{J}} \times \frac{\text{kg} \cdot \text{m}}{\text{s}^2 \cdot \text{N}}}$$

$$= 550.1 \text{m/s} (1805 \text{ft/s})$$

(4)涡轮。

由传动轴上的功率平衡，有

$$\dot{m} c_p (T_{t4} - T_{t5}) = \dot{m} c_p (T_{t3} - T_{t2}) + \alpha \dot{m} c_p (T_{t7} - T_{t2})$$

或

$$(T_{t4} - T_{t5}) = (T_{t3} - T_{t2}) + \alpha (T_{t7} - T_{t2})$$

于是

$$(1389 - T_{t5}) = (695.0 - 320.6) + 1.2(438.8 - 320.6)$$

由上式可求得涡轮出口总温 $T_{t5} = 872.8\text{K}(1571°\text{R})$。由于涡轮同时驱动压气机和风扇，涡轮出口温度比涡喷发动机低。理想涡轮内的气体流动过程是等熵的，所以可按下式计算涡轮出口总压：

$$p_{t5} = p_{t4} \pi_t = p_{t4} (\tau_t)^{\frac{\gamma}{\gamma - 1}} = 2206 \left(\frac{872.8}{1389} \right)^{\frac{1.4}{0.4}} = 2206 \times 0.197 = 433.8 \text{kPa} (62.92 \text{psi})$$

(5)尾喷管。

由于尾喷管内气体流动过程是等熵过程，有 $p_{t8} = p_8 \left(1 + \frac{\gamma - 1}{2} M_8^2 \right)^{\frac{\gamma}{\gamma - 1}}$，可解得出口马赫数为

$$M_8 = \sqrt{\left(\frac{2}{\gamma - 1} \right) \left(\left(\frac{p_{t8}}{p_8} \right)^{\frac{\gamma - 1}{\gamma}} - 1 \right)} = \sqrt{\left(\frac{2}{1.4 - 1} \right) \left(\left(\frac{433.8}{101.3} \right)^{\frac{0.4}{1.4}} - 1 \right)} = 1.605$$

出口静温为

$$T_8 = \frac{T_{t8}}{1 + \left(\frac{\gamma - 1}{2} \right) M_8^2} = \frac{872.8}{1 + \left(\frac{1.4 - 1}{2} \right) 1.605^2} = 576.1 \text{K} (1037°\text{R})$$

出口气流速度为

$$u_8 = M_8 a_8 = M_8 \sqrt{\gamma R T_8}$$

$$= 1.617 \sqrt{1.4 \times 287.1 \frac{\text{J}}{\text{kg} \cdot \text{K}} \times 576.1\text{K} \times \frac{\text{N} \cdot \text{m}}{\text{J}} \times \frac{\text{kg} \cdot \text{m}}{\text{s}^2 \cdot \text{N}}}$$

$$= 772.2 \text{m/s} (2533 \text{ft/s})$$

注意到此时 u_8 与 u_9 不相等，因此此时推力不是最大推力。

(6) 推力和 TSFC。

由于两个喷管的出口压力都与环境压力相等，因此推力为

$$F = \dot{m}(u_8 - u_a) + \dot{m}_s(u_9 - u_a) = \dot{m}(u_8 - u_a) + \alpha \dot{m}(u_9 - u_a)$$

$$= \left(74.83\frac{\text{kg}}{\text{s}}(772.2 - 255.2)\frac{\text{m}}{\text{s}} + 1.2 \times 74.83\frac{\text{kg}}{\text{s}}(550.1 - 255.2)\frac{\text{m}}{\text{s}}\right) \times \frac{\text{N} \cdot \text{s}^2}{\text{kg} \cdot \text{m}}$$

$$= 38690\text{N}（尾喷口）+ 26480\text{N}（外涵喷嘴）= 65170\text{N}(14653\text{lbf})$$

这一推力比涡喷发动机大 27%，但是总气流流量是涡喷发动机的 2.2 倍。因此涡喷发动机的单位推力明显更大。无量纲化推力为

$$\frac{F}{a_a\dot{m}(1+\alpha)} = \frac{65170\text{N} \times \dfrac{\text{kg} \cdot \text{m}}{\text{N} \cdot \text{s}^2}}{340.1\dfrac{\text{m}}{\text{s}} \times 74.83\dfrac{\text{kg}}{\text{s}} \times (1+1.20)} = 1.164$$

相较之下，这比涡喷发动机小 (2.009)，这再次说明涡扇发动机的单位推力比涡喷发动机小。燃油流量与涡喷发动机一致，即 $\dot{m}_f = 1.260\text{kg/s}(2.778\text{lbm/s})$，因此有

$$\text{TSFC} = \frac{\dot{m}_f}{F} = \frac{1.260\dfrac{\text{kg}}{\text{s}} \times 3600\dfrac{\text{s}}{\text{h}}}{65170\text{N}} = 0.0690\text{kg/(N}\cdot\text{h)}(0.683\text{lbm/(lbf}\cdot\text{h)})$$

题毕。

这要比涡喷发动机小约 22%。

作为本题的延伸，读者可以推导一下最大推力时对应的 τ_f 和 π_f。答案分别是 1.576 和 4.912，对应的最大推力是 66710N（14998lbf），TSFC 是 0.06797kg/（N·h）（0.667lbm/(lbf·h)）。

2. 混合排气涡扇发动机

另一种类型的涡扇发动机如图 2.55 所示。这种发动机中，风扇出口的外涵气流经过外涵道后，进入涡轮后部截面 5.5 之前处与核心机气流混合。同样此处也分析两种不同的子类：不含加力和含加力燃烧室的涡扇发动机。图 2.55 中，加力燃烧室在截面 5.5 和截面 6 之间。接下来分别分析这两类发动机。

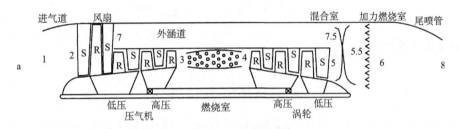

图 2.55　混合排气涡扇发动机

现在我们分析不含加力燃烧室的涡扇发动机。这类发动机截面 5.5 和截面 6 是重叠的，统一为截面 6，如图 2.56 所示。对涡喷发动机来说，只有尾喷管的气流，因而有

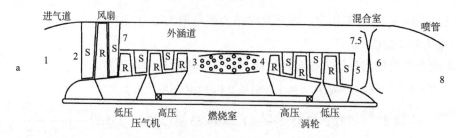

图 2.56 不含加力燃烧室的混合排气涡扇发动机

$$\frac{F}{\dot{m}_8 u_a} = \frac{u_8}{u_a} - 1 \tag{2.3.80}$$

式中，$\dot{m}_8$ 是尾喷管排出的总气流流量。对混合排气涡扇发动机则由式(2.3.81)给出：

$$\dot{m}_8 = (1+\alpha)\dot{m} \tag{2.3.81}$$

因此同样要计算 u_8/u_a。对冲压发动机而言，有

$$\frac{u_8}{u_a} = \frac{M_8\sqrt{T_8}}{M_a\sqrt{T_a}} \tag{2.3.82}$$

结合式(2.2.4)和式(2.2.42)可得

$$\frac{u_8}{u_a} = \sqrt{\frac{\dfrac{T_{t8}}{T_8}-1}{\dfrac{T_{ta}}{T_a}-1}}\sqrt{\frac{T_8}{T_a}} \tag{2.3.83}$$

式(2.3.83)可简化为

$$\frac{u_8}{u_a} = \sqrt{\frac{\dfrac{T_{t8}}{T_a}-\dfrac{T_8}{T_a}}{\dfrac{T_{ta}}{T_a}-1}} \tag{2.3.84}$$

因此，要求推力需要先求得比值 T_{t8}/T_a 和 T_8/T_a。接下来，分析截面 6 处理想混合气流的焓值，并将混合室出口的总温 T_{t8} 展开，可得

$$T_{t6} = \frac{\alpha T_{ta}\left(\dfrac{T_{ta}}{T_a}\right)\left(\dfrac{T_{t7}}{T_{t2}}\right)+T_a\left(\dfrac{T_{t4}}{T_a}\right)\left(\dfrac{T_{t5}}{T_{t4}}\right)}{\alpha+1} \tag{2.3.85}$$

式(2.3.85)进一步简化为

$$T_{t6} = \frac{\alpha T_{ta}\left(\dfrac{T_{ta}}{T_a}\right)\tau_f+T_a\left(\dfrac{T_{t4}}{T_a}\right)\tau_t}{\alpha+1} \tag{2.3.86}$$

稳态条件下，在混合室入口，方程(2.2.64)说明内外涵气流的静压是相等的（$p_{7.5}=p_5$）。但是如同本章前面所讨论的那样，假设截面 5、截面 5.5 和截面 7.5 处的气流马赫数相等（$M_{t7.5}=M_{t5}=M_{t5.5}$）或较小，则总压也相等（$p_{t7.5}=p_{t5}$）。而且由于混合室是理想混合室，在混合室内总压为常数：

$$p_{t7.5} = p_{t5} = p_{t5.5} \tag{2.3.87}$$

因此，跨风扇的总压比为

$$\frac{p_{t7}}{p_{t2}} = \frac{p_{t5}}{p_{t3}} \frac{p_{t3}}{p_{t2}} \tag{2.3.88}$$

如果这两股气流的马赫数不等，可通过方程 (H.2.11) 来求得 p_{t7} 和 p_{t5} 之间的关系。理想情况下，方程 (2.3.88) 可简化为

$$\pi_f = \pi_t \pi_c \tag{2.3.89}$$

理想情况下（这三个部件中的过程都是等熵的，且 γ 为常数），式 (2.3.89) 也意味着（由方程 (H.2.10)）：

$$\tau_f = \tau_t \tau_c \tag{2.3.90}$$

将式 (2.3.90) 与式 (2.3.86) 结合，有

$$T_{t6} = \frac{\alpha T_{ta}\left(\dfrac{T_{ta}}{T_a}\right)\tau_f + T_a\left(\dfrac{T_{t4}}{T_a}\right)\dfrac{\tau_f}{\tau_c}}{\alpha + 1} \tag{2.3.91}$$

理想情况下因为尾喷管内是绝热过错，T_{t8} 与式 (2.3.91) 相等。因此有

$$\frac{T_{t8}}{T_a} = \left(\frac{T_{ta}}{T_a}\right)\tau_f\left(\frac{\alpha + \dfrac{1}{\tau_c}\left(\dfrac{T_a}{T_{ta}}\right)\left(\dfrac{T_{t4}}{T_a}\right)}{\alpha + 1}\right) \tag{2.3.92}$$

由方程 (2.3.87) 还可求得截面 8 处的总压为

$$p_{t8} = p_a\left(\frac{p_{ta}}{p_a}\right)\left(\frac{p_{t3}}{p_{t2}}\right)\left(\frac{p_{t5}}{p_{t4}}\right) \tag{2.3.93}$$

结合式 (2.3.89)，式 (2.3.89) 可变为

$$p_{t8} = p_a\left(\frac{p_{ta}}{p_a}\right)\left(\frac{p_{t7}}{p_{t2}}\right) = p_a\left(\frac{p_{ta}}{p_a}\right)\pi_f \tag{2.3.94}$$

理想情况下，出口压力与环境压力相等（$p_8 = p_a$），方程 (2.2.45) 可转换为

$$1 + \frac{\gamma - 1}{2}M_8^2 = \left(\left(\frac{p_{ta}}{p_a}\right)\pi_f\right)^{\frac{\gamma-1}{\gamma}} \tag{2.3.95}$$

最后，联立式 (2.3.92)、式 (2.2.3) 和式 (2.3.95) 求解 T_8/T_a，得

$$\frac{T_8}{T_a} = \left(\frac{T_{ta}}{T_a}\right)\tau_f\left(\frac{\alpha + \dfrac{1}{\tau_c}\left(\dfrac{T_a}{T_{ta}}\right)\left(\dfrac{T_{t4}}{T_a}\right)}{(\alpha + 1)\left(\left(\dfrac{p_{ta}}{p_a}\right)\pi_f\right)^{\frac{\gamma-1}{\gamma}}}\right) \tag{2.3.96}$$

理想情况下，结合式 (H.2.10) 和式 (2.2.17)，式 (2.3.96) 可简化为

$$\frac{T_8}{T_a} = \frac{\alpha + \dfrac{1}{\tau_c}\left(\dfrac{T_a}{T_{t4}}\right)\left(\dfrac{T_{t4}}{T_a}\right)}{\alpha + 1} \tag{2.3.97}$$

混合排气时传动轴上的功率方程与分开排气时完全一致。利用式(2.3.90)和式(2.3.69)，可解得风扇总温比为

$$\tau_f = \frac{\tau_c + \left(\dfrac{T_{ta}}{T_a}\right)\left(\dfrac{T_a}{T_{t4}}\right)\tau_c\left(1 + \alpha - \tau_c\right)}{1 + \left(\dfrac{T_{ta}}{T_a}\right)\left(\dfrac{T_a}{T_{t4}}\right)\tau_c\alpha} \tag{2.3.98}$$

从式(2.3.98)可以看出，确定 T_8/T_a、τ_c（或 π_c）和马赫数后，就可以计算得到 τ_f（以及由此得到的 π_f）。需要注意，与分开排气不同，风扇总压比不再是独立参数。因此在设计阶段，这一参数就不能独立变化，必须合理地甄选。最后，结合式(2.3.80)、式(2.3.81)、式(2.3.84)、式(2.3.91)、式(2.3.96)和式(2.3.98)，可得到无量纲化推力为

$$\frac{F}{\dot{m}a_a} = M_a\left(1+\alpha\right)\left(\sqrt{\left(\frac{\alpha + \left(\dfrac{T_{t4}}{T_a}\right)\left(\dfrac{T_a}{T_{ta}}\right)\dfrac{1}{\tau_c}}{1+\alpha}\right)\left(\frac{\left(\dfrac{T_{ta}}{T_a}\right)\dfrac{\tau_c + \left(\dfrac{T_{ta}}{T_a}\right)\left(\dfrac{T_a}{T_{t4}}\right)\tau_c\left(1+\alpha-\tau_c\right)}{1+\left(\dfrac{T_{ta}}{T_a}\right)\left(\dfrac{T_a}{T_{t4}}\right)\tau_c\alpha} - 1}{\left(\dfrac{T_{ta}}{T_a}\right) - 1} - 1\right)} - 1\right) \tag{2.3.99}$$

可以看出推力是压气机总压比、燃烧室出口总温以及涵道比的强耦合函数。与其他发动机一样，马赫数和燃油质量流率对推力也有很大的影响。无量纲化 TSFC 的具体推导过程与分开排气涡扇发动机类似，结果为

$$\mathrm{TSFC}\cdot a_a =$$

$$\frac{\left(\dfrac{T_{t4}}{T_a} - \dfrac{T_{ta}}{T_a}\dfrac{1}{\tau_c}\right)\left(\dfrac{c_p T_{ta}}{\Delta H}\right)}{M_a\left(1+\alpha\right)\left(\sqrt{\left(\dfrac{\alpha + \left(\dfrac{T_{ta}}{T_a}\right)\left(\dfrac{T_a}{T_{t4}}\right)\dfrac{1}{\tau_c}}{1+\alpha}\right)\left(\dfrac{\left(\dfrac{T_{ta}}{T_a}\right)\dfrac{\tau_c + \left(\dfrac{T_{ta}}{T_a}\right)\left(\dfrac{T_a}{T_{t4}}\right)\tau_c\left(1+\alpha-\tau_c\right)}{1+\left(\dfrac{T_{ta}}{T_a}\right)\left(\dfrac{T_a}{T_{t4}}\right)\tau_c\alpha} - 1}{\left(\dfrac{T_{ta}}{T_a}\right) - 1} - 1\right)} - 1\right)} \tag{2.3.100}$$

对于混合排气涡扇发动机，TSFC 的典型取值为 0.35~0.7lbm/(lbf·h)。

接下来分析发动机性能随参数变化的趋势。图 2.57 是一个典型的趋势分析结果。图中所示为给定压气机总压比、马赫数、涡轮进口温度和核心机气流流量时，推力和 TSFC 随涵道比的变化趋势曲线。与分开排气涡扇发动机不同，无量纲化推力(按总气流流量计算)和 TSFC 都随涵道比增大而持续减小。由于风扇的总压比并未限定，因此并不存在极限或最大的涵道比，这一点也与分开排气涡扇发动机不同。从经济性角度出发，随着涵道比的增大，TSFC 单调减小是好事，但是无量纲化推力也同时减小了。发动机的实际尺寸随着气流流量的增大而增大。需要认识到，随着涵道比的增加，推力尺寸比或更为重要的推重比都会减小。因此，在给定推力需求的前提下，如果采用大涵道比，就需要更大更重的发动机。但是如果采用小涵道比，就可以使用较小较轻的发动机。因此在重量备受关切的军用领域(如战斗机)中，多采用小涵道比(通常小于 1)；而在商用领域中，经济性更为重要，就多采用涵道比高达 9 以上的发动机(配合分开排气的结构设计)。

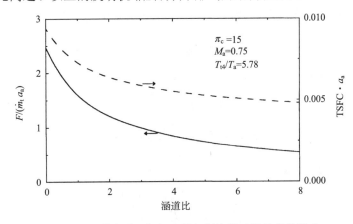

图 2.57　涵道比对理想混合排气涡扇发动机性能的影响

现在我们分析含加力燃烧室的混合排气涡扇发动机，图 2.55 所示为这类发动机。不含加力燃烧室的涡扇发动机的很多方程也适用于这种发动机，因此这一部分只需推导较少的方程。例如，方程(2.3.80)~方程(2.3.84)仍然适用。对混合室的能量方程(2.2.69)，将混合室出口的统一温度展开后，理想情况下可得

$$T_{t5.5} = \frac{\alpha T_a \left(\dfrac{T_{t4}}{T_a} \right) \left(\dfrac{T_{t7}}{T_{t2}} \right) + T_a \left(\dfrac{T_{ta}}{T_a} \right) \left(\dfrac{T_{t3}}{T_{t2}} \right) \left(\dfrac{T_{t4}}{T_{t3}} \right) \left(\dfrac{T_{t5}}{T_{t4}} \right)}{\alpha + 1} \tag{2.3.101}$$

式(2.3.101)可简化为

$$T_{t5.5} = \frac{\alpha T_a \left(\dfrac{T_{t4}}{T_a} \right) \tau_f + T_a \left(\dfrac{T_{ta}}{T_a} \right) \tau_c \tau_b \tau_t}{\alpha + 1} \tag{2.3.102}$$

结合方程(2.3.90)可得

$$T_{t5.5} = T_a \left(\frac{T_{ta}}{T_a} \right) \tau_f \left(\frac{\alpha + \tau_b}{\alpha + 1} \right) \tag{2.3.103}$$

加力燃烧室出口(截面 6)总温可由以下公式给出：

$$T_{t6} = T_{t5.5} \left(\frac{T_{t6}}{T_{t5.5}} \right) = T_{t5.5}\tau_{ab} \tag{2.3.104}$$

式中，τ_{ab} 是加力燃烧室内的总温比。理想情况下，尾喷管内是等熵过程，对于 T_{t8}，类似于上面的思路，结合方程(2.3.103)有

$$\frac{T_{t8}}{T_a} = \tau_{ab}\tau_f \left(\frac{T_{ta}}{T_a} \right) \left(\frac{\alpha + \tau_b}{\alpha + 1} \right) \tag{2.3.105}$$

结合式(2.3.105)、式(2.3.93)和式(2.2.42)可得

$$\frac{T_8}{T_a} = \frac{\tau_{ab}\tau_f \left(\dfrac{T_{ta}}{T_a} \right) \left(\dfrac{\alpha + \tau_b}{\alpha + 1} \right)}{\left(\left(\dfrac{p_{ta}}{p_a} \right) \pi_f \right)^{\frac{\gamma-1}{\gamma}}} \tag{2.3.106}$$

理想情况下(由式(2.2.6)和式(2.2.17))，式(2.3.106)可简化为

$$\frac{T_8}{T_a} = \tau_{ab} \left(\frac{\alpha + \tau_b}{\alpha + 1} \right) \tag{2.3.107}$$

利用以上公式可以求解燃烧室总温比 τ_b，结合方程(2.3.103)有

$$\tau_b = \frac{\left(\dfrac{T_{t5.5}}{T_a} \right) \left(\dfrac{T_a}{T_{ta}} \right)}{\tau_f}(\alpha + 1) - \alpha \tag{2.3.108}$$

因此，由以上两个方程可得

$$\frac{T_8}{T_a} = \frac{\tau_{ab}}{\tau_f} \left(\frac{T_{t5.5}}{T_a} \right) \left(\frac{T_a}{T_{ta}} \right) \tag{2.3.109}$$

或

$$\frac{T_8}{T_a} = \frac{\left(\dfrac{T_{t6}}{T_a} \right) \left(\dfrac{T_a}{T_{ta}} \right)}{\tau_f} \tag{2.3.110}$$

将 T_{t8}/T_8 展开：

$$\frac{T_{t8}}{T_8} = \left(\frac{T_{t8}}{T_a} \right) \left(\frac{T_a}{T_8} \right) \tag{2.3.111}$$

将方程(2.3.110)应用到式(2.3.111)有

$$\frac{T_{t8}}{T_8} = \left(\frac{T_{t8}}{T_a} \right) \tau_f \tag{2.3.112}$$

因此，结合式(2.3.83)、式(2.3.10)和式(2.3.112)，可得速度比为

$$\frac{u_8}{u_a} = \sqrt{\frac{\left(\dfrac{T_{ta}}{T_a} \right) \tau_f - 1}{\dfrac{T_{ta}}{T_a} - 1}} \sqrt{\frac{\left(\dfrac{T_{t8}}{T_a} \right)}{\tau_f \left(\dfrac{T_{ta}}{T_a} \right)}} \tag{2.3.113}$$

将式(2.3.113)与式(2.3.80)、式(2.3.81)和式(2.3.98)结合，可得

$$\frac{F}{\dot{m}a_{a}} = M_{a}\left(1+\alpha\right)\left(\sqrt{\frac{\left(\dfrac{T_{ta}}{T_a}\right)\left(\dfrac{\tau_c + \left(\dfrac{T_{ta}}{T_a}\right)\left(\dfrac{T_a}{T_{t4}}\right)\tau_c\left(1+\alpha-\tau_c\right)}{1+\left(\dfrac{T_{ta}}{T_a}\right)\left(\dfrac{T_a}{T_{t4}}\right)\tau_c\alpha}\right) - 1}{\left(\dfrac{T_{ta}}{T_a}-1\right)\left(\dfrac{\tau_c + \left(\dfrac{T_{ta}}{T_a}\right)\left(\dfrac{T_a}{T_{t4}}\right)\tau_c\left(1+\alpha-\tau_c\right)}{1+\left(\dfrac{T_{ta}}{T_a}\right)\left(\dfrac{T_a}{T_{t4}}\right)\tau_c\alpha}\right)}\,\frac{\dfrac{T_{t8}}{T_a}}{\dfrac{T_{ta}}{T_a}}} - 1\right) \tag{2.3.114}$$

式(2.3.114)即为混合排气涡扇发动机无量纲化推力公式。这一推力是压气机总压比、燃烧室出口总温、加力燃烧室出口总温以及涵道比的强耦合函数。可以对整个发动机利用能量方程计算总燃油消耗率 $\dot{m}_{ft}$。在分析整个控制体时，并没有轴功率输出。理想情况下，$\dot{m}_f$ 比 $\dot{m}$ 小得多。因此可简化有

$$\dot{m}_{ft}\Delta H = \dot{m}\left(1+\alpha\right)c_p\left(T_{t6}-T_{ta}\right) \tag{2.3.115}$$

利用式(2.3.115)求得 $\dot{m}_{ft}$ 并结合无量纲化 TSFC 的定义、式(2.3.98)和式(2.3.114)，且注意，$T_{t6}=T_{t8}$ 有

$$\text{TSFC}\cdot a_{a} = \frac{\left(\left(\dfrac{T_{t8}}{T_a}\right)-\left(\dfrac{T_{ta}}{T_a}\right)\right)\left(\dfrac{c_p T_{ta}}{\Delta H M_a}\right)}{\sqrt{\dfrac{\left(\dfrac{T_{ta}}{T_a}\right)\left(\dfrac{\tau_c + \left(\dfrac{T_{ta}}{T_a}\right)\left(\dfrac{T_a}{T_{t4}}\right)\tau_c\left(1+\alpha-\tau_c\right)}{1+\left(\dfrac{T_{ta}}{T_a}\right)\left(\dfrac{T_a}{T_{t4}}\right)\tau_c\alpha}\right)-1}{\left(\dfrac{T_{ta}}{T_a}-1\right)\left(\dfrac{\tau_c + \left(\dfrac{T_{ta}}{T_a}\right)\left(\dfrac{T_a}{T_{t4}}\right)\tau_c\left(1+\alpha-\tau_c\right)}{1+\left(\dfrac{T_{ta}}{T_a}\right)\left(\dfrac{T_a}{T_{t4}}\right)\tau_c\alpha}\right)}\,\dfrac{\dfrac{T_{t8}}{T_a}}{\dfrac{T_{ta}}{T_a}}}-1} \tag{2.3.116}$$

式(2.3.116)即为混合排气涡扇发动机无量纲化 TSFC 公式。相比于不含加力燃烧室的情况，这一数值明显要大。如果分别利用主燃烧室和加力燃烧室的能量方程来求取总燃油流量，也可以获得相同的结论(尽管推导过程更为复杂)。例如，式(2.2.31)和式(2.2.32)给出了主燃烧室的油气比。混合排气涡扇发动机，加力燃烧室的油气比可按下面的分析进行推导。仅对加力燃烧室利用能量方程(方程(2.2.38))，并求出油气比(方程(2.2.39))可得

$$f_{ab} = \frac{\dot{m}_{ft}}{\dot{m}} = \frac{\left(1+\alpha\right)c_p\left(T_{t6}-T_{t5.5}\right)}{\Delta H} \tag{2.3.117}$$

式中，$T_{t5.5}$ 可由方程(2.3.102)求解得到。

同样对这类发动机，我们开展一系列参数化分析。理想情况下含加力燃烧室的混合排气涡扇发动机与分开排气涡扇发动机类似。即其无量纲化推力(按总燃油流量计算)和 TSFC 都比涡喷发动机小。加力燃烧室的存在使得无量纲化推力(按总燃油流量计算)和 TSFC 都

显著增大，但仍然小于类似的含加力燃烧室的涡喷发动机。图 2.58 所示为一个典型的趋势图。

　　对比图 2.58 和图 2.54，我们将混合排气涡扇发动机与分开排气涡扇发动机进行对比。一个重要的结论是：理想情况下（也仅仅是理想情况下）不含加力燃烧室时两者在风扇工作在最优增压比时（也仅仅在此时）工作特性相同。另一个重要的结论是在开启加力燃烧室时，理想混合排气涡扇发动机产生的推力显然要比分开排气涡扇发动机产生的推力大。这是因为在混合排气涡扇发动机中，进入加力燃烧室内的气流流量更大（$(1+\alpha)\dot{m}$，因而加力燃烧室内的燃油流量更大）。但也因为此，对应的 TSFC 也比较大。这也部分解释了为何混合排气涡扇发动机多用于军用领域。换句话说，对于军用飞机，开启加力燃烧室时应尽可能提供更大的推力；而一旦进入巡航状态，也需要尽可能兼顾燃油经济性。而在商用飞机中

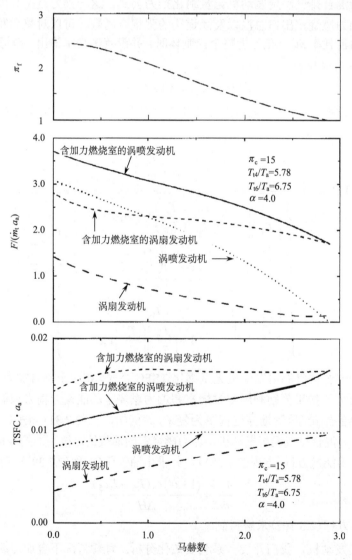

图 2.58　含加力与不含加力燃烧室时，混合排气涡扇发动机与涡喷发动机的
无量纲化推力和 TSFC 随马赫数变化趋势图

多使用的是分开排气涡扇发动机,且通常不包括加力燃烧室。理想情况下,本章已经说明这两类涡扇发动机若都不含加力燃烧室时可以具备相同的工作特性。但是第 3 章我们会进一步考虑混合排气涡扇发动机中外涵道和混合室内实际的非等熵过程以及由此引起的气流损失。因此,在考虑实际和损失的前提下,在没有加力燃烧室时,由于避免了外涵非理想效应或损失,分开排气涡扇发动机比混合排气涡扇发动机具有更高的效率。

例 2.5 一理想混合排气涡扇发动机,在海平面高度以 0.75 马赫数飞行。进口空气流量为 165lbm/s(74.83kg/s),涵道比为 1.20。压气机的总压比为 15。燃油的热值是 17800Btu/lbm(41400kJ/kg),燃烧室出口总温为 2500°R(1389K)。涡轮内气流马赫数与外涵道内气流马赫数相同。求发动机推力和 TSFC。γ 取 1.4。

解 与之前涡喷发动机的实例相比,可以发现此例除了多一个分开排气的风扇,包括题中所给其他条件都一样。同样,本题我们还是按步骤来进行解答,这样可以知道中间环节中与涡喷发动机之间的区别。

本题中很多变量的值与之前的例子完全一样,它们是:

$$p_a = 14.69\text{psi}(101.3\text{kPa}), \quad T_a = 518.7°\text{R}(288.2\text{K})$$

$$u_a = 837.3\text{ft/s}(255.2\text{m/s}), \quad a_a = 1116\text{ft/s}(340.1\text{m/s})$$

$$T_{ta} = 577.1°\text{R}(320.6\text{K}) = T_{t2}, \quad p_{ta} = 21.33\text{psi}(147.1\text{kPa}) = p_{t2}$$

$$p_{t3} = 320.0\text{psi}(2206\text{kPa}) = p_{t4}, \quad T_{t3} = 1251°\text{R}(690.5\text{K})$$

$$\tau_c = 2.168$$

(1) 风扇。

首先需要求得风扇的总压比 π_f,而要求 π_f,要先求得 τ_f:

$$
\begin{aligned}
\tau_f &= \frac{\tau_c + \left(\dfrac{T_{ta}}{T_a}\right)\left(\dfrac{T_a}{T_{t4}}\right)\tau_c\left(1+\alpha-\tau_c\right)}{1+\left(\dfrac{T_{ta}}{T_a}\right)\left(\dfrac{T_a}{T_{t4}}\right)\tau_c\alpha} \\[2mm]
&= \frac{2.168 + \left(\dfrac{577.1}{518.7}\right)\left(\dfrac{518.7}{2500}\right)\times 2.168\times\left(1+1.20-2.168\right)}{1+\left(\dfrac{577.1}{518.7}\right)\left(\dfrac{518.7}{2500}\right)2.168\times 1.20} = 1.365
\end{aligned}
$$

因此对理想(等熵)风扇,有 $\pi_f = \left(\tau_f\right)^{\frac{\gamma}{\gamma-1}} = (1.365)^{\frac{1.4}{0.4}} = 2.968$,这与混合排气涡扇发动机非常接近(但并非完全一致)。

外涵出口总温为

$$T_{t7} = \tau_f \times T_{t2} = 1.365\times 577.1 = 787.4°\text{R}(437.4\text{K}) = T_{t7.5}$$

同样外涵出口总压为

$$p_{t7} = \pi_f \times p_{t2} = 2.968\times 21.33 = 63.32\text{psi}(436.6\text{kPa}) = p_{t7.5}$$

(2) 外涵道。

由于外涵道是理想部件(绝热),因此其内部总温保持不变,即有

$$T_{t7.5} = T_{t7} = 787.4°\text{R}(437.4\text{K})$$

又外涵道内气体流动是等熵过程，因此总压也为常数，即

$$p_{t7.5} = p_{t7} = 63.32\text{psi}(436.6\text{kPa})$$

（3）涡轮。

由传动轴上的功率平衡方程，有

$$\dot{m}c_p\left(T_{t4} - T_{t5}\right) = \dot{m}c_p\left(T_{t3} - T_{t2}\right) + \alpha\dot{m}c_p\left(T_{t7} - T_{t2}\right)$$

或

$$\left(T_{t4} - T_{t5}\right) = \left(T_{t3} - T_{t2}\right) + \alpha\left(T_{t7} - T_{t2}\right)$$

即

$$\left(2500 - T_{t5}\right) = \left(1251 - 577.1\right) + 1.20 \times \left(787.4 - 577.1\right)$$

由上式可求得涡轮出口总温 $T_{t5} = 1573°\text{R}(873.9\text{K})$。

对于理想涡轮，其内部气体流动是等熵过程，所以按下式计算涡轮出口总压：

$$p_{t5} = p_{t4}\pi_t = p_{t4}\left(\tau_t\right)^{\frac{\gamma}{\gamma-1}} = p_{t4}\left(\frac{T_{t5}}{T_{t4}}\right)^{\frac{\gamma}{\gamma-1}}$$

$$= 320.0\left(\frac{1573}{2500}\right)^{\frac{1.4}{0.4}} = 63.32\text{psi}(436.6\text{kPa}) = p_{t5.5}$$

如果读者注意，可以发现涡轮出口总压与之前求出的 $p_{t7.5}$ 相等（也应如此）。

（4）混合室。

基于混合室出口温度场均匀的假设，利用能量平衡可求得混合室出口温度为

$$T_{t5.5} = \frac{\alpha T_{t7.5} + T_{t5}}{\alpha + 1} = \frac{1.20 \times 787.4 + 1573}{1.20 + 1} = 1145°\text{R}(636.1\text{K})$$

对于理想混合室，其内部总压保持不变，于是

$$p_{t5.5} = p_{t5} = 63.32\text{psi}(436.6\text{kPa})$$

（5）尾喷管。

对于理想尾喷管，其出口总温与进口总温是相等的，于是

$$T_{t8} = T_{t5.5} = 1145°\text{R}(636.1\text{K})$$

尾喷管气体流动内过程是等熵过程，有

$$p_{t8} = p_8\left(1 + \frac{\gamma-1}{2}M_8^2\right)^{\frac{\gamma}{\gamma-1}}$$

可解得出口马赫数为

$$M_8 = \sqrt{\left(\frac{2}{\gamma-1}\right)\left(\left(\frac{p_{t8}}{p_8}\right)^{\frac{\gamma-1}{\gamma}} - 1\right)} = \sqrt{\left(\frac{2}{1.4-1}\right)\left(\left(\frac{63.32}{14.69}\right)^{\frac{0.4}{1.4}} - 1\right)} = 1.609$$

出口静温为

$$T_8 = \frac{T_{t8}}{1 + \left(\frac{\gamma-1}{2}\right)M_8^2} = \frac{1145}{1 + \left(\frac{1.4-1}{2}\right)1.609^2} = 754.1°\text{R}(418.9\text{K})$$

出口气流速度为

$$u_8 = M_8 a_8 = M_8 \sqrt{\gamma R T_8}$$

$$= 1.609 \sqrt{1.4 \times 53.35 \frac{\text{ft} \cdot \text{lbf}}{\text{lbm} \cdot {}^\circ\text{R}} \times 32.17 \frac{\text{lbm}}{\text{slug}} \times 754.1{}^\circ\text{R} \times \frac{\text{slug} \cdot \text{ft}}{\text{s}^2 \cdot \text{lbf}}}$$

$$= 2166 \text{ft/s} (660.2 \text{m/s})$$

(6) 推力和 TSFC。

由于两个喷管的出口压力都与环境压力相等，因此推力为

$$F = \dot{m}_t (u_8 - u_a) = (1 + \alpha) \dot{m} (u_8 - u_a)$$

$$= 2.20 \times 165 \frac{\text{lbm}}{\text{s}} \times (2166 - 837.3) \frac{\text{ft}}{\text{s}} \times \left(\frac{\text{slug}}{32.17 \text{lbm}} \right) \left(\frac{\text{lbf} \cdot \text{s}^2}{\text{slug} \cdot \text{ft}} \right)$$

$$= 14998 \text{lbf} (66710 \text{N})$$

这一推力比分开排气涡扇发动机大 2.4%。

燃油流量与涡喷发动机一致，即 $\dot{m}_f = 2.778 \text{lbm/s} (1.260 \text{kg/s})$，因此有

$$\text{TSFC} = \frac{\dot{m}_f}{F} = \frac{2.778 \frac{\text{lbm}}{\text{s}} \times 3600 \frac{\text{s}}{\text{h}}}{14998 \text{lbf}} = 0.667 \text{lbm/(lbf} \cdot \text{h)} (0.06799 \text{kg/(N} \cdot \text{h)}) \qquad \text{题毕。}$$

这比分开排气涡扇发动机小 2.4%。

注意上面的推力和 TSFC 与分开排气发动机最优条件下的推力和 TSFC 一致。这并非巧合，对理想风扇来说，这一结论一直成立。读者可试着去证明这一结论。

例 2.6 一理想混合排气涡扇发动机，其他条件与上题一致，不同的是它有一个加力燃烧室，且加力燃烧室出口总温为 3200°R (1778K)。主燃烧室和加力燃烧室使用的燃油相同。求发动机推力和 TSFC。

解 与上一题进行比较，唯一的区别就是多了一个加力燃烧室。所有的给定条件都是一样的。这里我们依然一步步地进行解算。

本题中很多变量的值与之前的例子完全一样，它们是

$$p_a = 14.69 \text{psi} (101.3 \text{kPa}), \quad T_a = 518.7{}^\circ\text{R} (288.2\text{K})$$
$$u_a = 837.3 \text{ft/s} (255.2 \text{m/s}), \quad T_{ta} = 577.1{}^\circ\text{R} (320.6\text{K}) = T_{t2}$$
$$p_{ta} = 21.33 \text{psi} (147.1 \text{kPa}) = p_{t2}, \quad p_{t3} = 320.0 \text{psi} (2206 \text{kPa}) = p_{t2}$$
$$T_{t3} = 1251{}^\circ\text{R} (690.5\text{K}), \quad \tau_c = 2.168$$
$$\tau_f = 1.365, \quad \pi_f = 2.968$$
$$T_{t7.5} = 787.4{}^\circ\text{R} (437.4\text{K}), \quad M_8 = 1.609$$
$$p_{t5} = p_{t5.5} = p_{t7.5} = 63.32 \text{psi} (436.6 \text{kPa})$$
$$T_{t5} = 1573{}^\circ\text{R} (873.9\text{K}), \quad T_{t5.5} = 1145{}^\circ\text{R} (636.1\text{K})$$

(1) 加力燃烧室。

截面 8 处的总温与加力燃烧室出口的总温相等，即

$$T_{t6} = T_{t8} = 3200{}^\circ\text{R} (1779\text{K})$$

加力燃烧室出口总压与涡轮出口总压也相等，即

$$p_{t6} = p_{t5} = 63.32\text{psi}(436.6\text{kPa})$$

主燃油流量与之前不含加力燃烧室时的发动机相同，$\dot{m}_f = 2.778\text{lbm/s}(1.260\text{kg/s})$，但是加力燃烧室内的燃油流量需要根据下式重新进行计算：

$$\dot{m}_{fab} = \frac{\dot{m}_t c_p (T_{t6} - T_{t5})}{\Delta H} = \frac{(1+\alpha)\dot{m}c_p(T_{t6} - T_{t5})}{\Delta H}$$

$$= \frac{2.20 \times 165 \dfrac{\text{lbm}}{\text{s}} \times 0.24 \dfrac{\text{Btu}}{\text{lbm} \cdot °\text{R}} \times (3200 - 1145)°\text{R}}{17800 \dfrac{\text{Btu}}{\text{lbm}}}$$

$$= 10.06\text{lbm/s}(4.562\text{kg/s})$$

这是主燃烧室内燃油消耗速率的 3.62 倍！加力燃烧室要消耗大量的燃油，这样的消耗很快就能让油箱见底！

因此总燃油消耗为

$$\dot{m}_{ft} = \dot{m}_f + \dot{m}_{fab} = 2.788 + 10.06 = 12.84\text{lbm/s}(5.823\text{kg/s})$$

（2）尾喷管。

尾喷管内的总压不变，因此尾喷管出口马赫数与之前一样。但由于尾喷管的进口总温更高，出口温度相应地也更高：

$$T_8 = \frac{T_{t8}}{1 + \left(\dfrac{\gamma - 1}{2}\right) M_8^2} = \frac{3200}{1 + \left(\dfrac{1.4 - 1}{2}\right)1.609^2} = 2108°\text{R}(1171\text{K})$$

出口速度为

$$u_8 = M_8 a_8 = M_8 \sqrt{\gamma R T_8}$$

$$= 1.609 \sqrt{1.4 \times 53.35 \dfrac{\text{ft} \cdot \text{lbf}}{\text{lbm} \cdot °\text{R}} \times 32.17 \dfrac{\text{lbm}}{\text{slug}} \times 2108°\text{R} \times \dfrac{\text{slug} \cdot \text{ft}}{\text{s}^2 \cdot \text{lbf}}}$$

$$= 3622\text{ft/s}(1104\text{m/s})$$

（3）推力和 TSFC。

最后，由于尾喷管出口压力与环境压力相同，因此理想推力不含压力项，推力为

$$F = \dot{m}_t (u_8 - u_a) = (1+\alpha)\dot{m}(u_8 - u_a)$$

$$= 2.20 \times 165 \frac{\text{lbm}}{\text{s}} \times (3622 - 837.3)\frac{\text{ft}}{\text{s}} \times \left(\frac{\text{slug}}{32.17\text{lbm}}\right)\left(\frac{\text{lbf} \cdot \text{s}^2}{\text{slug} \cdot \text{ft}}\right)$$

$$= 31424\text{lbf}(139800\text{N})$$

这要比不含加力时推力高约 110%。因此 TSFC 为

$$\text{TSFC} = \frac{\dot{m}_{ft}}{F} = \frac{12.84 \dfrac{\text{lbm}}{\text{s}} \times 3600 \dfrac{\text{s}}{\text{h}}}{31424\text{lbf}} = 1.470 \frac{\text{lbm}}{\text{lbf} \cdot \text{h}}\left(0.1500 \frac{\text{kg}}{\text{N} \cdot \text{h}}\right)$$

这要比不含加力燃烧室时燃油消耗率增加约 120%[①]。　　　　　　　　　　　　　题毕。

---

① 译者注：原文为 110%，此处经过计算，应为 120%。

与之前含加力燃烧室的涡喷发动机算例计算参数相比,可以发现推力增加了 89%,但是 TSFC 仅增大了 16%,也就是说推力增加了很多,但是燃油经济性只是变差了一点。这也部分解释了为什么小涵道比涡扇发动机适合应用于军事领域。

2.3.4　涡桨发动机

第 1 章中我们已经说过,涡桨发动机可应用于多种飞机。涡桨发动机与之前的几种发动机都有所不同,如图 2.59 所示。相较而言,涡桨发动机的螺旋桨尺寸大;桨尖处的速度高。因此过去这类发动机只适用于低速飞机中,这样桨尖速度就不会太高。现在的技术已经让涡桨发动机能用于更高速度的飞机中,如桨扇发动机。如果将螺旋桨换成风扇,这类发动机与涡扇发动机又有些类似,但是流过螺旋桨的气流与风扇内的气流又很不一样。而且螺旋桨前后的总压比接近于 1。从某些角度看,这种发动机又非常像超大涵道比(25~100)的涡扇发动机,也就是说有大量的气流穿过螺旋桨并产生推力。该发动机剩下的部分(截面 2~截面 8)与涡喷发动机基本一致。螺旋桨后端的部分气流进入压气机中(截面 2)。这种发动机的推力有两个来源:螺旋桨和尾喷管。因此从这个角度看这种发动机又有点像分开排气涡扇发动机。前面我们对螺旋桨气流的特性(质量流量、压升及气流方向等)分析较少,因此这一节的分析方式略有不同。

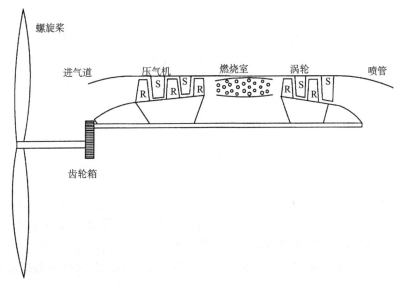

图 2.59　涡桨发动机

首先,一个理想涡桨发动机产生推力的总功率由式(2.3.118)给出:

$$P_t = Fu_a + P_p \tag{2.3.118}$$

式中,F 是由喷气口产生的推力(可参考 2.3.2 节中具体分析);P_p 是螺旋桨消耗的功率。接下来我们给出发动机功系数的一般定义:

$$C_{We} \equiv \frac{P_t}{\dot{m}h_a} \tag{2.3.119}$$

式中，$\dot{m}$ 是穿过发动机核心机的气流流量。将式 (2.3.119) 与式 (2.3.118) 结合有

$$C_{\mathrm{We}} \equiv C_{\mathrm{Wp}} + \frac{u_{\mathrm{a}}F}{\dot{m}c_{\mathrm{p}}T_{\mathrm{a}}} \tag{2.3.120}$$

式中，C_{Wp} 是由方程 (2.2.22) 定义的螺旋桨功系数。接下来应用传动轴的能量方程 (2.2.26) 可得到

$$P_{\mathrm{p}} + \dot{m}c_{\mathrm{p}}\left(T_{\mathrm{t3}} - T_{\mathrm{t2}}\right) = \dot{m}c_{\mathrm{p}}\left(T_{\mathrm{t4}} - T_{\mathrm{t5}}\right) \tag{2.3.121}$$

假设进入压气机内的气流具有与自由来流相同的性质 (即螺旋桨前后气流的压力和温度变化不大)，求解螺旋桨功率可得

$$\frac{P_{\mathrm{p}}}{\dot{m}c_{\mathrm{p}}T_{\mathrm{a}}} = \left(\frac{T_{\mathrm{t4}}}{T_{\mathrm{a}}}\right)\left(1 - \frac{\tau_5}{\left(\dfrac{T_{\mathrm{t4}}}{T_{\mathrm{a}}}\right)\tau_{\mathrm{c}}}\right) - \left(\frac{T_{\mathrm{t4}}}{T_{\mathrm{a}}}\right)\left(\tau_{\mathrm{c}} - 1\right) \tag{2.3.122}$$

式中，τ_5 定义如下：

$$\tau_5 \equiv \left(\frac{T_{\mathrm{ta}}}{T_{\mathrm{a}}}\right)\tau_{\mathrm{c}}\tau_{\mathrm{t}} \tag{2.3.123}$$

理想情况 (等熵) 下，由式 (2.3.123) 可得 (注意 $p_{\mathrm{t4}} = p_{\mathrm{t3}}$)：

$$\tau_5 = \left(\left(\frac{p_{\mathrm{ta}}}{p_{\mathrm{a}}}\right)\pi_{\mathrm{c}}\pi_{\mathrm{t}}\right)^{\frac{\gamma}{\gamma-1}} = \left(\frac{p_{\mathrm{ta}}}{p_{\mathrm{a}}}\frac{p_{\mathrm{t3}}}{p_{\mathrm{t2}}}\frac{p_{\mathrm{t5}}}{p_{\mathrm{t4}}}\right)^{\frac{\gamma}{\gamma-1}} = \left(\frac{p_{\mathrm{t5}}}{p_{\mathrm{a}}}\right)^{\frac{\gamma}{\gamma-1}} \tag{2.3.124}$$

或

$$\tau_5 = \left(\pi_5\right)^{\frac{\gamma}{\gamma-1}} \tag{2.3.125}$$

式中

$$\pi_5 \equiv \frac{p_{\mathrm{t5}}}{p_{\mathrm{a}}} \tag{2.3.126}$$

该参数是衡量喷管的一个参数，它与出口马赫数直接相关，理想情况下可由方程 (2.2.44) 给出，更多细节将在第 5 章讨论。需要注意的是，不要由此简单地认为 τ_5 等于 $T_{\mathrm{t5}}/T_{\mathrm{a}}$，因为 $T_{\mathrm{t4}} \neq T_{\mathrm{t3}}$！理想情况下，喷管内气流的总压为常数，因此有 $p_{\mathrm{t8}} = p_{\mathrm{t5}}$。而 $p_{\mathrm{t5}}/p_{\mathrm{a}}$ 要大于 1，由方程 (2.3.125)，τ_5 也肯定大于 1。接下来我们利用方程 (H.2.2) 来分析涡桨发动机的功系数，即

$$\frac{u_{\mathrm{a}}F}{\dot{m}c_{\mathrm{p}}T_{\mathrm{a}}} = \frac{u_{\mathrm{a}}F}{\dot{m}\left(\dfrac{\gamma R}{\gamma-1}\right)T_{\mathrm{a}}} = \frac{(\gamma-1)u_{\mathrm{a}}F}{\dot{m}\gamma R T_{\mathrm{a}}} = \frac{(\gamma-1)u_{\mathrm{a}}F}{\dot{m}a_{\mathrm{a}}^2} \tag{2.3.127}$$

或

$$\frac{u_{\mathrm{a}}F}{\dot{m}c_{\mathrm{p}}T_{\mathrm{a}}} = \frac{(\gamma-1)M_{\mathrm{a}}F}{\dot{m}a_{\mathrm{a}}} \tag{2.3.128}$$

接下来，联立式 (2.3.37)、式 (2.3.43) 和式 (2.3.123)，可以求得喷气产生的推力为

$$\frac{F}{\dot{m}a_{\mathrm{a}}} = M_{\mathrm{a}}\left(\sqrt{\frac{\left(\dfrac{T_{\mathrm{t4}}}{T_{\mathrm{a}}}\right)\left(\dfrac{T_{\mathrm{a}}}{T_{\mathrm{ta}}}\right)\left(\dfrac{\tau_5 - 1}{\tau_{\mathrm{c}}}\right)}{\left(\dfrac{T_{\mathrm{ta}}}{T_{\mathrm{a}}}\right) - 1}} - 1\right) \tag{2.3.129}$$

综合式 (2.3.120)、式 (2.2.22)、式 (2.3.128) 和式 (2.3.129) 可得

$$C_{\mathrm{We}} = \left(\frac{T_{\mathrm{t4}}}{T_{\mathrm{a}}}\right)\left(1 - \frac{\tau_5}{\left(\dfrac{T_{\mathrm{ta}}}{T_{\mathrm{a}}}\right)\tau_{\mathrm{c}}}\right) - \left(\frac{T_{\mathrm{ta}}}{T_{\mathrm{a}}}\right)(\tau_{\mathrm{c}} - 1) + (\gamma - 1)M_{\mathrm{a}}^2\left(\sqrt{\frac{\left(\dfrac{T_{\mathrm{t4}}}{T_{\mathrm{a}}}\right)\left(\dfrac{T_{\mathrm{a}}}{T_{\mathrm{ta}}}\right)\left(\dfrac{\tau_5 - 1}{\tau_{\mathrm{c}}}\right)}{\left(\dfrac{T_{\mathrm{ta}}}{T_{\mathrm{a}}}\right) - 1}} - 1\right) \tag{2.3.130}$$

求出功系数之后，可按以下公式求出总推力：

$$F_{\mathrm{t}} = \frac{P_{\mathrm{t}}}{u_{\mathrm{a}}} \tag{2.3.131}$$

或按以下公式求出无量纲化推力：

$$\frac{F_{\mathrm{t}}}{\dot{m}a_{\mathrm{a}}} = \frac{P_{\mathrm{t}}}{\dot{m}a_{\mathrm{a}}u_{\mathrm{a}}} \tag{2.3.132}$$

结合式 (2.3.119)、式 (H.2.7)、式 (H.2.8) 和式 (H.2.2) 得

$$\frac{F_{\mathrm{t}}}{\dot{m}a_{\mathrm{a}}} = \frac{C_{\mathrm{We}}}{(\gamma - 1)M_{\mathrm{a}}} \tag{2.3.133}$$

这一推力是压气机总压比、燃烧室出口总温和喷管参数的强耦合函数。但马赫数与燃油质量流量对其影响也很大。接下来计算总燃油消耗率 $\dot{m}_{\mathrm{ft}}$。对于涡桨发动机，我们有时会用到一个与之前不同的参数，这与燃气轮机相同，即燃油消耗率，其定义为

$$\mathrm{SFC} \equiv \frac{\dot{m}_{\mathrm{f}}}{P_{\mathrm{t}}} = \frac{\dot{m}_{\mathrm{f}}}{F_{\mathrm{t}}u_{\mathrm{a}}} = \frac{\dot{m}_{\mathrm{f}}}{\dot{m}c_{\mathrm{p}}T_{\mathrm{a}}C_{\mathrm{We}}} \tag{2.3.134}$$

结合式 (2.2.32) 和式 (2.2.29) 可得涡桨发动机的燃油消耗率为

$$\mathrm{SFC} = \frac{\left(\dfrac{T_{\mathrm{t4}}}{T_{\mathrm{a}}}\right) - \left(\dfrac{T_{\mathrm{ta}}}{T_{\mathrm{a}}}\right)\tau_{\mathrm{c}}}{\Delta H C_{\mathrm{We}}} \tag{2.3.135}$$

式中，C_{We} 由式 (2.3.130) 给出。由 SFC 的定义可得到 TSFC 为

$$\mathrm{TSFC} = \mathrm{SFC} \cdot u_a \tag{2.3.136}$$

因此得

$$\mathrm{TSFC} = \left(\frac{\left(\dfrac{T_{\mathrm{t4}}}{T_{\mathrm{a}}}\right) - \left(\dfrac{T_{\mathrm{ta}}}{T_{\mathrm{a}}}\right)\tau_{\mathrm{c}}}{\Delta H C_{\mathrm{We}}}\right)u_{\mathrm{a}} \tag{2.3.137}$$

对于涡桨发动机，TSFC 的典型取值范围为 0.3~0.4lbm/(lbf·h)。

由于推力正比于功系数，由式(2.3.130)可求得最大化的推力。也就是说，如果保持其他参数固定不变，求 C_{We} 对 τ_5 的导数，取导数值为零时，结合式(2.2.4)可得到

$$\tau_{5\mathrm{opt}} = 1 + \tau_{\mathrm{c}}\left(\frac{T_{\mathrm{ta}}}{T_{\mathrm{a}}}\right)\left(\frac{T_{\mathrm{a}}}{T_{\mathrm{t4}}}\right)\left(\left(\frac{T_{\mathrm{ta}}}{T_{\mathrm{a}}}\right) - 1\right) \tag{2.3.138}$$

虽然我们基于 τ_5 进行分析，但实际中对涡轮的优化是在螺旋桨和排气装置之间的性能平衡基础上展开。通过这一方程可以从方程(2.3.125)中得到 π_5 的最优值以及对应涡轮中的温度和压比。结合式(2.3.36)和式(2.3.123)，理想情况下会有 $u_8 = u_{\mathrm{a}}$，这也意味着最优情况下由尾喷管产生的推力为零，所有推力都由螺旋桨产生！

同样，我们可以进行一系列趋势分析。例如，压气机的压比(即总压比)和尾喷管参数 π_5 单独对功系数(或推力)的影响。在图 2.60 中我们给出了在给定自由来流马赫数和温升比 $T_{\mathrm{t4}}/T_{\mathrm{a}}$ 时的一个分析结果。从图中可以看出，当 π_{c} 和 π_5 同时取最优值时，推力最大。换言之，给定 π_5 时，可以得到压气机总压比的最佳值，反之亦然。而且在 π_{c} 和 π_5 同时取最优值时，推力最大。对于本例，最佳值分别为 $\pi_{\mathrm{copt}} = 13$ 和 $\pi_{5\mathrm{opt}} = 1.08$。

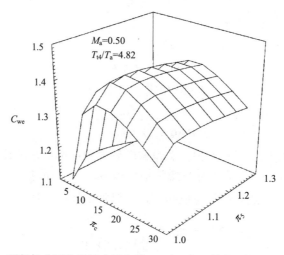

图 2.60　压气机总压比和尾喷管参数 π_5 对理想涡桨发动机功系数的影响

例 2.7　一理想涡桨发动机在海平面高度以 0.7 马赫数飞行。压气机的压比为 6.5，进口空气流量为 30lbm/s(13.61kg/s)。燃烧室出口总温为 2500°R(1389K)。尾喷管出口马赫数为 0.95。燃油的热值是 18900Btu/lbm(43960kJ/kg)，涡轮内的气流马赫数与外涵道内的气流马赫数相同。求发动机推力和 TSFC。 γ 取 1.4。

解　如下变量已知：

$$p_{\mathrm{a}} = 14.69\mathrm{psi}(101.3\mathrm{kPa}), \quad T_{\mathrm{a}} = 518.7°\mathrm{R}(288.2\mathrm{K})$$
$$T_{\mathrm{t4}} = 2500°\mathrm{R}(1389\mathrm{K}), \quad p_8 = 14.69\mathrm{psi}(101.3\mathrm{kPa})$$
$$M_{\mathrm{a}} = 0.7, \quad M_{\mathrm{e}} = 0.95$$

(1)进气道。

自由来流的速度为

$$u_a = M_a a_a = M_a \sqrt{\gamma R T_a}$$

$$= 0.7 \sqrt{1.400 \times 287.1 \frac{J}{kg \cdot K} \times 288.2K \times \frac{N \cdot m}{J} \times \frac{kg \cdot m}{s^2 \cdot N}}$$

$$= 238.2 m/s (781.5 ft/s)$$

进口总温为

$$T_{ta} = T_a \left(1 + \frac{\gamma - 1}{2} M_a^2\right) = T_a \left(1 + \frac{1.4 - 1}{2} 0.7^2\right) = 1.098 \times T_a = 316.4K(569.5°R)$$

由于进气道内气体流动是绝热过程，因此 $T_{t2} = T_{ta} = 316.4K(569.5°R)$。进口处总压为

$$p_{ta} = p_a \left(1 + \frac{\gamma - 1}{2} M_a^2\right)^{\frac{\gamma}{\gamma - 1}} = p_a \left(\frac{T_{ta}}{T_a}\right)^{\frac{\gamma}{\gamma - 1}} = p_a (1.098)^{\frac{1.4}{0.4}} = 140.5kPa(20.38psi)$$

由于理想进气道内气体流动是等熵过程，因此 $p_{t2} = p_{ta} = 140.5kPa(20.38psi)$

(2) 压气机。

压气机内的总压比已知，故压气机出口处总压为

$$p_{t3} = \pi_c \times p_{t2} = 6.5 \times 140.5kPa = 912.9kPa(132.4psi)$$

对等熵的理想压气机，有

$$\tau_c = (\pi_c)^{\frac{\gamma - 1}{\gamma}} = (6.5)^{\frac{0.4}{1.4}} = 1.707$$

因此压气机出口总温为

$$T_{t3} = \tau_c \times T_{t2} = 1.707 \times 316.4K = 540.2K(972.3°R)$$

(3) 燃烧室。

燃油质量流量为

$$\dot{m}_f = \frac{\dot{m} c_p (T_{t4} - T_{t3})}{\Delta H} = \frac{13.61 \frac{kg}{s} \times 1.005 \frac{kJ}{kg \cdot K} \times (1389 - 540.2)K}{43960 \frac{kJ}{kg}}$$

$$= 0.2639 kg/s(0.5819 lbm/s)$$

对于理想燃烧室，其出口总压与进口总压相等，因此有

$$p_{t4} = p_{t3} = 912.9kPa(132.4psi)$$

(4) 尾喷管。

由于 $\frac{p_{t8}}{p_8} = \left(1 + \frac{\gamma - 1}{2} M_8^2\right)^{\frac{\gamma}{\gamma - 1}}$，且出口马赫数已知，出口处压力理想情况下与环境压力相等，因此可求得出口总压为

$$p_{t8} = p_8 \left(1 + \frac{\gamma - 1}{2} M_8^2\right)^{\frac{\gamma}{\gamma - 1}} = 101.3kPa \left(1 + \frac{1.4 - 1}{2} 0.95^2\right)^{\frac{1.4}{0.4}} = 181.1kPa(26.26psi)$$

对于理想尾喷管，其内总压为常数（等压过程），因此有

$$p_{t5} = p_{t8} = 181.1kPa(26.26psi)$$

这同时也是涡轮出口总压。

（5）涡轮。

涡轮的总压比可直接求得

$$\pi_t = \frac{p_{t5}}{p_{t4}} = \frac{181.1\text{kPa}}{912.9\text{kPa}} = 0.1982$$

因此，理想情况下的总温比为

$$\tau_t = \left(\pi_t\right)^{\frac{\gamma-1}{\gamma}} = \left(0.1982\right)^{\frac{0.4}{1.4}} = 0.6298$$

得涡轮出口总温为

$$T_{t5} = \tau_t \times T_{t4} = 0.6298 \times 1389\text{K} = 875.0\text{K}(1575°\text{R})$$

（6）螺旋桨。

螺旋桨的温度参数为

$$\tau_5 = \left(\frac{T_{ta}}{T_a}\right)\tau_c\tau_t = (1.098) \times (1.707) \times (0.6398) = 1.181$$

螺旋桨的功系数为

$$C_{We} = \left(\frac{T_{t4}}{T_a}\right)\left(1 - \frac{\tau_5}{\left(\frac{T_{ta}}{T_a}\right)\tau_c}\right) - \left(\frac{T_{ta}}{T_a}\right)(\tau_c - 1) + (\gamma-1)M_a^2\left(\sqrt{\frac{\left(\frac{T_{t4}}{T_a}\right)\left(\frac{T_a}{T_{ta}}\right)\left(\frac{\tau_5-1}{\tau_c}\right)}{\left(\frac{T_{ta}}{T_a}\right)-1}} - 1\right)$$

$$= \left(\frac{1389}{288.2}\right)\left(1 - \frac{1.181}{1.908 \times 1.707}\right) - (1.908) \times (0.707)$$

$$+ (0.4) \times 0.7^2\left(\sqrt{\frac{\left(\frac{1389}{288.2}\right)\left(\frac{1}{1.098}\right)\left(\frac{0.181}{1.707}\right)}{0.098}} - 1\right)$$

$$= \underset{\text{螺旋桨}}{1.0078} + \underset{\text{喷气}}{0.2305} = 1.2384^{①}$$

式中，1.0078 对应的是螺旋桨贡献的部分，约占推力功率的 81.45%。因此总推力功率为

$$P_t = C_{We}\dot{m}h_a = C_{We}\dot{m}c_pT_a$$

$$= 1.2384 \times 13.61\frac{\text{kg}}{\text{s}} \times 1.005\frac{\text{kJ}}{\text{kg}\cdot\text{K}} \times 288.2\text{K} \times 10^{-3}\frac{\text{MW}}{\text{kJ}}$$

$$= 4.878\text{MW}(6542\text{hp})$$

推力为

$$F_t = \frac{P_t}{u_a} = \frac{4.878\text{MW}}{238.2\frac{\text{m}}{\text{s}}} \times 10^6\frac{\text{W}}{\text{MW}} \times \frac{\text{J}}{\text{W}\cdot\text{s}} \times \frac{\text{N}\cdot\text{m}}{\text{J}} = 20480\text{N}(4605\text{lbf})$$

---

① 译者注：此处计算结果为根据原文翻译，全书中其他地方出现此类情况将不再说明。

燃油消耗率为

$$SFC \equiv \frac{\dot{m}_f}{P_t} = \frac{0.2639\dfrac{kg}{s} \times 3600\dfrac{s}{h}}{4.878MW} = 194.7 kg/(MW \cdot h)(0.320 lbm/(hp \cdot h))$$

TSFC 为

$$TSFC = \frac{\dot{m}_f}{F_t} = \frac{0.2639\dfrac{kg}{s} \times 3600\dfrac{s}{h}}{20480N} = 0.04639 kg/(N \cdot h)(0.455 lbm/(lbf \cdot h)) \qquad 题毕。$$

作为本题的延伸，读者可以求一下最大推力，对应的最优 τ_5 为

$$\tau_{5opt} = 1 + \tau_c \left(\frac{T_{ta}}{T_a}\right)\left(\frac{T_a}{T_{t4}}\right)\left(\left(\frac{T_{ta}}{T_a}\right)-1\right) = 1 + 1.707 \times (1.098) \times \left(\frac{288.2}{1389}\right) \times (0.098) = 1.0381$$

此时的发动机功系数为 $C_{We} = 1.374$，总功率是 $P_t = 5.413MW(7259hp)$，总推力为 $F_t = 22720N(5109lbf)$，且推力全部来自螺旋桨，对应的 TSFC=0.0148kg/(h·N)(0.410lbm/(lbf·h))。而且对于理想情况有

$$p_{t8}/p_a = p_{t5}/p_a = (\tau_5)^{\frac{\gamma}{\gamma-1}} = (1.0381)^{\frac{1.4}{0.4}} = 1.1399$$

此时的出口马赫数为 0.437，涡轮总温比为 0.554，涡轮出口总温是 769.6K(1334°R)，出口排气速度为 238.2m/s(781.5ft/s)。

2.3.5　燃气轮机

本节讨论用于非航空领域的燃气轮机。燃气轮机的一般设计结构如图 2.61 所示。第 1 章中我们已经讨论过，这种叶轮机与涡喷发动机非常相似，读者可以发现这种燃气涡轮动力装置与航空发动机存在很多相似之处。因此很多循环分析是一样的。但是在这种机械中，通常航空发动机中截面积逐渐增大的进气道被截面积逐渐减小的喇叭状进气装置所替代；排气速度很快的尾喷管也被排气速度很低的排气装置所替代。而且在这类设备中，通常有功率负载与传动轴相连接。这些负载可以是发电机、舰用推进器或者其他功率负载设备。很多现代燃气轮机都是航空发动机的航改产品，即核心机与喷气发动机基本一致，但是对应地降低了很多成本和制造要求。相比而言，这类设备要更笨重一些，因为不同于航空应用领域，地面用的燃气涡轮动力装置重量并不那么重要。由于净输出功率才是最大的关注点(而非推力)，因此一些基本方程的推导有所不同。

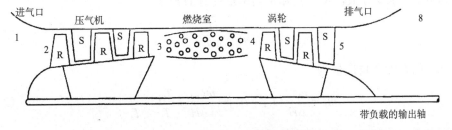

图 2.61　燃气轮机的一般设计结构

首先根据理想情况下传动轴上的功率平衡方程可以得到

$$P_{\text{net}} = \dot{m}c_p\left(T_{t4} - T_{t5}\right) - \dot{m}c_p\left(T_{t3} - T_{t2}\right) \tag{2.3.139}$$

式中，P_{net} 是净输出功率。对其进行无量纲化处理后为

$$\frac{P_{\text{net}}}{\dot{m}c_pT_a} = \left(\frac{T_{t4}}{T_a} - \frac{T_{t5}}{T_a}\right) - \left(\frac{T_{t3}}{T_a} - \frac{T_{t2}}{T_a}\right) \tag{2.3.140}$$

理想情况下，进气装置是绝热过程（$T_{t2}=T_{ta}=T_a$），将式（2.3.140）重新整理有

$$\frac{P_{\text{net}}}{\dot{m}c_pT_a} = \left(\frac{T_{t4} - T_{t3}}{T_a}\right) - \left(\frac{T_{t5}}{T_a} - 1\right) \tag{2.3.141}$$

压气机出口总温为

$$T_{t3} = \tau_c T_{t2} = T_{t2}\left(\pi_c\right)^{\frac{\gamma-1}{\gamma}} \tag{2.3.142}$$

涡轮出口总温为

$$T_{t5} = \tau_t T_{t4} = T_{t4}\left(\pi_t\right)^{\frac{\gamma-1}{\gamma}} = T_{t4}\left(\frac{p_{t5}}{p_{t4}}\right)^{\frac{\gamma-1}{\gamma}} \tag{2.3.143}$$

理想情况下，排气装置的总压为常数且出口气压与环境压力相等，因此有 $p_{t5} = p_a$。燃烧室内的总压也为常数（$p_{t4} = p_{t3}$），因此，结合方程（2.3.139）和 $\pi_c = p_{t3}/p_{t2}$，且理想情况下由于进口速度非常小，进气装置总压为常数且与环境压力相同（$p_{t2}=p_{ta}=p_a$），可得

$$T_{t5} = T_{t4}\left(\frac{p_a}{\pi_c p_a}\right)^{\frac{\gamma-1}{\gamma}} = T_{t4}\left(\pi_t\right)^{-\frac{\gamma-1}{\gamma}} \tag{2.3.144}$$

因此，结合方程（2.3.144）和方程（2.2.13）可得

$$T_{t5} = \frac{T_{t4}}{\tau_c} \tag{2.3.145}$$

联立式（2.3.141）、式（2.3.142）和式（2.3.145）可得

$$\frac{P_{\text{net}}}{\dot{m}c_pT_a} = \left(\frac{T_{t4}}{T_a}\right)\left(1 - \frac{1}{\tau_c}\right) - \left(\tau_c - 1\right) \tag{2.3.146}$$

因此，无量纲化输出功率是两个变量的函数：一个是压气机的总温比（或总压比）；另一个是燃烧室出口总温与环境温度的比值。

从方程（2.3.146）可以看出净输出功率对压气机总温比（或总压比）的依赖关系。将方程（2.3.146）对 τ_c 求偏导数，可得到输出功率最优时的 τ_c 为

$$\tau_{\text{copt}} = \sqrt{\frac{T_{t4}}{T_a}} \tag{2.3.147}$$

理想情况下的燃油质量流量为

$$\dot{m}_f = \frac{\dot{m}c_p}{\Delta H}\left(T_{t4} - T_{t3}\right) = \frac{\dot{m}c_pT_a}{\Delta H}\left(\frac{T_{t4}}{T_a} - \frac{T_{t3}}{T_a}\right) \tag{2.3.148}$$

结合方程（2.3.142）和 $T_{t2} = T_{ta} = T_a$ 有

$$\dot{m}_{\mathrm{f}} = \frac{\dot{m}c_{\mathrm{p}}T_{\mathrm{a}}}{\Delta H}\left(\frac{T_{\mathrm{t4}}}{T_{\mathrm{a}}} - \tau_{\mathrm{c}}\right) \tag{2.3.149}$$

燃油消耗率为

$$\mathrm{SFC} = \frac{\dot{m}_{\mathrm{f}}}{P_{\mathrm{t}}} \tag{2.3.150}$$

利用式(2.3.146)、式(2.3.149)和式(2.3.150)可得

$$\mathrm{SFC} = \frac{1}{\Delta H}\frac{\left(\dfrac{T_{\mathrm{t4}}}{T_{\mathrm{a}}} - \tau_{\mathrm{c}}\right)}{\left(\dfrac{T_{\mathrm{t4}}}{T_{\mathrm{a}}}\right)\left(1 - \dfrac{1}{\tau_{\mathrm{c}}}\right) - (\tau_{\mathrm{c}} - 1)} \tag{2.3.151}$$

式(2.3.151)可简化为

$$\mathrm{SFC} = \frac{1}{\Delta H}\frac{\tau_{\mathrm{c}}}{(\tau_{\mathrm{c}} - 1)} \tag{2.3.152}$$

这一量纲化变量仅是两个变量的函数：一个是压气机的总温比(或与之直接相关的总压比)；另一个是燃油的热值。现代燃气涡轮燃油的典型热值为 0.35lbm/(hp·h)　(0.20kg/(kW·h))。最后，我们给出热效率的方程

$$\eta_{\mathrm{th}} = \frac{P_{\mathrm{net}}}{\dot{Q}_{\mathrm{in}}} = \frac{P_{\mathrm{net}}}{\dot{m}_{\mathrm{f}}\Delta H} = \frac{1}{\mathrm{SFC}\Delta H} \tag{2.3.153}$$

因此有

$$\eta_{\mathrm{th}} = \frac{\left(\dfrac{T_{\mathrm{t4}}}{T_{\mathrm{a}}}\right)\left(1 - \dfrac{1}{\tau_{\mathrm{c}}}\right) - (\tau_{\mathrm{c}} - 1)}{\left(\dfrac{T_{\mathrm{t4}}}{T_{\mathrm{a}}} - \tau_{\mathrm{c}}\right)} \tag{2.3.154a}$$

式(2.3.154a)可进一步简化为

$$\eta_{\mathrm{th}} = \frac{\tau_{\mathrm{c}} - 1}{\tau_{\mathrm{c}}} \tag{2.3.154b}$$

简化的无量纲化变量仅为一个变量的函数——压气机总温比(或压比)。由该方程可以看出，随着总温比(或总压比)增大，热效率系数也会增大。现代燃气轮机的热效率系数典型取值范围为 40%~50%。

图 2.62 所示为温度比 $T_{\mathrm{t4}}/T_{\mathrm{a}}$ 为 5.78 时的一个典型趋势分析图。图中包括无量纲化净输出功率和热效率系数随压气机总压比的变化关系。如方程(2.3.147)，当总压比取值为 21.55 时，净输出功率最大。但有一点很重要，热效率系数随着压气机总压比的增大一直在增大，即使过了最大净输出功率对应的压气机总压比。

　　例 2.8　一理想燃气轮机在标准海平面高度处运转。进气量为 147lbm/s(66.67kg/s)。其压气机的设计总压比为 18，燃油的热值是 18400Btu/lbm(42800kJ/kg)，燃烧室出口总温为 2620°R(1456K)。求净输出功率和 SFC。γ 取 1.4。

解

(1)进气装置。

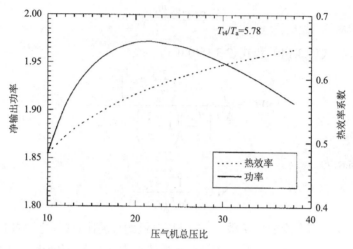

图 2.62 压气机总压比对净输出功率和热效率的影响

在远离进气装置前方处,气流以滞止条件开始加速到进气装置,并吸入燃气涡轮部件中。由于远离进气装置处的速度为零,环境静压与总压相等:

$$p_{ta} = p_a = 101.3kPa$$

且环境静温与总温也相等:

$$T_{ta} = T_a = 288.2K$$

由于进气装置内的过程是绝热过程,因此进气装置出口总温为

$$T_{t2} = T_{ta} = 288.2K(518.7°R)$$

同样由于进气装置内的过程是等熵过程,因此进气装置出口总压为

$$p_{t2} = p_{ta} = 101.3kPa(14.69psi)。$$

(2)压气机。

题中已给出压气机的总压比,因此可得压气机出口总压为

$$p_{t3} = \pi_c p_{t2} = 18 \times 101.3kPa = 1823kPa(264.4psi)$$

理想情况下,压气机内的总温比为

$$\tau_c = (\pi_c)^{\frac{\gamma-1}{\gamma}} = (18)^{\frac{1.4-1}{1.4}} = 2.2838 , \quad \gamma = 1.40$$

因此压气机出口总温为

$$T_{t3} = \tau_c T_{t2} = 2.2838 \times 288.2K = 658.1K(1185°R)$$

(3)燃烧室。

理想燃烧室的出口压力为 $p_{t4} = p_{t3} = 1823kPa(264.4psi)$,利用热力学第一定律得

$$\Delta H \dot{m}_f = \dot{m} c_{pb} (T_{t4} - T_{t3})$$

式中,燃油的热值是 42800kJ/kg。因此可求解得到燃油质量流率为

$$\dot{m}_f = \frac{66.67\dfrac{kg}{s} \times 1.004 \dfrac{kJ}{kg \cdot K}(1456 - 658.1)K}{42800\dfrac{kJ}{kg}} = 1.248kg/s(2.751lbm/s)$$

注意到 $\dot{m}_f / \dot{m} = 0.01938$，也是非常之小。

（4）排气装置。

排气装置出口的气流速度很小，因此出口静压和总压相等（$p_{t8} = p_8$）。而且，由于速度很小（亚声速），出口压力与环境压力相同（$p_a = p_8$）。因此，$p_{t8} = p_a = 101.3kPa$。于是，理想情况下（等熵），排气装置的进口总压为

$$p_{t5} = p_{t8} = 101.3kPa(14.69psi)$$

（5）涡轮。

由于排气装置的进口总压与出口总压相同，涡轮总压比为

$$\pi_t = p_{t5}/p_{t4} = 0.05556$$

理想情况下，涡轮内的总温比为

$$\tau_t = (\pi_t)^{\frac{\gamma-1}{\gamma}} = (0.05556)^{\frac{1.4-1}{1.4}} = 0.4379，\quad \gamma = 1.40$$

于是涡轮出口总温为

$$T_{t5} = \tau_t T_{t4} = 0.4379 \times 1456K = 637.3K(1147°R)$$

（6）净输出功率和热效率系数。

由传动轴上的功率平衡方程，有

$$P_{net} = \dot{m}c_p(T_{t4} - T_{t5}) - \dot{m}c_p(T_{t3} - T_{t2}) = 30.03MW(40270hp)$$

$$P_{net} = \left(66.67\frac{kg}{s} \times 1.004\frac{kJ}{kg \cdot K} \times (1456 - 637.3)K\right.$$

$$\left. -66.67\frac{kg}{s} \times 1.004\frac{kJ}{kg \cdot K} \times (658.1 - 288.2)K\right) \times \frac{kW}{kJ/s}$$

可得燃气涡轮的净输出功率为 $P_{net} = 30.03MW(40270hp)$，这些功率可用于发电或其他应用场合。

总热效率系数为

$$\eta_{th} = \frac{P_{net}}{\dot{Q}_{in}}$$

式中，总热值为

$$\dot{Q}_{in} = \dot{m}_f \Delta H = 1.248\frac{kg}{s} \times 42800\frac{kJ}{kg} \times \frac{kW}{kJ/s} = 53410kW = 53.41MW(71620hp)$$

于是可得总热效率系数为

$$\eta_{th} = \frac{P_{net}}{\dot{Q}_{in}} = \frac{30030kW}{53410kW} = 0.562 \text{ 或 } 56.2\%$$

热效率可定义为

$$HR = \frac{\dot{m}_f \Delta H}{P_{net}}$$

于是有

$$HR = \frac{\dot{m}_f \Delta H}{P_{net}} = \frac{1.248 \frac{kg}{s} \times 42800 \frac{kJ}{kg} \times 3600 \frac{s}{h}}{30030 kW} = 6403 kJ/(kW \cdot h)(4527 Btu/(hp \cdot h))$$

最后，燃油消耗率为

$$SFC = \frac{\dot{m}_f}{P_t} = 0.1496 kg/(kW \cdot h)(0.2460 lbm/(hp \cdot h)) \qquad 题毕。$$

作为练习，读者也可以试着利用 $\tau_{copt} = \sqrt{\frac{T_{t4}}{T_a}}$ 求一下压气机的最优工作总温比，答案为 $\tau_{copt} = 2.248$，这与实际结果 2.284 非常接近。对应的压气机最佳总压比为 17.02，这也与实际值非常接近。由此可以看出，这一燃气轮机设计非常到位。

2.4 小　结

本章我们分析了燃气涡轮的理想循环，这为我们计算理想情况下发动机总体性能提供了便利。首先我们对部件(包括进气装置或进气道、压气机、风扇、螺旋桨、燃烧室、涡轮、外涵道、混合室、加力燃烧室、尾喷管和燃气轮机的排气装置等)进行了分析，并定义了这些理想部件的特性。同时我们还较详细地复习了热力学的一些概念；针对每一种部件，我们绘制了对应的焓-熵(h-s 曲线)图和压力-体积(p-V 曲线)图，并推导了它们的基本工作方程。

然后针对不同类别的发动机(包括冲压发动机、涡喷发动机、分开排气涡扇发动机、混合排气涡扇发动机、涡桨发动机和燃气轮机等)，我们对理想部件进行组合，展开了理想循环分析。本章中，我们建立了贯彻全书的发动机截面定义图。我们将各理想部件的方程与第 1 章中的部分方程结合，建立了发动机总体性能的分析基础。具体包括含加力燃烧室的涡喷发动机和含加力燃烧室的涡扇发动机。本章所有的分析假设所有部件工作时没有损失、气体为理想气体且在整个发动机流道内性质不变。对于喷气式推进发动机，存在三个非常重要且有可比性的参数：推力、无量纲化推力和 TSFC。对于燃气轮机，也有类似的参数。对于不同发动机，我们分别推导出了包括这些参数的相对简洁的闭式方程组。我们将不同部件的模型组合起来推导总体工作方程组，有两个目的：第一是读者可以在不进行具体数值计算的基础上，就可以通过组合这些方程组给整个发动机建模；第二，也是更重要的，读者可以不必进行数值参数计算，就可以非常方便而直接地判断某些具体参数对发动机总体性能的影响。我们还分析了不同类型发动机的典型性能趋势。例如，有些重要的趋势分析表明，在某些给定条件下，通过审慎的选择压气机的总压比，一个涡喷发动机或涡扇发动机可获得最大的推力；而降低进口气流温度则可以改善 TSFC，而增加飞行马赫数通常使 TSFC 增大。尽管我们是在理想情况进行分析的，但是在非理想情况下，这些结论基本成立。对于燃气轮机，在某一特定的压气机总压比下，输出功率可最大化，但是随着压气机总压比的增大，整机的热效率系数单调增大。

在进行这些趋势分析的同时，我们还比较了不同类型发动机的性能特点。例如，在超高马赫数下运行时，冲压发动机的 TSFC 比涡喷发动机或涡扇发动机更低。而且，在一个发动机内，开启加力燃烧室可显著提高推力，但同时会使 TSFC 显著增加。因此，加力燃烧室只适于短期使用，可瞬间提高推力，但是会降低燃油经济性。涡扇发动机可比涡喷发动机有更低的 TSFC 和更好的燃油经济性；但在推力相同的情况下，涡扇发动机需要的气流质量流率要比涡喷发动机大，进而增大发动机的尺寸(或重量)。而且，对涡扇发动机而言，随着涵道比的增加，TSFC 逐渐降低，但是发动机的尺寸大小(或重量)会增加。因此，军用战斗机多配装小涵道比发动机；而商用飞机设计时多采用大涵道比发动机。理想分析还显示，最优条件下，两类涡扇发动机(分开排气与混合排气)的工作特性相同。如果在涡扇发动机内使用加力燃烧室，通常使用的是混合排气结构，这样可以使进入加力燃烧室内的气流更多，使加力燃烧室内燃烧更为充分，从而使推力更大。相较于其他发动机，涡桨发动机具有更小的 TSFC。

本章中我们还给出了一些实例。这些例题中我们并非直接利用最终方程来求解，相反对每一个典型问题，我们给出了详细的推导步骤，这样便于读者理解和接受。同时也可让读者对不同类型发动机的参数有直观的印象。

在接下来的第 3 章中，我们将抛开本章中的理想假设，对部件的非理想特性进行分析——针对所有这些部件，我们将会考虑其损失和其他各种非理想效应。这无疑增加了复杂度，且不能形成发动机参数的闭式方程组。但是可以使我们对发动机总体性能的分析更加贴近实际。在第 3 章中，我们将对本章中所有的内容进行更加充分而详细的叙述，并对由于损失而降低了的总体性能开展更真实的分析。

本章符号表

A	面积	$\dot{Q}$	热流量
a	声速	R	理想气体常数
c_p	比定压热容	s	熵
c_v	比定容热容	SFC	燃油消耗率
C	系数(对螺旋桨/涡桨为4)	T	温度
F	力	TSFC	单位推力燃油消耗率
f	油气比	u	速度
h	比焓	ν	比体积
ΔH	热值	α	涵道比
HR	热效率	ρ	密度
I	比冲	γ	比热容比
$\dot{m}$	质量流率	η	效率
M	马赫数	π	总压比
p	压力	τ	总温比
P	功率		

本章脚标表

a	自由来流	P	功率
ab	加力燃烧室	s	外涵道
b	主燃烧室	st	化学计量
c	压气机	t	总的(滞止态的)
e	尾喷管	t	总的(和)
e	发动机	t	涡轮
f	风扇	T	推力
f	燃油	th	热的
in	进口	w	工作的
opt	最优的	1, ⋯, 9	发动机截面
p	螺旋桨		

习 题

2.1 一理想冲压发动机在 2.88 马赫数，外部温度为 400°R 下工作。进口空气流量为 85lbm/s。受材料热限制，燃烧室出口总温为 3150°R。燃油的热值为 17900Btu/lbm。求发动机推力、无量纲化推力、燃料比和 TSFC。

2.2 为在 3.2 马赫数、33000ft 飞行的飞机设计一台理想冲压发动机。燃油热值为 18600Btu/lbm，燃烧室出口总温为 3400°R。需要的推力为 9500lbf。求发动机的气流流量、对应的喷管出口直径和 TSFC 与无量纲化推力。

2.3 一理想冲压发动机设计在 20000ft 高度运行，马赫数待定。燃烧室出口总温为 3200°R，空气流量为 145lbm/s。燃油的热值为 18500Btu/lbm。当马赫数等于多少时 TSFC 最优？最优的 TSFC 等于多少？此时的发动机推力和无量纲推力是多少？

2.4 一理想冲压发动机设计在 20000ft 高度以化学计量条件运行。燃油化学计量条件燃烧时的燃油比为 0.050。燃油的热值为 18500Btu/lbm。当马赫数等于多少时 TSFC 最优？最优的 TSFC 等于多少？

2.5 一理想冲压发动机的进气流量为 156lbm/s。飞机以 2.5 马赫数在 35000ft 高度飞行。燃油的热值为 17900Btu/lbm。求发动机推力随燃烧室出口总温的变化关系，即绘制推力随 T_{t4} 的变化曲线。并绘制燃油比和 TSFC 随 T_{t4} 的变化曲线。

2.6 一理想涡喷发动机在 22000ft 高度以 0.88 马赫数运行，进口空气流量为 192lbm/s，压气机压比为 17。燃油热值为 17900Btu/lbm，且燃烧室出口总温为 2350°R。求发动机推力、无量纲化推力和 TSFC。

2.7 一台理想涡喷发动机驱动飞机以 0.92 马赫数飞行，期望的海平面推力为 15500lbf。压气机压比为 16.4，且压气机出口总温为 2450°R。燃油热值为 18100Btu/lbm。求发动机的空气流量？发动机喷管的出口直径为多少？相应的 TSFC 和无量纲化推力为多少？

2.8 一理想涡喷发动机在 27000ft 高度以 0.82 马赫数运行。进口空气流量为 205lbm/s，燃烧室出口总温为 2550°R。燃油热值为 17900Btu/lbm。求使发动机推力最大的压气机压比和 TSFC。推力对压比的有多敏感？即如果压比增加 4%，推力会下降多少？TSFC 会下降多少？并进行评论。

2.9 一含加力燃烧室的理想涡喷发动机在 22000ft 高度以 0.88 马赫数运行。进口空气流量为 192lbm/s

且压力机压比为 17。燃油热值为 17900Btu/lbm。主燃烧室和加力燃烧室出口总温分别为 2350°R 和 2980°R。①求发动机推力、无量纲化推力和 TSFC；②将此题中的发动机参数与不含加力燃烧室的情况进行比较。

2.10 为在海平面以 0.92 马赫数飞行的飞机设计一台含加力燃烧室的理想涡喷发动机。压气机压比为 16.4。需要发动机未接通加力时的推力为 15500lbf。涡轮进口总温为 2450°R。燃油热值为 18100Btu/lbm。接通加力时发动机推力为 21000lbf。发动机进口空气流量等于多少？加力燃烧室出口总温应等于多少？以及求出接通和切断加力燃烧室时 TSFC 和无量纲化推力。

2.11 一理想分开排气涡扇发动机在 20000ft 以 0.82 马赫数工作。压气机压比为 16，风扇压比为 2.2。燃油热值为 17700Btu/lbm，燃烧室出口总温为 2450°R。核心机流量为 144lbm/s，涵道比为 1.4。求发动机推力、无量纲化推力和 TSFC。

2.12 设计一个理想的分开排气涡扇发动机，在 25000ft 高度以 0.78 马赫数运行。该发动机在最大或最优推力下运行。压气机压比为 14.5。推力为 16800lbf，涵道比为 4.4。燃油热值为 18100Btu/lbm，且燃烧室出口总温为 2600°R。求风扇压比、核心机流量、TSFC 和无量纲化推力。

2.13 一理想分开排气涡扇发动机在 15000ft 高度以 0.93 马赫数运行。压力机和风扇压比分别为 17 和 2.3。核心机流量为 143lbm/s，涵道比为 1.1。燃油热值为 17900Btu/lbm 且燃烧室出口总温为 2550°R。在主流道后有一个加力燃烧室，接通加力燃烧室时喷管内总温为 3200°R。求接通加力燃烧室和切断加力燃烧室时的发动机推力、无量纲化推力和 TSFC。

2.14 分析一个商用场景下的两种发动机。核心机流量都是 133lbm/s，都采用热值为 17800Btu/lbm 的燃油且涡轮进口总温都为 2469°R。压力机压比都是 13。两者都将在 27000ft 高度以 0.77 马赫数运行。发动机"A"是一个涡喷发动机；发动机"B"是一个分开排气的涡扇发动机，风扇压比为 2.2 且涵道比为 3.2。飞机需要的推力为 30000ft。为驱动飞机，两类理想发动机各需要多少台？这两类发动机的 TSFC 和无量纲化推力各是多少？

2.15 一个理想的混合排气涡扇发动机在 22000ft 高度以 0.89 马赫数运行。压气机压比为 13。燃油热值为 18100Btu/lbm，燃烧室出口总温为 2475°R。核心机流量为 124lbm/s，涵道比为 1.15。求发动机推力、无量纲化推力和 TSFC。并求风扇压比。

2.16 设计一个理想的混合排气涡扇发动机，将在 31000ft 高度以 0.86 马赫数运行。压气机压比为 16.5，发动机产生的推力为 18800lbf，涵道比为 3.6。燃油热值为 18300Btu/lbm，燃烧室出口总温为 2650°R。求风扇压比、核心机流量和 TSFC。

2.17 一理想的混合排气涡扇发动机在 27500ft 高度以 0.93 马赫数运行。压气机压比为 17。燃油热值为 18100Btu/lbm，燃烧室出口总温为 2230°R。核心机流量为 157lbm/s，涵道比为 1.60。发动机设计中有加力燃烧室，接通加力燃烧室时，加力燃烧室出口总温为 3300°R。求接通和切断加力燃烧室时发动机的推力、无量纲化推力、TSFC 和风扇压比。

2.18 设计一个带加力燃烧室的理想混合排气涡扇发动机，飞机在海平面以 0.90 马赫数飞行。压气机压比为 14.6，涵道比为 1.35。加力燃烧室未接通时推力为 12000lbf。涡轮进口总温为 2340°R。燃油热值为 18200Btu/lbm。接通加力燃烧室时推力为 27000lbf。求发动机总空气流量、风扇压比、加力燃烧室出口总温。并求接通和切断加力燃烧室时的 TSFC、无量纲化推力和尾喷管出口直径。

2.19 用一个理想涡桨发动机驱动一个飞机在 5000ft 高度飞行。飞机以 0.40 马赫数飞行。压气机压比为 4.8，核心机流量为 24lbm/s。燃烧室出口总温为 2200°R 且出口气流马赫数为 0.7。燃油热值为 17800Btu/lbm。求发动机推力、无量纲化推力和 TSFC。

2.20 一理想涡桨发动机驱动一个飞机在 5000ft 高度飞行，飞机以 0.4 马赫数飞行。压气机压比为 4.8，核心机流量为24lbm/s。燃烧室出口总温为2200°R，燃油热值为17800Btu/lbm。求发动机最大推力、无量纲化推力、TSFC和出口马赫数。

2.21　一飞机在10000ft高度以0.5马赫数飞行。采用涡桨发动机驱动该飞机且要求每台发动机的推力为7000lbf。压气机压比为7.5，燃烧室出口总温为2340°R。燃油热值为17800Btu/lbm。发动机在前面的条件下处于最优状态。求发动机的总空气流量、产生的功率、无量纲化推力和TSFC。

2.22　一理想涡桨发动机在7000ft高度驱动一个飞机以0.45马赫数飞行。压气机压比为5.4。进口空气流量为19lbm/s。涡轮进口总温为2278°R，燃油热值为18400Btu/lbm。螺旋桨的功系数为0.85。求发动机推力、无量纲化推力、功率、出口马赫数和TSFC。

2.23　一装有理想发动机的运输飞机在标准天气的海平面以0.80马赫数飞行。发动机燃烧室出口总温为2400°R，核心机流量为180lbm/s。燃油热值为17900Btu/lbm。

（1）求如下发动机的推力、无量纲化推力和TSFC：

①冲压发动机；

②涡喷发动机 $\pi_c = 13$ ；

③含加力燃烧室的涡喷发动机 $\pi_c = 13$ ，加力燃烧室出口总温为3800°R；

④混合排气涡扇发动机， $\pi_c = 13$ ， $\alpha = 1.4$ ，求 π_f ；

⑤分开排气涡扇发动机， $\pi_c = 13$ ， $\alpha = 1.4$ ， π_f 与混合排气涡扇发动机一致；

⑥含加力燃烧室的混合排气涡扇发动机， $\pi_c = 13$ ， $\alpha = 1.4$ ，加力燃烧室出口总温为3800°R。

（2）你会选择哪种发动机？为什么？

2.24　一理想涡喷发动机在标准天气海平面处运行。进口空气流量为180lbm/s。压气机总压比为13，燃油热值为17900Btu/lbm。

（1）分析如下条件下的推力、无量纲化推力和TSFC：

①马赫数为0.80且燃烧室出口总温为2400°R；

②马赫数为1.20且燃烧室出口总温为2400°R；

③马赫数为0.80且燃烧室出口总温为3000°R。

（2）评价 M_a 和燃烧室出口总温对发动机性能的影响。

2.25　一理想冲压发动机以2.80马赫数运行。外部环境压力为2.71psi，温度为376.1°R。发动机进口空气流量未知。受材料热限制，燃烧室出口总温为3300°R。燃油热值为18100Btu/lbm。发动机产生的推力为9127lbf。求该发动机的质量流率、燃油比、无量纲化推力和TSFC。

2.26　一理想冲压发动机的外部环境压力为2.71psi，温度为376.1°R，飞行马赫数未知。燃烧室出口总温为3300°R，发动机进口空气流量为130lbm/s。燃油热值为18100Btu/lbm。求使TSFC最优的马赫数？最优TSFC为多少？此时的燃油比、推力和无量纲化推力各等于多少？

2.27　设计一含加力燃烧室的理想涡喷发动机，装配于飞机在15000ft高度以0.87马赫数飞行。压气机压比为18.2。未接通加力燃烧室时，推力为10806lbf。涡轮进口总温为2600°R。燃油热值为18000Btu/lbm。接通加力燃烧室时推力为15740lbf。求发动机的进口空气流量、加力燃烧室出口总温和加力燃烧室接通与切断时的TSFC和无量纲化推力。

2.28　设计一个理想混合排气涡扇发动机，在32000ft以0.80马赫数工作。发动机工作在最大或最优推力条件下。压气机压比为19.0。发动机产生的推力为20660lbf，涵道比为3.5。燃油热值为17850Btu/lbm且燃烧室出口总温为2520°R。风扇压比为多少？核心机流量为多少？TSFC等于多少？无量纲化推力为多少？

2.29　一混合排气的涡扇发动机在29200ft高度以0.80马赫数工作。压气机压比为19.3。燃油热值为

17750Btu/lbm 且燃烧室出口总温为 2460°R。核心机流量为 164lbm/s 且涵道比为 2.50。发动机中有加力燃烧室，接通加力燃烧室时，加力燃烧室出口总温为 3350°R 且飞机以 1.5 马赫数飞行。求接通和切断加力燃烧室时发动机的推力、无量纲化推力和 TSFC，并求风扇压比。

2.30　利用一理想涡桨发动机驱动一个飞机在 3500ft 高度以 0.44 马赫数飞行。压气机压比为 4.3，核心机流量为 26lbm/s。燃烧室出口总温为 2150°R，且螺旋桨的功系数为 0.97。燃油热值为 17940Btu/lbm。求发动机的推力、无量纲化推力和 TSFC。

2.31　利用一理想涡桨发动机驱动一个飞机在 3500ft 高度以 0.44 马赫数飞行。压气机压比为 4.3，核心机流量为 26lbm/s。燃烧室出口总温为 2150°R。燃油热值为 17940Btu/lbm。求发动机的最优推力、无量纲化推力、TSFC 和螺旋桨的功系数。

2.32　为标准天气在海平面以 0.80 马赫数飞行的运输飞机选择一个发动机。燃烧室出口总温为 3000°R，且 $\Delta H = 18000$Btu/lbm。核心机流量为 180lbm/s。利用理想循环进行分析。

(1) 求如下发动机的无量纲化量 $F/\dot{m}_t a_a$、有量纲量 F 和 TSFC：

①冲压发动机；

②涡喷发动机 $\pi_c = 16$；

③含加力燃烧室的涡喷发动机 $\pi_c = 16$，加力燃烧室出口总温为 4200°R；

④混合排气涡扇发动机 $\pi_c = 16$，$\pi_f = 4.0$，$\alpha = 1$；

⑤含加力燃烧室的混合排气涡扇发动机，$\pi_c = 16$，$\alpha = 1$ 且加力燃烧室出口总温为 4200°R。π_f 等于多少？

(2) 你会选择哪个发动机？为什么？

2.33　为标准天气在航母上起飞的飞机选择发动机。燃烧室出口总温为 2600°R，且 $\Delta H = 17900$Btu/lbm。核心机流量为 230lbm/s。利用理想循环分析，取 $\gamma = 1.4$。

(1) 求如下发动机的无量纲化量 $F/\dot{m}_t a_a$、有量纲量 F 和 TSFC：

①冲压发动机；

②涡喷发动机 $\pi_c = 23.5$；

③含加力燃烧室的涡喷发动机 $\pi_c = 23.5$，加力燃烧室出口总温为 3900°R；

④分开排气涡扇发动机 $\pi_c = 23.5$，$\pi_f = 1.98$，$\alpha = 5.0$；

⑤含加力燃烧室的混合排气涡扇发动机，$\pi_c = 23.5$，$\alpha = 0.7$，加力燃烧室出口总温为 3900°R，π_f 等于多少？

(2) 你会选择哪个发动机？为什么？

2.34　一理想冲压发动机在温度等于 251°R、压力等于 0.324psi（当地声速为 754ft/s）的环境以 4.0 马赫数运行。发动机的空气为流量为 190lbm/s。油气比为 0.0457 且此时已到达喷管材料的热限制。燃油热值为 18000Btu/lbm。发动机的平均比热容比是 1.320，且平均比定压热容为 0.2828Btu/(lbm·°R)。求：

(1) 燃烧室出口总温；

(2) 燃烧室出口总温；

(3) TSFC。

作为比较，对一个非理想的冲压发动机，燃烧室和固定喷管的效率分别为 91% 和 95%，进气道和燃烧室的总压比分别为 0.92 和 0.88。考虑可变比热容，燃烧室出口总温、推力和 TSFC 分别为 3500°R、9950lbf 和 3.15lbm/(lbf·h)。

2.35　绘制一个理想分开排气涡扇发动机的一般 h-s 曲线，该发动机在核心机后有一个加力燃烧室（图

2.46)。按比例正确显示出相对数值——在图中应合理显示不同部件的相对压力和焓。要求绘制出所有截面(a、1、2、3、4、5、6、7、8 和 9),并同时标识出静压和总压。

2.36　绘制一个理想含加力燃烧室的混合排气涡扇发动机(图 2.47)的一般 *h-s* 曲线。按比例正确显示出相对数值——在图中应合理显示不同部件的相对压力和焓。要求绘制出所有截面(a、1、2、3、4、5、6、7、7.5 和 8),图中只需标识出总(滞止)条件。

2.37　设计一个新的商用飞机,其一般巡航高度为 36000ft,飞行时空速为 826ft/s。由于飞机机身阻力,需要采用两台发动机,单台发动机的推力需求为 42500lbf 或更高。而根据燃油经济性提出的要求为,发动机应在 TSFC 为 0.62lbm/(lbf·h) 或更低时运行。燃烧室出口总温为 2950°R。为该应用场景设计一个理想发动机。

2.38　设计一个新的军用战斗机,且该飞机设计为在多种高度下飞行。其中一个特定的条件是飞行高度 20000ft,飞行时空速 935ft/s。由于飞机机身阻力,需要采用两台发动机,单台发动机的推力需求为 16500lbf。而发动机重量限制要求发动机的无量纲化推力约 1.90 且 TSFC 为 0.92lbm/(lbf·h) 或更低。而且由于发动机是一个战斗机,当飞机快速加速到超声速时所需的短时推力增加到 31500lbf。燃烧室和加力燃烧室的出口总温限制分别为 3000°R 和 3600°R。为该应用场景设计一个在这些条件下工作的理想发动机。

2.39　一个理想涡喷发动机(无损失且整个发动机中的属性不变,油气比可忽略不计)从式(1.4.14)分析时,发现当喷管出口压力等于环境压力时发动机推力最大。分析飞行马赫数、飞行高度、核心机质量流量、压气机总压比、燃烧室出口总温和燃油属性已知时的情况。

2.40　一理想涡喷发动机在一特定高度以 0.85 马赫数工作,此时环境温度为 430°R,压力为 5.45psi(当地声速为 994ft/s)。发动机进口空气流量为 150lbm/s。压气机压比为 18.0。油气比为 0.0265。涡轮出口总温为 2228°R。燃油热值为 17800Btu/lbm。发动机平均比热容比为 1.340,平均比定压热容为 0.270 Btu/(lbm·°R)。求:

(1)燃烧室出口总温;

(2)喷管出口气流速度。

2.41　一理想涡喷发动机随飞机在海平面起飞时进口空气流量是 200lbm/s。压气机压比为 20。燃油热值为 17800Btu/lbm,燃烧室出口总温为 2700°R。求发动机推力、无量纲化推力和 TSFC。

2.42　一理想空气标准布雷顿循环(燃气轮机)的最高工作温度为 1500℃。进口空气温度和压力分别为 40℃和 120kPa,压气机压比为 18。假设比热容比为常数且 $\gamma = 1.40$。空气流量为 20kg/s。求:

(1)净输出功率;

(2)系统热效率。

第3章 非理想循环分析

3.1 引　言

在第 2 章，我们分析了不同部件的理想热力学过程和各种类型发动机的理想循环以及性能变化趋势。在进行这些分析时，当时我们假设气体流动没有损失、气体是理想气体且在整个发动机流道内比热容为常数。本章我们将抛开这些假设，对导致损失的物理条件进行梳理和解释；并介绍诸如 Keenan（1970）或 Wark 和 Richards（1999）等的非理想热力学过程理论，以及 Anderson（1982）、Zucrow 和 Hoffman（1976）或 Shapiro（1953）等的气体动力学过程理论。本章我们将分析不同部件的效率水平和损失，并开展更贴近实际的整机性能分析和评估。尽管各部件单独工作时具备相对较高的效率（90%以上），但是将所有部件组合起来之后，发动机整机的效率将剧烈下降。然而，总体性能的变化趋势并不会变。本章中，为简化分析，我们为每一部件的损失建模时，用的是简单的单变量或双变量表达式。我们会分开对每一部件进行细致分析与讨论。尽管在实际发动机中不同的部件损失与发动机的工作点有关，进而部件损失与发动机工作点相互影响，但在本章我们优先分析单个部件的损失。更复杂的部件匹配分析将在第 11 章中展开。针对每一类部件，更复杂而详细的损失分析将在第二篇的章节（第 4~10 章）中展开。

进行非理想分析时，我们首先摒弃发动机内的气体比热容为常数的假设。虽然本章中，在不同的部件内，比热容约等于常数；但是在整个发动机内的各部件中，这一参数均有所不同。针对具体部件，比热容随着部件内平均温度变化而变化。在附录 H 中，我们给出了相关的插值表和方程，利用这些插值表和方程可以估算出给定温度压力条件下的比热容。读者在使用这些方程估计比热容时，应分开对不同部件进行分析。

此处，我们仍然利用理想气体方程来简化：$dh = c_p dT$。如果要进行更具针对性的分析，则有必要利用诸如 Chase（1998）或 Keenan 等（1983）提供的 JANAF 表，在表中查询对应温度和压力下的焓值。而在简化分析时，我们认为气体是纯空气；而实际上在燃烧室内，这一假设显然不成立。此时若要更加准确地分析气流性质，需要知道燃烧产物（随着气流在发动机内流动而变化）的焓值、其与空气混合以后的产物以及其他产物的焓值。此时我们需要再次借助 JANAF 表。第 9 章中我们将对此进行详细分析。

因此，本章中我们仍假设在发动机中各个部件流道内 c_p 和 γ 为常数，并以部件内的平

均温度来估算 c_p 和 γ 。这样可得到部件内部气体热力学属性变化的最佳估计。

3.2 部件损失

3.1 节提到，本章当我们使用简单的单变量和双变量表达式为每一部件的损失建模时，这样在进行循环分析时可以同时涵盖损失和非理想效应。本节我们介绍确定这些损失的方法，此处我们假设已知这些损失和效率系数。至于如何判定这些参数则是后续章节的内容。此处我们分别对各部件进行模块化分析，并认为将一组模块进行数字化组合即可对一个特定的发动机进行分析。我们还会对这些损失背后的物理现象进行分析，并给出焓-熵(h-s曲线)图来帮助读者巩固热力学基本概念。

3.2.1 进气道

在之前的分析中，我们假设进气道内、外部气流都是等熵运动过程。然而事实并非如此——无论在进入进气道之前还是在进气道内，气流均有损失。但是进气道内气流运动过程基本上是绝热的，因此在此处的分析中我们仍假设进气道内气体流动过程是绝热过程。下面我们分别讨论进气道内外的气流损失。

图 3.1 所示的 h-s 曲线对应两种不同的基本工作条件下进气道内的气流，该图非常直观地展示了进气道的整体工作条件。例如，图 3.1(a)中气流由 a 向 1 加速。图中同时标出了理想过程和非理想过程。自由来流由气压 p_a 等熵地减速到总焓 h_{ta} 和总压 p_{ta} 。理想情况下，这意味着在出口有 $p'_{t2} = p_{ta}$ 。但在进气道内，伴随着气流损失从截面 a 到截面 2 总熵增加。由于这一过程接近绝热，从截面 a 到截面 2 的过程中总焓(和总温)保持不变，因而有 $h_{t2}=h_{ta}$ 和 $T_{t2} = T_{ta}$ 。但是由于存在损失，截面 2 处的总压 p_{t2} 比 p'_{t2} 小，如图所示。考虑图 3.1(b)，当气流从 a 减速到 1 时也可得到类似的结论。

为了衡量这一损失，我们引入总压恢复系数的概念，其定义如下：

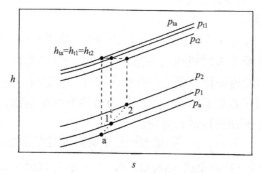
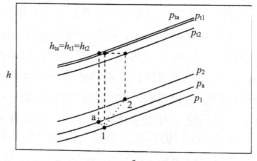

(a) 低气流速度或高飞行速度下亚声速　　　　(b) 高气流速度或低飞行速度亚声速或超声速

图 3.1　进气道的 h-s 曲线

$$\pi_d \equiv \frac{p_{t2}}{p_{ta}} \tag{3.2.1}$$

注意到该系数表征了从自由来流到进气道出口过程中的损失。式(3.2.1)可展开为

$$\pi_{\mathrm{d}} = \frac{p_{t2}}{p_{t1}} \frac{p_{t1}}{p_{ta}} \qquad (3.2.2)$$

式中，右侧第一项或损失通常被定义为进气道内部损失，又称为进气道内总压恢复系数，其定义为

$$\pi_{\mathrm{r}} = \frac{p_{t2}}{p_{t1}} \qquad (3.2.3)$$

式 (3.2.3) 仅表征进气道内部的损失。理想情况下，进气道内的气流是均匀的，气流流动呈光滑流线型，如图 2.4 所示。但由于存在不期望的气压梯度，在进气道内壁上的边界层会快速增长，并最终出现边界层分离 (图 3.2)。这一现象有三个影响：首先，由于气壁的剪切效应，边界层出现湍流，进而使内部自由来流产生湍流。由于黏滞效应，气流流动是非等熵过程，从而使总压降低——损失由 π_{r} 表征。其次，边界层分离会降低流道有效流通面积，从而使气流保持很高的速度，静压增压比理想情况低。最后，当出现边界层分离时，进入压气机内的气流会高度不均匀，进而影响压气机的工作性能。

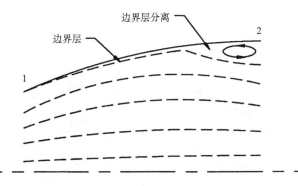

图 3.2　非理想进气道的流线

气流进入进气道之前也会出现损失。这种损失通常是由飞机上或进气道进气装置的超声速气流与伴随出现的激波引起。我们将在第 4 章具体分析这种损失。第一损失对应于方程 (3.2.2) 中右侧的第二项。其定义为

$$\pi_{\mathrm{o}} = \frac{p_{t1}}{p_{ta}} \qquad (3.2.4)$$

该式表征了从远离进气道前方的自由来流到进气道进口过程中的总压损失。对于亚声速气流，这一项通常等于或非常接近于 1。但是若马赫数大于 1，设计时如果不采取预防措施，这一损失会快速增大。综合方程 (3.2.2)~方程 (3.2.4) 可得

$$\pi_{\mathrm{d}} = \pi_{\mathrm{r}} \pi_{\mathrm{o}} \qquad (3.2.5)$$

因此，当给定 π_{d} 或同时给定 π_{r} 和 π_{o}，就可以在分析中考虑进气道内的损失了。

3.2.2　压气机

下面我们分析压气机。在之前进行理想分析时，我们假设压气机内气流是等熵的（图 2.6、图 2.7 和图 3.3）。但由于压气机叶片与机匣上存在边界层、湍流和其他摩擦损失，压气机内的气流并非等熵。实际上，随着压气机内气流压力的增加，每一组叶栅就如同一

个进气道(第 6 章中我们将会进一步分析)。这样就会形成不期望的压力梯度,进一步导致气流分离、黏滞尾流,使性能降低。而且,在轴向与周向上气流都不均匀,从而在静子叶片和转子叶片前缘呈现一定的气流攻角,还会在叶片后缘发生边界层分离,进而降低压气机的性能。当压气机工作偏离设计点时,叶片前缘攻角增大,相应地压气机中的损失随之增大。由于所有叶片后缘都会形成尾流,压气机内的气流并不是稳定的。例如,当转子叶片在静子叶片后端转动时,受前端叶片后缘气流尾流(称为射流-尾迹效应)影响,转子叶片上的进气速度出现波动,进而产生进气攻角。由于气流速度可能较大,还会出现局部跨声速甚至超声速气流区域。这会导致压气机内有些级出现部分气流壅塞甚至喘振。喘振是高度非等熵的。受叶片长度限制,在压气机内还存在翼尖绕流(和涡流)。这些二次流会进一步加剧摩擦,如此会使能量耗散,降低压气机性能。最后由于叶片上存在进气攻角,进口气流的任何不均匀特性都会降低整个压气机的性能。我们将在第 6 章中详细地分析所有这些损失。

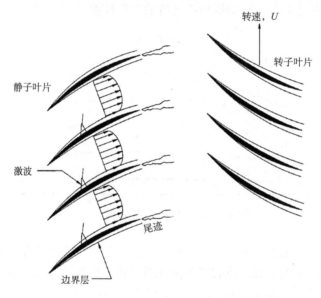

图 3.3　一个压气机级静子和转子俯视图

下面我们引入一个衡量压气机整体损失的参数——效率系数(η_c)。其定义为:给定气流总压增量情况下,理想情况下压气机需要的功率与实际消耗的功率之比。图 3.4 所示的 h-s 曲线中给出了这两者的对比:一个为理想过程,另一个为实际过程,两个过程的进出口总压(p_{t2} 和 p_{t3})相同。理想情况下的初始总焓和末尾总焓分别为 h_{t2} 和 h'_{t3},而实际情况下则为 h_{t2} 和 h_{t3}。从图中可以看出,由于损失和熵的增大,非理想情况下总焓的增大量比理想情况下大。也就是说,实际情况下所消耗的功率比理想情况下更大。读者需要注意,效率系数是相同总压增量下,理想所需功率与实际消耗功率的比值,即

$$\eta_c \equiv \frac{理想功率}{实际功率} = \frac{h'_{t3} - h_{t2}}{h_{t3} - h_{t2}} \tag{3.2.6}$$

如果压气机内的比热容为常数,式(3.2.6)可简化为

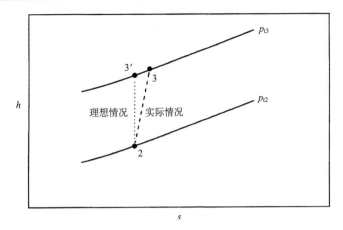

图 3.4　压气机的 $h\text{-}s$ 曲线

$$\eta_{\mathrm{c}} = \frac{T'_{\mathrm{t}3} - T_{\mathrm{t}2}}{T_{\mathrm{t}3} - T_{\mathrm{t}2}} \tag{3.2.7}$$

现代压气机效率系数是增压比和其他变量的函数，在设计点下其最大典型取值为 85%~93%。如果压气机的设计效率为 80%，则认为性能较差。20 世纪 50~60 年代，人类致力于改进压气机的效率峰值，在过去的 15 年间，这一参数一直在缓慢提升。而且读者需要意识到，这一参数也与实际工作条件密切相关。在低流量或高流量、高转速或低转速时，或这几种组合情况下，这一参数会比设计值明显偏小。第 6 章我们会进行详细讨论。

结合式 (3.2.7) 和式 (2.2.13)，可得

$$\pi_{\mathrm{c}} \equiv \frac{p_{\mathrm{t}3}}{p_{\mathrm{t}2}} = \left(1 + \eta_{\mathrm{c}}\left(\frac{T_{\mathrm{t}3}}{T_{\mathrm{t}2}} - 1\right)\right)^{\frac{\gamma}{\gamma-1}} = \left(1 + \eta_{\mathrm{c}}\left(\tau_{\mathrm{c}} - 1\right)\right)^{\frac{\gamma}{\gamma-1}} \tag{3.2.8}$$

式 (3.2.8) 给出了压气机总压比和总温比与效率系数之间的关系。当给定效率系数时，可以进行相关分析。与其他所有部件一样，γ 的值取决于部件中的平均温度，压气机也是一样。因此，压气机内 γ 的取值与进气道或其他任何部件都不同。

还有一种有时会用到衡量压气机性能的方法。尽管本书中我们不会采用这种方法，但在其他有些书籍中或有些制造商会使用，因此读者需要了解这一方法。这一方法称为多变效率系数法，其基本思路是将效率系数与增压比分隔开来，以便于在不同压气机之间进行比较。采用这种方法的好处是：在设计状态下，对所有的现代发动机，该参数基本一致；而且可以在单级设计时就可以决定，从而可以与级数的设计分离。利用多变效率系数，可以在不同尺寸的压气机间进行直接比较。这一参数通常在质量管理规格标准中使用。例如，美国石油协会 (API) 在监管石油生产过程和其他使用压缩机组的基础规程里就采用了多变效率系数。

我们首先分析如图 3.5 所示的压气机的一个级。进口处截面为 x，出口处截面为 y。对这一单级而言，其总压比与总温比之间的关系为

$$\frac{p_{\mathrm{t}y}}{p_{\mathrm{t}x}} = \left(1 + \eta_{\mathrm{ss}}\left(\frac{T_{\mathrm{t}y}}{T_{\mathrm{t}x}} - 1\right)\right)^{\frac{\gamma}{\gamma-1}} \tag{3.2.9}$$

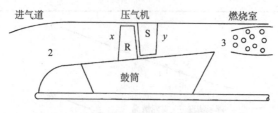

图 3.5　压气机的一个级

式中，η_{ss} 是该级的效率系数。如果将整个压气机看成 n 个独立的级组成的，且每一级具有相同的效率系数和总压比，对于这个压气机而言，其总压比为

$$\frac{p_{t3}}{p_{t2}} = \left(\frac{p_{ty}}{p_{tx}}\right)^n \tag{3.2.10}$$

类似地，压气机的总温比为

$$\frac{T_{t3}}{T_{t2}} = \left(\frac{T_{ty}}{T_{tx}}\right)^n \tag{3.2.11}$$

结合方程(3.2.9)~方程(3.2.11)，可求解得 η_{ss} 为

$$\eta_{ss} = \frac{\left(\dfrac{p_{t3}}{p_{t2}}\right)^{\frac{\gamma-1}{n\gamma}} - 1}{\left(\dfrac{T_{t3}}{T_{t2}}\right)^{\frac{1}{n}} - 1} \tag{3.2.12}$$

例如，一压气机总效率系数为 0.88，总压比为 25，于是总温比为 2.7142，结合表 3.1 可计算出压气机的级数。从表中可以看出，当总级数 n 从 1 到 10 时变化最明显。最后，我们假设总级数可以无限大。此时就可得到所谓压气机的多变或小级系数：

$$\eta_{pc} = \frac{\gamma-1}{\gamma} \frac{\ln\left(\dfrac{p_{t3}}{p_{t2}}\right)}{\ln\left(\dfrac{T_{t3}}{T_{t2}}\right)} \tag{3.2.13}$$

表 3.1　$\eta_c = 0.88$，$\pi_c = 25$ 时，单级效率随级数的变化关系

n	η_{ss}
1	0.880
2	0.902
4	0.912
6	0.915
10	0.917
20	0.919
100	0.921

式 (3.2.13) 也可改写为

$$\frac{p_{t3}}{p_{t2}} = \left(\frac{T_{t3}}{T_{t2}}\right)^{\eta_{pc}\frac{\gamma}{\gamma-1}} \tag{3.2.14}$$

结合式 (3.2.8) 和式 (3.2.14)，可得到压气机的整机效率系数与多变效率系数之间的关系为

$$\eta_c = \frac{(\pi_c)^{\frac{\gamma-1}{\gamma}} - 1}{(\pi_c)^{\frac{\gamma-1}{\gamma\eta_{pc}}} - 1} \tag{3.2.15}$$

多变效率系数法同样也是一种能有效分析压气机损失的方法。分析一个压气机的流动损失时，首先需要知道压气机的效率系数 (η_c) 或多变效率系数 (η_{pc})。如果知道效率系数 (η_c)，可求出多变效率系数 (η_{pc})；反之亦然。η_{pc} 的值总要比 η_c 大。在流动段之前我们提到，所有现代发动机的最优设计条件下 η_{pc} 基本相等，为 90%~92%。压气机的效率是整个压气机总压比的函数。

在图 3.6 中，我们给出了 η_{pc} =92%，γ =1.4 时，总压比从 1 到 40 时压气机效率系数的变化趋势。从图中可以看出，随着总压比增大 (如压气机级数的增加)，压气机效率系数逐渐减小。多变效率系数法是一个可选方法，但在其定义与推导过程中，有些读者会与压气机效率系数法混淆。但是如果记住 η_c 和 η_{pc} 互相依赖，二者只需要知道一种参数就可以求取另一种参数，而且这样看来多变效率系数法是非常直观的。本书接下来的内容中，我们采用第一种方法 (η_c) 进行分析。

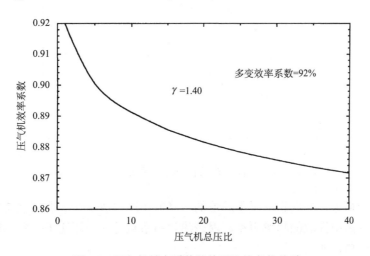

图 3.6　压气机效率系数随总压比的变化关系

3.2.3　风扇

风扇的物理损失以及相应的热力学基础与小增压比、超大尺寸叶片的压气机基本一致。因此，风扇的损失分析方法与压气机也基本一致。对应的 h-s 曲线图中，除了级数不一样，其他与压气机非常类似。按图 2.9 的定义，风扇前后的截面分别是 2 和 7。于是可得

$$\frac{p_{t7}}{p_{t2}} = \left(1 + \eta_{\mathrm{f}}\left(\frac{T_{t7}}{T_{t2}} - 1\right)\right)^{\frac{\gamma}{\gamma-1}} = \left(1 + \eta_{\mathrm{f}}\left(\tau_{\mathrm{f}} - 1\right)\right)^{\frac{\gamma}{\gamma-1}} \tag{3.2.16}$$

这一方程可用来描述风扇损失，式中的 η_{f} 是风扇的效率；参数 γ 依赖于风扇部件内的平均温度，通常与压气机或发动机内其他部件 γ 取值不一样。类似于压气机，也可定义风扇的多变效率系数。尽管风扇的基础热力学与大尺寸的压气机类似，但是其叶片设计却非常不同，这将在第 6 章中讨论。

3.2.4　涡轮

理想情况下涡轮(图 2.11 和图 2.12)内的气体流动过程是等熵过程。实际上，与压气机一样，涡轮的全部损失也包括以下几类：静子叶片和转子叶片上边界层的黏滞效应、自由来流的湍流、二次流、静子叶片和转子叶片进口气流攻角(由进口条件、射流-尾迹以及三维流动引起)。由于涡轮内气压下降，在涡轮内比在压气机内更容易出现气流局部壅塞(以及随之产生的激波)。而且涡轮位于燃烧室出口的高温区域，为防止叶片烧蚀，通常在叶片内腔或周边利用冷空气进行冷却。引入的冷却气流会降低气流的焓值。图 3.7 所示为涡轮的 h-s 曲线。图中同时标出了理想过程与实际过程。与压气机内的过程类似，两个过程的两端总压相同。理想过程前后的焓值为 h_{t4} 和 h'_{t5}，而实际情况下则为 h_{t4} 和 h_{t5}。

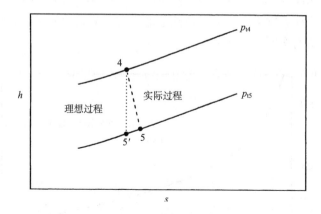

图 3.7　涡轮的 h-s 曲线

由于损失和熵的增大，非理想情况下总焓的下降值比理想情况小。即与理想情况相比，非理想情况下从气流中提取的功率更小。涡轮的效率系数是同一压比下，实际输出功率与理想输出功率的比值，即

$$\eta_{\mathrm{t}} \equiv \frac{\text{实际功率}}{\text{理想功率}} = \frac{h_{t4} - h_{t5}}{h_{t4} - h'_{t5}} \tag{3.2.17}$$

如果涡轮内的比热容为常数，式(3.2.17)可简化为

$$\eta_{\mathrm{t}} = \frac{T_{t4} - T_{t5}}{T_{t4} - T'_{t5}} \tag{3.2.18}$$

一般来说，由于涡轮前后压力逐渐降低，其工作效率比压气机略微高些。现代涡轮在设计点的效率系数是总压比和工作环境的函数，但典型的最大取值为 85%~95%。结合式(3.2.18)

和式 $(2.2.20)^{①}$，可得

$$\pi_t \equiv \frac{p_{t5}}{p_{t4}} = \left(1 - \frac{\left(1 - \dfrac{T_{t5}}{T_{t4}} \right)}{\eta_t} \right)^{\frac{\gamma}{\gamma-1}} = \left(1 - \frac{(1-\tau_t)}{\eta_t} \right)^{\frac{\gamma}{\gamma-1}} \tag{3.2.19}$$

方程 (3.2.19) 给出了涡轮总压比和总温比与效率系数之间的关系，可以利用该方程进行相关分析。与其他所有部件一样，γ 的值取决于涡轮中的平均温度，由于涡轮内的工作温度比压气机内温度高，相应地，涡轮内 γ 的值要比压气机内 γ 的值略低。类似于压气机，我们也可对涡轮引入多变效率系数 η_{pt}。利用多变效率系数可以将效率系数与压比分隔开来，方便在不同涡轮之间进行比较。利用这一定义可有

$$\eta_t = \frac{1 - (\pi_t)^{\eta_{pt}\frac{\gamma-1}{\gamma}}}{1 - (\pi_t)^{\frac{\gamma-1}{\gamma}}} \tag{3.2.20}$$

同样，在给定总压比时，如果已知多变效率系数，就可求得涡轮的整体效率系数，反之亦然。对涡轮而言，其多变效率系数比整体效率系数小。类似于压气机，现代所有发动机在设计点，拥有基本相同的 η_{pt}，都约为 90%。因而涡轮总体效率是涡轮总压比的函数。在图 3.8 中，我们给出了 $\eta_{pt}=92\%$，$\gamma=1.35$ 时，总压比从 1 到 40^{-1} 时涡轮效率系数的变化趋势。从图中可以看出，随着总压比的增大[②]，涡轮的效率逐渐增大；相反地，压气机的效率随总压比增大而减小。

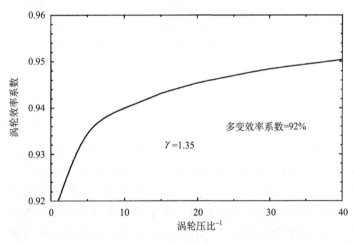

图 3.8　涡轮效率系数随压比的变化趋势

3.2.5　螺旋桨

在之前的理想分析中，我们曾假设螺旋桨的全部功率都用来产生推力。实际情况并非

---

① 译者注：原文为式 (2.2.49)，结合上下文，应为式 (2.2.20)。

② 译者注：此处总压比大于 1，为涡轮压比的负一次。

如此。例如，首先由于穿过螺旋桨的气流不受限而螺旋桨叶片的尺寸较大，大部分无径向速度的气流经过螺旋桨之后获得该方向的速度分量。因而，消耗了部分功率对气流径向加速，而这部分速度不能产生轴向推力。其次由于没有进气道引导气流的轴向运动，周围风向扰动和横向气流都会使得叶片攻角增大，导致边界层分离进而降低螺旋桨性能。然后，同样由于气流运动不受限，螺旋桨的运动会产生更多的气流掺混与湍流，进而浪费更多功率。最后还有一部分功率被转化成噪声，虽然与其他损失相比，这一部分损失要小很多。

定义螺旋桨效率为

$$\eta_p = \frac{P_p}{P_p'} \tag{3.2.21}$$

式中，P_p 是产生推力所消耗的功率；P_p' 是传递给螺旋桨的功率。如此可得到螺旋桨产生的推力为

$$F_p = \eta_p C_{Wp} c_p T_a \dot{m} / u_a \tag{3.2.22}$$

式中，C_{Wp} 是第 2 章定义的螺旋桨实际功系数；其余系数是螺旋桨的推力系数和功率系数。随着工作环境的变化，这些效率会在很大的范围内变化，典型的最大效率为 70%~90%。当然螺旋桨的效率还依赖于其特殊设计和设置，尤其调整攻角。对固定叶片的螺旋桨，当其偏离设计点(包括转速、气流速度等)时，由于叶片前缘气流攻角增大，相比可变叶片的螺旋桨，效率下降快得多。更一般地，螺旋桨效率与如下因素相关：①螺旋桨功率系数；②工作速度点下螺旋桨的进距比(自由来流速度与叶片速度之比)；③自由来流的马赫数。Haines 等(1946)提出了一些经验方法。这些经验方法是基于风洞试验结果进行特殊设计和扭转设置(或控制计划)。Mattingly 等(1987)提出了一种简单可用的螺旋桨效率模型，并在实际中验证。他们总结出，在一定马赫数范围内，效率系数可达到最大值；但当自由来流速度降为 0 或马赫数接近 1 时，效率系数又快速降低。我们对带螺旋桨的发动机进行非理想分析时，将方程(3.2.22)作为工作方程。

3.2.6　传动轴

所有包含传动轴的发动机，都是从涡轮中获取功率并将功率传递给压缩设备。之前分析传动轴时，我们假设从涡轮中获得的全部功率都用来驱动发动机中的其他部件。然而一个传动轴(图 2.16 和图 2.17)的转速是非常高的。因此我们通过轴承固定传动轴，通常还使用压膜阻尼装置来被动控制传动轴的振动。在航空应用中，我们多采用滚动轴承；而在燃气轮机中通常使用动压轴承。对于滚动轴承，多采用低黏度的合成润滑油进行润滑；而对于动压轴承，多采用轻质矿物透平机油进行润滑。由于黏性润滑和表面摩擦，轴承和阻尼装置也会消耗一部分功率。另外在第 1 章中我们提到涡桨发动机中，通常使用齿轮和附属的轴承来降低螺旋桨的转速。由于表面摩擦，在齿轮中也存在一些损失。总之，从涡轮中获得功率并非都用来驱动压缩设备。

在接下来的分析中，我们利用机械效率来描述这些损失，其定义为

$$\eta_m = \frac{P_c}{P_t} \tag{3.2.23}$$

式中，P_t 是涡轮获得功率；P_c 是传递给所有压缩设备(包括压气机、风扇、螺旋桨)的功率。

于是得到一般性的功率方程为

$$\dot{m}c_{pc}(T_{t3}-T_{t2})+\alpha\,\dot{m}c_{pf}(T_{t7}-T_{t2})+C_{Wp}\dot{m}c_{pa}T_{ta}=\eta_m\dot{m}(1+f)c_{pt}(T_{t4}-T_{t5}) \qquad (3.2.24)$$

$$\underbrace{\phantom{\dot{m}c_{pc}(T_{t3}-T_{t2})}}_{\text{压气机}}\quad\underbrace{\phantom{\alpha\,\dot{m}c_{pf}(T_{t7}-T_{t2})}}_{\text{风扇}}\quad\underbrace{\phantom{C_{Wp}\dot{m}c_{pa}T_{ta}}}_{\text{螺旋桨}}\qquad\underbrace{\phantom{\eta_m\dot{m}(1+f)c_{pt}(T_{t4}-T_{t5})}}_{\text{涡轮}}$$

通常,这一机械效率都比较高(98%~100%)。因此,方程(3.2.24)可用于包含传动轴损失的非理想分析。

3.2.7 主燃烧室

在之前的分析中,我们认为主燃烧室内所有的燃料都完全燃烧,且总压保持不变。但是在实际分析中,必须考虑主燃烧室的这两个非理想效应。图 3.9 所示为主燃烧室的 h-s 曲线图。首先燃烧室并非理想燃烧室,喷射到燃烧室的燃油并非都能完全燃烧。因而部分燃油会被浪费掉,主燃烧室的出口温度也就比理想情况下低。即图 3.9 中的总焓 h_{t4} 要比理想情况下的总焓 h_{t4}' 低,且静态焓 h_4 也要比理想情况下的焓值 h_4' 低。其次,由于燃烧室内的混合过程和燃烧过程都是高度不可逆且非等熵过程,因此燃烧室内的总压会下降且出口总压 p_{t4} 比进口总压 p_{t3} 小,如图 3.9 所示。这两种损失在一定程度上是相互独立的,因此分析主燃烧室时,这两种损失都要考虑。但在第 9 章我们会看到,实际上,这两种损失相互之间会有一定的反向影响:若想减少被浪费的燃油量,需要油气混合更为充分,这会使总压降低;反之亦然。

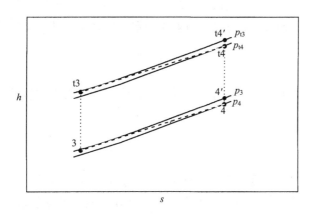

图 3.9 主燃烧室的 h-s 曲线

1. 不完全燃烧

理想情况下,燃烧室内所有的燃油都充分燃烧。但事实上,存在四种非理想因素,使得总温下降。首先,燃烧室内的燃烧并不充分,一是因为混合不充分,二是由于燃烧室内的平均气流速度太大以至于油气混合物在充分燃烧之前就已离开燃烧室。其次,低温燃油喷射进入燃烧室内之后,燃烧之前首先会升温,这同样导致燃油还未充分燃烧就被排出燃烧室。再次,由于燃烧室内温度非常高,在燃烧室内存在一定的热传递,进而使得总温降低。最后,燃料本身不理想。燃油添加剂和杂质都是不可燃的。此处我们引入一个简单参数来衡量这四种损失——主燃烧室效率 η_b。将这一参数应用到简单的热值分析中有

$$\eta_b\dot{m}_f\Delta H=\dot{m}(h_{t4}-h_{t3})+\dot{m}_f(h_{t4}-h_{tf}) \qquad (3.2.25)$$

式中，$\dot{m}_{\text{f}}$ 是燃油流量。燃油的热值通常由进口温度决定，因此式 (3.2.25) 可简化为

$$\eta_{\text{b}} \dot{m}_{\text{f}} \Delta H = \dot{m}\left(h_{\text{t4}} - h_{\text{t3}}\right) + \dot{m}_{\text{f}} h_{\text{t4}} \tag{3.2.26}$$

假设燃烧室进出口的气体都是空气，利用平均温度下的比热容 c_{p}，且假设燃油的比热容约等于空气的比热容，可得到

$$\eta_{\text{b}} \dot{m}_{\text{f}} \Delta H = \dot{m} c_{\text{p}}\left(T_{\text{t4}} - T_{\text{t3}}\right) + \dot{m}_{\text{f}} c_{\text{p}} T_{\text{t4}} \tag{3.2.27}$$

主燃烧室效率的典型值通常在 90%~95%[①]。为了能较容易地在循环分析中包含这些损失，注意此时我们的分析还不是非常细致。更详细的分析如绝热火焰温度等，将在第 9 章中展开。届时，我们将利用化学分析 (并包含所有反应物和产物) 方法，进行详细的热力学分析。对简单的发动机循环分析，采用热值分析法就足够了。

2. 压力损失

主燃烧室内另一个必须考虑的效应是总压损失。总压损失同样有四种原因：首先燃烧过程本身是一个高度不可逆的非等熵过程，这会使得总压降低。其次，主燃烧室内的旋流器、火焰稳定器、促进油气混合的湍流发生器以及由此产生的低速区，这些都会使黏滞效应加剧，进而使损失加大。再次，主燃烧室内有很多促进气流均匀分布的小孔，当气流穿过这些小孔时，也会存在总压损失。最后，燃烧过程中，气流密度快速降低，燃烧过程本身类似湍流发生器的功能，从而引起更多损失。总之，由于这四个因素，出口总压 p_{t4} 比进口总压 p_{t3} 小。我们将这种损失统一为主燃烧室的压降比，其定义为

$$\pi_{\text{b}} = \frac{p_{\text{t4}}}{p_{\text{t3}}} \tag{3.2.28}$$

这一比值的典型取值为 0.92~0.98。本节一开始就提到，随着混合过程的加剧，通常 π_{b} 减少，而 η_{b} 增大。

3.2.8 加力燃烧室

分析加力燃烧室时，必须考虑两种附加损失。加力燃烧室本质上是一个简单的燃烧室，与主燃烧室相比，它在结构上要简单得多。燃油在尾喷管上游喷射进入加力燃烧室，在加力燃烧室中有一系列辐条和圆环，燃油在此燃烧后立即产生加力推力。主燃烧室内的两类损失在加力燃烧室中也存在，尽管两种燃烧室在设计上区别很大，但是其物理过程和基本热力学行为基本一致。例如，加力燃烧室的效率可描述如下：

$$\eta_{\text{a}} \dot{m}_{\text{fab}} \Delta H = \dot{m}_{5.5} c_{\text{p}}\left(T_{\text{t6}} - T_{\text{t5.5}}\right) + \dot{m}_{\text{fab}} c_{\text{p}} T_{\text{t6}} \tag{3.2.29}$$

式中，$\dot{m}_{\text{fab}}$ 是加力燃烧室内的燃油质量流率；$\dot{m}_{5.5}$ 是进入加力燃烧室的总气流质量流率。发动机内的总燃油质量流率等于主燃烧室与加力燃烧室内的燃油质量流率之和，即 $\dot{m}_{\text{ft}} = \dot{m}_{\text{fab}} + \dot{m}_{5.5}$。而且，加力燃烧室内的压降比为

$$\pi_{\text{ab}} = \frac{p_{\text{t6}}}{p_{\text{t5.5}}} \tag{3.2.30}$$

---

① 译者注：这是原作者著述时的技术水平，当前的技术水平可能大于 95%。

但是，在大部分的工作时间内发动机是不开加力燃烧室的。此时我们不期望在加力燃烧室内存在较大的附加压力损失，因为这会使得发动机偏离额定工作点。因此加力燃烧室的设计比主燃烧室简单，在其中没有主燃烧室内用以促进气流混合的流阻结构。因此，一方面，加力燃烧室的燃烧效率通常比主燃烧室要低；另一方面，加力燃烧室的压力损失也比主燃烧室小。加力燃烧室的典型燃烧效率为 80%~90%，在加力燃烧室点火正常工作状态下，总压恢复系数一般为 0.95~0.99。

前面我们说过，加力燃烧室用于绝大多数军用战斗机中，但是工作时间有限。发动机正常工作(不开启加力燃烧室)时，由于附加的发动机长度以及燃油喷嘴的存在，气流在流道中产生更大的黏滞损失，必须要考虑总压降(是式(3.2.30)而不是式(3.2.29))。但是，如果没有开启加力燃烧室，前面我们讨论过，加力燃烧室内的总压恢复系数将更大，典型情况下为 0.98~1.00。

3.2.9　尾喷管

在前面对尾喷管进行理想分析时，我们做了两个假设：气流无摩擦且绝热；出口压力与环境压力相等。进行非理想分析时，我们将抛开这两个假设(图 3.10)。

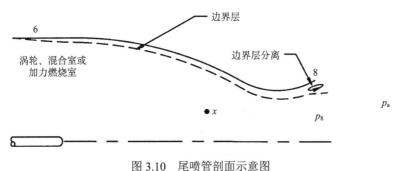

图 3.10　尾喷管剖面示意图

1. 出口压力

实际工作中，尾喷管的出口压力可能会与环境压力不匹配。当尾喷管面积不匹配时，会使出口压力与环境压力不等。在第 5 章我们将会看到，对一个高效的喷管而言，当出口压力与环境压力相等时，产生的推力最大。

若出口压力大于环境压力，气流未充分膨胀，此时在推力方程中的压力项是一个正推力。但是出口速度比充分膨胀时低，因而动量交换部分产生的推力比理想情况下小。在两种效应下，总推力将低于理想值。若出口压力低于环境压力，则气流过度膨胀，在推力方程中对应的压力项产生的推力为负值。此时由于出口速度比最佳膨胀时大，对应动量交换部分产生的推力比理想情况下要大。同样在两种效应下，总推力将低于理想值。进行非理想分析时，这三种情况都要考虑。

2. 损失

理想情况下，我们认为尾喷管内的气流等熵。非理想情况下，尽管认为气流是绝热的，但需要考虑气流间的摩擦损失。图 3.11 所示为尾喷管的 h-s 曲线。理想情况下，尾喷管在状态 6 和 8′ 之间工作；非理想情况下，尾喷管在状态 6 和 8 之间工作。当我们讨论尾喷管的效率时，这两种情况下尾喷管的进口总压和出口静压均为 p_{t6} 和 p_8。理想情况下熵值为常数；而非理想情况下受边界层内的摩擦、自由来流湍流、二次流、尾喷管内的激波以及可能存在的边界层分离等影响，熵值逐渐增大。由于气流是绝热的，尾喷管内的总焓为常数，即 h_{t6} 和 h_{t8} 相等。但尾喷管内熵值的增加使总压由 p_{t6} 减为 p_{t8}，如图 3.11 所示。从而使得非理想情况下的出口静焓 h_8 大于理想情况下的静焓 h_8'，这会减小气流的出口速度，进而减小推力。

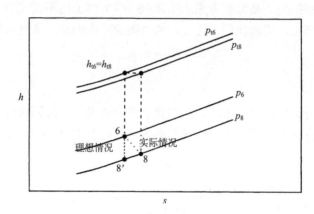

图 3.11　尾喷管的 h-s 曲线

下面给出包含这些损失(仅针对绝热气流)的喷管效率的定义：

$$\eta_{n} = \frac{h_{t6} - h_8}{h_{t6} - h_8'} \tag{3.2.31}$$

当比热容为常数时有

$$\eta_{n} = \frac{T_{t6} - T_8}{T_{t6} - T_8'} \tag{3.2.32}$$

利用状态 t6 和 8 之间的能量方程，可得

$$u_8 = \sqrt{2(h_{t6} - h_8)} \tag{3.2.33}$$

或当比热容为常数时，有

$$u_8 = \sqrt{2c_{p}(T_{t6} - T_8)} \tag{3.2.34}$$

结合效率的定义，有

$$u_8 = \sqrt{2c_{p}\eta_{n}(T_{t6} - T_8')} \tag{3.2.35}$$

此时出口速度明显比理想情况的出口速度小，进而使推力减小。我们仍假设气流是绝热的，有

$$\frac{T_8}{T_{t6}} = \frac{1}{1 + \dfrac{\gamma - 1}{2} M_8^2} \tag{3.2.36}$$

理想情况下有

$$\frac{p_8}{p_{t6}} = \left(\frac{T_8'}{T_{t6}} \right)^{\frac{\gamma}{\gamma-1}} \tag{3.2.37}$$

结合式(3.2.32)、式(3.2.26)和式(3.2.37)可得

$$\frac{p_8}{p_{t6}} = \left(\frac{\dfrac{1}{1+\dfrac{\gamma-1}{2}M_8^2} - 1 + \eta_n}{\eta_n} \right)^{\frac{\gamma}{\gamma-1}} \tag{3.2.38}$$

因此，当已知出口压力时，可求得出口马赫数(假设喷管效率和进口气流总压已知)。

　　另外我们还需要考虑喷管壅塞效应。首先我们需要意识到，前面的这些方程可用于喷管中的任一轴向位置，如图 3.10 中的位置 x 处。换言之，在方程(3.2.38)中，可以用 p_x 和 M_x 分别代替方程中的 p_8 和 M_8。因此方程(3.2.38)可用于马赫数等于 1 的情况。而尾喷管中，声速条件可能存在，也可能不存在。例如，在一个非壅塞的收敛喷管中就不会有跨声速条件。但是仍可在马赫数等于 1 时使用方程(3.2.38)预判喷管壅塞时的条件，此时结论可作为设计参考条件。因此，假设 $M_x = 1.00$，可得到

$$\frac{p^*}{p_{t6}} = \left(1 + \frac{1-\gamma}{\eta_n(1+\gamma)} \right)^{\frac{\gamma}{\gamma-1}} \tag{3.2.39}$$

式中，上标*表示声速条件。可以利用这一方程来分析收敛喷管的壅塞。例如，如果压力 p_a 小于 p^*，喷管将会壅塞，$p_8 = p^*$，$M_8 = 1$。事实上，对一个效率小于 1 的壅塞收敛喷管，出口马赫数略小于 1。但是，由于这对发动机推力和 TSFC 影响很小(通常小于 0.1%或更小)，本书中为简化分析采用声速条件来替代壅塞情况。但如果 p_a 大于 p^*，喷管不会壅塞，M_8 也将小于 1，且 $p_8 = p^*$。在考虑壅塞喷管的出口温度时，当马赫数等于 1 时，由方程(3.2.36)可得

$$\frac{T^*}{T_{t6}} = \frac{2}{1+\gamma} \tag{3.2.40}$$

　　我们还可以推导出出口面积与马赫数之间的关系。由于声速条件(无论是否存在)和出口条件之间的质量守恒，有

$$\dot{m}_8 = \dot{m}^* \tag{3.2.41}$$

于是有

$$\rho^* u^* A^* = \rho_8 u_8 A_8 \tag{3.2.42}$$

结合理想气体方程(H.2.1)求解出 A_8/A^*，得到

$$\frac{A_8}{A^*} = \frac{T_8 p^* u^*}{T^* p_8 u_8} \tag{3.2.43}$$

结合 $u^* = a^*$ 和 $u_8 = M_8 a_8$，可得

$$\frac{A_8}{A^*} = \frac{T_8 p^* a^*}{T^* p_8 M_8 a_8} \tag{3.2.44}$$

利用方程 (H.2.8) 得到

$$\frac{A_8}{A^*} = \frac{T_8 p^* \sqrt{T^*}}{T^* p_8 M_8 \sqrt{T_8}} \tag{3.2.45}$$

对式 (3.2.45) 乘除相同项，可得

$$\frac{A_8}{A^*} = \sqrt{\frac{\dfrac{T_8}{T_{t6}}}{\dfrac{T^*}{T_{t6}}}} \frac{\dfrac{p^*}{p_{t6}}}{\dfrac{p_8}{p_{t6}}} \frac{1}{M_8} \tag{3.2.46}$$

最后，综合式 (3.2.36)、式 (3.2.38)、式 (3.2.39)、式 (3.2.40) 和式 (3.2.46) 可得

$$\frac{A_8}{A^*} = \frac{1}{M_8} \sqrt{\frac{\gamma+1}{2+(\gamma-1)M_8^2}} \left(\eta_n \frac{1 + \dfrac{1-\gamma}{\eta_n(1+\gamma)}}{\dfrac{1}{1+\dfrac{\gamma-1}{2}M_8^2} - 1 + \eta_n} \right)^{\frac{\gamma}{\gamma-1}} \tag{3.2.47}$$

本节中，我们推导了包含损失和非设计状态下尾喷管的工作方程。尾喷管的典型工作效率为 90%~97%。读者在使用这些方程的时候也需要审慎思考。因为工作条件决定了方程形式，所以并不能得到唯一的单个最终方程。例如，对于壅塞的收敛喷管和非壅塞的收敛喷管，使用这些方程时将有所区别。又如，针对壅塞的收敛喷管与超声速的收-扩喷管，在使用这些方程时也会有所不同。在例 3.1 中我们会对其中的一些不同点进行讨论。

3.2.10 外涵喷管

对于分开排气涡扇发动机，还需要考虑风扇的排气装置。针对这个二次喷管，其流体力学特性、物理损失、热力学以及相关定义，与尾喷管基本一致。因此，本节仅列出外涵喷管的重要方程组。外涵喷管处于截面 7 和截面 9 之间 (图 3.12)，其工作效率为 η_{fn}：

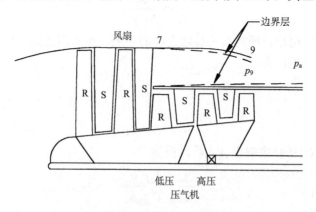

图 3.12 外涵喷管剖面示意图

$$\eta_{fn} = \frac{h_{t7} - h_9}{h_{t7} - h_9'} \tag{3.2.48}$$

$$u_9 = \sqrt{2c_{\mathrm{p}}\left(T_{\mathrm{t7}} - T_9\right)} \tag{3.2.49}$$

$$u_9 = \sqrt{2c_{\mathrm{p}}\eta_{\mathrm{fn}}\left(T_{\mathrm{t7}} - T_9'\right)} \tag{3.2.50}$$

$$\frac{T_9}{T_{\mathrm{t7}}} = \frac{1}{1 + \dfrac{\gamma-1}{2}M_9^2} \tag{3.2.51}$$

$$\frac{p_9}{p_{\mathrm{t7}}} = \left(\frac{T_9'}{T_{\mathrm{t7}}}\right)^{\frac{\gamma}{\gamma-1}} \tag{3.2.52}$$

$$\frac{p_9}{p_{\mathrm{t7}}} = \left(\frac{\dfrac{1}{1 + \dfrac{\gamma-1}{2}M_9^2} - 1 + \eta_{\mathrm{fn}}}{\eta_{\mathrm{fn}}}\right)^{\frac{\gamma}{\gamma-1}} \tag{3.2.53}$$

$$\frac{p^*}{p_{\mathrm{t7}}} = \left(1 + \frac{1-\gamma}{\eta_{\mathrm{fn}}\left(1+\gamma\right)}\right)^{\frac{\gamma}{\gamma-1}} \tag{3.2.54}$$

$$\frac{A_9}{A^*} = \frac{1}{M_9}\sqrt{\frac{\gamma+1}{2+(\gamma-1)M_9^2}}\left(\eta_{\mathrm{fn}}\frac{1 + \dfrac{1-\gamma}{\eta_{\mathrm{fn}}\left(1+\gamma\right)}}{\dfrac{1}{1 + \dfrac{\gamma-1}{2}M_9^2} - 1 + \eta_{\mathrm{fn}}}\right)^{\frac{\gamma}{\gamma-1}} \tag{3.2.55}$$

3.2.11 外涵道

若发动机中存在风扇，且部分经过风扇的气流与涡轮出口气流混合，则需要一个引导外涵气流流动的外涵道(图 3.13)。理想情况下，我们假设外涵气流全部从外涵喷管排出或全部与核心机气流混合。而实际上有时候同时存在一部分气流从外涵喷管喷出，一部分气

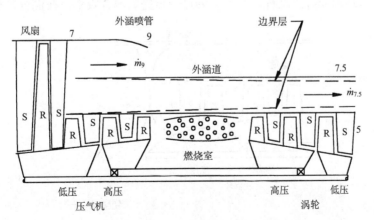

图 3.13　外涵道示意图

流与核心机气流混合。此时需要引入一个新的参数——涵道分流比来表征进入外涵道与核心机内气流混合的气流占全部二次气流的比例，其定义为

$$\sigma = \frac{\dot{m}_{7.5}}{\dot{m}_{7.5} + \dot{m}_9} \tag{3.2.56}$$

式中，$\dot{m}_{7.5}$ 和 $\dot{m}_9$ 分别是截面 7.5 和截面 9 处的质量流量，如图 3.13 所示。当全部气流进入外涵道时，比值 σ 等于 1；全部外涵气流通过外涵喷管排出时，σ 等于 0。

同样，前面进行理想分析时，我们曾假设外涵道进口条件与出口条件相同。事实上，外涵道与任何管路一样，由于存在壁面剪切、自由来流剪切和湍流，气流运动时存在摩擦损失。因此，这一气流流动存在总压损失，并非等熵过程。但是还可视为一个绝热过程，因而有 $h_7 = h_{7.5}$。在循环分析中可用总压比来简单描述这一损失，其定义为

$$\pi_{\mathrm{u}} = \frac{p_{t7.5}}{p_{t7}} \tag{3.2.57}$$

由于外涵道相对光滑且比较短，因此这一比值一般都比较大，且接近于 1。但为了分析的完整性，我们还是应该考虑它。

理想情况下，当外涵气流再次进入发动机内部与核心机气流混合时，边界条件需要与外涵气流匹配。稳态时，这一物理过程下静压相等，即

$$p_{7.5} = p_7 \tag{3.2.58}$$

将这一条件应用于混合室的分析时，由于分析其他部件时我们都采用总压，因此还需要气流速度或截面面积。但是，若两股气流的马赫数基本一致（$M_5 \approx M_{7.5}$），或马赫数均小于 0.3，此时压缩效应可忽略不计，有

$$p_{t7.5} \approx p_{t7} \tag{3.2.59}$$

这是一个更简化的条件。由于它适用于循环分析，因此我们将使用这一条件。

3.2.12　混合室

如前面章节所述，涡扇发动机的混合室（图 3.14）将来自外涵道的外涵气流（气流 7.5）与涡轮出口气流（气流 5）混合。混合室前气流的平均属性标记为 5.2，混合室之后标记为 5.5。混合过程是不可逆的非等熵过程。而且，为进一步提高混合效率，在混合室里通常会使用

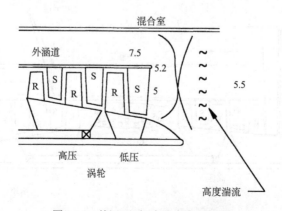

图 3.14　外涵-主气流混合室示意图

混合促进器。但是它的引入会增加表面积、形成障碍和湍流，因此增加了黏滞损失，进而会增加气体流动过程的非等熵特性。好的掺混过程应使气流属性趋于均一。但是，提高混合效率会同时提高湍流度，增加总熵，降低总压。同样，在循环分析中可用总压比来描述这一损失，其定义为

$$\pi_m = \frac{p_{t5.5}}{p_{t5.2}} \tag{3.2.60}$$

这一数值的典型取值为 0.97~0.99。

由于两股进气的总温不同，需要求出出口气流的总温。首先利用能量方程有

$$\dot{m}_5 h_{t5} + \dot{m}_{7.5} h_{t7.5} = \dot{m}_{5.5} h_{t5.5} \tag{3.2.61}$$

或结合式 (H.3.8)、式 (2.2.14)、式 (2.2.29) 和式 (3.2.56) 可得

$$\dot{m}(1+f)c_{pmc}T_{t5} + \dot{m}\sigma\alpha c_{pmu}T_{t7.5} = \dot{m}\big((1+f)c_{pmc} + \sigma\alpha c_{pmu}\big)T_{t5.5} \tag{3.2.62}$$

最终求出

$$T_{t5.5} = \frac{(1+f)c_{pmc}T_{t5} + \sigma\alpha c_{pmu}T_{t7.5}}{(1+f)c_{pmc} + \sigma\alpha c_{pmu}} \tag{3.2.63}$$

式中，c_{pmu} 由从截面 7.5 到截面 5.5 的平均温度决定；c_{pmc} 由从截面 5 到截面 5.5 的平均温度决定。

3.2.13　燃气轮机排气装置

尽管本书重点阐述喷气式推进系统，但燃气轮机与之密切相关。相比于航空发动机的尾喷管，燃气轮机排气装置的气流速度非常低。由于两者的功能不同，损失也应分开分析。图 3.15 所示为一个燃气轮机排气装置几何示意图。在第 2 章的图 2.32 中，我们曾给出过 Coberra 6000 系列燃气轮机的排气装置。由于燃气轮机出口气流速度很低，出口的静压和总压基本相等。由于摩擦和湍流以及边界层分离区域导致的流体内部耗散，在涡轮出口与排气装置之间出现总压损失。这些损失导致涡轮内气流并不能完全膨胀到与大气压力相等，涡轮获得的功率比理想情况低。在设计排气装置时，为减小这些压力损失，应保证排气装置内壁尽可能光滑，并使排气装置剖面线尽可能光滑过渡。图 3.16 所示为燃气轮机排气装

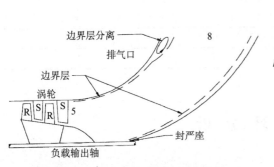

图 3.15　燃气轮机排气装置几何示意图

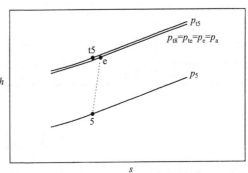

图 3.16　燃气轮机排气装置 h-s 曲线

置的 $h\text{-}s$ 曲线。通常认为排气装置是绝热的，而且从图中可看出，从截面 5 到截面 8，由于总熵升高，总压下降。考虑到出口气流速度非常低，出口压力等于环境压力，因此可以定义如下的出口压比：

$$\pi_e = \frac{p_{t8}}{p_{t5}} = \frac{p_8}{p_{t5}} = \frac{p_a}{p_{t5}} \tag{3.2.64}$$

这一压比的取值通常很大，在 0.98~0.99 数量级。

3.2.14 非理想效应总结与部件级简化参数模型

前面内容讨论了 13 种部件，分析了每种部件的非理想特性，并对每一种部件定义了包含不同类型损失的一个或两个参数。为了分析工作特性，我们还引入了其他参数。表 3.2 中总结了本节定义的参数。

表 3.2 部件参数表

部件	参数	符号
进气道	总压恢复系数	π_d
压气机	效率系数	η_c
风扇	效率系数	η_f
	涵道比	α
涡轮	效率系数	η_t
螺旋桨	效率系数	η_p
传动轴	效率系数	η_m
燃烧室	效率系数	η_b
	总压比	π_b
加力燃烧室	效率系数	η_{ab}
	总压比	π_{ab}
尾喷管	效率系数	η_n
外涵喷管	效率系数	η_{fn}
外涵道	总压比	π_u
	外涵分流比	σ
混合室	总压比	π_m
燃气轮机排气装置	压比	π_e

3.3 循环分析

3.3.1 一般性方法

3.2 节中，我们分析了所有部件的损失。对其中的一些部件，我们引入一个参数来描述和分析非理想效应；对其他的一些部件，则采用双变量表达式来描述非理想效应。在理想循环分析中，对于所有类型的发动机，将发动机中全部部件的方程联立求解即可得到关于推力和 TSFC 的单独闭式方程。但是在非理想循环分析时，由于非理想效应，将各部件方程直接组合非常烦琐，在多数情况下，这是不可行的。要解决非理想问题，求解发动机的推力和 TSFC，必须将每种发动机分开，单独逐部件、一步步地进行分析，直到得到所有参数为止。在有些情况下，由于非理想效应不能直接求解这些参数，还需要在逐步分析中采用迭代方法。当然还可以使用软件"JETENGINECYCLE"和"POWERGTCYCLE"来直接求解不同类型的燃气轮机在不同条件下的解。

3.2 节中我们曾提到，每个部件内的比热容应根据其中的平均温度来确定。这也就是说，必须要知道进口和出口温度。但实际中并非如此，在分析一个部件的时候，通常只知道其进口温度。只有在分析完成之后才能知道部件内的平均温度。因此，基本上对所有的部件进行分析时都需要借助迭代分析，因而借助计算机分析势在必行。通常在分析一个部件时，先假定一个部件的 c_p 值，利用这个值完成对部件的初步分析，然后得到部件的平均温度；再根据平均温度借助 H.3 节中的表格得到 c_p 的值。按照这个过程逐次迭代，直到 c_p 的偏差在可接受范围内为止。尽管我们尚未展开具体步骤，但可以预见的是，接下来的所有示例中完成这样的迭代运算和分析需要借助计算机。附录 G 中我们介绍了两种基本的迭代方法，同时还给出了与接下来的发动机示例对应的迭代解答。

3.3.2　示例

本节给出五个不同的示例。当然这不能囊括不同部件的全部可能组合。以下的例子基本包括了实际分析中可能遇到的重要的部件概念。在所有的例子中，我们都会将其与理想循环下的同一发动机进行对比。在此基础上，我们还给出了一些趋势分析，有些分析表明非理想部件与之前理想部件的基本趋势吻合。此外为了强调某些效应，我们还对个别例子进行了补充。所有这些例子是作为本章内容的一个组成部分，而非补充材料，期望读者引起重视。

例 3.1　一涡喷发动机在海平面高度以 0.75 马赫数飞行。进口空气流量为 165lbm/s(74.83kg/s)。压气机总压比 15，效率为 88%。燃油热值为 17800Btu/lbm (41400kJ/kg)，燃烧室出口总温为 2500°R(1389K)，燃烧室效率为 91%，总压比为 0.95，涡轮效率为 85%。发动机喷管为收敛型喷管，其效率为 96%。进气道的总压恢复系数为 0.92。传动轴的效率为 99.5%。求发动机推力和 TSFC。注意，此例与例 2.2 的发动机一致，不同的是例 2.2 中未考虑非理想效应。

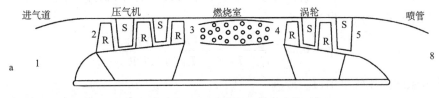

例 3.1 图　不含加力燃烧室的涡喷发动机

解

(1)进气道。

首先，从附录 A 可知海平面的标准条件为 $p_a = 14.69\text{psi}(101.3\text{kPa})$，$T_a = 518.7\text{°R}$ (288.2K)。声速为

$$a_a = \sqrt{\gamma_a R T_a} = \sqrt{1.4029 \times 53.35 \frac{\text{ft} \cdot \text{lbf}}{\text{lbm} \cdot \text{°R}} \times 32.17 \frac{\text{lbm}}{\text{slug}} 518.7\text{°R} \times \frac{\text{slug} \cdot \text{ft}}{\text{s}^2 \cdot \text{lbf}}}$$
$$= 1118\text{ft/s}(340.6\text{m/s})$$

气流速度为

$$u_a = M_a a_a = 0.75 \times 1118\text{ft/s} = 838.2\text{ft/s}(255.5\text{m/s})$$

当 $\gamma_d = 1.3997$ 和 $M_a = 1$ 时，有

$$\frac{T_{ta}}{T_a} = 1 + \frac{\gamma_d - 1}{2} M_a^2 = 1 + \frac{1.3997 - 1}{2} \times 0.75^2 = 1.124$$

由于进气道内气体流动为绝热过程，进气道出口温度为

$$T_{t2} = T_{ta} = 1.1124 \times 518.7\text{°R} = 577.0\text{°R}(320.6\text{K})$$

类似地，由 $\dfrac{p_{ta}}{p_a} = \left(\dfrac{T_{ta}}{T_a}\right)^{\frac{\gamma_d}{\gamma_d - 1}} = (1.1124)^{\frac{1.3997}{1.3997-1}} = 1.4522$ 且进气道总压恢复系数为 0.92，因此有

$$\frac{p_{t2}}{p_a} = \frac{p_{t2}}{p_{ta}} \frac{p_{ta}}{p_a} = \pi_d \frac{p_{ta}}{p_a} = 0.92 \times 1.4522 = 1.3360$$

可求得进气道出口总压为

$$p_{t2} = 1.3360 \times 14.69\text{psi} = 19.63\text{psi}(135.3\text{kPa})。$$

(2)压气机。

题中已经给出了压气机总压比，于是可以计算压气机的出口总压为

$$p_{t3} = \pi_c p_{t2} = 15 \times 19.63\text{psi} = 294.4\text{psi}(2030\text{kPa})$$

理想情况下有

$$\tau_c' = (\pi_c)^{\frac{\gamma_c - 1}{\gamma_c}} = 15^{\frac{0.3805}{1.3805}} = 2.1095$$

式中，$\gamma_c = 1.3805$。因此理想情况下压气机出口总温为

$$T_{t3}' = T_{t2} \tau_c' = 2.1095 \times 577.0\text{°R} = 1217\text{°R}(676.2\text{K})$$

但是题中已给出压气机效率

$$\eta_c = 0.88 = \frac{T_{t3}' - T_{t2}}{T_{t3} - T_{t2}} = \frac{1217\text{°R} - 577.0\text{°R}}{T_{t3} - 1217\text{°R}}$$

由上式求解出压气机出口温度为

$$T_{t3} = 1305\text{°R}(724.7\text{K})$$

注意：此处压气机的比热容比是在得到的压气机平均总温为 941°R 或 523K 时计算的。与其他所有部件一样，总温的平均值事先是不知道的，需要通过迭代计算。换句话说，压气

机出口温度依赖于比热容比，而比热容比反过来又依赖于出口温度。因此通过连续迭代这两个值均可求出。在附录 G 的例 G.3 中我们给出了"逐次代换"迭代方法的详细步骤。幸运的是，迭代过程很快就收敛(这种情况下只需迭代四次)且容易编程实现。实际中，两到三次迭代就可以使结果影响最小。需要注意的是，尽管我们期望能得到尽可能精确的比热容比，但是在本章这些例子中，这并非重点。

还要注意的是，我们应尽可能使用静温来求得平均总温，进而得到比热容。但是，由于缺乏静态计算所需的静温、马赫数、速度、不同截面的面积等信息，此处我们采用总温来进行计算。

(3) 燃烧室。

题中已给出燃烧室内的总压比，于是有燃烧室出口总压为

$$p_{t4} = \pi_b p_{t3} = 279.7\text{psi}(1928\text{kPa})$$

由能量分析有

$$\eta_b \dot{m}_f \Delta H = \dot{m} c_{pb}\left(T_{t4} - T_{t3}\right) + \dot{m}_f c_{pb} T_{t4}$$

但是燃烧室的效率为 91%且 ΔH 为 17800Btu/lbm，因此可求得燃油质量流率为

$$\dot{m}_f = 165\frac{\text{lbm}}{\text{s}} \times 0.2731\frac{\text{Btu}}{\text{lbm}\cdot°\text{R}}\frac{2500°\text{R} - 1305°\text{R}}{0.91 \times 17800\frac{\text{Btu}}{\text{lbm}} - 0.2731\frac{\text{Btu}}{\text{lbm}\cdot°\text{R}} \times 2500°\text{R}}$$

$$= 3.472\text{lbm/s}(1.575\text{kg/s})$$

由于进出口温度都已知，所以可求得燃烧室内平均温度，不需要进行迭代就可得到燃烧室内的比热容比为 0.2731。由于不含加力燃烧室，这也是总燃油流量的值。注意到 $\dot{m}_f / \dot{m} = 0.02104$，可以看出这一数值很小，可以将这一结果与理想情况下(2.778lbm/s (1.260kg/s))进行比较，考虑燃烧室和压气机的损失，这一值要高 25%。

(4) 涡轮。

题中已给出轴机械效率为 0.995，因此由轴功率平衡可得

$$\dot{m} c_{pc}\left(T_{t3} - T_{t2}\right) = \eta_m \dot{m}_t c_{pt}\left(T_{t4} - T_{t5}\right)$$

$$165\frac{\text{lbm}}{\text{s}} \times 0.2487\frac{\text{Btu}}{\text{lbm}\cdot°\text{R}}\left(1305°\text{R} - 577°\text{R}\right)$$

$$= 0.995 \times \left(165\frac{\text{lbm}}{\text{s}} + 3.472\frac{\text{lbm}}{\text{s}}\right) \times 0.2807\frac{\text{Btu}}{\text{lbm}\cdot°\text{R}}\left(2500°\text{R} - T_{t5}\right)$$

因而可求得涡轮出口总温为

$$T_{t5} = 1865°\text{R}(1036\text{K})$$

式中，比热容和涡轮平均温度是通过迭代计算得到的。

又因为涡轮效率的定义为 $\eta_t = \dfrac{T_{t4} - T_{t5}}{T_{t4} - T_{t5}'}$ 且已知其值为 85%，因此

$$0.85 = \frac{2500°\text{R} - 1865°\text{R}}{2500°\text{R} - T_{t5}'}$$

因此可求解出涡轮理想出口总温 T_{t5}'=1753°R(974.1K)，且理想情况下，有

$$\tau_t' = \frac{T_{t5}'}{T_{t4}} = \frac{1753}{2500} = 0.7014$$

由涡轮效率的定义以及与总压比之间的关系 $\tau_t' = (\pi_t)^{\frac{\gamma_t-1}{\gamma_t}}$，可求解得涡轮总压比为

$$\pi_t = (\tau_t')^{\frac{\gamma_t}{\gamma_t-1}} = (0.7014)^{\frac{1.3233}{1.3233-1}} = 0.2341$$

式中，$\gamma_t = 1.3233$。

最后，涡轮出口总压为

$$p_{t5} = p_{t4}\pi_t = 0.2341 \times 279.7\text{psi} = 65.46\text{psi}(451.4\text{kPa})$$

由于不包含混合室，因此

$$T_{t5.5} = T_{t5} = 1865°\text{R}(1036\text{K})$$

且

$$p_{t5.5} = p_{t5} = 65.46\text{psi}(451.4\text{kPa})$$

(5) 尾喷管。

由于没有加力燃烧室，尾喷管的进口总温为

$$T_{t6} = T_{t5.5} = 1865°\text{R}(1036\text{K})$$

进口总压为

$$p_{t6} = p_{t5.5} = 65.46\text{psi}(451.4\text{kPa})$$

由于发动机是收敛喷管，首先需要判断喷管是否壅塞。如果喷管壅塞，则出口压力为

$$p_8^* = p_{t6}\left(1 + \frac{1-\gamma_n}{\eta_n(1+\gamma_n)}\right)^{\frac{\gamma_n}{\gamma_n-1}}$$

由于喷管进口总压 $p_{t6} = 65.46\text{psi}(451.4\text{kPa})$，效率为 96%，且 $\gamma_n = 1.3368$（由迭代运算得到），于是有

$$p_8^* = 65.46\text{psi} \times \left(1 + \frac{1-1.3368}{0.96 \times (1+1.3368)}\right)^{\frac{1.3368}{1.3368-1}} = 34.32\text{psi}(236.6\text{kPa})$$

但是由于环境压力 $p_a = 14.69\text{psi}(101.3\text{kPa})$，小于壅塞条件 p_8^*，喷管壅塞，出口马赫数接近 1；因此出口压力为 $p_8 = p_8^* = 34.32\text{psi}(236.6\text{kPa})$。且出口温度在 $M_8 = 1$ 时为

$$T_8 = \frac{2T_{t6}}{1+\gamma_n}$$

因此，当 $T_{t6} = 1865°\text{R}(1036\text{K})$ 时，有

$$T_8 = \frac{2 \times 1865°\text{R}}{1+1.3286} = 1597°\text{R}(887.0\text{K})$$

喷管出口处速度为

$$u_8 = \sqrt{2c_{pn}(T_{t6} - T_8)}$$

$$= \sqrt{2 \times 0.2721\frac{\text{Btu}}{\text{lbm}\cdot°\text{R}} \times (1865°\text{R} - 1597°\text{R}) \times 32.17\frac{\text{lbm}}{\text{slug}} \times 778.16\frac{\text{ft}\cdot\text{lbf}}{\text{Btu}} \times \frac{\text{slug}\cdot\text{ft}}{\text{lbf}\cdot\text{s}^2}}$$

$$= 1914\text{ft/s}(583.3\text{m/s})$$

出口处声速为

$$a_8 = \sqrt{\gamma_8 R T_8}$$

$$= \sqrt{1.3368 \times 53.35 \frac{\text{ft} \cdot \text{lbf}}{\text{lbm} \cdot {}^\circ\text{R}} \times 32.17 \frac{\text{lbm}}{\text{slug}} \times 1597{}^\circ\text{R} \times \frac{\text{slug} \cdot \text{ft}}{\text{lbf} \cdot \text{s}^2}}$$

$$= 1914\text{ft/s}(583.3\text{m/s})$$

可以看出，出口处的马赫数 $M_8 = u_8/a_8 = 1$，也应该为此。

从连续性方程，可得到喷管出口面积为

$$A_8 = \frac{\dot{m}_8}{\rho_8 u_8}$$

式中，$\dot{m}_8$ 为截面 8 处的总质量流率，且 $\dot{m}_8 = \dot{m}_{a8} + \dot{m}_{f\text{t}}$，其中，$\dot{m}_{a8}$ 是截面 8 处的气流质量流率，等于空气质量流量 $\dot{m}$，即 $\dot{m}_{a8} = 165\text{lbm/s}(74.83\text{kg/s})$。

因此有

$$\dot{m}_8 = 165 + 3.472 = 168.5\text{lbm/s}(76.40\text{kg/s})$$

由于 T_8 和 p_8 已知，由理想气体方程可求得 ρ_8 为

$$\rho_8 = \frac{p_8}{RT_8} = \frac{34.32\dfrac{\text{lbf}}{\text{in}^2} \times 144\dfrac{\text{in}^2}{\text{ft}^2}}{53.35\dfrac{\text{ft} \cdot \text{lbf}}{\text{lbm} \cdot {}^\circ\text{R}} \times 1597{}^\circ\text{R} \times 32.17\dfrac{\text{lbm}}{\text{slug}}} = 0.001804\text{slug/ft}^3(0.9297\text{kg/m}^3)$$

于是出口面积为

$$A_8 = \frac{\dot{m}}{\rho_8 u_8} = \frac{168.5\dfrac{\text{lbm}}{\text{s}} \times 144\dfrac{\text{in}^2}{\text{ft}^2}}{0.001804\dfrac{\text{slug}}{\text{ft}^3} \times 1914\dfrac{\text{ft}}{\text{s}} \times 32.17\dfrac{\text{lbm}}{\text{slug}}} = 218.5\text{in}^2(0.1409\text{m}^2)$$

(6) 推力和 TSFC。

推力由下式给出：

$$F = \dot{m}_8 u_8 - \dot{m}_{a8} u_a + A_8(p_8 - p_a)$$

因而推力为

$$F = \frac{168.5\dfrac{\text{lbm}}{\text{s}} \times 1914\dfrac{\text{ft}}{\text{s}}}{32.17\dfrac{\text{lbm}}{\text{slug}}} \frac{\text{lbf} \cdot \text{s}^2}{\text{slug} \cdot \text{ft}} - \frac{165\dfrac{\text{lbm}}{\text{s}} \times 838.2\dfrac{\text{ft}}{\text{s}}}{32.17\dfrac{\text{lbm}}{\text{slug}}} \frac{\text{lbf} \cdot \text{s}^2}{\text{slug} \cdot \text{ft}}$$

$$+ 218.5\text{in}^2 \times \left(34.32\frac{\text{lbf}}{\text{in}^2} - 14.69\frac{\text{lbf}}{\text{in}^2}\right)$$

因此

$$F = 5723\text{lbf}(\text{动量交换}) + 4288\text{lbf}(\text{压力项})$$

或 $F = 10010\text{lbf}(44540\text{N})$，推力中的 57% 来自于动量交换。

最后

$$\text{TSFC} = \dot{m}_{f\text{t}}/F$$

因此

$$\mathrm{TSFC} = \frac{3.472\,\dfrac{\mathrm{lbm}}{\mathrm{s}}}{10010\mathrm{lbf}} \times 3600\,\frac{\mathrm{s}}{\mathrm{h}} = 1.248\,\frac{\mathrm{lbm}}{\mathrm{lbf \cdot h}}\left(0.1273\,\frac{\mathrm{kg}}{\mathrm{N \cdot h}}\right) \qquad \text{题毕。}$$

与理想情况下(例 2.2)相比,推力要小 13%,但由于损失,TSFC 要高 44%。在图 3.17 中我们给出了本例的 $T\text{-}\Delta s$ 比例曲线。

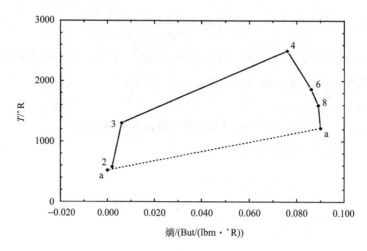

图 3.17　例 3.1 中涡喷发动机的 $T\text{-}\Delta s$ 曲线

例 3.1a　作为例 3.1 的补充,我们进一步考察压气机总压比对整机性能的影响。除参数数值外,所有的详细计算步骤与例 3.1 完全一致。我们将分析的结论直接通过图 3.18 表达出来,图中给出了发动机净推力和 TSFC 随压气机总压比的变化规律。在第 2 章的理想循环分析中,我们知道存在一个使推力最大的最优压气机总压比,对应的 π_c 约为 8.50,最大推力为 10340lbf。在实际情况中,在较大的总压比范围内(可达 40),TSFC 随压气机总压比的增大而减小;但当压气机总压比进一步增大时,TSFC 随 π_c 增大而增大。这一趋势在理想情况时并不存在,这是由于压气机内损失的影响越来越大。同时注意到,当总压比为 20 时,TSFC 比产生最大推力时的 π_c 值小很多(1.192 对应于 1.391lbm/(lbf·h))。因此,在设计阶段,设计者需要在高的推力和低的 TSFC 之间权衡。事实上,这种权衡非常复杂,因为随着压气机总压比的增加,压气机级数也会增大,进而增加压气机的成本和重量。

从图中还可看出,在非理想分析下,考虑大范围内的压气机总压比时,TSFC 在总压比约为 40 时最小(1.114lbm/(lbf·h)),对应的推力为 7670lbf。同样在理想分析时,也不存在这样的趋势,相反随总压比增大 TSFC 一直单调减小。尽管本例中的 π_c=40 并不存在实际设计意义(总压比太大而推力太小),但是在其他情况与条件下,需要预先考虑这样的趋势分析。

例 3.1b　此例中我们将例 3.1 的收敛喷管换成收-扩喷管(使出口压力与环境压力相等)重复上述计算,看一下对结果的影响。前面所有的计算与例 3.1 完全一致,差别仅在尾喷管上。

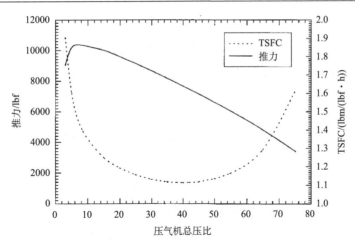

图 3.18　例 3.1a 中压气机总压比对涡喷发动机性能的影响

（1）尾喷管。

由于没有加力燃烧室，尾喷管的进口总温为

$$T_{t6} = T_{t5.5} = 1865°\text{R}(1036\text{K})$$

进口总压为

$$p_{t6} = p_{t5.5} = 65.46\text{psi}(451.4\text{kPa})$$

由于喷管是收-扩喷管，则出口压力与环境压力相等：

$$p_8 = 14.69\text{psi}(101.3\text{kPa})$$

理想情况下，有

$$T_8' = T_{t6}\left(\frac{p_8}{p_{t6}}\right)^{\frac{\gamma_n - 1}{\gamma_n}} = 1865°\text{R}\left(\frac{14.69\text{psi}}{65.46\text{psi}}\right)^{\frac{1.3368-1}{1.3368}} = 1280°\text{R}(711.2\text{K})$$

式中，$\gamma_n = 1.3368$（通过迭代计算得到）。

又喷管效率为 96%，可得喷管的出口温度为

$$T_8 = T_{t6} - \eta_n\left(T_{t6} - T_8'\right) = 1865°\text{R} - 0.96\left(1865°\text{R} - 1280°\text{R}\right) = 1304°\text{R}(724.2\text{K})$$

得到出口气流速度为

$$u_8 = \sqrt{2c_{pn}\left(T_{t6} - T_8\right)}$$

$$= \sqrt{2 \times 0.2721\frac{\text{Btu}}{\text{lbm}\cdot°\text{R}} \times \left(1865°\text{R} - 1304°\text{R}\right) \times 32.17\frac{\text{lbm}}{\text{slug}} \times 778.16\frac{\text{ft}\cdot\text{lbf}}{\text{Btu}} \times \frac{\text{slug}\cdot\text{ft}}{\text{lbf}\cdot\text{s}^2}}$$

$$= 2767\text{ft/s}(843.2\text{m/s})$$

这比例 3.1 中壅塞情况下的速度大很多。出口处的声速为

$$a_8 = \sqrt{\gamma_8 R T_8} = \sqrt{1.3368 \times 53.35\frac{\text{ft}\cdot\text{lbf}}{\text{lbm}\cdot°\text{R}} \times 32.17\frac{\text{lbm}}{\text{slug}} \times 1304°\text{R} \times \frac{\text{slug}\cdot\text{ft}}{\text{lbf}\cdot\text{s}^2}}$$

$$= 1729\text{ft/s}(527.1\text{m/s})$$

于是有

$$M_8 = u_8/a_8 = 2767\text{ft}/1729\text{ft} = 1.600$$

这明显比例 3.1 中的结果大。出口面积可由下式给出：

$$A_8 = \frac{\dot{m}_8}{\rho_8 u_8}$$

式中，$\dot{m}_8$ 是截面 8 处的总质量流率，且 $\dot{m}_8 = \dot{m}_{a8} + \dot{m}_{ft}$，$\dot{m}_{a8}$ 是截面 8 处的气流质量流率，且 $\dot{m}_{a8} = \dot{m}$。

于是，$\dot{m}_{ft} = 165\text{lbm/s}(74.83\text{kg/s})$，$\dot{m}_8 = 165+3.472 = 168.5\text{lbm/s}(76.40\text{kg/s})$，这与例 3.1 一致。由于 p_8 和 T_8 都已知，ρ_8 可利用理想气体方程得到

$$\rho_8 = 0.0009455\text{slug/ft}^3(0.4874\text{kg/m}^3)$$

于是得出口面积为

$$A_8 = \frac{168.5\dfrac{\text{lbm}}{\text{s}} \times 144\dfrac{\text{in}^2}{\text{ft}^2}}{0.0009455\dfrac{\text{slug}}{\text{ft}^3} \times 2767\dfrac{\text{ft}}{\text{s}} \times 32.17\dfrac{\text{lbm}}{\text{slug}}} = 288.3\text{in}^2(0.1860\text{m}^2)$$

（2）推力和 TSFC。

推力为

$$F = \dot{m}_8 u_8 - \dot{m}_{a8} u_a + A_8\left(p_8 - p_a\right) = 10190\text{lbf} + 0\text{lbf} = 10190\text{lbf}(45320\text{N})$$

于是

$$F = \frac{168.5\dfrac{\text{lbm}}{\text{s}} \times 1914\dfrac{\text{ft}}{\text{s}}}{32.17\dfrac{\text{lbm}}{\text{slug}}}\dfrac{\text{lbf}\cdot\text{s}^2}{\text{slug}\cdot\text{ft}} - \frac{165\dfrac{\text{lbm}}{\text{s}} \times 838.2\dfrac{\text{ft}}{\text{s}}}{32.17\dfrac{\text{lbm}}{\text{slug}}}\dfrac{\text{lbf}\cdot\text{s}^2}{\text{slug}\cdot\text{ft}}$$

$$+ 288.3\text{in}^2 \times \left(14.69\dfrac{\text{lbf}}{\text{in}^2} - 14.69\dfrac{\text{lbf}}{\text{in}^2}\right)$$

可得

$$F = 10190\text{lbf}(\text{动量交换项}) + 0\text{lbf}(\text{压力项}) = 10190\text{lbf}(45320\text{N})$$

所有压力差推力都转化为动量交换力。

最后

$$\text{TSFC} = \dot{m}_{ft}/F$$

因此

$$\text{TSFC} = \frac{3.472\dfrac{\text{lbm}}{\text{s}}}{10190\text{lbf}} \times 3600\dfrac{\text{s}}{\text{h}} = 1.227\dfrac{\text{lbm}}{\text{lbf}\cdot\text{h}}\left(0.01251\dfrac{\text{kg}}{\text{N}\cdot\text{h}}\right)$$

可以看出，这种情况下，结果只有一点点的改进。推力仅比收敛喷管时大 1.8%，TSFC 仅低 1.7%，因此这种情况下，设计者可能不会为了只能得到一点点的性能改善而增加复杂度和可变收-扩喷管的成本。但如果出于工作条件范围或飞行包线考虑，增加可变收-扩喷管则更为有利。例如，如果发动机要在不同的高度、喷管进口条件以及推力水平和速度下

工作，那么增加可变收−扩喷管所花费的额外工程量和成本是值得的。

例 3.1c　为了仅仅分析不同部件可变比热容和比热容比的影响，我们重复上述计算，将所有部件都看作理想部件，但是其中的比热容是变量。计算过程中假设所有的效率和总压比为 1。并将计算结果与例 3.1 进行比较，以对比损失的影响。

(1)进气道。

首先

$$a_a = \sqrt{\gamma_a R T_a} = \sqrt{1.4029 \times 53.35 \frac{\text{ft} \cdot \text{lbf}}{\text{lbm} \cdot {}^\circ\text{R}} \times 32.17 \frac{\text{lbm}}{\text{slug}} 518.7^\circ\text{R} \times \frac{\text{slug} \cdot \text{ft}}{\text{s}^2 \cdot \text{lbf}}}$$
$$= 1118\text{ft/s}(340.6\text{m/s})$$

因此，气流速度为

$$u_a = M_a a_a = 0.75 \times 1118\text{ft/s} = 838.2\text{ft/s}(255.5\text{m/s})$$

当 $\gamma_d = 1.3997$ 和 $M_a = 0.75$ 时，有

$$\frac{T_{ta}}{T_a} = 1 + \frac{\gamma_d - 1}{2} M_a^2 = 1 + \frac{1.3997 - 1}{2} \times 0.75^2 = 1.1124$$

于是

$$T_{t2} = T_{ta} = 1.1124 \times 518.7^\circ\text{R} = 577.0^\circ\text{R}(320.6\text{K})$$

且

$$\frac{p_{ta}}{p_a} = \left(\frac{T_{ta}}{T_a}\right)^{\frac{\gamma_d}{\gamma_d - 1}} = (1.1124)^{\frac{1.3997}{1.3997 - 1}} = 1.4522$$

又

$$\frac{p_{t2}}{p_a} = \pi_d \frac{p_{ta}}{p_a} = 1 \times 1.4522 = 1.4522$$

于是

$$p_{t2} = 1.4522 \times 14.69\text{psi} = 21.33\text{psi}(147.1\text{kPa})$$

进入压气机的气流总压比非理想情况下大 8.7%。

(2)压气机。

压气机的总压比再次给出为 $\pi_c = 15$。

因此

$$p_{t3} = \pi_c p_{t2} = 15 \times 21.33\text{psi} = 320.0\text{psi}(2206\text{kPa})$$

理想情况下，$\tau_c' = (\pi_c)^{\frac{\gamma_c - 1}{\gamma_c}} = (15)^{\frac{1.3827 - 1}{1.3827}} = 2.116$，其中 $\gamma_c = 1.3827$（通过迭代计算得到）。

因此

$$T_{t3}' = \tau_3' T_{t2} = 2.116 \times 577.0^\circ\text{R} = 1221^\circ\text{R}(678.3\text{K})$$

但是此时压气机的效率等于 1 且

$$\eta_c = 1.00 = \frac{T_{t3}' - T_{t2}}{T_{t3} - T_{t2}}$$

此时可求解得

$$T_{t3} = 1221°R(678.3K)$$

将该数值与非理想情况下的 1305°R 进行比较，可见在非理想情况下，驱动压气机需要更多的功率。

(3) 主燃烧室。

本例中，燃烧室内的总压比为 1。因此有

$$p_{t4} = \pi_b p_{t3} = 1 \times 320.0\text{psi} = 320.0\text{psi}(2206\text{kPa})$$

这比非理想情况下高 14.4%。这说明相比非理想情况，在涡轮中有更高压力的气体可用于膨胀做功(进而获得更多功率)。

进行能量分析：

$$\Delta H \eta_b \dot{m}_f = \dot{m} c_{pb} \left(T_{t4} - T_{t3} \right) + \dot{m}_f c_{pb} T_{t4}$$

对此例有

$$\eta_b = 100\%, \quad \Delta H = 17800\text{Btu/lbm}$$

因此，求解燃油质量流量得

$$\dot{m}_f = 165 \frac{\text{lbm}}{\text{s}} \times 0.2720 \frac{\text{Btu}}{\text{lbm} \cdot °\text{R}} \frac{2500°\text{R} - 1221°\text{R}}{1.00 \times 17800 \frac{\text{Btu}}{\text{lbm}} - 0.2720 \frac{\text{Btu}}{\text{lbm} \cdot °\text{R}} \times 2500°\text{R}}$$

$$= 3.353\text{lbm/s}(1.521\text{kg/s})$$

同样，我们利用燃烧室内的平均温度来预估燃烧室内的比热容，并没有利用迭代计算。由于没有加力燃烧室，主燃油流量即为总燃油流量($\dot{m}_{ft}$)。与非理想情况相比，由于非理想情况下存在不完全燃烧，此时的燃油消耗要低 3.4%。而且 $\dot{m}_f / \dot{m} = 0.2032$ 也很小。

(4) 涡轮。

机械效率已经给出为 1，因此根据涡轮传动轴的功率平衡有

$$\dot{m} c_{pc} \left(T_{t3} - T_{t2} \right) = \eta_m \dot{m}_t c_{pt} \left(T_{t4} - T_{t5} \right)$$

$$165 \frac{\text{lbm}}{\text{s}} \times 0.2477 \frac{\text{Btu}}{\text{lbm} \cdot °\text{R}} \left(1221°\text{R} - 577°\text{R} \right)$$

$$= 1.000 \times \left(165 \frac{\text{lbm}}{\text{s}} + 3.353 \frac{\text{lbm}}{\text{s}} \right) \times 0.2817 \frac{\text{Btu}}{\text{lbm} \cdot °\text{R}} \left(2500°\text{R} - T_{t5} \right)$$

可求得涡轮出口总温为 $T_{t5} = 1945°\text{R}(1081K)$，这里涡轮内的比热容是根据平均温度计算的。

涡轮效率的定义为 $\eta_t = \dfrac{T_{t4} - T_{t5}}{T_{t4} - T'_{t5}}$，此时为理想情况，等于 1。

于是

$$T'_{t5} = T_{t5} = 1945°\text{R}(1081K)$$

且

$$\tau'_t = \frac{T'_{t5}}{T_{t4}} = \frac{1945}{2500} = 0.7781$$

理想情况下

$$\tau_{t}' = (\pi_{t})^{\frac{\gamma_{t}-1}{\gamma_{t}}}$$

从而可得涡轮的总压比为

$$\pi_{t} = 0.3565, \quad \gamma_{t} = 1.3216 \text{ (根据涡轮平均温度估算得到)}$$

最后，涡轮的出口总压是

$$p_{t5} = \pi_{t} p_{t4} = 0.3365 \times 320.0\text{psi} = 114.1\text{psi}(786.6\text{kPa})$$

由于没有混合室

$$T_{t5.5} = T_{t5} = 1945°\text{R}(1081\text{K})$$

且 $p_{t5.5} = p_{t5} = 114.1\text{psi}(786.6\text{kPa})$，比非理想情况下高 74%。说明进入喷管的气流压力更高，进而膨胀产生更高出口速度。

(5)喷管。

因为没有加力燃烧室，喷管进口总温为

$$T_{t6} = T_{t5.5} = 1945°\text{R}(1081\text{K})$$

且进口总压为

$$p_{t6} = p_{t5.5} = 114.1\text{psi}(786.6\text{kPa})$$

由于喷管是可调的收-扩喷管，因此其出口压力与环境压力相等，且不必检验壅塞条件，因而 $p_{8} = 14.69\text{psi}(101.3\text{kPa})$。

理想情况下，有

$$T_{8}' = T_{t6}\left(\frac{p_{8}}{p_{t6}}\right)^{\frac{\gamma_{n}-1}{\gamma_{n}}} = 1865\left(\frac{14.69\text{psi}}{114.1\text{psi}}\right)^{\frac{1.3333-1}{1.3333}} = 1165°\text{R}(647.3\text{K})$$

喷管效率为 100%，因此，喷管出口温度为 $T_{t8} = T_{8}' = 1165°\text{R}(647.3\text{K})$。

于是

$$u_{8} = \sqrt{2c_{pn}\left(T_{t6} - T_{8}\right)}$$
$$= \sqrt{2 \times 0.2742\frac{\text{Btu}}{\text{lbm} \cdot °\text{R}} \times (1945°\text{R} - 1165°\text{R}) \times 32.17\frac{\text{lbm}}{\text{slug}} \times 778.16\frac{\text{ft} \cdot \text{lbf}}{\text{Btu}} \times \frac{\text{slug} \cdot \text{ft}}{\text{lbf} \cdot \text{s}^{2}}}$$
$$= 3272\text{ft/s}(997.4\text{m/s})$$

这比例 3.1b(2767ft/s) 的非理想收-扩喷管大 18.3%，比非理想的收敛喷管高 71%。在出口速度上的这些差别将直接增加动量交换产生的推力。

出口处的声速为

$$a_{8} = \sqrt{\gamma_{8}RT_{8}}$$
$$= \sqrt{1.3333 \times 53.35\frac{\text{ft} \cdot \text{lbf}}{\text{lbm} \cdot °\text{R}} \times 32.17\frac{\text{lbm}}{\text{slug}} \times 1165°\text{R} \times \frac{\text{slug} \cdot \text{ft}}{\text{lbf} \cdot \text{s}^{2}}}$$
$$= 1632\text{ft/s}(497.7\text{m/s})$$

于是，$M_{8} = u_{8}/a_{8} = 3272\text{ft/s}/1632\text{ft/s} = 2.004$，这比例 3.1b 中非理想收-扩喷管显著要大，且明显大于壅塞的收敛喷管。

出口面积可由 $A_{8} = \dot{m}_{8}/\rho_{8}u_{8}$ 求得，其中 $\dot{m}_{8}$ 是截面 8 处的总质量流量，且 $\dot{m}_{8} = \dot{m}_{a8} + \dot{m}_{ft}$，且 $\dot{m}_{a8}$ 为截面 8 处的气流质量流量且等于 $\dot{m}$；于是

$$\dot{m}_{a8}=165\text{lbm/s}(74.83\text{kg/s}) \text{ 且 } \dot{m}_8=165+3.353=168.4\text{lbm/s}(76.35\text{kg/s})$$

由于 T_8 和 p_8 已知，再次利用理想气体方程可得

$$\rho_8=0.001058\text{slug/ft}^3(0.5452\text{kg/m}^3)$$

因此可得

$$A_8=\frac{168.4\text{lbm/s}\times144\text{in}^2/\text{ft}^2}{0.001058\text{slug/ft}^3\times3272\text{ft/s}\times32.17\text{lbm/slug}}=217.7\text{in}^2(0.1404\text{m}^2)$$

(6)总推力和 TSFC。

最后，由下式得出推力为

$$F = \dot{m}_8 u_8 - \dot{m}_{a8} u_a + A_8\left(p_8-p_a\right)$$

$$F=\frac{168.5\dfrac{\text{lbm}}{\text{s}}\times3272\dfrac{\text{ft}}{\text{s}}}{32.17\dfrac{\text{lbm}}{\text{slug}}}\dfrac{\text{lbf}\cdot\text{s}^2}{\text{slug}\cdot\text{ft}}-\frac{165\dfrac{\text{lbm}}{\text{s}}\times838.2\dfrac{\text{ft}}{\text{s}}}{32.17\dfrac{\text{lbm}}{\text{slug}}}\dfrac{\text{lbf}\cdot\text{s}^2}{\text{slug}\cdot\text{ft}}$$

$$+217.7\text{in}^2\times\left(14.69\dfrac{\text{lbf}}{\text{in}^2}-14.69\dfrac{\text{lbf}}{\text{in}^2}\right)$$

得

$$F=12830(\text{动量交换})+0(\text{压力})=12830\text{lbf}(57050\text{N}) \text{ 且推力全部来自动量交换}$$

而 $\text{TSFC}=\dot{m}_{ft}/F$，于是

$$\text{TSFC}=\frac{3.353\dfrac{\text{lbm}}{\text{s}}}{12830\text{lbf}}\times3600\dfrac{\text{s}}{\text{h}}=0.9411\dfrac{\text{lbm}}{\text{lbf}\cdot\text{h}}\left(0.09597\dfrac{\text{kg}}{\text{N}\cdot\text{h}}\right)$$

可以看出，相对于非理想部件，此时的推力大 28.2%。而 TSFC 却低 24.6%，这有两个原因：燃油流量更低(3.4%)，而推力却更大。进一步将这些结论与整机内的比热容为常数时的理想情况(例 2.2)进行比较可以发现，有趣的是推力要大 11.5%(更好)而 TSFC 又大8.2%(更糟)。这里的主要影响因素是比热容比的变化，尽管还有一部分原因在理想情况下计算时忽略了燃油质量流量。显然，比热容和比热容比的变化对不同部件的影响是非常重要的，在分析时应予以考虑。

例 3.2　一含加力燃烧室的涡喷发动机在海平面以 0.75 马赫数飞行。进口空气流量为165lbm/s(74.83kg/s)。压气机的压比为 15，工作效率为 88%。燃油的热值为 17800Btu/lbm(41400kJ/kg)，燃烧室的总温是 2500°R(1389K)。燃烧室效率为 91%且总压比为 0.95，涡轮的效率为 85%。加力燃烧室出口总温是 3200°R(1778K)。加力燃烧室的工作效率为 89%且总压比为 0.97。喷管是收敛型的，效率为 96%。求推力和 TSFC。注意，除一些非理想效应，此例与例 2.3 为相同的发动机。同时与例 3.1 相比多一个加力燃烧室。

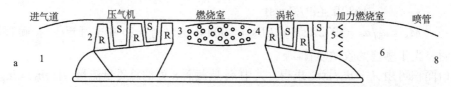

例 3.2 图　含加力燃烧室的涡喷发动机

解　在加力燃烧室之前的求解与例 3.1 相同。因此，此处仅给出涡轮之后的求解步骤。

（1）加力燃烧室。

加力燃烧室的总压比给出为 0.97，因此有

$$p_{t6} = \pi_{ab} p_{t5.5} = 0.97 \times 65.46\text{psi} = 63.50\text{psi}(437.8\text{kPa})$$

对加力燃烧室进行能量分析：

$$\Delta H \eta_{ab} \dot{m}_{fab} = (\dot{m} + \dot{m}_f) c_{pab} (T_{t6} - T_{t5.5}) + \dot{m}_{fab} c_{pab} T_{t6}$$

由此可求出加力燃烧室的燃油质量流量为

$$\dot{m}_{fab} = \frac{(165+3.4472)\dfrac{\text{lbm}}{\text{s}} \times 0.2904 \dfrac{\text{Btu}}{\text{lbm} \cdot °\text{R}} \times (3200°\text{R} - 1865°\text{R})}{0.89 \times 17800 \dfrac{\text{Btu}}{\text{lbm}} - 0.2904 \dfrac{\text{Btu}}{\text{lbm} \cdot °\text{R}} \times 3200°\text{R}}$$

$$= 4.378\text{lbm/s}(1.986\text{kg/s})$$

此处加力燃烧室的比热容是根据加力燃烧室内的平均温度预估得到的，并未进行迭代计算。

于是，总燃油流量为

$$\dot{m}_{ft} = \dot{m}_f + \dot{m}_{fab} = 3.472 + 4.378 = 7.850\text{lbm/s}(3.560\text{kg/s})$$

（2）尾喷管。

喷管的进口总压为

$$p_{t6} = 63.50\text{psi}(437.8\text{kPa})$$

由于发动机是固定的收敛喷管，因此需要先判断喷管是否壅塞。

当喷管壅塞时，其出口压力为

$$p_8^* = p_{t6} \left(1 + \frac{1 - \gamma_n}{\eta_n (1 + \gamma_n)}\right)^{\frac{\gamma_n}{\gamma_n - 1}}$$

因此，当 $p_{t6} = 63.50\text{psi}(437.8\text{kPa})$，$\eta_n = 0.96$ 且 $\gamma_n = 1.2841$（根据喷管内温度迭代计算得到）时，注意由于出口温度明显更高，此时比例 3.1 的非加力情况更低：

$$p_8^* = 63.50\text{psi} \times \left(1 + \frac{1 - 1.2841}{0.96 \times (1 + 1.2841)}\right)^{\frac{1.2841}{1.2841 - 1}} = 33.91\text{psi}(233.8\text{kPa})$$

但由于 $p_a = 14.69\text{psi}(101.3\text{kPa})$，明显低于壅塞条件下的 p_8^*，因此喷管处于壅塞状态，出口马赫数与例 3.1 一致，等于 1。

因此，出口压力为

$$p_8 = p_8^* = 33.91\text{psi}(233.8\text{kPa})$$

且当 $M_8 = 1$ 时，有

$$T_8 = \frac{2T_6}{1 + \gamma_n}$$

于是，当 $T_6 = 3200°\text{R}(1778\text{K})$ 时，有

$$T_8 = \frac{2 \times 3200°\text{R}}{1 + 1.2841} = 2802°\text{R}(1557\text{K})$$

喷管出口速度为

$$u_8 = \sqrt{2c_{\text{pn}}\left(T_{t6} - T_8\right)}$$

$$= \sqrt{2 \times 0.3098\frac{\text{Btu}}{\text{lbm} \cdot °\text{R}} \times \left(3200°\text{R} - 2802°\text{R}\right) \times 32.17\frac{\text{lbm}}{\text{slug}} \times 778.16\frac{\text{ft} \cdot \text{lbf}}{\text{Btu}} \times \frac{\text{slug} \cdot \text{ft}}{\text{lbf} \cdot \text{s}^2}}$$

$$= 2485\text{ft/s}(757.4\text{m/s})$$

由于温度更高，出口速度比非加力时(例 3.1)大 29.8%。

根据气体流量连续性假设，可得出口面积为

$$A_8 = \frac{\dot{m}_8}{\rho_8 u_8}$$

式中，$\dot{m}_8$ 是截面 8 处的总质量流量，且 $\dot{m}_8 = \dot{m}_{a8} + \dot{m}_{ft}$，而 $\dot{m}_{a8}$ 是截面 8 处的气流质量流量，等于进口空气流量 $\dot{m}$，于是 $\dot{m}_8$=165 + 7.850=172.9lbm/s(78.39kg/s)。又根据 T_8 和 p_8，根据理想气体方程可求得

$$\rho_8 = \frac{p_8}{RT_8} = \frac{33.91\frac{\text{lbf}}{\text{in}^2} \times 144\frac{\text{in}^2}{\text{ft}^2}}{53.35\frac{\text{ft} \cdot \text{lbf}}{\text{lbm} \cdot °\text{R}} \times 2802°\text{R} \times 32.17\frac{\text{lbm}}{\text{slug}}}$$

$$= 0.001016\text{slug/ft}^3(\text{kg/m}^3)$$

于是，喷管出口面积为

$$A_8 = \frac{\dot{m}_8}{\rho_8 u_8} = \frac{172.9\frac{\text{lbm}}{\text{s}} \times 144\frac{\text{in}^2}{\text{ft}^2}}{0.001016\frac{\text{slug}}{\text{ft}^3} \times 2485\frac{\text{ft}}{\text{s}} \times 32.17\frac{\text{lbm}}{\text{slug}}} = 306.6\text{in}^2(0.1978\text{m}^2)$$

(3) 总推力和 TSFC。

最后，由下式得出推力为

$$F = \dot{m}_8 u_8 - \dot{m}_{a8} u_a + A_8\left(p_8 - p_a\right)$$

且

$$F = \frac{172.9\frac{\text{lbm}}{\text{s}} \times 2485\frac{\text{ft}}{\text{s}}}{32.17\frac{\text{lbm}}{\text{slug}}}\frac{\text{lbf} \cdot \text{s}^2}{\text{slug} \cdot \text{ft}} - \frac{165\frac{\text{lbm}}{\text{s}} \times 838.2\frac{\text{ft}}{\text{s}}}{32.17\frac{\text{lbm}}{\text{slug}}}\frac{\text{lbf} \cdot \text{s}^2}{\text{slug} \cdot \text{ft}}$$

$$+ 306.6\text{in}^2 \times \left(33.91\frac{\text{lbf}}{\text{in}^2} - 14.69\frac{\text{lbf}}{\text{in}^2}\right)$$

或

$$F = 9053(动量交换)+5894(压力) = 14950\text{lbf}(66480\text{N})$$

最后

$$\text{TSFC} = \dot{m}_{ft}/F$$

$$\text{TSFC} = \frac{7.850\dfrac{\text{lbm}}{\text{s}}}{14950\text{lbf}} \times 3600\dfrac{\text{s}}{\text{h}} = 1.891\dfrac{\text{lbm}}{\text{h}\cdot\text{lbf}}\left(0.1928\dfrac{\text{kg}}{\text{h}\cdot\text{N}}\right)$$

与非加力的情况相比，可以发现推力增加49.4%但是 TSFC 增加了51.5%。于是，尽管推力提高很多，但是燃油经济性变得更差。将这些结论与理想情况(例2.3)进行比较，还可以发现，推力要低10%，但是因为损失导致 TSFC 高50%。

例3.3　一涡扇发动机在海平面以0.75马赫数飞行。进口空气流量为165lbm/s (74.83kg/s)。压气机的压比为15，工作效率为88%。发动机的涵道比为3，外涵分流比为0.25。风扇的效率为90%。燃油的热值为17800Btu/lbm(41400kJ/kg)，燃烧室的总温是 2500°R(1389K)。燃烧室效率为91%且总压比为0.95，涡轮的效率为85%。外涵道的总压比为0.98，混合室的压比为0.97。尾喷管为一个可调的收-扩喷管(使出口压力与环境压力相等)，效率为96%。风扇出口为一收敛排气装置，效率为 95%。进气道总压恢复系数为 0.92，传动轴效率为99.5%。涡轮与外涵道出口的马赫数基本一致。求推力和 TSFC。

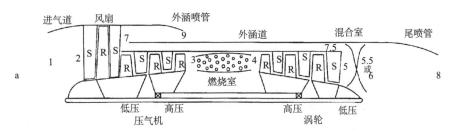

例 3.3 图　涡扇发动机

解
(1)进气道。
首先，声速为

$$a_a = \sqrt{\gamma_a R T_a} = \sqrt{1.403 \times 287.1\dfrac{\text{J}}{\text{kg}\cdot\text{K}} \times 288.2\text{K} \times \dfrac{\text{kg}\cdot\text{m}}{\text{N}\cdot\text{s}^2}}$$
$$= 340.7\text{m/s}(1118\text{ft/s})$$

于是发动机进口的气流速度为

$$u_a = M_a a_a = 0.75 \times 340.7\text{m/s} = 255.5\text{m/s}(838.2\text{ft/s})$$

当 $\gamma_d = 1.3997$ 和 $M_a = 0.75$ 时有

$$\frac{T_{ta}}{T_a} = 1 + \frac{\gamma_d - 1}{2}M_a^2 = 1 + \frac{1.3997 - 1}{2} \times 0.75^2 = 1.1124$$

于是有

$$T_{t2} = T_{ta} = 1.1124 \times 288.2\text{K} = 320.6\text{K}(577.0°\text{R})$$

类似地，由 $\dfrac{p_{ta}}{p_a} = \left(\dfrac{T_{ta}}{T_a}\right)^{\frac{\gamma_d}{\gamma_d - 1}} = (1.1124)^{\frac{1.3997}{1.3997-1}} = 1.4522$ 且进气道的总压恢复系数为 0.92，

于是有

$$\frac{p_{t2}}{p_a} = \frac{p_{t2}}{p_{ta}}\frac{p_{ta}}{p_a} = \pi_d \frac{p_{ta}}{p_a} = 0.92 \times 1.4522 = 1.3360$$

因此

$$p_{t2} = 1.3360 \times 101.3\text{kPa} = 135.3\text{kPa}(19.63\text{psi})$$

(2) 压气机。

压气机的总压比为 15，于是

$$p_{t3} = \pi_c p_{t2} = 15 \times 135.3\text{kPa} = 2030\text{kPa}(294.4\text{psi})$$

我们知道，对于非理想压气机，有

$$\frac{p_{t3}}{p_{t2}} = \left(1 + \eta_c\left(\frac{T_{t3}}{T_{t2}} - 1\right)\right)^{\frac{\gamma}{\gamma-1}} = \pi_c = \left(1 + \eta_c\left(\tau_c - 1\right)\right)^{\frac{\gamma}{\gamma-1}}$$

题中已给出压气机效率为 88%，利用上式求解总温比可得

$$\frac{T_{t3}}{T_{t2}} = \tau_c = \frac{\left(\frac{p_{t3}}{p_{t2}}\right)^{\frac{\gamma_c-1}{\gamma_c}} - 1}{\eta_c} + 1 = \frac{(15)^{\frac{1.3805-1}{1.3805}} - 1}{0.88} + 1 = 2.2607 \text{（根据迭代得到的 } \gamma_c = 1.3805\text{）}$$

因此，压气机出口温度为

$$T_{t3} = \tau_c T_{t2} = 2.2607 \times 320.6\text{K} = 724.7\text{K}(1305°\text{R})$$

(3) 风扇。

对于混合式风扇结构，风扇的总压比未知。因此，我们需要通过迭代计算出 π_f。而且外涵道的出口压力（与涡轮出口压力相同）直接依赖于风扇的总压比。但是这个总压比也会影响涡轮功率。因此，通过逐级迭代可以求得风扇总压比。附录 G 的例 G.2 中我们给出了 Regula Falsi 迭代的详细步骤。幸运的是，迭代过程收敛很快（此例中通过 7 步迭代即可），而且可很容易借助商用数学求解器实现。实际上，为将对最终结果的影响控制到最小，至少需要四到五次迭代。而且需要注意，尽管在发动机设计过程中需要压比的精确值，但其不是本节与示例中所主要的关注点。

此例中，进行具体的热力学计算时，我们可以先假设 $\pi_f = 1.6305$，在之后进行混合室计算时可得到验算：

$$p_{t7} = \pi_f p_{t2} = 1.6305 \times 135.3\text{kPa} = 220.6\text{kPa}(32.00\text{psi})$$

我们知道

$$\frac{p_{t7}}{p_{t2}} = \left(1 + \eta_f\left(\frac{T_{t7}}{T_{t2}} - 1\right)\right)^{\frac{\gamma}{\gamma-1}} = \pi_f = \left(1 + \eta_f\left(\tau_f - 1\right)\right)^{\frac{\gamma}{\gamma-1}}$$

于是，通过求解总温比（风扇的效率已给出为 90%）可得

$$\frac{T_{t7}}{T_{t2}} = \tau_f = \frac{\left(\frac{p_{t7}}{p_{t2}}\right)^{\frac{\gamma_f-1}{\gamma_f}} - 1}{\eta_f} + 1 = \frac{(1.6305)^{\frac{1.3971-1}{1.3971}} - 1}{0.88} + 1 = 1.1656 \text{（通过迭代计算 } \gamma_f = 1.3971\text{）}$$

因此，风扇的出口温度为

$$T_{t7} = \tau_f T_{t2} = 1.1656 \times 320.6K = 373.7K(672.6°R)$$

(4) 外涵道。

外涵道的压比为

$$\pi_u = \frac{p_{t7.5}}{p_{t7}} = 0.98$$

于是

$$p_{t7.5} = \pi_u p_{t7} = 0.98 \times 220.6kPa = 216.2kPa(31.36psi)$$

又因为外涵道是绝热的，于是整个外涵道内的总温是恒定的，因此

$$T_{t7.5} = T_{t7} = 373.7K(672.6°R)$$

(5) 主燃烧室。

燃烧室的总压比是 0.95，因此可得燃烧室出口总压为

$$p_{t4} = \pi_b p_{t3} = 0.95 \times 2030kPa = 1928kPa(279.7psi)$$

再由能量平衡方程有

$$\Delta H \eta_b \dot{m}_f = \dot{m} c_{pb}(T_{t4} - T_{t3}) + \dot{m}_f c_{pb} T_{t4}$$

式中，燃烧室效率为 91%，且燃油的热值为 41400kJ/kg，于是可求得

$$\dot{m}_f = 74.83\frac{kg}{s} \times 1.143\frac{kJ}{kg \cdot K} \frac{(1389 - 724.7)K}{0.91 \times 41400\frac{kJ}{kg} - 1.143\frac{kJ}{kg \cdot K} \times 1389\frac{kJ}{kg}}$$

$$= 1.574kg/s(3.472lbm/s)$$

比热容通过平均温度估计，并非通过迭代计算得到的。由于本例不含加力燃烧室，因此这也是总的燃油流量（$\dot{m}_{ft}$）。

注意：$f = \dot{m}_f / \dot{m} = 0.02104$，这个值很小。

(6) 涡轮。

根据传动轴上的功率平衡有

$$\dot{m} c_{pc}(T_{t3} - T_{t2}) + \alpha \dot{m} c_{pf}(T_{t7} - T_{t2}) = \eta_m \dot{m}_t c_{pt}(T_{t4} - T_{t5})$$

或

$$74.83\frac{kg}{s} \times 1.041\frac{kJ}{kg \cdot K} \times (724.7K - 320.6K)$$

$$+ 3 \times 74.83\frac{kg}{s} \times 1.010\frac{kJ}{kg \cdot K}(373.7K - 320.6K)$$

$$= 0.995 \times \left(74.83\frac{kg}{s} + 1.574\frac{kg}{s}\right) \times 1.160\frac{kJ}{kg \cdot K}(1389K - T_{t5})$$

式中，机械效率已给出为 99.5%，于是可求得涡轮出口温度为

$$T_{t5} = 895.5K(1612°R)$$

涡轮比热容通过迭代计算得到。

涡轮的总温比为

$$\tau_t = \frac{T_{t5}}{T_{t4}} = \frac{895.5\text{K}}{1389\text{K}} = 0.6447$$

于是涡轮的总压比为

$$\frac{p_{t5}}{p_{t4}} = \left(1 - \frac{\left(1 - \frac{T_{t5}}{T_{t4}}\right)}{\eta_t}\right)^{\frac{\gamma}{\gamma-1}} = \pi_t = \left(1 - \frac{(1 - \tau_t)}{\eta_t}\right)^{\frac{\gamma}{\gamma-1}}$$

涡轮效率 η_t 已给出为 85%，因此涡轮总压比为

$$\pi_t = \left(1 - \frac{(1 - 0.6447)}{0.85}\right)^{\frac{1.3286}{1.3286-1}} = 0.1121 \text{（其中 } \gamma_t = 1.3286 \text{，是根据 } c_{pt} \text{ 迭代计算得到）}$$

最后，涡轮出口总压为

$$p_{t5} = \pi_t p_{t4} = 0.1121 \times 1928\text{kPa} = 216.2\text{kPa}(31.36\text{psi})$$

(7) 混合室。

现在，我们将外涵道出口的 $p_{t7.5}$ 和涡轮出口的 p_{t5} 进行比较可以发现二者相等。又因为题中已给明截面 5 和截面 7.5 处的马赫数基本相等（$M_5 \approx M_{7.5}$），而且因为总压相等，于是静压也相同。因此，前面我们预估的风扇压比 π_f 是非常精确的。但如果两者的总压不同，就需要重新猜想一个风扇压比 π_f 并重复前面的所有步骤，具体细节详见附录 G 中例 G.2。

接着，利用下式可求得混合室出口温度 $T_{5.5}$：

$$T_{5.5} = \frac{(1+f)c_{pmc}T_{t5} + \sigma\alpha c_{pmu}T_{t7.5}}{(1+f)c_{pmc} + \sigma\alpha c_{pmu}}$$

$$= \frac{(1+0.02104) \times 1.091\dfrac{\text{kJ}}{\text{kg} \cdot \text{K}} \times 895.5\text{K} + 0.25 \times 3 \times 1.042\dfrac{\text{kJ}}{\text{kg} \cdot \text{K}} \times 373.7\text{K}}{(1+0.02104) \times 1.091\dfrac{\text{kJ}}{\text{kg} \cdot \text{K}} + 0.25 \times 3 \times 1.042\dfrac{\text{kJ}}{\text{kg} \cdot \text{K}}}$$

式中，c_{pmu} 是根据截面 7.5 到截面 5.5 的平均温度估算的；c_{pmc} 是根据截面 5 到截面 5.5 的平均温度估算的。于是可得

$$T_{5.5} = 680.3\text{K}(1225°\text{R})$$

而且，对于此例，$M_5 = M_{7.5}$，$\pi_m = p_{t5.5}/p_{t5} = p_{t5.5}/p_{t7.5}$，且外涵道的总压比为 0.97，于是有

$$p_{t5.5} = 0.97 \times 216.2\text{kPa} = 209.7\text{kPa}(30.42\text{psi})$$

(8) 尾喷管。

由于本例中无加力燃烧室，尾喷管的进口总温为

$$T_6 = T_{5.5} = 680.3\text{K}(1225°\text{R})$$

且进口总压为

$$p_{t6} = p_{t5.5} = 209.7\text{kPa}(30.42\text{psi})$$

由于喷管是可调收-扩喷管，因此出口压力与环境压力相等，因此不必检验喷管是否壅塞，且

$$p_8 = 101.3\text{kPa}(14.69\text{psi})$$

理想情况下

$$T_8' = T_{t6}\left(\frac{p_8}{p_{t6}}\right)^{\frac{\gamma_n - 1}{\gamma_n}} = 680.3\left(\frac{101.3\text{kPa}}{209.7\text{kPa}}\right)^{\frac{1.3664 - 1}{1.3664}} = 559.7\text{K}(1007°\text{R})$$

式中，$\gamma_n = 1.3664$（通过迭代计算得到）。

喷管效率为 96%，因此喷管出口温度为

$$T_8 = T_{t6} - \eta_n\left(T_{t6} - T_8'\right) = 680.3\text{K} - 0.96 \times (680.3\text{K} - 559.7\text{K}) = 564.5\text{K}(1016°\text{R})$$

接下来

$$u_8 = \sqrt{2c_{pn}\left(T_{t6} - T_8\right)} = 497.9\text{m/s}(1634\text{ft/s})$$

于是

$$u_8 = \sqrt{2 \times 1.070\frac{\text{kJ}}{\text{kg}\cdot\text{K}} \times (680.3\text{K} - 564.5\text{K}) \times 1000\frac{\text{J}}{\text{kJ}} \times \frac{\text{N}\cdot\text{m}}{\text{J}} \times \frac{\text{kg}\cdot\text{m}}{\text{N}\cdot\text{s}^2}}$$
$$= 497.9\text{m/s}(1634\text{ft/s})$$

于是出口声速为

$$a_8 = \sqrt{\gamma_8 R T_8} = \sqrt{1.3664 \times 287.1\frac{\text{J}}{\text{kg}\cdot\text{K}} \times 564.5\text{K}\frac{\text{N}\cdot\text{m}}{\text{J}} \times \frac{\text{kg}\cdot\text{m}}{\text{N}\cdot\text{s}^2}}$$
$$= 470.5\text{m/s}(1544\text{ft/s})$$

可得

$$M_8 = u_8/a_8 = 497.9\text{m/s}/470.5\text{m/s} = 1.058$$

出口面积为

$$A_8 = \frac{\dot{m}_8}{\rho_8 u_8}$$

式中，$\dot{m}_8$ 是截面 8 处的总质量流量，且 $\dot{m}_8 = \dot{m}_{a8} + \dot{m}_{ft}$（空气流量和燃油流量），且截面 8 处的空气质量速率 $\dot{m}_{a8} = \dot{m} + \alpha\sigma\dot{m}$，即来自核心机的气流和外涵道的气流之和。因此

$$\dot{m}_{a8} = 74.83\text{kg/s} + 3 \times 0.25 \times 74.83\text{kg/s} = 131.0\text{kg/s}(288.8\text{lbm/s})$$

且

$$\dot{m}_8 = 131.0\text{kg/s} + 1.574\text{kg/s} = 132.6\text{kg/s}(292.2\text{lbm/s})$$

由于我们已知 T_8 和 p_8，利用理想气体方程可求得

$$\rho_8 = \frac{p_8}{RT_8} = \frac{101.3\text{kPa} \times 1000\dfrac{\text{Pa}}{\text{kPa}}}{287.1\dfrac{\text{J}}{\text{kg}\cdot\text{K}} \times 564.5\text{K}} \times \frac{\text{N}}{\text{Pa}\cdot\text{m}^2} \times \frac{\text{J}}{\text{N}\cdot\text{m}} = 0.6252\text{kg/m}^3(0.001213\text{slug/ft}^3)$$

于是，出口面积为

$$A_8 = \frac{\dot{m}_8}{\rho_8 u_8} = \frac{132.6\dfrac{\text{kg}}{\text{s}}}{0.6252\dfrac{\text{kg}}{\text{m}^3} \times 497.9\dfrac{\text{m}}{\text{s}}} = 0.4259\text{m}^2(660.1\text{in}^2)$$

(9) 外涵喷管。

由于外涵喷管是一个固定的收敛装置，所以我们需要先判断喷管是否壅塞。壅塞状态下的外涵喷管出口压力为

$$p_9^* = p_{t7}\left(1 + \frac{1 - \gamma_{\text{fn}}}{\eta_{\text{fn}}(1 + \gamma_{\text{fn}})}\right)^{\frac{\gamma_{\text{fn}}}{\gamma_{\text{fn}} - 1}}$$

因此，当 $p_{t7} = 220.6\text{kPa}$，$\eta_{\text{fn}} = 0.95$ 且 $\gamma_{\text{fn}} = 1.3946$（迭代计算得到）时，有

$$p_9^* = 220.6\text{kPa} \times \left(1 + \frac{1 - 1.3946}{0.95 \times (1 + 1.3946)}\right)^{\frac{1.3946}{1.3946 - 1}} = 112.5\text{kPa}(16.32\text{psi})$$

但由于 $p_a = 101.3\text{kPa}(14.69\text{psi})$，低于壅塞条件下的压力，因此外涵喷管处于壅塞条件下，出口马赫数等于 1。因此

$$p_9 = p_9^* = 112.5\text{kPa}(16.32\text{psi})$$

且 $M_9 = 1$ 时，有

$$T_9 = \frac{2T_{t7}}{1 + \gamma_{\text{fn}}}$$

当 $T_{t7} = 373.7\text{K}(672.6°\text{R})$ 时，有

$$T_9 = \frac{2 \times 373.7\text{K}}{1 + 1.3946} = 312.1\text{K}(561.8°\text{R})$$

接下来

$$u_9 = \sqrt{2c_{\text{pfn}}\left(T_{t7} - T_9\right)}$$

于是

$$u_9 = \sqrt{2 \times 1.1014\frac{\text{kJ}}{\text{kg} \cdot \text{K}} \times (373.7\text{K} - 312.1\text{K}) \times 1000\frac{\text{J}}{\text{kJ}} \times \frac{\text{N} \cdot \text{m}}{\text{J}}\frac{\text{kg} \cdot \text{m}}{\text{N} \cdot \text{s}^2}}$$

$$= 353.4\text{m/s}(1160\text{ft/s})$$

或者我们也可以先求出出口声速

$$a_9 = \sqrt{\gamma_9 R T_9}$$

于是

$$a_9 = \sqrt{1.3946 \times 287.1\frac{\text{J}}{\text{kg} \cdot \text{K}} \times 312.1\text{K}\frac{\text{N} \cdot \text{m}}{\text{J}} \times \frac{\text{kg} \cdot \text{m}}{\text{N} \cdot \text{s}^2}} = 353.4\text{m/s}(1160\text{ft/s})$$

但由于喷管壅塞，$M_9 = 1 = u_9/a_9$，因此 $u_9 = M_9 a_9 = 353.4\text{m/s}(1160\text{ft/s})$。

出口面积为

$$A_9 = \frac{\dot{m}_9}{\rho_9 u_9}$$

式中，$\dot{m}_9$ 是截面 9 的总质量流量，且

$$\dot{m}_9 = \alpha(1-\sigma)\dot{m} = 3 \times (1-0.25) \times 74.83\text{kg/s} = 168.4\text{kg/s}(371.3\text{lbm/s})$$

由于已知 T_9 和 p_9，利用理想气体方程可求得

$$\rho_9 = \frac{p_9}{RT_9} = \frac{112.5\text{kPa} \times 1000\dfrac{\text{Pa}}{\text{kPa}}}{287.1\dfrac{\text{J}}{\text{kg}\cdot\text{K}} \times 312.1\text{K}} \times \frac{\text{N}}{\text{Pa}\cdot\text{m}^2} \times \frac{\text{J}}{\text{N}\cdot\text{m}}$$

$$= 1.257\text{kg/m}^3(0.002438\text{slug/ft}^3)$$

于是，出口面积为

$$A_9 = \frac{\dot{m}_9}{\rho_9 u_9} = \frac{168.4\dfrac{\text{kg}}{\text{s}}}{1.257\dfrac{\text{kg}}{\text{m}^3} \times 353.4\dfrac{\text{m}}{\text{s}}} = 0.3793\text{m}^2(587.9\text{in}^2)$$

(10) 总推力和 TFSC。

推力可由下式给出：

$$F = \dot{m}_8 u_8 - \dot{m}_{a8} u_a + A_8(p_8 - p_a) + \dot{m}_9 u_9 - \dot{m}_{a9} u_a + A_9(p_9 - p_a)$$

于是

$$F = 132.6\frac{\text{kg}}{\text{s}} \times 497.9\frac{\text{m}}{\text{s}} \times \frac{\text{N}\cdot\text{s}^2}{\text{kg}\cdot\text{m}} - 131.0\frac{\text{kg}}{\text{s}} \times 255.5\frac{\text{m}}{\text{s}} \times \frac{\text{N}\cdot\text{s}^2}{\text{kg}\cdot\text{m}}$$

$$+ 0.4259\text{m}^2 \times (101.3\text{kPa} - 101.3\text{kPa}) \times \frac{\text{N}\cdot\text{m}^2}{\text{Pa}}$$

$$+ 168.4\frac{\text{kg}}{\text{s}} \times 353.4\frac{\text{m}}{\text{s}} \times \frac{\text{N}\cdot\text{s}^2}{\text{kg}\cdot\text{m}} - 168.4\frac{\text{kg}}{\text{s}} \times 255.5\frac{\text{m}}{\text{s}} \times \frac{\text{N}\cdot\text{s}^2}{\text{kg}\cdot\text{m}}$$

$$+ 0.3793\text{m}^2 \times (112.5\text{kPa} - 101.3\text{kPa}) \times \frac{\text{N}\cdot\text{m}^2}{\text{Pa}}$$

于是

$$F = 32540(\text{动量交换}) + 0(\text{压力}) + 16500(\text{风扇动量交换}) + 4270(\text{风扇压力})$$

$$= 53300\text{N}(11980\text{lbf})$$

因此无量纲化推力为

$$\bar{F} = \frac{F}{(1+\alpha)\dot{m}a_a} = \frac{53300\text{N}}{4 \times 74.83\dfrac{\text{kg}}{\text{s}} \times 340.7\dfrac{\text{m}}{\text{s}}} \times \frac{\dfrac{\text{kg}\cdot\text{m}}{\text{s}^2}}{\text{N}} = 0.5226$$

最后

$$\text{TSFC} = \dot{m}_{\text{ft}}/F = \frac{1.574\dfrac{\text{kg}}{\text{s}}}{53300\text{N}} \times 3600\frac{\text{s}}{\text{h}} = 0.1063\frac{\text{kg}}{\text{N}\cdot\text{h}}\left(1.043\frac{\text{lbm}}{\text{lbf}\cdot\text{h}}\right)$$

读者还可计算该发动机理想情况下的性能。理想推力是 77930N，而 TSFC 是 0.05281kg/(N·h)。因此，实际情况下，由于损失导致推力降低了 32%，而 TSFC 增加了 83%。

例 3.3a　作为补充，保持例 3.3 中其他所有条件不变，分析涵道比的影响。所有的计

算过程与前面完全一样，仅参数取值不同。图 3.19 中，我们给出了涵道比的影响。随着涵道比的增加，无量纲化推力持续减小，表明推重比在减小。而且，随着涵道比的增加，无量纲化的 TSFC 达到一个最小值后再逐渐变大。在第 2 章中，我们已经给出了理想情况下的这些趋势。当涵道比约为 3 时，TSFC 取得最佳值。相比于理想情况，此时的涵道比略小，这是因为随着涵道比的增大(更多气流通过外涵道)，外涵道和混合器损失的影响更大。

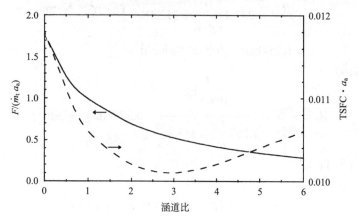

图 3.19　例 3.3a 非理想涡扇发动机无量纲化推力(基于总流量)和
无量纲化 TSFC 随涵道比的变化

　　例 3.4　一涡桨发动机在海平面高度以 0.7 马赫数进行飞行。进口空气流量为 30lbm/s (13.61kg/s)。压气机的压比为 6.5 且工作效率为 88%。燃油的热值是 18900Btu/lbm (43960kJ/kg)，燃烧室出口总温为 2500°R (1389K)。燃烧室工作效率为 91%且总压比为 0.95，涡轮的工作效率是 85%。喷管是收敛的，其工作效率为 96%。进气道的总压恢复系数是 0.92，且传动轴效率是 99.5%。螺旋桨的功系数是 1.0079,工作效率是 70%。求发动机推力和 TSFC。注意此例与例 2.7 的发动机完全相同，但是此处需要分析非理想效应。螺旋桨的功系数与例 2.7 相匹配。

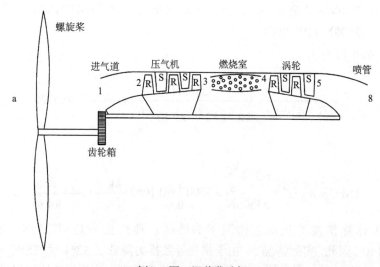

例 3.4 图　涡桨发动机

解

(1)进气道。

海平面的标准条件为 $T_a = 518.7°R$ 且 $p_a = 14.69psi$。

声速为

$$a_a = \sqrt{\gamma_a R T_a} = \sqrt{1.403 \times 287.1 \frac{J}{kg \cdot K} \times 288.2K \times \frac{kg \cdot m}{N \cdot s^2}}$$
$$= 340.7m/s(1118ft/s)$$

于是发动机进口的气流速度为

$$u_a = M_a a_a = 0.70 \times 340.7m/s = 238.4m/s(782.3ft/s)$$

当 $\gamma_d = 1.4001$ 和 $M_a = 0.70$ 时，有

$$\frac{T_{ta}}{T_a} = 1 + \frac{\gamma_d - 1}{2} M_a^2 = 1 + \frac{1.4001 - 1}{2} \times 0.70^2 = 1.0980$$

于是有

$$T_{t2} = T_{ta} = 1.0980 \times 288.2K = 316.4K(569.5°R)$$

又

$$\frac{p_{ta}}{p_a} = \left(\frac{T_{ta}}{T_a}\right)^{\frac{\gamma_d}{\gamma_d - 1}} = (1.0980)^{\frac{1.4001}{1.4001 - 1}} = 1.3871$$

进气道的总压恢复系数为 0.92，于是

$$\frac{p_{t2}}{p_a} = \frac{p_{t2}}{p_{ta}} \frac{p_{ta}}{p_a} = \pi_d \frac{p_{ta}}{p_a} = 0.92 \times 1.3871 = 1.2762$$

于是有

$$p_{t2} = 1.2762 \times 101.3kPa = 129.3kPa(18.75psi)$$

(2)压气机。

压气机内的总压比已知 $\pi_c = 6.5$，故压气机出口处总压为

$$p_{t3} = \pi_c p_{t2} = 6.5 \times 129.3kPa = 840.2kPa(121.9psi)$$

理想情况下

$$\tau'_c = (\pi_c)^{\frac{\gamma_c - 1}{\gamma_c}} = (6.5)^{\frac{1.3882 - 1}{1.3882}} = 1.6879 \text{（迭代得到 } \gamma_c = 1.3882\text{）}$$

因此

$$T'_{t3} = \tau'_c T_{t2} = 1.6879 \times 316.4K = 534.1K(961.3°R)$$

压气机的效率已给出为

$$\eta_c = 0.88 = \frac{T'_{t3} - T_{t2}}{T_{t3} - T_{t2}} = \frac{534.1K - 316.4K}{T_{t3} - 316.4K}$$

求解可得压气机出口总温为

$$T_{t3} = 563.7K(1015°R)$$

（3）燃烧室。

燃烧室的总压比已给出为 0.95，因此燃烧室出口总压为

$$p_{t4} = \pi_b p_{t3} = 0.95 \times 840.2\text{kPa} = 798.2\text{kPa}(115.8\text{psi})$$

对燃烧室进行能量分析：

$$\Delta H \eta_b \dot{m}_f = \dot{m} c_{pb}\left(T_{t4} - T_{t3}\right) + \dot{m}_f c_{pb} T_{t4}$$

由于 η_b 和 ΔH 已知，因此求解燃油质量流量可得

$$\dot{m}_f = 13.61\frac{\text{kg}}{\text{s}} \times 1.127\frac{\text{kJ}}{\text{kg}\cdot\text{K}} \frac{(1389 - 563.7)\text{K}}{0.91 \times 43960\frac{\text{kJ}}{\text{kg}} - 1.127\frac{\text{kJ}}{\text{kg}\cdot\text{K}} \times 1389\frac{\text{kJ}}{\text{kg}}}$$

$$= 0.3293\text{kg/s}(0.7261\text{lbm/s})$$

其中燃烧室内的比热容是根据平均温度估算的，此处并未进行迭代计算。显然，由于没有加力燃烧室，这同时也是整机的燃油质量流量（$\dot{m}_{ft}$）。注意 $\dot{m}_f/\dot{m}=0.02420$，与之前的例子相比，该数值较小。

（4）涡轮。

题中已给出机械效率为 0.995，因此轴功率平衡为

$$\dot{m} c_{pc}\left(T_{t3} - T_{t2}\right) + C_{Wp} c_{pa} T_a = \eta_m \dot{m}_t c_{pt}\left(T_{t4} - T_{t5}\right)$$

已知螺旋桨的功系数为 1.0079，于是有

$$13.61\frac{\text{kg}}{\text{s}} \times 1.026\frac{\text{kJ}}{\text{kg}\cdot\text{K}} \times (563.7\text{K} - 316.4\text{K})$$

$$+ 1.0079 \times 13.61\frac{\text{kg}}{\text{s}} \times 0.9992\frac{\text{kJ}}{\text{kg}\cdot\text{K}} \times 288.2\text{K}$$

$$= 0.995 \times \left(13.61\frac{\text{kg}}{\text{s}} + 0.3293\frac{\text{kg}}{\text{s}}\right) \times 1.164\frac{\text{kJ}}{\text{kg}\cdot\text{K}}(1389\text{K} - T_{t5})$$

求解可得 $T_{t5}=930.3\text{K}(1674°\text{R})$。此处，通过涡轮平均温度迭代计算得到涡轮内的比热容，根据涡轮的效率定义：

$$\eta_t = \frac{T_{t4} - T_{t5}}{T_{t4} - T'_{t5}} = 85\% = \frac{1389\text{K} - 930.3\text{K}}{1389\text{K} - T'_{t5}} [①]$$

求解可得理想出口总温 $T'_{t5}=849.3\text{K}(1529°\text{R})$。理想情况下

$$\tau'_t = \frac{T'_{t5}}{T_{t4}} = \frac{849.3}{1389} = 0.6115$$

而且

$$\tau'_t = \left(\pi_t\right)^{\frac{\gamma_t - 1}{\gamma_t}}$$

于是，涡轮的总压比为 $\pi_t = \left(\tau'_t\right)^{\frac{\gamma_t}{\gamma_t - 1}} = (0.6115)^{\frac{1.3273}{1.3272 - 1}} = 0.1360$，其中 $\gamma_t = 1.3272$（根据涡轮平均估算）。最后，涡轮出口总压为

$$p_{t5} = \pi_t p_{t4} = 0.1360 \times 798.2\text{kPa} = 108.6\text{kPa}(15.75\text{psi})$$

---

① 译者注：原文为 $\eta_t = \dfrac{T_{t4} - T_{t5}}{T_{t4} - T'_{t5}} = 85\% = \dfrac{1389\text{K} - 930.3°\text{R}}{1389\text{K} - T'_{t5}}$，根据上下文，$T_{t5} = 930.3\text{K}$。

由于没有混合器，因此

$$T_{t5.5} = T_{t5} = 930.3 \text{K}(1674°\text{R})$$

且

$$p_{t5.5} = p_{t5} = 108.6 \text{kPa}(15.75 \text{psi})$$

(5)尾喷管。

由于没有加力燃烧室，喷管的进口总温是

$$T_{t6} = T_{t5.5} = 930.3 \text{K}(1674°\text{R})$$

进口总压为

$$p_{t6} = p_{t5.5} = 108.6 \text{kPa}(15.75 \text{psi})$$

因为发动机装有一个固定的收敛喷管，我们需要判断喷管是否壅塞。在壅塞条件下，喷管的出口压力为

$$p_8^* = p_{t6}\left(1 + \frac{1-\gamma_n}{\eta_n(1+\gamma_n)}\right)^{\frac{\gamma_n}{\gamma_n-1}} = 108.6 \text{kPa} \times \left(1 + \frac{1-1.3453}{0.96 \times (1+1.3453)}\right)^{\frac{1.3453}{1.3453-1}}$$
$$= 56.76 \text{kPa}(8.232 \text{psi})$$

式中，$\gamma_n = 1.3453$（通过迭代计算）。

但是，由于 $p_a = 101.3 \text{kPa}(14.69 \text{psi})$，大于壅塞条件下的 p_8^*，因此喷管不壅塞，且出口压力与环境压力相等。因此

$$p_8 = p_a = 101.3 \text{kPa}(14.69 \text{psi})$$

理想情况下

$$T_8' = T_{t6}\left(\frac{p_8}{p_{t6}}\right)^{\frac{\gamma_n-1}{\gamma_n}} = 930.3 \text{K}\left(\frac{101.3 \text{kPa}}{108.6 \text{kPa}}\right)^{\frac{1.3453-1}{1.3453}} = 913.8 \text{K}(1645°\text{R})$$

于是

$$T_8 = T_{t6} - \eta_n\left(T_{t6} - T_8'\right) = 930.3 \text{K} - 0.96(930.3 \text{K} - 913.8 \text{K}) = 914.5 \text{K}(1646°\text{R})$$

喷管出口处的气流速度为

$$u_8 = \sqrt{2c_{pn}\left(T_{t6} - T_8\right)}$$

于是

$$u_8 = \sqrt{2 \times 1.118 \frac{\text{kJ}}{\text{kg} \cdot \text{K}} \times \left(930.3 \text{K} - 914.5 \text{K}\right) \times 1000 \frac{\text{J}}{\text{kJ}} \times \frac{\text{N} \cdot \text{m}}{\text{J}} \frac{\text{kg} \cdot \text{m}}{\text{N} \cdot \text{s}^2}}$$
$$= 188.0 \text{m/s}(616.7 \text{ft/s})$$

出口处的声速为

$$a_8 = \sqrt{\gamma_8 R T_8}$$

有

$$a_8 = \sqrt{1.3453 \times 287.1 \frac{\text{J}}{\text{kg} \cdot \text{K}} \times 914.5 \text{K} \frac{\text{N} \cdot \text{m}}{\text{J}} \times \frac{\text{kg} \cdot \text{m}}{\text{N} \cdot \text{s}^2}} = 594.2 \text{m/s}(1949 \text{ft/s})$$

于是

$$M_8 = u_8/a_8 = 188.0 \text{m/s}/504.2 \text{m/s} = 0.3163$$

显然，这处在亚声速范围内。

根据连续性方程，出口面积为

$$A_8 = \frac{\dot{m}_8}{\rho_8 u_8}$$

式中，$\dot{m}_8$ 是截面 8 处的燃气质量流量，且 $\dot{m}_8 = \dot{m}_{a8} + \dot{m}_{ft}$（空气流量和燃油流量），$\dot{m}_8$ 是截面 8 处的发动机出口空气质量流量，其中出口空气质量流量与进口空气流量相等 $\dot{m}_{a8} = \dot{m}$。因此 $\dot{m}_{a8} = 13.61 \text{kg/s}(30 \text{lbm/s})$ 且 $\dot{m}_8 = 13.61 + 0.3293 = 13.93 \text{kg/s}(30.73 \text{lbm/s})$。由于我们已知 T_8 和 p_8，利用理想气体方程可求得

$$\rho_8 = \frac{p_8}{RT_8} = \frac{101.3 \text{kPa} \times 1000 \dfrac{\text{Pa}}{\text{kPa}}}{287.1 \dfrac{\text{J}}{\text{kg} \cdot \text{K}} \times 914.5 \text{K}} \times \frac{\text{N}}{\text{Pa} \cdot \text{m}^2} \times \frac{\text{J}}{\text{N} \cdot \text{m}}$$

$$= 0.3860 \text{kg/m}^3 (0.0007488 \text{slug/ft}^3)$$

于是，出口面积为

$$A_8 = \frac{\dot{m}_8}{\rho_8 u_8} = \frac{13.93 \dfrac{\text{kg}}{\text{s}}}{0.3860 \dfrac{\text{kg}}{\text{m}^3} \times 188.0 \dfrac{\text{m}}{\text{s}}} = 0.1921 \text{m}^2 (297.81 \text{in}^2)$$

（6）总推力和 TSFC。

推力可由下式求得：

$$F = \dot{m}_8 u_8 - \dot{m}_{a8} u_a + A_8 (p_8 - p_a) + C_{\text{Wp}} \eta_p c_{\text{pa}} T_a \dot{m}/u_a$$

式中，螺旋桨的效率为 70%，于是可得

$$F = 13.93 \frac{\text{kg}}{\text{s}} \times 188.0 \frac{\text{m}}{\text{s}} \times \frac{\text{N} \cdot \text{s}^2}{\text{kg} \cdot \text{m}} - 13.61 \frac{\text{kg}}{\text{s}} \times 238.4 \frac{\text{m}}{\text{s}} \times \frac{\text{N} \cdot \text{s}^2}{\text{kg} \cdot \text{m}}$$

$$+ 0.1921 \text{m}^2 \times (101.3 \text{kPa} - 101.3 \text{kPa}) \times \frac{\text{N}^2 \cdot \text{m}}{\text{Pa}} \times \frac{1000 \text{Pa}}{\text{kPa}}$$

$$+ \frac{1.0079 \times 0.70 \times 0.9992 \dfrac{\text{kJ}}{\text{kg} \cdot \text{K}} \times 288.2 \text{K} \times 13.61 \dfrac{\text{kg}}{\text{s}} \times 1000 \dfrac{\text{N} \cdot \text{m}}{\text{kJ}}}{238.3 \dfrac{\text{m}}{\text{s}}}$$

$$= -626 \text{N}(\text{动量交换}) + 0 \text{N}(\text{压力}) + 11600 \text{N}(\text{螺旋桨})$$

$$= 10970 \text{N}(2467 \text{lbf})$$

注意：其中动量交换部分对应的推力是负值。

最后

$$\text{TSFC} = \dot{m}_{ft}/F = \frac{0.3293 \dfrac{\text{kg}}{\text{s}}}{10970 \text{N}} \times 3600 \frac{\text{s}}{\text{h}} = 0.1081 \frac{\text{kg}}{\text{h} \cdot \text{N}} \left(1.060 \frac{\text{lbm}}{\text{h} \cdot \text{lbf}} \right)$$

将此例的结果与例 2.7 中的理想情况进行比较，可以发现由于损失导致推力降低 46%，而 TSFC 增加 133%。

例 3.5　一中等大小的现代燃气轮机在海平面处运转。进气流量为 147lbm/s（66.67kg/s）。压气机的总压比为 18，效率为 88%。燃油的热值是 18400Btu/lbm（42800kJ/kg），燃烧室出口总温为 2620°R（1456K）。燃烧室的效率为 96%，总压比为 0.96。涡轮的效率为 91.5%。排气装置压比为 0.93。进气装置的总压恢复系数是 0.98，轴效率为 98%，求净输出功率、SFC 和净热效率。

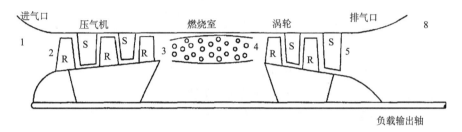

例 3.5 图　燃气轮机的结构图

解

(1) 进气装置。

在远离进气装置前方处，气流以滞止条件开始加速到进气装置，进入燃气涡轮机组。由于远离进气装置处的进口空气速度为零，环境静压与总压相等（$p_{ta} = p_a = 101.3\text{kPa}$），且环境静温与总温也相等（$T_{ta} = T_a = 288.2\text{K}$）。

由于进气装置内的过程是绝热过程，因此进气装置出口总温为

$$T_{t2} = T_{ta} = 288.2\text{K}(518.7°\text{R})$$

又因为进口总压恢复系数是 0.98，因此进气装置出口总压为

$$p_{t2} = \pi_i p_{ta} = 0.98 \times 101.3\text{kPa} = 99.27\text{kPa}(14.40\text{psi})$$

(2) 压气机。

压气机的总压比已给出 $\pi_c = 18$，因此可得压气机出口总压为

$$p_{t3} = \pi_c p_{t2} = 18 \times 99.27\text{kPa} = 1787\text{kPa}(259.1\text{psi})$$

理想情况下，压气机内的总温比为

$$\tau_c' = \left(\pi_c\right)^{\frac{\gamma_c-1}{\gamma_c}} = (18)^{\frac{1.3836-1}{1.3836}} = 2.2285$$

式中，$\gamma_c = 1.3836$（根据迭代计算）。

因此压气机出口总温为

$$T_{t3}' = \tau_c' T_{t2} = 2.2285 \times 288.2\text{K} = 642.2\text{K}(1156°\text{R})$$

再根据压气机的效率：

$$\eta_c = 0.88 = \frac{T_{t3}' - T_{t2}}{T_{t3} - T_{t2}} = \frac{642.2\text{K} - 288.2\text{K}}{T_{t3} - 288.2\text{K}}$$

求解得压气机出口总温为

$$T_{t3} = 690.5\text{K}(1243°\text{R})$$

（3）燃烧室。

燃烧室总压比为 0.96，因此其出口压力为

$$p_{t4} = \pi_b p_{t3} = 0.96 \times 1787 = 1715\text{kPa}(248.8\text{psi})$$

利用热力学第一定律得

$$\Delta H \eta_b \dot{m}_f = \dot{m} c_{pb} \left(T_{t4} - T_{t3} \right) + \dot{m}_f c_{pb} T_{t4}$$

式中，燃烧室的效率为96%，燃油的热值是 42800kJ/kg。因此可求解得到燃油质量流量为

$$\dot{m}_f = 66.67 \frac{\text{kg}}{\text{s}} \times 1.147 \frac{\text{kJ}}{\text{kg} \cdot \text{K}} \frac{(1456 - 690.5)\text{K}}{0.96 \times 42860 \frac{\text{kJ}}{\text{kg}} - 1.147 \frac{\text{kJ}}{\text{kg} \cdot \text{K}} \times 1456 \frac{\text{kJ}}{\text{kg}}}$$

$$= 1.485\text{kg/s}(3.271\text{lbm/s})$$

由于没有加力燃烧室，因此这也是总燃油质量速率（$\dot{m}_{ft}$）。

注意到 $\dot{m}_f / \dot{m} = 0.02227$，也是非常之小。

（4）排气装置。

排气装置出口的气流速度很小，因此出口静压和总压相等（$p_{t8} = p_8$）。而且，由于速度很小（亚声速），出口压力与环境压力相同（$p_a = p_8$）。因此，$p_{t8} = p_a = 101.3\text{kPa}$。而且排气装置的总压恢复系数是 0.93，排气装置的进口总压为

$$p_{t5} = p_{t8} / \pi_e = 101.3\text{kPa} / 0.93 = 108.9\text{kPa}(15.80\text{psi})$$

（5）涡轮。

由于排气装置的进口总压与涡轮出口总压相同，涡轮总压比为

$$\pi_t = p_{t5} / p_{t4} = 108.9\text{kPa} / 1715\text{kPa} = 0.06350$$

理想情况下，涡轮内的总温比为

$$\tau_t' = \left(\pi_t \right)^{\frac{\gamma_t - 1}{\gamma_t}} = \left(0.06350 \right)^{\frac{1.3298 - 1}{1.3298}} = 0.5047$$

式中，$\gamma_t = 1.3298$（根据迭代计算）。

于是

$$T_{t5}' = \tau_t' T_{t4} = 0.5047 \times 1456\text{K} = 734.8\text{K}(1322°\text{R})$$

又涡轮的效率为

$$\eta_t = 0.915 = \frac{T_{t4} - T_{t5}}{T_{t4} - T_{t5}'} = \frac{1456\text{K} - T_{t5}}{1456\text{K} - 734.8\text{K}}$$

求解得

$$T_5 = 796.1\text{K}(1433°\text{R})$$

（6）净输出功率和热效率系数。

由传动轴上的功率平衡，有

$$P_{net} = \eta_m \dot{m}_t c_{pt} \left(T_{t4} - T_{t5} \right) - \dot{m} c_{pc} \left(T_{t3} - T_{t2} \right)$$

式中，轴的机械效率为98%。因此可用于发电或其他用途的净输出功率为

$$P_{net} = \left(0.98 \times (66.67 + 1.485) \frac{kg}{s} \times 1.157 \frac{kJ}{kg \cdot K} \times (1456 - 637.3)796.1K \right.$$

$$\left. -66.67 \frac{kg}{s} \times 1.035 \frac{kJ}{kg \cdot K} \times (690.5 - 288.2)K \right) \times \frac{kW}{kJ/s}$$

$$= 23240kW(31140hp) = 23.24MW(31140hp)$$

总热效率系数为

$$\eta_{th} = \frac{P_{net}}{Q_{in}}$$

其中的总热值为

$$Q_{in} = \dot{m}_f \Delta H = 1.485 \frac{kg}{s} \times 42800 \frac{kJ}{kg} \times \frac{kW}{kJ/s} = 63560kW = 63.56MW(85180hp)$$

于是可得总热效率系数为

$$\eta_{th} = \frac{P_{net}}{Q_{in}} = \frac{23240kW}{63560kW} = 0.366 \text{ 或 } 36.6\%$$

热效率可定义为

$$HR = \frac{\dot{m}_f \Delta H}{P_{net}}$$

于是有

$$HR = \frac{1.485 \frac{kg}{s} \times 42800 \frac{kJ}{kg} \times 3600 \frac{s}{h}}{23240kW} = 9845kJ/(kW \cdot h)(6959Btu/(hp \cdot h))$$

最后，燃油消耗率为

$$SFC = \frac{\dot{m}_f}{P_{net}} = \frac{1.485 \frac{kg}{s}}{23240kW} \times 3600 \frac{s}{h} = 0.2303kg/(kW \cdot h)(0.378lbm/(hp \cdot h))$$

将此例的结论与例 2.8 下的理想情况进行比较可以发现，净输出功率减小了 22.7%，而 SFC 增加了 53.7%。而且，理想情况下总热效率是 56.2，而此时值为 36.6%。显而易见的是，损失极大地降低了燃气涡轮的效率。

3.4　初步设计时循环分析的使用

至此，本章全面诠释了循环分析的概念，并作为一个方法流程，在示例中直接用于分析给定参数的发动机性能。事实上，这一方法可在先进发动机(或燃气轮机动力装置)的初步设计分析或进行图纸设计之初时使用。例如，对于一个涡喷发动机，在设计之初，军方或企业会对生产商提出一系列发动机总体设计条件，包括但不限于不同高度的推力和 TSFC。然后一组系统设计工程师借助循环分析进行发动机选型和部件参数分析，以实现总体设计目标，并保证所有部件匹配。例如，涡轮获取的功率必须满足压气机的功率需求。这一步得到的最终结果(成组的部件参数)将作为更详细的部件设计(如压气机设计或涡轮设计)的设计目标。为实现这些部件设计目标,需要利用接下来七章中的方法进行部件的详细分析和设计。这种设计方法是一个"反向"系统设计中的一部分:从整体设计目标出发,回溯挖掘出实现目标的"输入"或部件特性。这是工业发动机或燃气轮机设计工作中的第一步。在进行参数匹配设计时,可借助软件"JETENGINECYCLE"和"POWERGTCYCLE"。

3.5 小 结

本章中,我们将非理想效应纳入循环分析中。首先,我们讨论了引发部件损失的物理现象。接着,针对不同发动机内的所有部件(进气道、压气机、风扇、涡轮、螺旋桨、传动轴、燃烧室、加力燃烧室、尾喷管、涡扇排气装置、外涵道、混合室、燃气轮机排气装置等),我们在工作方程和热力学过程分析中引入了一到两个描述损失的参数和效率系数。为了更好地说明损失对热力学效应的影响,我们给出了每个部件的焓-熵(h-s 曲线)图。对于压气机和涡轮,定义并讨论了两组不同的效率系数(一般系数和多变系数)。对于外涵道和混合室,讨论了其内部的气流稳定性。为了便于进行循环分析,但同时还要读者能准确地预判发动机的真实性能,我们选取了部件损失的简化模型。同样,我们给出了非理想部件的 h-s 曲线。而且针对不同部件,我们还分析了包含可变比热容的非理想气体效应。然后我们将不同部件组合起来分析了不同类型燃气涡轮的非理想循环特性。非理想情况下,不能再得到理想情况下关于推力和 TSFC 的闭式方程组。我们给出了四个喷气发动机和一个燃气轮机的数值分析示例,并给出了发动机内部各个部件的详细计算步骤。这几个示例中的比热容事先均不知道,需要通过迭代计算得到。而且其中的一个示例(混合式涡扇发动机)由于风扇的总压比未知,需要迭代求解。尽管这些求解示例需要借助迭代方法,但迭代方法并非这些示例的根本目的,而且也不是所有求解过程的关键。在进行趋势分析和初步设计时,还可对所有部件特性进行合理预测。本章我们给出了一些趋势分析,它们与理想分析具有相同的趋势(但是有数值上的差异)。我们还分析了一些部件参数变化对发动机整机性能的影响。对于所有的四种喷气式发动机,其推力明显低于第 2 章对应的理想情况;而TSFC 的值明显大于理想情况下的 TSFC。

本章中,为分析发动机的总体性能参数,我们假设已知所有的部件特性。但这并不是必要的。在第 4~10 章中,我们将介绍分析各个部件特性的方法和工具。

行文至此,读者对这种分析发动机的方法已经有充分认识,通过利用反设计方法,借助这种分析手段,可将选定工作点的发动机作为一个系统,开展初步设计。也就是说,读者能够对不同工作条件下的部件变更、部件效率和发动机类别的效应进行参数化分析,直至实现发动机设计目标。从而可比较容易地实现真实发动机系统与理想情况下发动机性能的比较,并确定各类部件的期望工作条件,这是工业发动机设计的第一步。

本章符号表

A	面积	C_{Wp}	螺旋桨功系数
a	声速	F	力
c_p	比定压热容	f	油气比
c_v	比定容热容	h	比焓

ΔH	热值	T	温度
HR	热效率	TSFC	单位推力燃油消耗率
$\dot{m}$	质量流量	u	比内能
M	马赫数	ν	比体积
n	压气机级数	α	涵道比
p	压力	γ	比热容比
P	功率	η	效率
$\dot{Q}$	热流量	π	总压比
R	理想气体常数	ρ	密度
s	熵	δ	分流比
SFC	燃油消耗率	τ	总温比

本章上标表

| ' | 理想情况下 | * | 壅塞 |

本章脚标表

a	自由来流	n	净
a	仅与气流部件相关	o	进气道外
ab	加力燃烧室	p	螺旋桨
b	主燃烧室	p	多变效率系数-单级
c	压气机	pc	多变效率系数-压气机
d	进气道	pt	多变效率系数-涡轮
e	尾喷管	r	恢复
f	风扇	ss	单级
f	燃油	t	总的(滞止态的)
f_n	外涵喷管	t	总的(和)
m	机械的(传动轴)	t	涡轮
m	混合器	u	外涵道
mc	混合器内涵侧	x	单级进口
mu	混合器外涵侧	y	单级出口
n	尾喷管	$1,\cdots,9$	发动机截面

习　题

3.1　一冲压发动机在马赫数为 2.88，外部温度为 400°R，外部压力为 3.80psi 下运转。发动机的进口空气流量为 85lbm/s。受材料热限制，燃烧室出口总温为 3150°R。燃油的热值为 17900Btu/lbm。燃烧室和收敛喷管的效率分别是 89% 和 93%。进气道和燃烧室的总压比分别是 0.94 和 0.93。求发动机推力、无量纲化推力、燃油比和 TSFC。

3.2　一涡喷发动机在22000ft高度以0.88马赫数运行，进口空气流量为192lbm/s，压气机压比为17。燃油热值为17900Btu/lbm，且燃烧室出口总温为2350°R。压气机、燃烧室、涡轮、传动轴和收敛喷管的效率分别是89%、95%、87%、99.7%和97%。进气道和燃烧室的总压比分别为0.93和0.93。求发动机推力、无量纲化推力和TSFC。

3.3　一含加力燃烧室的涡喷发动机在22000ft高度以0.88马赫数运行，进口空气流量为192lbm/s，压气机增压比为17。燃油热值为17900Btu/lbm，且燃烧室和加力燃烧室的出口总温分别为2350°R和2980°R。压气机、燃烧室、涡轮、传动轴和收敛喷管的效率分别是89%、95%、87%、99.7%和97%。进气道和燃烧室的总压比分别为0.93和0.93。加力燃烧室的效率为91%，总压比为0.97。①求发动机和TSFC；②将这些值与同一发动机不含加力燃烧室的情况进行比较。

3.4　一涡喷发动机在22000ft高度以0.89马赫数运行。压气机压比为13。燃油热值为18100Btu/lbm，且燃烧室的出口总温为2475°R。进口空气流量为124lbm/s。除传动轴外所有部件的效率和恢复系数都是0.90。传动轴的效率为99.4%。喷管是可调收-扩喷管(出口压力等于环境压力)。求发动机推力和TSFC。

3.5　考虑题3.4中的涡喷发动机，并分析如果各部件可单独改进，可获得的发动机性能为多少。即求如下独立条件下(其他条件与题3.4一样)的发动机推力和TSFC：①压气机效率为95%；②涡轮效率为95%；③燃烧室效率为95%；④燃烧室总压比为0.95；⑤进气道恢复系数为0.95；⑥喷管效率为95%。为了改进发动机整机性能，哪个方面最值得提高？

3.6　一分开排气涡扇发动机在20000ft以0.82马赫数飞行。压气机压比为16，风扇压比为2.2。燃油热值为17700Btu/lbm，燃烧室出口总温2450°R。核心机流量为144lbm/s，涵道比为1.4。压气机、燃烧室、涡轮、传动轴、可调收-扩尾喷管(出口压力等于环境压力)和外涵喷管的效率分别是89%、94%、87%、88%、99.4%、97%和95%。进气道和燃烧室的总压比分别为0.94和0.92。求发动机推力、无量纲化推力和TSFC。

3.7　一分开排气涡扇发动机在15000ft以0.93马赫数运行。压气机压比为17，风扇压比为2.3。核心机流量为143lbm/s，涵道比为1.1。燃油热值为17900Btu/lbm，燃烧室出口总温为2550°R。核心机之后有加力燃烧室，接通加力燃烧室时，喷管中的总温为3200°R。压气机、燃烧室、涡轮、风扇、传动轴、收敛尾喷管、可调收-扩外涵喷管(出口压力等于环境压力)和加力燃烧室的效率分别是90%、95%、84%、87%、99.2%、95%、97%和90%。进气道、燃烧室和加力燃烧室的总压比分别为0.91、0.94和0.97。求如下情况下的发动机推力和TSFC：①加力燃烧室切断；②加力燃烧室接通；③将这些值与不含加力燃烧室发动机的情况进行比较。

3.8　一混合排气涡扇发动机在22000ft以0.89马赫数运行。压气机压比为13。燃油热值为18100Btu/lbm，燃烧室出口总温为2475°R。核心机流量为124lbm/s，涵道比为1.15。除了传动轴效率为99.4%、外涵道的总压比为0.985、混合室的总压比为0.975，其他的空气动力学效率和恢复系数均为0.90。喷管为可调的收-扩喷管(出口压力等于环境压力)。求以上情况下的发动机推力和TSFC。风扇的压比是多少？

3.9　考虑题3.8中的涡扇发动机，并分析如果各部件可单独改进，可获得的发动机性能为多少。即求如下独立条件下(其他条件与题3.8一样)的发动机推力和TSFC：①压气机效率为95%；②风扇效率为95%；③涡轮效率为95%；④燃烧室效率为95%；⑤燃烧室总压比为0.95；⑥进气道恢复系数为0.95；⑦喷管效率为95%。为了改进发动机整机性能，哪个方面最值得提高？

3.10　一混合排气涡扇发动机在22000ft以0.89马赫数运行。压气机压比为13。燃油热值为18100Btu/lbm，燃烧室出口总温为2475°R。核心机流量为124lbm/s，涵道比为5.00。除了传动轴效率为

99.4%、外涵道的总压比为 0.985、混合室的总压比为 0.975，其他的空气动力学效率和恢复系数均为 0.90。喷管为可调的收-扩喷管(出口压力等于环境压力)。求如下情况下的发动机推力和 TSFC。风扇的压比是多少?

3.11　考虑题 3.10 中的涡扇发动机，并分析如果各部件可单独改进，可获得的发动机性能为多少。即求如下独立条件下(其他条件与题 3.10 一样)的发动机推力和 TSFC：①压气机效率为 95%；②风扇效率为 95%；③涡轮效率为 95%；④燃烧室效率为 95%；⑤燃烧室总压比为 0.95；⑥进气道恢复系数为 0.95；⑦喷管效率为 95%。为了改进发动机整机性能，哪个方面最值得提高?

3.12　一混合排气涡扇发动机在 27500ft 以 0.93 马赫数运行。压气机压比为 17。燃油热值为 18100Btu/lbm，燃烧室出口总温为 2230°R。核心机流量为 157lbm/s，涵道比为 1.60。核心机之后有加力燃烧室，接通加力燃烧室时，加力燃烧室出口总温为 3300°R。压气机、燃烧室、涡轮、风扇、传动轴、可调收-扩尾喷管(出口压力等于环境压力)和加力燃烧室的效率分别是 88%、95%、86%、91%、99.3%、94% 和 90%。进气道、燃烧室和加力燃烧室的总压比分别为 0.93、0.91 和 0.96。求加力燃烧室接通和加力燃烧室切断情况下的发动机推力和 TSFC。风扇的压比是多少?

3.13　一涡扇发动机在 27500ft 以 0.93 马赫数运行。发动机分流比为 0.5。压气机压比为 17。燃油热值为 18100Btu/lbm，燃烧室出口总温为 2230°R。核心机流量为 157lbm/s，涵道比为 1.60。核心机之后有加力燃烧室，接通加力燃烧室时，加力燃烧室出口总温为 3300°R。压气机、燃烧室、涡轮、风扇、传动轴、可调收-扩尾喷管、可调收-扩外涵喷管(出口压力等于环境压力)和加力燃烧室的效率分别是 88%、95%、86%、91%、99.3%、94%、94%和90%。进气道、燃烧室和加力燃烧室的总压比分别为 0.93、0.91 和 0.96。求加力燃烧室接通和加力燃烧室切断情况下的发动机推力和 TSFC。风扇的压比是多少?

3.14　一台涡桨发动机驱动一架飞机在 7000ft 高度以 0.45 马赫数飞行。压气机压比为 5.4，核心机流量为 19lbm/s。涡轮进口总温为 2278°R，燃油热值为 18400Btu/lbm。螺旋桨的功系数为 0.85。压气机、燃烧室、涡轮、传动轴、收敛尾喷管和螺旋桨的效率分别是 90%、95%、87%、99.6%、97%和 82%。进气道和燃烧室的总压比分别为 0.93 和 0.93。求发动机的推力、输出马力、出口马赫数和 TSFC。

3.15　一混合排气涡扇发动机在 22000ft 以 0.89 马赫数运行。压气机压比为 13，风扇压比为 1.6097。燃油热值为 18100Btu/lbm，燃烧室出口总温为 2475°R。核心机流量为 124lbm/s，涵道比为 5.00。除了传动轴效率为 99.4%，其他的空气动力学效率和恢复系数均为 0.90。两个喷管都是可调收-扩喷管(出口压力等于环境压力)。求发动机的推力和 TSFC。

3.16　考虑题 3.15 中的涡扇发动机，并分析如果各部件可单独改进，可获得的发动机性能为多少。即求如下独立条件下(其他条件与题 3.15 一样)的发动机推力和 TSFC：①压气机效率为 95%；②风扇效率为 95%；③涡轮效率为 95%；④燃烧室效率为 95%；⑤燃烧室总压比为 0.95；⑥进气道恢复系数为 0.95；⑦喷管效率为 95%；⑧外涵喷管效率为 95%。为了改进发动机整机性能，哪个方面最值得提高?

3.17　一台涡桨发动机驱动一架飞机在 3800ft 以 0.38 马赫数飞行。压气机压比为 4.75，核心机流量为 22lbm/s。涡轮进口总温为 2445°R，燃油热值为 17850Btu/lbm。螺旋桨的功系数为 0.89。压气机、燃烧室、涡轮、传动轴、收敛尾喷管和螺旋桨的效率分别是 89%、94%、91%、99.6%、96%和 78%。进气道和燃烧室的总压比分别为 0.94 和 0.92。求发动机的推力、输出马力、出口马赫数和 TSFC。

3.18　一混合排气涡扇发动机在环境压力为 2.99psi、环境温度为 383.2°R、马赫数为 0.87 处运行。压气机压比为 19.5。燃油热值为 17900Btu/lbm，燃烧室出口总温为 2480°R。核心机流量为 155lbm/s，涵道比为 3.50。压气机、风扇、涡轮、燃烧室和尾喷管的空气动力学效率分别为 88%、87%、91%、92%和 95%。进气道和燃烧室的总压比分别为 0.93 和 0.94。传动轴效率为 99.7%且外涵道和混合室的总压比分别为 0.99 和 0.99。喷管是可调收-扩喷管(出口压力与环境压力相等)。求发动机推力和 TSFC。风扇总压比是多少?

3.19 一分开排气涡扇发动机在环境压力为 2.99psi、环境温度为 383.2°R、马赫数为 0.87 处运行。压气机压比为 19.5,风扇总压比为 2.14。燃油热值为 17900Btu/lbm,燃烧室出口总温为 2480°R。核心机流量为 155lbm/s,涵道比为 3.50。压气机、风扇、涡轮、燃烧室、尾喷管和外涵喷管的空气动力学效率分别为 88%、87%、91%、92%、95% 和 95%。进气道和燃烧室的总压比分别为 0.93 和 0.94。传动轴效率为 99.7%。喷管都是可调收-扩喷管(出口压力与环境压力相等)。求发动机推力和 TSFC。

3.20 一分开排气涡扇发动机在环境压力为 2.99psi、环境温度为 383.2°R、马赫数为 0.87 处运行。压气机压比为 19.5。燃油热值为 17900Btu/lbm,燃烧室出口总温为 2480°R。核心机流量为 155lbm/s,涵道比为 3.50。压气机、风扇、涡轮、燃烧室、尾喷管和外涵喷管的空气动力学效率分别为 88%、87%、91%、92%、95% 和 95%。进气道和燃烧室的总压比分别为 0.93 和 0.94。传动轴效率为 99.7%。喷管都是可调收-扩喷管(出口压力与环境压力相等)。为使发动机推力最大,最优的风扇压比是多少?并求此时的最大发动机推力和 TSFC。

3.21 一涡喷发动机,其压气机的压比为 14、效率为 0.88,压气机进口总温为 700°R。总空气流量是 100lbm/s。燃烧室效率为 0.85、压比为 0.93。燃油热值为 18000Btu/lbm、燃油流量为 2.0lbm/s。涡轮压比为 0.164 且效率为 0.83。轴的机械效率为 0.98。假设 $\gamma_c = 1.40$,$c_{pb} = 0.29\text{Btu/(lbm·°R)}$,$\gamma_t = 1.33$。

(1)压气机的出口总温是多少?

(2)燃烧室的出口总温是多少?

(3)涡轮的出口总温是多少?

(4)涡轮传递给压气机的功率(马力)是多少?

3.22 一冲压发动机在外部压力为 0.895psi、温度为 304.7°R、马赫数为 5.0 处巡航。发动机的进口空气流量为 140lbm/s。受材料热限制,燃烧室出口总温为 3300°R。燃油热值为 18500Btu/lbm。燃烧室和收敛喷管的效率分别为 94% 和 96%。进气道和燃烧室的总压比分别为 0.90 和 0.92。外部环境、进气道、燃烧室和喷管的比热容比分别为 1.415、1.347、1.312 和 1.281。比定压热容分别为 0.234Btu/(lbm·°R)、0.266Btu/(lbm·°R)、0.288Btu/(lbm·°R)和 0.313Btu/(lbm·°R)。

(1)发动机的推力、油气比和 TSFC 各为多少?

(2)如果性能不足,应改进哪个部件?如何改进?

3.23 分析一个分开排气的大涵道比涡扇发动机。核心机流道后有一个加力燃烧室,外涵流道中没有加力燃烧室。发动机有 2 级风扇,10 级压气机为和 4 级涡轮。轴转速为 10500r/min。在标准天气、10000ft 高度下分析该发动机。

$\dot{m} = 75\text{lbm/s(核心机)}$, $\gamma_d = 1.40$

$\dot{m}_f = 1.74\text{lbm/s}$, $\gamma_f = 1.40$

$\alpha = 3.2$, $\gamma_c = 1.38$

$\Delta H = 17700\text{Btu/lbm}$, $\gamma_b = 1.33$

$p_a = 10.11\text{psi}$, $\gamma_t = 1.33$

$T_a = 483°\text{R}$, $\gamma_{ab} = 1.32$

$\pi_f = 2.40$, $\gamma_n = 1.28$

$\pi_c = 22.0\text{(含风扇)}$, $\eta_c = 0.89$

$T_{t6} = 3200°\text{R}$, $\eta_b = 0.93$

$T_{t7} = 690°\text{R}$, $\eta_t = 0.86$

$M_a = 0.66$, $\quad \eta_{ab} = 0.88$

$\eta_m = 0.995$

可调收-扩喷管, $\quad p_8/p_a = 1.00$

尾喷管, $\quad \eta_n = 0.97$

收敛外涵喷管, $\quad \eta_{fn} = 0.92$

发动机重量 = 2550lbm, $\quad \pi_{ab} = 0.98$

$N = 10500$r/min, $\quad \pi_b = 0.95$

$\pi_d = 0.92$

(1) 画出该发动机示意图并清楚地标注出各截面;

(2) 压气机出口总温是多少?

(3) 如果压气机出口总温是 1322°R, 主燃烧室出口总温是多少?

(4) 如果主燃烧室出口总温是 2650°R 且压气机出口总温是 1322°R, 涡轮出口总压是多少?

(5) 如果加力燃烧室进口总温为 1510°R, 总压为 15.7psi。尾喷管出口气流速度是多少?

(6) 外涵喷管出口压力是多少?

(7) 风扇效率是多少?

3.24 下面的所有条件适用于同一台涡喷发动机。

(1) 压气机压比为 14, 效率为 0.88, 进口总温为 700°R。出口总温是多少? 假设 $\gamma = 1.40$。

(2) 涡喷发动机的气流速度为 100lbm/s。气流进入燃烧室时总温为 1100°R。燃烧室效率为 0.85, 压比为 0.93。燃油热值为 18000Btu/lbm 且燃油流量为 2.0lbm/s。假设 $c_p = 0.29$Btu/(lbm·°R)。求燃烧室出口总温。

(3) 涡轮压比为 0.30, 效率为 0.83。涡轮进口总温是 2100°R, 轴系统的机械效率为 0.98。如果涡喷发动机的气流流量为 100lbm/s, 涡轮传递给压气机的功率是多少? 假设 $c_p = 0.276$Btu/(lbm·°R) 且 $\gamma = 1.33$。

3.25 分析在标准天气下随飞机在海平面以 0.8 马赫数飞行时的如下发动机。燃烧室出口总温为 3000°R, 且压气机压比为 16。假设所有的空气动力学效率和恢复系数都为 0.90 且 $\pi_b = 0.90$。假设轴的机械效率为 1.00。对于每个发动机, 清楚地标注出每一个不同的非理想效应发生的位置。压气机流量为 150lbm/s 且 $\Delta H = 18000$Btu/lbm。分析如下发动机的推力和 TSFC, 发动机的喷管为收敛喷管。通过计算各个部件的性能来计算发动机的整体性能, 并将其与理想情况下的性能进行比较。

(1) 涡喷发动机;

(2) 混合排气的涡扇发动机, $\alpha = 1$, π_f 等于多少?

(3) 带加力燃烧室的混合排气涡扇发动机, $\alpha = 1$, 加力燃烧室总温为 4200°R 且 $\pi_{ab} = 0.9$, π_f 等于多少?

3.26 分析题 3.25 中的涡喷发动机, 判断其中各个部件的性能是否可以独立改进。并求如下独立调节下的发动机推力和 TSFC。

(1) $\eta_c = 0.95$;

(2) $\eta_t = 0.95$;

(3) $\eta_b = 0.95$;

(4) $\pi_b = 0.95$;

(5) $\pi_d = 0.95$;

(6) $\eta_n = 0.95$。

为了改进发动机整机性能, 哪个方面最值得提高?

3.27 分析题 3.25 中不含加力燃烧室的混合排气涡扇发动机并判断其中各个部件的性能是否可以独

立改进。并求如下独立调节下的发动机推力和 TSFC。

(1) $\eta_c = 0.95$；

(2) $\eta_t = 0.95$；

(3) $\eta_b = 0.95$；

(4) $\pi_b = 0.95$；

(5) $\pi_d = 0.95$；

(6) $\eta_n = 0.95$。

为了改进发动机整机性能，哪个方面最值得提高？

3.28 一个混合排气涡扇发动机在 28000ft（4.77psi 和 418.9°R）以 0.79 马赫数工作。压气机压比为 19.5。燃油热值为 17800Btu/lbm，且燃烧室出口总温为 2750°R。核心机流量为 152lbm/s，涵道比为 3.4。相对核心机流量的油气比为 0.0273。压气机、燃烧室、风扇、传动轴和收敛尾喷管的效率分别为 88%、94%、87%、99.6% 和 95%。进气道、燃烧室、外涵道和混合室的总压比分别为 0.97、0.93、1.00 和 0.98。进气道、压气机、风扇、燃烧室、涡轮、混合室和尾喷管的比热容比分别为 1.405、1.387、1.402、1.333、1.312、1.384 和 1.383。压气机、风扇、涡轮、燃烧室、尾喷管和混合室的比定压热容分别为 0.246Btu/(lbm·°R)、0.239Btu/(lbm·°R)、0.283Btu/(lbm·°R)、0.275Btu/(lbm·°R)、0.248Btu/(lbm·°R) 和 0.247Btu/(lbm·°R)。求解如下五个问题，它们互相之间是独立的。注意每个部件的已知信息并不一定适用于其他部件。

(1) 如果压气机进口总温是 471.8°R，进口压力为 6.99psi，压气机出口总温是多少？

(2) 如果喷管进口总压为 15.17psi，进口总温为 892.0°R，发动机推力是多少？

(3) 如果风扇压比为 2.21 且涡轮效率增大 0.03（3%），则风扇总压比是增大、不变还是减少？为什么？

(4) 如果风扇出口总温是 610.0°R，出口总压是 15.48psi 且涡轮出口总温为 1772°R，求混合室出口总压和出口总温。

(5) 如果风扇和压气机的出口总压分别为 15.48psi 和 136.4psi；出口总温分别是 610.0°R 和 1164°R，则涡轮的效率是多少？

3.29 分析一个含加力燃烧室的现代双转子涡扇发动机。其中风扇为 3 级，转速为 9600r/min，由两级低压涡轮驱动。高压压气机有 10 级，转速为 14650r/min，由两级高压涡轮驱动。分析标准天气下 20000ft 高度发动机的性能。可以假设外涵道中的摩擦损失使风扇出口总压降低至与低压涡轮出口气流压力相等。该发动机的参数如下：

$\dot{m}_t = 228\text{lbm/s}, \quad \gamma_d = 1.40$

$\alpha = 0.7(\text{涵道比}), \quad \gamma_s = \gamma_{c\,high} = 1.40$

$\Delta H = 18400\text{Btu/lbm}, \quad \gamma_{ab} = \gamma_b = 1.30$

$p_a = 6.76\text{psi}, \quad \gamma_{t\,low} = \gamma_{t\,high} = 1.30$

$T_a = 447°\text{R}, \quad \gamma_n = 1.30$

$\pi_f = 2.10, \quad \pi_d = 0.96$

$\pi_{c\,high} = 11.2, \quad \eta_b = 0.88$

$T_{t4} = 2300°\text{R}, \quad \pi_b = 0.93$

$T_{t3} = 1376°\text{R}, \quad \eta_{t\,high} = 0.83$

$T_{t2.5} = 646°\text{R} = T_{t7}, \quad \eta_{t\,low} = 0.78$

$M_a = 0.85, \quad \eta_{ab} = 0.87$

$\pi_{ab} = 0.92$

可调收-扩喷管，　$p_8/p_a = 1.00$

尾喷管，　$\eta_n = 0.97$

$N_{c\,high} = 14650 r/min$，　$N_{c\,low} = 9600 r/min$

发动机重量 = 3000lbm

(1) 如果高压压气机的所有级具有相同的单级总压比，那么它等于多少？

(2) 高压压气机的效率是多少？

(3) 主燃油流量是多少 (lbm/s)？

(4) 高压涡轮出口总压等于多少？低压涡轮出口总压等于多少？

注：上述四种情况下的部件都是独立的。

3.30　一个类似于老式非加力涡喷发动机的发动机在海平面运行，其进口空气流量等于 120lbm/s。当飞机以 0.00 马赫数起飞（最大功率状态）时，压气机压比为 14.6。燃油热值为 17800Btu/lbm 且燃烧室出口总温为 2580°R。压气机、燃烧室、涡轮、传动轴和可调收-扩喷管（出口压力等于环境压力）的效率分别为 90%、95%、92%、100% 和 96%。进气道和燃烧室的总压比分别为 0.97 和 0.95。根据试验测试发现测试推力和 TSFC 分别为 11200lbf 和 0.89lbm/(lbf·h)。编写一个基于平均部件温度计算各部件比热容和比热容比的计算机程序，然后分析发动机推力和 TSFC。

3.31　如果题 3.30 中发动机起飞时除了压气机压比外所有特性都保持不变，改变这一压比来优化海平面起飞时的发动机推力。

3.32　一台混合排气的涡扇发动机在 32000ft（3.98psi 和 404.6°R）以 1.40 马赫数运行。压气机压比为 20.0。燃油热值为 17800Btu/lbm，燃烧室出口总温为 2850°R 且油气比为 0.0257。核心机流量为 175lbm/s，涵道比为 0.95。涡轮、燃烧室、风扇、传动轴和可调收-扩喷管（出口压力等于环境压力）的效率分别为 91%、93%、89%、100% 和 95%。进气道、燃烧室、外涵道和混合室的总压比分别为 0.92、0.90、1.00 和 1.00。进气道、压气机、风扇、燃烧室、涡轮、混合室和尾喷管的比热容比分别为 1.400、1.378、1.394、1.326、1.314、1.384 和 1.357。压气机、风扇、涡轮、燃烧室、尾喷管和混合室的比定压热容分别为 0.250Btu/(lbm·°R)、0.243Btu/(lbm·°R)、0.287Btu/(lbm·°R)、0.279Btu/(lbm·°R)、0.260Btu/(lbm·°R) 和 0.247Btu/(lbm·°R)。求解如下 6 个部件，它们之间相互独立。注意每个部件的已知信息并不一定适用于其他部件。

(1) 如果压气机进口总温是 563.4°R，出口总温是 1399.4°R，进口总压是 11.64psi，压气机效率是多少？

(2) 如果喷管进口总压是 35.72psi，进口总温是 1416°R，发动机推力等于多少？

(3) 如果风扇总压比是 3.07 且压气机的效率增加 0.06（6%），风扇的总压比是增大、不变还是减小？为什么？

(4) 如果风扇出口总温是 799.4°R，出口总压为 35.72psi，且涡轮的出口总温是 1955°R，混合室的出口总压是多少？

(5) 如果风扇出口总温是 799.4°R，出口总压为 35.72psi，且涡轮的出口总温是 1955°R，混合室的出口总温是多少？

(6) 如果压气机出口总压是 232.8psi，风扇和压气机的出口总温分别是 799.4 °R 和 1399 °R，那么涡轮出口总压等于多少？

3.33　为一个运输飞机选择发动机。标准天气下飞机在海平面以 0.8 马赫数飞行。燃烧室出口总温是 3000°R 且 $\Delta H = 18000 Btu/lbm$。核心机空气质量流量为 180lbm/s。开展非理想循环分析并将结果与理想循环分析的结果进行比较。不同发动机类别的非理想参数列举如下，喷管都是收敛喷管：

$\pi_d = 0.92, \quad \eta_c = 0.91, \quad \pi_{ab} = 0.98$

$\eta_b = 0.93, \quad \eta_f = 0.90, \quad \eta_{ab} = 0.92$

$\pi_b = 0.96, \quad \eta_t = 0.93, \quad \pi_{duct} = 0.99$

$\eta_m = 0.996, \quad \eta_n = 0.97, \quad \pi_{mixer} = 0.98$

$\eta_{fn} = 0.96$

(1)求如下发动机的无量纲化量 $F/(\dot{m}_t a_a)$ 和量纲化量 F 和 TSFC：

①冲压发动机；

②涡喷发动机，$\pi_c = 16$；

③带加力燃烧室的涡喷发动机，$\pi_c = 16$，加力燃烧室总温为 4200°R；

④分开排气的涡扇发动机，$\pi_c = 16$，$\pi_f = 4$，$\alpha = 1$；

⑤带加力燃烧室的混合排气涡扇发动机，$\pi_c = 16$，$\alpha = 1$，加力燃烧室总温为 4200°R。π_f 等于多少？

(2)你会选择哪个发动机？为什么？

3.34　一个涡喷发动机在 27000ft 以 0.85 马赫数运行，进口空气流量为 180lbm/s。压气机压比为 15.2。燃油热值为 17800Btu/lbm，油气比为 0.026。压气机、燃烧室、涡轮、传动轴和收敛喷管的效率分别为 89%、95%、91%、99.6%和 96%。进气道和燃烧室的总压比分别为 0.96 和 0.95。求发动机推力和 TSFC。

3.35　绘制一个涡扇发动机的 *h-s* 曲线。发动机核心机后有一个加力燃烧室，且发动机有一个外涵排气的风扇（图 2.46）。按相对数值等比例绘制该图；即针对不同部件，小心描述出合理的相对压力值和焓值。要求同时绘制出所有截面(a、1、2、3、4、5、6、7、8 和 9)的静压和总压，并同时标注出理想情况和非理想情况。

3.36　分析一台发电用的陆基燃气轮机，它具有与一个现代中等大小燃气轮机相近的性能。标准天气下在海平面运行时的进口空气流量为 147lbm/s。压气机压比为 18。燃油热值为 18400Btu/lbm，燃烧室出口总温为 2620°R。压气机、燃烧室、涡轮和传动轴的效率分别为 88%、96%、91.5%和 98%。进气装置、燃烧室和排气装置的总压比分别为 0.98、0.96 和 0.93。求该燃气轮机的整体热效率、净输出功率、热耗率（单位时间内的总输入能量）和燃油消耗率(SFC，单位净输出功率下的燃油消耗速率)。

3.37　一台混合排气涡扇发动机在海平面随飞机起飞。压气机压比为 18。燃油热值为 17800Btu/lbm，燃烧室出口总温为 2850°R。核心机流量为 150lbm/s，涵道比为 0.80。压气机、风扇、涡轮、燃烧室和尾喷管的空气动力学效率分别为 89%、90%、92%、95%和 96%。进气道的恢复系数为 0.95，燃烧室的总压比为 0.94。轴效率为 99.8%，外涵道和混合室的总压比分别是 0.99 和 0.99。尾喷管是可调收-扩喷管(出口压力等于环境压力)。求发动机推力和 TSFC。风扇总压比是多少？

3.38　一台分开排气涡扇发动机在海平面随飞机起飞。风扇压比为 3.90。燃油热值为 17800Btu/lbm，燃烧室出口总温为 2850°R。核心机流量为 150lbm/s，涵道比为 0.80。压气机、风扇、涡轮、燃烧室、尾喷管和外涵喷管的空气动力学效率分别为 89%、90%、92%、95%、96%和 95%。进气道的恢复系数为 0.95，燃烧室的总压比为 0.94。轴效率为 99.8%。尾喷管是可调收-扩喷管(出口压力等于环境压力)，而外涵喷管是固定收敛喷管。调整压气机压比求最大的发动机推力和对应的 TSFC。

3.39　一台分开排气涡扇发动机在海平面随飞机起飞。压气机压比为 18。燃油热值为 17800Btu/lbm，燃烧室出口总温为 2850°R。核心机流量为 150lbm/s，涵道比为 0.80。压气机、风扇、涡轮、燃烧室、尾喷管和外涵喷管的空气动力学效率分别为 89%、90%、92%、95%、96%和 95%。进气道的恢复系数为 0.95，燃烧室的总压比为 0.94。轴效率为 99.8%。尾喷管是可调收-扩喷管(出口压力等于环境压力)，而外涵喷管是固定收敛喷管。

(1) 调整风扇压比求最大的发动机推力和对应的 TSFC。

(2) 当风扇压比与题 3.35 相同时，发动机推力和对应的 TSFC 等于多少？为何与题 3.35 中不一样？

3.40　一台分开排气涡扇发动机在海平面随飞机起飞。压气机压比为 18，风扇压比为 3.90。燃油热值为 17800Btu/lbm，燃烧室出口总温为 2850°R。核心机流量为 150lbm/s。压气机、风扇、涡轮、燃烧室、尾喷管和外涵喷管的空气动力学效率分别为 89%、90%、92%、95%、 96%和 95%。进气道的恢复系数为 0.95，燃烧室的总压比为 0.94。轴效率为 99.8%。尾喷管是可调收-扩喷管(出口压力等于环境压力)，而外涵喷管是固定收敛喷管。调整涵道比求最大的发动机推力和对应的 TSFC。

3.41　一台涡喷发动机在海平面以 0.75 马赫数运行。进口空气流量为 165lbm/s(74.83kg/s)。压气机的效率为 88%。燃油热值为 17800Btu/lbm(41400kJ/kg)，燃烧室出口总温为 2500°R(1389K)。燃烧室效率为 91%，总压比为 0.95。涡轮的效率为 85%。喷管是一个收敛喷管，效率为 96%。进气道的总压恢复系数是 0.92，轴效率为 99.5%。求压气机压比从 10 到 20 时的发动机无量纲化推力和 TSFC，并绘制该曲线。注意，除压气机压比外本题与例 3.1 完全相同。

3.42　一台涡扇发动机在海平面以 0.75 马赫数运行。核心机流量为 165lbm/s(74.83kg/s)。压气机压比为 15，效率为 88%。发动机的分流比为 0.25。风扇效率为 90%。燃油热值为 17800Btu/lbm (41400kJ/kg)，燃烧室出口总温为 2500°R(1389K)。燃烧室效率为 91%且总压比为 0.95，涡轮的效率为 85%。外涵道的总压比为 0.98，混合室的总压比为 0.97。尾喷管是可调收-扩喷管(出口压力等于环境压力)且效率为 96%。外涵喷管是固定收敛喷管，效率为 95%。进气道的总压恢复系数是 0.92 且轴效率是 99.5%。涡轮出口和混合室出口的马赫数基本相同。求涵道比从 1 到 6 时的发动机无量纲化推力和 TSFC，并绘制该曲线。注意，除涵道比外本题与例 3.3 完全相同。

3.43　绘制一个含加力燃烧室的混合排气涡扇发动机的 *h-s* 曲线。按相对数值等比例绘制该图；即针对不同部件，小心描述出合理的相对压力值和焓值。要求同时绘制出所有截面(a、1、2、3、4、5、6、7、8 和 9)的静压和总压，并同时标注出理想情况和非理想情况。

3.44　分析一个含加力燃烧室的小涵道比混合排气涡扇发动机。发动机有 2 级风扇、12 级压气机和 5 级涡轮。发动机重量为 2950lbm。轴转速分别为 8500r/min 和 11500r/min。分析发动机在标准天气下 37000ft 运行时的情况。已知条件如下：

$\dot{m} = 140\text{lbm/s}$(核心机)，　$\gamma_d = 1.40$

$\dot{m}_{fab} = 9.121\text{lbm/s}$，　$\gamma_s = 1.39$

$\alpha = 0.7$，　$\gamma_c = 1.38$

$\Delta H = 17800\text{Btu/lbm}$，　$\gamma_b = 1.33$

$p_a = 3.14\text{psi}$，　$\gamma_t = 1.31$

$T_a = 387°\text{R}$，　$\gamma_{ab} = 1.31$

$a_a = 968\text{ft/s}$，　$\gamma_n = 1.30$

$M_a = 1.40$，　$\eta_c = 0.90$

$T_{t6} = 3500°\text{R}$，　$\eta_b = 0.95$

$T_{t7} = 817°\text{R}$，　$\eta_t = 0.93$

$T_{t4} = 2800°\text{R}$，　$\eta_{ab} = 0.90$

$T_{t3} = 1272°\text{R}$，　$\eta_m = 0.995$

$p_{t2} = 9.19\text{psi}$，　$p_8/p_a = 5.61$

$p_{t7} = 34.92\text{psi}$，　$\eta_n = 0.96$(固定收敛)

F(接通加力燃烧室) $= 23250\text{lbf}$，　$\pi_d = 0.92$

F(切断加力燃烧室) $= 11120\text{lbf}$，　$\pi_{ab} = 0.96$

$\pi_b = 0.93$

(1) 压气机出口总压等于多少？

(2) 主燃烧室的燃油流量等于多少？加力燃烧室接通时的 TSFC 等于多少？加力燃烧室切断时的 TSFC 等于多少？

(3) 加力燃烧室接通时的无量纲化推力是多少？

(4) 如果燃油流量可忽略不计，涡轮出口总温等于多少？

(5) 风扇效率等于多少？

(6) 你认为该发动机的应用场景是哪一类？为什么(请列举几条原因)？

3.45 一台冲压发动机在 251°R、0.324psi 和 4.0 马赫数下工作。发动机的空气质量流量为 190lbm/s。油气比为 0.0457，采用该油气比主要出于喷管材料的热限制。燃油热值为 18000Btu/lbm。燃烧室、收敛喷管的效率分别是 91% 和 95%。进气道和燃烧室的总压比分别为 0.92 和 0.88。外部环境、进气道、燃烧室和喷管的比热容比分别为 1.418、1.377、1.320 和 1.274。相应的比定压热容分别为 0.233Btu/(lbm·°R)、0.250Btu/(lbm·°R)、0.283Btu/(lbm·°R) 和 0.319Btu/(lbm·°R)。求燃烧室出口总温、发动机推力和 TSFC。

3.46 一台涡喷发动机在海平面以 0.75 马赫数运行。进口空气流量为 165lbm/s(74.83kg/s)。压气机压比为 15，效率为 88%。燃油热值为 17800Btu/lbm(41400kJ/kg)，燃烧室出口总温为 2500°R(1389K)。燃烧室效率为 91%，总压比为 0.95。涡轮的效率为 85%。尾喷管是收敛喷管，效率为 96%。进气道的总压恢复系数是 0.92，轴效率为 99.5%。求如下两个独立条件下的求发动机无量纲化推力和 TSFC：①压气机效率增加三个百分点；②涡轮效率增加三个百分点。哪一种条件对改进发动机整机性能更有效？请注意，除压气机和涡轮的效率外本题与例 3.1 完全一致。

3.47 一台涡扇发动机在海平面以 0.75 马赫数运行。核心机流量为 74.83kg/s(165lbm/s)。压气机压比为 15，效率为 88%。发动机涵道比为 3，分流比为 0.25。风扇效率为 90%。燃油热值为 41400kJ/kg(17800Btu/lbm)，燃烧室出口总温为 1389K(2500°R)。燃烧室效率为 91%，总压比为 0.95。涡轮的效率为 85%。外涵道的总压比为 0.98，混合室的总压比为 0.97。尾喷管是收-扩喷管(出口压力等于环境压力)，效率为 96%。外涵喷管是收敛喷管，效率为 95%。进气道的总压恢复系数是 0.92，轴效率为 99.5%。求如下两个独立条件下的求发动机无量纲化推力和 TSFC：①压气机效率增加三个百分点；②涡轮效率增加三个百分点。哪一种条件对改进发动机整机性能更有效？请注意，除压气机和涡轮的效率外本题与例 3.3 完全一致。

3.48 为标准天气下从航母上起飞的飞机选择一台发动机。燃烧室出口总温为 2600°R 且 $\Delta H = 17900$Btu/lbm。核心机流量为 230lbm/s。开展非理想循环分析，并将结果与理想循环分析进行比较。发动机的所有喷管都是收敛喷管。不同发动机类型的非理想参数如下：

$\pi_d = 0.94,\quad \eta_c = 0.92,\quad \pi_{ab} = 0.98$

$\eta_b = 0.93,\quad \eta_f = 0.91,\quad \eta_{ab} = 0.92$

$\pi_b = 0.96,\quad \eta_t = 0.94,\quad \pi_u = 0.99$

$\eta_m = 0.995,\quad \eta_n = 0.96,\quad \pi_m = 0.98$

$\eta_{fn} = 0.97$

(1) 求如下发动机的无量纲化量 $F/(\dot{m}_t a_a)$ 和量纲化量 F 和 TSFC：

① 冲压发动机；

② 涡喷发动机，$\pi_c = 23.5$；

③ 带加力燃烧室的涡喷发动机，$\pi_c = 23.5$，加力燃烧室总温为 3900°R；

④分开排气的涡扇发动机，$\pi_c = 23.5$，$\pi_f = 1.98$，$\alpha = 5.0$；

⑤带加力燃烧室的混合排气涡扇发动机，$\pi_c = 23.5$，$\alpha = 0.7$，加力燃烧室总温为 3900°R。π_f 等于多少？

(2) 你会选择哪个发动机？为什么？

3.49　分析一个大涵道比含加力燃烧室的分开排气涡扇发动机。发动机有 1 级风扇、14 级压气机和 4 级涡轮。核心机流量为 144lbm/s，涵道比为 4.40。发动机重 4540lbm。主燃烧室燃油流量为 3.62lbm/s。压气机的进口和出口气流总温分别为 529°R 和 1268°R。风扇进口总温为 529°R。主燃烧室和涡轮的出口总温分别为 2770°R 和 1783°R。加力燃烧室未接通时的推力为 15760lbf，尾喷管进口总温为 1783°R。接通加力燃烧室时的推力为 22110lbf，尾喷管进口总温是 3850°R。主燃烧室和加力燃烧室的总压比分别为 0.95 和 0.97，效率分别为 97% 和 90%。燃油热值为 17800Btu/lbm。尾喷管和外涵喷管都是收敛喷管，效率分别是 97% 和 96%。涡轮进出口总压分别是 215.0 psi 和 28.4psi。风扇和压气机的效率分别为 89% 和 90%。进气道的总压恢复系数是 0.96，机械效率为 99.7%。轴转速分别为 7400r/min 和 10900r/min。分析发动机在标准天气 0.90 马赫数、18000ft 下（$p_a = 7.33$psi，$T_a = 455$°R，$a_a = 1047$ft/s）的性能。已知如下比热容比等参数：

$\gamma_d = 1.40,\quad c_{pd} = 0.2390\text{Btu/(lbm}\cdot\text{°R)}$

$\gamma_s = 1.40,\quad c_{ps} = 0.2401\text{Btu/(lbm}\cdot\text{°R)}$

$\gamma_c = 1.38,\quad c_{pc} = 0.2477\text{Btu/(lbm}\cdot\text{°R)}$

$\gamma_b = 1.33,\quad c_{pb} = 0.2762\text{Btu/(lbm}\cdot\text{°R)}$

$\gamma_t = 1.32,\quad c_{pt} = 0.2832\text{Btu/(lbm}\cdot\text{°R)}$

$\gamma_{ab} = 1.30,\quad c_{pab} = 0.2985\text{Btu/(lbm}\cdot\text{°R)}$

$\gamma_n = 1.26,\quad c_{pn} = 0.3301\text{Btu/(lbm}\cdot\text{°R)}$

$\gamma_{fn} = 1.40,\quad c_{pfn} = 0.2412\text{Btu/(lbm}\cdot\text{°R)}$

(1) 加力燃烧室接通时风扇的总压比是多少？

(2) 加力燃烧室接通时的燃油流率是多少？此时的 TSFC 是多少？

(3) 加力燃烧室切断时的无量纲化推力是多少？

(4) 加力燃烧室接通时涡轮的效率是多少？

(5) 加力燃烧室接通时尾喷管出口速率是多少？

3.50　绘制一个含加力燃烧室的涡喷发动机（图 2.38）的 h-s 曲线。按相对数值等比例绘制该图；即针对不同部件，小心描述出合理的相对压力值和焓值。要求同时绘制出所有截面(a、1、2、3、4、5、6 和 8)的静压和总压，只需标注出非理想情况。

3.51　分析一个大涵道比的混合排气涡扇发动机。核心机后有一个加力燃烧室，风扇后无加力燃烧室。发动机有 2 级风扇、10 级压气机和 4 级涡轮。单传动轴转速为 10500r/min。分析标准天气下 10000ft 时的发动机性能。

整机：

$$\dot{m} = 75\text{lbm/s(核心机)},\quad T_a = 483\text{°R},\quad p_a = 10.10\text{psi}$$

$$M_a = 0.66,\quad \eta_m = 0.995,\quad F = 8894\text{lbf}$$

$$发动机质量 = 2550\text{lbm},\quad N = 10500\text{r/min}$$

进气道：

$$\pi_d = 0.92,\quad \gamma_d = 1.40,\quad c_{pd} = 0.240\text{Btu/(lbm}\cdot\text{°R)}$$

压气机：

$$\pi_{\text{c}} = 22(\text{含风扇}), \quad \gamma_{\text{c}} = 1.38, \quad c_{\text{pc}} = 0.248\text{Btu/(lbm} \cdot {}^{\circ}\text{R})$$
$$\eta_{\text{c}} = 0.89$$

风扇：

$$\pi_{\text{f}} = 2.40, \quad \gamma_{\text{f}} = 1.40, \quad c_{\text{pf}} = 0.240\text{Btu/(lbm} \cdot {}^{\circ}\text{R})$$
$$\alpha = 3.2, \quad T_{\text{t7}} = 687{}^{\circ}\text{R}$$

燃烧室：

$$\dot{m}_{\text{f}} = 1.74\text{lbm/s}, \quad \gamma_{\text{b}} = 1.33, \quad c_{\text{pb}} = 0.275\text{Btu/(lbm} \cdot {}^{\circ}\text{R})$$
$$\Delta H = 17700\text{Btu/lbm}, \quad \eta_{\text{b}} = 0.93, \quad \pi_{\text{b}} = 0.95$$

涡轮：

$$\eta_{\text{t}} = 0.86, \quad \gamma_{\text{t}} = 1.33, \quad c_{\text{pt}} = 0.278\text{Btu/(lbm} \cdot {}^{\circ}\text{R})$$

加力燃烧室：

$$\dot{m}_{\text{fab}} = 2.52\text{lbm/s}, \quad \gamma_{\text{ab}} = 1.32, \quad c_{\text{pab}} = 0.285\text{Btu/(lbm} \cdot {}^{\circ}\text{R})$$
$$T_{\text{t6}} = 3200{}^{\circ}\text{R}, \quad \eta_{\text{ab}} = 0.88, \quad \pi_{\text{ab}} = 0.98$$

可调收-扩尾喷管：

$$\eta_{\text{n}} = 0.97, \quad \gamma_{\text{n}} = 1.28, \quad c_{\text{pn}} = 0.310\text{Btu/(lbm} \cdot {}^{\circ}\text{R})$$
$$p_8/p_{\text{a}} = 1.00$$

收敛外涵喷管：

$$\eta_{\text{fn}} = 0.92, \quad \gamma_{\text{fn}} = 1.39, \quad c_{\text{pfn}} = 0.243\text{Btu/(lbm} \cdot {}^{\circ}\text{R})$$

(1)压气机出口总温是多少？

(2)如果压气机出口总温是 1321°R，主燃烧室出口总温是多少？

(3)如果主燃烧室出口总温是 2650°R 且压气机出口总温是 1321°R，涡轮外的总压是多少？

(4)TSFC 等于多少？

(5)外涵喷管出口的压力是多少？

(6)风扇的效率是多少？

以上各个部件可独立工作。

3.52 一架包含一个非理想发动机的运输飞机在标准天气下的海平面以 0.80 马赫数飞行。该发动机燃烧室出口总温为 2400°R，核心机流量为 180lbm/s。燃油热值为 17900Btu/lbm。外涵喷管是收敛喷管，尾喷管是收-扩喷管。不同发动机类型的非理想参数如下：

$$\pi_{\text{d}} = 0.94, \quad \eta_{\text{c}} = 0.90, \quad \pi_{\text{ab}} = 0.98$$
$$\eta_{\text{b}} = 0.93, \quad \eta_{\text{f}} = 0.89, \quad \eta_{\text{ab}} = 0.91$$
$$\pi_{\text{b}} = 0.95, \quad \eta_{\text{t}} = 0.92, \quad \pi_{\text{u}} = 0.99$$
$$\eta_{\text{m}} = 0.997, \quad \pi_{\text{m}} = 0.98, \quad \eta_{\text{n}} = 0.98$$
$$\eta_{\text{fn}} = 0.96$$

(1)求如下发动机的推力、无量纲化推力和 TSFC：

①冲压发动机；

②涡喷发动机，$\pi_{\text{c}} = 13$；

③带加力燃烧室的涡喷发动机，$\pi_{\text{c}} = 13$，加力燃烧室总温为 3800°R；

④混合排气涡扇发动机，$\pi_{\text{c}} = 13$，$\alpha = 1.4$；π_{f} 等于多少？

⑤分开排气涡扇发动机，$\pi_{\text{c}} = 13$，$\alpha = 1.4$；π_{f} 与分开排气涡扇发动机的情况相同。

⑥带加力燃烧室的混合排气涡扇发动机，$\pi_c = 13$，$\alpha = 1.4$，加力燃烧室总温为 3800°R。

(2) 你会选择哪个发动机？为什么？

3.53　如下部件来自于一个涵道比为 0.55 的混合排气涡扇发动机：

(1) 压气机的进出口总温分别为 518°R 和 1252°R，进口总压为 12.5psi，出口总压为 237.5psi。比热容比为 1.3834。

①压气机的效率是多少？

②如果输入功率和进口滞止条件不变，将效率提高到 100%，压气机的出口总压是多少？

(2) 涡轮的进口总温为 2860°R，进口总压是 230.4psi。压气机和风扇的进口总温是 518°R。压气机和风扇的出口总温分别是 1252°R 和 815°R。核心机流量为 190lbm/s，燃油流量为 5.4lbm/s。涡轮的效率为 90%，机械效率为 99.9%。压气机、风扇和涡轮的比热容比分别为 1.3834、1.3949 和 1.3109。压气机、风扇和涡轮的比定压热容分别为 0.2474Btu/(lbm·°R)、0.2422Btu/(lbm·°R) 和 0.2891Btu/(lbm·°R)。求涡轮的出口总压。

(3) 在 10000ft，接通加力时的净推力为 34240lbf。主燃烧室燃油流量为 5.4lbm/s，加力燃烧室燃油流量为 13.1lbm/s。核心机流量为 190lbm/s。喷管进口总温为 3860°R，进口总压是 54.0psi。

①求无量纲化推力。

②求 TSFC。

3.54　一个在海平面随飞机起飞的分开排气涡扇发动机的涵道比为 0.80，核心机流量为 150lbm/s。发动机具有如下部件：

(1) 压气机进口总温为 519°R，出口总温为 1235°R；进口总压为 13.96psi 且压气机效率为 89%。比热容比为 1.3838。请问压气机出口总压等于多少？如果输入功率和进口滞止条件不变，将效率提高到 100%，压气机的出口总压是多少？

(2) 涡轮的进口总温为 2850°R，进口总压是 236.1psi。压气机和风扇的进口总温是 519°R。压气机和风扇的出口总温分别是 1235°R 和 790°R。燃油流量为 4.2lbm/s，涡轮出口总压是 53.9psi。机械效率为 99.8%。压气机、风扇和涡轮的比热容比分别为 1.3838、1.3955 和 1.3119。压气机、风扇和涡轮的比定压热容分别为 0.2472Btu/(lbm·°R)、0.2419Btu/(lbm·°R) 和 0.2884Btu/(lbm·°R)。求涡轮的效率。如果将涡轮效率提高到 100%，在相同的涡轮进口总压、进口总温和相同的涡轮出口总压条件下，输出给风扇和压气机的功能将会提高多少？

(3) 对于一个混合排气涡扇发动机（未接通加力燃烧室时），其尾喷管处获得的推力为 13212lbf。主燃烧室燃油流量为 4.16lbm/s。核心机流量为 150lbm/s。可调收-扩喷管的进口总温是 2074°R，进口总压为 53.9psi；尾喷管的效率为 96%，比热容比为 1.3278，出口气流速度为 2757ft/s。收敛外涵喷管的进口总温是 790°R，进口总压是 54.4psi；效率为 95%，比热容比为 1.3883。求无量纲化推力和 TSFC。

3.55　一架飞机在压力为 5.45psi、温度为 429.6°R 的环境中以 866ft/s 飞行。飞机装有一个含加力燃烧室的涡喷发动机。发动机的核心机流量为 210lbm/s。发动机具有如下部件：

(1) 压气机进口总温为 492.3°R，出口总温为 1187°R；进口总压为 8.22psi，总压比为 19.0。比热容比为 1.3857。压气机的效率是多少？

(2) 加力燃烧室工作时的进口总温为 2171°R，进口总压是 50.95psi，效率为 92%，总压比为 0.99。主燃烧室的燃油流量为 5.59lbm/s，加力燃烧室的燃油流量为 6.29lbm/s。加力燃烧室的比定压热容为 0.3012Btu/(lbm·°R)，燃油热值为 17800Btu/lbm。求加力燃烧室出口总温。

(3) 涡轮进口总温为 2750°R，进口总压为 150.0psi。压气机进口总压为 492.3°R，出口总温为 1187°R。

核心机流量为 210lbm/s，燃油流量为 5.59lbm/s。涡轮出口总压为 51.0psi，机械效率为 99.8%。压气机和涡轮的比热容比分别为 1.3875 和 1.3119。压气机和涡轮的比定压热容分别为 0.2463Btu/(lbm·°R) 和 0.2883Btu/(lbm·°R)。求涡轮的效率。

3.56 一台分开排气涡扇发动机驱动一架飞机在压力为 10.10psi 和温度为 483°R 的环境中以 993ft/s 的速度巡航。发动机的核心机流量为 225lbm/s，主燃烧室燃油流量为 6.64lbm/s。发动机具有如下部件：

(1) 涡轮的进口总温为 2950°R，出口总温为 2094°R；进口总压为 411psi，总压比为 0.205。比热容比为 1.310。涡轮的效率是多少？

(2) 主燃烧室工作时的进口总温为 1434°R，进口总压是 419psi，效率为 96%，总压比为 0.98。比定压热容为 0.281Btu/(lbm·°R)，燃油热值为 17900Btu/lbm。求燃烧室出口总温。

(3) 涡轮进口总温为 2950°R，出口总温为 2094°R；进口总压为 411psi。压气机进口总压为 565°R，出口总压为 1434°R；进口总压为 16.8。风扇的进口总温为 565°R，进口总压为 16.8psi，出口总压为 37.7psi。涵道比为 0.95，机械效率为 99.8%。风扇、压气机和涡轮的比热容比分别为 1.396、1.378 和 1.310。风扇、压气机和涡轮的比定压热容分别为 0.242Btu/(lbm·°R)、0.250Btu/(lbm·°R) 和 0.290Btu/(lbm·°R)。求风扇的效率。

3.57 一架商业飞机设计的例行飞行高度为 36000ft，飞行速度为 826ft/s。由于飞机机身阻力，需要采用两台发动机，单台发动机的推力需求为 42500lbf 或更高。而根据燃油经济性提出的要求为，发动机应在 TSFC 为 0.62lbm/(lbf·h) 或更低时运行。燃烧室出口总温的限制为 2950°R。为该应用场景设计一个发动机。

3.58 设计一个新的军用战斗机，且该飞机设计为在多种高度下飞行。其中一个特定的条件是飞行高度 20000ft，飞行时空速 935ft/s。由于飞机机身阻力，需要采用两台发动机，单台发动机的推力需求为 16500lbf。而发动机重量限制要求发动机的无量纲化推力 1.9 且 TSFC 为 0.92lbm/(lbf·h) 或更低。而且由于发动机是一个战斗机，当飞机快速加速到超声速时所需的短时推力增加到 31500lbf。燃烧室和加力燃烧室的出口总温限制分别为 3000°R 和 3600°R。为该应用场景设计一个在这些条件下工作的发动机。

3.59 一台发电用的陆基回热燃气轮机(图 1.13(a))，在标准天气下在海平面运行时的进口空气流量为 132lbm/s。压气机压比为 15.6。燃油热值为 18000Btu/lbm，燃烧室出口总温为 2477°R。压气机、燃烧室、涡轮和传动轴的效率分别为 87.7%、91%、92% 和 99.5%。进气装置、燃烧室和排气装置的总压比分别为 0.983、0.967 和 0.979。回热器中两个路径(3-3x 和 5-5x)的总压比都是 0.991(由摩擦导致的总压损失)，且回热器的效用为 0.75。压气机、燃烧室、涡轮、进气装置、排气装置的比热容比分别为 1.385、1.335、1.334、1.400 和 1.366。回热器中两个路径(3-3x 和 5-5x)的比热容分别是 0.257Btu/(lbm·°R) 和 0.258Btu/(lbm·°R)。求：

(1) 整机热效率；

(2) 净输出功率；

(3) 燃油消耗率(SFC，单位净输出功率下的燃油消耗速率)。

作为参照，如果所有部件的效率和效用都等于 1 且不存在不可逆的压力损失，上述三个结论分别为 56.1%、36660hp 和 0.252lbm/(hp·h)。

3.60 一架飞机由一台混合排气涡扇发动机驱动向既定高度爬升，飞行速度为 540ft/s，环境压力为 10.10psi，环境温度为 483°R。核心机流量为 195lbm/s，主燃烧室燃油流量为 5.18lbm/s。涵道比为 0.75。

(1) 涡轮进口总温为 2850°R，效率为 93%。涡轮进口总压为 281.9psi。涡轮比热容比为 1.314，比定压热容为 0.287Btu/(lbm·°R)。压气机进口、出口总温分别是 507°R 和 1308°R，效率是 91%，比热容比为 1.382 且 $c_p = 0.248$Btu/(lbm·°R)。风扇进口和出口总温分别是 507°R 和 815°R，风扇总压比为 4.66，比热容比为 1.395 且 $c_p = 0.242$Btu/(lbm·°R)。轴效率为 100%。涡轮的出口总温为多少？

(2)加力燃烧室进口总温为 1509°R,进口总压为 419psi,效率为 88%,总压比等于 0.99 加力燃烧室燃油流量为 17.48 lbm/s。比定压热容为 0.296Btu/(lbm·°R)且燃油热值为 17800Btu/lbm。求加力燃烧室出口总温。

(3)风扇进口和出口总温分别是 507°R 和 815°R,风扇总压比为 4.66,比热容比为 1.395 且 $c_p = 0.242$Btu/(lbm·°R)。求风扇的效率。

(4)分析未接通加力燃烧室时发动机的固定收敛喷管。喷管进口总温为 1509°R,进口总压为 52.6psi,效率为 97%,比热容比为 1.353,比定压热容为 0.263Btu/(lbm·°R)。喷管出口面积为 498in²。求喷管出口马赫数,发动机推力和 TSFC。

3.61 一个压气机包含 N 级,每一级的总压比为 1.25、效率为 90%。绘制出 N 从 1 到 16 时发动机的效率和总压比曲线。

3.62 一台发电用的陆基燃气轮机(图 1.11(a))标准天气下在海平面运行时的进口空气流量为 132lbm/s。压气机压比为 15.6。燃油热值为 18000Btu/lbm,燃烧室出口总温为 2477°R。压气机、燃烧室、涡轮和传动轴的效率分别为 87.7%、91%、92%和 99.5%。进气装置、燃烧室和排气装置的总压比分别为 0.983、0.967 和 0.979。压气机、燃烧室、涡轮、进气装置和排气装置的比热容比分别为 1.385、1.338、1.334、1.403 和 1.366。

(1)求该燃气轮机的整体热效率、净输出功率燃油消耗率(SFC,单位净输出功率下的燃油消耗速率)。

(2)如果将进口气流预冷处理,使进口气流静温下降 50°R,求此时的整体热效率、净输出功率燃油消耗率。

3.63 一台含加力燃烧室的混合排气涡扇发动机在 35000ft 以 0.93 马赫数运行。核心机流量为 95lbm/s。压气机压比为 24,效率为 91%。发动机涵道比为 0.66。风扇效率为 92%。燃油热值为 17800Btu/lbm 且燃烧室出口总温为 2870°R。燃烧室效率为 97%,总压比为 0.96。涡轮效率为 93%。外涵道总压比为 1.00,混合室的总压比为 0.99。尾喷管为可调收-扩喷管(出口压力等于环境压力),效率为 96%。进气道的总压恢复系数是 0.96,轴效率为 99.5%。涡轮出口和外涵道出口的马赫数基本相等。加力燃烧室效率为 92%,总压比为 0.98,出口总温为 3940°R。求发动机推力、无量纲化推力和 TSFC。

3.64 分析一台分开排气大涵道比涡扇发动机。核心机流量为 200lbm/s,涵道比为 6。风扇和压气机的总压比分别为 2.2 和 36。主燃烧室出口总温为 3020°R,总压比为 0.95。燃烧室效率为 95%且燃油热值为 17800Btu/lbm。两个喷管都是收敛的,尾喷管和外涵喷管的效率分别是 96%和 96%。风扇、压气机和涡轮的效率分别是 92%、90%和 91%。进气道的总压恢复系数是 0.97,机械效率为 99.3%。分析标准天气下 0ft、0.3 马赫数(刚起飞)的发动机性能。求发动机推力、无量纲化推力和 TSFC。

3.65 一台混合排气涡扇发动机的涡轮进口总温为 2880°R,效率为 93%。涡轮进口总压为 147.0psi,比热容比为 1.313,比定压热容为 0.288Btu/(lbm·°R)。核心机流量为 177lbm/s,涵道比为 0.90 且主燃烧室燃油流量为 5.00lbm/s。飞机在环境压力 3.14psi、环境温度为 387°R 处以 919ft/s 的速度飞行。压气机进出口总温分别为 458°R 和 1238°R,总压比为 29,比热容比为 1.385 且 $c_p = 0.246$Btu/(lbm·°R)。风扇的进出口总温分别为 458°R 和 761°R,总压比为 5.328,比热容比为 1.398 且 $c_p = 0.241$Btu/(lbm·°R)。主燃烧室进口总温为 1238°R,进口总压为 153psi,效率为 95%,总压比为 0.96。主燃油流量为 5.00lbm/s,加力燃油流量为 16.78lbm/s。燃烧室的比定压热容为 0.277Btu/(lbm·°R)且燃油热值为 17800Btu/lbm。固定收敛喷管的进口总温为 3975°R,进口总压为 27.85psi,喷管效率为 97%,比热容比为 1.258 且比定压热容为 0.334Btu/(lbm·°R),喷管出口面积为 1614in²。机械效率为 100%。

(1)涡轮出口总压等于多少?

(2)求压气机的效率。

(3)如果压气机有 14 级，每一级的平均总压比等于多少？

(4)求燃烧室出口总温。

(5)求喷管出口马赫数。

(6)求发动机推力。

(7)求 TSFC。

作为比较，如果采用可调收−扩喷管，使喷管出口压力等于环境压力，推力将为 44113lbf，TSFC 将为 1.778lbm/(lbf·h)。

3.66 一台标准燃气轮机布雷顿循环的最大温度为 1606K。压气机进口温度和压力分别为 0℃和 102kPa 且压气机压比为 21。压气机、涡轮和燃烧室的效率分别为 91%、93%和 100%。进气装置、燃烧室和排气装置的总压比都等于 1。空气流量为 25kg/s。燃油热值为 42000kJ/kg。假设比热容为常数且 $\gamma = 1.36$。绘制 $T\text{-}s$ 曲线并求：

(1)净输出功率；

(2)系统热效率；

(3)燃油流量。

3.67 设计一个新的商用飞机，其一般巡航高度为 39000ft，飞行时空速为 845ft/s。由于飞机机身阻力，需要采用三台发动机，单台发动机的推力需求为 16000lbf。而根据燃油经济性提出的要求为，发动机应在 TSFC 为 0.59lbm/(lbf·h) 或更低时运行。而材料限制的燃烧室出口总温为 2975°R。为该应用场景设计一个发动机。

3.68 设计一个新的军用战斗机，且该飞机设计为在多种高度下飞行。其中一个特定的条件是飞行高度 24000ft，飞行时空速 992ft/s。由于飞机机身阻力，需要采用两台发动机，单台发动机的推力需求为 14500lbf。而发动机重量限制要求发动机的无量纲化推力为 2.0 且 TSFC 为 0.92lbm/(lbf·h)。而且由于发动机是一个战斗机，当飞机快速加速到超声速时所需的短时推力增加到 28100lbf。材料对燃烧室和加力燃烧室的出口总温限制分别为 3000°R 和 3700°R。为该应用场景设计一个在这些条件下工作的发动机。

3.69 分析一个分开排气涡扇发动机的部件。飞机以 818ft/s 巡航，环境压力为 4.36psi，环境温度为 412°R。核心机流量为 200lbm/s。涡轮进口总温为 2870°R，出口总温为 1561°R，进口总压为 158psi；出口总压为 8.66psi。压气机进口总温为 468°R，出口总温为 1237°R；进口总压为 6.58psi。风扇进口总温为 468°R；进口总压为 6.58psi，出口总压为 14.5psi，效率为 91%。主燃烧室进口总温为 1237°R；进口总压为 165psi；效率为 95%，总压比为 0.96。主燃油流量为 5.58lbm/s。燃油热值为 17900Btu/lbm。外涵喷管进口总温为 600°R；进口总压为 14.5psi。出口面积为 3930in²。机械效率为 100%。风扇、压气机、涡轮和喷管的比热容比分别是 1.400、1.385、1.322 和 1.398。风扇、压气机、燃烧室、涡轮和喷管的比定压热容分别是 0.240Btu/(lbm·°R)、0.247Btu/(lbm·°R)、0.277Btu/(lbm·°R)、0.281Btu/(lbm·°R) 和 0.241Btu/(lbm·°R)，利用部件间数据计算：

(1)求涡轮的效率；

(2)求燃烧室出口总温；

(3)求燃烧室出口总压；

(4)求外涵喷管出口马赫数；

(5)求外涵喷管的总质量流量；

(6)求涵道比。

第二篇
部件分析

F100-PW-229A 发动机尾喷管
【图片由普惠友情提供】

RB211-524 发动机进气道
【图片由罗-罗友情提供】

RB211 压气机叶片
【图片由罗-罗友情提供】

第4章 进 气 道

||||||||||||||||||||||||

4.1 引 言

进气道的作用有三：一是将气流平滑引入发动机中；二是降低气流的速度，使其压力增大；三是为压气机提供均匀的气流。由第 2 章和第 3 章的相关分析可知，发动机的性能随进入燃烧室内气流压力的增大而提高。大气中的气流首先接触到的部件是进气道，其次才是压气机。因此，若进气道的总压损失较大，进入燃烧室内的总压将会减小与压气机总压比对应的倍数。例如，如果在进气道内有 2psi 的压力损失，对于一个大的发动机，燃烧室内压力损失将为 50psi！

这些损失源于多个过程，并通过多种方式影响发动机的性能。首先，进气道外的总压损失多是由激波引起的。进气道外的气流还会影响发动机的外围气流，并产生附加阻力。其次，进气道内理想的气流是均匀的，气流在进气道内顺畅地流动。但是由于在进气道内存在不利的压力梯度，进气道内壁上的边界层有增厚和分离的趋势。这会引发三种次生效应：一是黏性剪切力的存在使气流不等熵，总压进一步降低；二是边界层的分离使有效流通面积减小，因此气流减速程度不足，静压也达不到预期值；三是由于边界层的分离，进入压气机的气流高度不均匀，会降低压气机的效率和稳定裕度。因此，进气道内外流的高效工作尤为重要。

过去十几年里，三维(3D)计算流体力学(CFD)和非稳态分析方法都取得了长足的进步，并用于辅助燃气涡轮部件的设计。但由于它们并非完全可靠，所以并未取代全部工作，因此需要一些经验性和试验性的结果作为补充。由于 CFD 的使用不在本书的讨论范围内，我们会结合经验、一维(1D)与二维(2D)模型来分析趋势，并讨论与借鉴这些设计问题所需的一些粗略(但合理)的计算方法。

首先，我们假设进气道的内外流都是等熵的。第 3 章我们已经知道，实际上气流在进入进气道之前和进入进气道之后都存在流动损失。并且假定进气道基本上是绝热的。我们将分开讨论进气道内外的损失。

为描述这些损失，我们引入总压恢复系数的概念。其定义为

$$\pi_{\mathrm{d}} = \frac{p_{\mathrm{t2}}}{p_{\mathrm{ta}}} \tag{4.1.1}$$

这一系数描述了从自由来流到进气道出口之间的流动损失。

另一个经常用到的定义是表征进气道内部损失的进气道压力恢复系数，其定义为

$$\pi_{\mathrm{r}} = \frac{p_{\mathrm{t2}}}{p_{\mathrm{t1}}} \qquad\qquad (4.1.2)$$

这一系数描述了进气道内由边界层及其分离所引起的损失。

在进气道之前的损失通常是由飞机外或进气道进口前的激波引起的，其定义为

$$\pi_{\mathrm{o}} = \frac{p_{\mathrm{t1}}}{p_{\mathrm{ta}}} \qquad\qquad (4.1.3)$$

这就是从自由来流到进气道进口之间的损失。对于亚声速气流，这一数据通常接近或等于1。随着马赫数逐渐超过1，由于激波的出现，这一损失快速增大，我们将在4.3节具体讨论。结合式(4.1.1)~式(4.1.3)可得

$$\pi_{\mathrm{d}} = \pi_{\mathrm{r}}\pi_{\mathrm{o}} \qquad\qquad (4.1.4)$$

因此，给定 π_{d} 或同时给定 π_{r} 和 π_{o}，就可将进气道的全部损失纳入循环分析中。本章的目的之一就是推导一种估算进气道 π_{r} 和 π_{o} 的方法。

4.2　亚　声　速

4.2.1　外流特性

进气道的设计必须适应不同的飞行条件。也就是说，进气道必须能在不同马赫数、高度、空气流量等条件下，为压气机收集足量而稳定的气流。对于亚声速进气道，其设计并不像超声速进气道那样关键，因为此时的气流控制方程是椭圆形，通过测量进气道上游的小压力脉动，可随需求变化调整进入进气道内的流线特征。

图4.1中给出了两种气流条件下的流线。第一种条件是高飞行速度/低流量系数[①]或两种条件都存在时的流线。在远离进气道进口处，图示中两条流线组成的流管面积比进气装置处面积小。因此当接近进口时，气流速度减小，压力增大。为了使进口截面处气流顺畅地弯曲，进气道的前缘设计都足够圆润，这样可以尽可能降低入口气流分离的风险。

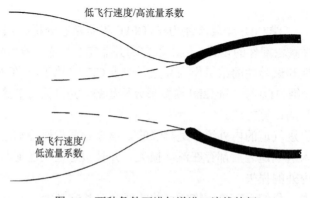

图4.1　两种条件下进气道进口流线特征

---

① 译者注：流量系数是实际捕获流量和理论捕获流量的比值。

　　第二种条件是低飞行速度/高流量系数或两种条件都存在时的流线。这种条件对应于在跑道上起飞的飞机或台架测试的发动机。在远离进气道进口处，图示中两条流线组成的流管面积比进口处面积大。因此当接近进口时，气流速度增大，压力减小。这种情况下，由于在进气道前缘气流运动方向改变（由收敛转向扩张），进口前缘设计成足够圆润就更加重要。CFD 为进气道外罩的唇口设计提供了极大的帮助。

4.2.2　压升限制

　　由前面章节可知，如果进入尾喷管的气压增大，发动机推力也会增大。因此，我们期望尽可能增加进气道出口的压力，并降低进入压气机的气流速度。但这样存在一个容易诱发边界层分离的逆压梯度。边界层分离也成为进气道工作时的一个限制。为分析这一限制，Hill 和 Peterson（1992）曾分析了如下定义的广义压力系数：

$$C_{\mathrm{p}} \equiv \frac{\Delta p}{\dfrac{1}{2}\rho u^2} \tag{4.2.1}$$

式中，u 是进气速度。典型地，对一个内壁有限弯曲，理想进口条件的简单进气道（图 4.2(a)），在不发生边界层分离时，C_{p} 小于或约等于 0.6。如果压力系数大于 0.6，将会发生边界层分离。又或者若进气道内壁有较大的弯曲，或进气攻角较大（图 4.2(b)）或气流方向有波动，都将会使压力系数的上限降低到 0.1~0.2。同样，足够圆润的进气道前缘会改善进气性能。另一预判边界层分离的方法（也是对前面结论的补充）如图 4.3 所示。此处，一般的简单进气道极限扩张角可表达为进气道长宽比的函数。这些数据可用于包括二元、轴对称的或其

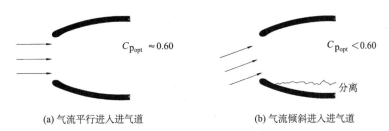

(a) 气流平行进入进气道　　　　　　　　　(b) 气流倾斜进入进气道

图 4.2　进气道内的边界层分离

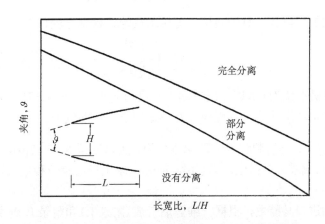

图 4.3　简单进气道内边界层分离的一般经验数据趋势

他多种内壁形状(直线形、曲线形等)的椭圆状进气道。这种经验方法依赖于特定的进气道,且通常是在充分受控的进口气流条件下获得的。对一个给定的长宽比(L/H),如果进气攻角过大,扩张比也会快速扩大,从而出现边界层分离。另外,给定扩张角 ϑ 时,如果长宽比足够大,也会发生边界层分离。总之,存在一个瞬态的边界层分离区域,换言之,边界层分离区域是变化的。

Fox 和 Kline(1962)给出了内壁为直线形简单 2D 平滑进气道的数据。将这些数据进行曲线拟合得到如下两个近似曲线:

$$\ln \vartheta_{\min} = 3.28 - 0.46 \ln\left(L/H\right) - 0.031\left(\ln\left(L/H\right)\right)^2 \tag{4.2.2a}$$

$$\ln \vartheta_{\max} = 3.39 - 0.38 \ln\left(L/H\right) - 0.020\left(\ln\left(L/H\right)\right)^2 \tag{4.2.2b}$$

式中,ϑ 的单位为(°)。例如,当 $L/H = 4$ 时,若夹角为 13°~17°,在一个受控简单直壁 2D 进气道中就会出现边界层分离。

接下来,可定义进气道的压力系数为

$$C_p = \frac{p_2 - p_1}{\dfrac{1}{2}\rho_1 u_1^2} \tag{4.2.3}$$

进气道的进口马赫数的平方可整理得到

$$M_1^2 = \frac{u_1^2}{a_1^2} = \frac{\rho_1 u_1^2}{\gamma p_1} \tag{4.2.4}$$

于是,由方程(4.2.3)可得

$$\frac{p_2}{p_1} = \frac{1}{2}\frac{\rho_1 u_1^2 C_p}{p_1} + 1 \tag{4.2.5}$$

从式(4.2.4)有

$$\frac{p_2}{p_1} = 1 + \frac{1}{2}\gamma C_p M_1^2 \tag{4.2.6}$$

可以看出,随着马赫数增加,可获得更大的压升;考虑到气流的动量,边界层分离的风险也会降低。

为分析面积比的数量级,对于理想不可压缩气流,根据方程(4.2.3)有

$$C_p = 1 - \left(\frac{A_1}{A_2}\right)^2 \tag{4.2.7}$$

如此,当压力系数极限值为 0.6 时,出口面积与进口面积之比为 1.581,这比发动机进口面积大很多。需要特别注意的是,方程(4.2.7)不适用于可压缩气流。

例 4.1　气流以 0.8 马赫数进入一理想进气道,进口气压为 13.12psi,进口直径为 40in。如果进气道的最佳(或最大或极限压力)系数为 0.6,求出口马赫数和进气道面积比。假定气流等熵且 $\gamma = 1.4$。

解　对给定的进口马赫数,根据一维等熵气流(附录 H)和附录 B 查表可得静压与总压的比值为

$$p_1/p_{t1} = 0.6560 \text{ 且 } A_1/A^* = 1.0382$$

因此，进口总压为 $p_{t1} = p_1/0.6560 = 20.00\text{psi}$，对于等熵气流，这也是出口总压。由方程 (4.2.6)，可得

$$\frac{p_2}{p_1} = 1 + \frac{1}{2}\gamma C_p M_1^2$$

因此，当 $C_p = 0.6$ 时，静压比为

$$\frac{p_2}{p_1} = 1 + \frac{1}{2} \times 1.40 \times 0.60 \times 0.80^2 = 1.2688$$

可得到出口静压为 $p_2 = 1.2688 \times 13.12 = 16.65\text{psi}$，出口处的静压与总压比为

$$p_2/p_{t2} = 16.65/20.00 = 0.8323 \qquad\qquad \text{题毕。}$$

查等熵气流表可得该压比下的出口马赫数 $M_2 = 0.5188$ 且 $A_2/A^* = 1.3055$。

因此面积比为 $A_2/A_1 = 1.3055/1.0382 = 1.257$，这与不可压缩气流的情况不一样。注意，如果 $L/H = 2$，使扩张角为 $6.9°$，利用 Fox 和 Kline 提供的数据（针对平面气流），可发现这一条件恰好低于边界层分离极限。

4.2.3 法诺流

边界层和其他黏滞流动是进气道内总压损失的主要原因。对此我们可基于法诺流进行分析。在法诺流中，我们仅考虑摩擦效应，不考虑热量的增加或减小。法诺流对应的是一个面积固定的流动过程，这与实际进气道不完全一致。但当进气装置进出口面积比接近于 1，气流不发生分离时，可基于法诺流对总压损失进行合理预测。附录 H 中我们基于控制体方法分析了这种气流。分析得到了 11 个方程，包括 17 个变量，因此指定其中 6 个变量方可得到唯一解。例如，如果指定进口条件 M_1、T_1、p_{t1} 和几何参数 L、D 和 f（法诺摩擦系数），就可以求出口条件，包括 p_{t2}。

例 4.2 气流以 0.8 马赫数进入长 24in、进口平均直径为 40in 的进气道中，其法诺摩擦系数为 0.020，进口总压为 20psi，如果比热容比为 1.4，求进气道的总压比。

解 查表可得 0.8 马赫数时下式的无量纲化长度直径比和压力参数为

$$\left.\frac{4fL^*}{D}\right]_1 = 0.0723 \text{ 和 } \frac{p_{t1}}{p_t^*} = 1.0382$$

于是可求得声速条件下的总压（这是一个参考条件，实际中通常并不发生）为

$$p_t^* = 20/1.0382 = 19.26\text{psi}$$

由进气道的几何参数，可求得下面的参数：

$$\left.\frac{4fL}{D}\right]_{1-2} = \frac{4 \times 0.020 \times 24}{40} = 0.048$$

出口对应的长度-直径比参数为

$$\left.\frac{4fL^*}{D}\right]_2 = \left.\frac{4fL^*}{D}\right]_{1-2} - \left.\frac{4fL}{D}\right]_{1-2} = 0.0723 - 0.048 = 0.0243$$

查表可得出口马赫数为

$$M_2 = 0.874$$

因此，由于摩擦的作用，马赫数增加了约 9%。查表可得，在这一马赫数下：

$$p_{t2}/p_t^* = 1.0143$$

于是可求得出口总压为

$$p_{t2} = 1.0143 \times 19.26 = 19.54\text{psi}$$

法诺流进气道的压比为

$$\pi_r = p_{t2}/p_{t1} = 0.977 \qquad\qquad\qquad\qquad 题毕。$$

4.2.4　变截面摩擦管流

前面内容分别讨论了进气道内的面积变化和摩擦。但在进气道中，这两种效应是同时存在的，因此需要一种能同时分析这两种效应的方法。本节采用广义一维流动方法，详见附录 H。这是一种微分方程分析，通过它可以推导出影响系数。这些影响系数彼此之间存在关联，使用这一方法需要结合进气道的长度同时对包含摩擦和面积变化的微分方程进行数值积分运算。

例 4.3　气流以 0.8 马赫数进入长 16in、进口平均直径为 36in（进口面积为 1018in^2）的进气道中，进口总压为 15psi，法诺摩擦系数为 0.020，且出口/进口面积比为 1.50。总温保持为常温 500°R。求进气道的总压比（比热容比为 1.4）。

解　对方程(H.12.3)和方程(H.12.4)进行数值积分可解得此题。此例我们需要进行 100 步迭代运算，且假设沿流动方向进气道的面积变化和摩擦系数均不变。出口面积为 1527in^2，因此，面积增加值为 509in^2。因此，对每一步，$\Delta A = 5.09\text{in}^2$，且 $\Delta x = 0.36\text{in}$。此处采用前向差分方法。第一步从方程(H.12.1)开始（第一项对应面积变化引起的损失，第二项对应摩擦引起的损失）：

$$\Delta\left(M^2\right) = -2M^2\left(\frac{\left(1+\dfrac{\gamma-1}{2}M^2\right)}{1-M^2}\right)\left(\frac{\Delta A}{A}\right) + 4f\gamma M^4\left(\frac{\left(1+\dfrac{\gamma-1}{2}M^2\right)}{1-M^2}\right)\left(\frac{\Delta x}{D}\right)$$

因此，由 $M_i^2 = M_{i-1}^2 + \Delta M^2$ 有

$$M^2 = 0.8^2 - 2\times0.8^2\left(\frac{\left(1+\dfrac{1.40-1}{2}\right)0.8^2}{1-0.8^2}\right)\left(\frac{5.09}{1018}\right)$$

$$+ 4\times0.020\times1.40\times0.8^2\left(\frac{\left(1+\dfrac{1.40-1}{2}\right)0.8^2}{1-0.8^2}\right)\left(\frac{0.36}{36}\right) = 0.6214$$

或 $M = 0.7883$

方程(H.12.2)仅包含由摩擦引起的总压损失

$$\Delta p_t = -\frac{1}{2} p_t 4f\gamma M^4 \left(\frac{\Delta x}{D}\right) == -2p_t f\gamma M^4 \left(\frac{\Delta x}{D}\right)$$

于是，由 $p_{ti} = p_{ti-1} + \Delta p_t$ 有

$$p_t = 15 - 2 \times 15 \times 0.020 \times 1.40 \times 0.8^2 \times \frac{0.36}{36} = 14.995$$

重复上述步骤 100 次，上一次的结果作为下一次的初始条件。面积和直径也随着每一步迭代更新，100 次迭代之后可得到

$$p_{t2} = 14.76\text{psi}, \ M_2 = 0.4160$$

于是有

$$\pi = p_{t2}/p_{t1} = 14.76/15 = 0.984$$

作为比较，读者可分别分析随面积变化的气流(等熵气流)和法诺流，然后将两个结果进行叠加。例如，按之前简单的面积比变化，则出口马赫数为 0.4105，总压不变。而平均马赫数为 0.6053，平均直径为 40in。因此，有

$$\left.\frac{4fL}{D}\right]_{1-2} = \frac{4 \times 0.020 \times 36}{40} = 0.072$$

将这一结论用于类似于例 4.2 的分析过程中，可得到仅包含摩擦时的出口马赫数为 0.6257，而更为重要的是

$$\pi = p_{t2}/p_{t1} = 0.981 \hspace{3cm} \text{题毕。}$$

因此，这种情况下，近似的叠加分析与更精确的方法得到的结果非常接近。实际过程中，可使用 CFD 方法来计算总压损失和出口的 2D 或 3D 速度信息。但是，CFD 的使用不在本书范围之内。

4.3　超　声　速

4.3.1　激波

1. 正激波

飞机做超声速飞行时，通常会在进气道[①]外或接近进气道的入口平面处出现激波，而且最有可能出现的是正激波。这种激波在流体力学和气动力学教材中有大量描述，因此本书仅在附录 H 中回顾其分析推导过程。图 4.4 所示为一个标准的正激波。其波前标注为下标 i，波后也就是进气道入口标记为 j。

当正激波波前马赫数为 M_i 时，波后马赫数由式(4.3.1)给出：

---

① 译者注：这里所说的进气道是亚声速皮托式进气道。

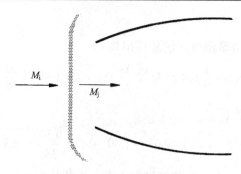

图 4.4　进气道进口的正激波

$$M_j^2 = \frac{M_i^2 + \dfrac{2}{\gamma-1}}{\dfrac{2\gamma}{\gamma-1}M_i^2 - 1} \tag{4.3.1}$$

滞止特性为

$$T_{tj} = T_{ti} \tag{4.3.2}$$

$$\frac{p_{tj}}{p_{ti}} = \frac{\left(\dfrac{\dfrac{\gamma+1}{2}M_i^2}{1+\dfrac{\gamma-1}{2}M_i^2}\right)^{\frac{\gamma}{\gamma-1}}}{\left(\dfrac{2\gamma}{\gamma+1}M_i^2 - \dfrac{\gamma-1}{\gamma+1}\right)^{\frac{1}{\gamma-1}}} \tag{4.3.3}$$

为辅助方程求解，附录 E 中我们列出了三种 γ 取值时其他的参数表。注意，波后马赫数总是小于 1，而且在附录 H 中还列出了几个将波后和波前条件与马赫数关联的方程。

例 4.4　一飞机在标准温度压力下以 2 马赫数飞行，在其进气道入口前有一标准正激波。进气道内恢复系数为 0.90，求进气道出口总压和从自由来流到进气道出口的总压恢复系数。

解　查表可得当 $\gamma=1.40$ 且 $M_i=2.00$ 时，或根据方程可得正激波的波后马赫数为

$$M_j^2 = \frac{M_i^2 + \dfrac{2}{\gamma-1}}{\dfrac{2\gamma}{\gamma-1}M_i^2 - 1} = 0.3333$$

$$M_j = 0.5774$$

通过查表或利用方程可求得总压比为

$$\frac{p_{tj}}{p_{ti}} = \frac{\left(\dfrac{\dfrac{\gamma+1}{2}M_i^2}{1+\dfrac{\gamma-1}{2}M_i^2}\right)^{\frac{\gamma}{\gamma-1}}}{\left(\dfrac{2\gamma}{\gamma+1}M_i^2 - \dfrac{\gamma-1}{\gamma+1}\right)^{\frac{1}{\gamma-1}}} = 0.7209$$

也就是 $\pi_{\mathrm{o}} = \dfrac{p_{\mathrm{t1}}}{p_{\mathrm{t2}}}$ ，且静压比为

$$\frac{p_{\mathrm{j}}}{p_{\mathrm{i}}} = \frac{2\gamma}{\gamma+1} M_{\mathrm{i}}^2 - \frac{\gamma-1}{\gamma+1} = 4.500$$

接下来利用方程(2.2.6)，当 $p_{\mathrm{a}} = 101.3\mathrm{kPa}(14.69\mathrm{psi})$ 时，有

$$p_{\mathrm{ta}} = p_{\mathrm{a}}\left(1 + \frac{\gamma-1}{2} M_{\mathrm{a}}^2\right)^{\frac{\gamma}{\gamma-1}} = 101.3\mathrm{kPa} \times \left(1 + \frac{1.40-1}{2} 2^2\right)^{\frac{1.40}{1.40-1}}$$

$$p_{\mathrm{ta}} = 792.6\mathrm{kPa}(115.0\mathrm{psi})$$

因此，进气道入口总压为

$$p_{\mathrm{t1}} = 0.7209 \times 792.6 = 571.3\mathrm{kPa}(82.86\mathrm{psi})$$

由于正激波损失的总压力为 $223.1\mathrm{kPa}(32.09\mathrm{psi})$ ，进气道出口总压为

$$p_{\mathrm{t2}} = \pi_{\mathrm{r}} p_{\mathrm{t1}} = 0.90 \times 571.3 = 514.2\mathrm{kPa}(74.75\mathrm{psi})\,^{①}$$

总恢复系数为

$$\pi_{\mathrm{d}} = \frac{p_{\mathrm{t2}}}{p_{\mathrm{ta}}} = \frac{514.2}{792.6} = 0.649 \qquad\qquad\qquad 题毕。$$

由此可见，通过激波之后损失非常之大，需要采用一些方法来减小这种损失。

2. 平面斜激波

为了减少正激波的损失，可将进气道设计为超声速进气道，会出现如图 4.5 所示的平面斜激波。平面斜激波产生的损失明显小于正激波的损失。实际在飞机中的平面斜激波是圆锥形的。但由于以下两个原因，我们首先分析平面斜激波：一是分析平面斜激波需要的数学知识比分析锥形激波需要的数学知识简单很多，因此更好理解。平面斜激波之后的气流均平行于斜面；二是，平面斜激波也存在于一些实际应用中，例如，当进气道紧贴飞机机身时，进气装置类似于矩形，从而出现平面斜激波。锥形激波的结论将在下面内容给出。更详细的内容请参阅相关气动力学教材，如 Shapiro(1953)。附录 H 中回顾了相关数学知识。下面列出五个重要的方程：

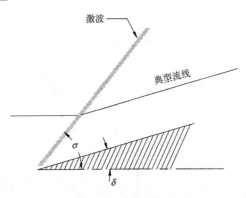

图 4.5　平面斜激波

$$\frac{p_{\mathrm{j}}}{p_{\mathrm{i}}}=\frac{\left(\dfrac{\gamma+1}{\gamma-1}\right)\dfrac{\rho_{\mathrm{j}}}{\rho_{\mathrm{i}}}-1}{\left(\dfrac{\gamma+1}{\gamma-1}\right)-\dfrac{\rho_{\mathrm{j}}}{\rho_{\mathrm{i}}}} \tag{4.3.4}$$

$$\frac{\rho_{\mathrm{j}}}{\rho_{\mathrm{i}}}=\frac{\tan\sigma}{\tan(\sigma-\delta)} \tag{4.3.5}$$

$$\frac{p_{\mathrm{j}}}{p_{\mathrm{i}}}=1+\gamma M_{\mathrm{i}}^2\sin^2\sigma\left(1-\frac{\rho_{\mathrm{i}}}{\rho_{\mathrm{j}}}\right) \tag{4.3.6}$$

$$\frac{p_{\mathrm{i}}}{p_{\mathrm{j}}}=1+\gamma M_{\mathrm{j}}^2\sin^2(\sigma-\delta)\left(1-\frac{\rho_{\mathrm{j}}}{\rho_{\mathrm{i}}}\right) \tag{4.3.7}$$

$$\frac{p_{\mathrm{tj}}}{p_{\mathrm{ti}}}=\frac{p_{\mathrm{j}}}{p_{\mathrm{i}}}\left(\frac{1+\dfrac{\gamma-1}{2}M_{\mathrm{j}}^2}{1+\dfrac{\gamma-1}{2}M_{\mathrm{i}}^2}\right)^{\frac{\gamma}{\gamma-1}} \tag{4.3.8}$$

方程(4.3.4)~方程(4.3.8)包含 7 个独立的变量: σ、δ、M_{i}、M_{j}、$p_{\mathrm{j}}/p_{\mathrm{i}}$、$p_{\mathrm{tj}}/p_{\mathrm{ti}}$ 和 $\rho_{\mathrm{j}}/\rho_{\mathrm{i}}$。因此,如果给定其中两个变量,就可求出其余五个。例如,当给定波前马赫数(M_{i})和气流偏转角(δ)时,就可以求出激波角、波后马赫数、总压比和所有其他变量。这些方程也可以很容易借助商用数学求解器中编程求解。图 4.6 给出了 $\gamma=1.40$ 时理论解的图像。某种意义上,该图囊括了上述五个方程的大量解集。需要注意的是,对于每一组条件,存在两组解。一组解对应"强"激波,这种情况下波后马赫数为亚声速,存在很大的总压损失;另一组解对应"弱"激波,此时波后马赫数为超声速或少数情况的高亚声速。当激波后出现低压时产生"弱"激波,其总压损失很小。对于大多数的喷气式发动机,产生的是"弱"激波。这种情形下的一个极端是 $\delta=0$,此时演化成正激波;另一个重要的极端是给定马赫数下气流转折非常大(或给定偏转角而马赫数非常小),超过这一极端时,就得不到斜激波的解。物理上,此时斜激波不再附着在壁面而是"突然脱离"斜面,导致在进气装置前端形成一个标准正激波。这一极限线见图 4.6 和图 4.7。

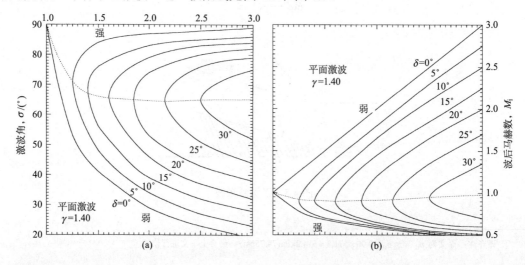

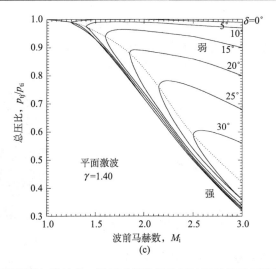

图 4.6 平面斜激波-激波角、波后马赫数和总压比随波前马赫数的关系曲线

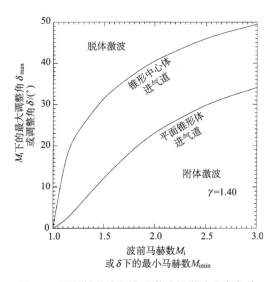

图 4.7 平面斜激波和锥形激波的激波分离条件

3. 锥形激波

图 4.8(a)所示为一个超声速进气道设计点的典型简单斜激波系。首先利用一个轴对称的圆锥产生一道斜激波,将气流减速到较低的超声速条件。图 4.8(b)所示的"黑鸟"的锥形进气道就属于这一类。接着,正激波将进入进气道内部的气流进一步减速到亚声速条件。在锥形激波中,气流并非完全与锥面平行,而是向圆锥壁面方向弯曲。与平面斜激波类似,读者可推导出锥形激波的控制方程,但是过程更加复杂,且因为坐标体系更加复杂,需要对一些方程进行数值积分。方程中变量的数量保持不变。更多内容请参阅相关气动力学著作,如 Zucrow 和 Hoffman(1976)。同样这些方程组可通过编程进行求解。图 4.9 给出了这些方程在 $\gamma =1.40$ 时的理论解图像。但是需要注意,与平面斜激波不同,锥形激波只有一个解("弱"激波),而且流场是二维的,激波后的压力和马赫数是不均匀的。但由于流道面积随半径改变,它们都是半径的函数。此处仅给出了锥面的解。类似于平面激波,当马赫

数不变而气流偏转角过大(或给定气流偏转角时马赫数太小)时,不再会有斜激波解,此时会在进口前端出现一个标准正激波。在图4.9中给出了极限位置线,并在图4.7中进一步做了总结。对正激波、平面斜激波和锥形激波都可利用本书提供的软件"SHOCK"进行求解。

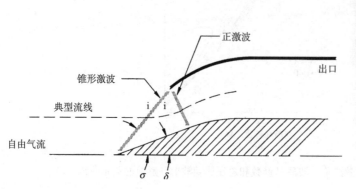 

(a)　一道锥形激波和一道正激波的进气道入口　　　(b)　"黑鸟"上的锥形进气道【图片由NASA友情提供】

图4.8　锥形进气道

例4.5　一飞行器在标准温度压力下以2马赫数飞行,在其进气道入口前有一道锥形激波和标准正激波。气流偏转角为20°,进气道内总压恢复系数为0.90,求进气道出口总压和从自由来流到进气道出口整流锥上的总压恢复系数。

注意本例与例4.3相似,仅多了一道斜激波。

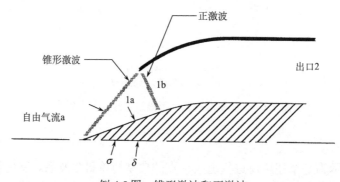

例4.5图　锥形激波和正激波

解　参考上图的标识,由图4.9(b)[1]可以发现当$M_a=2.00$,偏转角$\delta=20°$时,在斜激波后整流锥表面的马赫数为

$$M_{1a}=1.568$$

从图4.9(c)可看出斜激波的总压比为

$$p_{t1a}/p_{ta}=0.9901$$

---

① 译者注:图4.9(a)、图4.9(b)和图4.9(c)指图4.9中自上往下的三张图。

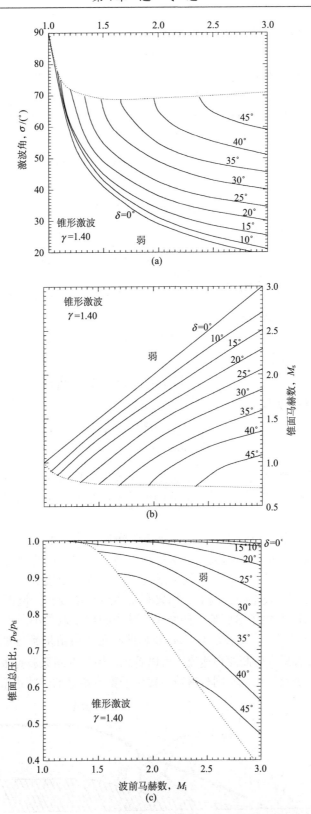

图 4.9 锥形激波-激波角、锥面马赫数和锥面总压比随波前马赫数的函数关系图

从图 4.9(a) 可知激波角为

$$\sigma = 37.80°$$

尽管最后一个参数在此题的计算中用不上，但是在进行进气道的设计时需要考虑这一参数，这样就可以使锥形激波按图示方式正好入射在进气道唇口位置。否则就会出现"溢流"，并会产生附加阻力，这种情况将在 4.3.2 节分析。接下来分析进口马赫数为 1.568 时的正激波，查附录 E 中的表格可得正激波波后的马赫数为

$$M_{1a} = 0.6784$$

且正激波的总压比为

$$p_{t1b} / p_{t1a} = 0.9070$$

结合以上两个压比可得

$$\frac{p_{t1b}}{p_{ta}} = \frac{p_{t1a}}{p_{ta}} \times \frac{p_{t1b}}{p_{t1a}} = 0.9901 \times 0.9070 = 0.8980$$

这与 π_0 一致。接下来，参考例 4.4，自由来流总压为 $p_{ta} = 792.6\text{kPa}(115.0\text{psi})$，于是可得进气道进口截面处的总压为

$$p_{t1b} = 0.8980 \times 792.6 = 711.7\text{kPa}(103.2\text{psi})$$

因为 $p_{t2} = \pi_r p_{t1b}$，可得进气道出口总压为

$$p_{t2} = 0.90 \times 711.7 = 640.5\text{kPa}(92.89\text{psi})$$

进气道的总压恢复系数为

$$\pi_d = \frac{p_{t2}}{p_{ta}} = \frac{640.5}{792.6} = 0.808 \qquad\qquad 题毕。$$

尽管这一系数仍然比较小，意味着仍然有比较大的总压损失，但是这一数值相较于单个标准正激波(见例 4.4 中的计算值 $\pi_d = 0.649$)还是高很多。这也说明采用锥形激波可降低激波损失。

为进一步降低损失，设计时可采用一系列斜激波，如图 4.10 所示。这种进气道可降低正激波波前马赫数，进而减小损失。但这样也会使进气道入口的几何外形设计更加复杂，增加了总偏转角和长度(以及重量)。为使所有激波的总压损失最小，这种进气道的最优设计是使每一道激波的损失相同。例如，如果利用两道斜激波和一道正激波，要求它们有相同的总压比。图 4.11 归纳了这些典型的结果。图中给出了四种不同设计条件下，包括单道正激波到三道斜激波和一道正激波时，π_0 和总偏转角随自由来流马赫数的图像。我们还可以充分利用斜激波波后产生高亚声速流。可以看到，用到的斜激波越多，损失越小，在大马赫数下尤为如此。需要注意，不同马赫数下优化的整流锥形的形状也不同。

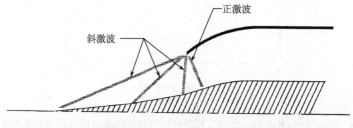

图 4.10　三道斜激波和一道平面正激波的进气道入口

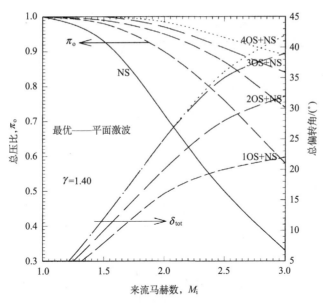

图 4.11　不同最优进气道平面激波设计时的外部激波总压恢复系数

NS 表示正激波；OS 表示斜激波

4.3.2　内部面积分析

1. 质量流量或面积比

固定面积的进气道仅能在某一特定条件下工作时达到最佳效率。但通常进气道需要在多种不同条件下工作。为便于理解非设计点性能，并方便拓展设计范围时确定所需的面积变化量，我们要用到流量系数或面积比。借助这一参数可以定义进气道非设计点的工作范围。

在设计点下，超声速进气道的工作特性如图 4.8(a)所示。如图中所示，斜激波正好入射在进气道唇口位置。这种条件下，所有穿过斜激波的气流都会进入发动机。图 4.12 所示为一个非设计点下的进气道工作特性。从图中可以看出，这种情况下延伸到进气道外。借

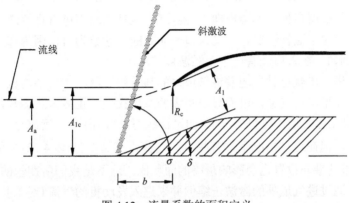

图 4.12　流量系数的面积定义

助该图可以给出多个参数的定义。例如，面积 A_{1c} 定义为进气道唇口在流向的投影面积，面积 A_a 定义为从进气道唇口向上游追踪的一条流管面积，面积 A_1 定义为与进气道进口气流方向垂直的横截面面积。

定义进气道的理论参考流量为

$$\dot{m}_i = \rho_a u_a A_{1c} \tag{4.3.9}$$

实际的进气流量为

$$\dot{m}_1 = \rho_1 u_1 A_1 \tag{4.3.10}$$

于是得流量系数的定义为

$$\mathrm{MFR} \equiv \frac{\dot{m}_1}{\dot{m}_i} \tag{4.3.11}$$

于是，有

$$\mathrm{MFR} = \frac{\rho_1 u_1 A_1}{\rho_a u_a A_{1c}{}^{①}} \tag{4.3.12}$$

进入发动机质量流量为(图 4.12)

$$\dot{m}_a = \rho_a u_a A_a \tag{4.3.13}$$

也就是 $\dot{m}_1$。于是由式(4.3.11)和式(4.3.13)可得

$$\frac{\dot{m}_1}{\dot{m}_i} = \mathrm{MFR} = \frac{A_a}{A_{1c}} \tag{4.3.14}$$

于是推导出另外一个参数——面积比。注意，有时很难确定 A_a 的值，因为它本身是工作和飞行条件的函数。流量系数表征了实际进口流量与最大理论进口流量的比值。因此，MFR 的取值介于 0 和 1 之间。

2. 工作模式

前面已经提到过，在任意的给定条件下，固定面积的进气道仅能在某一流量下达到最高效率。因此，进气道有三种工作模式：设计点、低流量系数、高流量系数。我们首先讨论临界状态，即设计点状态，参见图 4.8 和图 4.13(a)。这种情况下，$\dot{m}_1$ 与 $\dot{m}_i$ 相等，正激波正好出现在进气道唇口处，不会出现"溢流"。这种情况下进气道管道内由于是亚声速不会再出现激波。对于这种情况，定义入口平面处的马赫数为 1，因为在入口平面的马赫数定义不明确(例如，在入口处有一个正激波)。

当流量系数进一步减小时，随着进气道内的马赫数下降，进气道内压力会增大，从而将入口处的正激波推出进气道，进而导致更大的总压损失。正激波还会与斜激波一起形成"λ-激波"。值得注意的是，理想情况下(如设计状态下)，由 A_{1c} (远离进气装置)包围的空气都进入进气道。但在这种情况下，有些 A_{1c} (远离进气道，见图 4.12)内的气流将会"溢出"。而且整流锥的轴向位置也会影响最终的面积比。这不是我们所期望的，原因有很多，其中一个原因是通过进气道外的激波压缩但并未进入发动机的气流(对工质做功)，浪费能

---

① 译者注：原文公式分母为 $\rho_a u_a A_{ic}$，根据式(4.3.9)~式(4.3.11)，应该为 $\rho_a u_a A_{1c}$。

量。下面还将看到，溢出的高压气体还会产生附加阻力。这种情况下的入口马赫数小于 1，称为亚临界条件，如图 4.13(b)所示。Hill 和 Peterson(1992)将这种情况进一步划分为深度亚临界和浅度亚临界。

随着进气道内的压力减小，此时，正激波会被吸入进气道内，进气道有些类似超声速喷管。在进气道内的扩张段，马赫数的增加，使得正激波会造成更大的总压损失。这就是超临界条件，如图 4.13(c)所示。此时，入口平面处的马赫数大于 1。但是由于外部气流是超声速的，质量流量 $\dot{m}_1$ 与 $\dot{m}_i$ 仍然相等。这种情况下不会出现溢流。

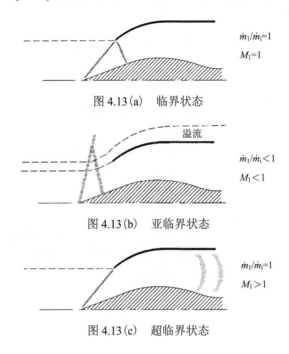

$$\dot{m}_1/\dot{m}_i=1$$
$$M_1=1$$

图 4.13(a)　临界状态

溢流

$$\dot{m}_1/\dot{m}_i<1$$
$$M_1<1$$

图 4.13(b)　亚临界状态

$$\dot{m}_1/\dot{m}_i=1$$
$$M_1>1$$

图 4.13(c)　超临界状态

3. 非设计态下进气道的工作

当进气道在非设计点(如进口条件与设计状态不同)工作时，为了提高工作效率，应能对面积进行调整。通常是通过调整楔板或锥面的轴向位置来实现。本节的目的是推导出确定给定条件下整流锥(或楔体)下进口面积的方法。

首先，由图 4.12 可以很容易发现，当只有一道平面斜激波时，有

$$\frac{A_a}{A_1}=\frac{\sin\sigma}{\sin(\sigma-\delta)} \tag{4.3.15a}$$

注意这一面积比大于 1。对于锥形激波，这一比值可借助 CFD 软件或数值求解"Taylor-Maccoll"控制方程，该方程由 Maccoll(1937)与 Zucrow 和 Hoffman(1976)提出，得到

$$\frac{A_a}{A_1}=f\left(\sigma,\delta,\frac{b}{R_c}\right) \tag{4.3.15b}$$

注意：由于流线弯曲，比值 b/R_c(整流锥位置与唇罩半径比)会影响圆锥激波的面积比，但

对平面激波没有影响。

　　发动机的质量流量定义为

$$\dot{m}_1 = \rho_1 u_1 A_1 \tag{4.3.16}$$

或

$$\dot{m}_1 = \rho_a u_a A_a \tag{4.3.17}$$

如我们在前面指出的，非设计状态下的 A_a 很难确定。类似地，随着飞行条件和发动机工作条件的变化，ρ_1 和 u_1 也很难确定。但是，从方程(4.3.17)可以得到

$$\dot{m}_1 = \rho_a u_a A_1 \left(\frac{A_a}{A_1} \right) \tag{4.3.18}$$

类似地，有

$$\dot{m}_1 = \rho_a u_a A_{1c} \left(\frac{A_a}{A_{1c}} \right) = \mathrm{MFR}\dot{m}_i \tag{4.3.19}$$

可以看出理论捕获流量 $\dot{m}_i$ 的重要性，因为它的数值更容易确定。但确定面积变化的问题仍未解决。首先，由斜激波方程的求解过程可以得到给定气流偏转角下激波角 σ 随马赫数的变化。然后，结合激波角的变化和方程(4.3.15)可以获得所需的面积比 A_a/A_1 随马赫数的变化曲线。结合发动机其他的性能信息，将整个发动机作为一个系统，按照第 11 章讨论的那样(如进气道、压气机、燃烧室、涡轮、尾喷管等之间的匹配)，以及在给定条件下产生合适推力的发动机需求和飞机需求，由这些需求进而可推导出对发动机质量流量随自由流马赫数的变化需求。最后，由方程(4.3.18)可得到

$$A_1 = \frac{\dot{m}_1}{\rho_a u_a \left(\dfrac{A_a}{A_1} \right)} \tag{4.3.20}$$

至此，对任意给定的自由流马赫数，可以从需求得到的 $\dot{m}_1$，利用方程(4.3.15)和激波角得到 A_a/A_1，结合给定高度下的 ρ_a 和 u_a，可以得到需要的进气道进口面积与马赫数之间的关系。从而确定进气道进口面积随马赫数的变化关系——轴向楔体或整流锥的位置随马赫数的变化关系。对于平面激波，这一过程很直接。对于锥形激波，需要开展循环迭代，因为方程(4.3.15b)本身还是整流锥位置的函数，而位置本身也是我们需要的求取结果。

　　例 4.6　一飞机在标准温度压力($T_a = 518.7°\mathrm{R}(288.2\mathrm{K})$ 且 $p_a = 14.69\mathrm{psi}(101.3\mathrm{kPa})$)的海平面以 2.5 马赫数飞行，该飞机通常的飞行马赫数在 1.5~2.5，典型的包括 1.5、2.0 和 2.5。在这一高度下，通过部件匹配分析得到所需的质量流率分别为 80lbm/s、120lbm/s 和 142lbm/s(36.28kg/s、54.42kg/s 和 64.40kg/s)。使用一个倾斜角为 10.0°的平面楔体。求对应的进口面积变化。设 $\gamma = 1.4$。

　　解　首先，从图 4.7 可以发现当飞行马赫数 $M_1 = 2.00$，偏转角为 $\delta = 10.00°$ 时的激波角为

$$\sigma = 39.31°$$

于是有

$$\frac{A_a}{A_1}=\frac{\sin\sigma}{\sin(\sigma-\delta)}=\frac{\sin 39.31°}{\sin(39.31°-10.00°)}=1.294$$

接着，由 $a_a=\sqrt{\gamma R T_a}$ ，可得海平面高度标准温度压力条件下：

$$a_2=\sqrt{1.4\times 287.1\frac{J}{kg\cdot K}\times 288.2K\times\frac{N\cdot m}{J}\times\frac{kg\cdot m}{N\cdot s^2}}=340.3m/s(1116.4ft/s)$$

于是有

$$\rho_a=\frac{p_a}{RT_a}=\frac{101.3kPa\times 1000\frac{N/m^2}{kPa}}{287.1\frac{J}{kg\cdot K}\times 288.2K\times\frac{N\cdot m}{J}}$$

$$=1.225kg/m^3(0.00238slug/ft^3)$$

进一步有

$$u_a=M_a a_a=2\times 340.3=680.6m/s(2232.8ft/s)$$

最后，从方程(4.3.45)可得

$$A_1=\frac{\dot{m}_1}{\rho_a u_a\left(\dfrac{A_a}{A_1}\right)}=\frac{54.42\dfrac{kg}{s}}{1.225\dfrac{kg}{m^3}\times 680.6\dfrac{m}{s}\times 1.294}$$

$$=0.0504m^2(0.543ft^2\text{或}78.2in^2)$$

重复上述计算过程，可计算得到另外两个马赫数下的结果，面积变化如图 4.14 所示。

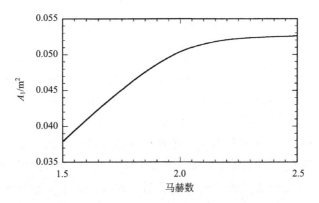

图 4.14　例 4.6 中的需求进口面积随马赫数的变化

4.3.3　附加阻力

图 4.15 所示为含附加阻力的涡喷发动机控制体定义。在第 1 章的分析中，我们假设发动机进气道内外的气流以及出口的气流都是均匀的。但是由于进气道溢流和发动机短舱外表面的边界层分离，这一假设并不成立。这些因素相互影响，产生的附加阻力导致发动机的可用推力减少。尽管结论非常重要，但此处我们并不对发动机内部过程进行分析计算。

图中画出了围绕发动机的控制体定义。与前面分析类似，发动机在气流中以速度 u_a 向左运动。圆柱状控制体穿过发动机框架。在发动机中注入燃油。其中控制体的出口端面位于发动机出口平面，控制体的进口端面则设定在远前方的自由流。

在平面直角坐标系中一般形式的动量方程为

$$\sum \boldsymbol{F}_{\mathrm{s}} + \sum \boldsymbol{F}_{\mathrm{b}} = \frac{\partial}{\partial t} \int_{\mathrm{CV}} \boldsymbol{V} \rho \mathrm{d} V + \int_{\mathrm{CS}} \boldsymbol{V} \rho \boldsymbol{V} \cdot \mathrm{d} \boldsymbol{A} \tag{4.3.21}$$

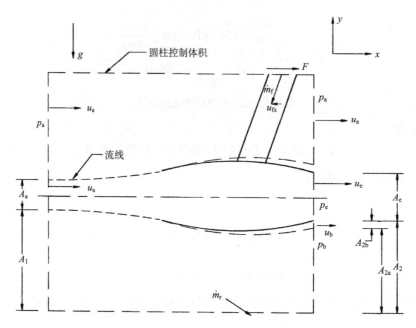

图 4.15　含附加阻力的涡喷发动机控制体定义

当气流处于稳态时，右侧第一项为零。接下来我们考虑 x 轴方向的推力。在发动机表面上作用的力包括作用在控制体上的压力与来自飞机支架保持发动机相对位置的剪切力 F。其中剪切力 F 与发动机产生的推力是一对作用力与反作用力。假设远离发动机处的前端面气流均匀且压力与大气压力 p_a 相等。在此端面上，气流以速度 u_a 穿过的面积为 $A_1 + A_a$。在右端面上，认为发动机出口压力都为 p_e，边界层内的压力都为 p_b，远离发动机出口端面处的压力认为均匀且等于大气压力 p_a，排气速度为 u_e，发动机的出口面积为 A_e，出口处边界层的面积为 A_{2b}。气流分别以速度 u_b 和 u_a 穿过面积 A_{2b} 和 A_{2a}。燃油的速度为 $\dot{m}_{\mathrm{f}}$（在 x 轴的分速度为 $-u_{\mathrm{fx}}$），但该部分对动量方程的流量项贡献不明显。另外还有一部分穿过控制体圆柱面的流量 $\dot{m}_{\mathrm{r}}$，这个在评估和分析时也必须予以考虑。将以上各项综合，并将动量方程重新整理后可得

$$\begin{aligned} &F + p_a A_a + p_a A_1 - p_e A_e - p_a A_{2a} - p_b A_{2b} + F_{\mathrm{bx}} \\ &= -u_a \rho_a A_a u_a + u_e \rho_e A_e u_e - u_a \rho_a A_1 u_a + u_a \rho_a A_{2a} u_a + u_b \rho_b A_{2b} u_b + \dot{m}_{\mathrm{r}} u_a - \dot{m}_{\mathrm{f}} u_{\mathrm{fx}} \end{aligned} \tag{4.3.22}$$

另外，我们需要注意在 x 轴上不存在体积力的作用（$F_{\mathrm{bx}} = 0$）。而且我们假设流过面积 A_e、A_{2b}、A_{2a}、A_1 和 A_a 的气流是均匀的。如此，进口和出口端面上的质量流量（即发动机的进口流量和出口流量）分别为

$$\dot{m}_a = \rho_a A_a u_a \tag{4.3.23}$$

$$\dot{m}_e = \rho_e A_e u_e \tag{4.3.24}$$

另外还可定义

$$\dot{m}_b = \rho_b A_{2b} u_b \tag{4.3.25}$$

接下来，由图 4.15 中的控制体可得进出口端面的面积满足

$$A_1 + A_a = A_2 + A_e \tag{4.3.26}$$

和

$$A_a = A_{2a} + A_{2b} \tag{4.3.27}$$

又因为流态为稳态，利用质量连续原理有

$$\dot{m}_e = \dot{m}_a + \dot{m}_f \tag{4.3.28}$$

和

$$\dot{m}_e + \rho_a A_{2a} u_a + \rho_b A_{2b} u_b + \dot{m}_r = \dot{m}_a + \rho_a A_1 u_a + \dot{m}_f \tag{4.3.29}$$

利用方程(4.3.28)可得

$$\rho_a A_{2a} u_a + \rho_b A_{2b} u_b + \dot{m}_r = \rho_a A_1 u_a \tag{4.3.30}$$

于是有

$$\dot{m}_r = \rho_a u_a \left(A_1 - A_{2a} \right) - \dot{m}_b \tag{4.3.31}$$

结合式(4.3.22)和式(4.3.31)，可得到

$$\begin{aligned}
&F + p_a A_2 + p_a A_1 - p_a A_{2a} - p_b A_{2b} \\
&= u_e \rho_e A_e u_e - u_a \rho_a A_a u_a - u_a \rho_a A_1 u_a + u_a \rho_a A_{2a} u_a \\
&+ u_b \rho_b A_{2b} u_b + \rho_a u_a^2 \left(A_1 - A_{2a} \right) - \dot{m}_b u_a - \dot{m}_f u_{fx}
\end{aligned} \tag{4.3.32}$$

或利用方程(4.3.25)并加减相同项，有

$$\begin{aligned}
F = &- p_a A_a - p_a A_1 + p_e A_e + p_a A_{2a} + p_b A_{2b} - p_a A_{2b} \\
&+ \dot{m}_e u_e - \dot{m}_a u_a + \dot{m}_b \left(u_b - u_a \right) - \dot{m}_f u_{fx}
\end{aligned} \tag{4.3.33}$$

于是，利用方程(4.3.27)，我们可得到

$$\begin{aligned}
F = &- p_a A_a - p_a A_1 + p_e A_e + p_a A_2 + A_{2b} \left(p_b - p_a \right) \\
&+ \dot{m}_e u_e - \dot{m}_a u_a + \dot{m}_b \left(u_b - u_a \right) - \dot{m}_f u_{fx}
\end{aligned} \tag{4.3.34}$$

进一步利用方程(4.3.26)可得

$$F = \left(p_e - p_a \right) A_e + A_{2b} \left(p_b - p_a \right) + \dot{m}_e u_e - \dot{m}_a u_a + \dot{m}_b \left(u_b - u_a \right) - \dot{m}_f u_{fx} \tag{4.3.35}$$

将理想情况下不含附加阻力的方程(1.4.10)重新整理为

$$F' = \left(\dot{m}_e u_e - \dot{m}_a u_a \right) + A_e \left(p_e - p_a \right) - \dot{m}_f u_{fx}$$

从方程(4.3.35)可以看出

$$F = F' + A_{2b} \left(p_b - p_a \right) + \dot{m}_b \left(u_b - u_a \right) \tag{4.3.36}$$

定义附加阻力为

$$D_a = A_{2b} \left(p_b - p_a \right) + \dot{m}_b \left(u_b - u_a \right) \tag{4.3.37}$$

可以得到

$$F = F' - D_a \tag{4.3.38}$$

至此，通过以上分析得到了除附加阻力外与第 1 章中理想情况下相同的推力。但实际中衡量附加阻力却是十分困难的事情，获取衡量附加阻力的数据也是一个非常耗时的过程。在设计阶段，可借助 CFD 软件来估计发动机的压力和速度。而为了实际应用，针对不同类型的发动机和进气道，人们开展了缩比模型风洞试验研究，将它们进行了关联并公布。阻力可采用阻力系数来描述，其定义为

$$C_{\mathrm{da}} = \frac{D_{\mathrm{a}}}{\frac{1}{2}\gamma M_{\mathrm{a}}^2 p_{\mathrm{a}} A_{\mathrm{in}}} \tag{4.3.39}$$

式中，A_{in} 为进气道进口前端面积。

前面的分析是针对涡喷发动机。对其他类型的发动机重复上述分析过程，可以得到类似的结论——除了附加阻力外，与理想情况下的推力相等。针对任何类型的发动机，对实际的阻力进行评估，需要结合 CFD 分析和特定几何条件下的风洞试验。

一般来说，对给定进气道和短舱来说，其附加阻力系数可按下面的函数形式给出：

$$C_{\mathrm{da}} = f\left(\frac{\dot{m}_1}{\dot{m}_i}, M_{\mathrm{a}}, \delta\right) \tag{4.3.40}$$

对包含整流锥或楔面的进气道来说，M_{a} 和 δ 决定了激波结构。一般情况下，由于溢流量的减小，流量系数的增大，阻力系数变小。当流量系数等于 1 时不再存在溢流，阻力系数接近于 0。而且可以预见的是，带斜激波的进气道，其附加阻力要比带正激波的阻力小。对于正激波进气道，随着马赫数增大，阻力系数也相应增大。

4.3.4　进气道的"起动"

少数超声速发动机在设计时，要求至少在部分时间内工作时进气道不存在激波，也就是说，在收敛-扩张的几何结构内，气流从超声速到声速再到亚声速，在进气道内单调减速完成"内部压缩"。由于没有激波，这种进气道的优点就是总压损失小。但是这种进气道的"起动"是一个问题。而且对斜激波下工作的进气道，如果要求激波有合适的尺寸和位置，进气道的"起动"也是一个问题。任一情况下，飞机都必须起飞加速到进气道高效率工作时的额定飞行马赫数。"起动"可简单定义为使飞机达到期望速度、进气道工作在期望设计点(包括合适的位置或无任何激波)。遇到的问题类似于起动一个超声速风洞。接下来描述两种可起动进气道的方法。

为便于描述概念，参考图 4.16。在接下来的场景中，我们假定飞机的进气道面积固定，工作在超声速的马赫数 M_{d} 下，且不存在激波，但是在初始状态下静止不动。进气道是针对特定自由来流马赫数 M_{d} 设计的固定进口，具有最小出口面积，这样入口的超声速气流在内部压缩的作用下可在喉道减速到声速，在扩张段进一步减速到亚声速。Hill 和 Peterson(1992)、Zucrow 和 Hoffman(1976)通过分析详细地讨论了这一过程。

首先考虑飞机非常缓慢移动的情况(如起飞)——也就是恰好亚声速范围。在这种条件下，气流进入进气道，到喉道面积之前一直加速，之后在扩张段开始减速，但是整个过程中，气流一直保持在亚声速。接着飞机仍然保持在亚声速条件下加速，喉道面积处的马赫数一直增加，最终到图 4.16(a)所示的壅塞情况。在扩张段，气流减速到亚声速。这种条件

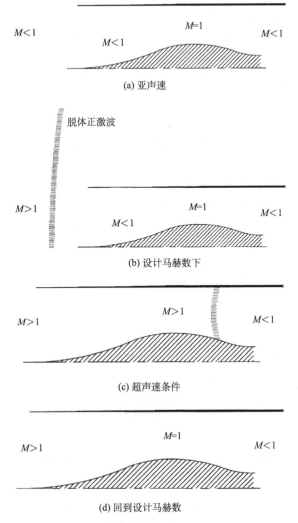

图 4.16 采用固定进气道的超声速飞机加速过程中的激波变化

下，进气道其实类似于壅塞喷管，其工作特性与期望效果相反。随着飞行速度进一步增加，在进气道外前端会出现一道正激波。刚开始的时候，由于马赫数为低超声速，激波比较弱，当速度进一步增加到设计马赫数 M_d 之前，激波会逐渐变强（图 4.16(b)）。此时伴随着强的正激波，进气道的工作方式仍然类似于壅塞喷管，工作效率不高。接下来，飞机必须加速到一个马赫数 M_s 使得激波朝进口移动并突然被吞咽到进气道的扩张段（图 4.16(c)）（M_s 明显大于 M_d）。此时进气道的进口气流是超声速的，一直减速到喉道处，但仍然处在超声速条件并持续加速到正激波前，在正激波之后瞬间减速到亚声速条件。由于正激波会导致很大的损失，这种情况不是我们所期望的。因此，最后一步就是飞机的马赫数再减小回到 M_d，此时在收敛区域气流是超声速的，在喉道为声速（例如，它是一道无限弱的激波），而在扩张段为亚声速（图 4.16(d)），此时进气道工作效率最高。需要注意的是，给定的飞行马赫数 M_d 下选定的面积比并不适用于其他马赫数。

另外还可以使用一种机械结构上更加复杂的方法来实现一个无激波的进气道的"起

动"，但这种方法并不要求加速。例如，考虑一个几何尺寸固定（图 4.16(b)）的飞机，这一条件也见图 4.17(a)。此时进气道类似于壅塞喷管，且喉道面积处的马赫数等于 1。之后如果喉道面积增大，激波就会被吞咽或向扩张段移动（图 4.17(b)）。此时喉道面积处的气流为超声速，但是比飞机进气道入口的马赫数低。最后，如果喉道面积减小到某个合适的值，激波又会移动回到喉道并变得极其弱，即马赫数等于 1（图 4.17(c)）。此时，飞机进气道入口的马赫数为超声速，而气流通过进气道单调减速。这种"起动"方法也用于超声速风洞中。罗-罗/斯奈克玛奥林巴斯 593（协和式客机）就是采用这种方法。在飞机上，另一种改变面积的方法是控制一个轴向移动中心锥，如图 4.18 所示。通过合理设计中心锥和内部唇罩形状，并控制中心锥的轴向位置，可以改变喉道面积和进口面积。为了描述喉道面积和喉道面积随轴向中心锥的变化关系，图 4.18 描绘了两个位置的中心锥。一般来说，对于进口几何固定的进气道，在不同高度和马赫数下加速时可调整中心锥的位置和喉道面积，从而扩宽进气道的高效工作包线。

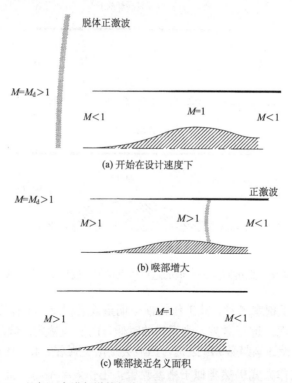

图 4.17　几何可变进气道的超声速在飞机设计马赫数下激波的变化

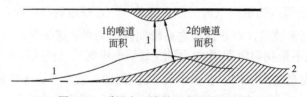

图 4.18　采用中心锥的可变几何进气道

　　而且，沿轴向调整中心锥还可调整激波的位置，从而改变进气道的流量系数。例如，如果一个飞机达到了设计马赫数，此时如果出现了一个脱体正激波而不是期望的斜激波，可以通过调整中心锥的位置来改变面积，将正激波吞咽，并建立起正常的斜激波，使之入射在唇口位置。图 4.19 中给出了包含一道斜激波的超声速进气道，并示意了其内部的减速过程。其中，图(a)所示为未"起动"的流动结构，在进气道入口前方出现一道脱体激波；图(b)给出了已"起动"的进气道。

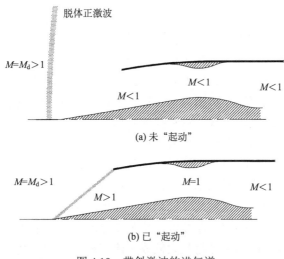

图 4.19　带斜激波的进气道

4.4　特　性　图

　　特性图，又称特性曲线，适用于所有的发动机部件，通常作为一个工作媒介或工具来使用。利用这些特性图可浓缩丰富的数据和信息，使数据更加多用化，而且可以在非常宽的工作条件下使用。进气道特性图为描述进气道的工作状态提供了一个快速而准确的视图，可用于判断进气道的性能(进入压气机的气流特性)等随气流条件变化的趋势。如对于亚声速气流，由于摩擦的存在，我们可以从图中看到总压恢复系数是进口马赫数的函数，而进口马赫数反过来又是自由来流马赫数的函数。而超声速条件下，由于激波的存在，总压恢复系数是自由来流马赫数的强函数；由于摩擦，其又是进口马赫数的函数，因此进气道的总压恢复系数可写成如下的一般形式：

$$\pi_{\mathrm{d}} = f(M_{\mathrm{a}}) \tag{4.4.1}$$

式中，函数关系 $f(\cdot)$ 可基于几何结构分析，通过激波和法诺流分析、广义一维量纲分析、CFD 分析或实际数据得到。例如，给定马赫数下的超声速条件，我们就可以确定激波类型，也可以计算得到对应的 π_{d}。因为可以采用图形化或表格化的方法，所以并不一定要借助封闭的方程来求解。通过分析可以看出，亚声速或超声速条件下，随着马赫数的增大，总压恢复系数减小。

　　更简单地，进气道设计工程师已经总结了一个用于进气道设计的近似而简单的经验公

式，但此经验公式精度有限。总压恢复系数可建模为

$$\pi_{\mathrm{d}} = \pi_{\mathrm{dd}} \left(1 - d \left(M_{\mathrm{a}} - 1 \right)^{1.35} \right) \tag{4.4.2}$$

式中，π_{dd} 为最大总压恢复系数，参数 d 在亚声速条件下为 0.0，超声速条件下典型值为 0.075。当然，如果存在可用的分析方法或数据，就应该使用它们替代方程(4.4.2)。

4.5　小　　结

本章我们描述了进气道的基本工作特性。进气道的基本目的就是将气流平稳地引入发动机中，使气流减速增压，并为压气机提供均匀的气流。实际情况下，进气道存在两种损失。第一种损失出现在气流流到进气道入口平面时。由于激波的存在，对超声速进气道来说这种损失最大，对于亚声速飞机则最小。第二种损失出现在进气道内部，处于进气道入口和压气机入口中间的进气道内部。这种损失主要包括由边界层引起的摩擦、湍流以及伴随的边界层分离。我们在本章分析了进气道可获得的压比限制，并给出了分离面积最小化的指导原则。摩擦损失首先可以借助法诺流进行近似分析，还可借助包含变截面的广义一维摩擦流进行更准确的预测分析。本章还讨论了正激波、平面斜激波和锥形激波，这些激波引起的损失是马赫数和进口几何尺寸的函数，因而可基于此预测外部损失。为降低正激波所带来的高总压损失，可利用斜激波或一系列斜激波使激波损失最小。本章还讨论了气流偏转和附体斜激波限制：如果马赫数太低或气流偏转角太大，会出现强损失的正激波。对于超声速飞机，引入了流量系数的概念，并利用它形成了一个推导非设计点几何结构需求的方法。针对超声速进气道，讨论了两种不同的非设计状态下随飞机速度和发动机质量流量变化的工作特性。在亚临界条件下，会出现气流溢出，即一部分理想情况下应进入发动机的气流溢流到进气道外。超临界条件下，进气道内的气流是超声速的，形成的正激波会产生比亚声速条件下更大的内部损失。此外本章还分析了由气流溢出而导致发动机推力直接减小的发动机外罩处的附加阻力。最后我们讨论了超声速进气道"起动"的概念。"起动"意味着进口超声速气流会在不出现强激波的情况逐渐减速到亚声速。要合理地"起动"一个进气道，必须在激波被吞咽之前使飞机加速或者增大喉道面积来吞咽激波。

本章符号表

A	面积	H	高度
a	声速	L	长度
b	整流锥或楔板位置	M	马赫数
C_{d}	阻力系数	MFR	流量系数
C_{p}	压力系数	R	半径
D	直径	p	压力
D_{a}	附加阻力	R	理想气体常数
F	力	s	熵
f	法诺摩擦系数	T	温度
h	比焓	u	比内能

u	速度	π	总压比
V	速度	ρ	密度
γ	比热容比	σ	激波角
δ	气流偏转角		

本章脚标表

a	轴向的	n	垂直于
a	附加阻力	o	进气道外
b	边界层	r	恢复
c	蒙皮	r	拒绝的
d	进气道	s	表面
d	设计	s	超速
e	出口	t	总参数(滞止态的)
f	燃油	t	相切于
i	计数器	x	x 方向
i	激波前	1	进气道入口
in	进口或进气道	2	进气道出口
j	激波后	1,2	控制体的面积
max	最大附体值		

本章上标表

′	理想情况下	*	壅塞

习 题

4.1 设计一个在 2.6 马赫数下工作的含一个二维锥形中心体(半锥角为 25°)的超声速进气道。斜激波贴着整流锥和外罩,且利用一个收敛进口段的内部压缩来给气流减速,收敛进口段的喉道面积为 A_{m} 。假设 $\gamma = 1.4$ 且 $\pi_{\mathrm{r}} = 1.0$ 。

(1)如果进气道已"起动"(例如,正激波已被吞咽,见图 4.19(b)),估算 π_{d} 。并求所需的 A_{m}/A_1 ,并按比例绘制该几何结构。

(2)如果进气道未"起动"且在整流锥前有一道正激波(图 4.19(a)),求 π_{d} 。

4.2 设计含一个二维锥形中心体(相对轴向中心线的两个半锥角分别为 12°和 25°;气流偏转角分别为 12°和 13°)的超声速进气道。进气道在 2.6 马赫数下工作时,两个斜激波贴着整流锥和外罩,且利用一个收敛进口段的内部压缩来给气流减速,收敛进口段的喉道面积为 A_{m} 。假设 $\gamma = 1.4$ 且 $\pi_{\mathrm{r}} = 1.0$ 。

(1)如果进气道已"起动"(例如,正激波已被吞咽,见图 4.19(b)),估算 π_{d} 。并求所需的 A_{m}/A_1 ,并按比例绘制该几何结构。

(2)如果进气道未"起动"且在整流锥前有一道正激波(图 4.19(a)),求 π_{d} 。

4.3 分析一个在标准天气下海平面随飞机以 2.6 马赫数工作的涡喷发动机。燃烧室出口总温为 3200°R,压气机压比为 16。假设除进气道外总的总压恢复系数都为 0.90 且 $\pi_{\mathrm{b}} = 0.90$,进气道的内部恢复系数为 0.97。假设机械效率为 1.00。发动机喷管为收−扩可调喷管，压气机流量为 150lbm/s 且 $\Delta H = 18000$Btu/lbm。求如下三种进气道时发动机的推力和 TSFC。

(1)进口有一道正激波；

(2)一级压缩的中心锥，半锥角为 25°；

(3)进气道有两级压缩的中心锥，第一级锥的半锥角为 12°，第二级锥的半锥角为 13°（总偏转角为 25°）。

(4)将结果与马赫数为 0.8 且喷管也为收−扩喷管的亚声速情况进行比较。

4.4 对于一个有正激波的超声速进气道，求其进气道外部恢复系数和激波后的马赫数随自由来流马赫数的函数。假设 $\gamma = 1.4$。并将结果绘制成曲线。

4.5 一个含中心锥的超声速进气道，中心锥的半锥角为 15°。求外部恢复系数和激波后的马赫数随自由来流马赫数的函数。假设 $\gamma = 1.4$。并将结果绘制成曲线。

4.6 气流以 0.72 马赫数和 12psi 的进口总压进入一个长 45in、直径为 45in 的流道中，流道的法诺摩擦系数为 0.015。如果 $\gamma = 1.40$，求总压比。

4.7 气流以 0.85 马赫数和 12psi 的进口总压进入一个长 45in、直径为 36in 的进气道中，进气道的进口面积为 1018in²，面积比为 1.60。总温为 480°R。如果没有摩擦损失且比热容比为 1.40，出口马赫数为多少？出口压力和压力系数为多少？并对其进行分析。

4.8 气流以 0.85 马赫数和 12psi 的进口总压进入一个长 45in、直径为 36in 的进气道中，进气道的进口面积为 1018in²。气流法诺摩擦系数为 0.015 且面积比为 1.60，总温保持为 480°R 不变。如果比热容比为 1.40，进气道的总压比为多少？

4.9 设计一个含一级压缩中心锥（半锥角为 20°）的超声速进气道，进气道在 1.9 马赫数下工作。斜激波贴口，且利用一个收敛进口段的内部压缩给气流减速，收敛进口段的喉道面积为 A_m。假设 $\gamma = 1.4$ 且 $\pi_r = 0.97$。

(1)如果进气道已"起动"（例如，正激波已被吞咽，见图 4.19(b)），估算 π_d，并求出所需的 A_m / A_1，按比例画出几何结构图。

(2)如果进气道未"起动"且在中心锥前有一道正激波（图 4.19(a)），求 π_d。

4.10 设计含一个两级压缩的中心锥（两个半锥角分别为 10°和 20°）的超声速进气道。进气道在 1.9 马赫数下工作。两道锥形激波贴口，且利用一个收敛进口段的内部压缩给气流减速，收敛进口段的喉道面积为 A_m。假设 $\gamma = 1.4$ 且 $\pi_r = 1.0$。

(1)如果进气道已"起动"（例如，正激波已被吞咽），估算 π_d，并求出所需的 A_m / A_1，按比例画出几何结构图。

(2)如果进气道未"起动"且在中心锥前有一个正激波，求 π_d。

4.11 分析一个随飞机在标准天气下 22000ft 以 1.9 马赫数运行的混合排气涡扇发动机，发动机涵道比为 2.2。燃烧室出口总温为 2800°R，压气机压比为 19。假设除进气道外的总压恢复系数为 0.90 且 $\pi_b = 0.90$，而进气道的内部总压恢复系数为 0.97。假设机械效率为 0.998，混合室总压比为 0.99，外涵道总压比为 0.99。发动机喷管为收−扩可调喷管，压气机流量为 140lbm/s 且 $\Delta H = 17800$Btu/lbm。求如下三种进气道时发动机的推力和 TSFC。

(1)进口有一道正激波；

(2)进气道有一级压缩的中心锥，半锥角为 20°；

(3)进气道有一级压缩的中心锥，半锥角分别为 10°，10°（总偏转角为 20°）。

4.12 分析一个随飞机在标准天气下 22000ft 以 1.9 马赫数运行的分开排气涡扇发动机，涵道比为 2.2。

燃烧室出口总温为 2800°R，压气机压比为 19。假设除进气道外的总压恢复系数为 0.90 且 $\pi_b = 0.90$，进气道的总压恢复系数为 0.97。假设机械效率为 0.998，风扇压比为 1.90。发动机两个喷管都是收敛喷管，压气机流量为 140lbm/s 且 $\Delta H = 17800\text{Btu/lbm}$。求如下三种进气道时发动机的推力和 TSFC。

(1) 进口有一道正激波；

(2) 进气道有一级压缩的中心锥，半锥角为 20°；

(3) 进气道有一级压缩的中心锥，半锥角分别为 10° 和 10°（总偏转角为 20°）。

4.13　在一个超声速飞机上采用了一个含中心锥的进气道。自由来流的马赫数为 2.0，中心锥的半锥角为 25°。进气道内（设计为无激波进气道）的总压恢复系数为 0.95。假设进气道已"起动"，求进气道的总压恢复系数（从自由来流到进气道出口）。

4.14　一架飞机以 1.5 马赫数飞行时，其进气道前出现一道标准正激波。进气道管内的总压恢复系数为 0.98 且比热容比为 1.40。求进气道的总压恢复系数。

4.15　一架飞机以 1.6 马赫数飞行且飞机有一个含锥形中心体的进气道。中心锥的半锥角为 15°。假设进气道已"起动"（吞咽了激波且进气道内无激波）。如果进气道内的总压比为 0.98，进气道的总压恢复系数是多少？进气道的入口马赫数为多少？假设比热容比为 1.40。

4.16　设计含一个单级压缩的中心锥（半锥角为 24°）的超声速进气道。进气道在 2.2 马赫数下工作时，斜激波贴口，利用一个收敛段来给气流减速，收敛段的喉道面积为 A_m。假设 $\gamma = 1.4$ 且 $\pi_r = 0.98$。

(1) 如果进气道已"起动"（例如，正激波已被吞咽，见图 4.19(b)），估算 π_d，并求出所需的 A_m / A_1，按比例画出几何结构图。

(2) 如果进气道未"起动"且在中心锥前有一道正激波（图 4.19(a)），求 π_d。

4.17　设计含一个两级压缩的中心锥（半锥角分别为 12° 和 24°；气流偏转角分别为 12° 和 12°）的超声速进气道。进气道在 2.2 马赫数下工作时，两道标准锥形激波贴口，利用一个收敛段给气流减速，收敛段的喉道面积为 A_m。假设 $\gamma = 1.4$ 且 $\pi_r = 0.98$。

(1) 如果进气道已"起动"（例如，正激波已被吞咽，见图 4.19(b)），估算 π_d，并求出所需的 A_m / A_1，按比例画出几何结构图。

(2) 如果进气道未"起动"且在中心锥前有一个正激波（图 4.19(a)），求 π_d。

4.18　一台发动机尺寸与老式军用非加力涡喷发动机相似，在海平面的进口空气流量为 120lbm/s。当它以 2.2 马赫数飞行时，压气机压比为 14.6。燃油热值为 17800Btu/lbm，且燃烧室出口总温为 2580°R。压气机、燃烧室、涡轮、传动轴和收-扩喷管的效率分别是 90%、95%、92%、100% 和 96%。燃烧室的总压比为 0.95。进气道内的总压恢复系数为 0.98。求如下三种进口条件下发动机的推力和 TSFC。

(1) 进口有一道正激波；

(2) 进气道有一级压缩的中心锥，半锥角为 24°；

(3) 进气道有一级压缩的中心锥，半锥角分别为 12° 和 12°（总偏转角为 24°）。

4.19　当进口马赫数为 0.80 时，设计一个进气道以实现最大压比。即求长宽比（L/D_1）、面积比（A_2/A_1）、压比和出口马赫数。

4.20　一架飞机以 2.5 马赫数飞行，进气道为含锥形中心体的进气道，且半锥角为 50°。如果进气道内部总压恢复系数为 0.97，进气道的总压恢复系数为多少？进气道入口马赫数为多少？假设比热容比为 1.40。

4.21　气流以 0.3 马赫数进入一个燃气轮机中的长收敛进气道。气流流量为 100lbm/s 且进口总压和进口总温分别为 14psi 和 500°R。L/D 为 20，面积比为 0.70。法诺摩擦系数为 0.015，比热容比为 1.40。气流温度微提升至 530°R。利用广义一维流分析法求进气道的总压恢复系数。

4.22 飞机在一定马赫数范围内飞行，其进气道内有一可调的中心锥。半锥角固定为 20°。若要使进气道高效工作，最低飞行马赫数为多少？若内部总压恢复系数为 0.98，进气道的总压恢复系数是多少？准确绘制出该进气道。在这一最小飞行条件下进气道是否调整为最小面积？假设比热容比为 1.40。

4.23 一个矩形进气道由一个二维平面斜楔组成。在斜激波后，在 2.00 马赫数设计时，进气道内无激波。海平面发动机的质量流量为 100lbm/s。假设 $\gamma = 1.4$ 且进气道内部的总压恢复系数为 0.97。

(1) 激波脱体前的最大偏转角为多少？

(2) 求最大偏转角时进气道的总压恢复系数。

(3) 绘制进气道。

(4) 最大偏转角时所需的进气道进口面积是多少？

4.24 一个环形进气道由一个中心锥组成。该进气道以 2.00 马赫数为设计点，除进气道外的锥形激波，设计点下进气道内不产生任何激波。在海平面发动机的质量流率为 145lbm/s。假设 $\gamma = 1.40$ 且进气道内的总压恢复系数为 0.96。

(1) 斜激波脱体之前最大的偏转角（半锥角）是多少？

(2) 求最大偏转角时进气道的总压恢复系数。

(3) 绘制出进气道并标出重要角度。

4.25 一个矩形超声速进气道中采用一级斜楔压缩。飞机飞行马赫数为 1.70（$\gamma = 1.40$）时，激波角为 40°。

(1) 斜板的倾角是多少？斜激波波后马赫数是多少？斜激波总压恢复系数是多少？

(2) 要保持斜激波附体，斜板的角度最大可增加到多少度？此时的波后马赫数和总压恢复系数各是多少？

4.26 在一个超声速进气道中采用一级中心锥压缩。飞机飞行马赫数为 2.60（$\gamma = 1.40$）时，激波角为 35°。

(1) 半锥角是多少？波后马赫数是多少？总压恢复系数是多少？

(2) 要保持斜激波附体，半锥角最大可增加到多少度？此时的波后马赫数和总压恢复系数各是多少？

4.27 一个超声速进气道采用一级斜楔压缩，楔角为 15°，假设 $\gamma = 1.40$。求斜激波的总压恢复系数和波后马赫数随自由来流马赫数的变化关系，并将结果绘制成曲线。

4.28 一架飞机中采用一级中心锥压缩的进气道。飞机以 1.6 马赫数（$\gamma = 1.40$）在一个静压为 5psi 的高度飞行。中心锥的半锥角为 36°。进气道内的总压恢复系数为 0.98。

(1) 锥形激波的波后马赫数和总压为多少？

(2) 进气道的总压恢复系数是多少？

4.29 一个超声速进气道采用一级中心锥压缩，半锥角为 25°，假设 $\gamma = 1.40$。求锥形激波的总压恢复系数，以及一道锥形激波和一道正激波波后马赫数随自由来流马赫数的变化关系，并将结果绘制成曲线。

4.30 一架飞机中的进气道内采用一级斜楔压缩。飞机以 2.0 马赫数（$\gamma = 1.40$）在一个静压为 7psi 的高度飞行。楔角为 21°，进气道内的总压恢复系数为 0.975。

(1) 斜激波后的马赫数等于多少？

(2) 激波角等于多少？

(3) 进气道出口总压等于多少？

(4) 对于该楔角，激波脱体之前的最小自由来流马赫数等于多少？

4.31 在一架飞机的进气道中利用一个平面二维斜楔压缩。当飞机以 2.5 马赫数（$\gamma = 1.40$）在一个静压为 5psi 的高度飞行时，通过斜楔产生一道斜激波和一道正激波。楔角为 21°，进气道内的总压恢复系数为 0.980。

(1) 正激波后的马赫数等于多少？

(2) 斜激波的激波角等于多少？

(3) 进气道出口总压等于多少？

(4) 对于该楔角，斜激波脱体之前的最小自由来流马赫数等于多少？

4.32 在一架飞机的进气道中利用了一个平面二维斜楔压缩，楔角为 18°。当出现一道斜激波时，伴随一道正激波，使马赫数降到 1 以下。绘制马赫数从 1.0 到 3.0 时进气道外部总压恢复系数的曲线。

4.33 进口马赫数为 0.80、进口总压为 12psi 的气流进入一个长 45in、直径为 36in 进气道中。进气道的面积扩张比为 1.20。气流总温保持为 480°R 不变。气流的法诺摩擦系数为 0.015 且比热容比为 1.40。

(1) 总压恢复系数等于多少？

(2) 压力系数等于多少？并对其进行分析。

4.34 一架飞机在 30000ft 以 2.0 马赫数 $(\gamma = 1.40)$ 飞行。进气道中采用了一个实心中心锥压缩，形成一道锥形激波。

(1) 半锥角等于多少时斜激波后的马赫数会最小？

(2) 在圆锥表面马赫数等于多少？

(3) 斜激波的激波角等于多少？

(4) 总压恢复系数等于多少？

(5) 该半锥角下，激波脱体之前的最小自由来流马赫数等于多少？

4.35 一架飞机的进气道中利用了一个平面二维斜楔压缩。飞机以 2.00 马赫数 $(\gamma = 1.40)$ 在一个静压为 7psi 的高度飞行，楔角为 21°。进气道内部的总压恢复系数为 0.980。进气道出口总压等于多少？

4.36 一架飞机的进气道中利用了一个中心锥压缩。飞机以 2.00 马赫数 $(\gamma = 1.40)$ 在一个静压为 7psi 的高度飞行，半锥角为 45°。进气道内部的总压恢复系数为 0.980。进气道出口总压等于多少？

第 **5** 章 喷 管

5.1 引 言

喷管又称排气管或尾喷管，是喷气式发动机中气流流过的最后一个部件。在一个发动机中，最多有两个并列的喷管[①]：尾喷管(或主喷管)和外涵喷管(或二次喷管)。本章讨论收敛喷管和收-扩喷管，而且这两种喷管可以两两组合(如收敛和收敛-扩张、收敛和收敛等)。前面我们提到过，喷管的作用是将高压高温气流的内能(或焓)转换为动能，并调整气流方向，使其沿发动机轴向排出。发动机正是通过该转换过程获得推力的。由于喷管处在高温环境下，其制造材料通常是镍基合金、钛合金或陶瓷基复合材料。在第 3 章中，我们讨论了喷管的非理想效应。本章我们会对这些效应进行更详细的分析，并讨论喷管设计时的其他注意事项。

5.2 非理想条件方程

非理想条件喷管的一维气流控制方程在第 3 章中已经给出，为了方便，本章我们直接引用如下。

5.2.1 尾喷管

$$\eta_{\mathrm{n}} = \frac{h_{\mathrm{t6}} - h_8}{h_{\mathrm{t6}} - h_8'} \tag{5.2.1}$$

$$u_8 = \sqrt{2\left(h_{\mathrm{t6}} - h_8\right)} \tag{5.2.2}$$

$$u_8 = \sqrt{2c_{\mathrm{p}}\eta_{\mathrm{n}}\left(T_{\mathrm{t6}} - T_8'\right)} \tag{5.2.3}$$

$$\frac{T_8}{T_{\mathrm{t6}}} = \frac{1}{1 + \dfrac{\gamma - 1}{2}M_8^2} \tag{5.2.4}$$

---

① 译者注：新型的多涵道发动机可能有更多的组合形式。

$$\frac{p_8}{p_{t6}} = \left(\frac{T_8'}{T_{t6}}\right)^{\frac{\gamma}{\gamma-1}} \tag{5.2.5}$$

$$\frac{p_8}{p_{t6}} = \left(\frac{\dfrac{1}{1+\dfrac{\gamma-1}{2}M_8^2} - 1 + \eta_n}{\eta_n}\right)^{\frac{\gamma}{\gamma-1}} \tag{5.2.6}$$

$$\frac{p^*}{p_{t6}} = \left(1 + \frac{1-\gamma}{\eta_n(1+\gamma)}\right)^{\frac{\gamma}{\gamma-1}} \tag{5.2.7}$$

$$\frac{A_8}{A^*} = \frac{1}{M_8}\sqrt{\frac{\gamma+1}{2+(\gamma-1)M_8^2}}\left(\eta_n\frac{1+\dfrac{1-\gamma}{\eta_n(1+\gamma)}}{\dfrac{1}{1+\dfrac{\gamma-1}{2}M_8^2} - 1 + \eta_n}\right)^{\frac{\gamma}{\gamma-1}} \tag{5.2.8}$$

5.2.2 外涵喷管

$$\eta_{fn} = \frac{h_{t7} - h_9}{h_{t7} - h_9'} \tag{5.2.9}$$

$$u_9 = \sqrt{2(h_{t7} - h_9)} \tag{5.2.10}$$

$$u_9 = \sqrt{2c_p\eta_{fn}(T_{t7} - T_9')} \tag{5.2.11}$$

$$\frac{T_9}{T_{t7}} = \frac{1}{1+\dfrac{\gamma-1}{2}M_9^2} \tag{5.2.12}$$

$$\frac{p_9}{p_{t7}} = \left(\frac{T_9'}{T_{t7}}\right)^{\frac{\gamma}{\gamma-1}} \tag{5.2.13}$$

$$\frac{p_9}{p_{t7}} = \left(\frac{\dfrac{1}{1+\dfrac{\gamma-1}{2}M_9^2} - 1 + \eta_{fn}}{\eta_{fn}}\right)^{\frac{\gamma}{\gamma-1}} \tag{5.2.14}$$

$$\frac{p^*}{p_{t7}} = \left(1 + \frac{1-\gamma}{\eta_{fn}(1+\gamma)}\right)^{\frac{\gamma}{\gamma-1}} \tag{5.2.15}$$

$$\frac{A_9}{A^*} = \frac{1}{M_9} \sqrt{\frac{\gamma+1}{2+(\gamma-1)M_9^2}} \left(\eta_{\text{fn}} \frac{1 + \dfrac{1-\gamma}{\eta_{\text{fn}}(1+\gamma)}}{\dfrac{1}{1+\dfrac{\gamma-1}{2}M_9^2} - 1 + \eta_{\text{fn}}} \right)^{\frac{\gamma}{\gamma-1}} \tag{5.2.16}$$

5.2.3 喷管效率对性能的影响

在分析尾喷管的工作与设计细节之前，读者需要更好地理解效率对喷管性能的影响。图 5.1 和图 5.2 有助于读者对此进行理解。图 5.1 中给出了 $\gamma=1.35$ 时三种不同效率下和 $\gamma=1.30$ 时理想情况下喷管压比与出口马赫数的函数关系。可以看出，喷管效率降低也会使喷管的压比减小。这可从两个方面来理解。例如，对给定进口总压的喷管，通过设计合适的压比使喷管出口压力与环境压力相等时，随着效率的降低，出口马赫数也会减小。因而推力也会减小。从另一个角度来看，要设计一个喷管的面积比，使其出口压力与环境压力相等，如果要获得期望的出口马赫数，非理想情况下的进口总压会比理想情况下的进口总压要高，因而需要从涡轮出口处获得更高的压力。

在图 5.2 中给出了 $\gamma=1.35$ 时三种不同效率下和 $\gamma=1.30$ 时理想情况下喷管面积比 (A/A^*) 与出口马赫数的函数关系。对于亚声速气流，随着效率的减小，面积比减小。但对于超声速气流，随着效率的减小，面积比增大。因此，为达到给定的超声速马赫数，非理想情况需要一个比理想情况更大的喷管(更大的出口面积)。而且，对于壅塞的收敛喷管，与理想喷管相比，存在损失时喷管需要收敛更多。而且需要注意，当喷管效率低于 1 时，喉道处的马赫数只是略小于 1，且喉道面积比跨声速处的面积略小。比热容比对两个曲线的影响都很小，尤其是在低马赫数下。

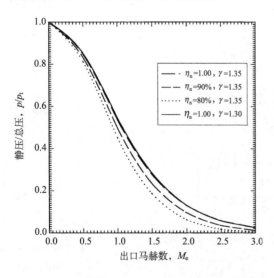

图 5.1　喷管压比随出口马赫数的变化

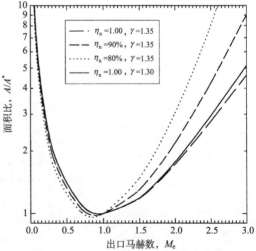

图 5.2　喷管面积比随出口马赫数的变化

5.3 收 敛 喷 管

最简单的喷管是理想收敛喷管。从名字可以看出，这种喷管出口流道截面面积小于进口截面面积。这类喷管可出现在尾喷管或外涵喷管或同时出现。这种喷管存在两种不同的工作状态。第一种状态是出口压力与环境压力相等，如图5.3(a)所示。此时，出口马赫数等于或小于1，出口压力大于或等于声速条件下的参考压力 p^*，其中 p^* 由式(5.2.7)或式(5.2.15)给出。

第二种状态，环境压力小于 p^*。在到达出口之前，气流在喷管内部加速，在出口截面处，马赫数等于1。但当气流排出喷管之后，继续以二维方式膨胀，并在一个较短的距离内继续加速，最终与环境压力相等(图5.3(b))。在这个较小的区域内，马赫数大于1。最终，在喷管下游会出现一个类正激波或一系列斜激波，将气流减速到亚声速条件。在这些激波之后，气流保持为亚声速状态。喷管的这种工作状态称为超临界工况或欠膨胀工况。

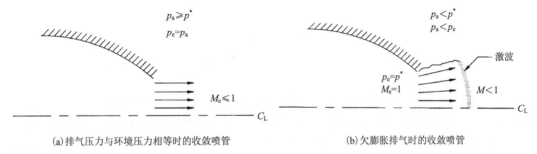

(a)排气压力与环境压力相等时的收敛喷管 (b)欠膨胀排气时的收敛喷管

图5.3 收敛喷管的两种工作状态

对于效率小于1的壅塞收敛喷管，喷管的出口马赫数实际上略小于1。但是，如同第3章说明的，由于这些差别对发动机的推力和 TSFC 影响很小，本书中为简化分析，用声速条件替代壅塞情况。

5.4 收-扩喷管

从名字可以看出，收-扩喷管的截面积沿着喷管中心线先逐渐减小，然后逐渐增大。收-扩喷管通常也称为拉瓦尔喷管。这种喷管几何结构更加复杂，且存在7种不同的工作状态。图5.4中列出了这7种状态，下面将进行详细分析。这种喷管多见于尾喷管中，在外涵喷管中很少见到。接下来的分析中，我们先假设喷管的效率等于1且几何尺寸固定，其喉道面积和出口面积不会随工作条件的变化而改变。可调喷管在后面再作讨论。

第一种状态是喷管出口压力与环境压力相等且整个喷管中的气流为亚声速(图5.4中的第1种状态)，在喉道处马赫数最大。一般情况下，收-扩喷管不会在这种状态下工作。

第二种状态见图5.4中的第2种状态。这种状态与状态1类似，但是喉道处的马赫数等于1。收-扩喷管实际工作时也很少出现这种情况。

第三种状态见图5.4中的状态3，其特征为整个喷管中气流流动平滑、没有激波且出口压力与环境压力相等。在收敛部分是亚声速气流；在扩张部分，气流为超声速。这种理想情况表征了喷管的设计点，此时推力最大。

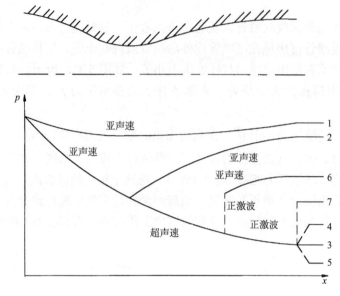

图 5.4　收-扩喷管的 7 种工作状态

第四种状态下，环境压力略大于设计状态的出口压力。此时在喷管外会形成复杂的二维流场，见图 5.5。此时是过膨胀状态，喷管外的气流会突然压缩和减速，并形成一系列的压缩波和膨胀波——这可基于二维可压缩气流进行计算，例如，利用 Zucrow 和 Hoffman（1976）描述的方法。最终形成钻石型激波串，图 5.6 所示为普惠 F100 含加力燃烧室的涡扇发动机（混合排气涡扇发动机，见图 1.33）测试时照片。这种情况下的纹影图如图 5.7（a）所示。纹影技术是一种可将大密度梯度流场可视化的光学技术（Merzkirch, 1974）。

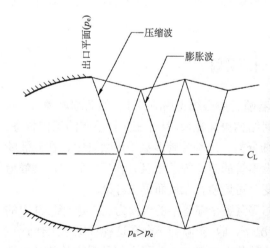

图 5.5　收-扩喷管的过膨胀排气（对应第 4 种状态）

图 5.6　普惠 F100 发动机的过膨胀排气
【图片由普惠友情提供】

　　第五种状态下，环境压力低于设计的出口压力。此时也会在喷管外会形成复杂的流场结构，见图 5.8。这种情况称为欠膨胀或超临界状态，此时喷管外的气流会继续膨胀、加速并形成一系列的膨胀波和压缩波，同样可基于二维可压缩气流进行计算得到。最终也会形成钻石型激波串，但是激波序列与过膨胀情况正好相反。此时的纹影图如图 5.7(b) 所示，图 5.9 所示为对应的阴影图。阴影技术是一种可将 $\nabla^2\rho$ 值比较大的流场可视化的光学技术（Merzkirch, 1974）。

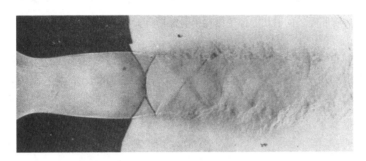

图 5.7(a)　过膨胀喷气的纹影图

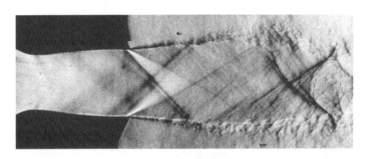

图 5.7(b)　欠膨胀喷气的纹影图

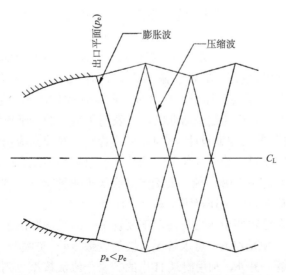

图 5.8　收-扩喷管的欠膨胀排气(对应第 5 种状态)

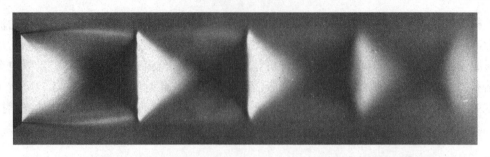

图 5.9　欠膨胀喷气的射线影像【图片由曼彻斯特大学 Goldstein 实验室友情提供】

第六种状态下，环境压力明显大于喷管设计状态的出口压力，但是比状态 2 下的压力小。此时会在喷管的扩张段出现一个正激波或称为 λ 激波的一系列的斜激波和正激波。这也是一种过膨胀状态，如图 5.10 所示。这种情况下出口马赫数为亚声速，从产生推力的角度来看，这是我们所不期望的状态。

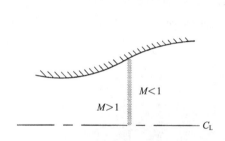

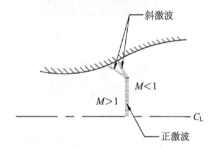

图 5.10(a)　收-扩喷管过膨胀排气时在扩　　　　　图 5.10(b)　收-扩喷管过膨胀排气时在
　　　　　　张段有一个正激波　　　　　　　　　　　　　　　扩张段有多个斜(λ)激波

状态 6 的一个极限状态是在喷管的出口截面形成正激波，可以将其作为状态 7。注意到状态 4 处于状态 7 和状态 3 之间。

尽管我们在分析收-扩喷管工作状态时采用了一维流假设，但气流还可以是二维或三维的。当气流不再是一维时，由于气流具有径向速度分量，其轴向分速度变小。由动量方程可知，径向速度分量并不能产生推力。通过观察收-扩喷管靠近喉道部分的声速线最能说明流场的二维属性。理想情况下在喉道截面上，声速线应该是直线。但是，Flack 和 Thompson(1975)测量了一系列对称和非对称的二元构型喷管中声速线的位置，图 5.11 所示为一个典型的结果。实际上声速线是弯曲的，这表明了流场的二维属性。

处理一个收-扩喷管的问题或设计一个收-扩喷管时，在建立流场细节之前，必须要先确定其工作范围。例如，对于给定几何外形的喷管，已知环境压力时，可以确定喷管的工作状态属于上述 7 种状态中的哪一种。要确定到底属于哪种状态，首先要确定边界线再分类讨论。也就是说，首先要确定在极限状态 2、3、7 下的环境压力边界各是多少。一旦确定边界，就可以确定在给定环境压力的情况下喷管工作的流场范围了，从而可以进行进一步的分析。利用软件"NOZZLE"可求解无激波的收敛或收-扩喷管，结合"SHOCK"还可求得各种情况下的解。另外，利用附录 H 中的广义一维流模型可判断这两类喷管的各种性质变化(参见第 4 章)，实际上也可用于判断喷管的效率(如题 5.20 和题 5.31)。

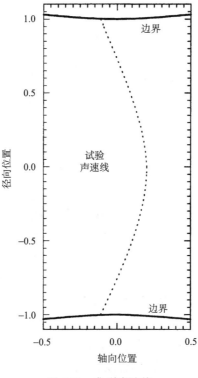

图 5.11　典型声速线

例 5.1　一收-扩喷管在压力为 10psi（68.95kPa）的大气环境下工作。其喉道面积为 1.5ft²（0.1393m²），出口面积为 3.0ft²（0.2786m²）。进口总压和温度分别为 35psi（241.3kPa）和 1100°R（611.1K）。有效比热容比为 1.340，喷管效率为 98%。求喷管的总体工作条件和质量流量。

解　在求解之前，首先需要确定喷管工作的一般条件。例如，喷管是否壅塞，壅塞与非壅塞情况下的求解是不同的。因此要求解此题，必须确定喷管处于图 5.4 中 7 种状态的哪一种。要判定这个问题，首先需要求解出引起状态 2、3、7 下的反压值。一旦确定这些反压边界，即可求解。

状态 2。

这种状态下，喷管内没有激波，喷管壅塞，但出口处为亚声速。此时要先求出出口马赫数再求解出口压力。首先，利用方程（5.2.8）：

$$\frac{A_8}{A^*} = \frac{1}{M_8}\sqrt{\frac{\gamma+1}{2+(\gamma-1)M_8^2}}\left(\eta_n\frac{1+\dfrac{1-\gamma}{\eta_n(1+\gamma)}}{\dfrac{1}{1+\dfrac{\gamma-1}{2}M_8^2}-1+\eta_n}\right)^{\frac{\gamma}{\gamma-1}}$$

有（A^* 约为 0.1393m²）：

$$\frac{0.2786}{0.1393}=2.0=\frac{1}{M_8}\sqrt{\frac{2.34}{2+0.34M_8^2}}\left(0.98\frac{1+\dfrac{-0.34}{0.98\times2.34}}{\dfrac{1}{1+\dfrac{0.34}{2}M_8^2}-1+0.98}\right)^{\frac{1.34}{0.34}}$$

迭代求解 M_8，可得 $M_8=0.3035$。

接着，利用方程(5.2.6)可得

$$\frac{p_8}{p_{t6}}=\left(\frac{\dfrac{1}{1+\dfrac{\gamma-1}{2}M_8^2}-1+\eta_{\mathrm{n}}}{\eta_{\mathrm{n}}}\right)^{\frac{\gamma}{\gamma-1}}=\left(\frac{\dfrac{1}{1+\dfrac{0.34}{2}0.3035^2}-1+0.98}{0.98}\right)^{\frac{1.34}{0.34}}=0.9394$$

因此，此时的反压为 $p_8=0.9394\times241.3\mathrm{kPa}=226.7\mathrm{kPa}(32.88\mathrm{psi})$。

状态 3。

这种状态下，喷管内没有激波，喷管壅塞，但出口处为超声速。此时也要先求出出口马赫数再求解出口压力。首先，利用方程(5.2.8)：

$$2.0=\frac{1}{M_8}\sqrt{\frac{2.34}{2+0.34M_8^2}}\left(0.98\frac{1+\dfrac{-0.34}{0.98\times2.34}}{\dfrac{1}{1+\dfrac{0.34}{2}M_8^2}-1+0.98}\right)^{\frac{1.34}{0.34}}$$

这与状态 2 是同一个方程(该方程有两个解)，求解 M_8，解得(迭代求解，但是此时为超声速) $M_8=2.103$。

接着，利用方程(5.2.6)可得

$$\frac{p_8}{p_{t6}}=\left(\frac{\dfrac{1}{1+\dfrac{0.34}{2}2.103^2}-1+0.98}{0.98}\right)^{\frac{1.34}{0.34}}=0.1032$$

因此，此时的反压为 $p_8=0.1032\times241.3\mathrm{kPa}=24.91\mathrm{kPa}(3.613\mathrm{psi})$。

此时，出口平面的静温可由下式求得：

$$\frac{T_8}{T_{t6}}=\frac{1}{1+\dfrac{\gamma-1}{2}M_8^2}=\frac{1}{1+\dfrac{0.34}{2}2.103^2}=0.5708$$

于是有 $T_8=0.5708\times611.1\mathrm{K}=348.8\mathrm{K}(627.9°\mathrm{R})$。注意到出口截面温度的计算于环境温度有关。

状态 **7**。

这种状态下，喷管内没有激波，喷管壅塞，且出口前为超声速。此时在出口截面处有正激波。同样需要求出出口马赫数和出口压力。

对出口上游气流，其马赫数和压力与状态 3 完全一致。利用正激波方程(式(4.3.1)和式(4.3.3))可得到

$$M_j^2 = \frac{M_i^2 + \dfrac{2}{\gamma-1}}{\dfrac{2\gamma}{\gamma-1}M_i^2 - 1}$$

于是，有

$$M_{8j}^2 = \frac{2.103^2 + \dfrac{2}{0.34}}{\dfrac{2\times1.34}{0.34}2.103^2 - 1}$$

可得紧靠喷管出口截面的马赫数为

$$M_{8j} = 0.5516\,(\text{明显为亚声速})$$

另外，正激波前后的压比为

$$\frac{p_j}{p_i} = \frac{2\gamma}{\gamma+1}M_i^2 - \frac{\gamma-1}{\gamma+1}$$

于是可得

$$\frac{p_{8j}}{p_{8i}} = \frac{2\times1.34}{2.34}2.103^2 - \frac{0.34}{2.34} = 4.921$$

从而对于状态 7，反压为

$$p_8 = 4.921\times24.91\text{kPa} = 122.6\text{kPa}(17.78\text{psi})$$

显然，题中给的条件处于状态 3 和状态 7 之间。由图 5.4 可以很快发现喷管工作条件对应状态 4 且在喷管外存在非等熵的激波和压缩。在喷管出口之前的气流属性与状态 3 一致。

如果反压大于 266.7kPa(32.88psi)，整个喷管中气流都是亚声速。如果反压落在 122.6kPa 到 226.7kPa 区间内，就会在喷管的扩张段产生一个标准正激波。激波所处的轴向位置则需要通过迭代才能计算得到，见例 5.2。当反压小于 24.91kPa 时，喷管内的气流就会与状态 3 一致，但是在喷管外会出现一系列非等熵的二维膨胀过程。

由于本题中气流壅塞，可简单利用状态 3 中的条件计算质量流量，即

$$\dot{m} = \rho_8 u_8 A_8$$

式中，$u_8 = M_8 a_8$ 且

$$a_8 = \sqrt{\gamma R T_8} = \sqrt{1.34\times287.1\frac{\text{J}}{\text{kg}\cdot\text{K}}\times348.8\text{K}\times\frac{\text{N}\cdot\text{m}}{\text{J}}\times\frac{\text{kg}\cdot\text{m}}{\text{N}\cdot\text{s}^2}} = 366.4\text{m/s}(1202\text{ft/s})$$

于是可得

$$u_8 = 2.103\times366.4 = 770.2\text{m/s}(2527\text{ft/s})$$

另外，对理想气体，当 $T_8 = 348.8\text{K}$ 且 $p_8 = 24.91\text{kPa}$ 时，有

$$\rho_8 = 0.2489\text{kg/m}^3(0.0004828\text{slug/ft}^3)$$

最后，可得质量流量为

$$\dot{m} = 0.2489\frac{\text{kg}}{\text{m}^3} \times 770.2\frac{\text{m}}{\text{s}} \times 0.2786\text{m}^2 = 53.42\text{kg/s}(117.8\text{lbm/s}) \qquad 题毕。$$

例 5.2　马赫数为 2.0，压力为 10psi，温度为 1400°R 的气流进入一无摩擦的扩张喷管。喷管的出口、进口面积比为 3.0。求在喷管通道中截面面积等于进口面积两倍处产生正激波所需的反压。假设气流为一维稳态理想气体，比热容为常数，比热容比为 1.36，且除正激波外均为等熵气流。

　　解　对于等熵气流，定义马赫数等于 1 处的面积为 A^*，该面积作为一个参考。本题中，由于存在正激波，在截面 i 到截面 j 之间的气流不是等熵的。因此，从 A_{in} 到 A_i 的气流的参考面积 A_i^* 与从 A_j 到 A_{out} 的等熵气流的参考面积 A_j^* 不等。确定激波后的气流状态需要先求解 A_i^* 与 A_j^* 之间的关系。

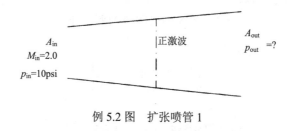

例 5.2 图　扩张喷管 1

注："i"是正好在紧挨激波之前的位置，"j"是正好在紧挨激波之后的位置。

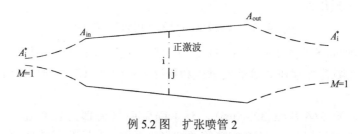

例 5.2 图　扩张喷管 2

　　从"in"到"i"的气流为等熵气流，由于超声速气流在扩张段加速，有

$$p_{t\text{in}} = p_{t\text{i}}$$

但对 $M_{\text{in}} = 2.0$，由等熵气流表或方程可求得 $A_{\text{in}}/A_i^* = 1.719$，于是

$$p_{\text{in}}/p_{t\text{i}} = 0.1289$$

或

$$p_{t\text{i}} = 10/0.1289 = 77.58\text{psi}$$

又 $\dfrac{A_i}{A_i^*} = \dfrac{A_i}{A_{\text{in}}}\dfrac{A_{\text{in}}}{A_i^*}$，于是有

$$A_i/A_i^* = 2 \times 1.719 = 3.439 \text{ 且 } M_i = 2.723 \text{（查等熵气流表）}, \quad p_i/p_{t\text{i}} = 0.0406$$

或

$$p_i = 0.0406 \times 77.58 = 3.15\text{psi}$$

当知道正激波的进口马赫数时，可求得出口马赫数(如根据正激波表)为

$$M_j = 0.4855$$

$$p_{tj}/p_{ti} = 0.3991$$

$$p_j/p_i = 8.393$$

于是

$$p_j = 8.393 \times 3.15 = 26.75\text{psi}, \quad p_{tj} = 0.3991 \times 77.58 = 30.96\text{psi}$$

由于从"j"到"out"的扩张段亚声速气流减速且等熵流动，当 $M_j = 0.4855$ 时，可求得(利用等熵气流表或方程) $A_j/A_j^* = 1.372$ 且

$$\frac{A_{out}}{A_j^*} = \frac{A_{out}}{A_{in}} \frac{A_{in}}{A_j} \frac{A_j}{A_j^*} = 3 \times \frac{1}{2} \times 1.372 = 2.058$$

可以发现，参考面积 A_i^* 与 A_j^* 不等。因此，通过等熵气流表或计算可得

$$M_{out} = 0.2975$$

$$p_{out}/p_{tj} = 0.942$$

或

$$p_{out} = 29.16\text{psi}$$

求出出口压力(p_{out})后，仍然不能确定激波的位置，需要通过迭代计算才能得到。例如，读者可以假设一个 A_i 的值，重复上述过程，并求出出口压力 p_{out}。如果 p_{out} 的计算值与指定的出口压力不等，就需要重新预测一个 A_i 的值，再重复上述过程，直到与指定的出口压力相等。迭代过程很快收敛，例如，可使用 Reguli-Falsi 方法(附录 G)。

5.5 压比对发动机性能的影响

如同本书在前三章中讨论的，如果喷管的出口压力与环境压力恰好相等，产生的推力就只有动量交换的部分。如果喷管的出口压力小于环境压力(过膨胀)，则会出现一个压力项的负推力值。但由于过膨胀会比理想膨胀时产生更大的出口速度，由动量交换产生的推力也会更大些。另外，如果喷管的出口压力大于环境压力(欠膨胀)，则会出现一个与压力对应的正推力值。但由于欠膨胀时会比理想膨胀时产生更小的出口速度，相应地由动量交换产生的力也会更小。因此，对这两种与环境压力不匹配的情况，推力的两个部分趋势相反，因此可分析哪种情况下会得到最优(或最大)的推力。下面的例子给出了最佳的答案。

例 5.3 一理想涡喷发动机在海平面($p_a = 14.69\text{psi}$)处以 0.75 马赫数飞行。空气质量流量为 165lbm/s，压气机压比为 15。燃油的热值为 17800Btu/lbm，燃烧室出口总温为 2500°R。求喷管出口压力为 12.69~16.69psi 变化时的推力。本题与例 2.2 相似，不同之处在于出口压力与环境压力的关系。

解 由于本题与例 2.2 类似，具体的计算过程就不再赘述。但是注意本题中的出口压

力与环境压力不等。

图 5.12 给出了本题的结果。图中给出的是净推力、出口面积和出口气流速度随出口压力的关系。可以看出，当出口压力（p_8）正好等于环境压力（p_a）时，推力最大。尽管此处是通过计算结果得到这个结论的，但是通过求净推力对出口压力（p_8）的导数且导数等于零时也可得到相同的结论。从图 5.12 中可以看到，虽然当 $p_8 = p_a$ 时推力最大，但是在非设计点，净推力退化并不快。

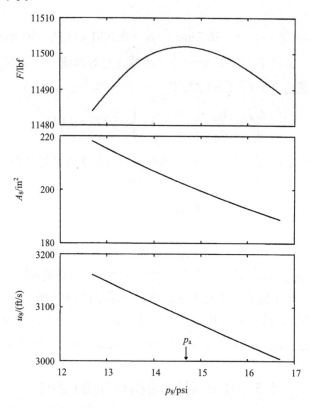

图 5.12　理想涡喷发动机的净推力、出口面积和出口气流速度随出口压力的变化关系

从图中还可以看出，随着出口压力的增大，所需的出口面积会逐渐减小，出口速度也有相同的变化趋势。因此，在低压情况下，由于动量交换产生的推力比出口压力与环境压力相等时的推力大，但是此时有压力产生的推力是负值，而且比动量交换增加的值还大。类似地，在高压情况下，虽然压力会产生正的推力，但是对应动量交换产生的推力减小量也比由于压力产生正推力的大。

例 5.4　一理想涡喷发动机在海平面（$p_a = 14.69\text{psi}$）处以 0.75 马赫数飞行。空气质量流量为 165lbm/s。其压气机压比为 15，效率为 88%。燃油的热值为 17800Btu/lbm，燃烧室出口总温为 2500°R，燃烧室效率为 91%，总压比为 0.95。涡轮的效率为 85%。喷管类型为收敛-扩张型。进气道的总压恢复系数是 0.92。传动轴的效率为 99.5%。求推力随喷管效率和出口压力的变化关系。本题与例 5.3 相似，不同之处在于考虑了非理想特性。

解　本题与例 3.1b 类似，差别在于喷管效率和出口压力不定。具体的计算过程也不再赘述。但是注意本题中的出口压力与环境压力不等，而是随着出口面积变化而变化的。本题的结论如图 5.13 所示。图中给出了喷管效率分别为 1.00、0.975 和 0.95 三种取值下净推力随出口压力的变化关系。

从图 5.13 中可以看出，当 $\eta_n = 1.00$ 时，推力最大（对应的最大值在 $p_e = p_a$）。但当 $\eta_n = 0.975$ 时，最大推力在出口压力约为 15.9psi 时取得；当 $\eta_n = 0.95$ 时，最大推力在出口压力约为 17.3psi 时取得。因此，随着喷管效率的减小，最大推力在出口压力大于环境压力时才能实现。这说明在非理想条件下，转化为动量交换推力的焓值更小，而更多的推力来自于压力项。由喷管效率的定义也可说明这一结论。还要注意，对于更小的效率，最大推力-出口压力曲线更为平缓，因此，当出口压力偏离最优值时，推力不会明显减小。

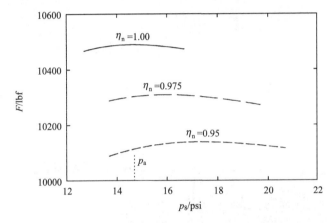

图 5.13 三种不同喷管效率下非理想涡喷发动机净推力随出口压力的变化

5.6 可调喷管

采用可调喷管可以使喷管在多种不同飞行条件下仍工作在最大推力或设计状态。可调喷管的出口面积或喉道面积是可调的，或这两者都是可调的，通过调整这两个参数，可以得到最佳的出口压力。这类喷管通常有两种类型：轴对称喷管（或光圈式可调喷管）和塞式喷管。需要注意，因为商用飞机的飞行包线有限，其发动机上通常不会使用可调喷管，也就是说，商用飞机和发动机基本上只是针对某一个高度和飞行条件进行最优设计的。相反地，军用飞机上在设计时就需要考虑不同的条件，包括在航母上起降。因而，这种发动机通常采用可调喷管。

图 5.14 所示的是普惠 TF30 含加力燃烧室的混合排气涡扇发动机。该发动机配有一个轴对称可调喷管。图 5.14(a)中为实物照片，图 5.14(b)为其示意图。图中给出了两个不同的喷管位置：最大出口面积的全开状态和最小出口面积的全关位置。开位置用于高海拔情况（低出口压力），而关位置用于低海拔情况。这种喷管通常由一系列弯曲的"鱼鳞片"组成，每组"鱼鳞片"由一个液压作动筒驱动的四连杆系统（图 5.14(c)）。将这组"鱼鳞片"沿轴向移动相同的距离时，根据运动的幅度和"鱼鳞片"形状，面积也会相应地变化。普惠 TF30 发动机尾喷管的出口面积和喉道面积都是可调的。在两个极端位置之间的其他位

置,同样可以用以匹配最佳的发动机性能。很多发动机,尤其是在军用领域,都会用到这种喷管。例如,F100 发动机(图 5.6)也有一个轴对称可调喷管。通过合理设计"鱼鳞片"的几何参数或形状,使这种喷管既可以作为收敛喷管使用,也可以作为收-扩喷管使用。而且,如果"鱼鳞片"形状设计合理,喉道面积和出口面积就都可以实现调节。

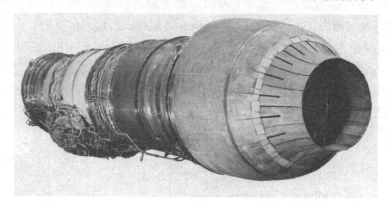

图 5.14(a)　普惠 TF30 发动机可调喷管照片【图片由普惠友情提供】

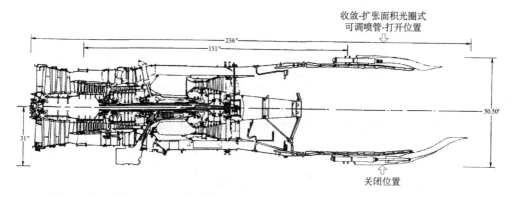

图 5.14(b)　标注喷管两个位置的普惠 TF30 发动机示意图【图片由普惠友情提供】

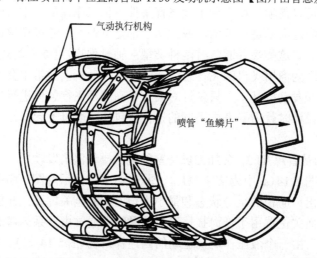

图 5.14(c)　含"鱼鳞片"的光圈式可调喷管示意图【图片由普惠友情提供】

塞式喷管是另一种可能会使用到的可调喷管，如图 5.15 所示。这种几何构型的喷管，其喉道面积和出口面积也都是可调的。通过调整塞锥的轴向位置可以改变面积比，从而调整出口压力。在图 5.15 中给出了两个塞锥位置。这类喷管最大的问题是塞锥及其位置调整机构需要遭受极高温度的自由来流。

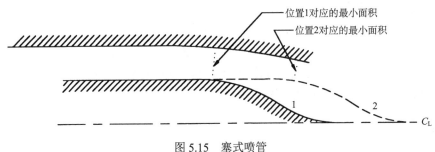

图 5.15 塞式喷管

5.7 特 性 图

5.7.1 量纲分析

类似于进气道特性图，喷管特性图是喷管工程师经常使用的一个工具。同样，这些特性图简化了大量的数据，并使得这些数据可在很大的适用范围内通用。通过这些特性图，可以快速而准确地判断喷管的工作条件，而且还可以判断当气流条件发生变化时喷管性能的变化。在所有的气流参数中，我们最为关注的是喷管的质量流量(对尾喷管为 $\dot{m}_6$ ，对外涵喷管为 $\dot{m}_7$)和出口马赫数(尾喷管和外涵喷管分别为 M_8 和 M_9)。质量流量是很多变量的函数，对于尾喷管，对于应函数关系可由式(5.7.1)表示：

$$\dot{m}_6 = f(T_{t6}, A_8, p_{t6}, p_a, \gamma, R) \tag{5.7.1}$$

为减少非独立参数，可以使用无量纲化参数。利用白金汉 π 定理，对给定的 γ 值，有

$$\dot{m}_6 \frac{\sqrt{RT_{t6}}}{A_8 p_{t6}} = f\left(\frac{p_{t6}}{p_a}\right) \tag{5.7.2}$$

但是该形式很少用于描述喷管性能。通常使用的是该公式的一种变换形式，即

$$\dot{m}_6 \frac{\sqrt{\theta_{t6}}}{\delta_{t6}} = \dot{m}_{c6} = f\left(\frac{p_{t6}}{p_a}\right) \tag{5.7.3}$$

式中

$$\delta_{t6} = \frac{p_{t6}}{p_{stp}} \tag{5.7.4}$$

$$\theta_{t6} = \frac{T_{t6}}{T_{stp}} \tag{5.7.5}$$

下标 stp 表征标准条件，参见附录 A， p_{stp} =14.69psi 或 101.33kPa， T_{stp} =518.7°R 或 288.2K。注意在方程(5.7.3)中的两个参数并非是无量纲化参数，而是为了保留函数 f 重要的无量纲化特性而慎重选择的。第一个参数(左边)称为"换算"质量流量且有质量流量的量纲，但

是压比(括号内的)是无量纲的。于是，由于两个参数并非都是无量纲的，而且剔除了参数 A_8，这样得到的函数不能用来关联或比较不同的喷管。但是这个函数可以描述一个特定喷管在一定范围的工作条件、高度等情况下的数据。这样，可在一系列工作条件下进行喷管测试，并对测试结果进行"换算"，只要参数 p_{t6}/p_a 匹配，测试结果就可以用于其他条件。类似地，对出口马赫数有

$$M_8 = g\left(\frac{p_{t6}}{p_a}\right) \tag{5.7.6}$$

式中，函数 g 不同于 f。读者可以推导出外涵喷管类似的关系。函数 g 和 f 可以从实验数据或者模型得到，或者结合经验和模型得到。

5.7.2 趋势

1. 固定收敛喷管

图 5.16~图 5.18 给出了三种不同喷管的 $\dot{m}_{c6}$ 和 M_8 的典型特性曲线。其中，图 5.16 所示的为固定收敛喷管的典型特性曲线。从图中可以看出，换算质量流量随着压比的增加而增大，直到喷管壅塞为止。之后随着压比的进一步增大，换算质量流量保持为定值。对这一类喷管，有

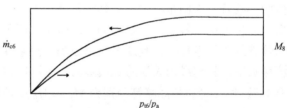

图 5.16　固定收敛喷管的典型喷管特性曲线

$$\dot{m}_{c6} = \rho_{stp} a_{stp} A_e \frac{p_8}{p_{t6}} M_8 \sqrt{\frac{\gamma}{\gamma_{stp}}} \sqrt{\frac{R_{stp}}{R}} \sqrt{1 + \frac{\gamma-1}{2} M_8^2} \tag{5.7.7}$$

式中，参数包括比热容比和理想气体常数。将式中一些常数归类，并定义一个参考质量流量 $\dot{m}_n$ 为 $\rho_{stp} a_{stp} A_e$，可得到

$$\dot{m}_{c6} = \dot{m}_n \frac{p_8}{p_{t6}} M_8 \sqrt{\frac{\gamma}{\gamma_{stp}}} \sqrt{\frac{R_{stp}}{R}} \sqrt{1 + \frac{\gamma-1}{2} M_8^2} \tag{5.7.8}$$

此时，如果 p_a 小于方程(5.2.7)给出的 p^*，则 p_8 约等于 p^* 且出口马赫数约等于 1。注意到，当喷管壅塞且 p_{t6} 增加时，换算质量流量 $\dot{m}_{c6}$ 不变，但是真实的流量 $\dot{m}_6$ 会增大。但是如果 p_a 大于或等于 p^*，则 p_8 等于 p_a 且出口马赫数等于

$$M_8 = \sqrt{\frac{2}{\gamma-1}\left(\frac{1}{\eta_n\left(\frac{p_8}{p_{t6}}\right)^{\frac{\gamma-1}{\gamma}} + 1 - \eta_n} - 1\right)} \tag{5.7.9}$$

2. 出口面积固定的可调收-扩喷管

图 5.17 所示为出口面积固定的可调收-扩喷管的典型特性曲线,这类喷管通过一个"控制规律"使其运行时出口压力与环境压力相等。这里的"控制规律"是一个事先确定的关于喉道面积的特定函数,此函数与高度和其他局部条件有关。这种情况下,出口马赫数可以是亚声速或超声速的,出口换算质量流量一直增加直至出口处喷管壅塞,之后又减小。此时,类似于收敛喷管,有

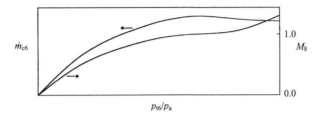

图 5.17 出口面积固定的可调收-扩喷管的典型特性曲线

$$\dot{m}_{c6} = \rho_{stp} a_{stp} A_e \frac{p_8}{p_{t6}} M_8 \sqrt{\frac{\gamma}{\gamma_{stp}}} \sqrt{\frac{R_{stp}}{R}} \sqrt{1 + \frac{\gamma-1}{2} M_8^2} \qquad (5.7.10)$$

同样,将部分常数归类,并类似收敛喷管定义 $\dot{m}_n$,可得到

$$\dot{m}_{c6} = \dot{m}_n \frac{p_8}{p_{t6}} M_8 \sqrt{\frac{\gamma}{\gamma_{stp}}} \sqrt{\frac{R_{stp}}{R}} \sqrt{1 + \frac{\gamma-1}{2} M_8^2} \qquad (5.7.11)$$

出口马赫数由式(5.7.12)给出:

$$M_8 = \sqrt{\frac{2}{\gamma-1} \left(\frac{1}{\eta_n \left(\dfrac{p_8}{p_6} \right)^{\frac{\gamma-1}{\gamma}} + 1 - \eta_n} - 1 \right)} \qquad (5.7.12)$$

3. 喉道面积固定的可调收-扩喷管

图 5.18 所示为喷管壅塞且喉道面积固定的可调收-扩喷管典型特性曲线,这种喷管中气流在喉道处会达到壅塞,通过"控制规律"调整出口面积使出口压力与环境压力相等。从图中可以看出,换算质量流量与压比无关;而出口马赫数可以为亚声速或超声速。这种情况下,同样有

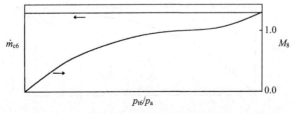

图 5.18 喉道面积固定的可调收-扩喷管典型特性曲线

$$\dot{m}_{c6} = \rho_{stp} a_{stp} A_e \frac{p_8}{p_{t6}} M_8 \sqrt{\frac{\gamma}{\gamma_{stp}}} \sqrt{\frac{R_{stp}}{R}} \sqrt{1 + \frac{\gamma-1}{2} M_8^2} \tag{5.7.13}$$

式(5.7.13)还可以表述为

$$\dot{m}_{c6} = \rho_{stp} a_{stp} A^* \frac{A_e}{A^*} \frac{p_8}{p_{t6}} M_8 \sqrt{\frac{\gamma}{\gamma_{stp}}} \sqrt{\frac{R_{stp}}{R}} \sqrt{1 + \frac{\gamma-1}{2} M_8^2} \tag{5.7.14}$$

此处，方程(5.7.9)仍然适用。利用喉道截面处(处于声速条件)的质量流量与出口处的质量流量($\dot{m} = \rho VA = \rho MA \sqrt{\gamma RT} / (RT)$)相等，可得

$$\frac{A_8}{A^*} = \frac{\sqrt{\dfrac{\gamma+1}{2 + (\gamma-1) M_8^2}}}{M_8 \dfrac{p_8}{p^*}} \tag{5.7.15}$$

结合方程(5.2.6)和方程(5.2.7)可得

$$\frac{p_8}{p^*} = \left(\frac{1}{\eta_n} \left(\frac{\eta_n}{\dfrac{2}{\gamma+1} - 1 + \eta_n} \right) \left(\frac{1}{1 + \dfrac{\gamma-1}{2} M_8^2} - 1 + \eta_n \right) \right)^{\frac{\gamma}{\gamma-1}} \tag{5.7.16}$$

由上面三个方程可得到

$$\dot{m}_{c6} = \rho_{stp} a_{stp} A^* \sqrt{\frac{\gamma}{\gamma_{stp}}} \sqrt{\frac{R_{stp}}{R}} \sqrt{\frac{\gamma+1}{2}} \left(\frac{\eta_n (\gamma+1) + 1 - \gamma}{\eta_n (\gamma+1)} \right)^{\frac{\gamma}{\gamma-1}} \tag{5.7.17}$$

或通过定义 $\dot{m}_n = \rho_{stp} a_{stp} A^*$ (这有别于收敛喷管中的定义)，可得

$$\dot{m}_{c6} = \dot{m}_n \sqrt{\frac{\gamma}{\gamma_{stp}}} \sqrt{\frac{R_{stp}}{R}} \sqrt{\frac{\gamma+1}{2}} \left(\frac{\eta_n (\gamma+1) + 1 - \gamma}{\eta_n (\gamma+1)} \right)^{\frac{\gamma}{\gamma-1}} \tag{5.7.18}$$

需要注意的是，针对这一类喷管，$\dot{m}_{c6}$ 在所有条件下均为常数。

4. 其他喷管

前面三种类别的喷管几何结构与构型都是为了演示三种极端喷管的典型特性曲线。典型的可调喷管没有固定的出口面积或喉道面积，或者两者都会改变；图 5.19 所示为典型可调喷管的常规特性图。因此，实际的喷管特性是上述两种喷管特性的组合。实际特性图(以及函数 f 和 g)依赖于对喷管中这两个面积变量的精确"调控"，是压比和高度的函数。

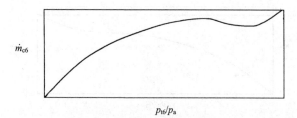

图 5.19　常规喷管特性曲线

例 5.5　一固定收敛尾喷管，其进口气流总压为 50psi(344.8kPa)，进口总温为 1700°R (944.4K)，出口面积为 250in²(0.1613m²)，效率为 0.97，γ =1.36。当环境压力为 10psi (68.95kPa) 时，求换算质量流量。

解　首先需要判断在此条件下，喷管是否壅塞。因此，由方程(5.2.7)可得

$$\frac{p^*}{p_{t6}}=\left(1+\frac{1-\gamma}{\eta_n(1+\gamma)}\right)^{\frac{\gamma}{\gamma-1}}=\left(1+\frac{-0.36}{0.97\times2.36}\right)^{\frac{1.36}{0.36}}=0.5239$$

于是

$$p^*=0.5239\times344.8\text{kPa}=180.6\text{kPa}(26.20\text{psi})$$

由于 p_a 小于 p^*，因此气流壅塞($M_8=1.00$)。于是可得

$$p_8=p^*=180.6\text{kPa}(26.20\text{psi})$$

另外注意到

$$p_{t6}/p_a=5$$

再由方程(5.2.4)有

$$\frac{T_8}{T_{t6}}=\frac{1}{1+\frac{\gamma-1}{2}M_8^2}=\frac{1}{1+\frac{0.36}{2}}=0.8475$$

于是可得

$$T_8=0.8475\times944.4\text{K}=800.6\text{K}(1441°R)$$

利用 p_8 和 T_8，由理想气体方程有

$$\rho_8=0.7866\text{kg/m}^3(0.001526\text{slug/ft}^3)$$

而且，对理想气体有

$$a_8=\sqrt{\gamma RT_8}=\sqrt{1.36\times287.1\frac{\text{J}}{\text{kg}\cdot\text{K}}\times800.6\text{K}\times\frac{\text{N}\cdot\text{m}}{\text{J}}\times\frac{\text{kg}\cdot\text{m}}{\text{N}\cdot\text{s}^2}}$$
$$=559.0\text{m/s}(1834\text{ft/s})$$

因此，出口的质量流量(与进口一致)为

$$\dot{m}_6=\dot{m}_8=\rho_8A_8u_8=0.7866\frac{\text{kg}}{\text{m}^3}\times559.9\frac{\text{m}}{\text{s}}\times0.1613\text{m}^2$$
$$=70.86\text{kg/s}(4.857\text{slug/s})$$

最后

$$\dot{m}_{c6}=\dot{m}_6\frac{\sqrt{\theta_{t6}}}{\delta_{t6}}=\dot{m}_6\frac{\sqrt{T_{t6}/T_{stp}}}{p_{t6}/p_{stp}}=70.86\frac{\sqrt{\dfrac{944.4}{288.2}}}{\dfrac{344.8}{101.3}}=37.69\text{kg/s}(83.11\text{lbm/s})$$

注意，在壅塞条件以下(180.6kPa)时，都能得到相同的结论。

另外，如果喷管工作条件发生变化但压比为常数($p_{t6}/p_a=5$)，对不同的 p_{t6} 值，质量

流量不同，但是换算质量流量不变。另外，当 p_{t6} 为常数时， p_{t6}/p_a 增大（或 p_a 减小），质量流量会保持不变，因而换算质量流量仍保持不变。总之，这种无量纲化的依赖关系（方程(5.7.3)）仍然成立。具体计算留给读者作为练习。

5.8　反推力装置与矢量推力

5.8.1　反推力装置

现代飞机具有非常大的质量和很高的速度，加上受限的跑道长度，着陆之后使飞机停下越来越困难。由于刹车片和轮胎的热限制，仅依靠轮胎制动器来停止这样大的飞机并非易事。对于涡桨发动机，可采用反桨距螺旋桨在着陆时提供反向推力。而对涡喷或涡扇发动机而言，并不存在这样的选项。为了将这种飞机停住，通常采用反推力装置。

这种情况下，通过一个倒转圆锥体、半球形体、导向叶片（导叶）或其他形状的导向装置，在着陆时导引涡轮出口与（或）风扇出口的气流以适当的角度反向偏转。由于出口气流调整了几乎 180°，利用线性动量方程可发现推力基本是反向的。最常见的两种反推力装置是蛤壳式反推力装置与叶栅式反推力装置。

图 5.20 所示为蛤壳式反推力装置。这种反推力装置在着陆时打开蛤壳，此时蛤壳在气流出口下游一个直径位置处打开。平时不用反推力时蛤壳收回并环绕在喷管周围。有时收起的蛤壳还作为喷管处发动机短舱后端的一部分。

叶栅式反推力装置是在气流通道上设置一系列叶片来改变气流方向。涡扇发动机的推力反向器通常是这种类型的。图 5.21 和图 5.22 所示为涡扇发动机反推力装置。在风扇中（冷气流）仅需要采用换向叶片，图中给出了这种结构的两位状态。当需要前向推力时，这些叶片不在气流通道中；当要获得反向推力时，将它们移入气流通道。而对于内涵气流（热气流），采用的是蛤壳式和叶栅式的组合。这种构型下，蛤壳直接位于出口下游，激活反推力时，气流通过固定叶栅叶片改变气流方向。液压作动筒同时移动可动叶片和蛤壳。有趣的是，一般反推力装置的设计并不是完全由发动机制造商负责，而是交由飞机制造商或者与其合作完成。

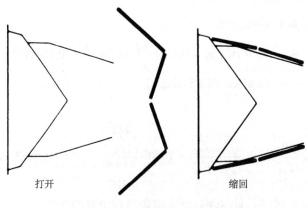

图 5.20(a)　蛤壳式反推力装置

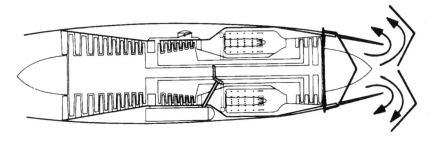

图 5.20(b)　运行中的蛤壳式反推力装置【图片由普惠友情提供】

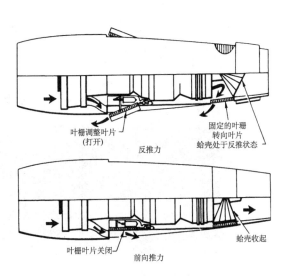

图 5.20(c)　罗-罗 BR710 上的蛤壳式反推力装置　图 5.21　分开排气涡扇发动机的反推力装置【图片
　　　　　　【图片由罗-罗友情提供】　　　　　　　　由普惠友情提供】

图 5.22　罗-罗发动机中的"冷气流"反推力装置【图片由罗-罗友情提供】

5.8.2　矢量推力

在军用战斗机中，为了获得更好的机动性，制造商们已经开始研发发动机出口矢量推力(推力方向控制)，通过其他方向的推力代替传统发动机沿轴线方向的推力，以缩短飞机的响应时间。这种设计使飞机可以更快捷地起飞。矢量推力喷管又包括二元矢量和轴对称矢量。典型的矢量推力喷管可使气流相对于名义方向偏转多达 20°。尽管这种设计会稍显复杂，但是其重量与复杂度并不比面积可调的喷管多太多。实际上，轴对称矢量利用可调面积喷管设计作为矢量推力的基础，也就是通过独立控制"鱼鳞片"移动量，实现对推力方向的变化。

图 5.23 和图 5.24 展示了两个矢量推力喷管的例子。图 5.23 为二元矢量推力发动机(普惠 F119-PW-100)。图 5.24 中的是普惠"俯仰-偏航束喷管"(PYBBN)的两次曝光照片。这是一种用于 PW F100 发动机的轴对称可调矢量推力喷管设计。从图中可以看出由两种不同矢量控制的两股不同的排气气流。读者也可从中体验改变推力方向的视觉效果。

图 5.23　普惠 F119-PW-100 发动机的二元矢量推力【图片由普惠友情提供】

5.9　小　　结

本章我们主要讨论喷管。喷管的主要作用是将高压、高温(焓)气流的内能转换为动能(高速)并调整气流方向使其沿发动机轴向产生高水平推力。喷管的基本概念对外涵喷管和尾喷管均适用。本章我们同时讨论了收敛喷管与收-扩喷管，还基于一维流理论推导了判断不同类型喷管中气流性质的方法。而且我们分析了影响喷管效率与推力的因素——内部摩擦。一般来说，在收敛喷管中存在两种截然不同的工作条件(壅塞与非壅塞)，而在收-扩喷管中存在七种不同的工作状态。对几何结构固定的喷管而言，壅塞是一个潜在的问题，也是限制气流出口速度与阻碍实现理想推力的一个因素。而对收-扩喷管而言，在扩张段通道内出现激波也会增加喷管损失。对于理想的喷管，当出口气流压力与环境压力相等时，发动机可获得最大的推力。但是对于非理想喷管，喷管压力略大于环境压力时能获得更大一些的推力。通常在军用战斗机(而在商用飞机中不会采用)中，为了在不同的高度与飞行

图 5.24 普惠的"俯仰-偏航束喷管"轴对称矢量推力【图片由普惠友情提供】

条件下获得最大推力，使用可调喷管以增加喷管工作条件的灵活性。另外，我们基于相似参数给出了喷管特性曲线或特性图，根据这些特性曲线，我们可以对设计点与非设计点的喷管特性进行分析。此外我们详细分析了三种特别的喷管（极端情况），还讨论了一般喷管的特性图。在本章的最后，我们还讨论了使飞机着陆时快速而安全减速的反推力装置以及用于获得更佳的飞机操纵性（主要是军用战斗机）可改变推力方向的矢量推力装置。

本章符号表

A	面积	M	马赫数
a	声速	p	压力
c_p	比定压热容	R	理想气体常数
h	比焓	T	温度
$\dot{m}$	质量流量	γ	比热容比

| δ | 压力与标准压力比 | θ | 温度与标准温度比 |
| η | 效率 | ρ | 密度 |

本章脚标表

a	环境	j	激波后
c	换算	n	喷管
e	出口	stp	标准温度和压力
fn	外涵喷管	t	总的参数(滞止参数)
i	激波前	6,7,8,9	截面

本章上角标表

| * | 壅塞 |

习　题

5.1　针对一个固定结构的尾喷管，气流的比热容比为1.337，进口总压为65.5psi，进口总温为1865°R，出口面积等于218in²，效率为0.96。求换算质量流量随 p_{t6}/p_a 的变化关系。将结果绘制成曲线，并在图中标注出出口马赫数随压比 p_{t6}/p_a 的变化关系。

5.2　针对一个可调的收-扩尾喷管，气流的比热容比为1.337，进口总压为65.5psi，进口总温为1865°R，出口面积等于288in²，效率为0.96，出口压力与环境压力相等。求换算质量流量随 p_{t6}/p_a 的变化关系。将结果绘制成曲线，并在图中标注出口马赫数随压比 p_{t6}/p_a 的变化关系和 A_e/A_{min} 随 p_{t6}/p_a 的变化关系。

5.3　一个可调的收-扩尾喷管喉道面积固定且在喉道处气流为声速。气流比热容比为1.337，进口总压为65.5psi，进口总温为1865°R，喉道面积等于218in²，效率为0.96，出口压力等于环境压力。求换算质量流量随 p_{t6}/p_a 的变化关系。将结果绘制成曲线，并在图中标注出口马赫数随压比 p_{t6}/p_a 的变化关系。

5.4　针对一个固定结构的收-扩尾喷管，气体的比热容比为1.337，进口总压为65.5psi，进口总温为1865°R，出口面积为288in²，喉道面积为218in²，效率为0.96。求换算质量流量随 p_{t6}/p_a 的变化关系。将结果绘制成曲线，并在图中标注出口马赫数随压比 p_{t6}/p_a 的变化关系。

5.5　一个收-扩喷管的出口面积为350in²，喉道面积为275in²，气流的进口总压为20psi。喷管的效率为0.965，比热容比为1.35。

(1)大气压力和高度为多少时喷管中不会出现激波？

(2)大气压力和高度为多少时喷管出口截面会出现正激波？

5.6　推导方程(5.7.7)。

5.7　推导方程(5.7.10)。

5.8　推导方程(5.7.17)。

5.9　一个收-扩尾喷管的进口总压为25psi，进口总温为1400°R。环境压力为4.2psi，喷管效率为94.5%，喉道面积为100in²。若要使气流不产生激波，出口面积应该是多少？假设 $\gamma=1.35$。

5.10　一个理想固定结构的收-扩喷管的进口总压为19psi。喷管的进口、喉道和出口半径分别为27in、22in和25in，对应的轴向位置为0in、12in和21in。喷管的内壁是线性锥。气流比热容比为1.30。

(1)求使气流没有激波的高度，并绘制沿轴向内部压力的分布曲线。

(2) 如果发动机在海平面运转，绘制沿轴向的内部压力分布曲线。

5.11 一个固定结构的收-扩喷管，效率为 95%，进口总压为 19psi。进口、喉道和出口半径分别为 27in、22 in 和 25in，轴向位置分别为 0 in、12 in 和 21in。喷管内壁为线性圆锥。气流比热容比为 1.30。

(1) 求使气流没有激波的高度，并绘制沿喷管轴向内部压力的分布曲线。

(2) 如果发动机在海平面运转，绘制沿沿喷管轴向的内部压力的分布曲线。

5.12 在什么样的环境压力和高度下会出现下面的条件：一个收-扩喷管出口面积为 4500in^2，喉道面积为 4000in^2，进口气流总压为 10psi。喷管的效率是 0.97，比热容比是 1.35。

(1) 气流中无激波且喷管出口马赫数是超声速。

(2) 喷管出口截面形成正激波。

5.13 一个收敛喷管的进口总压是 12psi，进口总温是 1200°R，气体比热容比是 1.36，效率是 96.4%。出口面积是 120 in^2，环境压力是 8.2 psi，环境温度是 400°R。求出口马赫数和质量流量。

5.14 一个收敛喷管的进口总压是 20psi，进口总温是 1500°R。气体比热容比是 1.365 且效率是 97.4%，出口面积是 100 in^2，环境压力是 8.0psi，环境温度是 380°R。求出口面积和质量流量。

5.15 一个固定结构的收敛尾喷管进口总压是 20psi，进口总温是 1400°R，出口面积 250 in^2，效率为 0.97 且 $\gamma = 1.36$。求换算质量流量。

(1) 环境压力为 4psi。将这些结论与例 5.5 进行比较并评论。

(2) 环境压力为 15 psi。将这些结论与 (1) 进行比较并评论。

5.16 一个可调收-扩尾喷管的总面积固定，当比热容比为 1.337 时 $p_{t6}/p_a = 2.5$，进口总压为 65.5，进口总温是 1865°R，出口面积是 288 in^2，效率是 0.96。出口压力等于环境压力。求换算质量流量。

5.17 一个理想涡喷发动机(所有部件效率都等于 1，总压损失等于 0，部件属性都是恒定的且燃油流量可忽略不计)，请分析证明当喷管出口压力与环境压力时，可获得最大推力。假设飞行马赫数、高度、核心机流量、压气机总压比、燃烧室出口总温和燃油属性均已知时的情况。

5.18 (1) 在标准海平面处，一个固定结构的收敛喷管，气体的比热容比为 1.35，进口总压等于 40.0psi，进口总温等于 1700°R，出口面积为 160 in^2，效率等于 0.97。求质量流量和换算质量流量。

(2) 绘制这类喷管的一般特性曲线，并在图中标识出部件 a 的相对位置。

5.19 一个收敛喷管工作时，气体的比热容比等于 1.33。进口马赫数等于 0.10，进口总温是 1700°R，出口总温是 1820°R。进口总压等于 60psi，法诺摩擦系数等于 0.015，且长径比等于 4。请问面积比等于多少时出口马赫数等于 1.00？相应的出口总压等于多少？理想的面积比(无摩擦且绝热)等于多少？

5.20 一个绝热的收敛喷管工作时，气体比热容比等于 1.33，进口马赫数是 0.10，进口总温是 1700°R，进口总压是 60 psi。法诺摩擦系数是 0.015，长径比是 4。请问面积比等于多少时出口马赫数等于 1.00？相应的出口总压等于多少？喷管效率等于多少？

5.21 一个固定结构的收-扩尾喷管在 40000ft 高度工作时，气体比热容比是 1.35，进口总压是 40.0psi，进口总温是 1800°R，出口-喉道面积比是 1.55，出口面积是 260in^2，效率是 96%，出口马赫数为 1.80，出口处声速等于 1633ft/s，出口静温等于 1151°R。求质量流量和换算质量流量。

5.22 一个固定结构的收敛尾喷管在 20000ft(环境温度等于 447.5°R，环境压力等于 6.76 psi)工作时，气体比热容比是 1.36，进口总压是 28.0 psi，进口静压是 27.25psi，进口总温是 1650°R，进口静温 1638°R，出口面积是 500 in^2，效率是 95%。求质量流量和换算质量流量。

5.23 一个固定结构的收-扩尾喷管出口面积是 4500in^2，喉道面积是 4000in^2。进口气流总压是 10psi，进口气流总温是 1600°R。喷管的效率是 0.97，气体比热容比是 1.35。在 18380ft 高度喷管中会出现激波，如果出现激波，激波出现在哪里？并求质量流量和换算质量流量。

5.24　一个固定结构的收敛喷管在压力为 12psi，温度为 400°R 的环境中工作。气流的比热容比是 1.34，进口总压是 30.0psi，进口总温是 1600°R，出口面积是 200in²，效率是 96.5%，求出口马赫数、质量流量和换算质量流量。

5.25　一个固定结构的收敛外涵喷管工作时的进口压力为 18psi，进口总温为 750°R。喷管的出口面积是 224in²，效率为 96.6%，比热容比是 1.385，环境压力等于 10.8 psi，环境温度是 400°R。

(1)求质量流量、换算质量流量和出口马赫数；

(2)如果进口总温提高 20%，那么新的质量流量和换算质量流量等于多少？

5.26　分析一个含加力燃烧室的涡喷发动机接通加力时的固定收-扩喷管。总燃油流量为 11.87lbm/s，喷管的进口总温是 3650°R，进口总压是 50.44psi，效率是 97%，比热容比是 1.2687。喉道面积是 527.7in²，且出口马赫数为 2.191。飞机在压力为 5.45psi、温度为 429.6°R 的环境中以 866ft/s 巡航。

(1)求总气流质量流量；

(2)求换算质量流量；

(3)求发动机推力；

(4)求 TSFC。

5.27　分析一个混合排气涡扇发动机的可调收-扩尾喷管。飞机在压力为 10.10psi、温度为 483°R 的环境中，以 693ft/s 巡航。通过调整喷管面积使出口压力与环境压力相等。喷管的进口总温是 725°R，进口总压是 37.7psi，效率是 97%，比热容比是 1.392，比定压热容是 0.244Btu/(lbm·°R)，出口面积是 398 in²。

(1)求喷管的出口马赫数；

(2)有通过喷管的气流的总质量流量；

(3)求换算质量流量。

5.28　一个固定结构的收敛外涵喷管，进口总压是 16psi，进口总温是 650°R。喷管的出口面积是 950 in²，效率是 97.4%。气体比热容比是 1.390，环境压力是 12.6psi，环境温度是 420°R。

(1)求质量流量、换算质量流量和喷管的出口马赫数；

(2)如果将进口总温提高到 700°R(其他条件不变)，新的质量流量和换算质量流量是多少？

5.29　一个固定结构的收敛外涵喷管，进口总压是 15psi，进口总温是 625°R。喷管的出口面积是 1000in²，效率是 98.0%。气体比热容比是 1.390，环境压力是 12.0psi，环境温度是 400°R。

(1)求质量流量、换算质量流量和喷管的出口马赫数；

(2)如果将进口总温提高到 700°R(其他条件不变)，新的质量流量和换算质量流量是多少？

5.30　一个理想的绝热收敛喷管工作时，气体比热容比为 1.35。喷管的进口总温是 1500°R，进口总压是 100psi。喷管的长径比是 4，面积比是 0.30。喷管处于壅塞状态，求出口压力、出口温度和速度。

5.31　一个绝热的收敛喷管工作时，气体的比热容比为 1.35。喷管的进口总温是 1500°R，进口总压是 100psi。法诺摩擦系数是 0.010，喷管的长径比是 4，面积比是 0.30。喷管处于壅塞状态，求出口压力、出口温度和速度。

5.32　一个收敛喷管工作时，气体的比热容比是 1.35，进口总温是 1500°R，进口总压是 100psi。法诺摩擦系数是 0.010，长径比 14，面积比是 0.30。由于热传递，出口总温是 1400°R。喷管处于壅塞状态，求出口压力、出口温度和速度。效率的传统定义是否有意义？

5.33　一个固定结构的收敛外涵喷管的进口气流总压是 14psi，进口总温是 620°R。喷管的出口面积是 700 in²，效率是 98%，气体比热容比是 1.3920，环境压力是 5psi，环境温度是 400°R。

(1)求质量流量、换算质量流量和喷管的出口马赫数；

(2)如果将进口总温提高到 690°R、进口总压提高到 15psi(其他条件不变)，新的质量流量和换算质量流量是多少？

5.34　一个固定结构的收-扩喷管进口气流总压是 30psi，进口总温是 1450°R。出口面积是 195in^2，效率是 96%。气体比热容比是 1.34，环境压力是 10.0psi，环境温度是 425°R。

(1)如果出口压力等于环境压力，求面积比(A_{exit}/A_{min})；

(2)如果出口压力等于环境压力，求出口马赫数；

(3)求总质量流量和换算质量流量。

5.35　一个固定结构的收-扩尾喷管工作时进口气流总压是 23psi，进口总温是 1300°R。喷管的出口面积是 400in^2，效率是 98.4%。气体比热容比是 1.370。设计状态喷管出口的马赫数是 1.422，此时的出口压力等于环境压力。喷管在环境压力为 11.0psi，环境温度为 430°R 的非设计点工作。

(1)求非设计点的质量流量和换算质量流量；

(2)如果将进口总温提高到 1400°R(其他条件保持不变)，新的质量流量和换算质量流量等于多少？

5.36　一个固定结构的收-扩尾喷管进口气流总压是 32 psi，进口总温是 1700°R。喷管的出口面积是 800 in^2，喉道面积是 579 in^2，效率是 97.0%，出口压力与环境压力相等，气体比热容比是 1.360。环境压力是 6.4psi，环境温度是 400°R。

(1)求质量流量、换算质量流量和喷管的出口马赫数；

(2)如果将进口总温提高到 1900°R(其他条件不变)，新的质量流量和换算质量流量是多少？

第6章 轴流式压气机和风扇

6.1 引　言

如前面所述，风扇或压气机是进入发动机后气流遇到的第一个旋转部件。图 6.1 所示为一个简单的单轴涡喷发动机压气机的剖面图。压气机的基本功能是将旋转叶片的动能传递给工质(空气)，增加工质的内能和总压，而这正是燃烧室所需要的。通过本章我们将会发现，一个发动机的工作极限通常受限于压气机。而且，高效轴流式风扇或压气机的设计是一个非常复杂的过程，一个发动机设计的成败通常取决于压气机。关于压气机设计的基础和高级知识可参见 Cumpsty(1988)、Hawthorne(1964)、Horlock(1958)、Howell(1945a，1945b)、Johnsen 和 Bullock(1965)等。Rhie 等(1998)、LeJambre 等(1998)、Adamczyk(2000)以及 Elmendorf 等(1998)论述了现代计算流体力学(CFD)工具在复杂三维压气机分析和设计中的重要性。

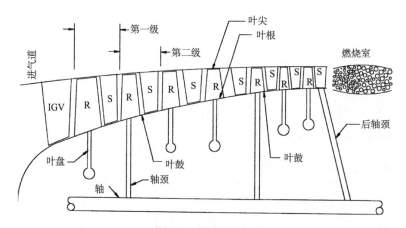

图 6.1　单轴压气机

早期，压气机曾经是发动机研制中的主要障碍，也是二战期间喷气式发动机进展迟缓的主要原因。Dunham(2000)和 Meher-Homji(1996，1997a，1999)对早期压气机的进展进行了饶有趣味的历史性回顾，并列举了当时的一些技术信息。德国人最早成功地使用轴流式压气机。英国第一台喷气式发动机使用的是离心式压气机，这类压气机将在第 7 章中讨论。相较之下，离心式压气机效率更低，且基本不存在改进空间。也基于此，战争期间，大推力的发动机显然都需要高效的压气机。从那时起，人们在这方面投入了大量的精力，也取得了很多成就，使得现今的轴流式压气机成为可靠而高效的部件。

由于压气机是为燃烧室准备气流的，因此它对发动机的工作至关重要。压气机利用从涡轮提供的功率对工质做功。在压气机中，气流总压提升，这对于燃烧过程(将在第 9 章中进行讨论)和推力的产生来说是非常必要的。根据发动机的不同，压气机总压比的典型值从 5 到 35 不等。通过第 1 章中方程(1.2.4)，我们可以发现：随着压气机压比的增加，热力循环效率更高。而且一般来说，发动机的 TSFC 会随着压气机压比的增加而降低。简而言之，随着压比的增加，需要的燃油量减小，而获得的功率会增加。

除了前面提到的功能之外，压气机产生的高压气体还有其他作用。例如，一部分气体用来调整驾驶舱的气压，还有一部分用于电子设备散热，还可为进口除冰系统提供压缩气体。此外还有一部分高压"冷"气流引向涡轮，用来冷却炙热的涡轮叶片，这将在第 8 章中讨论。

6.2　几何结构

压气机由一系列承担工作负载的"级"组成。通常单级的压比典型值为 1.15~1.28。而轴流式压气机的典型级数从 5 到 20 不等。每一级包含两种叶片部件(图 6.1)。其中一组(或一系列)转动叶片在叶根部与叶盘相连。这组叶片半径最大处称为叶尖。在整个压气机中，叶尖直径和容腔直径基本为常数。这种叶片部件称为转子叶片(转子)，正是它们给工质做功。另一组叶片部件是静止的叶片，它们的叶尖部分与机匣相连，它们通常称为静子叶片，或更为一般地称为静子。这些静子叶片引导上一级转子叶片出口的气流，调整其速度和方向，为下一级或接下来的转子叶片提供适当的气流。因此，虽然静子叶片不对气流做功，但是在压气机的工作中是必不可少的。转子叶片和静子叶片的三维视图如图 6.2 所示，图中的转子、静子和叶盘都清晰可见。通常风扇叶片由钛合金制作而成，压气机"冷区"叶片也多由钛合金制作而成，而"热区"叶片由镍合金制作。压气机和风扇叶片还可参见图 2.7 和图 2.10。

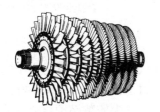 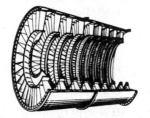 

(a) 转子和叶片　　　　　　　(b) 静子"机匣"　　　　　　　(c) 组装的转子和静子

图 6.2　转子、静子和叶盘的三维视图【图片由普惠友情提供】

前面提到，转子叶片是与叶盘相连的，而有时候叶盘与传动轴直接相连。叶盘的作用包括结构与动态稳定完整性两方面。与每一级叶片相连的叶盘都不同。小发动机的叶盘直径可为 6in；对风扇直径超过 90in 大涡扇发动机，其叶盘的直径可达 40in。叶片与叶盘之间的连接方式有多种。图 6.3 中给出了三种不同的连接方式。前两种连接方式相对较早，是利用叶根与叶盘之间的过盈配合进行固定，这两种方法称为"枞树形"和"球状"配合。第三种方法(图 6.3(c))目前在很多压气机中使用。这种连接方式中，叶片先以一定的松度安装到叶盘中，然后用一个轴向的固定销使其紧密配合。安装的时候，这些叶片还具有一定的松度(约几百个毫米或更小)。当压气机运转时，由于热膨胀和离心力的作用，叶片紧紧地固定在叶盘上。这种连接方式便于损坏时卸载和更换叶片。图 6.4 所示为罗-罗 RB211 高压压气机的照片。

  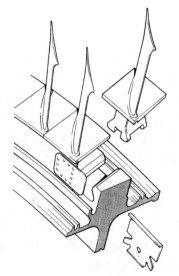

(a)枞树榫头连接　　　　　(b) 西屋J30发动机的球形连接　　　　　(c)"松"配合连接
【图片由罗-罗友情提供】　　　　【图片由R.Flack拍摄】　　　　【图片由罗-罗友情提供】

图 6.3　转子叶片与叶盘的连接

在 6.11.2 节中，我们将会看到，叶尖损失会明显降低压气机的效率，这是由于气流从静子或转子的压力面向吸力面流动，使部分高压气体损失。对于转子叶片，减小叶片和机匣之间的叶尖间隙可减小气流损失。但若考虑传动轴的振动，叶尖间隙必须足够精确，否则叶片就会剐蹭机匣。减小叶尖间隙的方法通常有两种。第一种方法有时候会用到的方法是采用与机匣相匹配的烧蚀材料制作转子叶片的叶尖部分。当压气机运转时，叶片会自动"烧蚀"，直到得到合适的叶尖间歇。第二种方法是检测机匣温度，利用冷却系统自动调节机匣温度，机匣的直径随机匣温度变化而变化，最终实现叶尖间隙的自动调节。

图 6.4　罗-罗 RB211 高压压气机【图片由罗-罗友情提供】

很多发动机中,在气流进入压气机第一级的位置处有另一组非旋转叶片,这组叶片称为进口导叶(IGV)。这组叶片类似于静子叶片——它们为第一级转子叶片调整进气方向和速度。但这组叶片的设计与静子叶片的设计又有很大的不同。这组叶片将大致沿轴向的进口气流转向,使气流进入第一级转子叶片的攻角为零。有些发动机在最后一级之后还设有一组叶片来调整进入燃烧室的气流,它们称为出口导叶(EGV)。这种叶片也跟一般的静子叶片不同,设计它们是为了促进气流旋转,以促进燃烧室内的混合。另外在涡扇发动机风扇出口,通常会设计一组出口导叶,用来调整进入外涵喷管或外涵道的气流,使气流变为沿轴向的直线运动,并降低绝对速度。

在第 1~3 章中我们曾讲到,很多现代发动机包含两个传动轴和一个风扇。这种设计如图 6.5 所示。从图中可以看出,气流首先进入风扇,然后通过同一传动轴上的低压压气机(LPC)。之后气流进入转速更高的高压压气机(HPC)中。在风扇或低压压气机中通常设计一组进口导叶,在高压压气机中设置另一组进口导叶。一般来说,风扇叶片都比较大;沿着发动机轴向,随着压力增加,叶片的尺寸逐渐减小。实际上,风扇叶片、低压压气机叶片和高压压气机叶片的形状和设计多少有些不同。特别是风扇叶片,其长度很长,且具有较大的叶尖-叶根半径比,根据后面内容我们会发现,这会使叶片根部曲率更大,而叶尖部曲率相对较小且从叶根到叶尖有明显的扭转。风扇叶片的典型单级总压比为 1.3~1.5。但是,风扇叶片和两种压气机叶片的基本热力学、流体力学和设计方法是一致的。因此,本章接下来的内容不再加以区分地分析这三种叶片。

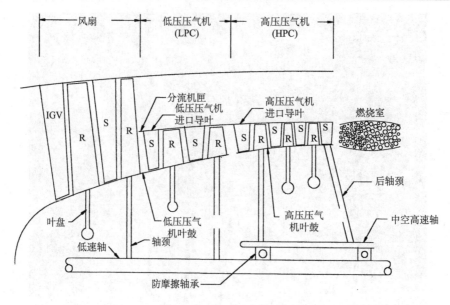

图 6.5　双转子涡扇发动机

如果沿压气机圆周外围展开这些叶片，并从顶部观察，将其几何结构展开为二维平面时，就可得到如图 6.6(a) 所示的一系列"叶栅"。气流首先通过进口导叶，然后进入第一个旋转通道。在图 6.6(a) 中，转子以线速度 $U = R\omega$ 运动，其中 ω 是角速度，R 是级平均半径。转子和静子叶片类似机翼，其压力面(++)和吸力面(--)的定义如图 6.6(a) 所示。经过一组转子叶栅后，气流进入下一组静子叶栅中。这组静子叶片改变气流的方向，为进入下一级转子作准备；理想情况下，进入下一级的气流攻角为零。一般来说，第二级与第一级的设计区别不大(事实上所有级的设计都不同)。每一级重复该过程。在图 6.6(a) 中，定义了压气机部件的截面 0~3，需要注意不要将这些编号与发动机截面定义混淆。

在压气机的设计中，一个重要的参数是叶栅稠度，其定义为 C/s；其中，s 为叶片间距或栅距，C 为叶片的弦长。稠度的倒数为栅距-弦长比 s/C。这两个参数定义如图 6.6(a) 所示。若叶栅稠度太大，边界层会主导级气流通道，摩擦效应增大，效率和总压比降低。如果叶栅稠度太小，会有大量的气流不受引导(这种现象称为滑移现象)，气流不会充分地沿着叶片形状流动。边界层分离也会成为一个大的问题。在叶栅稠度较小的情况下，滑移使传递给气流的功率比期望值小，压气机不能在足够的总压比下工作。这种伴随的边界层分离与损失使压气机达不到最大工作效率，因此需要进行设计折中。在 6.11 节中我们将会提出一种优化压气机单级气动力学性能或最大化效率的方法。压气机稠度的典型值约等于 1。稠度值的选择也会部分影响压气机叶栅叶片的数量。例如，在普惠 JT9D 涡扇发动机中，风扇级转子叶片为 46 个；而二战时期的压气机级转子上使用了 60~154 个不等的叶片。相比之下，风扇出口导叶(弦长却非常之大)只有 9 个叶片。

同一级或者相邻级的静子叶片和转子叶片的数目是不同的，这一点非常重要。若这两个数目相等，由于叶片上流体力学的相互作用，可能会出现共振，进而在叶片、叶盘和传动轴上出现大的振动和噪声。这会降低叶片的寿命，降低发动机的安全性。通常如果可能，转子或静子叶片都选择质数，这样可避免激发常见的多重共振。Cumpsty(1977) 曾详细地探索过这一问题。

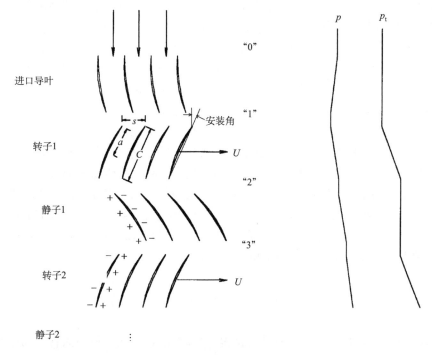

图 6.6(a)　转子和静子叶栅视图及压力分布曲线

图 6.6(b)　叶片流道面积

　　叶片的另一个重要性能参数是从叶片前缘到最大弯度的距离 a（见图 6.6(a)标注）与弦长的比值。该参数对叶片的升阻特性有很大的影响，进而显著影响单级效率和压比。

　　如果观察级叶片间气流的流道截面面积（与平均气流方向垂直），可以发现从进口到出口，流道面积逐渐增大，见图 6.6(b)；在静子叶片中也是如此。因此，转子叶栅和静子叶栅的作用与进气道类似。

图 6.6(a)中还给出了沿着压气机轴向气流的压力(包括总压和静压)分布图。可以看到,经过进口导叶后气流静压下降,但是经过所有转子和静子叶片时静压都会增加,这一点与转子级和静子级的性质相符,与进气道类似。经过进口导叶和静子叶片时总压基本不变,但是经过转子叶片时总压增加。这是因为通过转子叶片时,转子对气流做功,使气流的焓值增加。在接下来的内容中,我们关注气流压力变化与压气机几何结构之间的关系。即给定叶片的几何外形和转速后,静压和总压的增加量与压比是多少?

此处,我们讨论几个设计时的关注点。首先,流体质点穿过压气机之后,压力增大,密度也相应地增大。设计时,通常设定整个压气机内气流的轴向速度分量约为一个常数。因此,为了匹配气流密度的增加,在整个压气机中,叶片高度必须逐渐减小。其次,单级并不能无限制地增大压力。在单级中气流的压力增大过程与进气道内类似。如果压力增加过大,会使这一级的气流发生分离,引发喘振,造成很大的效率损失。喘振时推力会降低为零,并会在压气机内引起大的压力脉动,进而引起机械失效。最后,气流的压缩性也会引起限制。例如,叶片表面的超声速气流会产生激波。这会减小气流总压(进而降低压气机效率),也会导致气流分离,同样也会降低效率。这些关注点贯彻全章。

6.3　速度多边形或速度三角形

由于压气机使气流的能量增加(进而使得压力增加),且压气机中的有一部分在转动,理解压气机内的复杂流型就非常必要。通过接下来几节的理论分析可以发现,压气机中气流压力的增大直接取决于气流速度的大小和方向。本节旨在引入一种描述流体速度的方法,这种方法将会在控制方程中用到。也就是说,由于一个部件旋转(转子),另一个部件是静止的(静子),必须要开展分析,将这两个速度关联起来,使这两种部件兼容。我们在转子叶片中建立一组随叶片转动坐标系,而在静子上建立一组固定坐标系。将一个坐标系中的速度转换到另一个坐标系,需要借助速度多边形或速度三角形的矢量分析方法。

首先,分析如图 6.7(a)所示的进口导叶。进入进口导叶的气流通常与发动机轴线平齐。在进口导叶入口处,轴向气流相对发动机的速度(本书余下部分都以此作为绝对速度)为 c_0。叶片的进口角度通常与沿轴线方向。气流通过进口导叶后,方向发生改变,在进口导叶出口处的绝对速度(或在非旋转坐标系下的速度)为 c_1,且绝对速度与发动机轴线之间的夹角为 α_1。进口导叶出口处的叶片角度为 α_1'。如果气流在出口处完全沿着叶片表面运动,则 α_1 等于 α_1'。但是由于气流滑移,在实际设计中并非如此。

接下来是转子级,其进口如图 6.7(b)所示。由于转子叶片围绕发动机中心线转动,其在横截面上的切线方向上以绝对速度 U_1 转动。我们的目的是将静止坐标系的速度与旋转坐标系中的速度联系起来。因此,要求气流相对于旋转叶片的速度,首先必须在绝对气流速度中减去叶片速度矢量($V_{abs} = V_{rel} + V_{reframe}$ 或 $c = w + U$),见图 6.7(b)。得到气流在旋转坐标系下的速度矢量为 w_1,其相对发动机轴向的角度为 β_1,需要注意,转子叶片的进口和出口角度(相对于发动机轴线方向)分别为 β_1' 和 β_2'。同样,如果气流的相对运动方向与叶片的角度完全匹配,则 β_1' 和 β_1 相等且攻角(在叶片前缘 β_1' 和 β_1 的差值)等于零。但在实际情况下,尤其在非设计工作条件下,这通常不会出现。在叶片后缘, β_2' 和 β_2 之差称为偏离角(也称偏移角或落后角)。

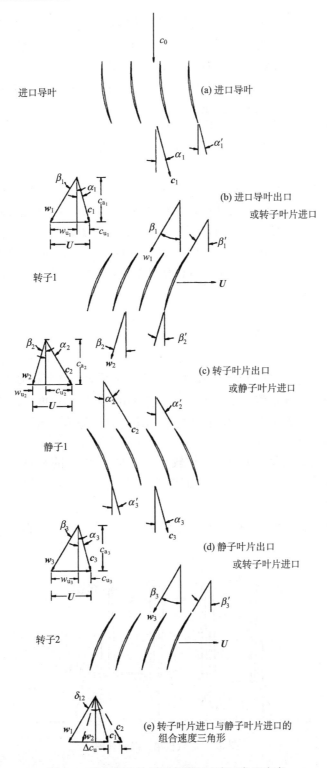

图 6.7 压气机叶片几何参数和速度三角形定义

在绘制速度三角形的时候，应始终采用同一比例尺。这不仅可以对代数运算进行"粗略"校验，也使得比较不同速度矢量的相对大小和判断压气机级"健康度"成为可能，例如，我们将在 6.4.2 节和 6.4.3 节中讨论反力度时就会用到速度三角形。当出现不期望的情况时，相较于借助方程，利用速度三角形，借助可视化的比例图可以更方便地看出如何通过改变几何参数来修正压气机的工作条件。

接下来对速度矢量进行分解，如图 6.7(b) 所示。在图中，绝对速度 c_1 在切线方向的分量等于 c_{u1}，而在发动机轴向上的分量等于 c_{a1}。而相对速度 w_1 在切线方向和轴向上的分量分别为 w_{u1} 和 w_{a1}。

图 6.7(c) 所示为转子叶片出口和静子叶片进口的速度三角形。气流相对转子叶片的速度是 w_2，与轴线夹角等于 β_2。将叶片速度 U_2 与 w_2 合成就可以得到绝对出口速度 c_2。注意，由于转子进口和出口处的半径可能存在的略小区别，U_2 和 U_1 也可能会有些许不等。出口速度 c_2 相对于轴向的角度为 α_2。同样，这一级的转子叶片出口角度 β_2' 与出气角 β_2 也可能不同。而且，这一级静子叶片上的进口角度 α_2' 与 α_2 一般都不同。图 6.7(c) 中还给出了 w_2 和 c_2 在切线方向和轴线的分量。

在图 6.7(d) 中给出了静子叶片出口的速度三角形（同时也是下一级转子叶片的进口速度三角形）。气流的绝对速度是 c_3，与轴线间夹角为 α_3。同样，α_3 与静子叶片的角度 α_3' 一般不等。相应的下一级转子叶片进口速度为 U_3，相对速度（相对于下一级转子叶片）为 w_3，且 w_3 与轴线间夹角为 β_3。这种分析方法可用于接下来所有的压气机级中。

类似于图 6.7(e)，通常将转子叶片进口速度三角形和出口速度三角形组合形成一个速度三角形。在 6.4 节我们可以看到，在半径基本恒定时，每跨一级转子叶片的功率和级压比与这一级绝对切向速度的变化量（$\Delta c_u = c_{u1} - c_{u2}$）直接相关。因此，组合这两个三角形可以更生动而简单地观察变化。而且通过比较两个速度 w_1 和 w_2 的不同，可以看到转子气流的偏转角为 $\beta_2 - \beta_1$ 或 δ_{12}。同样地，如果按比例绘制这些矢量，可以相对简单地判断如何通过改变几何参数来调整单级性能。

图 6.8 所示为一个典型压气机中第一级的侧视图。图中给出了叶片高度(t)和平均半径(R)的定义。

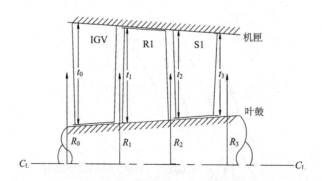

图 6.8　压气机第一级侧视图

进一步分析之前，给出如下统一的符号定义。首先，所有正切向速度定义为右手方向。因此，转子叶片右转时的速度 U 总是为正。其次，所有角度都是相对轴线而言的，且取反时针方向定义为正。

注意，对不可压缩的轴流式叶轮机(如说泵)，其速度三角形与此类似。因此，在理解气流速度，并将速度与功率需求、压比等其他关联时，采用的是同样的分析方法。但是一个最基本的不同之处在于，泵制造商一般不会考量气流相对于轴向的夹角。相反，他们采用切向分量作为参考值。但是这两个参考条件都会得到相同的速度三角形和其他结论。但是在使用其他参考资料的时候，需要注意到惯例与角度定义的不同。

表 6.1 中给出了速度大小、与平均气流垂直的流道面积或截面积，以及不同部件中的压力的变化趋势。可以看出，由于相对速度都减小，在静子叶片和转子叶片中静压都会增大。而经过进口导叶时，由于绝对速度和相对速度都增大了，因此静压降低。6.4 节我们将阐述这些趋势的细节和原因。

表 6.1 轴流式压气机部件趋势

部件	绝对速度	相对速度	面积	p	p_t
进口导叶	增加	增加	减小	减小	常数
转子	增加	减小	增加	增加	增加
静子	减小	减小	增加	增加	常数

6.4 单级能量分析

本节我们总结单级能量分析方程，借助这些方程可以将压气机的压升特性和其他重要特性与速度三角形关联起来。在附录 I 中，借助二维平面"平均中径"控制体方法，我们给出了单级(转子和静子)能量分析方程的推导过程。也就是说，利用轴流式压气机中介于叶根和叶尖中间位置处的点来评估叶片半径、流体特性和速度。图 6.9 所示为压气机级控制体定义示意图。本节我们推导进出口条件与气流性质变化的关系。

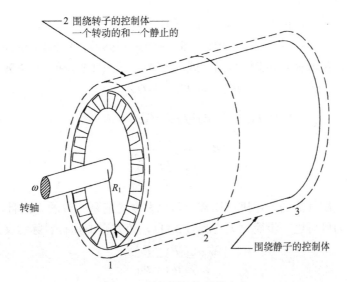

图 6.9 压气机级控制体定义

6.4.1　总压比

附录 I 中使用的三个基本方程分别是连续性方程、动量矩方程和能量方程。传动轴的输入功率为(方程(I.2.17))：

$$\dot{W}_{sh} = \dot{m}(U_2 c_{u2} - U_1 c_{u1}) \tag{6.4.1}$$

求解级总压比可得(方程(I.2.26))：

$$\frac{p_{t2}}{p_{t1}} = \left(\eta_{12} \frac{U_2 c_{u2} - U_1 c_{u1}}{c_p T_{t1}} + 1 \right)^{\frac{\gamma}{\gamma-1}} \tag{6.4.2}$$

该数值大于 1。注意，如果 $R_2 = R_1 = R(U_2 = U_1 = U)$，给定功率下，$p_{t2}/p_{t1}$ 与 $U\Delta c_u$ 的幂成正比。而且，参见图 6.7(e)，可以看到，随着转子气流偏转角 δ_{12} 增大，Δc_u 也随之增大。因此，一级压比的增加总是伴随着这一级气流偏转角的增大。而且 U 与 R 成正比，随着 U 增大，总压比也会增大。因此，当半径增大时，总压比会增大。于是，一旦已知速度三角形中转子的速度信息和效率，就可以求得总压升。

6.4.2　反力度

反力度是压气机的一个重要的特性。这一参数基于焓值增加量近似描述了转子与静子的相对负载。从附录 I (方程(I.2.32))有

$$\%R = \cfrac{1}{1 + \left(\cfrac{c_2^2 - c_1^2}{w_1^2 - w_2^2} \right)} \tag{6.4.3}$$

因此，对可压缩气流，单级的反力度与转子叶片进出口的绝对速度和相对速度相关。反力度的含义和物理意义将在后面内容中展开。

6.4.3　不可压缩气流

作为比较，我们简单讨论在不可压缩气流中涡轮机组的压比和反力度(如轴流式泵)。更多关于泵的信息可参见 Stepanoff(1957) 和 Bernnen(1994)，他们给出了轴流式泵性能的详细信息。但是，在附录 I 中我们给出了式(I.2.34)、式(I.2.37)和式(I.2.39)为

$$\dot{W}_{sh} = \dot{m}(U_2 c_{u2} - U_1 c_{u1}) \tag{6.4.4}$$

$$p_{t2} - p_{t1} = \rho \eta_{12} (U_2 c_{u2} - U_1 c_{u1}) \tag{6.4.5}$$

$$\%R = \cfrac{1}{1 + \left(\cfrac{c_2^2 - c_1^2}{w_1^2 - w_2^2} \right)} \tag{6.4.6}$$

将这组方程与可压缩气流的方程进行比较，可以发现它们是一致的。而且，对不可压缩的理想气流，其反力度可进一步简化为方程(I.2.41)，该方程中具有实际意义：

$$\%R = \frac{p_2 - p_1}{p_{t3} - p_{t1}} \tag{6.4.7}$$

例如，对不可压缩气流，典型的短转子叶片的涡轮机组，其反力度为 0.50~0.55。对于

非理想泵，这意味着气流一半焓值的增加在转子叶片中产生，另一半在静子叶片中产生。对理想泵，这也意味着，静压增加量一半是转子作用的结果，另一半是静子作用的结果。这还说明，转子和静子中的作用力或负载分布基本相同。因此，静子叶片和转子叶片都有可能遭受导致致命灾难的过压现象。但是，如果反力度偏离 0.5 较大，静子(<0.5)或转子(>0.5)中的压力会有很大的增量。如果出现这种情况，叶栅中就有可能出现连续的边界层分离或部分分离。这一附加损失导致效率偏离最优值。6.11 节中我们会对这一优化做更详细的分析。总之，对轴流式泵，反力度应接近 0.5，有两个原因：①效率最大；②负载作用力分布更加均匀，从而可更好地避免材料失效。

由于压气机中的气流是可压缩的，现代压气机中的反力度呈现大于 0.5 的趋势。也就是说，随着单级总压增量的增大，为了在转子和静子叶片中维持一个均衡的压力增量，反力度会逐渐大于 0.5。因此，虽然我们可以从 6.11 节中的简单不可压缩分析方法出发，但是应当记住我们的首要目的是控制边界层的分离，并最大化压缩效率。而且，随着气流三维化程度的增大(如随着前一级叶片叶尖-叶根直径的增大)，要使径向的反力度维持为一个常数就变得越来越困难，参见 6.10 节。更糟糕的是，如果将单级平均中径的反力度设计为50%，受径向气流作用，在一些叶根区域会出现反力度为负值的情况，这显然是不可接受的。因此，为了使平均中径的反力度高于50%，有些级设计时需要专门处理，这样会使叶尖区域反力度在 50%以上，而在叶根部分，反力度均大于 0%。下面我们可以看到，幸运的是，当反力度偏离最优的 50%时，效率并不会显著降低。

6.4.4　速度三角形与反力度和压比之间的关系

式(6.4.3)和式(6.4.6)表明，速度三角形中包含了反力度的信息。图 6.10 中给出了三种特殊情况。特别地，在图中给出了轴向速度为常数时，压气机单级反力度分别为50%、0%、100%时的速度三角形(转子叶片进口和出口)。其中尤应关注的是 50%时的速度三角形。可以看出，这种情况下进口和出口速度三角形相似，但是完全相反。同样，如果这些速度三角形按比例绘制，可以很容易地通过检查速度三角形的对称性来观察反力度是否接近 50%。而且还可以基于速度三角形对几何变化引起的性能趋势作初步预测。例如，一个初始工作状态下反力度接近 50%的压气机级，其他条件不变，如果 δ_{12} 增加，反力度减小(图 6.10(b))。类似地，保持其他参数不变，如果绝对进口角度减小，反力度增加(图 6.10(c))。

进一步地，还可以判断更为一般的变化趋势。通过控制方程和速度三角形，可以判断单个变量如绝对进口角度 α_1、转子气流偏转角 δ_{12}、转速 N 以及质量流量(或轴向速度分量) $\dot{m}$(或 c_a)等的变化趋势。相应地，也可得到对单级总压比和反力度的影响。表 6.2 中给出了一般变化趋势。

表 6.2　几何参数和工作条件对压气机参数的影响

减小参数	反力度，%R	总压比，p_{t3}/p_{t1}
绝对进口角度，α_1	增加	增加
转子气流偏转角，δ_{12}	增加	减小
转速，N	减小	减小
轴向速度分量，c_a	增加	增加

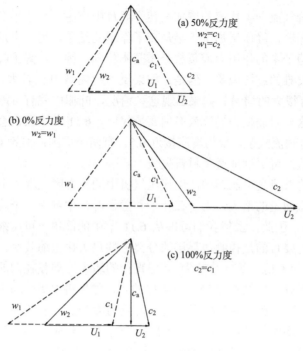

图 6.10　三种特殊情况下的速度三角形

例 6.1　我们分析一个大小类似于高压压气机最后一级(转子和静子)的压气机级。转速为 8000r/min，气流流量为 280lbm/s(8.704slug/s)。进口压力和温度分别是 272psi 和 850°F。叶片的平均半径为 13.2in，进口叶片高度为 1.24in。气流在转子进口的绝对进气角度与上一级静子出口的出气角度一致(15°)，转子气流偏转角(δ_{12})为 25°。设计时该级叶片高度是变化的，而气流的轴向速度为定值。单级效率为 90%。c_p 和 γ 的值取决于 T_2 或级平均静温，分别取 0.2587Btu/(lbm·°R)和 1.361。求取以下内容：转子和静子叶片出口高度、静子气流偏转角、转子和静子出口马赫数、单级所需功率和级反力度。

解　为求解此题，需要利用速度三角形，求解之前，先进行如下计算：

$$U = R\omega = \frac{13.2\text{in}}{12\dfrac{\text{in}}{\text{ft}}} \frac{8000\text{rev}}{\text{min}} \frac{2\pi\text{rad}}{\text{rev}} \frac{1}{60\dfrac{\text{s}}{\text{min}}} = 921.5\text{ft/s}$$

$$A_1 = \pi D_1 t_1 = \pi \frac{2 \times 13.2\text{in}}{12\dfrac{\text{in}}{\text{ft}}} \frac{1.24\text{in}}{12\dfrac{\text{in}}{\text{ft}}} = 0.7142\text{ft}^2$$

当 $p_1 = 272\text{psi}$，$T_1 = 850°\text{F} = 1310°\text{R}$ 时，利用理想气体方程可得

$$\rho_1 = \frac{p_1}{RT_1} = \frac{272\dfrac{\text{lbf}}{\text{in}^2} \times 144\dfrac{\text{in}^2}{\text{ft}^2}}{53.35\dfrac{\text{ft}\cdot\text{lbf}}{\text{lbm}\cdot°\text{R}} \times 1310°\text{R} \times 32.17\dfrac{\text{lbm}}{\text{slug}}} = 0.01742\dfrac{\text{slug}}{\text{ft}^3}$$

然后有

$$c_{a1} = \frac{\dot{m}}{\rho_1 A_1} = \frac{8.704 \dfrac{\text{slug}}{\text{s}}}{0.01742 \dfrac{\text{slug}}{\text{ft}^3} \times 0.7142\,\text{ft}^2} = 699.6\,\text{ft/s}$$

最后

$$a_1 = \sqrt{\gamma R T_1} = \sqrt{1.361 \times 53.35\,\frac{\text{ft}\cdot\text{lbf}}{\text{lbm}\cdot{}^{\circ}\text{R}} \times 32.17\,\frac{\text{lbm}}{\text{slug}} \times 1310\,{}^{\circ}\text{R} \times \frac{\text{slug}\cdot\text{ft}}{\text{s}^2\cdot\text{lbf}}}$$
$$= 1749\,\text{ft/s}$$

(1) 转子叶片进口。

首先参照图 6.11(a) 的转子叶片进口速度三角形(按比例尺绘制)。

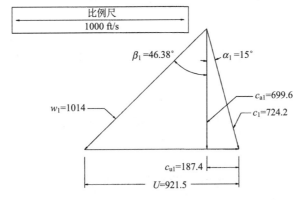

图 6.11(a)　转子进口速度三角形

首先

$$c_1 = \frac{c_{a1}}{\cos\alpha_1} = \frac{699.6}{\cos(15^\circ)} = 724.2\,\text{ft/s}$$

而且

$$c_{u1} = c_1 \sin\alpha_1 = 724.2\sin(15^\circ) = 187.4\,\text{ft/s}$$

于是,有

$$w_{u1} = c_{u1} - U = 187.4 - 921.5 = -734.1\,\text{ft/s}$$

且

$$\beta_1 = \operatorname{arccot}\left(\frac{c_{a1}}{c_{u1} - U_1}\right) = \operatorname{arccot}\left(\frac{c_{a1}}{w_{u1}}\right) = \operatorname{arccot}\left(\frac{699.6}{-734.1}\right) = -46.38^\circ$$

$$w_1 = \frac{c_{a1}}{\cos\beta_1} = \frac{699.6}{\cos(-46.38)} = 1014\,\text{ft/s}$$

此处读者需要注意的是,这只是一个平均中径的一维流动分析,即假设从叶根到叶尖的气流是均匀的。但作为一个快速计算,如果沿叶片径向的绝对气流角径向为定值,从叶根($R_h = 12.58\,\text{in}$)到叶尖($R_t = 13.82\,\text{in}$),重复上述计算过程,得到的相对气流角度从 -44.6° 到 -48.0° 不等。

回到平均中径的一维流动分析，得到旋转坐标系下的马赫数为

$$M_{1\mathrm{rel}} = \frac{w_1}{a_1} = \frac{1014}{1749} = 0.5798$$

注意在旋转坐标系下的气流是亚声速的，因此，在转子叶片的进口平面上不会发生激波。而在绝对坐标系或非旋转坐标系下：

$$M_{1\mathrm{abs}} = \frac{c_1}{a_1} = \frac{724.2}{1749} = 0.4141$$

静止坐标系中的气流也是亚声速，而上一级静子叶片出口处的激波信息就可求得了。于是

$$\frac{T_{t1}}{T_1} = 1 + \frac{\gamma - 1}{2} M_{1\mathrm{abs}}^2 = 1 + \frac{0.361}{2} 0.4141^2 = 1.031$$

可得

$$T_{t1} = 1.031 \times 1310 = 1350°\mathrm{R} = 890°\mathrm{F}$$

而且，由

$$\frac{p_{t1}}{p_1} = \left(\frac{T_{t1}}{T_1}\right)^{\frac{\gamma}{\gamma-1}} = (1.031)^{\frac{1.361}{0.361}} = 1.122$$

可得

$$p_{t1} = 1.122 \times 272 = 305.1\mathrm{psi}$$

(2)转子叶片出口-静子叶片进口。

转子叶片出口和静子叶片进口的速度三角形，参见图 6.11(b)。因为转子气流偏转角已知，可由下式求出相对出口角度：

$$\beta_2 = \beta_1 + \delta_{12} = -46.38° + 25° = -21.38°$$

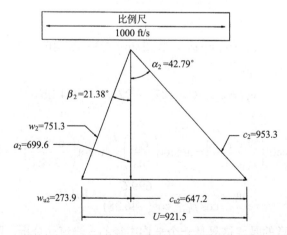

图 6.11(b)　转子出口和静子进口的速度三角形

又因为整个压气机级气流的轴向速度为常数，于是可得

$$c_{a2} = c_{a1} = 699.6\mathrm{ft/s}$$

于是

$$w_2 = \frac{c_{a2}}{\cos\beta_2} = \frac{699.6}{\cos(-21.38°)} = 751.3 \text{ft/s}$$

$$w_{u2} = c_{a2}\tan\beta_2 = 699.6\tan(-21.38°) = -273.9 \text{ft/s}$$

且

$$c_{u2} = U + w_{u2} = 921.5 - 273.9 = 647.7 \text{ft/s}$$

于是得

$$\alpha_2 = \operatorname{arccot}\left(\frac{c_{a2}}{U + w_{u2}}\right) = \operatorname{arccot}\left(\frac{c_{a2}}{c_{u2}}\right) = \operatorname{arccot}\left(\frac{699.6}{647.7}\right) = 42.79°$$

且

$$c_2 = \frac{c_{a2}}{\cos\alpha_2} = \frac{699.6}{\cos(42.79°)} = 953.3 \text{ft/s}$$

然后，结合速度三角形和动量方程可得

$$h_{t2} - h_{t1} = U(c_{u2} - c_{u1}) = 921.5 \times (647.7 - 187.4) = 424107 \text{ft}^2/\text{s}^2$$

由能量方程可得

$$\frac{p_{t2}}{p_{t1}} = \left(\frac{\eta_{12}(h_{t2} - h_{t1})}{c_p T_{t1}} + 1\right)^{\frac{\gamma}{\gamma-1}}$$

于是，有

$$\frac{p_{t2}}{p_{t1}} = \left(\frac{0.90 \times 424107 \dfrac{\text{ft}^2}{\text{s}^2}}{0.2587 \dfrac{\text{Btu}}{\text{lbm} \cdot °\text{R}} \times 1350°\text{R} \times 778.16 \dfrac{\text{ft} \cdot \text{lbf}}{\text{Btu}} \times 32.17 \dfrac{\text{lbm}}{\text{slug}}} \dfrac{\text{lbf} \cdot \text{s}^2}{\text{slug} \cdot \text{ft}} + 1\right)^{\frac{1.361}{0.361}}$$

$$= 1.175$$

且

$$p_{t2} = 1.175 \times 305.1 = 358.5 \text{psi}$$

而

$$T_{t2} - T_{t1} = \frac{h_{t2} - h_{t1}}{c_p}$$

$$= \frac{424107 \dfrac{\text{ft}^2}{\text{s}^2}}{0.2587 \dfrac{\text{Btu}}{\text{lbm} \cdot °\text{R}} \times 778.16 \dfrac{\text{ft} \cdot \text{lbm}}{\text{Btu}} \times 32.17 \dfrac{\text{lbm}}{\text{slug}}} \dfrac{\text{lbf} \cdot \text{s}^2}{\text{slug} \cdot \text{ft}}$$

$$= 65.5°\text{R}$$

于是可得

$$T_{t2} = 1416°\text{R}(956°\text{F})$$

$$T_2 = T_{t2} - \frac{c_2^2}{2c_p}$$

$$= 1416°R - \frac{953.2^2 \frac{ft^2}{s^2}}{2 \times 0.2587 \frac{Btu}{lbm \cdot °R} \times 778.16 \frac{ft \cdot lbm}{Btu} \times 32.17 \frac{lbm}{slug}} \frac{lbf \cdot s^2}{slug \cdot ft}$$

$$= 1346°R(886°F)$$

然后又有

$$a_2 = \sqrt{\gamma R T_2} = \sqrt{1.361 \times 53.35 \frac{ft \cdot lbf}{lbm \cdot °R} \times 32.17 \frac{lbm}{slug} \times 1346°R \times \frac{slug \cdot ft}{s^2 \cdot lbf}}$$

$$= 1773 ft/s$$

于是，在旋转坐标系下的马赫数为

$$M_{2rel} = \frac{w_2}{a_2} = \frac{751.3}{1773} = 0.4237$$

再次强调，在旋转坐标系下的气流是亚声速的，转子出口不存在激波。然后，在绝对坐标系下，有

$$M_{2abs} = \frac{c_2}{a_2} = \frac{953.5}{1773} = 0.5378$$

可以看到，在绝对坐标系下的气流也是亚声速的。那么在下一级的静子叶片进口也就不会出现激波。利用绝对马赫数可得

$$\frac{p_{t2}}{p_2} = \left(1 + \frac{\gamma-1}{2} M_{2abs}^2\right)^{\frac{\gamma}{\gamma-1}} = \left(1 + \frac{0.361}{2} 0.5378^2\right)^{\frac{1.361}{0.361}} = 1.211$$

于是有

$$p_2 = \frac{358.5}{1.211} = 295.9 psi$$

当 $p_2 = 295.9 psi$，$T_2 = 1346°R$ 时，利用理想气体方程可得到

$$\rho_2 = \frac{p_2}{RT_2} = \frac{295.9 \frac{lbf}{in^2} \times 144 \frac{in^2}{ft^2}}{53.35 \frac{ft \cdot lbf}{lbm \cdot °R} \times 1346°R \times 32.17 \frac{lbm}{slug}} = 0.01845 \frac{slug}{ft^3}$$

由于 $\dot{m} = \rho_2 c_{a2} A_2$，有

$$A_2 = \frac{\dot{m}}{\rho_2 c_{a2}} = \frac{8.704 \frac{slug}{s}}{0.01845 \frac{slug}{ft^3} \times 699.6 \frac{ft}{s}} = 0.6744 ft^2$$

且 $A_2 = \pi D_2 t_2$，于是可得

$$t_2 = \frac{A_2}{\pi D_2} = \frac{0.6744 ft^2 \times 144 \frac{in^2}{ft^2}}{\pi \times 2 \times 13.2 in} = 1.171 in$$

注意，该数值比转子叶片进口高度小，这是由气流的可压缩性决定的。

我们可以定义一个描述转子压力系数的参数（将在 6.6 节详细叙述）为

$$C_{pr} = \frac{p_2 - p_1}{\frac{1}{2}\rho_2 w_1^2} = \frac{(295.9 - 272.0)\frac{\text{lbf}}{\text{in}^2} \times \frac{\text{slug}\cdot\text{ft}}{\text{s}^2\cdot\text{lbf}} \times \frac{144\text{in}^2}{\text{ft}^2}}{\frac{1}{2} \times 0.01742\frac{\text{slug}}{\text{ft}^3} \times 1014^2\frac{\text{ft}^2}{\text{s}^2}} = 0.384$$

这一参数的含义将在 6.6 节讨论。利用下式可求输入级功率：

$$\dot{W}_{sh} = \dot{m}(h_{t2} - h_{t1}) = \frac{0.8704\frac{\text{slug}}{\text{s}} \times \left(424107\frac{\text{ft}^2}{\text{s}^2}\right)}{550\frac{\text{ft}\cdot\text{lbf}}{\text{s}\cdot\text{hp}}}\left(\frac{\text{s}^2\cdot\text{lbf}}{\text{slug}\cdot\text{ft}}\right) = 6712\text{hp}$$

反力度为

$$\%R = \frac{1}{1 + \left(\dfrac{c_2^2 - c_1^2}{w_1^2 - w_2^2}\right)} = \frac{1}{1 + \left(\dfrac{953.3^2 - 724.2^2}{1014^2 - 751.3^2}\right)} = 0.5469$$

初步检查，这个反力度的值是合理的，比 0.5 略大。读者还可以将转子进、出口速度三角形结合起来，见图 6.11(c)。通过绝对切向速度的变化 (Δc_u) 可以很容易看出转子的偏转角。由 6.4.1 节和表 6.2 中可以看出，随着转子偏转角的增大，绝对切向速度也增大。而且很明显图 6.11(c) 中的两个速度三角形基本是对称的，这意味着反力度应约为 0.5。后面读者应注意比较转子和静子中的压升。

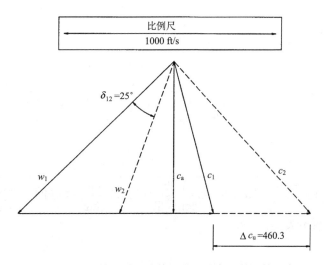

图 6.11(c)　转子进口和静子进口速度三角形的组合

(3)静子出口。

接下来，参照图 6.11(d)来分析静子出口速度三角形。同样，轴向级速度为常量，因此有

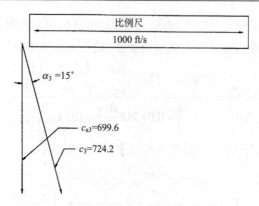

图 6.11(d)　静子出口速度三角形

$$c_{a3} = c_{a2} = c_{a1} = 699.6\text{ft/s}$$

另外，绝对出口角度已经给出为 $\alpha_3 = 15°$；于是有

$$c_3 = \frac{c_{a3}}{\cos\alpha_3} = \frac{699.6}{\cos(15°)} = 724.2\text{ft/s}$$

可求得静子的偏转角为

$$\delta_{23} = \alpha_3 - \alpha_2 = 15 - 42.79 = -27.79°\ ^{①}$$

于是，静子叶片偏转角的大小与转子叶片偏转角大小相当。对于静子，有

$$T_{t3} = T_{t2} = 1416°\text{R}$$

且

$$T_3 = T_{t3} - \frac{c_3^2}{2c_p}$$

$$= 1416°\text{R} - \frac{724.2^2\,\dfrac{\text{ft}^2}{\text{s}^2}}{2\times0.2587\,\dfrac{\text{Btu}}{\text{lbm}\cdot°\text{R}}\times778.16\,\dfrac{\text{ft}\cdot\text{lbm}}{\text{Btu}}\times32.17\,\dfrac{\text{lbm}}{\text{slug}}}\,\dfrac{\text{lbf}\cdot\text{s}^2}{\text{slug}\cdot\text{ft}}$$

$$= 1375°R$$

于是

$$\alpha_3 = \sqrt{\gamma R T_3} = \sqrt{1.361\times53.35\,\frac{\text{ft}\cdot\text{lbf}}{\text{lbm}\cdot°\text{R}}\times32.17\,\frac{\text{lbm}}{\text{slug}}\times1375°\text{R}\times\frac{\text{slug}\cdot\text{ft}}{\text{s}^2\cdot\text{lbf}}}$$

$$= 1792\text{ft/s}$$

而

$$M_{3\text{abs}} = \frac{c_3}{a_3} = \frac{742.2}{1792} = 0.4041$$

因此，在静止坐标系下的气流再次为亚声速，在静子叶片的出口截面不可能出现激波。

另外，有

$$\frac{p_{t3}}{p_3} = \left(1 + \frac{\gamma - 1}{2}M_{3abs}^2\right)^{\frac{\gamma}{\gamma-1}} = \left(1 + \frac{0.361}{2}M_{3abs}^2\right)^{\frac{1.361}{0.361}} = 1.116$$

且对于静子叶片，有

$$p_{t3} = p_{t2} = 358.5\text{psi}$$

于是

$$p_3 = \frac{358.5}{1.116} = 321.3\text{psi}$$

由理想气体方程，当 $T_3 = 1375°\text{R}$，$p_3 = 321.3\text{psi}$ 时，有

$$\rho_3 = \frac{p_3}{RT_3} = \frac{321.3\dfrac{\text{lbf}}{\text{in}^2} \times 144\dfrac{\text{in}^2}{\text{ft}^2}}{53.35\dfrac{\text{ft}\cdot\text{lbf}}{\text{lbm}\cdot°\text{R}} \times 1375°\text{R} \times 32.17\dfrac{\text{lbm}}{\text{slug}}} = 0.01960\frac{\text{slug}}{\text{ft}^3}$$

我们定义静子的压力系数(在 6.6 节我们将会进行论述)为

$$C_{ps} = \frac{p_3 - p_2}{\dfrac{1}{2}\rho_2 c_2^2}$$

$$C_{ps} = \frac{(321.3 - 295.9)\dfrac{\text{lbf}}{\text{in}^2} \times \dfrac{\text{slug}\cdot\text{ft}}{\text{s}^2\cdot\text{lbf}} \times \dfrac{144\text{in}^2}{\text{ft}^2}}{\dfrac{1}{2} \times 0.01845\dfrac{\text{slug}}{\text{ft}^3} \times 953.3^2\dfrac{\text{ft}^2}{\text{s}^2}} = 0.436$$

对转子而言，这一参数的含义将在 6.6 节中讲述。又因为 $\dot{m} = \rho_3 c_{a3} A_3$，有

$$A_3 = \frac{\dot{m}}{\rho_3 c_{a3}} = \frac{8.704\dfrac{\text{slug}}{\text{s}}}{0.01960\dfrac{\text{slug}}{\text{ft}^3} \times 699.6\dfrac{\text{ft}}{\text{s}}} = 0.6348\text{ft}^2$$

又 $A_3 = \pi D_3 t_3$，可以得

$$t_3 = \frac{A_3}{\pi D_3} = \frac{0.6348\text{ft}^2 \times 144\dfrac{\text{in}^2}{\text{ft}^2}}{\pi \times 2 \times 13.2\text{in}} = 1.102\text{in} \qquad \text{题毕。}$$

　　我们可以发现，由于流体的可压缩性，这一值比静子进口高度小。另外，跨转子与静子的压升分别为23.9psi 和 25.4psi。因此，两者基本一致。需要注意的是，之前我们计算得到的反力度为 0.547，这与压力分布一致。

　　至此，我们已经求出所有关心的变量。作为比较，读者可以求解同一发动机中第五级或第一个高压级的对应参数，可以发现具有相似的结果。这一级的半径为 14.9in，进口叶片高度为 4.70in(远大于第一级)。而且进口压力是 32psi，而进口温度是 220°F，级效率仍为 0.90，相对于转子的绝对进气角为 23°，转子叶片偏转角是 15°，这比最后一级小。求得的 c_p 和 γ 取值分别是 0.2432Btu/(lbm·°R)和 1.393。最后的轴向气流速度是 721.4ft/s，这与最后一级非常接近。相对于转子叶片的相对进口是 45.49°，而相对于静子的绝对进口角度是 40.46°。反力度是 0.5570，这也是一个比较合理的值；总压比是 1.251，这比最后一级要

大。具体的计算过程作为练习留给读者。

而且，在本例中，速度沿轴向的分量为常数，且计算了叶片的高度。但如果给出了叶片高度，就需要计算速度的轴向分量。而这个计算过程则是采用同样的已给出步骤，但却是一个迭代过程。

例 6.2　如果气流为不可压缩气流，且进口密度已知（$\rho=0.01742\,\text{slug/ft}^3$），求解例 6.1。

解　例 6.1 中的很多结论我们可以直接使用：

$$U = R\omega = \frac{13.2\text{in}}{12\dfrac{\text{in}}{\text{ft}}}\frac{800\text{rev}}{\text{min}}\frac{2\pi\text{rad}}{\text{rev}}\frac{1}{60\dfrac{\text{s}}{\text{min}}}=921.5\text{ft/s}$$

$$A_1 = \pi D_1 t_1 = \pi\frac{2\times13.2\text{in}}{12\dfrac{\text{in}}{\text{ft}}}\frac{1.24\text{in}}{12\dfrac{\text{in}}{\text{ft}}}=0.7142\text{ft}^2$$

$$c_{a1} = \frac{\dot{m}}{\rho_1 A_1} = \frac{8.704\dfrac{\text{slug}}{\text{s}}}{0.01742\dfrac{\text{slug}}{\text{ft}^3}\times0.7142\text{ft}^2} = 699.6\text{ft/s}$$

由于轴向速度和转速以及角度都与可压缩气流情况相同，速度三角形也是一样的。

（1）转子进口。

参见图 6.10(a) 的转子进口速度三角形。

首先

$$c_1 = \frac{c_{a1}}{\cos\alpha_1} = \frac{699.6}{\cos(15°)} = 724.2\text{ft/s}$$

而且

$$c_{u1} = c_1\sin\alpha_1 = 724.2\sin(15°) = 187.4\text{ft/s}$$

于是

$$w_{u1} = c_{u1} - U = 187.4 - 921.5 = -734.1\text{ft/s}$$

且

$$\beta_1 = \text{arccot}\left(\frac{c_{a1}}{c_{u1}-U_1}\right) = \text{arccot}\left(\frac{c_{a1}}{w_{u1}}\right) = \text{arccot}\left(\frac{699.6}{-734.1}\right) = -46.38°$$

$$w_1 = \frac{c_{a1}}{\cos\beta_1} = \frac{699.6}{\cos(-46.38°)} = 1014\text{ft/s}$$

对于不可压缩气流，总压为

$$p_{t1} = p_1 + \frac{\rho c_1^2}{2} = 272\text{psi} + \frac{0.01742\dfrac{\text{slug}}{\text{ft}^3}\times724.2^2\dfrac{\text{ft}^2}{\text{s}^2}}{2\times12\dfrac{\text{in}}{\text{ft}}\times12\dfrac{\text{in}}{\text{ft}}} = 303.7\text{psi}$$

（2）转子出口和静子进口。

转子出口和静子进口的速度三角形见图 6.11(b)。由于转子气流偏转角已知，可由下式求得相对出气角：

$$\beta_2 = \beta_1 + \delta_{12} = -46.38° + 25° = -21.38°$$

又因为级间轴向速度为常数，有

$$c_{a2} = c_{a1} = 699.6 \text{ft/s}$$

可得

$$w_2 = \frac{c_{a2}}{\cos\beta_2} = \frac{699.6}{\cos(-21.38°)} = 751.3 \text{ft/s}$$

且

$$w_{u2} = c_{a2}\tan\beta_2 = 699.6\tan(-21.38°) = -273.9 \text{ft/s}$$

$$c_{u2} = U + w_{u2} = 921.5 - 273.9 = 647.7 \text{ft/s}$$

于是

$$\alpha_2 = \text{arccot}\left(\frac{c_{a2}}{U + w_{u2}}\right) = \text{arccot}\left(\frac{c_{a2}}{c_{u2}}\right) = \text{arccot}\left(\frac{699.6}{647.7}\right) = 42.79°$$

且

$$c_2 = \frac{c_{a2}}{\cos\alpha_2} = \frac{699.6}{\cos(42.79°)} = 953.3 \text{ft/s}$$

对不可压缩气流，有

$$p_{t2} - p_{t1} = \rho\eta_{12}U(c_{u2} - c_{u1})$$

$$= 0.01742\frac{\text{slug}}{\text{ft}^3} \times 0.90 \times 921.5\frac{\text{ft}}{\text{s}}(647.7 - 187.4)\frac{\text{ft}}{\text{s}} \times \frac{1}{144\frac{\text{in}^2}{\text{ft}^2}}$$

$$= 46.2 \text{psi}$$

于是可得

$$p_{t2} = 303.72 + 46.18 = 349.9 \text{psi}$$

于是

$$\frac{p_{t2}}{p_{t1}} = \frac{349.9}{303.7} = 1.152$$

相较于例 6.1，这一值小 1.96%，这是由气流的不可压缩导致的。

接下来

$$p_2 = p_{t2} - \frac{\rho c_2^2}{2} = 349.9\text{psi} - \frac{0.01742\frac{\text{slug}}{\text{ft}^3} \times 953.3^2\frac{\text{ft}^2}{\text{s}^2}}{2 \times 12\frac{\text{in}}{\text{ft}} \times 12\frac{\text{in}}{\text{ft}}} = 294.9\text{psi}$$

需要的功率为

$$\dot{W}_{sh} = \dot{m}U(c_{u2} - c_{u1})\frac{8.704\frac{\text{slug}}{\text{s}} \times 921.5\frac{\text{ft}}{\text{s}}(647.7 - 187.4)\frac{\text{ft}}{\text{s}}}{550\frac{\text{ft}\cdot\text{lbf}}{\text{s}\cdot\text{hp}}} = 6712\text{hp}$$

这与例 6.1 相同。

最后，反力度为

$$\%R = \frac{1}{1 + \left(\dfrac{c_2^2 - c_1^2}{w_1^2 - w_2^2}\right)} = \frac{1}{1 + \left(\dfrac{953.3^2 - 724.2^2}{1014^2 - 751.3^2}\right)} = 0.5469$$

这也与例 6.1 中的结果相同。

另外，由于气流不可压缩，整级叶片高度为定值，于是 $t_2 = 1.24\text{in}$。

(3) 静子出口。

静子出口的速度三角形见图 6.11 (c)。同样，整级中气流的轴向速度相等，因此有

$$c_{a3} = c_{a2} = c_{a1} = 699.6\text{ft/s}$$

而且出口角度的绝对值已知，$\alpha_3 = 15°$，于是

$$c_3 = \frac{c_{a3}}{\cos\alpha_3} = \frac{699.6}{\cos(15°)} = 724.2\text{ft/s}$$

由于 $p_{t3} = p_{t2}$，得出口静压为

$$p_3 = p_{t2} - \frac{\rho c_3^2}{2} = 349.9\text{psi} - \frac{0.01742\dfrac{\text{slug}}{\text{ft}^3} \times 724.2^2\dfrac{\text{ft}^2}{\text{s}^2}}{2 \times 12\dfrac{\text{in}}{\text{ft}} \times 12\dfrac{\text{in}}{\text{ft}}} = 318.2\text{psi}$$

可求得静子偏转角为

$$\delta_{23} = \alpha_3 - \alpha_2 = 15 - 42.79 = -27.29°$$

至此，静子偏转角约等于转子偏转角。同样，因为气流是不可压缩的，整级的叶片高度不变，因此 $t_3 = 1.24\text{in}$。

6.5　特　性　图

6.5.1　量纲分析

作为压气机工程师的一种工作媒介，特性图或特性曲线经常用来描述压气机的实验数据。它可帮助工程师对一般条件下工作的压气机形成一个快捷、深刻而准确的评估，有助于理解气流条件变化时压气机性能的变化。在附录 I 中，我们给出不同参数的量纲分析与相似性分析。其中我们最关注的是压气机的总压比，即 p_{t3}/p_{t2}。从附录 I 中（式(I.3.3)、式(I.3.7) 和式(I.3.8)）有

$$\pi_c = p_{t3}/p_{t2} = f\left(\dot{m}\frac{\sqrt{\theta_{ti}}}{\delta_{ti}}, \frac{N}{\sqrt{\theta_{ti}}}\right) = f(\dot{m}_{c2}, N_{c2}) \tag{6.5.1}$$

式中

$$\delta_{t2} = p_{t2}/p_{stp} \tag{6.5.2}$$

且

$$\theta_{t2} = T_{t2}/T_{stp} \tag{6.5.3}$$

其中，下角标 stp 指标准条件；脚标 t2 表示压气机的进口滞止条件(不要与转子叶栅的出口滞止条件相混淆)；脚标 t3 表示压气机出口的滞止条件。类似地，可以由式(I.3.6)、式(I.3.7)和式(I.3.8)得到效率的方程为

$$\eta_c = g\left(\dot{m}\frac{\sqrt{\theta_{ti}}}{\delta_{ti}}, \frac{N}{\sqrt{\theta_{ti}}}\right) = g(\dot{m}_{c2}, N_{c2}) \tag{6.5.4}$$

式中，函数 f 和 g 都是根据实验数据得到的经验公式。这些函数不必是解析式的(闭式的代数表达式，而且也基本不会是)，大多数情况下是以图像或数表的形式给出。其中的两个独立参数($\dot{m}_{c2}$ 和 N_{c2})并非真正的无量纲。第一参数称为换算质量流量，与质量流量具有相同的量纲；而第二个参数称为换算转速，与转速具有相同的量纲。因此，由于这两个参数是有量纲的，由此得到的函数不能直接用于联系或比较不同的发动机。但通常情况下，对一个特定的发动机而言，不同工作条件下都可以使用这一函数。也就是说，在一组条件下测试的压气机，只要换算转速和换算质量流量完全匹配，就可以在显著不同的条件下使用。例如，在不同的高度、飞行速度、空气环境等条件下，这一特性图均可使用。

6.5.2　趋势

我们还应该知道压气机压比与这两个独立变量($\dot{m}_{c2}$ 和 N_{c2})的关系，即变化趋势。首先，我们分析其他参数保持常数时，p_{t3}/p_{t2} 如何随 $\dot{m}$ 变化。具体分析时，我们可参考图 6.12。图 6.12(a)所示为设计点同一级的进口和出口速度三角形。如果质量流量减小，气流速度的轴向分量也随着减小，如图 6.12(b)所示。在相同的进气角和气流偏转角下，$\Delta c_u = c_{u2} - c_{u1}$ 会增大。于是，由方程(6.4.2)可以看出，随着流量减小，压比增大。

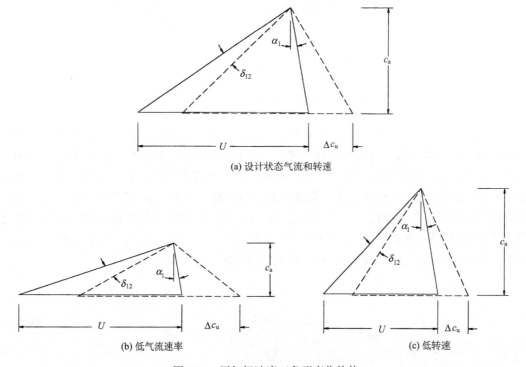

图 6.12　压气机速度三角形变化趋势

接下来考虑其他参数保持不变时，压比随转速的变化情况。例如，图 6.12(a)为设计点进口和出口速度三角形。而图 6.12(c)对应于设计点的进口角度与转子偏转角转速下降时的情况。此时，$\Delta c_{\mathrm{u}} = c_{\mathrm{u}2} - c_{\mathrm{u}1}$ 减小，而且 U 也会减小。因此，再次利用方程(6.4.2)可以看到压比随着转速的下降而下降。

6.5.3　实验数据

在 6.5.1 节有过说明，压气机最重要的两个参数是总压比和效率。要确定这些参数，需要将压气机独立于发动机的其他部件置于压气机测试设备(图 6.13)中进行测试。在这种测试设备中，通常利用一个辅助燃气涡轮动力装置驱动压气机，并通过齿轮箱来单独控制转速，再利用一个大型阀系统单独控制流量。一般来说，测试设备在一系列定常转速下进行测试。在每组转速下，流量逐步减小，当系统运行到稳定状态，再测量每个质量流量下的压力和温度，直到压比太大导致压气机内出现大量的反向气流或"喘振"。这种不稳定的反向气流通常伴随着对叶片和叶盘的巨大振动力，并导致发动机燃烧室熄火。而且当一级中出现这种不稳定行为时，会扩张到其他级，直到所有或大部分级中出现气流分离。

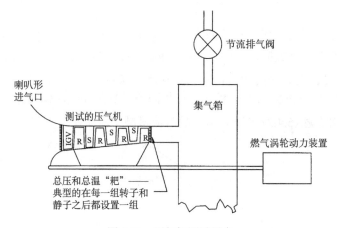

图 6.13　压气机测试设备

压气机级中安装有一系列测量总压和静压的探针和测量总温与静温的热电偶。在每一级的进口和出口都安装有压力和温度"耙"(一系列径向安装的探针)。因此在每一级的进口和出口上，可以通过测量的到从叶根到叶尖的总压和总温特性，从而为设计工程师提供更多内部性能的详细信息。求取压气机进口和出口的总压的平均值(按质量流量加权平均)，就可得到所有转速和气流速率下压气机的总压比。然后，求取压气机进口和出口的总温的平均值(按质量流量加权平均)，就可得到所有转速和气流速率下压气机的总温比。最后，利用这些实验数据，结合方程(3.2.8)就可得到整个压气机的效率为

$$\eta_{\mathrm{c}} = \frac{\left(\dfrac{p_{\mathrm{t}3}}{p_{\mathrm{t}2}}\right)^{\frac{\gamma-1}{\gamma}} - 1}{\left(\dfrac{T_{\mathrm{t}3}}{T_{\mathrm{t}2}}\right) - 1} \tag{6.5.5}$$

跨过一个速度线时，随着质量流量的降低，效率会先增大到一个最大值，然后随着压气机接近喘振线而降低。这个最大效率点是期望工作线的一部分。

本节前面所有内容都限于压气机整体数据的分析。但是注意我们还用到了级内部的总压和总温特性数据来分别求取风扇、低压压气机和高压压气机的效率和总压比。而且每一级的数据还通过类似式(6.5.5)的方程进行检验，得到各级的总压比和效率。另外，通过分析每一级叶根、中径处和叶尖区域测量的数据，还可得到每一级的径向性能。至此，我们不但得到了压气机的总体性能，还能知道子部件与每一级、所有级以及径向的性能。这些特定而局部的详细信息可帮助工程师判断压气机中效率不高的部位，并据此改进叶片形状，提升整个压气机的总体性能。

6.5.4　特性图规则

图 6.14 是一个根据压气机标准测试数据生成的典型压气机特性图——总压比与换算质量流量和换算转速的曲线。图中包含了一系列的等换算转速线，它们是相对于额定或设计转速的百分比。图中还给出了喘振线。当压气机的压比很大，使压力梯度大于气流的动量时，会在发动机中引起很大的反向流动，从而引发喘振。这种条件下，发动机中局部区域还会在不同叶片上出现巨大的气流分离，使得性能降为零。由于会引起剧烈的振动并使发动机的总体推力降为零，这种条件对发动机来说非常危险。

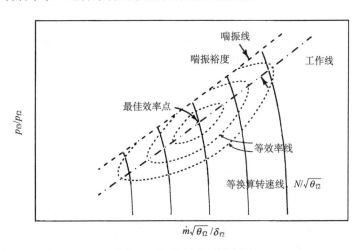

图 6.14　典型压气机特性曲线

图中还给出了另一组补充的压气机数据曲线，这条曲线处于不同速度线的等效率线上。见图中的点划线，它们称为"效率岛"。发动机的典型设计点通常靠近最佳效率点(BEP)。随着工作条件偏离设计点，效率下降。图 6.14 中还给出了工作线。这条曲线穿过设计点，代表了发动机不同条件下的典型工作点。从图中可以很容易看出，在等换算转速线上，随着质量流量减小，工作线上效率会增大到一个最大值，随后随着压气机临近喘振而下降。图中所示的喘振裕度表征了压气机的剩余性能信息，它是压气机工作线与喘振线之间的距离，可看作压气机工作的安全裕度。在设计压气机时，由于期望在工作点上能获得高的压比，因此需要折中设计。另外，我们并不期望喘振裕度太小，因为诸如一阵强风、突然的偏航或加速等扰动都会使压气机出现喘振。现代发动机的典型喘振裕度为15%~20%。总之，一旦确定了压气机的特性图，如果换算质量流量和换算转速已知，在不需要其他条件的情况下就可以求得压气机的总压比和效率。

本节我们提到过，特性图既可以针对整个压气机，也可以分别讨论风扇、低压压气机与高压压气机。大部分情况下，还可以针对发动机每一级的叶根、栅距和叶尖区域确定特性图。在表 6.3 中，我们列出了一些特定的现代发动机风扇、压气机和涡轮参数特性。读者应关注压比、涵道比和级数。表6.3 的数据源自《航空周刊和空间技术》、《国际飞行》，以及制造商、用户和军方提供的信息、手册及网站。为了确保准确性，尽管我们已经仔细进行过核对，但是这些信息仅供参考，不作为技术应用。而且很多发动机针对不同的应用有不同的批次设计，这些情况下，表中仅给出了典型的特性。

表 6.3　最大功率下典型轴流式发动机压气机与涡轮特性对照表

发动机	制造商	压气机类别与级数	整体总压比	涵道比	低压+(中压)+高压涡轮级
CF6-50C2B	通用	1F,3A,14A	31.1	4.6	4+2
CF6-80C2A5	通用	1F,4A,14A	31.5	5.3	5+2
F101-102	通用	2F,9A	26.8	1.9	1+2
F110-100	通用	3F,9A	30.4	0.8	1+2
CF34-3A	通用	1F,14A	21	6.2	4+2
F404	通用	3F,7A	26	0.33	1+1
GE90-115B	通用	1F,4A,9A*	45	9.0	6+2
J79-8	通用	17A	12.9	NA	3
J85-17AB	通用	8A	6.9	NA	2
CFM56-5B1	CFM	1F,4A,9A	32	5.5	4+1
GP 7200	EA	1F,4A,9A	43.9	8.7	5+2
TF30-P-100	普惠	3F,13A	21.8	0.7	3+1
F100-PW-232	普惠	3F,10A	35	0.34	2+2
JT8D	普惠	2F,11A	18.2	1.7	3+1
JT9D	普惠	1F,15A	26.7	4.8	4+2
PW2037	普惠	1F,5A,11A	27.4	6	5+2
PW4056	普惠	1F,4A,11A	30.0	4.9	4+2
PW4098	普惠	1F,6A,12A	42.8	6.4	7+2
F117	普惠	1F,5A,11A	30.8	5.9	5+2
J52	普惠	12A	13.6	NA	2
J58	普惠	9A	8.8	NA	2
J75	普惠	8A,7A	12.0	NA	2+1
Spey-101	罗-罗	4F,12A	16.5	0.7	2+2
RB211-535C	罗-罗	1F,7A,6A	34.5	4.3	3+1+1
遗达 895	罗-罗	1F,8A,6A	41.6	6.5	5+1+1
Tyne	罗-罗	6A,9A	13.5	NA	3+1
Viper522	罗-罗	8A	5.6	NA	1

发动机	制造商	压气机类别与级数	整体总压比	涵道比	低压+(中压)+高压涡轮级
T56A-15	罗-罗	14A	9.5	NA	4
ALF502	霍尼韦尔	1F,7A,1R	13.8	5.6	2+2
TFE731-2	霍尼韦尔	1F,4A,1R	13	2.7	3+1

*F=风扇级，A=轴流式压气机级，R=离心式压气机级；

1F,4A,9A=1 级风扇+4 级同轴低压压气机+9 级高压压气机。

6.5.5　喘振控制

由于喘振是压气机的一种危险工作状态，且大部分压气机的工作线都接近喘振线，为确保运作安全，一般采用主动控制。这种主动控制通常有两种形式，而且这两种形式都依赖于一种早期探测系统。这种系统探测选定级叶片上的压力属性以判别气流分离。第一种形式的主动控制中，如果探测系统检测到喘振前兆，就从压气机中间级放气，进而提高质量流量。此时由特性图可发现，随着质量流量的增加，压气机沿着等转速线离开喘振线。另一种形式的主动控制中，如果探测系统检测到喘振前兆，调整可调静子角度(6.7 节)，通过调整导叶减小气流攻角，从而减缓喘振。通常还会组合使用这两种方法。

6.6　级压比限制

在第 1 章中我们曾指出，如果提高压气机的压比，整个发动机的热力学效率都会得到提升。因此，我们期望在压气机的每一级都不出现导致降低效率甚至喘振的气流分离前提下，获得尽可能高的压比。我们在 6.4 节推导了给定叶片与流场几何参数下压比的方程组。如果检查这些方程，可以明显发现压气机可能达到的压比基本不存在限制。然而，现代压气机的最大级压比为 1.25~1.30。本节中我们讨论实际压气机的最大级压比限制。

首先需要认识到，压气机的转子和静子级的通道本质上与进气道类似。其通道的面积随着气流移动而逐渐增大，使气流静压增大。因此，两者中均存在可引起边界层分离的逆气压梯度。也正是这种边界层分离引发压气机喘振或失速，从而限制压气机的运转。利用压力系数，我们可以利用 Hill 和 Peterson(1992)提出的简单模型。压力系数的定义为

$$C_p = \frac{\Delta p}{\frac{1}{2}\rho_i w_i^2} \tag{6.6.1}$$

式中，w_i 是相对于扩压通道的进口相对速度。典型情况下，对叶片弯曲度有限且具有理想的零攻角入口条件(图 6.15(a))的简单气流扩张通道，在未出现边界层分离时，C_p 小于或约等于 0.6。当压力系数大于 0.6 时，就会出现气流分离。一旦出现气流分离，有效流道面积比就不会很大，进而使得级压比急剧减小，级效率也会明显降低。而且最终，一级的边界层分离还能导致整个压气机喘振。如果通道中存在明显的弯曲或者气流进气方向歪曲，或是以一定的攻角进气(图 6.15(b)[①])，压力系数的上限就会明显的降到 0.1~0.4。我们再回

---

① 译者注：原文为图 6.15(a)，根据上下文，应为图 6.15(b)。

到图 6.6，结合方程(6.6.1)，并为转子定义一个压力系数。由于转子在转动，因此需要利用其相对速度，于是有

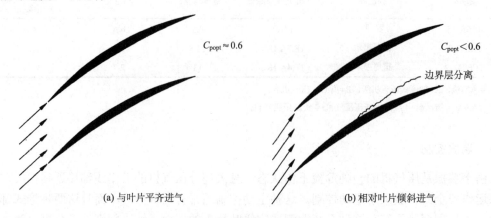

$C_{popt} \approx 0.6$　　　　　　　　　　$C_{popt} < 0.6$

边界层分离

(a) 与叶片平齐进气　　　　　　　　(b) 相对叶片倾斜进气

图 6.15　简单叶片流道

$$C_{pr} = \frac{p_2 - p_1}{\frac{1}{2}\rho_1 w_1^2} \tag{6.6.2}$$

对静止的静子叶片，采用绝对速度，于是有

$$C_{ps} = \frac{p_3 - p_2}{\frac{1}{2}\rho_2 c_2^2} \tag{6.6.3}$$

式中，脚标 1 和 2 分别对应级进口和级间的属性。下面分析转子，其相对进口马赫数的平方为

$$M_{1rel}^2 = \frac{w_1^2}{a_1^2} = \frac{\rho_1 w_1^2}{\gamma p_1} \tag{6.6.4}$$

因此，结合方程(6.6.2)，可得

$$\frac{p_2}{p_1} = \frac{1}{2}\frac{\rho_1 w_1^2 C_{pr}}{p_1} + 1 \tag{6.6.5}$$

由方程(6.6.4)，可得

$$\frac{p_2}{p_1} = 1 + \frac{1}{2}C_{pr}\gamma M_{1rel}^2 \tag{6.6.6}$$

接着，可将静子进口马赫数的平方表述为

$$M_{2abs}^2 = \frac{c_2^2}{a_2^2} = \frac{\rho_2 c_2^2}{\gamma p_2} \tag{6.6.7}$$

最后，结合式(6.6.3)和式(6.6.7)可得

$$\frac{p_3}{p_2} = 1 + \frac{1}{2}C_{pr}\gamma M_{2abs}^2 \tag{6.6.8}$$

一个非常重要的现象是很明显的：既然基本确定了容许最大的 C_p，在给定压力系数(不

发生失速)的情况下,若设计者要增加转子级与静子级间通道的压比限制或同时增加两者的压比限制,就必须提高进口马赫数。

例 6.3　对例 6.1 中的压气机级,求 p_3/p_1 限制的最大值。假设转子和静子的压力系数为 0.6(上限)。注意在例 6.1 中,求得转子和静子的压力系数分别为 0.384 和 0.436。因此,相较于最大(或最优)限制的 0.6,存在一个合理的安全裕度,进而保证了足够的喘振裕度。

解　比热容比 $\gamma = 1.361$,且转子的相对进口马赫数为

$$M_{1\text{rel}} = \frac{w_1}{a_1} = \frac{1014}{1749} = 0.5798$$

而静子的进口马赫数已经求得为

$$M_{2\text{abs}} = 0.5378$$

因此,在最大压力系数下,有

$$\left.\frac{p_2}{p_1}\right|_{\text{limit}} = 1 + \frac{1}{2}C_{\text{pr}}\gamma M_{1\text{rel}}^2 = 1 + \frac{1}{2} \times 0.6 \times 1.361 \times 0.5798^2 = 1.137$$

$$\left.\frac{p_3}{p_2}\right|_{\text{limit}} = 1 + \frac{1}{2}C_{\text{ps}}\gamma M_{2\text{abs}}^2 = 1 + \frac{1}{2} \times 0.6 \times 1.361 \times 0.5378^2 = 1.118$$

且

$$\left.\frac{p_3}{p_1}\right|_{\text{limit}} = \left.\frac{p_2}{p_1}\right|_{\text{limit}} \times \left.\frac{p_3}{p_2}\right|_{\text{limit}} = 1.271$$

而例 6.1 对应的真实的压比为

$$\frac{p_3}{p_1} = \frac{321.3}{272} = 1.181$$

因此,当前级并未在最大限制上运行。但可能是通过试验而设计特定的几何尺寸,使其限制在适度喘振裕度处运行。

作为比较,读者可以考虑一下当进口相对马赫数增加到 0.8 时的效果。重复上述计算,可得到

$$\left.\frac{p_3}{p_1}\right|_{\text{limit}} = 1.591$$

可以发现,若马赫数更高,级压比限制也会更大。但在设计过程中还必须考虑高马赫数下引起的其他损失。

因此,例 6.3 表明,增加进口马赫数到跨声速附近可显著增加容许的压比。但是,将马赫数增加到跨声速区域也会降低级效率。典型情况下,当某一级工作在跨声速条件下,会出现多处局部的超声速区域。在这些区域产生的激波会使总压降低进而影响效率。而且激波还可能导致边界层分离。因此需要进行折中设计。如果马赫数比较高,可获得较高的压比;但是此时效率通常会比较小。因此,虽然有一小部分的现代压气机在贴近跨声速区域工作,但绝大部分的压气机工作于马赫数为 0.6~0.9 的区域内。而且大部分压气机并未工作在最大 C_p 值处。有一点读者一定要铭记,当压力系数为 0.6 时,只有在严格的受控条件

下才会出现边界层分离。当前一级叶片气流出现射流-尾迹时，使进口气流条件随时间变化或周期性变化(尤其是气流速度和方向)，此时由于气流攻角也会周期性变化，使得关键的压力系数会从 0.6 明显往下降。

6.7　可调静子

6.7.1　理论分析

现代大多喷气发动机和燃气轮机有至少几级可调静子。这意味着可根据工作状态绕叶片的径向轴调整或转动静子叶片。这一做法的基本出发点是通过调整叶片角度时叶片前缘角度与气流角匹配，从而使转子和静子叶片上的攻角最小。通过这种措施可以改进非设计点的性能和控制失速。之所以选择静子叶片是因为它们是静止的，可以相对简单地实现调整。相应地，转动传动轴上的转子叶片在结构上很难实现。下面我们以一个示例来说明。

例 6.4　分析例 6.1 中的压气机级，流量为设计点流量的一半(140lbm/s)。为便于比较，假设所有条件都与前面一致，且导叶角度与气流角度完全匹配，所有级几何尺寸都相似。求当静子角度为多少时与气流实现最佳匹配？后面我们可看到，不宜将转子和静子的攻角强制为零，因而在设计过程中需要作必要的折中。

解　同样，求解过程需要借助速度三角形，参见图 6.16 所示的比例图。首先我们回忆，在设计时，进气角为

$$\beta_1 = -46.38°$$

于是叶片进口角为

$$\beta_1' = -46.38°$$

如果 $\alpha_1 = 15°$，我们可绘制出如图 6.16(a) 所示的速度三角形，并求出新的进气角为

$$\beta_1 = -67.09°$$

因此，转子叶片的进气攻角($\iota_{\beta 1}$)如图 6.16(b) 所示，且有

$$\iota_{\beta 1} = \beta_1 - \beta_1' = -67.09° - (-46.38°) = -20.71°$$

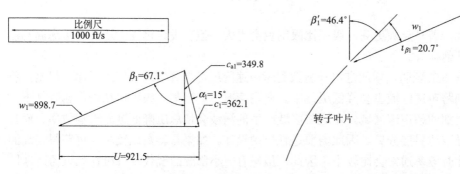

图 6.16(a)　转子进口速度三角形——静子未偏转　　　图 6.16(b)　转子进口攻角——静子未偏转

这一角度很大，可能导致在转子叶片的吸力面上过早出现边界层分离，进而降低性能（压升与效率）。接下来，我们分析改变上一级静子出口角度，使得气流角度与叶片角度匹配的情况。这种情况下（图 6.16(c)），有

$$\beta_1 = -46.38°$$

此时，我们再回到速度三角形中可得到气流角为

$$\alpha_1 = 57.76°（作为比较，前面为 15°）$$

于是，如果将之前的静子角度调整 $57.76° - 15° = 42.76°$，保持所有条件不变，转子叶片进口处将会匹配，而且静子叶片的出气角与叶片出口角匹配。

下面我们再分析转子叶片出口和静子叶片的进口角度（图 6.16(d)）。

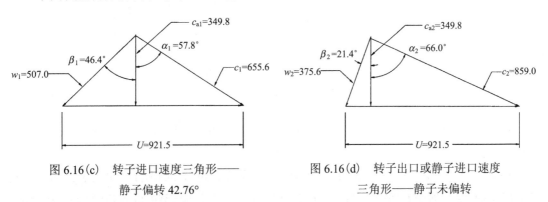

图 6.16(c) 转子进口速度三角形——静子偏转 42.76°　　图 6.16(d) 转子出口或静子进口速度三角形——静子未偏转

设计情况下，$\beta_2 = -21.38°$，进而 $\alpha_1 = 65.97°$。

因此，下一级静子叶片未调整时的进口攻角如图 6.16(e) 所示，可表示为

$$\iota_{\alpha 2} = \alpha_2 - \alpha_2' = 65.97° - 42.79° = 23.18°$$

此时攻角还是比较大，会导致性能下降。如果将下游的静子导叶调整为 $23.18°$，气流角就与叶片角度相匹配（$\alpha_2 = \alpha_2'$）。由于级进口与级出口的设计绝对气流角相同，可认为上下游静子的设计基本一致。因此，这一分析说明为了使转子叶片进口角相匹配，上级静子应该旋转 $42.76°$；但是，为了使下游静子叶片进口角相匹配，下游静子应该调整 $23.18°$。因此，如果下游静子叶片调整 $23.18°$，更下一级转子叶片就不匹配了；此时与转子叶片匹配，静子需要转动约 $42.76°$。然而不幸的是，靠简单调整静子叶片不可能同时实现转子和静子叶片进口角度的匹配。此时就必须从工程上判断固定静子叶片的非设计点条件是否可以尽可能地改进一些。例如，可以设想将静子转动上述两个转动角的平均值，即 $(23.18° + 42.76°)/2 = 32.97°$。

在图 6.16(f) 中，我们可以看到

$$\alpha_1 = 15° + 32.97° = 47.97°$$

于是气流角度为

$$\beta_1 = -56.75°$$

而叶片的角度为

$$\beta_1' = -46.38°$$

因而进口攻角为

$$\iota_{\beta 1} = -56.75° - (-46.38°) = -10.37°$$

如图 6.16(g) 所示。

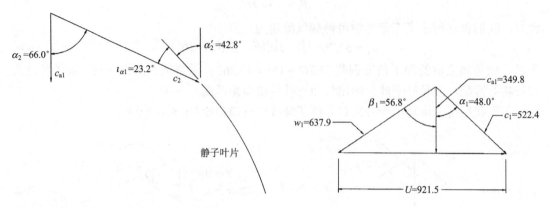

图 6.16(e)　静子入口攻角——静子未偏转　　　图 6.16(f)　转子入口速度三角形——静子偏转 32.97°

这比不调整静子角度时要好（–20.71°）。因此，新的静子叶片进口角度为

$$\alpha_2' = 42.79° + 32.97° = 75.76°$$

如果转子出口绝对角度保持不变（α_2=65.97°），静子入口的攻角为 $\iota_{\alpha 2} = 65.97°$ – 75.76° = –9.79°，如图 6.16(h) 所示。这也要比前面计算出的不调整时的攻角（23.18°）更合适。

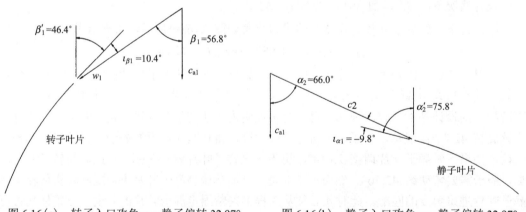

图 6.16(g)　转子入口攻角——静子偏转 32.97°　　　图 6.16(h)　静子入口攻角——静子偏转 32.97°

因此，调整叶片之后，转子和静子的攻角都降低了两倍左右。在图 6.16(i) 中我们还给出了包括前一级静子在内的级示意图，图中标注了可调导叶位置。

6.7.2　调节机构

静子导叶的调整主要是由一个连杆机构来实现的。图 6.17(a) 所示为这种机构的示意图，图 6.17(b) 所示为在 Ruston Tornado 燃气轮机上实际应用的导叶调整装置。一般来说，每一个叶片与连杆和支点都是刚性连接的，但是可绕支点自由转动。每一组叶片上的连杆通过摇臂和孔与联动环相连。此时，当联动环转动时，整排的叶片也会转动相同的角度。

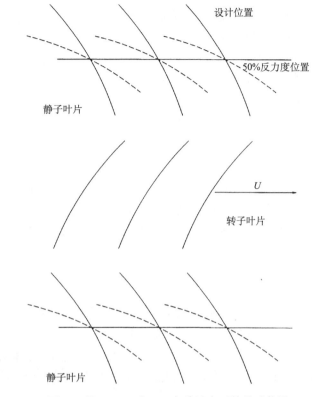

图 6.16(i)　100%和 50%气流速率下的导叶位置

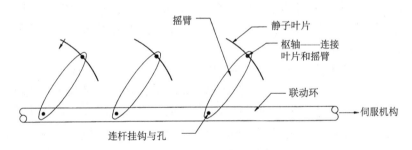

图 6.17(a)　连杆机构

图 6.17(b)　展示可调导叶伺服机构的 Ruston Tornado 燃气轮机的正视图和侧视图【图片由阿尔斯通友情提供】

不同排的联动环连接到一个伺服系统上；也有些情况下，对每一排单独设置一个伺服系统。因此，当驱动伺服机构时，所有的可调叶片都会随之转动。对不同静子级设置不同长度的连杆或者对每一环设置独立的伺服系统，就能控制不同级转动不同的角度。因此，根据特定的设计与条件，可以使每一级转动不同的角度。

6.8　双转子压气机

6.8.1　理论分析

所有涡扇发动机和大部分的现代涡喷发动机都有至少两个传动轴。这种设计前面我们已定义为双转子发动机。在这种结构的发动机中，其低压部分相较于高压部分以明显更低的转速运行。本节的目的是说明在现代发动机中采用两轴以上结构的两点原因：非设计点工作性能与功率分配。

1. 非设计点工作性能

类似于可调导叶，采用双转子结构的一个基本目的是改善压气机非设计点的性能。若发动机只工作在某一流量、转速等条件下，可以通过设计所有的叶片角度，使得在每一静子叶片上的气流攻角都为零。但是，发动机必须能在一定的流量和转速范围内(起飞、巡航、空中格斗、降落等)具有较高的工作效率。因此，随着工作条件的变化，不同级上的攻角也会发生改变。

分析一个具有如图 6.18(a)所示典型特性曲线的单转子发动机。图中的设计点为点 A。当发动机转速较低时，其工作点可能会处在某一点 B 上。典型情况下，气流的质量流量比发动机的转速下降得更快。

现在我们分析双转子发动机第一级的进口速度三角形，如图 6.18(b)所示。首先，我们考察设计的速度三角形(见图中实线)。随着转速的下降，质量流量和进口气流的轴向速度分量(c_a)也会下降。而两种情况下的绝对气流角相同。由于 c_a 比 U 下降得更快，速度三角形不相似，因而在转子进口会出现一个正的攻角。因此，在这一气流流率下，要使前一级的攻角为零，我们期望降低 U(进而降低 N)。

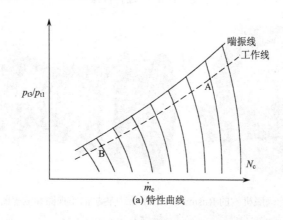

(a) 特性曲线

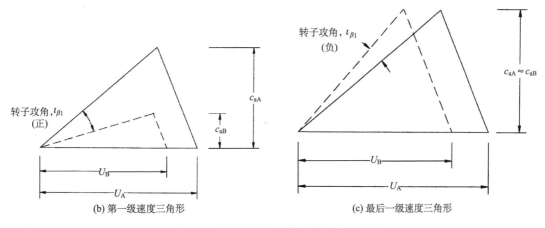

图 6.18 非设计状态工作时的速度三角形

进一步，我们分析最后一级的两个速度三角形，如图 6.18(c) 所示（图中实线对应于设计状态）。对后面几级，非设计点的压力比设计点压力低。因而非设计点的气流密度也会减小。因此，尽管质量流率并未发生明显降低，速度的轴向分量基本保持不变（实际上会有一点增加）。同样，两种情况下的气流的绝对角度基本不变。此时从速度三角形上可以看出，在转子进口处会出现负的攻角。因而要想攻角为零，我们期望增加后面几级的转速——这与前几级的效应相反。

因此，当压气机在非设计点工作时，我们必须对压气机从前到后的级数按相反的趋势改变其转速。理想情况下，我们可让每一级的转速都不相同，这样就可以使每一级的攻角都为零。但是，这样导致的机械复杂度就明显抵消了气动力学上的优势。因此在现代发动机中采取了一些折中设计，最典型的便是双轴结构设计。虽然此时很多级的攻角仍偏离设计点，但是相比于单轴情况，这些角度就会小很多。

2. 功率分配

采用双转子结构设计的另一个原因就是功率分配。也就是说，如果我们回顾方程(I.2.24)：

$$\dot{W}_{\text{sh}} = \frac{\dot{m}c_{\text{p}}T_{\text{t}}}{\eta_{12}}\left(\left(\frac{p_{\text{t2}}}{p_{\text{t1}}}\right)^{\frac{\gamma-1}{\gamma}} - 1\right) \tag{6.8.1}$$

由于压气机所有级的总压比是基本相同的，但后面几级的总温相比更高，所以驱动后面几级或高压级所需的功率更高。结合方程(6.4.1)，可得

$$\dot{W}_{\text{sh}} = \dot{m}(U_2 c_{\text{u2}} - U_1 c_{\text{u1}}) \tag{6.8.2}$$

考虑到转子叶片偏转角限制给定了 $c_{\text{u2}} - c_{\text{u1}}$，且所有级具有基本相同的偏转角，唯一可用于增加输入功率的手段就是增加转速 U。因此，这又要求高压级的转速高于低压级的转速。

6.8.2 双转子机械结构

一个双转子结构的压气机如图 6.5 所示。高压传动轴的内部是中空的。高低速传动轴

之间通过一组耐磨轴承或滚珠轴承隔离。然而，气动性能的改进并非毫无困难。例如，由于需要采用更多的轴承，机械或转子效率会降低。而且由于高速轴是中空的，其结构刚性变差。因而在工作范围内，转子存在多处共振或临界转速点。因此在设计时必须非常注意，避免在设计点下出现传动轴的共振，而且在发动机中要有足够的缓冲设计，以确保发动机动态过程中不会激发共振。

6.8.3 三转子结构

尽管大多数的现代发动机采用双转子结构，也有少数成功的发动机采用三转子结构，参见图 6.19。在这种发动机中采用了三级压气机和涡轮(低压、中压和高压)。这类发动机的两个典型例子是罗-罗遄达发动机(图 1.10)和罗-罗 RB211 发动机(图 1.26 和图 6.20)。RB211 发动机用在洛克希德 L1011 飞机上。该发动机中：一级风扇转速为 3530r/min，中压压气机级转速为 5100r/min，高压级转速为 9390r/min。这种结构发动机的空气动力学特性比双转子更好，但由于三转子发动机的轴承数目增加和工作转速范围内的共振，其结构更加复杂。因此，只有较少的三转子设计被应用。

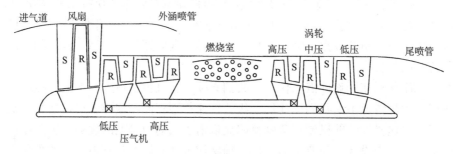

图 6.19　三转子涡扇发动机

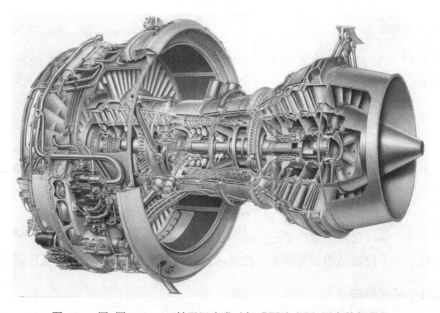

图 6.20　罗-罗 RB211 三转子涡扇发动机【图片由罗-罗友情提供】

6.9 径 向 平 衡

分析至此,本章所讨论内容都还仅限于平均中径的气流分析。本节我们分析三维气流,换句话说,这里我们讨论从叶根到叶尖的气流变化。在进行级设计时通常要考虑的一个问题是在每一级转子和静子的界面之间可能出现的现象。在这些叶片间,我们通常假设的一个平衡条件是气流速度只有轴向和切向分量,而无径向分量。也就是说,在这一界面上,我们认为作用在每一个气体分子上表面力的合力等于离心力。而在界面之间,这种条件不再成立,因此在叶排之间的区域存在径向气流。这就是所谓的径向平衡条件,是气流三维分析的基础。

6.9.1 微分分析

首先,我们来考察图 6.21。图中所示为一个窄条的径向楔形流体微元。其内缘半径为 r,外边缘半径为 $r+dr$,对应的圆周角为 $d\theta$。作用在内、外表面上的压力分别为 p 和 $p+dp$。侧边缘上的压力为 $p+dp/2$。在径向平衡条件下,合力应等于 0,或者所有的压力之和应等于离心。所有由压力引起的切向力作用的结果可抵消。因此我们只需要关心径向力,因此有

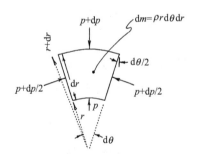

图 6.21 径向楔形流体微元上的力平衡

$$(p+dp)(r+dr)d\theta - prd\theta - 2\left(p+\frac{dp}{2}\right)dr\frac{d\theta}{2} = \frac{dm}{2}c_u^2 \tag{6.9.1}$$

式中,楔形块内气流的质量为

$$dm = \rho r d\theta dr \tag{6.9.2}$$

因此,结合式(6.9.1)和式(6.9.2)[①],忽略其中的高阶项,我们可得到

$$\frac{dp}{dr} = \frac{\rho}{r}c_u^2 \tag{6.9.3}$$

这就是径向平衡方程。可以看出,径向压力梯度是切向速度和半径的函数。满足这一条件时有多种不同的速度特性。下面我们讨论两种不同的情况。

---

① 译者注:原文为式(6.9.13)和式(6.9.14),此处应为式(6.9.1)和式(6.9.2)。

6.9.2　自由涡流

压气机三维设计的目标之一是保持径向的总压恒定，即

$$\frac{\partial p_t}{\partial r}=0 \tag{6.9.4}$$

由前面的二维分析可知

$$\dot{m}\left(U_2 c_{u2}-U_1 c_{u1}\right)=\dot{m}\left(h_{t2}-h_{t1}\right) \tag{6.9.5}$$

因此，当 R_2 等于 R_1 时

$$\Delta h_t = r\omega\Delta c_u \tag{6.9.6}$$

因而需要一个恒定的径向功率通量，以确保方程(6.9.4)成立：

$$\frac{\partial \Delta h_t}{\partial r}=\frac{\partial\left(r\omega\Delta c_u\right)}{\partial r}=0 \tag{6.9.7}$$

因此，$r\Delta c_u$ 沿径向不变。保证这一条件成立的方法之一是使 $r\Delta c_u$ 为常数。这就是所谓的自由涡流。此时有

$$c_u r = k \tag{6.9.8}$$

或者

$$c_u = \frac{k}{r} \tag{6.9.9}$$

式中，k 是常数。

如果利用伯努利方程(不可压缩气流)来定义总压，有

$$p_t = p + \frac{1}{2}\rho c^2 \tag{6.9.10}$$

结合方程(6.9.4)，得

$$\frac{\partial p}{\partial r}+\rho\frac{1}{2}\frac{\partial c^2}{\partial r}=\frac{\partial p_t}{\partial r}=0 \tag{6.9.11}$$

再结合方程(6.9.3)，可得

$$\frac{\rho}{r}c_u^2+\frac{1}{2}\frac{\partial c^2}{\partial r}=\frac{\partial p_t}{\partial r}=0 \tag{6.9.12}$$

再由速度三角形，有

$$c^2 = c_u^2 + c_a^2 \tag{6.9.13}$$

因此

$$\frac{\rho}{r}c_u^2+\rho\left(c_u\frac{\partial c_u}{\partial r}+c_a\frac{\partial c_a}{\partial r}\right)=0 \tag{6.9.14}$$

对于 c_u，由自由涡流条件方程(6.9.9)，可得

$$\rho c_a\frac{\partial c_a}{\partial r}=0 \tag{6.9.15}$$

因此，或者 c_a 等于 0(即没有质量流量，这并不是一个我们非常感兴趣的非实际情况)，或

者速度的轴向分量不是半径的函数；因此，c_a 沿半径均为常数。

最后我们还要说明这种情况下的一些特征。如果从叶根到叶尖，半径基本为常数，则速度的切向分量不会有较大变化。但如果半径变化大(如风扇叶片)，c_u 的变化就会很大。而且整个半径上速度的轴向分量为常数。因此，如果 c_u 变化很大，叶片角度也会有很大的变化。图 6.22 给出了一个转子叶片的三个不同速度三角形的例子。在叶根处，叶片转速 U 还是相对较小，但是 c_u 相对较大。而在叶尖处，转度相对较大，而 c_u 相对较小。从图中我们可以很容易看出，从叶根到叶尖，叶片角度 β 有明显变化。因此，径向平衡导致叶片高度弯曲，也使叶片不同位置的弯曲呈现不同变化(叶根处弯曲度最大，而叶尖处较平整)。而且还可能导致从叶根到叶尖反力度出现较大变化。

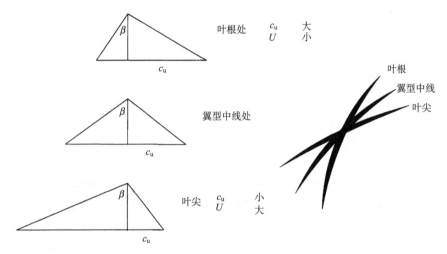

图 6.22　自由涡流情况下的速度三角形与叶片形状

6.9.3 等反力度

前面我们提过，还存在一种使反力度沿叶根到叶尖保持不变(或基本不变)的情况。从这一点出发，可假设切向速度的径向变化为

$$c_{u1} = ar - b/r \tag{6.9.16}$$

而静子后的速度为

$$c_{u2} = ar + b/r \tag{6.9.17}$$

对于转子后速度，系数 a 和 b 均为常数。下面我们可证明，对无损失的不可压缩气流，如果跨转子的轴向速度基本不变($c_{a1} \approx c_{a2}$)：

$$\%R \approx 1 - \frac{a}{\omega} \tag{6.9.18}$$

也就是说，反力度不是半径的(强)函数。而且跨转子叶片的单位质量流量的输入功率为

$$\frac{P}{\dot{m}} = 2b\omega \tag{6.9.19}$$

注意，这只是一个大概估算，并非严格计算。也就是说，随半径变化的总压增量是固定的(因

为沿半径变化时给气流的净比功率是恒定的),参见方程(6.9.4)。因此,利用总压的定义可得

$$p_t = p + \frac{1}{2}\rho\left(c_u^2 + c_a^2\right) \tag{6.9.20}$$

在转子之后

$$c_{a2}^2 = 常数 - 2a^2\left(r^2 + 2\frac{b}{a}\ln r\right) \tag{6.9.21}$$

在静子之后

$$c_{a1}^2 = 常数 - 2a^2\left(r^2 - 2\frac{b}{a}\ln r\right) \tag{6.9.22}$$

可以发现,r 为任意值时,c_{a1} 都不会与 c_{a2} 严格相等,这与前面的假设相符。因此,不同半径上的反力度并非严格的不变。但是在很多我们感兴趣的情况下,这种近似是非常接近的,从而可以优先分析速度特性。

同样,当我们探讨这种情况时,会发现叶片是适度扭曲的。这种情况下的几何结构不像自由涡流情况下那么复杂,但也绝非我们所期望的那么简单。图 6.23 中基于自由涡流和等反力度,我们分别给出了两类典型的角度特性,其几何结构的叶尖-叶根直径比为 1.28。图 中 还 给 出 了 不 同 角 度 的 变 化 从 叶 根 开 始 的 $(R-R_H)/(R_T-R_H)=0$ 到 叶 尖 的 $(R-R_H)/(R_T-R_H)=1$。可以看出,自由涡流情况下的转子叶片从叶根到叶尖的角度变化非常大,实际上,β_2 都改变符号了。而且需要注意到,靠近叶根处的转子气流偏转角($\Delta\beta$)比靠近叶尖处要大很多。而且从叶根到叶尖,转子的平均气流角($\bar{\beta}$)也发生明显变化,说明转子弯曲程度很大。相对而言,静子的扭转情况要好一些,但是静子偏转角($\Delta\alpha$,图中未标识)与转子偏转角明显不同。在自由涡流情况下,由于转子与静子的气流偏转角的不同,

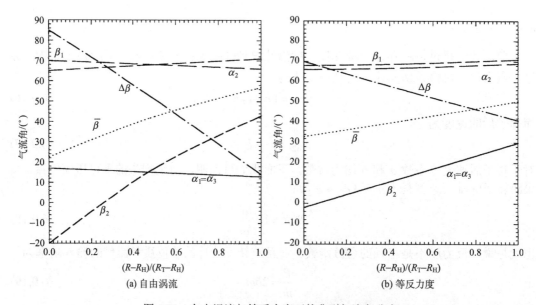

图 6.23　自由涡流与等反力度下的典型气流角分布

从叶根到叶尖，反力度范围为 36%~61%。而在等反力度的情况下，转子叶片从叶根到叶尖的叶片角度不会改变得这么剧烈(或者说叶片不会如此弯曲)，但是静子叶片的偏转角却要大一些。转子叶片从叶根到叶尖仍然有明显的气流偏转角，但比自由涡流情况小。读者或许会由这两种情况直接得出结论，在实际的叶片设计中并不会采用这类简单的假定。根据图 6.3(a)、图 6.3(b) 和图 6.22，我们可以很容易发现叶片弯曲的相对变化。本节中我们讨论的两种情况，可作为在一个迭代设计过程中改良之前的一种启动尝试。

6.10　流线分析方法

在 6.9.3 节中我们曾提到压气机中实际的气流是三维的，但是本章研究至此，对压气机中气流的分析都是围绕二维流动展开，在计算中都假设气流速度的径向分量可忽略不计。在 6.9 节中，我们讨论了径向平衡及其所蕴含的三维流动。由前面分析我们知道，由于很多现代发动机的叶高与叶根直径之比较大，离心力很大，因而存在三维流动。通过本节的分析，我们将会看到，当叶尖半径约为叶根半径的 1.1 倍或者更大时，径向参数的变化将非常明显。而且随着转速的增大，这种现象更加明显，而由方程(6.9.1)可知，绝对气流角也会增加。例如，在图 6.3(a) 中就存在明显的叶片弯曲，即从叶根到叶尖，平均叶片偏转角一直在变化。

目前业界已开发了多种可用于分析气流三维属性的数值"通流"技术。而且 CFD 无疑已经成为压气机和风扇设计过程中的一种重要工具，这一点在本章开始我们就已提及，而且 Rhie 等(1998)、LeJambre 等(1998)、Adamczyk(2000) 和 Elmendorf 等(1998) 也进行过系统论述。这些方法适用于可压缩气流，而且是进行精密分析的强健手段。但是，这些方法需要充实的背景知识和系统的学习。因此它们并不适用于学习涡轮机组内三维气流的基本原理。

本节我们介绍一种流线分析方法。基本上，对一个压气机流道采用控制体方法，可分析不同流线的气流通道。这种方法适用于轴流式风扇或压气机中轴向气流的分析，且主要用于教学目的；但是这种方法可用于前期设计，还可在逆过程中用来分析试验压力数据。流线分析方法可用于预判由叶片弯曲和扭转导致的三维流动趋势与离心力，从而提供一个了解三维属性的有效视角。作为一个工具，这种方法可用于快速判断叶片构型变化时导致的流场三维属性的变化幅度。这种方法收敛速度也相对较快，可写入商用数学求解器中。本书附带的软件 "SLA" 中就包含了可与几种类型的边界条件相容的流线分析方法。

我们将流道划分成有限数目的环状，再独立求解每一组叶栅的流道方程。而且这种方法可用于分析不同条件。例如，可假设流经的气流是自由涡流或无旋流，再计算气流角。前面我们曾讨论过，这种条件下不会出现径向流动，因而不需要迭代求解，而且还可确定气流角。这种情况还有包括气流的径向流动特性的迭代解。后一种情况中还能求出每一叶栅流道的径向效率分布。我们还会讨论其他条件。

为简化分析过程，加快数值求解的收敛速度，我们假设气流稳态、不可压缩且绝热。采用平均密度，尤其是在一级或二级分析过程中，可保证适中的精度。而且这种方法中，不可压缩的假设并不会妨碍基本的三维趋势预判，还能在其中拓展可压缩效应。Flack(1987) 对这一方法做过更为详细的分析和其他应用。

6.10.1　流场几何学

图 6.24 中给出了轴流式压气机中的一级,其中的横截面积是变化的,而且还可在其后堆砌更多级。分析过程从前一级静子的入口开始(也可以是进口导叶)。每一级流道分为 N 个环。在图 6.24 中还定义了环序号 i 和轴向截面 j。为简单起见,图中仅标出了四个环。每个环代表一束流线,而对每个环采用的控制体也不尽相同。一般来说,在轴向截面之间,由于径向流动与级间截面积的变化,环的面积也是不等的。采用控制体分析时,我们假定每一个环中的气流在径向和轴向上都均匀统一,且速度取决于环径向中心处的速度。因此,类似于 CFD 分析,叶片与叶片之间的变化忽略不计。静子 0 出口条件是转子 1 的进口条件,依次类推。一般情况下,所有轴向和径向截面的半径是不同的。半径 R_{32} 表示第三个轴向截面处第一个流线束的外侧半径和第二个流线束的内侧半径。而且图中还给出了第四个轴向截面第一个环的速度轴向分量 c_{a41}。

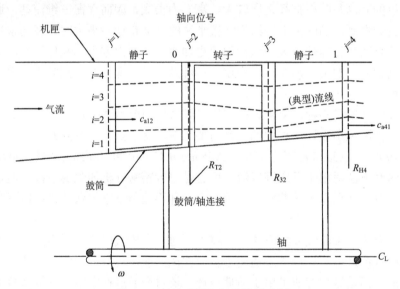

图 6.24　轴流式压气机的流线分析

6.10.2　工作方程

本节我们讨论每一个环的工作方程。我们采用 6.4 节中分析不可压缩气流时类似的平均中径气流的控制体分析方法,对每一个环进行单独分析,可得到这些方程。但是,必须同时求解所有流线束方程。很重要的一点是,控制体可以进行一般性绘制,但是其准确位置与尺寸(半径)是解的一部分。

1. 几何方程

流线束元素的径向中心速度分量是 U_{ji}。在图 6.7 中标出的有绝对气流速度(c)、法向分量 c_a 和气流相对于叶片的相对速度(w)。类似于图 6.7,我们绘制出每一个环和轴向位置的速度三角形。由前面分析可知, α 和 β 分别是绝对和相对气流角度。对于每一个环,根

据速度三角形可得到如下重要关系式:

$$c_{aji} = c_{ji} \cos \alpha_{ji} \tag{6.10.1}$$

$$c_{uji} = c_{ji} \sin \alpha_{ji} \tag{6.10.2}$$

$$\tan \beta_{ji} = \frac{c_{uji} - U_{ji}}{c_{aji}} \tag{6.10.3}$$

式中

$$U_{ji} = \bar{R}_{ji} \omega \tag{6.10.4}$$

且

$$\bar{R}_{ji} = \frac{1}{2} \left(R_{ji} + R_{ji+1} \right) \tag{6.10.5}$$

$\bar{R}_{ji}$ 的值表征截面 j 处第 i 个环中心位置处的半径。

2. 控制体方程

下面我们分析流线束内的质量守恒。由于每一个控制体都围绕着流线,这种方法的潜在含义是在环之间没有交叉流动。因此,仅在轴向平面内有质量流量。根据连续性方程 (I.2.1) 给出的体积流量此时为

$$Q_i = c_{aji} \pi \left(R_{ji+1}^2 - R_{ji}^2 \right) \tag{6.10.6}$$

注意,在流管内的任何轴向位置处这一值为常数。动量矩方程 (方程 (I.2.2)) 为

$$T_{ji} = \rho Q_i \left(\bar{R}_{j+1i} c_{uj+1i} - \bar{R}_{ji} c_{uji} \right) \tag{6.10.7}$$

式中,T_{ji} 是作用在对应环上的轴力矩。将所有环的力矩相加即得到总力矩。从而得到能量方程 (方程 (I.2.3)) 为

$$\dot{W}_{ji} = \frac{Q_i}{\eta_{ji}} \left(\left(p_{j+1i} - p_{ji} \right) + \frac{1}{2} \rho \left(c_{j+1i}^2 - c_{ji}^2 \right) \right) \tag{6.10.8}$$

式中,$\dot{W}_{ji}$ 和 η_{ji} 分别是单个环上的轴功率和效率。因而将所有的功率相加即为总功率。而且,每一个环上的力矩和转子功率可由式 (6.10.9) 关联:

$$\dot{W}_{ji} = T_{ji} \omega \tag{6.10.9}$$

式中,ω 是转子的转速。对静子叶片,ω 等于 0。最后这种情况发生在每一个转子和静子之间的界面上。在这些截面上,我们均假设 6.9 节的径向平衡条件成立,即方程 (6.9.3) 成立。对每一个截面,将该方程用不同的形式表达,可得

$$\frac{p_{ji+1} - p_{ji}}{\bar{R}_{ji+1} - \bar{R}_{ji}} = \rho \frac{\bar{c}_{uji}^2}{R_{ji+1}} \tag{6.10.10}$$

式中

$$\bar{c}_{uji} = \frac{1}{2} \left(c_{uji+1} + c_{uji} \right) \tag{6.10.11}$$

3. 闭式方程组

在求解方程组之前，有必要搞清楚有多少个变量。对 N 个流线束，有 N 组 c、c_a、c_u、α、β、η、T、Q、p、p_t、$\dot{W}_{sh}$、U 和 $\bar{R}$，另外还有 N 个 R 和 $N-1$ 个 $\bar{c}_u$，一个 ω 以及一个 ρ。另外，我们已知的共计有 N 个从式(6.10.1)~式(6.10.9)和式(6.9.10)的方程组，$N-1$ 个式(6.10.10)和式(6.10.11)，两个 R(叶根和叶尖)，一个 ω 以及一个 ρ。因此，共计有 $15N+2$ 个变量和 $12N+2$ 个方程。明显，要求解方程组，必须指定其中 $3N$ 个变量或另外增加 $3N$ 个方程。

下面我们详细分析三种不同情况。这几种情况中，我们指定前一级静子的进口气流条件。而且指定 $j=1$ 处的流线束条件，并假设各环之间的距离相等，但如果存在较大的速度梯度，这种假设是不必要的。由于前一级进口流量已知，因此对于每一个环，Q_i 是已知的。进而，在总方程数为 $13N+2$ 的情况下，指定另外 N 个变量，还需要确定另外 $2N$ 个条件。下面我们详细讨论一些不同的情况，当然剩余的情况完全可以进一步进行分析。

势流或自由涡流。此时我们假设气流是无旋且非黏滞性的($\eta_{ji}=1.0$)。于是，由方程(6.9.9)可得

$$c_{uji}\bar{R}_{ji} = c_{uji+1}\bar{R}_{ji+1} \qquad (6.10.12)$$

总计增加 $N-1$ 个方程。而且在 6.9.2 节中，我们知道，这种条件与径向平衡一起，使得每一个轴向平面的轴向速度为常数且在轴向截面之间不存在径向流动。也就是说，c_{aji} 不是 R(或 i)的函数。最后，这种条件下，有些半径(通常在每轴向平面的中心)处的绝对气流角通常是指定的，这补充了最后一个所需的变量。例如，当 $N=7$ 时，需要指定 α_{j4}。这一情形还有一个等价的替代条件——指定有些半径下的相对气流角，同样，当 $N=7$ 时，指定 β_{j4}。这种情况相对简单，不需要进行迭代计算。

指定气流角分布。这种情况下，需要指定另一组边界条件——从叶根到叶尖的气流角分布。我们选择将所有轴向截面指定半径位置处的绝对气流角(α_{ji})和效率(η_{ji})作为输入。因此，总计有 $2N$ 个变量(α 和 η)已知，能得到唯一解。另外，尽管我们给定的是指定半径处的气流角和效率，但并不要求是在环的形心，既可以是径向分布的曲线拟合，也可以是不同半径处进行查表插值。对等地，也可以选取所有轴向截面指定半径位置处的相对气流角(β_{ji})和效率(η_{ji})作为输入。此时的求解过程是一个二次嵌套的迭代过程。

指定压力分布。如果存在有限的试验数据，就可以知道静压与总压(p 和 p_t)的径向属性。因此，这种情况下需要指定一组关于从叶根到叶尖静压和总压的变化作为边界条件，从而可求出角度、效率和其他参数径向分布特性。因此，所有轴向位置处指定径向位置的 p_{ij} 和 p_{tij} 是输入。同样，当已知 $2N$ 个变量(p 和 p_t)时，可进行求解。与前面类似，并不要求取环形心处的半径。此时的求解过程也是一个二次嵌套的迭代过程。

其他条件。本节总计有 $15N+2$ 个变量和 $12N+2$ 个方程。我们可指派除角度或压力之外的条件，也可进行求解。这样的可能性有很多。

求解方法。本节讨论的方程以及各种可能情况，可采用很多商用数学求解器求解。在求解时，我们从 $j=2$(假设 $j=1$ 处条件已知)处开始，分别分析每一个轴向截面，在轴向位

置重复进行求解。

对于已知气流角和效率分布的情况，求解过程是一个二次嵌套的迭代过程。下面我们列出一种求解步骤。

(1) 首先预估一个 c_{aj+1i} 值。

(2) 分析内环 ($i=1$)，利用方程(6.10.6)求解 R_{j+1i+1}。

(3) 根据已知的径向分布，求解 α_{j+1i} 和 η_{j+1i}。

(4) 求解 c_{j+1i}、c_{uj+1i} 和 β_{j+1i} (式(6.10.1)、式(6.10.2)和式(6.10.3))。

(5) 求力矩和功率(式(6.10.7)和式(6.10.9))。

(6) 求 p_{j+1i} (式(6.10.8))。

(7) 分析下一个环。首先预估一个 $c_{aj+1i+1}$ 值，并重复上述步骤，求得 p_{j+1i+1}。

(8) 利用径向平衡(式(6.10.10))求解另一个 p_{j+1i+1} 的值。

(9) 如果两个 p_{j+1i+1} 的值差值在容许范围内，对 i 进行递增，分析下一个环，直至最后一个环。如果两者相差较大，需要重新估计 $c_{aj+1i+1}$ 值，从第(7)步开始重复上述过程。

(10) 对最后一个环，R_{j+1N} 是已知的，因此由方程(6.10.6)可求得 c_{aj+1N}。同样重复上述过程，求出 p_{j+1N} 并利用径向平衡求出另一个 p_{j+1N}。

(11) 如果两个 p_{j+1N} 的值不同，需要重新利用一个 c_{aj+1i} 并从第(1)步开始重复整个过程，直到最后收敛为止。

至此，这种情况下有两个嵌套迭代循环。其中，在每一个循环中均可采用附录 G 中的试位法来加速迭代过程的收敛。在本节一开始我们曾讨论过，控制体的半径和位置也是需要求解的。而且初始值的估计对收敛过程的影响也很大。

对于总压和静压已知的情况，需要一个类似的二次嵌套迭代过程。

(1) 首先预估一个 c_{aj+1i} 值。

(2) 分析内环 ($i=1$)，利用方程(6.10.6)求解 R_{j+1i+1}。再由压力的径向分布特性求得 p_{j1i} 和 p_{yj1i}。

(3) 由方程(6.9.10)，求解 c_{j1i}。

(4) 求解 α_{j+1i}、c_{uj+1i} 和 β_{j+1i} (式(6.10.1)、式(6.10.2)和式(6.10.3))。

(5) 求力矩和功率(式(6.10.7)和式(6.10.9))。

(6) 根据方程(6.10.8)求得 $(j+1, i)$ 处的效率。

(7) 分析下一个环。首先预估一个 $c_{aj+1i+1}$ 值，并重复上述步骤，求得 p_{j+1i+1} 和 η_{j+1i+1}。

(8) 利用径向平衡(方程(6.10.10))求解 p_{j+1i+1} 的另一个值。

(9) 如果两个 p_{j+1i+1} 的值差值在容许范围内，分析下一个环，直至最后一个环。如果两者相差较大，需要重新估计 $c_{aj+1i+1}$ 值，从第(7)步开始重复上述过程。

(10) 对最后一个环，R_{j+1N} 是已知的，因此由方程(6.10.6)可求得 c_{aj+1N}。同样重复上述过程，求出 p_{j+1N} 并利用径向平衡求出另一个 p_{j+1N}。

(11) 如果两个 p_{j+1N} 的值不同，需要重新利用一个 c_{aj+1i} 并从第(1)步开始重复整个过程，直到最后收敛。

例 6.5　我们来分析含进口导叶的压气机级，并分析其内部的自由涡流或势流（$\eta = 1$）。其几何尺寸与工作条件与小型发动机上的第一级低压级基本相同。轴向上叶尖与叶根直径为常数，分别为 1.283ft 和 1.050ft（0.391m 和 0.320m），压气机工作转速为 12000r/min。对应的叶尖-叶根直径比为 1.222，意味着应存在可预测的径向流动和变化。进口气压为 14.2psi（97.9kPa），密度为 0.00235slug/ft³（1.21kg/m³），气流速率为 25lbm/s（11.3kg/s）。在进口导叶、转子叶片和静子叶片出口的中间气流绝对气流角分别为 11°、34.2° 和 11°。求划分为九个环时转子和静子出口的气流角、叶片弯曲度、叶片扭转、反力度和压力等属性。

结论

该例的结果如图 6.25~图 6.28 所示。图中给出了从叶根到叶尖沿径向（以无量纲化径向位置 $\hat{R} = (R - R_H)/(R_T - R_H)$ 的函数来表征）这些参数的变化。由于气流是无旋的，气流速度的轴向分量保持不变且在所有的径向位置处都等于 774.6ft/s（236.1m/s），且流线都沿径向分布且平行的。

在图 6.25 中我们给出了进口导叶、转子叶片和静子叶片的绝对气流角。从图中可以看出，进口导叶和静子的绝对气流角径向变化约为 2°；转子的气流角径向变化约为 5°。

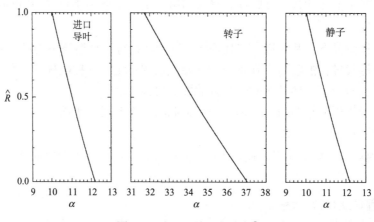

图 6.25　例 6.5 绝对气流角[①]

平均气流角（如 $\bar{\beta}_{ji} = (\beta_{ji} + \beta_{j+1i})/2$）见图 6.26。对于进口导叶，平均气流角沿径向变化仅为 1°，但是转子叶片中的平均气流角的沿径向变化约为 13°。这意味着叶片是是相对扭转的，相比而言，静子叶片的扭转要小且平均气流角的径向变化约为 4°。

叶片的气流偏转角（$\Delta\beta_{ji} = \beta_{j+1i} - \beta_{ji}$）见图 6.27。从叶根到叶尖进口导叶的偏转角变化约为 2°。转子叶片的偏转角变化约为 9°。从图中还可以看出，在叶根处，叶片相对弯曲；而在叶尖处叶片相对平整。而且静子叶片的偏转角沿径向变化仅 3° 左右。

---

① 译者注：原文中坐标轴变量并未给出单位，后面出现此类情况将不再说明。

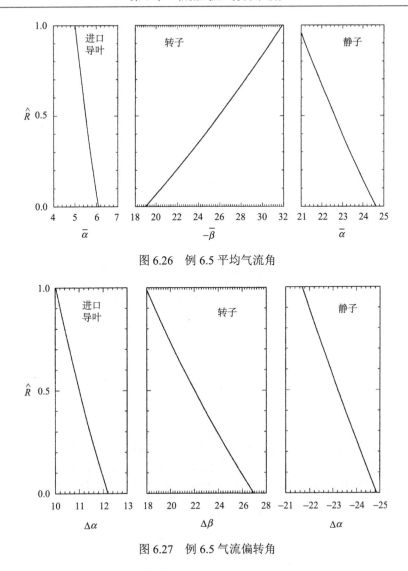

图 6.26　例 6.5 平均气流角

图 6.27　例 6.5 气流偏转角

这种几何结构下的叶片性能如图 6.28 所示。图中给出了转子和静子出口处的总压和静压剖面分布曲线与转子反力度曲线。在转子叶片出口区域，静压变化约 3%，但是在静子出口压力变化仅 0.3%。该级的出口总压几乎为常数，这与自由涡流相符。从叶根到叶尖，反力度从 0.43 变化到 0.62。因此，叶根部具有较低的反力度，该部分的效率更低。所需的总功率为 389hp（290kW）。

从本例中可明显看出气流流动的三维特性。绝对气流角是半径的"温和"函数，相比之下转子叶片角、压力属性和反力度都是半径的"强"函数。

为了与九个环的情形进行比较，我们还可在一个环情形下，利用等熵、二维、平均中径处可压缩气流分析来求解此题。采用这三种方法得到的总功率和平均中径的压力完全相同。采用流线分析方法得到的级出口总压与采用平均中径可压缩流分析所得的结果相差约 1%。

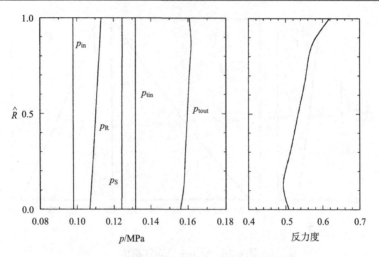

图 6.28　例 6.5 出口压力和转子反力度曲线

例 6.5a　接下来我们对例 6.5 进行拓展，继续分析含势流的单级压气机。下面四种情况下平均直径都是 0.356，压气机转速为 12000r/min。改变叶根和叶尖直径，使叶尖-叶根直径从 1.22 增大到 2.11。轴向速度与例 6.5 相同；因此随着叶尖-叶根直径的增大，质量流量增加。平均密度为 0.00235slug/ft³(1.21kg/m³)。另外还有一个进口导叶，且在进口导叶、转子叶片和静子叶片出口的平均中径气流角分别为 11°、34.2°和 11°。我们着重分析反力度属性。

结论

结果如图 6.29 所示。从图中可以看出，所有几何结构的叶片工作时平均中径处的反力度值为 54%。在靠近叶尖处，随直径比增大反力度增大。最重要的是，在叶根处，随着直径比增加，反力度快速减小。实际上，当 $D_T/D_H = 2.11$ 时，叶根处的反力度为负值。在压气机中这显然是不可接受的，因为这意味着压力下降。

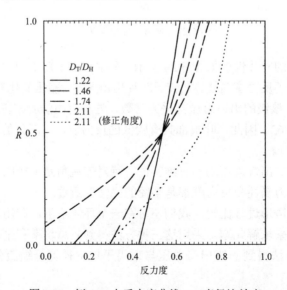

图 6.29　例 6.5a 中反力度曲线——直径比效应

因此，当反力度取值较小或者为负值时，设计压气机时应使平均中径处的反力度足够大，从而避免在叶根处出现这类问题。若更进一步分析此例，我们可以发现，在最大直径比的情况下，可以通过调整气流角来增大反力度，但是总压比的增量仍为常数。在进口导叶、转子叶片和静子叶片出口处的平均中径气流角分别为 2°、27.5° 和 2°。此时，平均中径与叶尖处的反力度明显大于 50%，在有些情况下叶尖处的反力度甚至可达 1。这是一个非常重要的结论——尤其是对于直径比明显大于 1 的压气机的前几级与风扇。

例 6.6　在例 6.5 中，我们分析了无旋流的压气机。本例我们针对相同的压气机，但是指定跨每一级叶片出口的绝对气流角，且从叶根到叶尖气流角为常数。流量和转速与之前的例子相同，绝对气流角见图 6.30。在图 6.30 中还给出了对应的级效率曲线。在叶根和叶尖处效率值取 87%，在中间取 90%。本例是为了说明自由涡流中属性变化的一个极端示例。

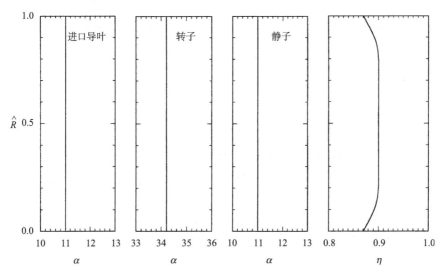

图 6.30　例 6.6 的绝对气流角和级效率曲线

结论

结论如图 6.31~图 6.34 所示。图 6.31 给出了九条流线。从图中可以看到，在转子叶栅中存在一个由径向平衡条件导致的很微小的净向内的径向气流。而在静子叶栅存在一个净向外的径向气流。在第一种情况(例 6.5)中，是不存在径向流动的。因此，本例给出了几种可导致径向流动的佐证。需要注意的是，根据径向平衡条件，净向内或者净向外的气流都能由特定的气流角来实现。

在图 6.31 中还给出了轴向速度特性。进口导叶相较于平均值偏离约 0.4%，而转子出口则偏离约 2%，静子出口偏离平均值为 5%。对于静子，从图中还可看出，在叶尖附近速度取得最大值，这也意味着存在净向外的气流。

图 6.32 和图 6.33 所示为平均气流角和气流偏转角。此时的叶片形状与例 6.5 有所不同，叶片的扭转幅度相对略小一些。对于进口导叶、转子叶片和静子叶片，从叶根至叶尖的扭转幅度($\bar{\alpha}$ 或 $\bar{\beta}$ 的径向变化量)分别为 0°、9° 和 0°。类似地，从叶根至叶尖的弯曲幅度也比

例 6.5 略小。对于进口导叶、转子、静子叶栅，级气流偏转角（$\Delta\alpha$ 或 $\Delta\beta$）变化量分别为 0°、4° 和 0°。

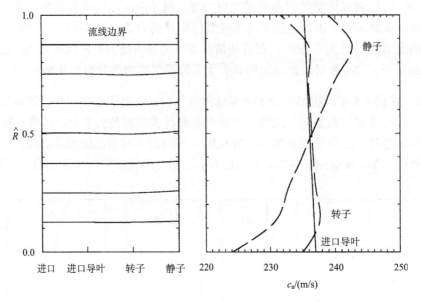

图 6.31　例 6.6 中跨级的流线与出口速度曲线

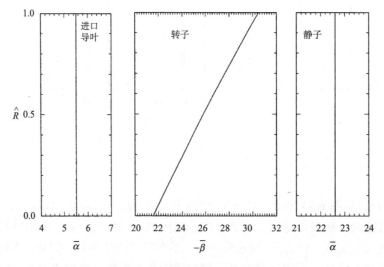

图 6.32　例 6.6 的平均气流角

最后，本例的性能曲线如图 6.34 所示。同样，转子级的静压曲线是倾斜的，而静子级的静压曲线相对平直，相差不超过 1%。总压曲线偏离平均值可达 3%，且在靠近叶根部分最低。而这部分较低的总压将直接导致这一区域的效率降低。转子的反力从 0.51 变化至 0.62。其中反力度为 0.50~0.60 的区域占据整个叶片 90% 的部分，这也说明叶片级在相对较高的效率下运行。

本例下，驱动压气机所需的功率是 390hp（291kW）。相较于自由涡流（势流）的情形，这一功率需求略大一些。

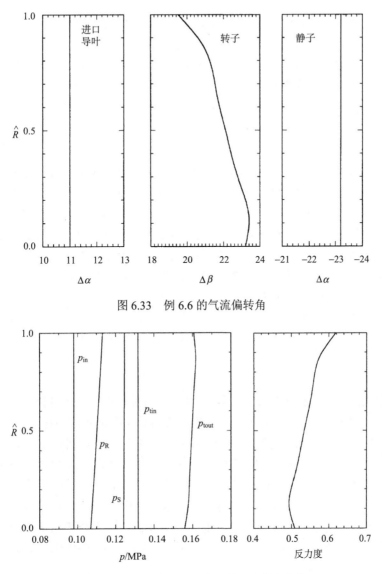

图 6.33 例 6.6 的气流偏转角

图 6.34 例 6.6 中出口压力和转子反力度曲线

作为比较，本例中我们同样给出了三个流线束区域分析(叶根、中径和叶尖)。可以发现，轴向压力曲线和其他结论比 9 个流线束区域下最多相差 0.3%。

例 6.6 中，我们通过改变气流角来分析压气机性能的变化情况。这并不意味着这是最优的结构，只不过是为了说明这一类问题。通过此例演示了如何通过调整外形进行迭代改进来提升性能参数。如同前面所述，随着叶尖-叶根直径比、转速和绝对气流角的增加，气流的三维效应更加明显。

6.11 压气机的级特性

至此，本章还未就给定几何外形的级特性(尤其是效率)进行详细分析，即分析效率变化随工作条件变化(如流量)的方法。我们知道,压气机级或叶栅是由一系列叶片组成的。类似于飞机机翼,叶片也有升力和阻力特性。在叶栅中,大的升力意味着大的力矩,而大的力矩会进一步形成大的压比。另外,阻力意味着摩擦损失,从而引起总压损失。而且,升力和阻力都是前缘攻角的强函数。在 NACA 和 NASA 的翼型系列丛书中,给出了大量而翔实的叶栅与叶型数据。Abbott 和 von Doenhoff(1959)就曾分析了很多翼型的压力、升力和阻力数据,但仍只占据大量数据库中的一小部分。这些数据是以升力与阻力系数的形式给出的,而非效率信息。但压气机设计师更关注的是效率。因此,本节的目的是推导出根据升阻特性直接求导效率的方法。为简化推导过程,假设气流是不可压缩的。利用这种方法可以进行叶片选型——包括叶片角度、稠度、栅距、弦长等,来实现效率的最大化。这种由 Vavra(1974)、Logan(1993)和其他几位研究人员创建的一般性方法在早期被用于压气机设计。但作者不是说这是一种现代技术。前面已经说明,在现代压气机和风扇的设计中,CFD 无疑是一种重要的工具。这些 CFD 代码是一种非常强健的工具,但是并不适用于叶轮机械效率变化的基础特性教学。因此,本节最重要的是通过这种方法了解如何将级性能与叶片特性进行基本关联——例如,当部分气流条件(如增加攻角)变化时,效率是如何随之变化的——而这些基础概念和细节通常是工程师在利用 CFD 进行分析时缺失的。而借助分析方法可以包含这些,还可基于此做进一步拓展,包括应用实例。

6.11.1　速度三角形

尽管前面我们已经讨论过速度三角形,本节我们对此再次进行讨论。对于转子,其叶片的相对速度见图 6.35(a)。对于静子,其叶片的相对速度见图 6.35(b)。而且在这两幅图中还给出了作用在叶片上的升力和阻力(分别为 F_l 和 F_d)。依照惯例,转子叶片的进气角与出气角分别为 β_1 和 β_2,气流偏转角为 δ_{12}。平均气流角定义为 β_m,这一角度近似等于叶片安装角,且作用力的方向也与这一角度有关。静子的进气角和出气角分别为 α_2 和 α_3。同样,我们需要首先统一符号定义,本节采用与 6.3 节相同的定义,即取向右为正向切向速度。因而转子叶片以速度 U 向右转动。而且,所有正向气流和作用力角度定义为逆时针方向。升力和阻力负载的正方向分别为与气流偏转角相反的方向和顺气流方向。

接着,回顾反力度的定义有

$$\%R = \frac{1}{1 + \left(\dfrac{c_2^2 - c_1^2}{w_1^2 - w_2^2} \right)} \tag{6.11.1}$$

利用

$$c^2 = c_u^2 + c_a^2 \tag{6.11.2}$$

和

$$w^2 = w_u^2 + w_a^2 \tag{6.11.3}$$

并假设级内的气流速度的轴向分量为常量,可得

$$\%R = \frac{1}{1 + \left(\dfrac{c_{u2}^2 - c_{u1}^2}{w_{u1}^2 - w_{u2}^2} \right)} \tag{6.11.4}$$

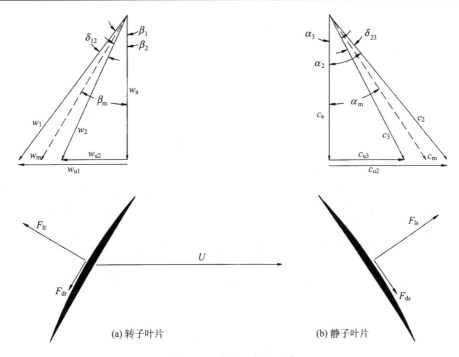

图 6.35　速度三角形和力

或展开得

$$\%R = \frac{(w_{u1} + w_{u2})(w_{u1} - w_{u2})}{(w_{u1} + c_{u1})(w_{u1} - c_{u1}) - (w_{u2} + c_{u2})(w_{u2} - c_{u2})} \tag{6.11.5}$$

从图 6.7 和图 6.35 中可以明显看出，如果 $\alpha_1 = \alpha_3$（此后均以此展开），则

$$U = c_{u1} - w_{u1} = c_{u2} - w_{u2} \tag{6.11.6}$$

至此，结合方程(6.11.5)，再重新组织后得

$$\%R = -\frac{(w_{u1} + w_{u2})(w_{u1} - w_{u2})}{U\big((w_{u1} - w_{u2}) - (c_{u2} + c_{u1})\big)} \tag{6.11.7}$$

再利用方程(6.11.6)可得

$$c_{u2} - c_{u1} = w_{u2} - w_{u1} \tag{6.11.8}$$

于是，根据方程(6.11.7)，有

$$\%R = -\frac{w_{u1} + w_{u2}}{2U} \tag{6.11.9}$$

因此，反力度等于相对速度(相对叶片)的切向分量的平均值除以转速。最后，我们引出两个新的定义。第一个是常规流量系数，即轴向分量的无量纲速度，可表征总气流速率为

$$\phi = \frac{c_a}{U} = \frac{w_a}{U} \tag{6.11.10}$$

通常采用叶片旋转线速度 U 对速度无量纲化处理。第二个是转折系数(无量纲化转折)，表征叶片的弯曲度。对于转子叶片，有

$$\tau_{\mathrm{r}} = \frac{w_{\mathrm{u2}} - w_{\mathrm{u1}}}{U} \qquad (6.11.11)$$

而对于静子叶片，有

$$\tau_{\mathrm{s}} = \frac{c_{\mathrm{u2}} - c_{\mathrm{u3}}}{U} \qquad (6.11.12)$$

因此，当 $\alpha_1 = \alpha_3$ 时，有

$$\tau_{\mathrm{s}} = \frac{c_{\mathrm{u2}} - c_{\mathrm{u1}}}{U} \qquad (6.11.13)$$

现在，将图 6.35 中的整个速度三角形整体除以转速 U，可得到图 6.36 的无量纲化速度三角形。在图 6.36 中，可以看到不同的物理量——%R、ϕ 和 τ ——因此可得到速度三角形与压气机级性能之间的关联。例如，如果 $\alpha_1 = \alpha_3$ 且 %R = 50%，则 $\tau_{\mathrm{r}} = \tau_{\mathrm{s}}$ 且速度三角形如 6.4.4 节论述，呈现轴对称特征。图 6.36 中还给出了平均角度 β_{m}（定义为 $\arctan\left(\frac{1}{2}\left(\tan\beta_1 + \tan\beta_2\right)\right)$）和 a_{m}（定义为 $\arctan\left(\frac{1}{2}\left(\tan\alpha_2 + \tan\alpha_3\right)\right)$）。从图中可以很容易读出，例如：

$$\tan\beta_{\mathrm{m}} = -\frac{\%R}{\phi} \qquad (6.11.14)$$

和

$$\tan\alpha_{\mathrm{m}} = \frac{1 - \%R}{\phi} \qquad (6.11.15)$$

结合以上两个方程可得

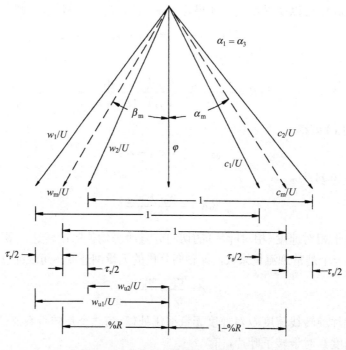

图 6.36　单级的无量纲化速度三角形

$$\tan \alpha_{\mathrm{m}} = \frac{1+\phi \tan \beta_{\mathrm{m}}}{\phi} \tag{6.11.16}$$

而且，利用图 6.36 中的几何关系，有

$$\tau_{\mathrm{r}} = \phi \left(\tan \beta_2 - \tan \beta_1 \right) \tag{6.11.17}$$

和

$$\tau_{\mathrm{r}} = \phi \left(\tan \alpha_2 - \tan \alpha_1 \right) \tag{6.11.18}$$

最后，还可从图 6.36 中得到

$$\tau_{\mathrm{r}}/2 = \phi \left(\tan \beta_{\mathrm{m}} - \tan \beta_1 \right) = \phi \left(\tan \beta_2 - \tan \beta_{\mathrm{m}} \right) \tag{6.11.19}$$

和

$$\tau_{\mathrm{r}}/2 = \phi \left(\tan \alpha_2 - \tan \alpha_{\mathrm{m}} \right) = \phi \left(\tan \alpha_{\mathrm{m}} - \tan \alpha_1 \right) \tag{6.11.20}$$

6.11.2　升力系数与阻力系数

本节我们分析作用在叶片上的力，以及其与升力系数和阻力系数的关系。首先，我们将图 6.35(a) 和图 6.35(b) 中的力分解为如图 6.37(a) 和图 6.37(b) 所示的不同分量，分别对应轴向分量 F_{a} 和切向分量 F_{u}。因此，对于转子上面的受力，有

$$F_{\mathrm{lr}} = F_{\mathrm{ur}} \cos \beta_{\mathrm{m}} - F_{\mathrm{ar}} \sin \beta_{\mathrm{m}} \quad^{①} \tag{6.11.21}$$

和

$$F_{\mathrm{dr}} = -F_{\mathrm{ur}} \sin \beta_{\mathrm{m}} - F_{\mathrm{ar}} \cos \beta_{\mathrm{m}} \tag{6.11.22}$$

且阻力与升力之间的阻升角可由式 (6.11.23) 给出：

$$\tan \varepsilon_{\mathrm{r}} = \frac{F_{\mathrm{dr}}}{F_{\mathrm{lr}}} \tag{6.11.23}$$

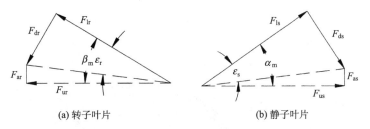

| (a) 转子叶片 | (b) 静子叶片 |

图 6.37　力三角形

对于静子，有

$$F_{\mathrm{ls}} = F_{\mathrm{us}} \cos \alpha_{\mathrm{m}} - F_{\mathrm{as}} \sin \alpha_{\mathrm{m}} \tag{6.11.24}$$

和

$$F_{\mathrm{ds}} = F_{\mathrm{us}} \sin \alpha_{\mathrm{m}} - F_{\mathrm{as}} \cos \alpha_{\mathrm{m}} \tag{6.11.25}$$

且静子上阻力与升力之间的阻升角可由式 (6.11.26) 给出：

---

① 译者注：　原文为 $F_{\mathrm{lr}} = F_{\mathrm{ur}} \cos \beta_{\mathrm{m}} - F_{\mathrm{ar}} \cos \beta_{\mathrm{m}}$。

$$\tan \varepsilon_s = -\frac{F_{ds}}{F_{ls}} \tag{6.11.26}$$

而且，升力系数和阻力系数可定义为

$$C_l \equiv \frac{F_l}{\frac{1}{2}\rho v_m^2 C} \tag{6.11.27}$$

和

$$C_d \equiv \frac{F_d}{\frac{1}{2}\rho v_m^2 C} \tag{6.11.28}$$

式中，C 为弦长；v_m 是一个表征性的速度，对转子其取值等于 w_m，对静子其值等于 c_m。因此，由式 (6.11.23) 和式 (6.11.26)，可得

$$\tan \varepsilon_r = \frac{C_{dr}}{C_{lr}} \tag{6.11.29}$$

和

$$\tan \varepsilon_s = -\frac{C_{ds}}{C_{ls}} \tag{6.11.30}$$

1. 无限长叶片

显然叶片长度是有限的。但是，我们首先分析更加理想化的无限长叶片。下面内容将在此基础上应用修正系数来分析有限长叶片。在转子叶片上我们绘制一段控制体，如图 6.38 所示，对作用在叶片上的切向气流，利用线性动量方程，且由于气流作用在叶片上的力等于叶片对气流作用的力，于是有

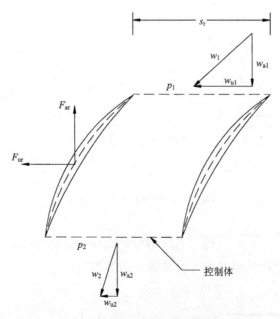

图 6.38 转子叶栅上的控制体

$$F_{ur} = \dot{m}\left(w_{u2} - w_{u1}\right) \tag{6.11.31}$$

而作用在转子叶片的轴向力为

$$F_{ar} = \dot{m}\left(w_{a2} - w_{a1}\right) + \left(p_2 - p_1\right)s_r \tag{6.11.32}$$

但是在前面我们讨论过,在对轴向压气机进行设计时,通常尝试保持轴向速度不变($c_{a2} = c_{a1}$ 或 $w_{a2} = w_{a1}$),于是

$$F_{ar} = \left(p_2 - p_1\right)s_r \tag{6.11.33}$$

于是,对方程(6.11.29),同时乘以并除以 U^2(注意,当气流不可压缩时,质量流量为 $\rho s_r w_a$)可得

$$F_{ur} = \rho s_r U^2\left(\frac{w_a}{U}\right)\left(\frac{\left(w_{u2} - w_{u1}\right)}{U}\right) \tag{6.11.34}$$

首先,考虑阻力。利用式(6.11.22)、式(6.11.33)和式(6.11.34)可得

$$F_{dr} = -\rho s_r U^2\left(\frac{w_a}{U}\right)\left(\frac{\left(w_{u2} - w_{u1}\right)}{U}\right)\sin\beta_m - \left(p_2 - p_1\right)s_r\cos\beta_m \tag{6.11.35}$$

或利用三角学理论,可得

$$F_{dr} = -\rho s_r w_a^2\left(\tan\beta_2 - \tan\beta_1\right)\sin\beta_m - \left(p_2 - p_1\right)s_r\cos\beta_m \tag{6.11.36}$$

压差 $p_2 - p_1$ 定义为

$$p_2 - p_1 = p_{t2} - \frac{1}{2}\rho w_2^2 - p_{t1} + \frac{1}{2}\rho w_1^2 \tag{6.11.37}$$

或

$$p_2 - p_1 = \frac{1}{2}\rho\left(w_1^2 - w_2^2\right) - \varsigma_r \tag{6.11.38}$$

式中, ς_r 是由于摩擦导致的总压损失$\left(p_{t2} - p_{t1}\right)$。将其与气流角关联可得

$$p_2 - p_1 = \rho c_a^2\left(\tan\beta_1 - \tan\beta_2\right)\tan\beta_m - \varsigma_r \tag{6.11.39}$$

将式(6.11.39)与式(6.11.36)结合,可得

$$F_{dr} = s_r\varsigma_r\cos\beta_m \tag{6.11.40}$$

结合阻力系数的定义(方程(6.11.28))可得

$$C_{drp} = \frac{s_r}{C}\frac{\varsigma_r\cos\beta_m}{\frac{1}{2}\rho w_m^2} \tag{6.11.41}$$

式中,脚标 p 用来提醒读者所有的阻力均源自压力损失。

结合式(6.11.21)、式(6.11.33)和式(6.11.34),可计算升力得

$$F_{lr} = \rho s_r U^2\left(\frac{w_a}{U}\right)\left(\frac{\left(w_{u2} - w_{u1}\right)}{U}\right)\cos\beta_m - \left(p_2 - p_1\right)s_r\sin\beta_m \tag{6.11.42}$$

或利用三角学理论,方程(6.11.42)可变为

$$F_{lr} = \rho s_r w_a^2\left(\tan\beta_2 - \tan\beta_1\right)\cos\beta_m - \left(p_2 - p_1\right)s_r\sin\beta_m \tag{6.11.43}$$

最后，利用方程(6.11.39)可得

$$F_{lr} = \rho s_r w_a^2 \left(\tan\beta_2 - \tan\beta_1\right)\cos\beta_m - \rho s_r c_a^2 \left(\tan\beta_1 - \tan\beta_2\right)\tan\beta_m \sin\beta_m$$
$$+ s_r \varsigma_r \sin\beta_m \tag{6.11.44}$$

利用升力系数的定义(方程(6.11.27))，并重新整理得

$$C_{lr} = 2\frac{s_r}{C}\cos^2\beta_m\left(\tan\beta_2 - \tan\beta_1\right)\left(\cos\beta_m + \tan\beta_m\sin\beta_m\right)$$
$$+ \frac{s_r}{C}\frac{\varsigma_r}{\frac{1}{2}\rho w_m^2}\cos\beta_m\tan\beta_m \tag{6.11.45}$$

利用三角学理论，并结合方程(6.11.41)可得

$$C_{lr} = 2\frac{s_r}{C}\cos\beta_m\left(\tan\beta_2 - \tan\beta_1\right) + C_{drp}\tan\beta_m \tag{6.11.46}$$

有趣的是，升力系数竟可直接与阻力系数关联。与上述类似，得到静子叶片级的方程为

$$F_{us} = \dot{m}\left(c_{u2} - c_{u1}\right) \tag{6.11.47}$$

$$F_{ar} = \left(p_3 - p_2\right)s_s \tag{6.11.48}$$

$$p_3 - p_2 = \rho c_a^2\left(\tan\alpha_2 - \tan\alpha_1\right)\tan\alpha_m - \varsigma_s \tag{6.11.49}$$

$$F_{ds} = s_s\varsigma_s\cos\alpha_m \tag{6.11.50}$$

$$C_{dsp} = \frac{s_s}{C}\frac{\varsigma_s\cos\alpha_m}{\frac{1}{2}\rho c_m^2} \tag{6.11.51}$$

$$F_{ls} = \rho s_s c_a^2\left(\tan\alpha_2 - \tan\alpha_1\right)\cos\alpha_m - \rho s_s c_a^2\left(\tan\alpha_1 - \tan\alpha_2\right)\tan\alpha_m\sin\alpha_m$$
$$- s_s\varsigma_s\sin\alpha_m \tag{6.11.52}$$

$$C_{ls} = 2\frac{s_s}{C}\cos\alpha_m\left(\tan\alpha_2 - \tan\alpha_1\right) + C_{dsp}\tan\alpha_m \tag{6.11.53}$$

2. 有限长叶片

前面我们分析了无限长叶片的升力系数与阻力系数。其中的阻力仅由压力损失引起。但是，当叶片长度为 h，而不是无限长时，就存在其他增加阻力的因素。例如，在有限长的叶片上存在叶尖泄漏，即气流从高压面向低压面或吸力面流动。当这种泄漏与气流方向变化耦合时，会引起横向气流或二次流，如图 6.39 所示。这种损失会导致剪切损失，并产生附加阻力；因此我们需要在阻力系数上需要增加附加项。根据 Howell(1945a) 提出的经验公式，对转子叶片级，由此产生的阻力可近似表示为

$$C_{drs} = 0.018C_{lr}^2 \tag{6.11.54}$$

另外还包括叶根处的剪切损失和由于边界层效应引起的损失。即在半径外部和内部的附加面积区域阻力增加。这一附加损失称为环形阻力，记为 C_{dra}。根据 Howell(1945a) 提出的经验公式，这一阻力约为

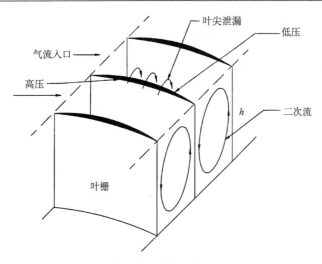

图 6.39　有限长叶片叶栅中的复杂黏滞流动

$$C_{\text{dra}} = 0.020\frac{s}{h}\bigg]_{\text{r}} \tag{6.11.55}$$

式中，s/h 是栅距-叶片高度比。

最后，求作用在叶栅上的阻力时，我们可近似认为总作用力为上述三种阻力的代数和，即

$$C_{\text{drt}} = C_{\text{drp}} + C_{\text{drs}} + C_{\text{dra}} \tag{6.11.56}$$

上述方程组是针对转子叶栅的。由于对静子叶栅相同的经验公式仍适用，可得到类似的方程组，即

$$C_{\text{dss}} = 0.018C_{\text{ls}}^2 \tag{6.11.57}$$

$$C_{\text{dsa}} = 0.020\frac{s}{h}\bigg]_{\text{s}} \tag{6.11.58}$$

$$C_{\text{dst}} = C_{\text{dsp}} + C_{\text{dss}} + C_{\text{dsa}} \tag{6.11.59}$$

6.11.3　力

通过升力系数和阻力系数、反力度和流量系数，可以求出叶片上的实际作用力。因此，利用式(6.11.10)、式(6.11.11)和式(6.11.34)，可得

$$F_{\text{ur}} = \rho s_{\text{r}} \phi \tau_{\text{r}} U^2 \tag{6.11.60}$$

类似地，对于静子，有

$$F_{\text{us}} = \rho s_{\text{s}} \phi \tau_{\text{s}} U^2 \tag{6.11.61}$$

根据力的矢量三角形，可得

$$F_{\text{ar}} = -F_{\text{ur}} \tan\left(\beta_{\text{m}} + \varepsilon_{\text{r}}\right) \tag{6.11.62}$$

然后，由三角函数式：

$$\tan\left(\beta_{\mathrm{m}} + \varepsilon_{\mathrm{r}}\right) = \frac{\tan\beta_{\mathrm{m}} + \tan\varepsilon_{\mathrm{r}}}{1 - \tan\beta_{\mathrm{m}}\tan\varepsilon_{\mathrm{r}}} \tag{6.11.63}$$

当阻力很小，即通常情况下 ε_{r} 很小时，有

$$\tan\left(\beta_{\mathrm{m}} + \varepsilon_{\mathrm{r}}\right) = \frac{\tan\beta_{\mathrm{m}} + \varepsilon_{\mathrm{r}}}{1 - \varepsilon_{\mathrm{r}}\tan\beta_{\mathrm{m}}} \tag{6.11.64}$$

因此，由方程 (6.11.62)，有

$$F_{\mathrm{ar}} = -F_{\mathrm{ur}}\frac{\tan\beta_{\mathrm{m}} + \varepsilon_{\mathrm{r}}}{1 - \varepsilon_{\mathrm{r}}\tan\beta_{\mathrm{m}}} \tag{6.11.65}$$

于是，由方程 (6.11.14)，有

$$F_{\mathrm{ar}} = F_{\mathrm{ur}}\left(\frac{\dfrac{\%R}{\phi} - \varepsilon_{\mathrm{r}}}{1 + \varepsilon_{\mathrm{r}}\dfrac{\%R}{\phi}}\right) \tag{6.11.66}$$

类似地，对于静子，有

$$F_{\mathrm{as}} = F_{\mathrm{us}}\frac{\tan\alpha_{\mathrm{m}} + \varepsilon_{\mathrm{s}}}{1 - \varepsilon_{\mathrm{s}}\tan\alpha_{\mathrm{m}}} \tag{6.11.67}$$

因此，类似转子，结合式 (6.11.15) 和式 (6.11.67)，可得

$$F_{\mathrm{as}} = F_{\mathrm{us}}\left(\frac{\left(\dfrac{1-\%R}{\phi}\right) - \varepsilon_{\mathrm{r}}}{1 + \varepsilon_{\mathrm{r}}\left(\dfrac{1-\%R}{\phi}\right)}\right) \tag{6.11.68}$$

6.11.4　叶片负载与性能之间的关系

本节我们推导前面求得的力与级效率和反力度之间的关系。对于转子叶片，由式 (6.11.33) 和式 (6.11.66) 可得

$$\Delta p_{\mathrm{r}} = p_2 - p_1 = \frac{F_{\mathrm{ur}}}{s_{\mathrm{r}}}\left(\frac{\dfrac{\%R}{\phi} - \varepsilon_{\mathrm{r}}}{1 + \varepsilon_{\mathrm{r}}\dfrac{\%R}{\phi}}\right) \tag{6.11.69}$$

或利用方程 (6.11.64) 并重新组织得到

$$\Delta p_{\mathrm{r}} = \rho\phi\tau_{\mathrm{r}}U^2\left(\frac{\%R - \phi\varepsilon_{\mathrm{r}}}{\phi + \varepsilon_{\mathrm{r}}\%R}\right) \tag{6.11.70}$$

类似地，对于静子，由式 (6.11.48)、式 (6.11.61) 和式 (6.11.68)，有

$$\Delta p_{\mathrm{s}} = p_3 - p_2 = \rho\phi\tau_{\mathrm{s}}U^2\left(\frac{1 - \%R + \phi\varepsilon_{\mathrm{s}}}{\phi - \varepsilon_{\mathrm{s}}\left(1 - \%R\right)}\right) \tag{6.11.71}$$

因此，若 $\alpha_3 = \alpha_1$（进而 $\tau_{\mathrm{r}} = \tau_{\mathrm{s}} = \tau$），一个压气机级的压升为

$$\Delta p = p_3 - p_1 = \Delta p_{\mathrm{r}} + \Delta p_{\mathrm{s}} = \rho\phi\tau_{\mathrm{s}}U^2\left(\left(\frac{\%R - \phi\varepsilon_{\mathrm{r}}}{\phi + \varepsilon_{\mathrm{r}}\%R}\right) + \left(\frac{1 - \%R + \phi\varepsilon_{\mathrm{s}}}{\phi - \varepsilon_{\mathrm{s}}\left(1 - \%R\right)}\right)\right) \tag{6.11.72}$$

如果分析的情况为无摩擦流动(即无阻力),即 ε_r 和 ε_s 均为 0,于是可得理想情况下的压力增量为

$$\Delta p_r' = \rho\tau U^2 \%R \tag{6.11.73}$$

和

$$\Delta p_s' = \rho\tau U^2 \left(1 - \%R\right) \tag{6.11.74}$$

于是,对于整级:

$$\Delta p' = \Delta p_r' + \Delta p_s' = \rho\tau U^2 \tag{6.11.75}$$

因此,对于理想气流,根据式(6.11.73)和式(6.11.75),可得

$$\%R = \frac{\Delta p_r'}{\Delta p'} \tag{6.11.76}$$

这与式(6.4.7)相符。

由能量方程(I.2.33),我们可得到功率方程:

$$\dot{W}_{sh} = \frac{\dot{m}}{\eta_{12}}\left(\frac{p_2 - p_1}{\rho} + \frac{c_2^2 - c_1^2}{2}\right) = \frac{\dot{m}}{\rho\eta_{12}}(p_{t2} - p_{t1}) \tag{6.11.77}$$

式中

$$\dot{W}_{sh} = \frac{\dot{W}_{sh}'}{\eta_{12}} \tag{6.11.78}$$

于是,可进一步得

$$\dot{W}_{sh} = \frac{\dot{m}}{\rho\eta}(p_{t3} - p_{t1}) \tag{6.11.79}$$

其中,与之前一样,效率的定义为:给定压力增量时实际所需功率与理想所需功率的比值。下面我们给出给定功率下的理想压升为

$$\dot{W}_{sh}' = \frac{\dot{m}}{\rho}\left(p_{t3}' - p_{t1}'\right) \tag{6.11.80}$$

于是,效率还可以表示为

$$\eta = \frac{\Delta p_t}{\Delta p_t'} \tag{6.11.81}$$

最后,我们回顾 $\alpha_3 = \alpha_1$ 且轴向速度恒定时的情况,此条件下有 $c_3 = c_1$。这反过来意味着级间的总压增量与静压增量相等,于是由式(6.11.75)和式(6.11.81)可得

$$\eta = \frac{\Delta p}{\rho\tau U^2} \tag{6.11.82}$$

因此,结合式(6.11.72)和式(6.11.82)可得

$$\eta = \phi\left(\left(\frac{\%R - \phi\varepsilon_r}{\phi + \varepsilon_r \%R}\right) + \left(\frac{1 - \%R + \phi\varepsilon_s}{\phi - \varepsilon_s\left(1 - \%R\right)}\right)\right) \tag{6.11.83}$$

最终,级效率是四个变量的函数:反力度、流量系数、转子上阻升角以及静子上阻升角。因此,在给定条件下如果可以计算升力和阻力,即可估算效率。我们可以很容易看出,

随着转子和静子叶片上阻力的增加，级效率降低。而且，我们还可利用不同工作条件下的速度三角形来评估气流角（进而得到静子和转子叶片上的攻角），且如果有叶栅升力和阻力的信息或数据（以进口攻角函数的形式给出），即可估算效率。

6.11.5 参数效应

本节我们分析不同参数对整体性能的影响。我们自然期望效率越来越高。因而，Vavra（1974）曾证明，在方程（6.11.83）中，给定 ε_r 和 ε_s 时，将效率（η）对反力度（%R）求偏导数，并使其等于零，即

$$\frac{\partial \eta}{\partial \%R} = 0 \tag{6.11.84}$$

可得到

$$\%R_{\text{opt}} = \frac{1 - \dfrac{\phi}{\varepsilon_s}\left(1 - \sqrt{\dfrac{1+\varepsilon_s^2}{1+\varepsilon_r^2}}\right)}{1 - \dfrac{\varepsilon_r}{\varepsilon_s}\sqrt{\dfrac{1+\varepsilon_s^2}{1+\varepsilon_r^2}}} \tag{6.11.85}$$

若 ε_r 和 ε_s 都很小，有

$$\%R_{\text{opt}} \approx \frac{1}{1 - \dfrac{\varepsilon_r}{\varepsilon_s}} \tag{6.11.86}$$

当 ε_r 和 ε_s 绝对值相等时（$\varepsilon_r = -\varepsilon_s = \varepsilon$）：

$$\%R_{\text{opt}} = 0.50 \tag{6.11.87}$$

这是一个非常重要的结论，即当反力度为 50% 时，不仅转子和静子叶片上的受力相等，效率还可达到最大值！因此，大多数轴流式泵在设计时，反力度选择都约为 50%。需要注意的是，此处分析时，我们均假设气流为不可压缩的。由于气流的可压缩性和压气机中较长的叶片，要在压气机中获得相同的性能特征，压气机级反力度需略大于 0.5（尤其是高负载级）。在该反力度下的效率为

$$\eta_{\%R=0.50} = 2\phi\left(\frac{1 - 2\varepsilon\phi}{\varepsilon + 2\phi}\right) \tag{6.11.88}$$

将方程（6.11.88）[①] 对 ϕ 求偏导并置零，可得到最优效率：

$$\frac{\partial \eta_{\%R=0.50}}{\partial \phi} = 0 \tag{6.11.89}$$

进而可得

$$\phi_{\text{opt}\%R=0.50} = \frac{1}{2}\left(\sqrt{1+\varepsilon^2} - \varepsilon\right) \tag{6.11.90}$$

如果 ε 值很小，将式（6.11.90）进行泰勒级数展开可得

---

① 译者注：原文为方程（6.11.92），根据上下文应为方程（6.11.88）。

$$\phi_{\text{opt}\%R=0.50} \approx \frac{1}{2}(1-\varepsilon) \tag{6.11.91}$$

结合式(6.11.14)和式(6.11.15)，由最优%R 和φ 可求得最佳气流角。注意，在极端情况下，当阻力接近零时，φ 的最优值接近 0.50。因而气流角 β_{m} 和 α_{m} 接近45°。最后，一般条件下，效率的最大值为

$$\eta_{\text{max}\%R=0.50} = 1 + 2\varepsilon^2 - 2\varepsilon\sqrt{1+\varepsilon^2} \tag{6.11.92}$$

当 ε 值很小时，可得

$$\eta_{\text{max}\%R=0.50} \approx 1 - 2\varepsilon(1-\varepsilon) \tag{6.11.93}$$

显然，随着阻力接近零，效率趋近于 1。图 6.40 给出了相应量数量级与变化趋势。图中分别给出了当反力度为 50%和 60%时(通过数值分析得到)，ε 从 0.00 到 0.10 变化时的结论。图中同时给出了最优流量系数和对应的效率。从图中可以看出，最优流量系数随着 ε 而减小，随着%R 而增大。与预判相同，效率随着 ε(或阻力)的增大而减小。但是，在最优流量系数下，效率对%R 的依赖很小，这是一个重要的发现。因此，尽管最优反力度是 50%，但是这一取值的增加并不需要牺牲较大的效率。

通过接下来的分析，我们还可更好地全面理解不同参数的影响。在广义形式的方程(6.11.83)中，合并同类型并忽略二阶小项(如 ε_{r} 和 ε_{s} 的项)，可得到

$$\eta = \frac{\phi + (\varepsilon_{\text{r}} - \varepsilon_{\text{s}})(\%R - \%R^2 - \phi^2)}{\phi + \varepsilon_{\text{r}}\%R - \varepsilon_{\text{s}}(1-\%R)} \tag{6.11.94}$$

接着，假设 $\varepsilon_{\text{r}} = -\varepsilon_{\text{s}} = \varepsilon$，则有

$$\eta = \frac{\phi + 2\varepsilon(\%R - \%R^2 - \phi^2)}{\phi + \varepsilon} \tag{6.11.95}$$

图 6.41 为效率随流量系数、反力度和阻力与升力夹角变化关系的一般性三维描述。为描述清晰，图中我们仅给出了一个效率值(90%)，而对每一 η 值都能得到一系列圆锥体结论。Vavra(1974)已经证明，等效率线的轨迹实际上是圆形。如 6.7 节已经说明，随着气流速率偏离设计值，气流角度也与叶片角度(攻角)不匹配。因此，随着气流速率偏离设计值，阻力也会增大，进而可能增加 ε(升力也有可能增加)。因此，偏离设计点时，由于两种不同效应，效率出现变化。即随着气流速率偏离设计值，会同时在 φ 和 ε 方向存在移动。而且，当分别分析每一种参数时，如果%R 和 φ 为常数，随着 ε 的减小，效率始终增大。

对于其他的等效率锥，在一个特定的 ε 值(此处我们取 ε = 0.03)处取一个切片，得到图 6.42。从图中可以看出，ε = 0.03 时最大的效率为 0.942，当流量系数或反力度偏离最优值时，效率降低。尤其需要注意，在低流量下，随着流量降低，效率下降得很快，尤其是当反力度为 50%时。但是，对较大的流量，随着流量的增大，效率又会降低，但是降低并不很快。在较小的流量系数值下，随着反力度从 0 开始增大，效率快速增加，然后减小。但是在较大的流量下，随着反力度增大，效率的变化并不是很大。

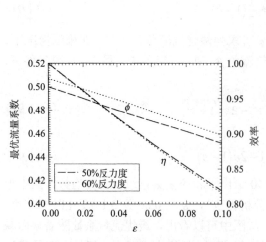

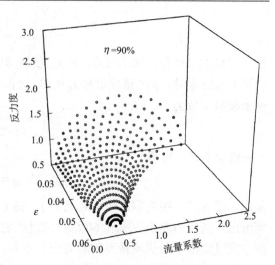

图 6.40　最优流量系数和效率随 ε 的变化关系图　　　　图 6.41　$\eta = 90\%$ 时的单级等效率圆锥

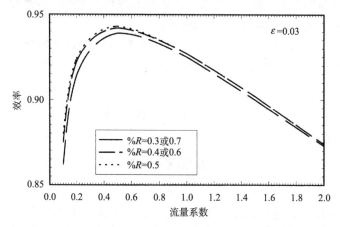

图 6.42(a)　$\varepsilon_r = -\varepsilon_s = 0.03$ 时单级效率对流量系数的依赖关系图

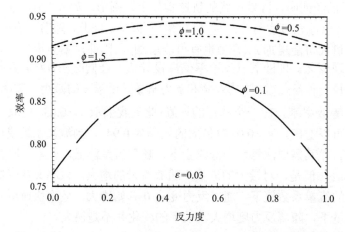

图 6.42(b)　$\varepsilon_r = -\varepsilon_s = 0.03$ 时，单级效率对反力度的依赖关系图

6.11.6　叶栅数据使用经验

本节讨论二维叶栅数据，并用它作为一个经验方法，综合之前的分析，来预判一个压气机级的效率特性。例如，对一个给定的静子叶栅，如图 6.7(c) 所示，进气角为 α_2，出口角为 α_3。出口角受多重因素影响，包括叶片形状、栅距-弦长比 (s/C)、攻角 ($\alpha_2 - \alpha_2'$) 和安装角 (图 6.6(a))。对于一组给定的叶片 (即确定的外形和 s/C)，我们可以利用试验数据获取出气角随 α_2 的函数关系图，即图 6.43。同样我们还可得到一系列转子叶片类似的函数关系图。注意，进气角和出气角的差值即为气流偏转角——气流转折的角度。Horlock(1958) 曾公布了大量的这一类详细数据。

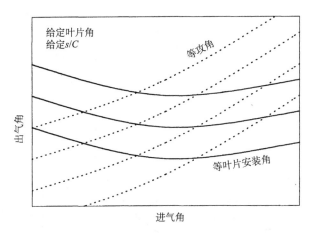

图 6.43　出气角随进气角、攻角和安装角的关系曲线 (给定叶片形状和栅距-弦长比)

将这些数据和其他稠度值下的类似数据与得到的偏转角关联起来，可得到图 6.44。偏转角 δ 在前面已经定义为气流偏转角 (对静子为 ($\alpha_3 - \alpha_2$)，对转子为 ($\beta_2 - \beta_1$))。图中是一组给定叶型和给定安装角时，气流偏转角随出气角的一般函数。这种曲线可用于诸如给定气流偏转角与出气角时确定所需的稠度。

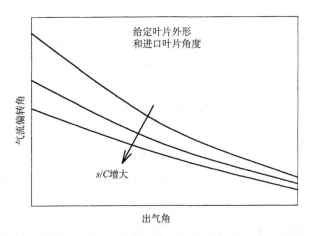

图 6.44　广义气流偏转角随出气角和栅距-弦长比的关系 (给定进口叶片角度和形状)

例 6.7　此例我们分析一个压气机级，转子的相对进口叶片角为–42°，相对出口叶片角为–8°。静子的进口叶片角为 42°，出口叶片角为 8°。这一特定安装角下，叶栅数据见图 6.45。按本书的采用的符号定义习惯，转子叶片的进气角、出气角分别为 $-\beta_1$ 和 $-\beta_2$；静子叶片的进气角、出气角分别为 α_2 和 α_3。最大弯度在 40% 弦长处，且栅距-弦长比为 1.0，栅距-叶片高度比为 0.75。反力度为 50%，转子的攻角为+2.3°。求流量系数，并判断气流角和效率。当流量系数变化时，分析其他攻角；并求反力度为常数时，效率随流量系数变化的函数。

解　首先，我们可求叶片偏转角或理想气流偏转角：

$$\delta'_{12}=\beta'_2 - \beta'_1 = 34°$$

$$\delta'_{23}=\alpha'_3 - \alpha'_2 = -34°$$

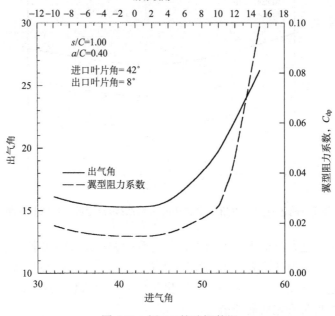

图 6.45　例 6.7 的叶栅数据

其次，我们求出了气流偏转角，就必须考虑攻角和进气角。对于转子：

$$i_1 = 2.3°$$

因而

$$\beta_1 = \beta'_1 - i_1 = -44.3°$$

于是，由图 6.45 可得转子出气角为

$$\beta_2 = -15.8°$$

理想状态下，出气角为–8°，这种差别是由气流分离所致。而且，作为参照：

$$\beta_2 = \beta_1 + \delta_{12}$$

于是实际偏转角度为

$$\delta_{12} = 28.5° \,(低于理想值)$$

接着由

$$\tan \beta_{\mathrm{m}} = \frac{1}{2}\left(\tan \beta_1 + \tan \beta_2\right)$$

于是可求得

$$\beta_{\mathrm{m}} = -32.2°$$

最后

$$-\tan \beta_{\mathrm{m}} = 0.6294 = \frac{\%R}{\phi}$$

于是

$$\phi = \frac{\%R}{-\tan \beta_{\mathrm{m}}} = \frac{0.50}{0.6294} = 0.794$$

对于静子，由图 6.36 中的速度三角形可得

$$\tan \alpha_2 = \frac{1 + \phi \tan \beta_2}{\phi}$$

因而求解 α_2 可得

$$\alpha_2 = 44.3°$$

而

$$\alpha_2 = \alpha_2' - \iota_2$$

于是，得

$$\iota_2 = -2.3°$$

还需要注意的是，β_1 和 α_2 的绝对值完全相等，与攻角也相等，而这正是当反力度为 50%时的结论。当反力度 $\%R$ 为其他值时，角度与攻角一般不同。由图 6.45 可得静子的出气角为

$$\alpha_3 = 15.8°$$

同样比理想状态下大。作为参照：

$$\alpha_3 = \alpha_2 + \delta_{23}$$

于是

$$\delta_{23} = -28.5° \text{（同样小于理想状态）}$$

然后

$$\tan \alpha_{\mathrm{m}} = \frac{1}{2}\left(\tan \alpha_2 + \tan \alpha_3\right)$$

于是

$$\alpha_{\mathrm{m}} = 32.2°$$

接下来分析升力系数和阻力系数。根据转子叶片的阻力特性，结合图 6.45 得

$$C_{\mathrm{drp}} = 0.015$$

接下来我们分析升力数据。由于题中并未给出，可以用下式进行估计：

$$C_{\mathrm{lr}} = 2\frac{s_{\mathrm{r}}}{C}\cos \beta_{\mathrm{m}}\left(\tan \beta_2 - \tan \beta_1\right) + C_{\mathrm{drp}} \tan \beta_{\mathrm{m}}$$

$$C_{\mathrm{lr}} = 2 \times 1.0 \cos(-32.2°) \times \left(\tan(-15.8°) - \tan(-44.3°) \right) + 0.015 \times \tan(-32.2°) = 1.164$$

二次流损失可用下式进行估计：

$$C_{\mathrm{drs}} = 0.018 C_{\mathrm{lr}}^2 = 0.025$$

环形流损失为

$$C_{\mathrm{dra}} = 0.020 \frac{s_{\mathrm{r}}}{h} = 0.015$$

于是，总阻力为

$$C_{\mathrm{drt}} = C_{\mathrm{drp}} + C_{\mathrm{drs}} + C_{\mathrm{dra}} = 0.055$$

根据转子上的阻升角定义，有

$$\tan \varepsilon_{\mathrm{r}} = \frac{C_{\mathrm{drt}}}{C_{\mathrm{lr}}} = 0.0473$$

根据角度定义，这一值为正，而且由于 ε_{r} 很小，有 $\varepsilon_{\mathrm{r}} = 0.0473 \mathrm{rad}$（弧度）。

类似地，结合图 6.45，对静子的阻力特性有

$$C_{\mathrm{dsp}} = 0.015$$

于是，根据下式：

$$C_{\mathrm{ls}} = 2 \frac{s_{\mathrm{s}}}{C} \cos \alpha_{\mathrm{m}} \left(\tan \alpha_2 - \tan \alpha_3 \right) - C_{\mathrm{dsp}} \tan \alpha_{\mathrm{m}}$$

得

$$C_{\mathrm{ls}} = 1.164$$

二次流损失预计为

$$C_{\mathrm{dss}} = 0.018 C_{\mathrm{ls}}^2 = 0.025$$

环形流损失为

$$C_{\mathrm{dsa}} = 0.020 \frac{s_{\mathrm{s}}}{h} = 0.015$$

总阻力为

$$C_{\mathrm{dst}} = C_{\mathrm{dsp}} + C_{\mathrm{dss}} + C_{\mathrm{dsa}} = 0.055$$

再由静子上的阻升角定义，有

$$\tan \varepsilon_{\mathrm{s}} = -\frac{C_{\mathrm{dst}}}{C_{\mathrm{ls}}} = -0.0473$$

这一值为负是由该角度定义所致，而且由于 ε_{s} 很小，有 $\varepsilon_{\mathrm{s}} = -0.0473 \mathrm{rad}$。

最终，由下式可预测效率：

$$\eta = \phi \left(\left(\frac{\%R - \phi \varepsilon_{\mathrm{r}}}{\phi + \varepsilon_{\mathrm{r}} \%R} \right) + \left(\frac{1 - \%R + \phi \varepsilon_{\mathrm{s}}}{\phi - \varepsilon_{\mathrm{s}} (1 - \%R)} \right) \right)$$

$$\eta = 0.794 \left(\left(\frac{0.50 - 0.794 \times 0.0473}{0.794 + 0.0473 \times 0.50} \right) + \left(\frac{1 - 0.50 + 0.794 \times 0.0473}{0.794 - 0.0473 \times (1 - 0.50)} \right) \right) = 0.898$$

因此，在题中所给的转子和静子、攻角条件下，流量系数为 0.794，效率为 89.8%。

接着，当攻角在–12°~12°范围内变化时，重复上述过程。由于计算流程完全一致，此处就不再赘述，仅给出最终结果。在图 6.46 中，我们给出了效率和流量系数随攻角的变化曲线。从图中可以看出，当攻角在 5.5°时取得最大效率，而并非在 0°时。尽管在攻角为 0°时阻力最小，但是随着攻角的增加，升力明显增大，进而使 ε 减小——至少当攻角为较小正值时。图 6.47 中绘制了效率和升力与阻力之间的阻升角（ε）的曲线。最佳流量系数为 0.72，ε 取最小值对应效率最大，为 0.046。但是，从图 6.39 和图 6.40 可以看到，当 ε 取 0.04~0.05 的常数时，ϕ 的最优值明显低于 0.5。从图 6.47 中可以明显看到，随着流量系数在最优值以下减小，ε 快速增大，这样意味着效率减小。因此，如 6.11.4 节中我们曾分析的，效率实际上是独立变量 ϕ 和 ε 的函数。在本例中，将 ϕ（独立于 ε）从 0.794 开始减小，效率也会增大。但是，这种改变也会增加 ε，使得效率减小。另外在本例中，我们用到了给定叶片形状的二维叶栅的气流偏转角和阻力数据，并计算了升力。但是，为更精确地判断级特性(包括效率)，CFD 无疑是最好的方法。

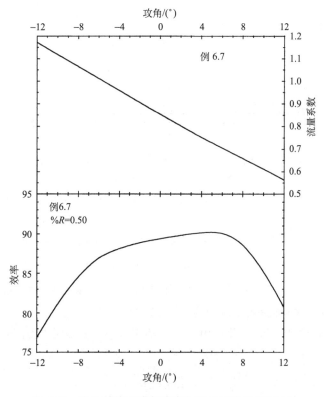

图 6.46　流量系数和效率随攻角的关系曲线(例 6.7)

6.11.7　其他经验

经验表明，可用单一的图像来联系不同叶片形状不同条件下的大部分数据。因此，当缺乏特定的数据时，我们可使用一般相关性数据进行预估。例如，当叶栅出口/进口面积比过大（Δp 太大）时，就会出现气流分离。由于这一面积比和偏转角直接相关，对于给定的叶

栅，我们可定义失速偏转角为发生气流分离时的偏转角度。由该定义，额定气流偏转角为

$$\hat{\delta}=0.80\delta_{\text{stall}} \tag{6.11.96}①$$

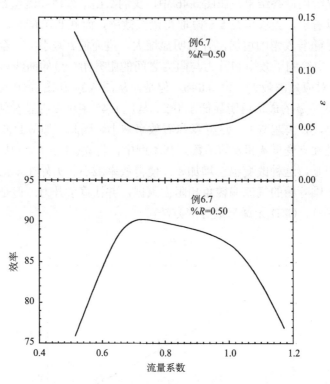

图 6.47　阻升角和效率随流量系数的关系曲线(例 6.7)

利用这一定义，并结合包含失速条件等拓展数据，可将图 6.44 中的数据和类似的经验数据图进行简化，得到图 6.48。图中，对于转子叶片和静子叶片，额定气流偏转角都是额定出气角的函数。根据本书采用的符号定义，转子叶片的额定出气角为 $-\hat{\beta}_2$，静子叶片的额定出气角为 $\hat{\alpha}_3$。而且，转子叶片的额定气流偏转角为 $\hat{\delta}_{12}$，静子叶片的额定气流偏转角为 $-\hat{\delta}_{23}$。图中的数据并非进气角或叶片形状的函数。接下来的所有计算采用这一额定气流偏转角与其他额定条件(气流角、攻角等)作为参考。

接着，由 Howell(1945a)，叶片出口处气流偏离叶片的额定气流偏离角(或落后角)可由如下经验公式给出：

$$\hat{\xi}=m\delta'\sqrt{\frac{s}{C}} \tag{6.11.97}$$

于是，对静子，$\hat{\xi}=\alpha_3'-\hat{\alpha}_3$；而对转子，$\hat{\xi}=\beta_2'-\hat{\beta}_2$。$\delta'$ 的值就是叶片的偏转角；也就是说，对静子叶栅 $\delta'=\alpha_3'-\alpha_2'$，对转子叶栅 $\delta'=\beta_2'-\beta_1'$。$m$ 的值也由 Howell(1945a)描述为

$$m=0.23\left(\frac{2a}{C}\right)+0.1\left(\frac{\hat{\chi}_{\alpha\beta}}{50}\right) \tag{6.11.98}$$

---

① 译者注：原文此处方程编号为(6.11.101)，根据上下文应为(6.11.96)，本节后面公式依次类推。

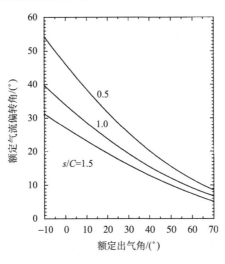

图 6.48　经验额定气流偏转角随额定出气角和一般情况栅距-弦长比数据关系曲线
【源于 (Howell, 1945a), 经机械工程师学会许可】

式中, a 为叶片前缘到最大弯度位置的距离, 如图 6.6(a) 所示。而且对静子级, $\hat{\chi}_{\alpha\beta}$ 的数值与 $\hat{\alpha}_3$ 的绝对值相等; 对转子级, $\hat{\chi}_{\alpha\beta}$ 的数值与 $\hat{\beta}_2$ 的绝对值相等。当进行快速计算或 a 的数值未知时, 可取 $m \approx 0.26$。

最后, 图 6.49 中描述了无量纲化气流偏转角 $\delta/\hat{\delta}$ 与无量纲化实际攻角和额定攻角差值 $(\iota-\hat{\iota})/\hat{\delta}$ 之间的关系。从图 6.49 可以看出, 无量纲化气流偏转角与 s/C 无关, 且在很大的范围内与几何形状无关。注意, 当攻角与额定攻角为 0° 时, 气流偏转角等于额定值 $\delta/\hat{\delta} = 1$。图 6.49 中还给出了广义阻力系数 C_D[1] 随 $(\iota-\hat{\iota})/\hat{\delta}$ 的关系。

通过如下的多项式对图 6.48 和图 6.49 进行曲线拟合, 可方便开展计算。相关参数的值已在表 6.4 中列出。

表 6.4　多项式系数参数表

s/C	a_1	a_2	a_3	b_1	b_2	b_3	b_4	b_5
0.5	46.4	−0.819	0.0041	1.009	0.971	−0.727	−0.860	0.281
1.0	34.1	−0.553	0.0025	1.009	0.971	−0.727	−0.860	0.281
1.5	26.9	−0.400	0.00125	1.009	0.971	−0.727	−0.860	0.281

s/C	c_1	c_2	c_3	c_4	d_1	d_2	d_3
0.5	0.0185	−0.0118	0.0606	0.0389	0.118	0.063	1.00
1.0	0.0143	0.00076	0.0538	0.0429	0.118	0.063	1.00
1.5	0.0117	0.00736	0.0535	0.0440	0.118	0.063	1.00

---

[1] 译者注：原文为 C_{dp}, 结合上下文应为 C_D。

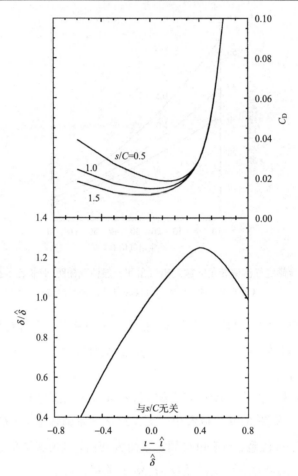

图 6.49　标准化气流偏转角和广义阻力系数随标准化进气角和栅距-弦长比的关系曲线【源于（Howell，1942）】

$$\hat{\delta} = a_1 + a_2\hat{\alpha} + a_3\hat{\alpha}^2 \tag{6.11.99}$$

$$\delta/\hat{\delta} = b_1 + b_2\left(\frac{\iota - \hat{\imath}}{\hat{\delta}}\right) + b_3\left(\frac{\iota - \hat{\imath}}{\hat{\delta}}\right)^2 + b_4\left(\frac{\iota - \hat{\imath}}{\hat{\delta}}\right)^3 + b_5\left(\frac{\iota - \hat{\imath}}{\hat{\delta}}\right)^4 \tag{6.11.100}$$

$$C_D = c_1 + c_2\left(\frac{\iota - \hat{\imath}}{\hat{\delta}}\right) + c_3\left(\frac{\iota - \hat{\imath}}{\hat{\delta}}\right)^2 + c_4\left(\frac{\iota - \hat{\imath}}{\hat{\delta}}\right)^3, \quad \left(\frac{\iota - \hat{\imath}}{\hat{\delta}}\right) \leqslant 0.4 \tag{6.11.101}$$

$$C_D = d_1 + d_2\left(\frac{\iota - \hat{\imath}}{\hat{\delta}}\right) + d_3\left(\frac{\iota - \hat{\imath}}{\hat{\delta}}\right)^2, \quad \left(\frac{\iota - \hat{\imath}}{\hat{\delta}}\right) \leqslant 0.4 \tag{6.11.102}$$

　　图 6.49 中的广义函数关系对很多非常有用的结论都是合理的。但毫无疑问的是，对于特定的叶片和机匣，存在偏转角数据可用时——如图 6.43 和例 6.7 中的特定数据，特定叶栅的试验性阻力数据和升力数据或者所有这些数据——都应使用这些数据替代一般化的经验数据。

6.11.8　一般方法的使用

　　本节综合前面所述的内容，并结合这些方法和结论来分析单级的性能。为便于分析，我们假设叶片的角度是已知的，因为它们是在设计过程中的一部分，或者我们要分析的级已经是已有的叶片。叶片外形、叶高、弦长、栅距、到最大弯度的距离以及流量系数都假设已知。

Howell（1942，1945a）曾提出并证明了一整套技术。这一方法利用叶片的几何参数，从确定额定气流偏转角 δ 和额定气流偏离角 $\hat{\xi}$ 开始。接着利用额定气流偏转角和额定气流偏离角确定 $\hat{\beta}_1$、$\hat{\beta}_2$、$\hat{\alpha}_2$ 和 $\hat{\alpha}_3$ 等参数。由式（6.11.103）可求得额定攻角 $\hat{i}_1$ 和 $\hat{i}_2$：

$$\hat{\beta}_1 = \beta_1' - \hat{i}_1 \tag{6.11.103}$$

和

$$\hat{\alpha}_2 = \alpha_2' - \hat{i}_2 \tag{6.11.104}$$

再由以下公式求得 i_1 和 i_2：

$$\beta_1 = \hat{\beta}_1 - (i_1 - \hat{i}_1) \tag{6.11.105}$$

$$\alpha_2 = \hat{\alpha}_2 - (i_2 - \hat{i}_2) \tag{6.11.106}$$

尽管已知额定气流偏转角，但实际气流偏转角是未知的。从图 6.49 中我们可以得到实际的气流偏转角，并利用这一参数来确定实际的气流角度 β_2 和 α_3。至此，我们就可确定全部的气流角度，进而可求得流量系数和反力度，而且还能求得升力系数。接着，我们还可求得不同阻力系数的和。进一步可求取阻升比，从而确定阻升角。最后，我们还可利用这些角度求出效率、反力度和流量系数。软件"COMPRESSORPERF"中包含了本节的所有概念，而且借助该软件可直接求得最终的结果。

6.12　小　　结

本章我们分析了严格轴流式压气机和风扇的热力学。压气机或风扇的基本工作原理是通过旋转叶片来增加进入的气流的动能，再将增加的能量转化为气流的总压。对压气机而言，其出口的高压气流进入燃烧室，而燃烧室内的高效燃烧正需要这样的条件。对于分开排气的风扇，其出口气流流入外涵喷管，直接产生推力。我们在本章中讨论了基本轴流式压气机的几何外形和部件，还定义了影响压气机性能的重要几何参数。气流在交替成排的转子叶片和静子叶片中流动。我们还介绍了用以分析这类叶轮机械的速度三角形和速度多边形，借助速度三角形可实现从旋转坐标系到静止参考坐标系的转换，反之亦可。尽管风扇和压气机的几何参数（尤其是叶片外形）和工作性能相差悬殊，但是其热力学和流体力学基础是相同的。为分析压气机，我们首先假设气流为二维气流，速度的径向分量非常小。在这些几何参数的基础上，采用控制体方法，我们推导出了可分析级性能的工具。通过利用连续性方程、动量方程和能量方程，可得到总压比、反力度与其他参数。本章中我们还分析了不可压缩气流的情况。转速、转子叶片和静子叶片的偏转角对性能有很大的影响。尽管级总压比非常重要，我们还定义了反映转子叶片组与静子叶片组相对负载的参数——反力度——由于径向振动与气流的压缩性，这一参数通常大于 50%。而且我们还分析了从转子到静子，气流分离（导致喘振）之前的极限因素。通常，基于叶片和机匣的几何结构，在设计时充分考虑工作的马赫数和压力系数可有效对这些因素进行控制。而且，我们还讨论了压气机的特性曲线，通过这些曲线可精准地描述压气机的重要工作特性。虽然特性曲线是量纲化的，但它们是基于对压气机特性的量纲化分析的。本章我们还介绍了获取叶栅、压气机和风扇特性曲线的试验方法。特性曲线上最重要的四个参数是：压比、效率、喘振线和工作线。例如，如果已知换算转速和气流流量，从特性曲线就可得到效率和压比。本章我们还介绍了改进非设计点性能的方法，如可调导叶和多轴设计。基本上说，这些更复杂的机构使叶栅可以在很宽泛的条件内以很小的攻角工作，从而在大范围内直接提升了效率。为分析由径向平衡引起的三维气流，我们引入了一种更复杂(高级)的流线分析方法。随着叶片长度的增加，这种方法变得更加重要。对于更长的叶片，需要考虑明显的叶根-叶尖扭转和弯曲变化。在本章最后，鉴于叶栅由一系列类似机翼的叶片组成，我们利用叶片级的升力系数和阻力系数以及其他经验数据来分析和优化不可压缩气流下的效率，包括随着叶片攻角变化时效率的变化。当反力度约为50%时，级效率为最优；而随着反力度偏离这一数值，效率并不会快速降低。对于不可压缩气流，采用这种方法可极大地协助分析压气机级性能与基本翼型(静子叶片或转子叶片)特性之间的关系，并用来指导通过选择合适叶片形状和稠度，或者增加前缘攻角来优化效率。通过本章分析，我们给出了压气机设计的指导方针，并要求读者能判断压气机级的工作是否合理。

本章符号表

A	面积	N	转速
a	声速	p	压力
a	叶片前缘到最大弯度的距离	P	功率
a	"等反力度"系数	$\dot{Q}$	热流量
b	"等反力度"系数	Q	体积流率
c	绝对速度	R	理想气体常数
c_p	比定压热容	R	半径
C	弦长	$\%R$	反力度
C_d	阻力系数	r	圆弧的半径
C_l	升力系数	s	叶片间距或栅距
C_p	压力系数	T	力矩
D	直径	T	温度
F	力	t	叶片高度
g	重力加速度	u	比内能
h	比焓	U	叶片速度
i	径向截面(流线型分析)	v	比体积
j	轴向截面(流线型分析)	w	相对速度
$\dot{m}$	质量流量	$\dot{W}$	功率
m	经验常数(方程(6.11.98))	α	绝对(静子)角
		β	相对(转子)角
M	马赫数	$\hat{\chi}_{\alpha\beta}$	方程(6.11.98)中参数

γ	比热容比	θ	温度与标准温度之比
δ	气流偏转角	ι	攻角
δ	压力与标准压力之比	ξ	偏差
ε	升力和阻力之间的角	ρ	密度
κ	自由涡流常数	τ	偏转系数
ς	总压损失	ϕ	流量系数
η	效率	ω	转速

本章脚标表

a	自由来流	r	排斥的
e	尾喷管	s	外涵
f	燃油	t	总的
in	部件内部	th	热的
k	推力	x	x 方向
out	部件外部	1,2,3	控制体
net	净循环	1,$\cdots$,5	循环截面
p	螺旋桨		

习　题

6.1　分析一个压气机级。转速为 12400r/min，压缩的气流流量为 120lbm/s。进口压力和温度分别是 140psi 和 900°R。叶片的平均半径是 8.0 in，进口叶片高是 1.15in。转子叶片的绝对进口角与静子叶片的绝对出口角相等（18°），转子叶片的气流偏转角（δ_{12}）是 17°。压气机级设计时叶片高度是变化的，级气流轴向速度为常数。级效率是 88%。$c_p = 0.2483\mathrm{Btu/(lbm \cdot °R)}$，$\gamma = 1.381$。求：

(1)转子和静子出口的叶片高度；

(2)转子和静子的出口静压；

(3)级总压比；

(4)静子叶片的偏转角；

(5)级所需功率；

(6)级反力度。

6.2　分析一个压气机级。转速为 12400r/min，压缩的气流流量为 120lbm/s。进口气流压力和温度分别是 140psi 和 900°R。叶片的平均半径是 8.0in，进口叶片高是 1.15in。转子叶片的绝对进口角与静子叶片的绝对出口角相等（18°），且反力度等于 0.500。压气机级设计时叶片高度是变化的，级气流轴向速度为常数。级效率是 88%。$c_p = 0.2484\mathrm{Btu/(lbm \cdot °R)}$，$\gamma = 1.381$。求：

(1)转子和静子出口的叶片高度；

(2)转子和静子的出口静压；

(3)级总压比；

(4)静子叶片的偏转角；

(5)转子叶片的偏转角；

(6) 级所需功率。

6.3 分析一个压气机级。转速为 12400r/min，压缩的气流流量为 120lbm/s。进口压力和温度分别是 140psi 和 900°R。叶片的平均半径是 8.0in，进口叶片高是 1.15in。转子叶片的绝对进口角与静子叶片的绝对出口角相等(18°)，且总压比等于 1.200。压气机级设计时叶片高度是变化的，级气流轴向速度为常数。级效率是 88%。$c_p = 0.2484$Btu/(lbm·°R)，$\gamma = 1.381$。求：

(1) 转子和静子出口的叶片高度；

(2) 转子和静子的出口静压；

(3) 静子叶片的偏转角；

(4) 转子叶片的偏转角；

(5) 级所需功率。

6.4 分析一个标准温度和压力下的压气机级，该压气机级与一个老式低压压气机的第一级(转子和静子)尺寸相近。转速为 7500r/min，压缩的气流流量为 153lbm/s。进口压力和温度分别是 31.4psi 和 655°R。叶片的平均半径是 14.4 in，进口面积为 507in²。转子叶片的绝对进口角与静子叶片的绝对出口角相等(37°)，且，转子叶片上的气流偏转角(δ_{12})是 13°。压气机级设计时叶片高度是变化的，级气流轴向速度为常数。级效率是 88%。$c_p = 0.2425$Btu/(lbm·°R)，$\gamma = 1.394$。

(1) 如果气流是可压缩的，求：①转子和静子出口的叶片高度；②转子和静子的出口静压；③级总压比；④静子叶片的偏转角；⑤级所需功率；⑥级反力度。

(2) 如果气流不可压缩且密度等于 0.004slug/ft³，求：①转子和静子出口的叶片高度；②转子和静子的出口静压；③级总压比；④静子叶片的偏转角；⑤级所需功率；⑥级反力度。

(3)①如果气流量下降到 123lbm/s，对可压缩气流，低压压气机进口导叶角度应调整为多少才能使气流与转子叶片的进口角度相匹配？②为了使转子出口的气流与静子叶片角度相匹配，静子叶片角应该调整多少度？

6.5 分析标准温度和压力下一个高压压气机的第一级。转速为 10500r/min，压缩的气流流量为 120lbm/s。进口压力和温度分别是 62.0psi 和 745°R。叶片的平均半径是 10.6 in，进口叶片高度为 2.47in。转子叶片的绝对进口角与静子叶片的绝对出口角相等(29°)，且，转子叶片上的气流偏转角(δ_{12})是 21°。压气机级设计时叶片高度是变化的，级气流轴向速度为常数。级效率是 86%。$c_p = 0.2448$Btu/(lbm·°R)，$\gamma = 1.389$。

(1) 如果气流是可压缩的，求：①转子和静子出口的叶片高度；②转子和静子的出口静压；③级总压比；④静子叶片的偏转角；⑤级所需功率；⑥级反力度；⑦转子和静子的压力系数。

(2) 如果气流不可压缩且密度是 0.00698slug/ft³，求：①转子和静子出口的叶片高度；②转子和静子的出口静压；③级总压比；④静子叶片的偏转角；⑤级所需功率；⑥级反力度；⑦转子和静子的压力系数。

(3)①如果空气流量下降到 78lbm/s(65%的流量)，对可压缩气流，高压压气机进口导叶角度应调整为多少才能使气流与转子叶片的进口角度相匹配？②为了使转子出口的气流与静子叶片角度相匹配，静子叶片角应该偏转多少度？

6.6 分析一个标准温度和压力下的压气机级，该压气机级与一个老式高压压气机的最后一级(转子和静子)尺寸相近。转速为 8000r/min，压缩的气流流量为 280lbm/s。中跨处进口压力和气流密度分别是 31.4psi 和 0.01742slug/ft³。叶片的平均半径是 13.2 in，叶片高度为 1.24in。中跨处转子叶片的绝对进口角与静子叶片的绝对出口角相等(15°)，且转子叶片上的绝对出气角为 42.79°。对含径向平衡条件的不可压缩气流，可以发现如下变量是半径的函数：转子和静子出口的静压、总压和轴向速度，转子叶片和静子叶片的偏转角，级所需功率和级反力度。求解如下条件：

(1)假设气流为自由涡流(利用一个环)；

(2)假设气流为自由涡流(利用三个环)；

(3)假设沿径向的绝对气流角和效率(90%)是固定的(利用三个环)。

6.7 如果一个压气机级中转子叶片的阻升比为 0.042 且静子叶片的阻升比为 0.038，从这一级中的最大效率是多少？最大效率时流量系数等于多少？

6.8 分析一个设计流量系数等于 0.48 的压气机级的效率。静子叶片偏转角等于 22.00°，而转子叶片的偏转角等于 19.00°。已知静子叶片和转子叶片的属性且叶片翼型的升力系数和阻力系数见图 6.P.1。该雷诺数非常大。叶片间的间距也非常大，因此可以将叶栅当作单个叶片进行处理。设计时，级转子和静子的攻角分别是 6.00°和 6.00°。我们可以认为这是一个压气机的中间级，且上游和下游都有类似的压气机级。为了简化计算，我们还可以假设偏转角不会随攻角变化。求流量分别是①100%；②130；③70%时的级效率。

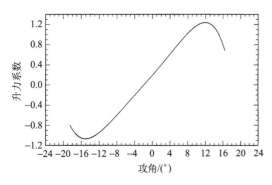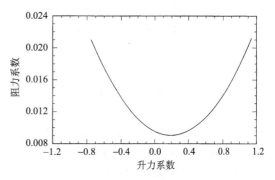

图 6.P.1　近似 NACA 4212 叶片的升力系数和阻力系数

6.9 设计一个压气机级(包含转子和静子)，其与高压压气机的中间级的尺寸相似。转子转速为 12000r/min，压缩 100lbm/s 的气流。级进口气流压力和温度分别是 120psi 和 1000°R。叶片的平均半径是 12.0in，级效率是 86%。请明确描述出设计目标和并完成该级的设计过程。完成之后进行初步检查设计目标是否实现并画出叶片的几何结构图。

6.10 分析一个轴流式压气机。我们考虑一组转速为 9000r/min 的转子叶片。平均直径是 27in 且气流穿过压气机时的轴向速度是 750ft/s。上一级静子的出口角度是 13°，转子叶片的偏转角是 26°。求反力度。

6.11 在一个轴流式压气机中，如果跨过一级时气流速度的轴向分量为常数，跨过那一级时马赫数会下降。

(1)这是为什么？

(2)如果允许在多级中出现这种现象，为什么这会是一个非常糟糕的设计？

6.12 分析一个轴流式高压压气机的第一级(含转子和静子)。转速为 9600r/min，压缩 155lbm/s 的空气，进口压力和温度分别是 50psi 和 740°R 叶片的平均半径是 11.1in，叶片高度是 2.15in，转子的绝对进气角与静子出口角(18°)相等且转子气流偏转角为 22°。压气机级设计时叶片高度是变化的，且跨每一组叶片时气流轴向速度增加 2%。级效率是 87%。$c_p = 0.2446\text{Btu/(lbm·°R)}$，$\gamma = 1.389$。求：

(1)静子叶片的出口总压；

(2)级所需功率；

(3)级反力度。

6.13 分析一个轴流式压气机中一级的速度三角形。气流质量流量是160lbm/s，进口压力是150psi，进口温度是1000°R，进口气流密度是0.405lbm/ft³，叶根半径是5.0in，叶尖半径是7.5 in，转子进口和静子出口的绝对气流角是20°，转子叶片的偏转角是22°，转速是14000r/min，且级气流的轴向速度保持不变。

(1)绘制转子叶片进口和出口的速度三角形，并标注出所有的重要的速度和角度量级。可以假设气流是二维气流；

(2)评估反力度；

(3)对一个三维分析，如果气流如下，定量画出转子叶片出口的轴向速度属性：

①自由涡流；

②如果绝对气流角等于常数 r。

6.14 分析一个在海平面运行的风扇第一级的设计提案，其尺寸与一个老式发动机类似。总空气质量流量是260lbm/s，转速为9300r/min。风扇转子的进口压力是21 psi，温度是540°R。叶根和叶尖半径分别是6.8 in 和18.9 in。利用进口导叶使进口气流相对轴向的气流角（α_1）是35°。转子叶片的偏转角是20°，第一级静子叶片的出口角（α_3）是35°。假设沿轴向级气流速度不变，效率是100%。求：① α_2；② %R；③ p_{t3}/p_{t1}；④评判该设计的成功可能性。

6.15 在海平面标准气温和标准压力下，穿过一个发动机整流罩的总气流流量等于1560 lbm/s，该发动机的尺寸与一个商用发动机相似。风扇级没有进口导叶但是有出口导叶。出口导叶本质上类似于静子叶片。出口导叶的绝对出口角是0°。叶片的外圈半径是48 in，轮毂半径是20 in，转速是3650 r/min。转子的偏转角是11°，级效率是89%。假设沿轴向气流速度不变。

(1)绘制转子叶片进口、转子叶片出口，出口导叶进口和出口导叶出口的平均中径的速度三角形。

(2)出口导叶的偏转角等于多少？

(3)跨转子叶片的总压增量等于多少？

(4)你认为气流中的三维特性明显吗？为什么？

(5)绘制转子叶片进口、转子叶片出口、出口导叶进口和出口导叶出口的叶根和叶尖的速度三角形。

6.16 分析一个尺寸类似于老式风扇第一级(进口导叶、转子叶片和静子叶片)的压气机级。转速为9300r/min，压缩260lbm/s的空气。在中跨附近转子进口气流压力和密度分别是21psi和0.00326 slug/ft³。叶片的平均半径是 12.85in，叶高是 12.1in。在中跨附近，转子叶片的绝对进气角等于静子叶片的出气角(35°)且转子叶片出气角是61.64°。对含径向平衡条件的不可压缩气流，可以发现如下变量是半径的函数：转子叶片和静子叶片出口的静压和总压，转子叶片和静子叶片的偏转角，级所需功率和级反力度。求解如下条件：

(1)假设气流为自由涡流(利用一个环)；

(2)假设气流为自由涡流(利用三个环)；

(3)假设沿径向的绝对气流角和效率(90%)是固定的(利用三个环)。

6.17 设计一个尺寸与现代高压压气机中间级相当的压气机级。转子转速为14500r/min，压缩的核心机气流流量为135 lbm/s。级进口压力和温度分别约为190psi 和1150°R。这一级叶片平均的半径为8.50 in。级效率约为87%。压气机有 13 级，且整个压机的总压比为24.0。请明确描述出设计目标和并完成该级的设计过程。完成之后进行初步检查设计目标是否实现并画出叶片的几何结构图。

6.18 一个轴流式压气机级的转速为12000r/min，平均半径为9in，进口叶片高1.1in。转子叶片绝对进气角与静子叶片的绝对出气角相等(相对于轴向为40°)。转子叶片的偏转角是33°，级效率是89%。气流的轴向速度为定值，等于724ft/s。气流进口温度和压力分别是950°R 和135psi，级总压比是1.227，比定压热容是 0.249 Btu/(lbm·°R)，比热容比为 1.380。

(1) 准确地画出速度三角形；

(2) 求反力度；

(3) 求静子叶片的偏转角；

(4) 这是否是一个好的设计？为什么？请详细说明。

(5) 如果设计不合理，应怎样改进？请详细说明。

6.19　一个轴流式压气机级，转速为 9500r/min，平均半径为 8.20in。叶片高度为 1.20 in。转子叶片的绝对进气角与静子叶片的绝对出气角相等（相对于轴向为 0°）。转子叶片的偏转角是 20°，级效率是 87%。质量流量是 100 lbm/s 且气流的轴向速度为定值，等于 863ft/s。进口气流温度和压力分别是 900°R 和 90 psi，级总压比 1.149。比定压热容是 0.248 Btu/(lbm·°R)，比热容比是 1.381。

(1) 准确地画出速度三角形；

(2) 求反力度；

(3) 求静子叶片的偏转角；

(4) 这是否是一个好的设计？为什么？请详细说明。

(5) 如果设计不合理，应怎样改进？请详细说明。

6.20　一个轴流式压气机级开始工作时的反力度是 50%。但是在随后的测试中增大转速。如果上一级静子和该级静子的绝对出气流不变，转子叶片的偏转角也不变，质量流量也不变。反力度将如何变化？结合速度三角形进行解释。

6.21　设计一个尺寸与现代军用高压压气机中最后一级相当的压气机级（转子和静子）。转子转速为 14500r/min，发动机的推力需求表明高压压气机压缩的核心机气流流量为 146lbm/s。级进口气流压力和温度分别约为 480psi 和 1410°R。这一级叶片平均的半径为 8.0in。级效率约为 89%。压气机有 13 级，且整个压机的总压比为 32.0。请明确描述出设计目标和并完成该级的设计过程。完成之后初步检查设计目标是否能够实现，并画出叶片的几何结构图。

6.22　一个轴流式压气机级转速为 11500r/min。平均叶片半径是 7.35 in，进口叶片高度 1.75 in。转子叶片的绝对进气角与静子叶片的绝对出气角相等，相对于轴向为 20°。转子叶片的偏转角是 28°，级效率是 88%。质量流量是 80lbm/s。气流以 904ft/s 的轴向速度进入级中，跨过转子之后增加 3%，跨过静子之后再增加 3%。进口气流温度和压力分别是 770°R 和 45psi。比定压热容是 0.245Btu/(lbm·°R)，比热容比是 1.389。级消耗功率为 1562hp。

(1) 准确地画出速度三角形；

(2) 求反力度；

(3) 求总压比；

(4) 求静子叶片的偏转角；

(5) 这是否是一个好的设计？为什么？请详细说明。

(6) 如果设计不合理，应怎样改进？请详细说明。

6.23　一个轴流式压气机级转速为 11500r/min。平均叶片半径是 7.35 in，进口叶片高度 1.75in。转子叶片的绝对进气角与静子叶片的绝对出气角相等，相对于轴向等于 20°。转子叶片的偏转角是 24°，级效率是 88%。质量流量是 80lbm/s。气流以 904ft/s 的轴向速度进入级中，跨过转子之后增加 3%，跨过静子之后再增加 3%。进口气流温度和压力分别是 770°R 和 45psi。比定压热容是 0.245Btu/(lbm·°R)，比热容比是 1.389。级消耗功率为 1345hp。

(1)准确地画出速度三角形；

(2)求反力度；

(3)求总压比；

(4)求静子叶片的偏转角；

(5)这是否是一个好的设计？为什么？请详细说明。

(6)如果设计不合理，应怎样改进？请详细说明。

6.24 分析一个在海平面工作的发动机风扇的第一级，其尺寸与一个老式军用发动机相当。总空气质量流量是260lbm/s，转速为9300 r/min。风扇转子的进口气流压力是21psi，温度是540°R。进口叶根半径和叶尖半径分别是 6.8in 和18.9in。通过进口导叶使进口气流相对于轴向的角度(α_1)是45°。转子叶片的偏转角是12°。最后第一排静子叶片的出口角(α_3)也是45°。假设气流的轴向速度不变，且效率为90%。求：① α_2；② %R；③ p_{t3}/p_{t1}。

6.25 分析一个类似于高压压气机第一级(转子和静子)的压气机级。转速为10500r/min，压缩120lbm/s的空气。在中跨附近转子叶片进口气流压力和密度分别是 62.0 psi 和 0.00698slug/ft³。叶根和叶尖直径分别是 18.756in 和 23.676in。在中跨附近，转子叶片的绝对进气角等于静子叶片的出气角(29°)，转子的绝对出气角是53.60°。入口处气流的总压是均匀的。对含径向平衡条件的不可压缩气流，可以发现三个轴向截面上如下变量是半径的函数并绘制它们的曲线：转子叶片和静子叶片出口的静压和总压，转子叶片和静子叶片的偏转角，级所需功率和级反力度。求解如下条件：

(1)假设气流为自由涡流(利用一个环)；

(2)假设气流为自由涡流(利用三个环)；

(3)假设沿径向的绝对气流角和效率(86%)是固定的(利用三个环)。

6.26 分析一个类似于高压压气机第一级(转子和静子)的压气机级。转速为10500r/min，压缩120lbm/s的空气。气流密度为0.00698slug/ft³且假设气流是不可压缩的。叶根和叶尖直径分别是18.756in 和 23.676in。沿直径方向效率不变且等于86%。级压力和轴向速度如下表所示。假设所有三个截面处都满足平衡条件，求转子叶片进口、转子叶片出口和静子叶片出口的绝对气流角分布。并求每一个环的反力度。绘制气流角和反力度随半径的函数曲线。

	直径/ft	c_a/(ft/s)	p/psi	p_t/psi
	1.563	496.86	59.93	67.33
转子进口	1.762	471.73	60.30	67.33
	1.973	443.96	60.69	67.33
	1.563	531.31	64.84	81.82
转子出口	1.756	474.25	67.18	82.53
	1.973	419.67	69.48	83.57
	1.563	468.01	75.25	81.82
静子出口	1.769	467.41	75.61	82.53
	1.973	473.45	76.02	83.57

6.27 测试一个完整的压气机，并监测内部总压和总温度。气流流量是受控的。压气机中一级的试验数据如下表所示。根据这些数据绘制压气机的换算特性曲线，包括总压比和等效率曲线。

$\dot{m}$ /(lbm/s)	p_{t1}/psi	T_{t1}/°R	p_{t3}/psi	T_{t3}/°R	N/(r/min)
126.5	20	600	20	600	4301
127.9	22.9	624	24.5	640	4385
119.6	24.3	634	26.8	657	4422
107.6	25.1	640	28.1	670	4442
97.7	25.4	642	28.6	676	4449
97.6[a]					
273.5	30	650	30	650	6715
293.6	35.3	681	38.3	706	6873
286.4	41.1	711	48	748	7023
269.1	42.3	717	50.2	763	7052
249.3	43.2	721	51.8	778	7073
249.2[a]					
465.3	40	710	40	710	9357
526.0	48.4	750	53.2	784	9615
564.3	56.6	784	67.4	840	9834
554.0	63.6	811	80.2	884	9998
526.1	67.2	823	87.1	919	10077
526.0[a]					

a 表示喘振。

6.28 一个轴流式压气机级的转速为 9000r/min，平均叶片半径是 11.0in（即叶片速度为 864ft/s），进口叶片高度是 0.80 in。在固定参考坐标系中，气流沿轴向进入转子叶片且沿轴向从静子叶片出口排出。转子气流偏转角是 20°，级效率是 90%。质量流量是 175lbm/s；气流的轴向速度为定值，等于 938ft/s。进口气流静温和压力分别是 1000°R 和 180psi。级消耗功率为 4038hp。比定压热容是 0.251Btu/(lbm·°R)，比热容比是 1.375。试对如下设计进行评估：

(1) 准确绘制速度三角形；

(2) 求反力度；

(3) 求总压比；

(4) 求静子叶片的偏转角；

(5) 这是否是一个好的设计？为什么？请详细说明。

(6) 如果设计不合理，应怎样改进？请详细说明。

6.29 一个轴流式压气机级开始工作时的反力度是 50%。但是在随后的测试中降低气流质量流量。分析时如果转子的绝对进气角和静子的绝对出气角不变，转子叶片的偏转角也不变。如果转速也不变反力度将如何变化？结合速度三角形进行解释。

6.30 分析一个类似于高压压气机第一级（转子和静子）的压气机级。转速为 10500r/min，压缩 120lbm/s 的空气。进口压力和温度分别是 62.0psi 和 745°R。叶片的平均半径是 10.6in，进口叶片高 2.47in。转子叶片的绝对进气角等于静子叶片的出气角（29°），且转子中的气流偏转角（δ_{12}）是 21°。设计时叶片高度是变化的，而气流的轴向速度不变。级效率是 86%。

(1) 求：① 气流角；② 转子和静子出口的叶片高度；③ 转子和静子出口的静压；④ 级总压比；⑤ 静子偏转角；⑥ 级所需功率；⑦ 转子和静子的压力系数。在设计点下进行分析。

(2) 如果将转速下降为非设计点的 8500r/min，要使转子进口气流零攻角，气流流量应等于多少？利用

(1)中已经求出来的转子进口角和叶片高度。如果效率不变，再次级总压比。

(3)如果将转速增加到非设计点的 12500r/min，要使转子进口气流零攻角，气流流量应等于多少？利用(1)中已经求出来的转子进口角和叶片高度。根据(1)、(2)、(3)绘制总压比随质量流量的曲线。这条曲线说明了什么？

(4)对另一个非设计点，如果气流的质量流量下降到100lbm/s，而转速保持为 10500r/min 不变，绝对进气角(α_1)和出气角(α_3)不变，相对转子出气角(β_2)不变。由于攻角增大，效率下降为 70%。再次求级总压比。

(5)对另一个非设计点，如果气流的质量流量下降到140lbm/s，而转速保持 10500r/min 不变，绝对进气角(α_1)和出气角(α_3)不变，相对转子出气角(β_2)不变。效率下降为 70%。再次求级总压比。根据(1)、(4)、(5)绘制总压比随质量流量的曲线。这条曲线说明了什么？

6.31 一个压气机级的反力度为 50%，转子叶片的相对进气角是-45°，相对出气角是-5°。静子叶片的进气角是 45°，出气角是 5°。最大弯度在弦长的33%位置，栅距-弦长比为1.2，栅距-叶高比为0.8。当气流系数在 0.45~1.25 时，求气流角并求效率和攻角随气流系数的变化函数。

6.32 一个压气机级转子叶片的相对进气角是-45°，相对出气角是-5°。静子叶片进气角是 45°，出气角是 5°。最大弯度在弦长的33%位置，栅距-弦长比为1.2，栅距-叶高比为0.8。气流系数在 0.45~1.25 时，但是转子叶片的攻角一直为+1.5°，求气流角并求效率和攻角随气流系数的变化函数。

6.33 一个轴流式压气机级开始工作时的反力度是 50%。但是在随后的测试中替换了转子叶片因而转子的相对偏转角变小了。如果转子叶片的绝对进气角、静子叶片的绝对出气角、质量流量和转速都不变。总压比和反力度将如何变化(增大、减小或保持不变)？结合速度三角形进行解释。

6.34 一个轴流式压气机级开始工作时的反力度是 50%。但是在随后的测试中转速下降。如果转子的绝对进气角不变，转子叶片的偏转角也不变，级进口气流的轴向速度也不变(结合转子叶片的速度三角形进行分析)。

(1)反力度将如何变化？

(2)转子叶片的攻角将如何变化？

6.35 一个轴流式压气机中的一个级转速为 8000r/min，平均叶片半径为 10.5in(因此叶片上的速度为 733ft/s)，叶片高度为 1.30in。在固定参考坐标系中，气流沿轴向进入转子叶片且沿轴向从静子叶片出口排出。转子中气流偏转角是 38°，级效率是 91%。气流质量流量是 220lbm/s；气流的轴向速度为定值，等于 1000ft/s。进口静温和压力分别是 1520°R 和 208psi，进口声速是 1876ft/s。级消耗功率为 6960hp。比定压热容是 0.264Btu/(lbm·°R)，比热容比是 1.350。试评估如下设计：

(1)准确绘制速度三角形；

(2)求反力度；

(3)求总压比；

(4)基于转子叶片的性能(不计算静子叶片参数)判断，这是否是一个好的设计？为什么？请详细说明。

6.36 一个轴流式压气机级开始工作时的反力度是 50%。但是在随后的测试中替换了转子叶片因而转子的相对偏转角变小了。如果转子叶片的绝对进气角、静子叶片的绝对出气角、质量流量和转速都不变。总压比将如何变化(增大、减小或保持不变)？结合速度三角形进行解释。

6.37 设计高性能高压压气机的一个中间级(转子和静子)相当的压气机级。转子转速为 14500r/min，压缩的核心机气流流量为135lbm/s。级进口压力和温度分别约为 190psi 和 1150°R。这一级机匣处(如转子叶片叶尖)叶片的平均半径为 8.25 in。级效率约为 87%。压气机有 12 级，且整个压机的总压比为 37.0。

请明确描述出设计目标和并完成该级的设计过程。完成之后初步检查设计目标是否能够实现，并画出叶片的几何结构图。

6.38 测试一个完整的压气机(低压和高压)，并监测内部总压和总温度。气流流量是受控的。高压压气机的试验数据如下表所示。根据这些数据绘制压气机的换算特性曲线，包括总压比和等效率曲线。

$\dot{m}$ /(lbm/s)	p_{t1} /psi	T_{t1} /°R	p_{t3} /psi	T_{t3} /°R	N/(r/min)
159.2	15	480	15	480	5770
169.2	16.2	491	35.7	668	5836
179	17.6	503	88.1	884	5904
178.8	18.5	509	147.7	1014	5944
175.2	19	513	199.3	1216	5967
175.1ᵃ					
217.5	16	520	16	520	8008
248.3	19	546	106.4	1022	8207
250.8	19.7	552	157.6	1098	8249
250.1	20.1	555	199.2	1126	8274
245.9	20.6	559	259.7	1408	8303
245.7ᵃ					
297.4	18	550	18	550	10,294
332.1	20.6	571	78.2	967	10,493
349.2	22	583	165.1	1204	10,595
351.3	23	590	271.9	1319	10,664
342.3	23.6	594	356.6	1589	10,701
342.1ᵃ					

a 表示喘振。

6.39 一个轴流式压气机级开始工作时的反力度是 50%。但是在随后的测试中替换了转子叶片和静子叶片，因而转子进口相对气流角为 0°(例如，相对气流完全沿轴向进入)。如果转子叶片的偏转角、转速和质量流量都不变。分析如下情况：

(1)定性分析反力度将如何变化？

(2)定性分析总压比将如何变化？

结合速度三角形进行解释。

6.40 一个轴流式压气机中的一个级转速为 7000r/min，平均叶片半径为 13.2in(因此叶片上的速度为 806ft/s)，叶片高度为 1.00in。在固定参考坐标系中，气流以+7°进入转子叶片并以相同的角度从静子叶片出口排出。转子中气流偏转角为 36°，级效率是 89%。气流质量流量是 245lbm/s；气流以 805ft/s 的轴向速度进入级中且经过一组转子叶片和一组静子叶片时增加 2%。进口静温和压力分别为 1150°R 和 225psi，进口声速为 1643ft/s。在固定坐标系中的进口总温和压力分别是 1202°R 和 265psi。级消耗功率为 7049 hp。比定压热容是 0.255Btu/(lbm·°R)，比热容比是 1.368。试对如下设计进行评估：

(1)准确绘制速度三角形；

(2)求反力度；

(3)求总压比；

(4)基于转子叶片的性能(不计算静子叶片参数)判断,这是否是一个好的设计?为什么?你还会选择哪些其他参数进行检测?它们应该是怎样的(不要计算它们)?

6.41 一个轴流式压气机级开始工作时的反力度是 50%。但是在随后的测试中替换了转子叶片和静子叶片,因而转子进口相对气流角为 0°(例如,相对气流完全沿轴向进入)。如果转子叶片的偏转角、转速和质量流量都不变。分析如下情况:

(1)定性分析反力度将如何变化?

(2)定性分析总压比将如何变化?

结合精确的速度三角形进行解释。

6.42 分析一个轴流式压气机级,并估计其效率。根据事先确定的翼型试验数据,转子叶片和静子叶片的阻升角分别是 1.43° 和 1.78°。求效率随流量系数的变化关系并绘制流量系数从 0.45 到 0.85 的曲线。考虑从 0.45 到 0.75 四个不同的反力度;也就是说,单独改变反力度并绘制不同的曲线。评价效率对每个参数的相关性和敏感性。

6.43 一个轴流式压气机级的转速为 10000r/min,平均叶片半径是 10.0in,进口叶片高度是 1.70in。转子叶片的绝对进气角与静子叶片的绝对出气角相等,相对于轴向都等于 10°。转子偏转角是 25°,初始估计的级效率是 90%。气流质量流量是 133lbm/s;气流以 854.1ft/s 的轴向速度进入压气机级且经过一组转子叶片后增加 2%,经过一组静子叶片时再增加 2%。进口静温和压力分别是 900°R 和 70psi;进口气流密度为 0.00653slug/ft³。进口声速为 1460ft/s,叶片切向速度为 872.7ft/s,且在绝对坐标系中转子出口或静子进口的马赫数是 0.725。比定压热容是 0.249Btu/(lbm·°R),比热容比是 1.381。级消耗功率为 3183hp。试对如下设计进行评估:

(1)准确绘制速度三角形;

(2)求反力度;

(3)求转子叶片的压力系数;

(4)求总压比;

(5)求静子叶片的偏转角;

(6)如果静子叶片的升力系数和阻力系数分别是 0.72 和 0.0338;转子叶片的升力系数和阻力系数分别是 0.70 和 0.028;利用刚计算的速度信息和性能数据,更准确地估计级效率(不要重复上述计算过程)。

6.44 当 $\varepsilon = \varepsilon_r = -\varepsilon_s$ 时,从方程(6.11.95)出发,证明在%R 和 ϕ 平面内的等效率轨迹是圆。并在平面内求等效率圆的半径和圆心。

6.45 分析一个含势流的压气机级。压气机的尺寸和工作条件类似于老式商用涡扇发动机中的第一级低压机级。叶尖和叶根直径分别是 4.029ft 和 3.176ft(1.288m 和 0.968m)且压气机转速为 3650r/min。对应的叶尖-叶根直径比是 1.269,这说明存在较大的径向气流和变化。气流的进口压力是 19.9psi (0.137MPa),流量为 240lbm/s(109kg/s)。平均密度是 0.0033slug/ft³(1.70kg/m³)。级进口有一个进口导叶,且进口导叶出口、转子叶片和静子叶片上中流的绝对气流角分别是 21°、46° 和 21°。因为假设气流是势流,任意位置的效率均等于 1。求气流角的径向变化、叶片的弯曲度、扭转度、反力度以及转子叶片和静子叶片出口的压力属性。

6.46 在题 6.45 中,分析含无旋流的低压压气机。此题中跨每一组叶片出口的绝对气流角与之前相同,且流量和转速也相同,绝对出气角见图 6.P.2。图中还给出了级效率。在叶根和叶尖位置处级效率为 85%,中流效率为 93%。求流线、气流角的径向变化、叶片的弯曲度、扭转度、反力度以及转子叶片和静子叶片出口的压力属性。

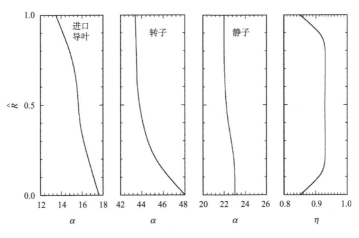

图 6.P.2 绝对出气角和级效率

6.47 分析一个小型压气机的第一级。转速为 12000r/min，压缩 25lbm/s 的气流。进口压力和温度分别是 14.2psi 和 507°R，叶片平均半径是 7.0in，进口叶高 1.40in。转子叶片绝对的进气角与静子叶片的绝对出气角相等(11°)且转子叶片上的气流偏转角(δ_{12})是 22°。设计时叶片高度是变化的且级气流的轴向速度不变。效率是 90%，注意，本题与例 6.5 相似。求如下问题：

(1)转子和静子出口的叶片高度；

(2)转子和静子出口的静压；

(3)级总压比；

(4)静子叶片偏转角；

(5)级所需功率；

(6)级反力度。

6.48 低速风扇通常用于给类似电子设备或其他系统提供的冷却气流以确保关键部位不会超温。尽管很简单，但这些风扇本质是一种含不可压缩气流的低速轴流式叶轮机。这里我们给出了这一类风扇标准温度和标准压力下的性能特性(图 6.P.3)。风扇的外圈半径是 5.00in，轮毂半径是 1.3in，风扇有 5 个叶片，转速为 1150r/min。转子叶片相对轴向的平均倾角是 57°(相对切向是 33°)。

(1)利用 Δp 随 Q 的曲线和功率随 Q 的曲线求效率随 Q 的曲线。最佳效率点在哪？

(2)在最佳效率点，利用气动力学、效率随 Q 的曲线和 Δp 随 Q 的曲线，假设进口气流为纯轴向，对气流角进行迭代分析，使其与试验的总压增量相符。并比较气流的平均倾角和叶片倾角。计算最佳效率点时的功率。

(3)在最佳效率点，利用气动力学、效率随 Q 的曲线和 Δp 随 Q 的曲线，对气流角(预旋气流)进行迭代分析，使其与试验总压增量相符。对预旋气流进行分析并计算最佳效率点时的功率。

6.49 分析一个高压轴流式压气机中的第一级(转子和静子)。转速为 9600r/min，压缩 155lbm/s 的空气，进口压力和温度分别是 50psi 和 740°R，叶片的平均半径是 11.1in，进口叶片高度 2.15in，转子叶片出口高度 1.98in，静子叶片出口高度 1.77in。转子叶片的绝对进气角与静子叶片的绝对出气角相等(18°)且转子叶片上的气流偏转角是 22°。级效率为 87%。$c_p = 0.2446$Btu/(lbm·°R)，$\gamma = 1.389$。求：

(1)静子出口总压；

(2)级所需功率；

(3)级反力度；

(4)静子出口轴向速度。

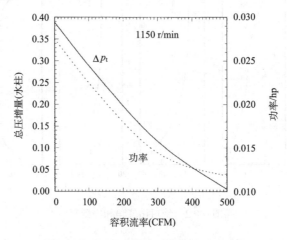

图 6.P.3 题 6.48 的总压增量和功率数据

6.50 求题 6.1 中的换算质量流量和换算速度。如果级转速是 10000r/min，且流量是 105lbm/s，求使换算参数相匹配时的进口压力和进口温度。用这些条件求相应的气流角和总压比，并将这些结果与题 6.1 中进行比较，并评价。

6.51 一个小型轴流式压气机级转速为 16000r/min，平均半径是 6.0 in，进口叶片高度 2.00in。转子叶片的绝对进气角与静子叶片的绝对出气角相等，相对轴向为 7°。静子叶片相对于轴向的绝对进气角是 32.5° 且级效率为 92%。级总压比为 1.289。质量流量是 75lbm/s；气流以 956ft/s 的轴向速度进入该压气机级，跨过转子级轴向速度增加 1%，跨过静子级时再增加 1%。进口气流温度和压力分别是 775°R 和 43psi，进口气流密度是 0.00465slug/ft^3，进口处声速是 1358ft/s，叶片切向速度是 838ft/s 且在绝对坐标系中转子出口或静子进口的马赫数是 0.824。比定压热容是 0.246 Btu/(lbm·°R)，比热容比是 1.387。

(1)准确绘制速度三角形(按比例)；

(2)求转子叶片偏转角；

(3)求反力度；

(4)求所需功率；

(5)求转子叶片的压力系数。

6.52 一个轴流式压气机级转速是 9500r/min，平均半径是 10.0in，进口叶片高度是 1.00in。转子叶片的绝对进气角与静子叶片的绝对出气角相等，相对轴向为 7°。转子叶片的偏转角是 27°，且初始估计的级效率是 91%。质量流量是 170lbm/s；气流以 1083ft/s 的轴向速度进入该压气机级，跨过转子级轴向速度增加 1%，跨过静子级时再增加 1%。进口温度和压力分别是 900°R 和 120psi，进口气流密度是 0.0112slug/ft^3，进口处声速是 1460ft/s，叶片切向速度是 829ft/s；且在绝对坐标系中转子出口或静子进口的马赫数是 0.866。比定压热容是 0.249 Btu/(lbm·°R)，比热容比是 1.381。

(1)准确绘制速度三角形；

(2)求反力度；

(3)求转子叶片的压力系数；

(4)求总压比；

(5)求静子叶片偏转角。

第 **7** 章 离心式压气机

7.1 引 言

如同第 6 章中所述,压气机的基本工作原理是通过旋转叶片将动能转换为工质的内能,提高工质的总压。第 6 章我们已经讨论过轴流式压气机,这种压气机多用于大型发动机和燃气轮机。但是在小型发动机——尤其是涡轴和涡桨发动机中,通常使用离心式(或径向式)压气机。

相较于轴流式压气机,这种压气机具有更大的单级压比(典型为 2~4,相比之下,轴流式约为 1.25)。因此,单位质量流率下,离心式压气机的流道截面积比轴流式压气机更小;而与轴流式压气机相比,离心式压气机的直径更大但长度更短。但是,离心式压气机的转动部件(叶轮)是叶片和叶盘的组合体:如果一个叶片损坏,就需要更换整个部件。在相同应用场景下,离心式压气机与轴流式压气机的重量基本一致。但是它们具有更好的低流量特性。因此,它们具备低流量特性和小的物理尺寸,因而成为直升机和小型飞机等应用场景下的理想选择。由于离心式压气机的气流方向调整了 90°(在叶轮进口气流沿轴向进入,在叶轮出口从径向流出),因而相比轴流式压气机尤其是多级压气机效率更低(典型约 5%),因此该压气机很少用于效率非常关键的应用领域。对给定的体积与叶轮结构,离心式压气机相比于轴流式压气机更不易受外界物体损坏的影响,因而更为耐用。最后,由于离心式压气机的叶轮通常采用整体式浇铸,而轴流式压气机叶片必须先单个浇铸,再进行组装,因此通常离心式压气机的成本低于轴流式压气机。

图 7.1 所示为罗-罗 Dart 发动机中所使用的离心式压气机。这种发动机有两个离心式压气机叶轮,并由三级轴流式涡轮驱动。这是一个涡桨发动机,用在仙童 F-27 和其他飞机上。图中还有减速齿轮箱。

另一个应用实例如图 7.2 所示,该发动机是霍尼韦尔 T55 涡轴发动机。该发动机有七级轴流式压气机和一级高压离心式压气机,采用四级轴流式涡轮驱动。需要注意的是,与早期惠特尔设计的发动机类似,为缩短发动机长度,燃烧室内的气流流向与其他所有轴向级都是相反的(称为回流)。气流在贴近发动机尾部进入燃烧室。该型发动机列装于多型直升机。

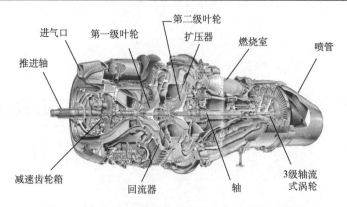

图 7.1　罗-罗 Dart 发动机【图片由罗-罗友情提供】

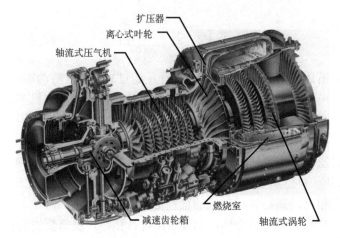

图 7.2　T55[①]涡轴发动机【图片由霍尼韦尔友情提供】

7.2　几　何　结　构

　　离心式压气机的几何结构与轴流式压气机明显不同。图 7.3(a) 所示为离心式压气机单级的基本几何结构。气流以基本无径向分量的速度沿轴向进入旋转部件(叶轮)。叶轮的进口区域称为进口导风轮，叶轮以角速度 ω 进行旋转。因此，进口区域叶片转动的线速度为

图 7.3(a)　含单级出口的离心式压气机几何结构图

---

① 译者注：原文为"TF55 涡轴发动机"，结合上下文应为"T55 涡轴发动机"。

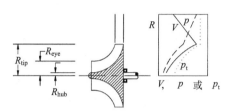

图 7.3（b）　叶轮中的速度和压力趋势图

图 7.3（c）　罗-罗的离心式叶轮实物图
【图片由罗-罗友情提供】

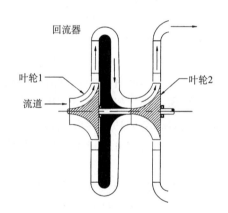

图 7.3（d）　二级离心式压气机结构示意图

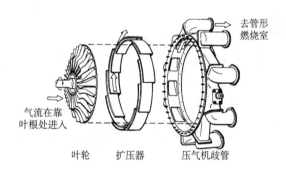

图 7.3（e）　离心式压气机的分解视图
【图片由普惠友情提供】

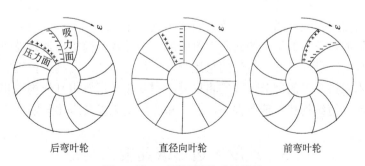

图 7.3（f）　三种不同的叶轮设计

$R_1\omega$，其中 R_1 为叶轮入口根部半径 R_{hub} 和叶轮叶片入口半径 R_{eye}（图 7.3（b））的平均值。如果气流严格沿轴向(无切向速度分量)进入进口导风轮，则称气流为无旋气流或无预旋气流。但若进口处气流既有轴向速度，又有切向速度，就称气流有预旋。图 7.3（c）所示为一个叶轮。

通过对流体施加离心力，气流方向发生变化，进而从叶轮的径向与切向流出——通常不存在轴向速度分量。叶轮出口处的叶片速度为 $R_2\omega$。与轴流式压气机相同，叶轮对流体做功，使其总压增加；叶轮的离心作用是为了增加气流的压力，因为出口处的叶轮半径比进口半径大，气流的绝对速度比进口大。气流从叶轮中流出后，进入扩压器中，扩压器对气流减速，并引导其进入出口，高速高动能的气流被转换成低速高压气流。这里的扩压器有两种类型：一种是无叶扩压器，另一种是有叶扩压器。其中，有叶扩压器是在叶轮出口的径向位置周向设置一组叶片，用以引导气流。气流从扩压器流出之后进入轴向的歧管、集气器或蜗壳。这一区域引导气流流向出口。图 7.3(a) 所示为一个单级的环形排气装置。多数情况下，喷气式发动机中不会采用这种单一的排气装置，而通常采用将气流直接引入燃烧室的连续型环形出口或歧管。图 7.3(d) 所示为一种二级离心式压气机。在多级离心式压气机中，设计有一静止的"回流器"（或弯道）来引导上一级的出口气流进入下一级进口。在图 7.3(e) 中，我们给出了一个单级压气机的分解图，图中，气流经过三个部件后最终进入燃烧室。

图 7.3(b) 中是一个离心式压气机级中速度和静压随半径的变化趋势。从图中可以看出，在叶轮中速度逐渐增大，但是在扩压器和蜗壳中速度逐渐减小。但在这两个部分，静压都增大。在叶轮中总压增大，但是在扩压器和蜗壳中总压基本不变（除了部分损失）。

叶轮的出口区域有三类基本构型的叶片：后向叶片（后弯叶片）、前向叶片（前弯叶片）和直径向叶片。具体如图 7.3(f) 所示。从图中可以看出，在后弯叶片级中，气流从叶轮中流出时相对叶轮的转动存在负的切向速度；而在前弯叶片通道中，气流流出时相对叶轮的转动存在正的切向速度。在直径向叶片中，气流流出时没有相对的切向速度。后弯叶片用于液压泵和小型压气机中；直径向叶片用于大型压气机中；而前弯叶片更多受学术科研关注。在 7.6 节中我们会就不同设计的优点进行论述。

由于叶轮的转动（有时转速很高），叶片间的压力场并不均匀。事实上，由于叶片的一侧在"推"气流，而在背侧"拉"气流；会使这两个表面的压力大于或小于平均压力。因此，类似于传统翼型，叶片的一侧称为压力面，另一侧称为吸力面。图 7.3(f) 中标明了这两个面的定义。当然这种压力分布只是典型情况。在非设计点下还可能出现相反的趋势——至少在某些半径处；即在压力面出现低于平均压力的现象，而在吸力面出现高于平均压力的情况。但是压力面和吸力面的定义依然如图 7.3(f) 所示。

因此，叶轮的角色类似于轴流式压气机中的转子叶片，而扩压器则类似于轴流式压气机中的静子叶片。经过叶轮时，气流的总压和静压都会增加；而经过扩压器和蜗壳时，只有静压增加。本章接下来的部分，我们将探讨压力变化与压气机几何构型和流态之间的关系。即在给定的几何结构和转速条件下，静压和总压变化以及压比分别是多少？

7.3　速度多边形或速度三角形

因为在压气机中气流的能量增大（进而导致压力增加）且压气机的一部分在转动，因此理解压气机内的复杂流型非常重要。类似于轴流式压气机，压力的增加与压气机的速度大小和方向直接相关。本节我们介绍一种分解流体速度的方法。由于压气机的一部分在转动，而另一部分是静止的，所以为了对两者进行兼容性分析，必须要能将速度关联起来。通过本节的分析将会发现，离心式压气机中的速度多边形或速度三角形与轴流式压气机不同。

首先，我们分析如图 7.4(a) 所示的叶轮入口处"无预旋"的情况。所谓"无预旋"是指在气流没有切向的速度分量，速度矢量为纯轴向。由于气流沿轴向运动，无径向分量，叶轮的进口速度三角形与轴流式压气机相似。同样，叶轮叶片沿发动机中心线转动或在二维平面内以切向绝对速度 U_1 转动。第一种情况下，进口绝对速度为 c_1 且平行于发动机中轴线。因此，要求气流相对旋转叶片的相对速度，必须从绝对气流速度矢量中减去叶片速度矢量，如图 7.4(a) 所示。得到的矢量 w_1 且相对轴向的夹角为 β_1。需要注意，叶轮叶片相对轴向的进口角度为 β_1'。如果相对气流方向与叶片角度完全匹配，则 $\beta_1 = \beta_1'$ 且攻角为 0。但通常情况下，尤其是在非设计点基本不会出现。

矢量可参照图 7.4(a) 分解为不同的分量。图中，在无预旋情况下，绝对速度 c_1 没有切向分量。相对速度 w_1 的切向分量和轴向分量分别为 w_{u1} 和 w_{a1}。

下一步，我们分析如图 7.4(b) 所示叶轮进口有正预旋的气流情况。进口的绝对速度仍然是 c_1，但是在正预旋情况下相对轴向的夹角为 α_1，此时夹角为正。为求取气流相对旋转叶片的相对速度，需要从绝对气流速度矢量中减去叶片切向绝对速度 U_1，见图 7.4(b)。得到的矢量为 w_1，其与轴向的夹角为 β_1。同样，叶轮叶片相对轴向的进口角度为 β_1'。

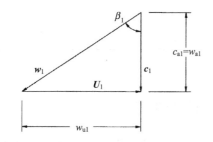

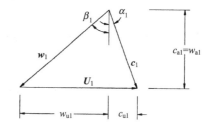

图 7.4(a)　叶轮进口速度三角形(无预旋)　　　图 7.4(b)　叶轮进口速度三角形(正预旋)

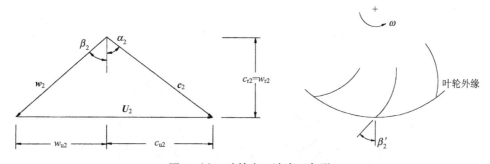

图 7.4(c)　叶轮出口速度三角形

我们还可以按图 7.4(b) 进行矢量分解。由图可见，绝对速度 c_1 在切向和轴向的分量分别为 c_{u1} 和 c_{a1}；相对速度 w_1 的切向分量和轴向分量分别为 w_{u1} 和 w_{a1}。

图 7.4(c) 是后弯型叶片叶轮的出口(或扩压器进口)速度三角形，其中无轴向分量。出口相对速度(相对于叶轮叶片)为 w_2，相对径向的角度(不同于进口，无轴向分量)为 β_2。叶片速度为 U_2，通过矢量相加后得到绝对出口速度 c_2。注意，由于进出口的半径明显不同，U_1 和 U_2 也明显不等。c_2 相对径向的绝对气流角为 α_2。同样，叶片的出口角度为 β_2'，由于

"滑移"，该数值可能与气流角 β_2 不同。而且一般情况下扩压器的进口角度 α_2' 与 α_2 也不同。在图 7.4(c) 中还给出了 $\boldsymbol{w}_2$ 和 $\boldsymbol{c}_2$ 的切向分量与径向分量，分别为 w_{u2} 和 c_{u2} 与 w_{r2} 和 c_{r2} [①]。

类似于轴流式压气机，需要定义一个统一的正方向，此处我们沿用轴流式压气机中的定义。首先切向速度的正方向定义为右手方向；这样，当叶轮逆时针转动时，转子叶片始终以正速度 U 向右运动。其次，所有角度都是相对轴向定义的，且以逆时针方向为正。

值得注意的是，离心式压气机的速度三角形与不可压缩离心式叶轮机——泵，是相似的。因此，可采用相同的方法来分析气流速度，并将功率需求、压力增量等与气流速度联系起来。但是一个基本的不同在于，泵的厂商不会关注和测量相对轴向或径向的气流角。他们关注的是切向角度。但是这两种不同的出发点能得到相同的速度三角形和其他结果。但是，当读者参阅其他著作时，需要注意不同的方法和符号定义规则。

表 7.1 所示为离心式压气机中不同区域的速度、截面面积和压力的变化趋势。从表中可以看出，由于相对速度都减小，在扩压器和叶轮叶片上静压都增大。有关这些趋势的具体分析和判断见 7.4 节。

表 7.1　离心式压气机部件中的变化趋势

部件	绝对速度	相对速度	面积	p	p_t
叶轮	增加	减小	增加	增加	增加
扩压器	减小	减小	增加	增加	常数

7.4　单级能量分析

本节我们总结单级能量分析时用到的方程，推导压力增量和其他重要的压气机特性与速度三角形中的速度的关系。在附录 I 中，借助 "平均中径" 流动分析控制体方法，我们给出了单级(叶轮和扩压器)的能量分析方程推导过程。也就是说，利用叶片通道中心的条件进行分析。图 7.5 给出了单级的控制体定义。本节我们推导进出口条件与属性变化之间的关系。

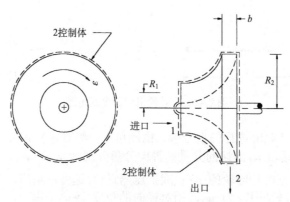

图 7.5　单级的控制体定义

---

① 译者注：原文为 "分别为 w_{r2} 和 c_{r2}"，根据上下文同时有切向和径向分量，所以补充了切向分量。

7.4.1　总压比

类似于轴流式压气机，我们基于连续性方程、动量矩方程和能量方程进行推导。对传动轴的输入功率，有（方程（I.2.17））

$$\dot{W}_{\text{sh}} = \dot{m}\left(U_2 c_{\text{u}2} - U_1 c_{\text{u}1}\right) \tag{7.4.1}$$

且单级总压比为（方程（I.2.26））

$$\frac{p_{\text{t}2}}{p_{\text{t}1}} = \left(\eta_{12}\frac{U_2 c_{\text{u}2} - U_1 c_{\text{u}1}}{c_{\text{p}}T_{\text{t}1}} + 1\right)^{\frac{\gamma}{\gamma-1}} \tag{7.4.2}$$

该数值明显大于 1。于是，已知叶轮的速度信息和效率时，我们便可求得总压比。

我们可以将离心式压气机的结论与轴流式压气机的结论进行比较。例如，方程（7.4.2）和方程（6.4.2）就完全相同。也就是说该方程同时适用于轴流式压气机和离心式压气机。但对于这两种不同的机械来说，速度三角形和方程的具体使用还是有区别的。例如，轴流式压气机中 U_1 和 U_2 是基本相同的（R_2 和 R_1 基本相等）。但对于离心式压气机，由于 R_2 远大于 R_1，其中 R_1 是叶轮入口根部半径和叶轮入口尖部半径的平均值，U_2 远大于 U_1。因此，单级离心式压气机比轴流式压气机能有更大的压比。在离心式压气机的设计中，很少用到反力度。

7.4.2　不可压缩气流（液压泵）

作为比较，我们分析离心式压气机中的不可压缩流体——离心泵。这一类设备用于很多不同工业与其他应用场景。Brennen（1994）、Pfleiderer（1961）、Karassik 等（1976）、Miner 等（1989）、Shepherd（1956）和 Stepanoff（1957）等均有述及。从附录 I（式（I.2.34）和式（I.2.37））可得

$$\dot{W}_{\text{sh}} = \dot{m}\left(U_2 c_{\text{u}2} - U_1 c_{\text{u}1}\right) \tag{7.4.3}$$

$$p_{\text{t}2} - p_{\text{t}1} = \rho\eta_{12}\left(U_2 c_{\text{u}2} - U_1 c_{\text{u}1}\right) \tag{7.4.4}$$

由流体静力学（无流体速度），我们知道

$$\frac{\text{d}p}{\text{d}z} = -\rho g \tag{7.4.5}$$

于是，对其积分可得到由压差导致的流体高度为

$$H = \frac{\Delta p_t}{\rho g} \tag{7.4.6}$$

这就是泵的扬程。它是工作介质的高度，描述了泵的总压增量，可利用诸如 U 形管压力计来测量。于是，对理想泵（$\eta_{12}=1$），由式（7.4.4）和式（7.4.6）可得

$$\frac{p_{\text{t}2} - p_{\text{t}1}}{\rho g} = \frac{U_2 c_{\text{u}2} - U_1 c_{\text{u}1}}{g} = H_{\text{i}} \tag{7.4.7}$$

式中，H_{i} 是理想扬程。最后结合式（7.4.4）和式（7.4.6），可得到非理想扬程如下：

$$H = \eta_{12}\frac{U_2 c_{\text{u}2} - U_1 c_{\text{u}1}}{g} = \eta_{12}H_{\text{i}} \tag{7.4.8}$$

于是，泵的实际扬程简单等于理想扬程乘以效率。通常，泵的最高效率典型值为 50%~85%，根据泵的大小和应用而有所区别。而由方程(7.4.2)，与压气机不同，效率对压升的影响明显不同且更加复杂。

7.4.3　滑移

在所有叶轮机中还存在一种非理想效应，而且为了研究这一效应对离心式泵和压气机的影响，人们做出了巨大的努力。这种效应被称为"滑移"，用以衡量气流沿叶片的贴合程度。理想情况下，出气角与叶片角完全相同。由于级内的压力梯度(图 7.3(f) 所示的压力面和吸力面)和流体的切向动量，这些角度会不同。

首先分析图 7.6(a)。如前面所述，叶片角为 β_2'，气流角为 β_2。如果两者相等，则不存在滑移。接着我们分析图 7.6(b) 中叶轮出口处的理想速度三角形和非理想速度三角形。滑移定义为理想绝对切向速度与非理想绝对切向速度的差异。滑移因子 μ 定义为

$$\mu = \frac{c_{u2}}{c_{u2}'} \tag{7.4.9}$$

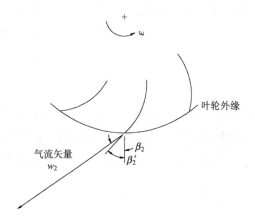

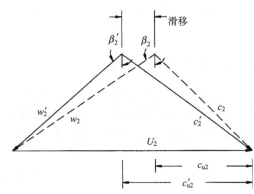

图 7.6(a)　气流角和叶片角　　　　图 7.6(b)　理想速度三角形与非理想速度三角形

该数恒小于或等于 1。由离心泵或压气机的功率方程(方程(7.4.1))，可得

$$\dot{W}_{sh} = \dot{m}\left(U_2 \mu c_{u2}' - U_1 c_{u1}\right) \tag{7.4.10}$$

注意，滑移导致了驱动泵或压气机实际所需功率小于理想功率，同时伴随着总压增量的损失。这也是滑移与损失的一大区别——对于给定的总压升，损失使得所需级功率增加。

1. 压气机

将滑移的概念用于压气机。同样有

$$\dot{W}_{sh} = \dot{m}\left(h_{t2} - h_{t1}\right) \tag{7.4.11}$$

于是，滑移会导致总焓和总温的增量下降。这将导致总压比为

$$\frac{p_{t2}}{p_{t1}} = \left(\frac{\eta_{12}\left(U_2 \mu c_{u2}' - U_1 c_{u1}\right)}{c_p T_{t1}} + 1\right)^{\frac{\gamma}{\gamma-1}} \tag{7.4.12}$$

可以看出，受效率和滑移影响，实际压比低于理想压比。但是，我们还需要注意，效率表征的是损失，意味着需要耗费更多的功率，但是滑移不会。

下面分析两种极端情况。首先分析不存在预旋（即 $c_{u1} = 0$）的情况，此时方程（7.4.12）可简化为

$$\frac{p_{t2}}{p_{t1}} = \left(\frac{\eta_{12} U_2 \mu c'_{u2}}{c_p T_{t1}} + 1 \right)^{\frac{\gamma}{\gamma-1}} \tag{7.4.13}$$

且功率为

$$\dot{W}_{sh} = \dot{m} U_2 \mu c'_{u2} \tag{7.4.14}$$

第二种极端情况，不存在预旋且径向出口叶片平整（即 $\beta'_2 = 0$），则压比和所需功率为

$$\frac{p_{t2}}{p_{t1}} = \left(\frac{\eta_{12} \mu U_2^2}{c_p T_{t1}} + 1 \right)^{\frac{\gamma}{\gamma-1}} \tag{7.4.15}$$

和

$$\dot{W}_{sh} = \dot{m} \mu U_2^2 \tag{7.4.16}$$

由这两种简化情况都可以看出，功率正比于滑移因子。而且滑移因子和效率对压比的影响是相同的。

2. 液压泵

下面我们分析滑移效应对泵性能的影响。根据滑移因子的定义，方程（7.4.7）可变化为

$$H = \frac{p_{t2} - p_{t1}}{\rho g} = \frac{\eta_{12}}{g} \left(U_2 \mu c'_{u2} - U_1 c_{u1} \right) \tag{7.4.17}$$

根据速度三角形（图 7.4(c)），可以很容易看出，在理想情况下有

$$c'_{u2} = U_2 - w'_{u2} = U_2 - c_{r2} \tan \beta'_2 \tag{7.4.18}$$

于是，可得扬程为

$$H = \frac{\eta_{12}}{g} \left(\mu U_2^2 - \mu U_2 c_{r2} \tan \beta'_2 - U_1 c_{u1} \right) \tag{7.4.19}$$

式中，c_{r2} 与质量流率成正比，或实际上有

$$c_{r2} = \frac{\dot{m}}{\pi \rho D_2 b} \tag{7.4.20}$$

其中，D_2 和 b 分别是出口处的叶轮直径和通道高度。因此，可得扬程为

$$H = \frac{\eta_{12}}{g} \left(\mu U_2^2 - \frac{\mu U_2 \tan \beta'_2}{\pi \rho D_2 b} \dot{m} - U_1 c_{u1} \right) \tag{7.4.21}$$

下面我们讨论一种极端情况。如果流体进入泵之前无预旋，且在出口无损失（即 $\eta_{12} = 1$），且工质完全沿着叶片（即 $\mu = 1$），得到欧拉扬程为

$$H_e = \frac{U_2^2}{g} - \frac{U_2 \tan \beta'_2}{\pi \rho g D_2 b} \dot{m} \tag{7.4.22}$$

因此，欧拉扬程随流量呈线性变化。图 7.7 所示为某一转速下的典型扬程曲线。我们考虑两种极限条件。首先，无流量（$\dot{m}=0$）时，欧拉扬程为 U_2^2/g。另一个是欧拉扬程为零时，质量流量为 $\pi\rho D_2 b U_2 /\tan\beta_2'$。据此很容易绘得欧拉扬程曲线。图 7.7 中还给出了包含滑移时的欧拉扬程。关断时质量流量为零，滑移因子等于 1。图中还给出了两种重要的损失。第一种是由边界层、分离和湍流引起的摩擦损失，这种损失随流量单调增加。另一种损失是所谓的冲击损失（或"激波"损失，尽管与可压缩激波无关），这种损失是由叶片前缘的攻角损失所致。在某一质量流量下，攻角接近零，损失也接近零。从含滑移的欧拉扬程中减去这两种损失，可得到实际的扬程曲线。可以看出，实际曲线低于欧拉曲线。图中还给出了效率的变化。当损失最低时效率最大，且当扬程为零时，效率等于零。

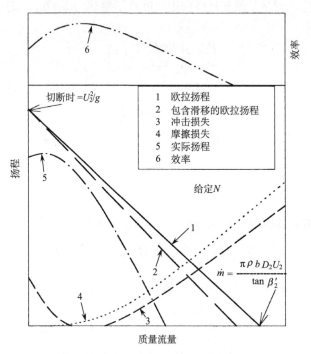

图 7.7　理想与非理想泵扬程曲线
此处增加了数字标号，便于区分线条

最后考虑一种极端情况，我们分析严格径向出口叶轮叶片（即 $\beta_2'=0$）。此时，欧拉扬程为

$$H_e = \frac{U_2^2}{g} \tag{7.4.23}$$

这显然不是流量的函数。因此，对无预旋且严格径向叶片的情况，方程（7.4.21）可简化为

$$H = \frac{\eta_{12}\mu U_2^2}{g} \tag{7.4.24}$$

或

$$H = \eta_{12}\mu H_e \tag{7.4.25}$$

效率与滑移因子的乘积可看作这一特殊情况下的一个特性。但是一般情况下这一点不成立。

3. 经验公式

本节开篇我们曾提及，为探究不同条件下滑移因子的影响，人们付出了很大的努力。为了在离心机械设计阶段更好地服务工程师，历史上人们曾提出了多种经验公式，Wiesner(1967)曾对此进行过总结。一般来说，随着叶片数目的增加，滑移因子增大；即利用更多叶片更好地控制气流。而且，由于流体的动量作用，叶片的几何形状由前弯到直径向再到后弯过渡时，滑移因子增大。因此，在后弯式叶片的离心式压气机中，气流更自然地沿着流道流出叶片。

此处，我们给出四种经验公式。Stodola(1927)曾提出：

$$\mu = 1 - \frac{\pi \cos \beta_2'}{Z} \tag{7.4.26}$$

式中，Z 是叶片的数目。Busemann(1928)借助图形关联数据，其结果一般比 Stodola 预测的数值更大。Stanitz(1952)曾提出：

$$\mu = 1 - \frac{0.63\pi}{Z\left(1 - \frac{c_{r2}}{U_2}\tan\beta_2'\right)} \tag{7.4.27}$$

最后，Pfleiderer(1961)提出了如下经验公式：

$$\mu = \frac{1}{1 + \hat{a}\left(1 + \frac{90 - \beta_2'}{60}\right)\frac{R_2^2}{ZS}} \tag{7.4.28}$$

式中

$$S = \int_{R_1}^{R_2} r\,\mathrm{d}x \tag{7.4.29}$$

且 x 为流体流过的子午向距离。而且方程(7.4.28)中的 $\hat{a}$ 是经验系数：对于单蜗壳(泵)，$\hat{a}$ 取值为 0.65~0.85；对于有叶扩压器，$\hat{a}$ 约为 0.6；对于无叶扩压器，$\hat{a}$ 取值为 0.85~1.0。

7.4.4 速度三角形与压比的关系

借助控制方程和速度三角形都可以判断随绝对进气角 α_1、相对出口角 β_2、转速 N、质量流率(或轴向速度分量) $\dot{m}$ (或 c_a)和半径比 R_2/R_1 的一般趋势。从而可得到对级总压比的影响。表 7.2 所示为几何条件/工作条件对压气机压比的影响。

表 7.2 几何条件/工作条件对压气机压比的影响

减小	总压比 p_{t3}/p_{t1}
进气角 α_1	增加
出气角 β_2	减小
转速 N	减小
质量流量 $\dot{m}$	增加
半径比 R_2/R_1	减小

例 7.1　　分析一个单级离心式压气机。转速为 12000r/min，压缩 2.002slug/s（29.21kg/s）空气。进口压力和温度分别为 49psi（337.9kPa）和 508°R（282.2K）。叶轮入口根部半径和叶轮入口叶尖半径分别为 63.5mm 和 152.4mm。叶轮出口半径为 304.8mm，出口叶片高度为 25.4mm。气流以–20°预旋进入导风轮，叶片为后弯形叶片，相对出气角（β_2）为 10°。级效率为 90%。基于平均温度的 c_p 和 γ 的值分别为 1.005kJ/(kg·K) 和 1.399。求：相对进气角、叶轮出口的静压和总压、叶轮进出口的马赫数以及级所需功率。

解　我们利用速度三角形来求解本题。首先我们需要做一些预先计算。

进口处的平均（平均中径）叶片速度为

$$U_1 = R_1\omega = \left((63.5+152.4)/2\right)(12000\times2\pi/60)$$
$$= 135700\text{mm/s} = 135.7\text{m/s}$$

出口的平均叶片速度为

$$U_2 = R_2\omega = 304.8\times(12000\times2\pi/60) = 383000\text{mm/s} = 383.0\text{m/s}$$

进出口的流道横截面积为

$$A_1 = \pi\left(R_t^2 - R_h^2\right) = \pi\left(152.4^2 - 63.5^2\right)\Big/1000^2 = 0.06030\text{m}^2$$

$$A_2 = 2\pi R_2 b = 2\pi\times304.8\times25.4/1000^2 = 0.04864\text{m}^2$$

当 $p_1 = 337.9\text{kPa}$ 和 $T_1 = 282.2\text{K}$ 时，由理想气体方程可得

$$\rho_1 = 4.172\text{kg/m}^3$$

又

$$c_{a1} = \frac{\dot{m}}{\rho_1 A_1} = \frac{29.21}{4.172\times0.06030} = 116.1(\text{m/s})$$

$$a_1 = \sqrt{\gamma R T_1} = \sqrt{1.399\times287.1\times282.2} = 336.7(\text{m/s})$$

参见图 7.8（a）叶轮进口的速度三角形，首先

$$c_1 = \frac{c_{a1}}{\cos\alpha_1} = \frac{116.1}{\cos(-20°)} = 123.6(\text{m/s})$$

且

$$c_{u1} = c_1\sin\alpha_1 = 123.6\sin(-20°) = -42.3(\text{m/s})$$

于是

$$\beta_1 = \text{arccot}\left(\frac{c_{a1}}{c_{u1}-U}\right) = \text{arccot}\left(\frac{116.1}{-42.3-135.7}\right) = -56.89°$$

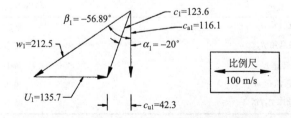

图 7.8（a）　例 7.1 叶轮进口的速度三角形

且

$$w_1 = \frac{c_{a1}}{\cos\beta_1} = \frac{116.1}{\cos(-56.89°)} = 212.5(\text{m/s})$$

注意，从入口根部到入口尖部，相对气流角度范围为–46.4°～63.6°(这非常重要)。

接着

$$M_{1rel} = \frac{w_1}{a_1} = \frac{212.5}{336.8} = 0.6312^{①}$$

因此，旋转坐标系内的气流为亚声速。因而在叶轮进口处不存在激波。

$$M_{1abs} = \frac{c_1}{a_1} = \frac{123.6}{336.8} = 0.3671$$

即静止坐标系下的气流也是亚声速的。

因此，在叶轮进口前的机匣内也不可能出现激波。

接下来

$$\frac{T_{t1}}{T_1} = 1 + \frac{\gamma-1}{2}M_{1abs}^2 = 1 + \frac{0.399 \times 0.3671^2}{2} = 1.027$$

$$T_{t1} = 1.027 \times 282.2 = 289.8(\text{K})$$

而且

$$\frac{p_{t1}}{p_1} = \left(\frac{T_{t1}}{T_1}\right)^{\frac{\gamma}{\gamma-1}} = (1.027)^{\frac{1.399}{0.399}} = 1.098$$

$$p_{t1} = 1.098 \times 337.9 = 370.8(\text{kPa})$$

叶轮出口和扩压器进口的速度三角形见图 7.8(b)。首先注意到，不同于轴流式压气机，相较于图 7.8(a)，U_2 远大于 U_1。而且，相对气流角已知($\beta_2 = -10°$；负号表征为后弯型叶片)。但是，其他出口条件未知。因此需要进行迭代求解。首先，我们猜测出口的密度(后面再进行复核)：

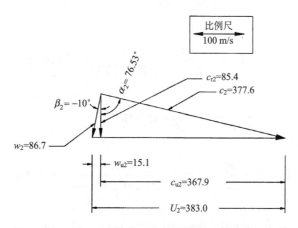

图 7.8(b)　例 7.1 叶轮出口和扩压器进口的速度三角形

$$\rho_2 = 7.036 \text{kg/m}^3$$

于是

$$c_{r2} = \frac{\dot{m}}{\rho_2 A_2} = \frac{29.21}{7.036 \times 0.04864} = 85.4(\text{m/s})$$

又

$$w_2 = \frac{c_{r2}}{\cos\beta_2} = \frac{85.4}{\cos(-10°)} = 86.7(\text{m/s})$$

且

$$w_{u2} = c_{r2}\tan\beta_2 = 85.4\tan(-10°) = -15.1(\text{m/s})$$

于是

$$\alpha_2 = \text{arccot}\left(\frac{c_{r2}}{U_2 + w_{u2}}\right) = \text{arccot}\left(\frac{85.4}{383.0 - 15.1}\right) = 76.93°$$

$$c_2 = \frac{c_{r2}}{\cos\alpha_2} = \frac{85.4}{\cos(76.93°)} = 377.6(\text{m/s})$$

且

$$c_{u2} = U_2 + w_{u2} = 367.9\text{m/s}$$

接着，由动量矩方程可得

$$h_{t2} - h_{t1} = U_2 c_{u2} - U_1 c_{u1} = 383.0 \times 367.9 + 135.7 \times 42.3 = 146650(\text{m}^2/\text{s}^2)$$

利用能量方程，可求得

$$\frac{p_{t2}}{p_{t1}} = \left(\frac{\eta_{12}(h_{t2} - h_{t1})}{c_p T_{t1}} + 1\right)^{\frac{\gamma}{\gamma-1}} = \left(\frac{0.90 \times 146650}{1.005 \times 289.8 \times 1000} + 1\right)^{\frac{1.399}{0.399}} = 3.705$$

于是

$$p_{t2} = 3.705 \times 370.8 = 1373(\text{kPa})(199\text{psi})$$

而且

$$T_{t2} - T_{t1} = \frac{h_{t2} - h_{t1}}{c_p} = \frac{146650}{1.005 \times 1000} = 145.9(\text{K})$$

从而

$$T_{t2} = 435.7\text{K}$$

于是

$$T_2 = T_{t2} - \frac{c_2^2}{2c_p} = 435.7 - \frac{377.6^2}{2 \times 1.005 \times 1000} = 364.8(\text{K})$$

又

$$a_2 = \sqrt{\gamma R T_2} = \sqrt{1.399 \times 287.1 \times 364.8} = 382.8(\text{m/s})$$

且

$$M_{2\mathrm{abs}} = \frac{c_2}{a_2} = \frac{377.6}{382.8} = 0.9865$$

可见，在静止坐标系下气流速度基本接近声速。因此，由于二维与三维效应，可能存在局部超声速气流和激波。在离心式压气机出口，这样的马赫数是典型值。而且

$$M_{2\mathrm{rel}} = \frac{w_2}{a_2} = \frac{86.7}{382.8} = 0.2265$$

可见，旋转坐标系内的气流却是亚声速的。因此，在叶轮出口不存在激波。此时

$$\frac{p_{\mathrm{t2}}}{p_2} = \left(1 + \frac{\gamma - 1}{2} M_{2\mathrm{abs}}^2\right)^{\frac{\gamma}{\gamma - 1}} = \left(1 + \frac{0.399 \times 0.9867^2}{2}\right)^{\frac{1.399}{0.399}} = 1.863$$

于是可得

$$p_2 = \frac{1373}{1.863} = 736.6 (\mathrm{kPa})(106.8\mathrm{psi})$$

压力系数为

$$\begin{aligned}
C_{\mathrm{pr}} &= \frac{p_2 - p_1}{\dfrac{1}{2}\rho_1 w_1^2} \\
&= \frac{(736.6 - 337.9)\mathrm{kPa}}{\dfrac{1}{2} \times 4.172\dfrac{\mathrm{kg}}{\mathrm{m}^3} \times 212.5^2\dfrac{\mathrm{m}^2}{\mathrm{s}^2}} \times 1000\frac{\mathrm{Pa}}{\mathrm{kPa}} \times \frac{\mathrm{N/m^2}}{\mathrm{Pa}} \times \frac{\mathrm{kg \cdot m}}{\mathrm{N \cdot s^2}} = 4.23
\end{aligned}$$

与轴流式压气机相比，这一压力系数非常大。为何在离心式压气机中在不喘振的情况下可容许压力系数这么大呢？对于一个轴流式压气机级，当压力梯度大到足够克服流体分子动能进而使分子停止运动时即发生喘振。但是在离心式压气机级，除了气流分子动能外，一直有离心力作用在气流上，从而避免了喘振的可能。因此，这一类压气机级可以以更高的压比工作而不出现喘振。

根据理想气体方程，当 $p_2 = 736.6\mathrm{kPa}$ 和 $T_2 = 364.8\mathrm{K}$ 时，有

$$\rho_2 = 7.036\mathrm{kg/m}^3$$

这与我们开始所预估的值非常匹配。因此无须进一步进行迭代。

最后，所需的级输入功率为

$$\dot{W}_{\mathrm{sh}} = \dot{m}(h_{\mathrm{t2}} - h_{\mathrm{t1}}) = 29.21 \times 146650 = 4284000 (\mathrm{W}) = 4.284(\mathrm{MW})(5746\mathrm{hp}) \qquad \text{题毕。}$$

至此，我们已求解出所有感兴趣的变量。

7.5　特　性　图

7.5.1　量纲分析

类似于轴流式压气机，离心式压气机的特性图或特性曲线作为压气机工程师的一种工作媒介，经常用来描述试验性数据。它为工程师提供了一个离心式压气机工作条件的快捷而准确的视图，有助于理解气流条件变化时机械性能的变化。其中我们最为关注的是压气

机的总压比，即 p_{t3}/p_{t2}。从附录 I 中(式(I.3.3)、式(I.3.7)和式(I.3.8))有

$$p_{t3}/p_{t2} = f\left(\frac{\dot{m}\sqrt{\theta_{ti}}}{\delta_{ti}}, \frac{N}{\sqrt{\theta_{ti}}}\right) = f(\dot{m}_{c2}, N_{c2}) \tag{7.5.1}$$

$$\delta_{t2} = p_{t2}/p_{stp} \tag{7.5.2}$$

$$\theta_{t2} = T_{t2}/T_{stp} \tag{7.5.3}$$

式中，下角标 stp 表示标准条件；脚标 t2 表示压气机的进口滞止条件(不要与转子级的出口滞止条件相混淆)。类似地，可以由式(I.3.6)、式(I.3.7)和式(I.3.8)得到效率的方程为

$$\eta_c = g\left(\frac{\dot{m}\sqrt{\theta_{ti}}}{\delta_{ti}}, \frac{N}{\sqrt{\theta_{ti}}}\right) = g(\dot{m}_{c2}, N_{c2}) \tag{7.5.4}$$

同样，独立参数($\dot{m}_{c2}$ 和 N_{c2})并非真正的无量纲。第一个参数称为换算质量流量，与质量流量具有相同的量纲；而第二个参数称为换算转速，与转速具有相同的量纲。因此，由于这两个参数是有量纲的，由此得到的函数不能直接用于关联或比较不同的发动机。但是在通常情况下，对一个特定的发动机而言，这一函数可以在不同工作条件下使用。

7.5.2 特性图规则

图 7.9 中，我们给出了一个典型离心式压气机的特性图。该图与轴流式压气机基本相同，而且是采用类似的测试设备试验后得到的。图中压比为换算质量流量和换算转速的曲线。图中还给出了喘振线。与轴流式压气机相似，当压比很大，使压力梯度大于气流的动量和离心力时，会在发动机中引起很大的反向流动，从而引发喘振。此时，发动机中局部区域还会在不同叶片上出现巨大的气流分离，使性能降为零。此时会使发动机产生剧烈的振动并使整个发动机的推力为零，这对发动机来说是非常危险的。与轴流式压气机不同的是，离心式压气机特性曲线中的等转速线更平缓，也就是说，随着质量流量的减小，压比增大程度较轴流式压气机小。而且，由于作用在气流上的离心力(在气流流动方向非常明显)，在喘振前，离心式压气机的级压比比轴流式压气机大很多。

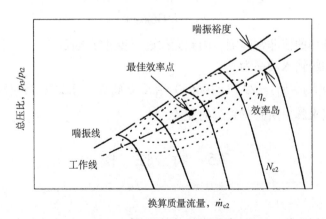

图 7.9　典型压气机特性曲线

图 7.9 中还给出了等效率线或效率岛。发动机的典型设计点通常靠近最佳效率点

（BEP）。随着工作条件偏离设计点，效率下降。图中还给出了工作线。这条曲线穿过设计点，代表了发动机不同条件下的典型工作点。

最后，我们在表 7.3 中列出了几种发动机的一些特性参数。读者应尤其注意整机压比和压气机级数，并将它们与表 6.3 中轴流式压气机的特性进行比较。表 7.3 中的数据来自《航空周刊和空间技术》、《国际飞行》，以及制造商、用户和军方提供的信息、手册及网站。为了确保准确性，尽管我们已经仔细进行过核对，但是这些信息仅供参考，不作为技术应用。而且很多发动机针对不同的应用有不同的批次设计，这些情况下，表中仅给出了典型的特性。

表 7.3 最大功率下典型离心式发动机压气机与涡轮特性对照表

发动机	制造商	压气机类别与级数	整机压比	低压+（中压）+高压涡轮级
TPE331-1	霍尼韦尔	2R	8.3	3
ALF502	霍尼韦尔	3F,7A,1R	13.8	2+2
TFE731–3	霍尼韦尔	1F,4A,1R	14.6	3+1
T53A	霍尼韦尔	5A,1R	7.0	2+2
T55-L-712	霍尼韦尔	7A,1R	8.2	2+2
J69-T-29	Teledyne	1A,1R	5.3	1
PT6A-34	PWAC	3A,1R	7.0	1+1
T63-A-720	罗–罗	6A,1R	7.3	2+2
250-B17C	罗–罗	6A,1R	7.2	2+2
Dart	罗–罗	2R	5.6	3
T700-GE-700	GE	5A,1R	17.0	2+2
FJ44	Williams	1F,1A,1R	12.7	2+1

注：F=风扇级；A=轴流式压气机级；R=离心式压气机级。

7.6 叶轮几何设计

尽管我们可以采用 7.4 节的"平均中径"分析作为离心式压气机中叶轮和扩压器设计的起点，但是设计者必须考虑更多其他如 Aungier(2000) 所概述的限制与参数，以及 Adler(1980) 总结的一些状态预估。本节我们讨论其中的一些内容。

7.6.1 叶轮入口直径

叶轮进口处的相对马赫数应为亚声速，因此必须合理选择叶轮入口直径。如果 R_{eye} 处叶轮入口太大，叶轮入口处的叶片速度就会很大，因而相对速度很大。如果入口太小（使得截面积很小），在给定的质量流量下，轴向速度就比较大，同样会出现较大的相对速度。实际上，合理选择叶轮入口直径可使相对速度最小（见习题 7.13）。

7.6.2 基本叶型

在 7.2 节中，我们曾介绍了离心式压气机叶轮的三种基本形状：后弯叶轮、前弯叶轮和直径向叶轮。这三种叶轮如图 7.3(f) 所示。图 7.10 所示为压气机尺寸确定以后，某一速度线下不同叶型压气机的特性曲线。从图中可以看出，前弯叶轮相比其他两种叶型的压气机有更高的压比。但是这三种叶型中，前弯叶轮效率最低且滑移最大。而后弯叶轮是三种结构中效率最高且滑移最小的。

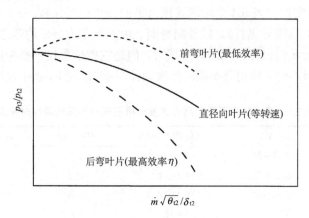

图 7.10　不同叶型的特性趋势曲线

7.6.3　叶片应力

一般而言，叶片上的应力随着转速平方值的增大而增大。在三种叶型中，直径向叶轮的应力等级最低。这是由于前弯和后弯叶片在工作转速下，离心力有拉直叶片的趋势。对飞机上用的离心式压气机，工作转速很高(6000~20000r/min)，因此前弯和后弯叶片上对应的应力不能太大。因而在飞机发动机上更多地采用直径向叶轮。

对离心泵而言，为了避免出现工质起泡，转速相对比较低(1800~3600r/min)。这种情况下，采用具有更高效率的后弯叶轮。前弯叶轮的唯一应用是需要在最小体积结构下获得最大可能的压比，而热力学效率不那么重要的场合。

7.6.4　叶片数

叶片的作用是引导流体穿过叶轮。如果叶片数太少，流动更无序，流体不能沿期望流道流动。因此，要获得给定的压力增量，需要消耗比最佳值更多的功。但如果叶片数过多，边界层与摩擦效应就会成为主导因素；更重要的是，由于叶片有一定的厚度，导致流道变得更小。摩擦会引起压力损失，反过来会增加所需的功率。这一点可由图7.11进行说明。在给定转速下，随着叶片数的增加，到最优数目之前，由于滑移因子的增大，压气机级的滑移因子和效率的乘积也逐渐增加。超过最优数目之后，若进一步增加叶片，由于效率的降低，压气机级的滑移因子和效率的乘积也逐渐减小。

一个常见的折中设计是采用一些缩短的叶片，它们被称为分流叶片。这种叶片并不会贯穿叶轮中的整个流道。它们通常从叶根(入口处)和叶尖(出口)之间子午向距离的约一半位置处开始，一直延伸到叶轮出口。在这些区域中，半径大于入口附近的半径，使主叶片之间的空间增大，进而导致气流不严格受流道限制。因此，加入分流叶片后，在靠近出口处可以更好地控制气流；但是在进口处不存在小流道。分流叶片可参见图 7.3(a)和图 7.3(c)。

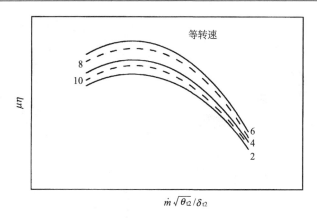

图 7.11　效率-滑移因子随叶片数增加的变化趋势曲线

7.6.5　叶片设计

离心式压气机叶片的整体设计比轴流式压气机叶片的设计更加复杂。在轴流式压气机中，气流基本上呈现二维属性且主要采用传统叶型(即指 NASA、NACA 等叶型)。但是，离心式压气机中的流场基本上是三维的。因此，由于要在三个维度上设计叶片的弯曲与扭转，对指定的应用场景，设计一个离心式压气机比轴流式压气机更加困难。实际上，与轴流式压气机的设计相比，离心式压气机的设计过程没那么直接，因此其设计过程在某种程度上是一种艺术。而且离心式压气机的设计与测试，比轴流式压气机需要更多的迭代。

7.7　扩　压　器[①]

在离心式压气机中，气流从叶轮中流出后，直接进入扩压器。扩压器的作用类似于轴流式压气机中的静子叶栅。即在扩压器中，静压进一步增大。扩压器有两类：无叶扩压器和有叶扩压器。图 7.12 所示为有叶扩压器的示意图。图 7.13 是一个动力装置中的扩压器。在这种结构中利用一系列的静止叶片保证气流的旋转和减速过程不会无序。在更现代化的扩压器中通常采用楔形叶片；而在早期的设计中采用的是弧线形或翼型叶片。从图 7.13 中可以看出，叶片开始沿径向平面，但是在扩压器外缘逐渐卷向轴向，从而控制气流的三维特性。从图 7.12 中可以看出，扩压器的进口半径($r_{2.5}$)明显大于叶轮出口半径(r_2)，因此在这两种部件间的气流条件会发生变化。为此，我们定义新的截面 2.5。如果这两个半径完全相等，就只用一个截面 2。叶轮出口与扩压器进口之间的距离是一个重要的设计参数。如果该距离太小，由于叶轮叶片和扩压器叶片之间的气流相互作用，会出现明显的振动和噪声，Caruthers 和 Kurosaka(1982)曾就该问题进行过讨论。如果距离过大，叶片的作用就会减弱。类似于轴流式转子和静子，转子与静子叶片的数目必须不同且不允许有公倍数，否则会引发共振。这种共振会引发明显的噪声与振动问题(缩短转子或静子寿命)。无叶扩压器中没有静子，对应区域只是一个简单的收集或卷形区域。

---

① 译者注：原文为有叶扩压器，此处结合下文改为扩压器。

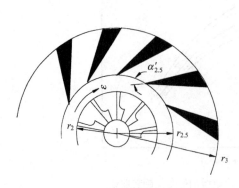

图 7.12　有叶扩压器示意图

图 7.13　新比隆(Nuovo Pignone)有叶扩压器
【图片由 GE 动力系统友情提供】

　　两种扩压器有各自的优点。例如，有叶扩压器通常有固定的叶片，它们的角度不能像轴流式压气机中的可调静子那样可以随着工作条件的变化而调整。因此，进口静子角度(图7.12 中的 $\alpha'_{2.5}$)只能在某一特定流量下与气流角匹配。因此，在非设计点工作时，就会有非零攻角，进而出现气流分离，引起明显的损失，从而降低效率。另外，无叶扩压器在非设计点工作时，不会引起这些气流分离或摩擦损失。因此，在非设计点状态下，无叶扩压器的效率更高。但是在设计点无叶扩压器内的流场比有叶扩压器更无序。因此，有叶扩压器在设计点具有更高的效率。无叶扩压器的另一个优点是在叶轮叶片与扩压器叶片之间不存在产生噪声的气流相互作用。最后，由于需要更多材料，有叶扩压器更重。

　　图 7.14(a)所示为两个类似尺寸压气机的典型趋势图：一个为有叶扩压器，另一个为无叶扩压器。从图中可以看出，有叶扩压器可获得最大的压比。因此，有叶扩压器的压气机，单位尺寸下的压力增量最大。但是必须记住，这类机械的输入功率也可能更大。

　　图 7.14(b)中，我们给出了沿工作线两种相似的离心式压气机的效率。从图中可以很容易看出有叶扩压器与无叶扩压器设计的区别——在效率线峰值处，有叶扩压器取得最大的效率。但是随着换算质量流量偏离最佳效率点，由于在叶片上引起的攻角损失，有叶扩压器的效率下降得更快。但是，当换算质量流量偏离最佳效率点时，无叶扩压器的效率从最大效率处变化更缓慢。因此，如果需要压气机在较大的质量流量范围内工作，更多采用无叶扩压器。但是，若压气机基本只在某一流量下运转，采用有叶扩压器更合适。

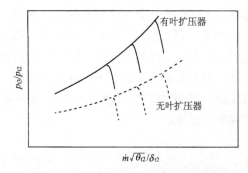

图 7.14(a)　无叶扩压器与有叶扩压器性能趋势

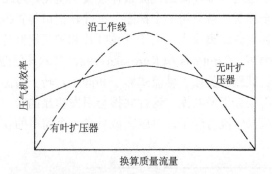

图 7.14(b)　无叶扩压器与有叶扩压器效率趋势

　　一般来说，在离心式压气机中，很少将反力度作为一个性能的评判参数来考察。尽管如此，当考虑到部件的负载时，离心式压气机的设计就与轴流式压气机的设计类似。也就是说，在设计合理的离心式压气机中，叶轮和扩压器中的负载应基本相等。例如，跨叶轮的静压增量应与扩压器间的静压增量大致相等。因此，跨叶轮的静压增量约为级静压增量的一半。

　　最后，由于高转速和较大的叶轮尺寸，离心式压气机的出口马赫数比较大(通常为超声速)。但是，在设计合理的扩压器中，无论有叶扩压器还是无叶扩压器，都可克服这一困难。一条普遍用于衡量叶轮设计的指导原则是：静止坐标系下，速度径向分量的马赫数应小于1。如果在叶轮出口存在超声速气流，扩压器级的流道必须设计成收敛-扩张型，使进入回流器或燃烧室的气流减速为亚声速气流。

7.8　小　　结

　　本章我们分析了离心式压气机的热力学。与轴流式压气机类似，其作用是对进入的气流做功，输入动能，并将其转换为总压的增加。离心式压气机通常用于低流量但却需要比轴流式压气机更大单级压比的小型发动机中。在本章中，我们介绍了这种部件的几何结构和组成，并定义了重要的几何参数。在这种压气机中，气流在小半径处进入一个转动的叶轮，再从大半径处径向流出。为了分析这种叶轮机，我们再次利用速度三角形，并分别假设在进口和出口气流为二维气流。在叶轮进口，我们假设速度的径向分量很小，速度三角形与轴流式压气机类似；而在叶轮出口，我们忽略速度的轴向分量。已知几何参数与气流参数时，可以借助控制体方法，结合连续性、动量和能量方程推导出计算单级总压比的方法。轴流式压气机的基本方程也适用于离心式压气机，但是在具体利用方程时，几何参数存在明显区别。由于叶轮进出口半径之间较大的差别，离心式压气机具有比轴流式压气机更大的级压比。本章我们还讨论了不可压缩流动(离心式液压泵)。之后，我们引入了滑移的概念，它反映了流体不完全沿着叶片流动。本章还介绍了几种滑移因子的经验公式。之后，我们讨论了离心式压气机的特性曲线(同样通过量纲分析推导得到)，借助特性曲线，我们可准确而简明地描述离心式压气机的重要工作特性，而且它们具有与轴流式压气机相同的形态。与轴流式压气机一样，特性曲线中最重要的四个特性分别是压比、效率、工作线和喘振线。例如，当已知转速和流量时，从特性曲线中我们就可以得到效率和压比。当级压比较大时，喘振问题并没有轴流式压气机那样严重。这是因为尽管在流道上存在逆压力梯度，但是作用在流体分子上的离心力促使气流向出口运动。本章我们还讨论了不同的叶轮形状：前弯叶轮、后弯叶轮和直径向叶轮。考虑作用在叶轮上的离心力和应力，高转速的叶轮大部分都采用直径向叶轮。为避免较大损失，在叶轮数目的选择上，存在最佳的叶片数以平衡太多叶片(小流道面积)导致的损失和叶片过少导致滑移因子减小(滑移变大)。最后我们讨论了有叶扩压器与无叶扩压器的不同工作特性。有叶扩压器在单一设计点上有更佳的效率；但是无叶扩压器在较大的工况范围内，效率变化比有叶扩压器小。全章我们给出了离心式压气机的设计指导规则。

本章符号表

A	面积	R	半径
a	声速	S	滑移公式经验参数
$\hat{a}$	滑移公式经验参数	T	温度
a	定常反力度系数	U	叶片速度
b	叶片高度	w	相对速度
c	绝对速度	$\dot{W}$	功率
c_p	比定压热容	Z	叶片数
D	直径	α	绝对角度
g	重力加速度	β	相对(转子)角度
H	扬程	γ	比热容比
h	比焓	δ	压力与标准压力比
$\dot{m}$	质量流量	η	效率
M	马赫数	θ	温度与标准温度比
N	转速	μ	滑移因子
p	压力	ρ	密度
$\dot{Q}$	热流量	ω	转速
Q	体积流量		
R	理想气体常数		

本章脚标表

a	自由来流	stp	标准条件
abs	绝对坐标系下	t	总(滞止)
c	换算	u	切向
e	欧拉	1,2,2,5,3	级位置
r	径向	2	压气机进口
rel	相对坐标系下	3	压气机出口
sh	适用于轴		

本章上标表

'	叶片或理想状态

习 题

7.1 分析一个离心式压气机级。转速是 16300r/min，压缩 50.0lbm/s 的空气。进口压力和温度分别是 40psi 和 500°R。进口的叶根半径和叶尖半径分别是 2.0in 和 4.5 in，出口半径是 8.0 in，出口叶片高度是 0.85in。滑移因子等于 1。气流无预旋进入导风轮中且叶轮叶片是直径向叶片。级效率是 92%。$c_p = 0.2400 \mathrm{Btu/(lbm \cdot °R)}$，$\gamma = 1.401$。求：

(1)进口的相对气流角(叶根、平均半径、叶尖);

(2)叶轮出口静压;

(3)级总压比(将其与轴流式压气机级进行比较);

(4)叶轮进口和出口的马赫数;

(5)级所需功率。

7.2 分析一个离心式压气机级。转速是 16300r/min,压缩 50.0lbm/s 的空气。进口压力和温度分别是 40psi 和 500°R。进口的叶根半径和叶尖半径分别是 2.0in 和 4.5 in,出口半径是 8.0 in,出口叶片高度是 0.85 in。滑移因子等于 1。气流以 −10° 预旋进入导风轮中且叶轮的前弯角为 10°。级效率是 92%。$c_p = 0.2400 \text{Btu}/(\text{lbm} \cdot {}^\circ\text{R})$,$\gamma = 1.401$。求:

(1)进口的相对气流角(叶根、平均半径、叶尖);

(2)叶轮出口静压;

(3)级总压比(将其与轴流式压气机级进行比较);

(4)叶轮进口和出口的马赫数;

(5)级所需功率。

7.3 分析一个离心式压气机级。转速是 12300r/min,压缩 70.0lbm/s 的空气。进口压力和温度分别是 35psi 和 550°R。进口的叶根半径和叶尖半径分别是 3.0in 和 5.5in,出口半径是 11.0in,出口叶片高度是 1.00in。滑移因子等于 1。气流无预旋进入导风轮中且叶轮叶片是直径向叶片。级效率是 88%。$c_p = 0.2413 \text{Btu}/(\text{lbm} \cdot {}^\circ\text{R})$,$\gamma = 1.397$。求:

(1)进口的相对气流角(叶根、平均半径、叶尖);

(2)叶轮出口静压;

(3)级总压比(将其与轴流式压气机级进行比较);

(4)叶轮进口和出口的马赫数;

(5)级所需功率。

7.4 分析一个离心式压气机级。转速是 12300r/min,压缩 70.0lbm/s 的空气。进口压力和温度分别是 35psi 和 550°R。进口的叶根半径和叶尖半径分别是 3.0in 和 5.5in,出口半径是 11.0in,出口叶片高度是 1.00in。滑移因子等于 1。气流以 +10.0° 预旋进入导风轮中且叶轮叶片是直径向叶片。级效率是 88%。$c_p = 0.2412 \text{Btu}/(\text{lbm} \cdot {}^\circ\text{R})$,$\gamma = 1.397$。求:

(1)进口的相对气流角(叶根、平均半径、叶尖);

(2)叶轮出口静压;

(3)级总压比(将其与轴流式压气机级进行比较);

(4)叶轮进口和出口的马赫数;

(5)级所需功率。

7.5 设计一个离心式压气机级。该压气机压缩 6.0lbm/s 的空气,进口压力和温度分别是 15psi 和 520°R。受几何结构限制,进口的叶根半径 1.0in,出口半径是 3.0in。滑移因子等于 1。气流无预旋进入导风轮中。级效率是 88%。$c_p = 0.241 \text{Btu}/(\text{lbm} \cdot \text{R})$,$\gamma = 1.40$。请明确描述出设计目标并完成该级的设计过程。完成之后初步检查设计目标是否能够实现,并画出叶片的几何结构图。

7.6 一个离心式压气机的外径是 15in 且出口叶高等于 6.2in。叶片出口相对径向的角度是 7°(后弯叶轮)。滑移因子等于 1。入口半径是 1.2in 和 8.4in。进口气流相对于轴向的预旋角是 10°(正)。轴转速为 9500r/min 且气流的质量流量是 100lbm/s。实验测量表明,进口和出口的压力分别是 50psi 和 79.6psi,而进口和出口的静温分别是 750°R 和 874.9°R。假设 $\gamma = 1.387$。求：

(1)进口的叶片角(叶根、平均半径、叶尖)；

(2)效率；

(3)功率。

7.7　一个离心式压气机叶轮起初工作时出口叶片是直径向叶片且没有预旋。

(1)在随后的测试中，气流进入导风轮之前增加了一个负角度预旋。在相同的流量和转速下跨叶轮的总压比怎样变化？结合速度三角形进行解释。

(2)在随后的另一个测试中，采用了一个类似但略微后弯的叶轮(同样无预旋)。在相同的流量和转速下跨叶轮的总压比怎样变化(相比于原始测试)？结合速度三角形进行解释。

7.8　分析一个离心式压气机级。转速是 14000r/min，压缩 30.0lbm/s 的空气。进口压力和温度分别是 38psi 和 515°R。进口的叶根半径和叶尖半径分别是 1.9in 和 4.0in，出口半径是 7.0 in，出口叶片高度是 0.60 in。气流以 −5° 预旋进入导风轮中且叶轮的前弯角为 5°。滑移因子等于 1。级效率是 91%。$c_p = 0.2392\text{Btu}/(\text{lbm} \cdot °R)$，$\gamma = 1.402$。如果必要，可以假设叶轮出口的气流密度为 0.0073slug/ft^3，但使用时需要阐明在何处利用该条件并证明该假设。求：

(1)进口的相对气流角(叶根、平均半径、叶尖)；

(2)叶轮出口静压；

(3)级总压比(将其与轴流式压气机级进行比较)；

(4)叶轮进口和出口的马赫数；

(5)级所需功率。

7.9　一个单级离心式压气机的质量流量是 55lbm/s，转速是 14000r/min。叶轮出口采用直径向叶片来使叶片应力最小，且级效率是 82%。气流进入叶轮叶眼时有一个切向速度(c_u)，它占进口总速度(c)的 7.75%。叶轮出口半径是 10in，而进口叶尖半径和叶根半径分别是 5in 和 2in。叶轮出口的叶片高度是 0.9in。滑移因子等于 1。进口总温是 700°R 进口总压是 65.2psi。为求解该题，我们建议初步猜想出口气流密度是 0.300lbm/ft^3。求：

(1) p_{t2}/p_{t1}(并与一个单级轴流式压气机进行比较)；

(2)功率；

(3)进口叶片角度。

7.10　分析一个离心式压气机级。压缩 40lbm/s 的空气，转速是 13000r/min。叶轮出口采用直径向叶片来使叶片应力最小，级效率是 87%。气流进入叶轮叶眼时无预旋。叶轮出口半径是 12in，且进口叶尖和叶根半径分别是 4.5in 和 2.5in。叶轮出口叶片高度 1.0in。滑移因子等于 1。在绝对坐标系中，进口总温是 793°R，进口总压是 61.1psi，进口静温是 750°R，进口静压是 50.5psi。气流进口轴向速度是 728ft/s。比定压热容是 0.246Btu/(lbm·°R)，比热容比是 1.386。出口气流密度是 0.00875slug/ft^3。求：

(1) p_{t2}/p_{t1}(并与一个单级轴流式压气机进行比较)；

(2)功率；

(3)相对叶轮的进口叶片角度(叶根、平均半径、叶尖)。

7.11　1975 年，Eckardt(1975)在一个小型的单级离心式压气机中进行了一系列测试。分析如下条件时的叶轮：气流质量流量是 11.7lbm/s，转速是 14000r/min。叶轮出口采用直径向叶片来使叶片应力最小。气流进入叶轮叶眼时无预旋。叶轮出口半径是 7.87in，且进口叶尖和叶根半径分别是 5.52in 和 1.77in。叶轮出口叶片高度 1.02in。滑移因子等于 1。进口温度是 513.2°R，进口压力是 14.13psi。为求解本题，我们

建议初步猜想出口气流密度是 0.003slug/ft³。求:

(1)换算质量流量;

(2)换算转速;

(3)效率,并利用该效率计算如下参数:

(4) p_{t2}/p_{t1} (描述如何将该数值与测量数值进行比较,并将它与一个轴流式压气机级进行比较);

(5)功率;

(6)进口叶片角度(叶根、平均半径、叶眼)。

7.12 对于一个离心式压气机,随着预旋从一个负角度增加到一个正角度,对应的压力增量会怎样变化?假设所有的其他参数保持不变,结合速度三角形和方程进行解释。

7.13 气流无预旋进入一个离心式叶轮时的密度是 ρ,质量流量是 $\dot{m}$。叶轮旋转的角速度是 ω,叶根半径是 R_h。

(1)半径相同求使相对速度最小的进口叶尖(或叶眼)半径;

(2)当质量流量是 5lbm/s,密度是 0.002327slug/ft³,进口叶根半径是 1.00in,转速是 25000 r/min,进口温度是 530°R 时,定量计算半径和马赫数;

(3)进口叶尖处的相对马赫数跟进口叶尖半径有什么关系?换句话说,(2)中如果叶尖半径增大一倍或减小一半时,求进口叶尖半径处的相对马赫数。

7.14 一个入口无预旋的离心式压气机,刚开始有一个含四个径向叶片的叶轮,滑移因子是 0.70。之后用另一个叶轮来替代原始的叶轮。新的叶轮有八个叶片和八个分流叶片,滑移因子是 0.98。这两个叶轮的效率相等。请画出这两个叶轮。其中哪一个叶轮中气流的压力增量更大?结合速度三角形进行解释。

7.15 分析一个单级离心式压气机。空气质量流量是 19lbm/s,转速是 14500r/min。叶轮出口采用后弯叶片,相对径向的角度是 15°。效率是 89%,滑移因子可假设等于 1。气流进入叶轮叶眼时预旋+10°。叶轮出口半径是 9.0in,且进口叶尖和叶根半径分别是 5.0in 和 3.0in。叶轮出口叶片高度 1.0in。在绝对坐标系中,进口总温是 552°R,进口总压是 18.3psi,进口静温是 500°R,进口静压是 13.0psi。气流进口轴向速度是 776ft/s。进口处叶片平均速度是 506ft/s,出口处叶片平均速度是 1139t/s,比定压热容是 0.240Btu/(lbm·°R),比热容比是 1.400。出口气流密度是 0.00356slug/ft³。求:

(1)按比例绘制速度三角形;

(2)假设没有攻角,求叶轮进口的叶片角(叶根、平均半径、叶尖);

(3)所需功率;

(4) p_{t2}/p_{t1}。

7.16 分析一个单级离心式压气机中。设计流量是 19lbm/s,转速是 14500r/min。叶轮出口采用后弯叶片,相对径向的角度是 15°。设计效率是 89%,滑移因子等于 1。气流进入叶轮叶眼时预旋+10°。叶轮出口半径是 9.0in,且进口叶尖和叶根半径分别是 5.0in 和 3.0in。叶轮出口叶片高度为 1.0in。在绝对坐标系中,进口总温是 552°R,进口总压是 18.3psi。如果压气机在转速 13500 r/min 和 15500 r/min 运转时,最大效率是 85%。求:

(1)如果没有攻角,求叶轮进口的叶片角;

(2)设计条件下所需功率;

(3)如果没有攻角,求转速为 13500 r/min 和 15500 r/min 时的质量流量;

(4)三种转速下的 p_{t2}/p_{t1};

(5)绘制 p_{t2}/p_{t1} 随质量流量的曲线。该曲线的含义是什么?

7.17 分析一个单级离心式压气机中。设计流量是 19lbm/s，转速是 14500r/min。叶轮出口采用后弯叶片，相对径向的角度是 15°。设计效率是 89%，滑移因子等于 1。气流进入叶轮叶眼时预旋+10°。叶轮出口半径是 9.0in，且进口叶尖和叶根半径分别是 5.0in 和 3.0in。叶轮出口叶片高度 1.0in。在绝对坐标系中，进口总温是 552°R，进口总压是 18.3psi。求：

(1) 如果没有攻角，求设计条件下叶轮进口的叶片角；

(2) 设计条件下所需功率；

(3) p_{t2}/p_{t1}；

(4) 如果将空气换成氢气，设计条件的质量流量、功率和 p_{t2}/p_{t1} 各等于多少？

7.18 分析一个单级离心式压气机中。设计流量是 19lbm/s，转速是 14500r/min。叶轮出口采用后弯叶片，相对径向的角度是 15°。设计效率是 89%，滑移因子等于 1。气流进入叶轮叶眼时预旋+10°。叶轮出口半径是 9.0in，且进口叶尖和叶根半径分别是 5.0in 和 3.0in。叶轮出口叶片高度为 1.0in。在绝对坐标系中，进口总温是 552°R，进口总压是 18.3psi。当压气机的流量分别是 17.5lbm/s 和 20.50lbm/s，转速为 14500r/min 时，效率下降为 75%。求：

(1) 如果没有攻角，求设计条件下叶轮进口的叶片角(叶根、平均半径、叶尖)；

(2) 设计条件下所需功率；

(3) 如果效率保持为设计值，求三种质量流量时的 p_{t2}/p_{t1}；

(4) 如果效率如题所述下降并偏离设计值，求三种质量流量时的 p_{t2}/p_{t1}；

(5) 绘制两组效率时 p_{t2}/p_{t1} 随质量流量变化的曲线。该曲线的含义是什么？

7.19 一个离心式压气机中原来的叶轮有正预旋且出口是直径向叶片，当压气机转速为 N_1 时无攻角。在随后的测试中将转速增大到 $2N_1$。在第二组测试中叶轮进口仍然无攻角。

(1) 定量估计质量流量应调整多少(如增加或减少多少)；

(2) 评估所需功率的变化(如增加或减少多少)。

结合等比例的速度三角形和方程进行解释。

7.20 一个离心式压气机中原来的叶轮有正预旋且出口是直径向叶片。

(1) 在随后的测试中将取消了正预旋，使导风轮之前的进口气流无旋。请问在相同的流量和转速下，跨叶轮时气流的压力增量会如何变化？请结合速度三角形进行解释。

(2) 在之后的另一个测试中采用了一个类似的叶轮，但是叶片换成了后弯叶片(原来的正预旋不变)。请问在相同的流量和转速下，跨叶轮时气流的压力增量会如何变化(与最原始测试相比)？请结合速度三角形进行解释。

7.21 为一台发动机设计一个离心式压气机级。发动机有 5 个轴流式压气机级和一个离心式压气机级；整个压气机的总压比是 7.0。离心式压气机压缩 12.0lbm/s 的空气，进口压力和温度分别是 30psi 和 650°R。受几何结构限制，进口叶根半径是 3.0in，出口半径是 8.0in。气流无预旋进入导风轮。级效率是 90%。请明确描述出设计目标和并完成该级的设计过程。完成之后初步检查设计目标是否能够实现，并画出叶轮的几何结构图。

7.22 分析一个单级离心式压气机。空气质量流量是 50lbm/s 的空气，转速是 11000r/min。叶轮的出口叶片是直径向叶片，但是气流从叶片中流出时相对径向的后弯角等于 20°。效率是 88%。气流进入叶轮叶眼时预旋+5°。叶轮出口半径是 14.0in，且进口叶尖和叶根半径分别是 7.0in 和 3.0in。叶轮出口叶片高度为 1.0in。在绝对坐标系中，进口总温是 634°R，进口总压是 24.3psi，进口静温是 600°R，进口静压是 20.0psi。气流进口轴向速度是 637ft/s，出口径速度是 592ft/s。输入功率是 4209hp。进口处叶片平均速度是 480ft/s，出口处叶片平均速度是 1344ft/s，比定压热容是 0.242Btu/(lbm·°R)，比热容比是 1.3945。进口气流密度是 0.00280slug/ft³，出口气流密度是 0.00430slug/ft³。求：

(1) 滑移因子；

(2) 总压比。

7.23　分析一个单级离心式压气机。压缩 28lbm/s 的空气，转速是 16400r/min。气流从叶轮的出口直径向(在转动坐标系中)流出，速度等于 592ft/s。效率是 91%。气流进入叶轮叶眼时预旋+4°。叶轮出口半径是 7.7in，且进口叶尖和叶根半径分别是 4.0in 和 0.7in。叶轮出口叶片高度是 0.90in。在绝对坐标系中，进口总温是 671°R，进口总压是 28.4psi，进口静温是 580°R，进口静压是 17.0psi。气流进口轴向速度是 1046ft/s。输入功率是 1883hp。进口处叶片平均速度是 336ft/s，出口处叶片平均速度是 1102ft/s，比定压热容是 0.242Btu/(lbm·°R)，比热容比是 1.3956。进口气流密度是 0.00246slug/ft³。求总压比。

7.24　气流从离心式压气机叶轮中流出时的相对后弯角为 15°。叶轮叶片是直径向叶片，且叶轮转动时的切向速度是 1200ft/s。叶轮出口气流的径向速度分量等于 600 ft/s。求滑移因子。

7.25　求题 7.1 中的换算质量流量和换算转速。如果压气机级在 10000r/min 下运转且流量为 40lbm/s，求使换算参数相匹配的进口压力和温度。利用这些条件，求相应的气流角和总压比，将这些结论与题 7.1 进行比较并评论。

第 8 章 轴流式涡轮

8.1 引　言

在第 1~3 章中我们已经提到，涡轮的作用是从工质中提取能量来驱动压缩设备。涡轮的实际工作在某些方面与压气机相似而又相反。即涡轮从工质中提取能量后，流过涡轮的流体压力和温度都会下降。典型地，燃烧室中焓升的 70%~80%用于涡轮对外做功以驱动压缩部件，剩余的焓升用于喷管产生推力。

但是压气机和涡轮有两个主要的不同。首先，气流通过涡轮时压力下降。而压气机中存在使叶片发生失速的逆压力梯度，而失速问题在涡轮中不会发生，而且涡轮的效率通常都比压气机的效率高。其次，顺压力梯度使得在涡轮中需要的级数比压气机少。因此，涡轮中单级气动载荷比单级压气机的气动载荷大。但是，涡轮进口气流温度非常高，限制了涡轮的工作范围。因此，从空气动力学角度来看，涡轮的设计相对简单，但是其结构更复杂。

在航空发动机的发展历史上，人们在压气机设计上投入了比在涡轮设计上更多的精力。对于简单的喷气式发动机，读者可以发现，相比改进涡轮性能，通过改进压气机性能可更多地提升发动机的整机性能(参见习题 3.5)。但是，对于大涵道比的涡扇发动机，结论完全相反(参见习题 3.11)。而对于中等涵道比的涡扇发动机，这两种部件的提升具有基本相同的效果(参见习题 3.9)。因此，现代发动机设计过程中，人们也非常重视涡轮的气动力学设计。而且从材料的角度看，很多现代发动机中受涡轮进口高温的限制。发动机所有部件中最容易失效的是涡轮进口叶片，因为这一部件要同时承受高温、高转速和高气动载荷作用。因此，近些年人们很重视涡轮叶片的材料研发和冷却技术。

尽管在一些小质量流量的小型发动机中会使用离心式压气机，但是在喷气式发动机中经常使用的是轴流式压气机。然而，涡轮中的温度非常高，气体密度就很低。因此，为了保证气流速度处在合理的水平(如亚声速)，在涡轮中需要的流道面积比压气机中更大。从这一点考虑，若采用小半径的径流式涡轮，则需要非常大的级深度。因此需要采用非常大的发动机直径或长度。而且，尽管径流式设备比轴流式设备有更高的压比，但由于涡轮中存在的顺压力梯度，设计一个高压比的轴流式涡轮并不困难。因此，几乎在所有的喷气式发动机中，都采用轴流式涡轮。尽管在其他行业中也有使用径流式涡轮，本书仅论述轴流式涡轮。

8.2　几 何 结 构

8.2.1　外形构造

与压气机类似，涡轮也由多级组成，每一级都从工质中提取能量。每一级同样包含两个部分：一组安装在叶盘和传动轴上的转子叶片和一组固连在发动机机匣上的静子叶片。转子从工质中汲取能量，静子叶片为下一排转子叶片调整气流方向。

很多现代发动机采用双轴结构，见图 8.1 所示。从燃烧室中出来的高温气流进入高压涡轮。这一部件与高速传动轴相连。有时候在第一级高压涡轮之前还有一组进口导叶用来调整进入涡轮的气流方向。经过高压涡轮之后，气流进入低压涡轮。相应地，低压涡轮与低速传动轴相连。低压涡轮汲取的能量用来驱动低压压气机(有时候还包括风扇)，高压涡轮对应驱动高压压气机。在涡轮中气流的压力下降，相应的沿轴向气流密度减小。因此，沿轴向流道面积和涡轮叶片的高度变大。通常在涡轮出口还会设置一组静子叶片，用来调整进入加力燃烧室(如果有)或喷管的气流方向。这组叶片称为出口导叶(EGV)，其设计与一般静子叶片设计不同。如果有加力燃烧室，这组叶片用来产生旋流，促进气流混合。如果没有加力燃烧室，这组叶片调直气流方向使其进入喷管。另外，虽然高压涡轮级和低压涡轮级的实际设计不同，但是两者遵循相同的基础热力学、气动力学和设计方法。例如，由于具有更大的半径比(类似于轴流式压气机)，低压涡轮叶片比高压涡轮叶片有更大的叶片几何角变化和扭转。因此，本章接下来的部分，我们不加区分地讨论这两种涡轮。

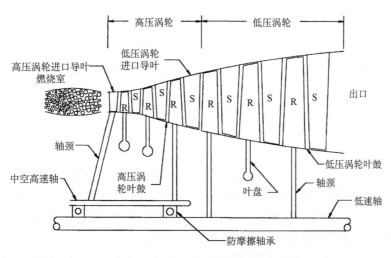

图 8.1　双转子涡轮

从上往下观察涡轮，并将涡轮几何在二维平面上展开，得到一系列的叶栅几何见图 8.2。气流首先进入进口导叶(如果存在)。接着，气流进入第一级转子叶片。在图 8.2 中，转子叶片旋转线速度为 U，其大小等于 $R\omega$，其中 ω 为角速度，R 为通道平均半径。穿过转子叶片之后，气流进入静子叶排。气流在静子叶排中调整方向，以合适的角度进入下一级转子叶片。一般来说，下一级与第一级在设计上略有不同(实际上每一级都不一样)。每一级中气流的流动过程相似。在图 8.2 中定义了涡轮部件中的截面 0~截面 3。需要注意不要将这些编号与整个发动机截面混淆。

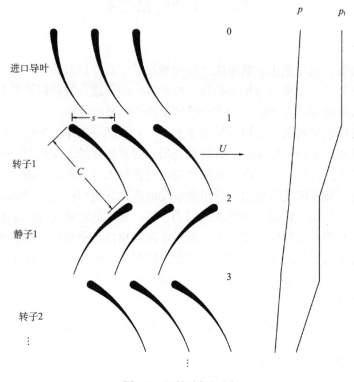

图 8.2　涡轮叶栅视图

与压气机类似,涡轮中一个重要的参数是稠度(C/s),该参数是栅距-弦长比 s/C 的倒数。同样,如果稠度太大,摩擦损失就会过大;若稠度太小,气流就不会贴着叶片表面流动,出现气流分离,而且从热气流中获得的功率比理想情况低。与压气机叶片类似,涡轮叶片中稠度的典型值也是 1。例如,普惠 JT9D 发动机中,每一级涡轮叶片数从 66 到 138不等。作为比较,涡轮出口导叶(该叶片弦长很大)只有 15 个叶片。

在图 8.2 中我们还给出了沿涡轮轴向的气流压力变化趋势,包括总压和静压。从图中还能看出,在经过进口导叶、转子叶片和静子叶片时,气流的静压都会降低。而在经过进口导叶和静子叶片时总压基本不变,但在经过转子叶片后总压减小。与分析压气机时采用的方法一致,本章接下来将分析涡轮中气流的压力变化与涡轮几何之间的关系。也就是建立静压和总压升、压比与涡轮叶片几何及转速的关系。

下面我们讨论一些涡轮设计时的注意事项。首先,如前面指出的那样,温度是首要关注点。叶片在高温、高转速下产生的离心应力很高。因此在进行涡轮叶片外形设计的时候,不单单要考虑气动力学特性,还要重视其应力载荷。如本章讨论的,涡轮设计时通常采用叶片冷却方法来避免叶片应力过大问题。其次,设计时肯定期望获得尽可能高的效率。然而,由于流过涡轮级的气流压降和总温较压气机更高,相比压气机,涡轮中的叶尖气流泄漏更加重要。由于叶片的热膨胀,涡轮叶片叶尖与机匣之间的间隙随着工作条件的变化而不断变化。涡轮间隙每增加 1%,效率也对应降低 1%,因此我们不期望有大的涡轮叶尖间隙。也就是说,本应从涡轮通道中膨胀的气流,直接穿过间隙从涡轮叶片的压力面到达吸力面，因此，就不能从这部分气流中获得能量。但如果间隙太小，热膨胀或振动都会导致叶片剐蹭，使整个发动机出现损坏。再次，黏性剪切和激波也会引起损失。例如，高叶片载荷会促使气流在吸力面达到很高的速度；甚至形成局部超声速区，产生激波，激波引起总压非等熵下降，进一步形成气流分离区，而分离又进一步地降低了总压，最终使得涡轮效率下降。最后，进入涡轮的气流必须进行合理的引导。理想的气流应该是均匀的（包括速度、压力和温度）。例如，如果更多的气流被引导到叶根附近，涡轮从流体中提取的力矩（以及功率）将会降低。又如，若在涡轮进口存在局部热气流，会使叶片提前失效，而这种失效通常是灾难性的。本章我们会就这些关注点和其他一些注意事项进行深入的讨论。更多细节可参考 Fielding（2000）、Glassman（1972a，1972b，1973，1975）、Hawthorne（1964）、Horlock（1966）、Adamczyk（2000）、Kercher（1998，2000）、Han 等（2000）、Dunn（2001）以及 Shih 和 Sultanian（2001）。

8.2.2　与轴流式压气机的比较

1. 叶排的通道面积

图 8.3 描绘了压气机和涡轮的叶栅通道形状对比。对于涡轮叶栅，其出口面积小于进口面积（$A_{exit} < A_{inlet}$）。因此，涡轮的作用类似于喷管。比较而言，压气机叶栅出口面积大于进口面积，类似于进气道，这在第 6 章中已经讨论过。

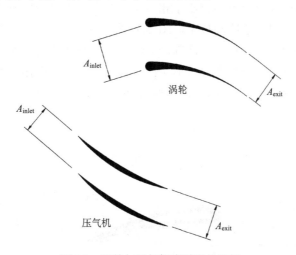

图 8.3　涡轮与压气机流道形状比较

2. 压力

涡轮的作用是从气流中汲取功率，因此，气流通过涡轮后静压和总压都会下降，也就是说，气流在膨胀。而在压气机中气流压力是增大的。而且在涡轮中的气流通常是亚声速的。因此，这种变化符合前面提到的叶排通道面积变化。涡轮叶片单级的典型压比（从进口到出口）为 2。

3. 偏转角

涡轮中进口压力大于出口压力。因此，叶片表面不会出现与逆压力梯度相关的气流分离。因此，在涡轮叶片上能实现比压气机叶片上更大的膨胀。这也意味着 $(A_{\text{inlet}}/A_{\text{exit}})_{涡轮}$ > $(A_{\text{inlet}}/A_{\text{exit}})_{压气机}$。因此，从图 8.3 中我们可以看到，涡轮叶栅的偏转角比压气机叶栅的偏转角大。由于每一级涡轮内气流偏转角大于压气机，相应的每一级涡轮中提取的能量大于单级压气机所需的能量。

4. 级数

我们刚刚提到，单级涡轮获得的能量比单级压气机消耗的能量多。喷气式发动机的所有涡轮功率都用于驱动压气机，因此涡轮级数比压气机级数少。燃气轮机中还有驱动外部负载的额外几级涡轮，但是涡轮总级数仍然小于压气机级数。压气机级数与涡轮级数的典型比值为 2~6。

5. 温度

从实用角度看，受材料性能限制，目前涡轮进口温度典型值为 3000°R 左右。相较之下，压气机最高温度位于压气机出口处，温度典型值为 1400°R。在 8.4 节中我们将会看到，人们在提高涡轮进口温度极限值方面付出了相当大的努力。其中一种方法就是使用更好的材料。另一种方法就是采用叶片冷却技术，图 8.4 所示为涡轮叶片的典型冷却结构。图中，将冷气流引入叶片中的空心部位进行冷却。有时候也会在叶片表面加工一些小孔，这样冷却气流会在叶片和从燃烧室出来的热气流中间形成一个具有保护作用的边界层。在压气机中，由于工作温度较低，并不需要这样复杂的结构。

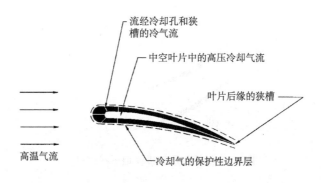

图 8.4　涡轮叶片冷却

6. 叶片半径和高度

涡轮中的气流温度远比压气机中高。但两者中的气压大小是相近的。因而涡轮中的气流密度比压气机中小。在相同的流率下，涡轮面积必须比压气机大。

为评估相对尺寸，压气机中的气流流率为 $\dot{m}_{\text{c}} = \rho_{\text{c}} a_{\text{c}} A_{\text{c}}$；而涡轮中为 $\dot{m}_{\text{t}} = \rho_{\text{t}} a_{\text{t}} A_{\text{t}}$，且约等于 $\dot{m}_{\text{c}}$。通过理想气体方程，可求得气流密度 $\rho = p/(RT)$。接着我们分析轴向马赫数

$M_a = c_a/a$，其中 $a = \sqrt{\gamma RT}$。因此，如果 $\gamma_c \approx \gamma_t$，　$p_c \approx p_t$，且涡轮和压气机中的马赫数基本相同(这个条件通常满足)，则涡轮截面面积为 $A_t \approx A_c\sqrt{T_t/T_c}$。因此，涡轮的叶排通道面积通常比压气机叶排通道面积大 30%~50%，这是通过设计比压气机更高的叶片来实现的。典型情况下，由于叶片高度增加，涡轮轮毂半径比压气机小，但并非总是这样。

7. 叶片厚度

涡轮叶片的厚度通常要比压气机叶片厚。这样设计有三个原因：第一，涡轮叶栅进出口面积比更大；第二，涡轮叶片通常需要进行冷却，由于中间有冷却腔，需要更厚的叶片；第三，为提高叶片的结构强度或可靠性，涡轮叶片必须更厚些。设计这种叶片的时候，需要使得叶型损失达到最小，并避免过分堵塞气流。

8. 叶冠

与压气机不同，有些涡轮叶片有叶冠。叶冠是沿叶尖直径外圈缠绕的圆周带，使同级叶片之间互锁，如图 8.5 所示(涡轮叶片通常使用枞树形榫头与叶盘形成固定连接，类似于已经讨论过的一些轴流式压气机)。涡轮中采用叶冠的原因有四个：第一，涡轮工作温度很高，叶片非常脆弱，需要额外的支撑，以防止在气流转折时的稳态作用力(或载荷)下叶片失效；第二，类似地，还需要额外的支撑来控制叶片振动，振动同样也会使得叶片失效；第三，由于涡轮叶片中的气流偏转角比压气机的更大，其上载荷也比压气机大，这也需要更多的结构支撑；第四，同样由于叶片中更大的气流偏转角，涡轮级中的压力变化大于压气机级，因此在涡轮叶片叶尖附近，气流会从压力面向吸力面泄漏，类似于飞行器机翼的翼尖旋涡。这些二次气流会降低单级涡轮的气动力学效率，而叶冠阻止了这些泄漏，从而改进了效率。但是相比过去，在现代涡轮中，叶冠已经很少使用了。

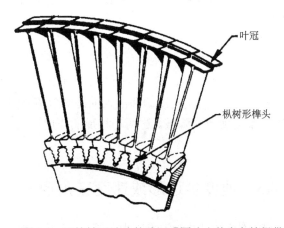

图 8.5　涡轮转子叶片的叶冠【图片由普惠友情提供】

9. 级叶片数量

尽管涡轮中的叶片更厚、更长，但是压气机和涡轮中叶片稠度基本一致。因此，涡轮中叶片间距比压气机大。但是，涡轮叶片的叶根半径一般更大。因此，在涡轮和压气机叶排中的叶片数量基本一样。与压气机中类似，为了使气流分离最小化，并将气流引导到期望的方向，需要使用足够数量的叶片。而为了将摩擦损失控制在容许范围内，又不能使用太多的叶片。因此，通过选择最佳的叶片数量，可以使效率最大化。Ainley 和 Mathieson(1951)以及 Traupel(1958)提出的最优栅距-弦长比经验公式仍被经常使用。在图 8.6 中，推荐值之间的关系在形式上与压气机中用到的推荐值相似，而且也与出口气流角和气流偏转角相关。

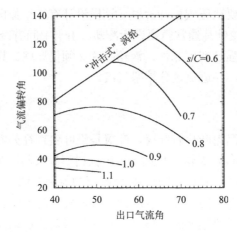

图 8.6　最优栅距-弦长比(根据 Ainley 与 Mathieson(1951)和 Traupel(1958)的数据关联而来)

　　类似于轴流式压气机，为一级或相邻级的静子与转子选择不同的叶片数量很关键。如果静子和转子叶片数量相同，流动引发的叶派之间的相互作用会导致叶片出现共振，且出现大的叶片、叶盘和传动轴的振动和噪声。这会缩短叶片的寿命和降低发动机的安全性能。通常转子和静子叶片数量都选为质数(这在过去更常见)，总是以不引发共振为前提。Dring 等(1982)曾总结了这方面的问题。

10. 效率

　　整体而言，涡轮效率要略大于压气机。这是由两个不同的影响因素所造成的。涡轮中的顺压力梯度有利于改善涡轮效率。而涡轮冷却和注入的冷却气流(包括增加的湍流、摩擦损失、压降和焓值的减少)，都会使效率降低。这两种相反的作用下使得涡轮的效率比压气机略高。

8.3　速度多边形或速度三角形

　　由于涡轮中的能量来自于气流(同时使气流压力下降)，而且涡轮是运动的，正确认识涡轮中复杂流型很重要。与压气机中的情况类似，下面我们可以看到，涡轮中的压降与速度大小和方向直接相关。本节的主要目的是提出一种分析涡轮中气流速度的方法。由于一个部件在转动，而另一个是静止的，必须将这两个部件的速度结合起来进行分析。
　　首先分析如图 8.7(a)所示的进口导叶。从燃烧室出来的气流通常沿发动机轴向进入进口导叶。在进口导叶入口处，气流相对静止坐标系的速度(以下统称为绝对速度)为 c_0。叶片几何进口角度通常也与发动机轴向平行。当气流通过进口导叶后方向改变，在进口导叶出口处(或转子叶片进口)速度为 c_1，相对于轴向的气流夹角为 α_1。进口导叶出口的角度为 α_1'。如果在叶片出口处气流与叶片表面完全平行，则 α_1 和 α_1' 相等。然而真实设计中总只存在落后角，α_1 和 α_1' 并不相等。

接下来分析如图 8.7(b) 所示转子进口。转子叶片是围绕着发动机中轴线旋转或在二维平面内以绝对速度为 U_1 沿切向运动，因此，为了获得气流相对转子叶片的速度，需要从气流绝对速度矢量中减去叶片速度矢量，见图 8.7(b)。得到的速度矢量 w_1，其相对轴向的气流角度为 β_1。需要注意，转子叶片相对轴向的几何进口角和几何出口角分别为 β_1' 和 β_2'。同样，如果气流的相对运动方向与叶片几何角度相匹配，则 β_1 和 β_1' 相等，且攻角等于 0。但实际工作中，尤其是在非设计工作点时，这并不成立。

绘制矢量多边形的时候，我们应该始终按比例绘制速度三角形。这不仅可以对代数运算进行初步检查，还可以观察不同速度矢量相对大小和涡轮级设计如反力度的可行性，这将在 8.4 节详述。进行折中设计时，利用比例图比用方程更容易看到调整几何参数对工作状态改变的影响。

我们可以按图 8.7(b) 所示进行速度分解。图中，绝对速度 c_1 的切向分量为 c_{u1}，轴向分量等于 c_{a1}。同样相对速度 w_1 的切向和轴向分量分别为 w_{u1} 和 w_{u1}。

图 8.7(c) 所示为转子出口和静子进口处的速度三角形。出口气流相对速度(相对于转子叶片)为 w_2，其相对于轴向的气流角度为 β_2。将叶片切向速度 U_2 与 w_2 进行矢量叠加即可得到出口的绝对速度 c_2。注意，由于叶片进口和出口的半径可能存在略微不同，转子叶片的切向速度 U_1 和 U_2 也会略有不同。绝对气流速度 c_2 与发动机轴向的夹角为 α_2。同样，转

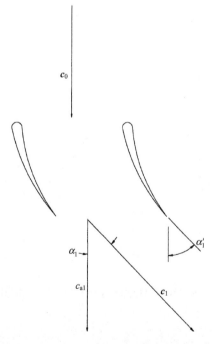

图 8.7(a)　进口导叶几何结构和速度定义

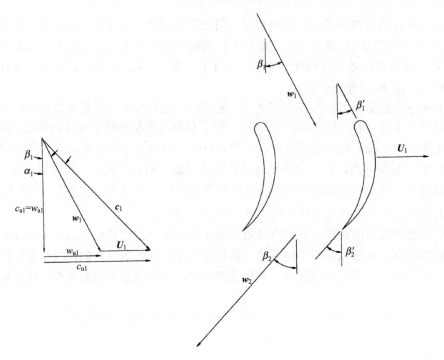

图 8.7(b)　进口导叶出口和转子叶片进口定义和速度三角形

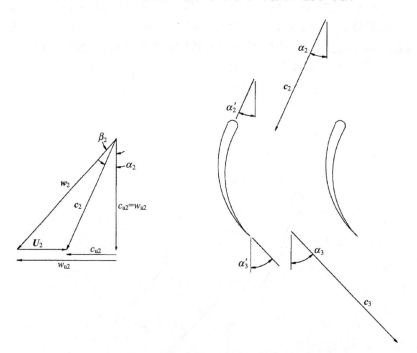

图 8.7(c)　转子叶片出口和静子叶片进口定义和速度三角形

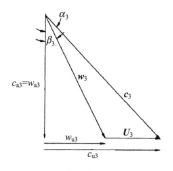

图 8.7(d) 静子叶片出口和转子叶片进口定义和速度三角形

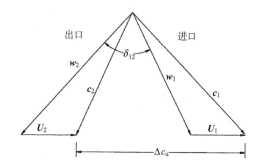

图 8.7(e) 合并的转子叶片速度多边形

子叶片几何出口角是 β_2'，由于滑移效应，其也可能与相对气流角度 β_2 不同。而一般静子叶片几何进口角度 α_2' 也与 α_2 不同，对应的进气攻角不为零。在图 8.7(c) 中还给出了 w_2 和 c_2 切向和轴向的分量。

图 8.7(d) 为静子叶片的出口速度三角形，这同时也是下一级转子叶片的进口速度三角形。气流绝对速度 c_3 与轴向之间的夹角为 α_3。与之前一样，通常绝对气流角 α_3 与绝对静子叶片的几何角 α_3' 不等。下一级转子叶片的进口处切向速度是 U_3，其相对速度（相对于下一级转子叶片）为 w_3，相对发动机轴向夹角为 β_3。此处描述的方法适用于之后所有的涡轮级。

在图 8.7(e) 中，我们将转子进口和出口的速度多边形合并成一个多边形。类似于压气机，在 8.4 节我们也会看到，在叶片半径基本不变时，单级的功率与绝对切向速度的变化量（$\Delta c_u = c_{u1} - c_{u2}$）直接相关。因此，将两个速度三角形结合以后，可以很直观地观察这种变化。

最后，我们在图 8.8 中给出了第一级涡轮的侧视图。图中给出了平均叶片半径（R）和叶片高度（t）的定义。

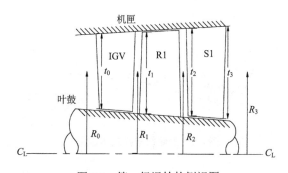

图 8.8 第一级涡轮的侧视图

类似于压气机，本章分析时我们需要统一正方向的定义。此处采用与轴流式压气机和离心式压气机中相同的定义。首先，所有切向速度的正方向取右手方向。如此，转子叶片始终以正向速度 U 向右转动。其次，所有角度都是相对于发动机轴向的，且取顺时针方向为正角度。

表 8.1 中给出了气流流经不同部件时气流的速度、流道面积以及压力的变化趋势。从

表中可以看出，气流流过静子叶片和转子叶片时，由于相对速度都增加，静压都会减小。而且，随着流过进口导叶绝对速度和相对速度的增加，静压减小。有关这一趋势的细节将在 8.4 节讨论。

表 8.1 轴流式涡轮部件变化趋势

部件	绝对速度	相对速度	面积	静压 p	总压 p_t
进口导叶	增加	增加	减少	减少	不变
转子叶片	减少	增加	减少	减少	减少
静子叶片	增加	增加	减少	减少	不变

8.4 单级能量分析

本节中我们总结了单级能量分析时用到的方程，通过这些方程可描述速度与功率、压降以及其他重要的涡轮特性之间的关系。采用附录 I 中关于单级涡轮(转子和静子)详细描述的"平均中径"控制体方法可推导得到这些方程。图 8.9 所示为涡轮级的控制体定义。本节的目标是推导涡轮进出口条件与涡轮性能变化之间的关系。

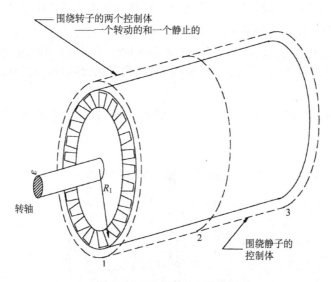

图 8.9 涡轮级的控制体定义

8.4.1 总压比

在附录 I 中，我们用到了连续性方程、动量矩方程和能量方程。针对输出轴功率，可得(方程(I.2.17))

$$\dot{W}_{sh} = \dot{m}\left(U_2 c_{u2} - U_1 c_{u1}\right) \tag{8.4.1}$$

针对总压降，可得(方程(I.2.26))

$$\frac{p_{t2}}{p_{t1}} = \left(\frac{(U_2 c_{u2} - U_1 c_{u1})}{\eta_{12} c_p T_{t1}} + 1\right)^{\frac{\gamma}{\gamma-1}} \tag{8.4.2}$$

于是，已知转子速度多边形的速度信息和效率时，即可求得总压降。压气机和涡轮的这两个方程之间有些细微的不同。例如，涡轮级的功率输出比理想值低，而压气机与此相反；且涡轮的压比（p_{t2}/p_{t1}）小于 1，而压气机的压比大于 1。

8.4.2　反力度

轴流式涡轮的一个重要参数是反力度。这一参数再次近似描述了转子和静子之间的相对载荷，其定义为（方程（I.2.32））

$$\%R = \frac{1}{1 + \left(\dfrac{c_2^2 - c_1^2}{w_1^2 - w_2^2}\right)} \tag{8.4.3}$$

于是，对可压缩气流，级反力度由转静进出口的绝对、相对速度确定。

8.4.3　不可压缩流体（水轮机）

作为比较，我们期望能求出不可压缩流体中涡轮的输出功率、压降和反力度。这些条件适用于水轮机。由附录 I（式（I.2.34）、式（I.2.37）、式（I.2.39））：

$$\dot{W}_{sh} = \dot{m}(U_2 c_{u2} - U_1 c_{u1}) \tag{8.4.4}$$

$$p_{t2} - p_{t1} = \frac{\rho}{\eta_{12}}(U_2 c_{u2} - U_1 c_{u1}) \tag{8.4.5}$$

$$\%R = \frac{1}{1 + \left(\dfrac{c_2^2 - c_1^2}{w_1^2 - w_2^2}\right)} \tag{8.4.6}$$

不可压缩理想流体的反力度由式（8.4.7）给出（方程（I.2.41））：

$$\%R = \frac{p_2 - p_1}{p_{t3} - p_{t1}} \tag{8.4.7}$$

例如，典型轴流式涡轮级反力度约为 0.50。对于非理想水轮机，该反力度意味着一半的焓降发生在转子内，一半的焓降发生在静子内。而对于理想水轮机，这还意味着一半的压降出现在转子中，一半的压降出现在静子中。这表明转子和静子叶片上的力"载荷"基本相同。然而，对可压缩流的涡轮而言，这仅意味着转子、静子中的焓降各占整级焓降的一半。而压降可能不完全相同——即使在理想情况下也不一定相同——但是近似一致。总之，如果反力度偏离 0.5 较大，就会在静子（$\%R<0.5$）或在转子（$\%R>0.5$）叶排中出现更大的压降。如果对于一级涡轮，如果某排叶片上出现较大的压降，叶栅就有可能出现壅塞或部分壅塞，相应的损失增加会使效率小于最优值。而且，类似于压气机中的情况，当叶片高度相较于半径而言非常明显时，反力度从叶根到叶尖逐渐增加。如果一个涡轮级的反力度小于零，涡轮级工作就类似于压气机。因此，必须合理选择平均中径处的反力度使叶根处的反力度大于零。

8.4.4　速度三角形与反力度和性能之间的关系

　　与压气机级情况类似，在涡轮中，速度三角形也能体现反力度。图 8.10 中列出了三种特殊情况。它们对应着同一轴向速度下反力度分别为 100%、0% 和 50% 时涡轮级转子进口和出口的速度三角形。特别需要注意的是，图 8.10(a) 反力度为 50% 时的情形。这种情况下，进口和出口的速度三角形相似且正好相反。如果按比例绘制，可通过比较速度三角形的对称性来判断反力度是否接近于 50%。而且基于该速度三角形，还可对几何变化引起的性能变化趋势进行预判。如图 8.10(c) 所示，涡轮级原来反力度接近 50%，当其他参数不变时，如果 $|\delta_{12}|$ 增大，反力度也增大，最后增大到 100%。反力度为 100% 的涡轮通常称为"反力涡轮"，此时所有压降出现在转子叶排中。我们还可以从图 8.10(b) 中看出，如果保持其他参数不变，增大 α_1，反力度会逐渐减小并最终减为 0%。此时的涡轮通常称为"冲击式涡轮"，此时所有的压降都出现在静子叶片上。

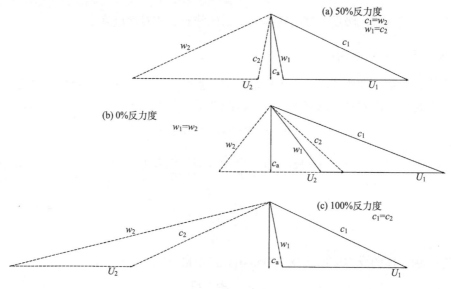

图 8.10　三种特殊情况下的速度三角形

　　进一步地，我们可以观察控制方程和速度三角形，比较绝对进口角度 α_1、转子气流偏转角 δ_{12}、转速 N 以及质量流率(或轴向速度分量) $\dot{m}$ (或 c_a)。从而可以确定这些参数对级总压比和反力度的影响，表 8.2 所示为这些参数的一般趋势。

表 8.2　几何参数与工作条件对涡轮性能参数的影响

减小项	反力度，%R	总压比，p_{t3}/p_{t1}	功率输出
绝对进口角度，α_1	增加	减少	增加
转子气流偏转角，$\|\delta_{12}\|$	减少	增加	减少
转速，N	增加	增加	减少
轴向速度分量，c_a	减少	减少	增加

　　例 8.1　分析的单级涡轮尺寸与某单高压第一级涡轮(转子和静子)的尺寸相同。其转速为 8000r/min，气流流量为 280lbm/s(8.704slug/s)。进口压力和温度分别为 276psi 和 2240°F。叶片平均半径为 17.5in，进口叶片高度为 2.12in。转子叶片的绝对进气角和静子出气角均为 65°，转子气流偏转角(δ_{12})为 75°。为了保证整级的轴向速度不变，设计时涡轮叶片高度是变化的。级效率为 85%。c_p 和 γ 的取值分别为 0.2920Btu/(lbm·°R)和 1.307，它们与 T_2 的取值有关。求如下量：转子和静子出口处的叶片高度、静压、总压；静子偏转角；转子和静子出口处马赫数；级功率和级反力度。注意，本例可与第 6 章中的例 6.1 的压气机进行比较。它们取自同一发动机，且工作压力基本一致。

　　解　我们利用速度三角形来求解本题。解算之前，我们先要进行一些初始计算。

$$U = R\omega = (17.5/12)(8000 \times 2\pi/60) = 1222(\text{ft/s})$$

$$A_1 = \pi D_1 t_1 = \pi(2 \times 17.5)(2.12)/144 = 1.619(\text{ft}^2)$$

当 $p_1 = 276$psi，$T_1 = 2240$°F $= 2700$°R 时，由理想气体方程可得

$$\rho_1 = 0.008577\text{slug/ft}^3$$

于是有

$$c_{a1} = \frac{\dot{m}}{\rho_1 A_1} = \frac{8.704}{0.008577 \times 1.619} = 626.9(\text{ft/s})$$

$$a_1 = \sqrt{\gamma R T_1} = \sqrt{1.307 \times 53.35 \times 2700 \times 32.17} = 2461(\text{ft/s})$$

　　(1)转子叶片进口。

　　参见图 8.11(a)所示的转子叶片进口速度三角形，有

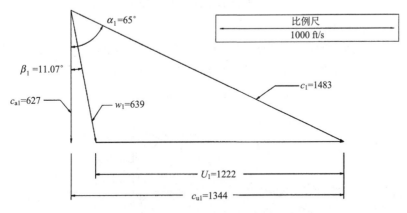

图 8.11(a)　例 8.1 转子进口的速度三角形

$$c_1 = \frac{c_{a1}}{\cos\alpha_1} = \frac{626.9}{\cos(65°)} = 1483(\text{ft/s})$$

且

$$c_{u1} = c_1 \sin\alpha_1 = 1483\sin(65°) = 1344(\text{ft/s})$$

于是可得

$$\beta_1 = \operatorname{arccot}\left(\frac{c_{a1}}{c_{u1} - U_1}\right) = \operatorname{arccot}\left(\frac{626.9}{1344 - 1222}\right) = 11.07°$$

且

$$w_1 = \frac{c_{a1}}{\cos \beta_1} = \frac{626.9}{\cos(11.07°)} = 638.8\text{ft/s}$$

于是，可得到旋转坐标系下的马赫数为

$$M_{1\text{rel}} = \frac{w_1}{a_1} = \frac{638.8}{2461} = 0.2596$$

因此，旋转坐标系下的气流是亚声速的，在转子进口不会形成激波。接着我们分析绝对坐标系下的信息。

$$M_{1\text{abs}} = \frac{c_1}{a_1} = \frac{1483}{2461} = 0.6028$$

绝对坐标系下的气流也是亚声速的，在前一级静子出口也不用考虑激波。而且

$$\frac{T_{t1}}{T_1} = 1 + \frac{\gamma - 1}{2} M_{1\text{abs}}^2 = 1 + \frac{0.307}{2} 0.6028^2 = 1.056$$

$$T_{t1} = 1.056 \times 2700 = 2851°\text{R} = 2391°\text{F}$$

最后

$$\frac{p_{t1}}{p_1} = \left(\frac{T_{t1}}{T_1}\right)^{\frac{\gamma}{\gamma - 1}} = (1.056)^{\frac{1.307}{0.307}} = 1.260$$

$$p_{t1} = 1.260 \times 276 = 347.7\text{psi}$$

(2) 转子出口和静子入口。

参考图 8.11(b) 所示的转子出口或静子入口处的速度三角形。由于转子气流偏转角已知（对涡轮转子叶片，其取值为负值），我们可求得相对出口气流角为

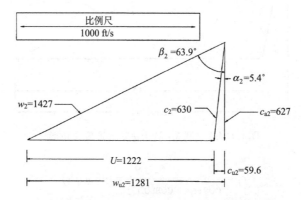

图 8.11(b)　例 8.1 转子出口和静子入口的速度三角形

$$\beta_2 = \beta_1 + \delta_{12} = 11.07 - 75.00 = -63.93°$$

另外，由于沿涡轮级的气流轴向速度为定值，有

$$c_{a2} = c_{a1} = 626.9\text{ft/s}$$

于是

$$w_2 = \frac{c_{a2}}{\cos\beta_2} = \frac{626.9}{\cos(-63.93°)} = 1427(\text{ft/s})$$

$$w_{u2} = c_{a2}\tan\beta_2 = 626.9\tan(-63.93°) = -1281\text{ft/s}$$

于是可得

$$\alpha_2 = \text{arccot}\left(\frac{c_{a2}}{U+w_{u2}}\right) = \text{arccot}\left(\frac{626.9}{1222-1281}\right) = -5.43°$$

$$c_2 = \frac{c_{a2}}{\cos\alpha_2} = \frac{626.9}{\cos(-5.43°)} = 629.7(\text{ft/s})$$

且

$$c_{u2} = U + w_{u2} = 1222 - 1281 = -59.6(\text{ft/s})$$

利用动量矩方程可得

$$h_{t2} - h_{t1} = U(c_{u2} - c_{u1}) = 1222(-1404) = -1715329(\text{ft}^2/\text{s}^2)$$

$$\Delta c_u = c_{u2} - c_{u1} = -1404\text{ft/s}$$

我们在图 8.11 (c) 中标出了该数值。而且需要注意到 Δh_t 前面的负号表示涡轮是从气流中汲取功率。由能量方程可得

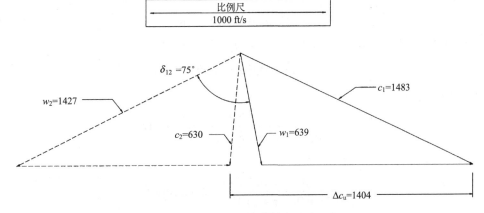

图 8.11 (c)　例 8.1 组合的转子速度三角形

$$\frac{p_{t2}}{p_{t1}} = \left(\frac{(h_{t2}-h_{t1})}{\eta_{12}c_pT_{t1}}+1\right)^{\frac{\gamma}{\gamma-1}} = \left(\frac{-1715329}{0.85\times0.2920\times2851\times778.16\times32.17}+1\right)^{\frac{1.307}{0.307}}$$

$$= 0.6480$$

于是可得

$$p_{t2} = 0.6480 \times 347.7 = 225.3\text{psi}$$

可以看出，涡轮中的总压变化比例 6.1 压气机中的总压变化大。而且

$$T_{t2} - T_{t1} = \frac{h_{t2}-h_{t1}}{c_p} = \frac{-1715329}{0.2920\times778.16\times32.17} = -234.7°\text{R}$$

于是可得

$$T_{t2} = 2616°R = 2156°F$$

有

$$T_2 = T_{t2} - \frac{c_2^2}{2c_p} = 2616 - \frac{629.7^2}{2 \times 0.2920 \times 778.16 \times 32.17} = 2589°(R) = 2129°F$$

接下来

$$a_2 = \sqrt{\gamma R T_2} = \sqrt{1.307 \times 53.35 \times 2589 \times 32.17} = 2410(\text{ft/s})$$

于是，旋转坐标系下气流的马赫数为

$$M_{2rel} = \frac{w_2}{a_2} = \frac{1427}{2410} = 0.5921$$

因此旋转坐标系中气流是亚声速的，转子出口不产生激波。在绝对坐标系中，有

$$M_{2abs} = \frac{c_2}{a_2} = \frac{629.7}{2410} = 0.2613$$

在绝对坐标系中气流也是亚声速的，静子入口处也不产生激波。利用绝对马赫数可得

$$\frac{p_{t2}}{p_2} = \left(1 + \frac{\gamma-1}{2}M_{2abs}^2\right)^{\frac{\gamma}{\gamma-1}} = \left(1 + \frac{0.307}{2}0.2613^2\right)^{\frac{1.307}{0.307}} = 1.045$$

于是，可得

$$p_2 = 225.3/1.045 = 215.5(\text{psi})$$

然后，利用理想气体方程，在 $p_2 = 215.5\text{psi}$，$T_2 = 2589°R$ 时，有

$$\rho_2 = 0.006986\text{slug/ft}^3$$

由 $\dot{m} = \rho_2 c_{a2} A_2$，有

$$A_2 = \frac{\dot{m}}{\rho_2 c_{a2}} = \frac{8.704}{0.006986 \times 626.9} = 1.987(\text{ft}^2)$$

而且，$A_2 = \pi D_2 t_2$，可得

$$t_2 = \frac{A_2}{\pi D_2} = \frac{1.987 \times 144}{\pi \times 2 \times 17.5} = 2.603(\text{in})$$

注意到，由于流体的可压缩性，这比转子进口的高度大。接下来，由下式可求得级功率为

$$\dot{W}_{sh} = \dot{m}(h_{t2} - h_{t1}) = 8.704 \times (-1715329)/550 = -27145(\text{hp})$$

作为比较，在例 6.1 中，高压压气机最后一级功率仅 6712hp。反力度可由下式求出：

$$\%R = \frac{1}{1 + \left(\frac{c_2^2 - c_1^2}{w_1^2 - w_2^2}\right)} = \frac{1}{1 + \left(\frac{629.7^2 - 1483^2}{638.9^2 - 1427^2}\right)} = 0.4742$$

这一取值也是相对合理的。

(3) 静子出口。

图 8.11(d)所示为静子出口的速度三角形。再次，假设整级中气流的轴向速度为定

值，有

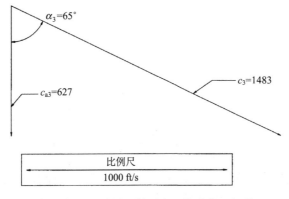

图 8.11（d）　例 8.1 静子出口的速度三角形

$$c_{a3} = c_{a2} = c_{a1} = 626.9\text{ft/s}$$

而且题中已给出绝对出口气流角为 $\alpha_3 = 65°$，于是有

$$c_3 = \frac{c_{a3}}{\cos\alpha_3} = \frac{626.9}{\cos(65°)} = 1483(\text{ft/s})$$

于是可得叶片偏转角为

$$\delta_{23} = \alpha_3 - \alpha_2 = 65 + 5.43 = 70.43°$$

可以看出，这一偏转角与期望反力度约为 0.5 时的转子叶片的偏转角基本相当。对静子叶片，有

$$T_{t3} = T_{t2} = 2616°\text{R}$$

$$T_3 = T_{t3} - \frac{c_3^2}{2c_p} = 2616 - \frac{1483^2}{2 \times 0.2920 \times 778.16 \times 32.17} = 2465(°\text{R})$$

而

$$a_3 = \sqrt{\gamma R T_3} = \sqrt{1.307 \times 53.35 \times 2465 \times 32.17} = 2352(\text{ft/s})$$

可得绝对坐标系下的马赫数为

$$M_{3\text{abs}} = \frac{c_3}{a_3} = \frac{1483}{2352} = 0.6308$$

因此在绝对坐标系中气流是亚声速的，静子出口处没有激波。利用马赫数可得

$$\frac{p_{t3}}{p_3} = \left(1 + \frac{\gamma-1}{2}M_{3\text{abs}}^2\right)^{\frac{\gamma}{\gamma-1}} = \left(1 + \frac{0.307}{2}0.6308^2\right)^{\frac{1.307}{0.307}} = 1.287$$

而且，对静子有

$$p_{t3} = p_{t2} = 225.3\text{psi}$$

于是，可得

$$p_3 = 225.3/1.287 = 175.1\text{psi}$$

然后，利用理想气体方程，在 $T_3 = 2465°\text{R}$ 且 $p_3 = 175.1\text{psi}$ 时，有

$$\rho_3 = 0.005958 \text{slug/ft}^3$$

又因为 $\dot{m} = \rho_3 c_{a3} A_3$，有

$$A_3 = \frac{\dot{m}}{\rho_3 c_{a3}} = \frac{8.704}{0.005958 \times 626.9} = 2.330(\text{ft}^2)$$

而且

$$A_3 = \pi D_3 t_3$$

可得

$$t_3 = \frac{A_3}{\pi D_3} = \frac{2.330 \times 144}{\pi \times 2 \times 17.5} = 3.052(\text{in}) \qquad\qquad \text{题毕。}$$

同样，由于流体的可压缩性，这比静子进口的高度大。而且可以注意到所有涡轮叶片高度变化都比例 6.1 中压气机叶片的变化大。至此，获得题目中要求的所有变量。

8.5　特　性　图

8.5.1　量纲分析

类似于压气机，涡轮的试验性能曲线或图是涡轮工程师通常用到的一种工具。它使工程师能快速而准确地判断气流条件变化时机械工作条件的变化和涡轮性能的变化。附录 I 中给出了涡轮相似方程的推导，本节直接给出结论。其中最为关心的参数是涡轮的总压比，即 p_{t5}/p_{t4} 或 p_{t4}/p_{t5}（见式(I.3.3)、式(I.3.7)、式(I.3.8)）：

$$p_{t4}/p_{t5} = f\left(\frac{\dot{m}\sqrt{\theta_{t4}}}{\delta_{t4}}, \frac{N}{\sqrt{\theta_{t4}}}\right) = f(\dot{m}_{c4}, N_{c4}) \qquad\qquad (8.5.1)$$

式中

$$\delta_{t4} = p_{t4}/p_{stp} \qquad\qquad (8.5.2)$$

$$\theta_{t4} = T_{t4}/T_{stp} \qquad\qquad (8.5.3)$$

脚标 stp 表示标准条件；t4 表示涡轮进口滞止条件。类似地，效率方程为(见式(I.3.6)、式(I.3.7)、式(I.3.8))：

$$\eta = g\left(\frac{\dot{m}\sqrt{\theta_{t4}}}{\delta_{t4}}, \frac{N}{\sqrt{\theta_{t4}}}\right) = g(\dot{m}_{c4}, N_{c4}) \qquad\qquad (8.5.4)$$

同样需要注意其中的两个独立参数（$\dot{m}_{c4}, N_{c4}$）并非真的无量纲量。前者称为换算质量流量，与质量流量具有相同的量纲，后者称为换算转速，与转速具有相同的量纲。需要注意的是，对一个给定工作条件下的发动机，由于进口条件或参考值明显不同，涡轮与压气机的换算值明显不同。

8.5.2　特性图规则

图 8.12(a)所示为一个典型的涡轮特性曲线。这些数据来源于专用的涡轮测试设备，与压气机上的测试设备类似。但在涡轮中是高压气流膨胀（排气），且涡轮对外输出功率，因此，涡轮轴上产生负载。此处我们分析涡轮级间的静压、静温和总压、总温以及气流速率

和功率。当知道压比和温比后可由式(8.5.5)计算效率：

$$\eta_t = \frac{1 - \left(\dfrac{T_{t5}}{T_{t4}}\right)}{1 - \left(\dfrac{p_{t5}}{p_{t4}}\right)^{\frac{\gamma - 1}{\gamma}}} \qquad (8.5.5)$$

我们将压比绘制成随换算质量流量和换算转速变化的曲线。图中还给出了所谓的壅塞线。当涡轮间压比过大时，在一级或多级涡轮出口气流达到声速，此时气流发生壅塞。壅塞条件基本限制了整个发动机中的气流速率。需要注意，由于存在顺压力梯度，涡轮中并不会出现大规模的失速以及由此引发的喘振。

图 8.12(a)存在的一个问题是在壅塞线附近会出现数据重叠(而这又是大部分涡轮工作点)。图 8.12(b)给出了另一种表达形式的特性曲线。此处将换算质量流量与换算转速相乘，如此每条速度线都有不同的壅塞线。图中还同时给出了等效率线。一台发动机的典型设计点通常选在最大效率点附近。随着实际工作条件偏离设计点，效率随之下降。最后，在图 8.12(a)和图 8.12(b)中还给出了共同工作线。这条线穿过设计点并代表了发动机在不同条件下的典型工作点。

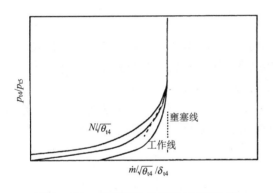

图 8.12(a) 典型涡轮特性图(主要形式)

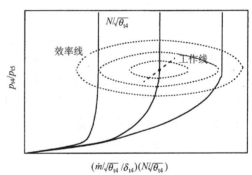

图 8.12(b) 典型涡轮特性图(次要形式)

最后，这些特性曲线还可用于分析整个涡轮机组。通常，类似于压气机，在开发阶段，通常将同一技术用于不同的组合。例如，某工程师手中只有低压涡轮特性曲线，而另一位仅有高压涡轮特性曲线。在发动机设计的每一个阶段都有涡轮特性线以及叶根、流道、叶尖区域的特性图，如此使得对涡轮中某一特定区域进行改进设计成为可能。现代发动机中涡轮最大效率的典型值为88%~90%。表 6.3 和表 7.3 列出了现代发动机中一些涡轮的特性，作为压气机信息的补充。这些表中有一个有趣的现象，对于大涵道比的涡扇发动机(大质量流率)，尽管风扇压比相对较小，还是需要使用很多级低压涡轮机来获取驱动风扇的功率。

8.6   转子和静子叶片的热限制

在第 2 章和第 3 章我们曾提到，提高涡轮工作温度，可以提高整个发动机的热力学效率和净输出功率。但是，涡轮的材料成分限制了发动机的安全工作范围。过高的温度会导致灾难性的涡轮叶片故障，如图 8.13 所示（同时请注意与叶盘连接的枞树榫头）。发生这一类故障时，叶片会击穿发动机机匣，伤害飞机。

图 8.13　由温度过载导致的涡轮转子叶片故障【图片由罗–罗友情提供】

图 8.14 是不同年代涡轮的最大温度上限。可以看出，随着时间的推移，这一极限值在逐步上升。在 1960 年以前，温度上限的增加严格受限于材料性能的提升。但是，从大约 1960 年开始，图中曲线的斜率明显变大。从那时起，气流冷却技术开始在涡轮叶片中大量使用。自 20 世纪 60 年代初期之后，涡轮温度上限的进步要同时归功于热传递技术的进步和材料性能的升级。但是，目前的温度限制仍要低于现代燃料的典型化学计量温度。目前，人们仍然在研究采用新材料，包括陶瓷材料和复合材料，以及更好的热交换机制来提升这一上限。

叶片冷却技术是一种常用于降低叶片温度的技术。这其中又包括三种不同的冷却方法。这三种冷却方法使用的冷却高压气流都来自于压气机。这些气流同时被引导至涡轮的静子叶片和转子叶片内，如图 8.15 所示。更多关于这些方法冷却效果的分析与预测参见 Kercher（1998，2000）、Han 等（2000）、Dunn（2001）以及 Shih 和 Sultanian（2001）。

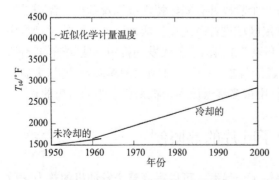

图 8.14　涡轮进口温度随时间的变化

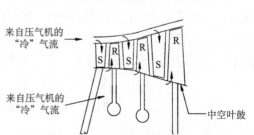

图 8.15　从压气机引气冷却涡轮部件

8.6.1　叶片冷却

我们要讨论的第一种叶片冷却技术是内部冷却(也称对流冷却)。这种冷却方式是将冷却气流引入叶片内部,通过内部强制对流以及与叶片的热传导实现材料冷却。这种冷却方法的示意图见图 8.16(a)。整体而言,这种冷却方式需要高速冷却气冲刷叶片内表面,因此较大的内表面积更可取。因而在很多设计中,使用了内部粗糙的微型散热片,见图 8.16(b)。图中还给出了内部流道。这种叶片中,在叶根处泵入的冷却气流在叶片内部经多次穿行后排出。

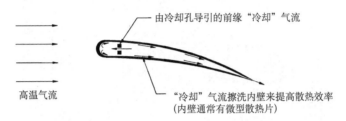

高温气流

由冷却孔导引的前缘"冷却"气流

"冷却"气流擦洗内壁来提高散热效率
(内壁通常有微型散热片)

图 8.16(a)　内部冷却方法示意图[①]

图 8.16(b)　显示冷却级和气流通道的切开的普惠转子叶片【图片由 R.Flach 拍摄,切开的转子叶片由普惠友情提供】

---

① 译者注:原图题为"冲击冷却前缘;对流冷却压力和吸力面;中弧线区域沿翼弦方向的鳍"。

　　另一种冷却方法是气膜冷却。这种方法是将引导气流从叶片不同位置处排出（参见图 8.4 和图 8.17）——主要是在叶片前缘。冷却气流在叶片外围形成了一层保护性的边界层，使高温气流不能与叶片直接接触。冷气射流孔的排列方式很多。总的来说，这种冷却方法需要足够多的气流来冷却叶片，但随着引气量的增加，涡轮效率也显著降低。因而排出过多的气流也是不利的。

图 8.17　罗-罗喷管进口导叶上的气膜冷却【图片由罗-罗友情提供】

　　第三种叶片冷却方法是发汗冷却。这种方法是在叶片外部布置一层金属丝布或金属丝网，气流通过丝网均匀地外漏，如图 8.18 所示。这种方式既能冷却叶片表面，又能产生一层保护层。但是同样，过多的冷气用量会明显降低涡轮效率。

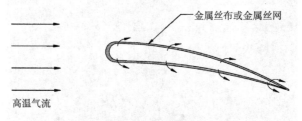

图 8.18　发汗冷却

　　通常还将这三种冷却方式组合使用。例如，图 8.19 中采用的冷却技术是内部冷却和气膜冷却的组合。在叶片前缘采用对流冷却（即冲击冷却）技术，气流沿叶片较少的部位注入自由来流中。读者还可注意观察叶片上的涂层和枞树榫头。

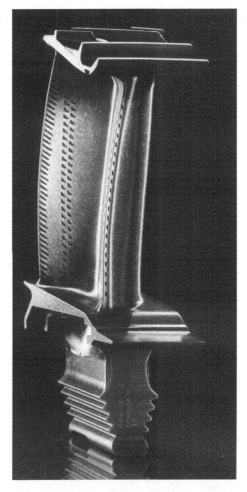

图 8.19 罗-罗涡轮转子叶片上气膜冷却和对流冷却的组合使用【图片由罗-罗友情提供】

总之，为提高涡轮进口温度而采用的叶片冷却是一种非常复杂而昂贵的方案。叶片内部冷气通道的加工通常很复杂且不便宜。而且中空的叶片要比实心叶片更加脆弱。此外，在不增加损失的前提下，从压气机向涡轮引入冷却气流是一个非常复杂的设计难题。由于这些原因，将来在涡轮叶片极限工作温度上大的提升可能更依赖于叶片材料的进步。

8.6.2 转子和静子叶片材料

虽然可以采用冷却方法来降低涡轮温度，但是热传递机制限制了不利环境下的叶片温度。为此人们投入了大量精力来改进材料特性。含铬-钴的镍基合金是现代涡轮转子叶片上普遍采用的材料。涡轮叶盘通常也使用镍基合金制作。

通常使用的叶片有三种。第一种是传统的铸造叶片，这种叶片由无数的晶体组成。这种叶片呈现多向力学特性——叶片在所有方向上都很坚固的。但是，由于晶粒边界的存在，叶片强度受限且叶片多在这些边界上失效。失效原因包括：长期的高应力作用，离心力和气动力引发的蠕变，高频的叶片通过频率导致的疲劳以及高温和燃烧产物引发的腐蚀。然而，这种叶片相对便宜(相较于 8.6.3 节中描述的制作过程)，多用于温度不高的情况。

　　第二种叶片是定向结晶叶片。在叶片的制造过程中通过控制冷却过程，使得它包含大量的长柱状晶体。这种叶片有一个主轴向，在这个方向上呈现出优越的力学特性。对于旋转叶片，这一轴向选择为叶片长度方向，因为该方向上有离心力导致的高强应力。这种叶片通常用于温度极高的第一级涡轮中。图 8.20 所示为这一类叶片。

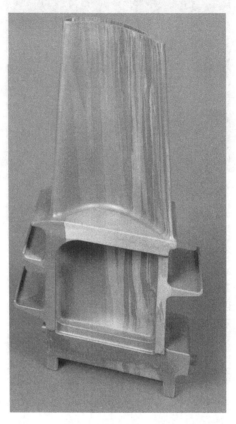

图 8.20　GE 燃气轮机中的豪梅特(Howmet)定向结晶叶片【图片由 GE 动力系统友情提供】

　　第三种叶片是目前仍在发展的单晶叶片。从名字就可以看出，这种叶片在制作过程中是以单晶体形式结晶的。这种叶片没有任何晶界且有多向力学特性，是涡轮叶片的理想选择。另外，用于涡轮的陶瓷材料和复合材料也在研发。

8.6.3　转子和静子叶片制造

　　制作一个如图 8.16(b) 所示的错综复杂的叶片，是一个非常复杂的过程。其制作过程被称为熔模铸造或失蜡铸造，大概过程描述如下，包括 14 个步骤。

　　(1)制作最终叶片形状的高精度"阴"模。该模具会被用上千次。

　　(2)如果最终的叶片是中空的，还需要在模子里面放置与内部气流通道形状完全一致的陶瓷芯。同样，陶瓷芯也是"阴"模。

　　(3)在模子中填充石蜡基蜡(液态)，待其冷却固化。通常选用冷却时不会褶皱的石蜡基材料。

　　(4)将模子与蜡分开，此时得到的石蜡模是目标金属叶片外形的复制品。如果最终叶片是中空的，此时陶瓷芯仍在石蜡模中。

　　(5)用浆料将蜡模叶片包裹(通过浸渍或喷洒或两者组合的方式)，并反复用灰泥包裹多层。这种包裹层通常选用二氧化硅、矾土或其他陶瓷性粉末或这几种材料组合来制作。

　　(6)将泥浆层包裹下的石蜡溶解，并通过一个出口孔排出。对于中空叶片，此时陶瓷芯仍在泥浆层中心。

　　(7)在隔热的泥浆层中灌入叶片材料，待材料慢慢冷却。

　　(8)利用空气喷射喷砂工艺，移除泥浆层。

　　(9)如果要制作叶片中空孔，需要将叶片沉浸在强腐蚀性溶液中使内部陶瓷芯溶解。

　　(10)移除和修剪支撑叶片位置的其他金属物。

　　(11)利用 X 射线和荧光检查叶片内部和外部表面缺陷。如果检查到有小的缺陷，需要进行修复；如果有大的缺陷，叶片就作废了。

　　(12)有些叶片还会涂抹一层非常薄的隔热涂层。

　　(13)用于气膜冷却的所有表面孔隙，采用电化学、电镀、水射流和激光加工等精确工艺钻孔。

　　(14)为方便叶片安装到叶盘上，需要对叶根部(如枞树榫头)进一步加工。经过这一组昂贵而费时的多步加工工序，叶片方可安装。

8.7　流线分析方法

　　在 8.4 节进行热力学和气动力学分析时，我们假设涡轮中的气流运动是二维的(轴向和切向)，而忽略了其他径向分布或径向速度分量。但是，由于这类机械中大部分叶高-叶根直径比值并不小，且离心力很大，从而产生了三维流动，也就是会产生径向流动。类似于轴流式压气机，当叶尖半径约为叶根半径的 1.1 倍或以上时，参数沿径向会出现明显的变化。

　　类似于轴流式压气机，我们可以利用流线分析方法来预测由于流体微元上的离心力作用导致的气流三维行为。对于流线束，我们仍然利用控制体的连续方程、动量方程和能量方程，同时还使用了近似边界条件下的径向平衡方程。

　　不可压缩方法与第 6 章基本一致，因此本章不再详细展开。其中的一个不同之处是能量方程和效率的定义。例如，方程(6.1.11)不适用于涡轮，而应由式(8.7.1)替代：

$$\dot{W}_{ji} = Q_i \eta_{ji} \left(p_{j+1i} - p_{ji} + \frac{1}{2}\rho\left(c_{j+1i}^2 - c_{ji}^2 \right) \right) \tag{8.7.1}$$

对于轴流式涡轮和压气机，其余方程都一样。这些方程的使用和解题方法也与之前一致。

8.8　小　　结

　　本章我们分析了严格意义上的轴流式涡轮的热力学。涡轮是一种从气流中提取功率并驱动压缩设备的机械，因此涡轮的真实工作情况与压气机相反。气流中剩下的焓值用来在喷管产生推力。类似于轴流式压气机，气流依次穿过转动的转子叶片组和静止的静子叶片组。本章我们讨论了涡轮的几何结构和部件，并定义了一些重要的几何参数。同时我们还比较了轴流式涡轮与轴流式压气机的区别，重点讨论了在叶片和其他方面在设计上的主要区别以及在工作条件上的主要区别，这些区别主要是由涡轮级间的压力下降(相较于压气机中的压力上升)和涡轮进口的高温引起的。我们再次利用速度三角形，分析了涡轮热力学特性。在初步分析中，我们假定径向速度分量很小，气流为二维流动。根据已知几何参数，利用控制体方法(连续性、动量和能量方程)推导了涡轮的工作方程，借助这些方程可求得涡轮的功率、压比和反力度。这些基本方程与轴流式压气机非常类似，但是将它们用于涡轮时却有明显的区别。叶片转速和偏转角对涡轮的总体性能影响很大。由于涡轮用来驱动压缩设备，其单级的总功率也是一个主要关注点。涡轮的反力度定义为转子负载与静子负载的相对比值，约为 50%。由于在涡轮中存在顺压力梯度(或压降)，气流分离产生的问题不会像压气机中气流分离引起失速或喘振那么严重。轴流式涡轮级比轴流式压气机级有更大的偏转角和压力变化，因此在一个发动机中用到的涡轮级比压气机少。但是由于压力下降，涡轮级中可能出现壅塞。本章还描述了涡轮的特性曲线(由量纲化分析得到)，借助相似参数，可以在图中精准地描述涡轮的重要工作特性。涡轮特性曲线的最佳呈现形式与压气机略有不同。四个最为重要的输出特性参数分别是压比、效率、工作线和壅塞线。由特性图可知，如果已知转速和流率，就可得到效率和压比。在这些图中，壅塞是涡轮中的一个严重问题，因而在级设计时需要认真考虑。在过去的几十年内，涡轮进口温度显著增大，潜在地降低了涡轮叶片的完整性。本章还介绍了涡轮新材料和冷却方式的进展，包括对流冷却、气膜冷却和发汗冷却。而过去几十年中叶片材料与材料结构的进展使燃烧室出口温度更高。涡轮叶片的制作是一个复杂且高成本的过程，本章特别介绍了中空涡轮叶片的制作过程。最后，为考虑由径向平衡引起的三维流动，还讨论了更加复杂的单级流线分析方法。这种分析方法表明，类似于轴流式压气机，当叶片高度很大时，会形成径向变化。贯穿整章，我们介绍了涡轮的设计指南，旨在帮助读者分析或设计一个合理工作的涡轮级。

本章符号表

A	面积	$\%R$	反力度
a	声速	s	叶距
c	绝对速度	T	温度
c_p	比定压热容	t	叶片高度
C	弦长	U	叶片速度
D	直径	w	相对速度
g	重力加速度	$\dot{W}$	功率
h	比焓	α	绝对(静子)角度
$\dot{m}$	质量流量	β	相对(转子)角度
M	马赫数	γ	比热容比
N	转速	δ	气流偏转角
p	压力	δ	压力与标准气压比
Q	容积流率	η	效率
R	理想气体常数	θ	温度与标准气温比
R	半径		

| ρ | 密度 | ω | 转速 |

习　题

8.1　分析一个高压涡轮级(转子和静子)。转速是 11000r/min,气流质量流量是 105bm/s。进口压力和温度分别是 207psi 和 1700°R。叶片平均半径是 10.0in,进口叶片高度是 1.25 in。转子的绝对进气角等于静子的出气角(55°),且转子叶片上的气流偏转角(δ_{12})是 45°。设计时叶片高度是变化的且级气流的轴向速度不变。级效率是 83%。$c_p = 0.2662\text{Btu/(lbm·°R)}$,$\gamma = 1.347$。求:

(1)转子和静子出口的叶片高度;

(2)转子和静子的出口静压;

(3)级总压比;

(4)静子叶片的偏转角;

(5)级输出功率;

(6)级反力度。

8.2　分析一个高压涡轮级(转子和静子)。转速是 13200r/min,气流质量流量是 100bm/s。进口压力和温度分别是 256psi 和 2100°R。叶片平均半径是 11.0in,进口叶片高度是 1.10in。转子的绝对进气角等于静子的出气角(65°),且总压比为 0.65。设计时叶片高度是变化的且级气流的轴向速度不变。级效率是 87%。$c_p = 0.2761\text{Btu/(lbm·°R)}$,$\gamma = 1.330$。求:

(1)转子和静子出口的叶片高度;

(2)转子和静子的出口静压;

(3)转子和静子叶片的偏转角;

(4)级输出功率;

(5)级反力度。

8.3　分析一个高压涡轮级(转子和静子)。转速是 10000r/min,气流质量流量是 100bm/s。进口压力和温度分别是 256psi 和 2100°R。叶片平均半径是 11.0in,进口叶片高度是 1.10in。转子的绝对进气角等于静子的出气角(50°),且总压比为 0.50。设计时叶片高度是变化的且级气流的轴向速度不变。级效率是 87%。

$c_p = 0.2776\mathrm{Btu/(lbm\cdot\,^\circ R)}$，$\gamma = 1.328$。求：

(1) 转子和静子出口的叶片高度；

(2) 转子和静子的出口静压；

(3) 转子和静子中的气流偏转角；

(4) 级输出功率；

(5) 级总压比。

8.4　一个流式涡轮级的转速是 10000r/min，叶片平均半径是 11in，叶片高度是 1.10in，级效率是 87%，级气流流量是 100lbm/s。转子叶片中的绝对进气角是 50°，与静子叶片中的出气角相等。转子叶片偏转角是 25°。假设 $\gamma = 1.328$。进口静压是 256 psi，进口进静温是 2100°R。

(1) 反力度等于多少？

(2) 总压比等于多少？

(3) 工质的输出功率等于多少(hp)？

(4) 静子叶片的偏转角等于多少？

8.5　分析一个轴流式涡轮级。转子转速为 11000r/min，叶片平均半径是 10in。进口叶片高度为 1.25in，进口压力和温度分别是 207psi 和 1700°R。比定压热容等于 0.266Btu/(lbm·°R)，比热容比等于 1.347。转子叶片进口的绝对几何角度(相对于轴向)是 55°且转子叶片的偏转角是 45°。气流质量流量是 105lbm/s。级气流轴向速度不变，等于 586ft/s。级总压比是 0.737，反力度是 0.532。

(1) 求级效率；

(2) 这是否是一个好的设计？为什么？请详细说明。

(3) 如果这个设计不好，应该如何改进？请详细说明。

8.6　分析一个高压涡轮级(转子和静子)。转速是 8000r/min，气流质量流量是 200lbm/s。进口压力和温度分别是 222psi 和 1800°R。叶片平均半径是 13.0in，进口叶片高度是 1.20in。转子的绝对进气角等于静子的出气角(50°)，且转子叶片上的气流偏转角(δ_{12})是 58°。设计时叶片高度是变化的且转过每一排叶片(不是整级)时气流的轴向速度增加+3.0%。级总压比是 0.688。$c_p = 0.268\mathrm{Btu/(lbm\cdot\,^\circ R)}$，$\gamma = 1.343$。求：

(1) 转子和静子出口的叶片高度；

(2) 转子和静子的出口静压；

(3) 级效率；

(4) 静子中的气流偏转角；

(5) 级输出功率；

(6) 级反力度。

8.7　一个轴流式涡轮级开始工作时的反力度是 50%。但是在随后的测试中降低质量流量。如果转子的绝对进气角和静子的绝对出气角不变，转子叶片的偏转角也不变。进口条件和转速也不变。反力度将如何变化？结合速度三角形进行解释。

8.8　一个轴流式涡轮级开始工作时的反力度是 50%。但是在随后的测试中降低转速。分析时如果转子的绝对进气角和静子的绝对出气角不变，转子叶片的偏转角也不变，进口气流的轴向速度不变，反力度将如何变化？结合速度三角形进行解释。

8.9　分析一个低压涡轮级(转子和静子)。转速是 7000r/min，空气流量是 250lbm/s。进口气流压力、温度和密度分别是 120psi、1200°R 和 0.00839slug/ft³。进口总压和总温分别是 179.3psi 和 1338°R。进口气流的轴向速度是 758.1ft/s，进口声速是 1681ft/s。叶片平均半径是 14.0 in，进口叶片高度是 2.00in。转子

叶片的切向速度是 855.2ft/s。转子的绝对进气角等于静子的出气角(+55°)，且转子叶片上的气流偏转角($|\delta_{12}|$)是 73°。设计时叶片高度是变化的且转过每一排叶片(不是整级)时气流的轴向速度增加2.5%。级总压比是 0.5573。$c_p = 0.2528\text{Btu/(lbm·°R)}$，$\gamma = 1.372$。求：

(1) δ_{12} 的符号；

(2)速度三角形；

(3)级效率；

(4)静子中的气流偏转角；

(5)级反力度；

(6)级输出功率。

8.10　一个轴流式涡轮级开始工作时的反力度是 50%。但是在随后的测试中更换了转子叶片，转子中的相对气流偏转角变小。分析时如果转子的绝对进口几何角和静子的绝对出口几何角不变，质量流量和转速也不变，如下参数将如何变化(结合速度三角形和方程进行解释)？

(1)出口-进口总压比(增加、减少或保持不变)；

(2)反力度(增加、减少或保持不变)。

8.11　一个低压涡轮中一级(转子和静子)的转速为 7600r/min，气流质量流量是 195lbm/s。叶片平均半径是 12.0in，进口叶片高度为 1.60in。叶片的切向速度是795.9ft/s。进口气流总压和总温分别是 217.2psi 和 1327°R。进口气流的静压、温度和密度分别是 150psi、1200°R 和 0.01049slug/ft³。进口声速是 1681ft/s，进口气流的轴向速度是 689.9ft/s。设计时叶片高度是变化的且级气流的轴向速度不变。转子的绝对进气角等于静子的出气角(+57°)，且转子叶片上的气流偏转角($|\delta_{12}|$)是 80°。级总压比是 0.5645。$c_p = 0.2527\text{Btu/(lbm·°R)}$，$\gamma = 1.372$。求：

(1)按比例绘制速度三角形；

(2) δ_{12} 的符号；

(3)级效率；

(4)静子中的气流偏转角；

(5)级反力度。

8.12　一个低压涡轮中一级(转子和静子)的转速为 9200r/min，气流质量流量是 177lbm/s。叶片平均半径是 9.0in，进口叶片高度为 1.10in。叶片的切向速度是 722.6ft/s。进口气流静压、温度和密度分别是240psi、1200°R 和 0.0168slug/ft³。进口处声速是 1680ft/s。进口气流总压和总温分别是 314.3psi 和 1291°R。进口气流的轴向速度是 759.0ft/s。设计时经过每排叶片的气流轴向速度不变。转子的绝对进气角等于静子的出气角(+45°)，且转子叶片上的气流偏转角($|\delta_{12}|$)是 50°。级效率是 93%。$c_p = 0.2538\text{Btu/(lbm·°R)}$，$\gamma = 1.370$。求：

(1)准确按比例绘制速度三角形；

(2) δ_{12} 的符号；

(3)级总压比；

(4)级反力度；

(5)估算静子叶栅的最佳栅距-弦长比。

8.13　求题 8.1中的换算质量流量和换算转速。如果级转速为 9000r/min 且流量为 90lbm/s，求使换算参数相匹配的进口压力和温度。利用这些条件，求相应的气流角和总压比，将这些结论与题 8.1 进行比较并评论。

第 9 章 主燃烧室和加力燃烧室

9.1 引　言

在整个发动机中，只有主燃烧室和加力燃烧室是仅有的增加发动机能量的部件。换句话说，在这两个部件中气流总温增加。对于主燃烧室，其能量的一部分被涡轮汲取用以驱动压气机，其余部分则通过喷管形成高速气流，从而产生推力。对于加力燃烧室，所有增加的能量都用以增加工质的焓值，并通过喷管形成更快的气流速度，产生更大的推力。这些直接作用的结果就是，从整机效率出发，这两个部件的高效率运作非常必要。因此，在这两个部件的设计过程中，必须要实现一些复杂的设计需求。关于燃烧室设计的更多更前沿的内容可参见 Lefebvre(1983)和 Peters(1988)。此外，Malecki 等(2001)展示了在现代燃烧室设计中 CFD 的使用。

燃烧室设计中的基本要求如下。

(1)燃烧室设计的主要目标是实现完全燃烧，减少燃料浪费。

(2)最小的总压损失是另一个重要的设计目标。但如 9.2 节所述，这两个设计目标是直接互相矛盾的。

(3)所有的燃烧过程必须在燃烧室中进行，不能在涡轮中燃烧，否则会降低涡轮的寿命。

(4)最少的燃烧沉积，较多的沉积意味着燃烧不充分，会进一步降低燃烧效率、降低压力并出现过热点。

(5)燃油应容易点火和再燃，同时具有高的入口压力(高压压气机出口压力)。

(6)主燃烧室和加力燃烧室应有长的使用寿命且不会失效，因为燃烧室的失效会导致发动机爆炸。

(7)出口温度在时间和空间上都应均匀，以避免主燃烧室出口极高温气流进入涡轮或加力燃烧室出口极高温气流进入喷管。

(8)不应出现会导致燃烧室失效的内部过热点。

(9)在较大的质量流量、速度和其他工况条件范围内，火焰要能够稳定。不稳定的火焰会导致出口条件的波动，进而对推力和其他部件负载造成不利影响并最终导致失效。

(10)火焰应不易熄灭，因为这会导致总推力的损失。

(11)主燃烧室或加力燃烧室应具有最小的体积,因为重量也是一个主要的关注点——尤其是军用飞机上。总之,燃烧室的设计并不像压气机或涡轮的设计那样明确,需要更多的经验和测试。

9.2 几 何 结 构

进行燃烧室设计时,需要考虑如下准则。

(1)沿燃烧室轴向,要求具有好的燃油空气混合比。绝大部分燃油的化学计量比典型值为 0.06~0.07;发动机的油气比典型值为 0.015~0.03;主燃烧区域为富油混合,这一比值典型值一般为 0.08。

(2)在进入燃烧室之前,反应物应该加热到燃点温度以上。

(3)燃烧室要达到一定的温度,以保证持续燃烧。

(4)为了使燃油与空气充分混合,要有合适的湍流。

(5)为使气流以高压进入涡轮,燃烧室内的压力损失应尽可能小。高的湍流会导致大的压力损失,因此,设计的湍流度不应高于充分混合所需的湍流。

(6)为了使每个油滴都充分燃烧,需要一定的时间。如果气流速度大于火焰速度,燃烧室就会"熄火"。所谓火焰速度是火焰在静态、均匀混合的燃油与空气中的传播速度。典型地,层流火焰速度一般为 1~5ft/s,而湍流焰速度一般为 60~100ft/s。因此,为了保持较低的速度,燃烧室应足够大。如果燃烧室尺寸不够大,通常要使用火焰稳定器来建立稳定的回流尾迹。这样可实现低速区域,但却是以增大压力损失为代价。

(7)主燃烧室和加力燃烧室出口温度有很大不同。涡轮允许的进口温度限制了主燃烧室的出口温度。而容许的喷管进口温度限制了加力燃烧室的出口温度。由于涡轮叶片是转动的,其所承受的应力等级远高于喷管的应力等级。因此,涡轮进口温度必须低于喷管进口温度。

9.2.1 主燃烧室

主燃烧室有三种不同类别:环形燃烧室、管形燃烧室和环管形燃烧室。这三种燃烧室的几何结构如图 9.1 所示。一般来说,早期发动机多采用管形燃烧室,现代发动机则采用环形燃烧室和环管形燃烧室。下面分别讨论每种燃烧室。

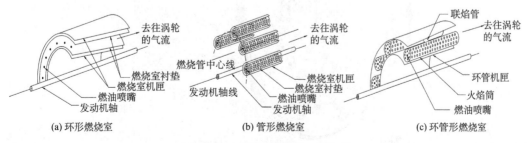

图 9.1 三种基本类型的主燃烧室

 图 9.2 和图 9.3 所示为管形燃烧室的剖面图，图 9.4 所示为其内部流型示意图。通常将这种独立的燃烧管沿发动机圆周均匀安装。管的典型数量为 7~14 个。从图 9.4 可以看出，来自压气机的"主"气流进入管形燃烧室后首先减速，然后经过旋流器增加气流的湍流度，促进混合。燃油以相对低的速度注入。二股气流在外衬套(同时作为隔热屏)限制下，通过内衬套上的孔或缝隙逐渐进入燃烧区域。缝隙的作用是在衬套上形成一个冷的边界层，维

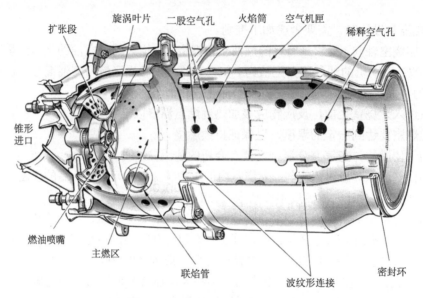

图 9.2 一种老式管形燃烧室【图片由罗-罗友情提供】

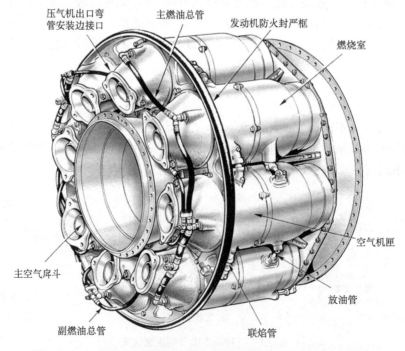

图 9.3 一组安装好的管形燃烧室三维视图【图片由罗-罗友情提供】

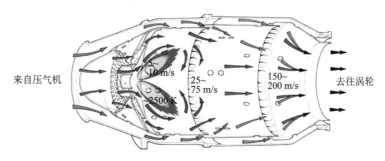

图 9.4   管形燃烧室内的流型【改变自罗-罗】

持一个可以接受的衬套温度；孔则强迫气流进入燃烧室中心，使燃烧发生在远离燃烧室筒壁的位置。通常会同时使用缝隙和孔。一般会在接近内衬套前端采用小孔，而在后端用大孔，这样可以使空气沿燃烧室轴向均衡地进入燃烧区域。最后气流以相对高的速度进入涡轮。

图 9.5 所示为一个环形燃烧室的截面视图。气流同时通过火焰筒内外套进入燃烧区域，同样利用孔的大小来控制轴向气流的相对流率。

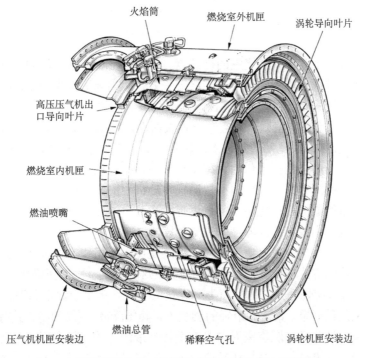

图 9.5   环形燃烧室的三维视图【图片由罗-罗友情提供】

从名字可以看出，环管形燃烧室是管形燃烧室和环形燃烧室的一种组合形式，几何结构件如图 9.6 所示。这种结构中，一系列燃烧管沿圆周方向互连，这样可以比一组相对独立的管形燃烧室有更多的相互作用。例如，周向的压力变化最小化。通常利用联焰管直接连接燃烧管，从而使燃烧管之间的气流可以相互流动。而且如图 9.1 和图 9.6 所示，火焰筒壁也有容许适度周向气流流动的孔。

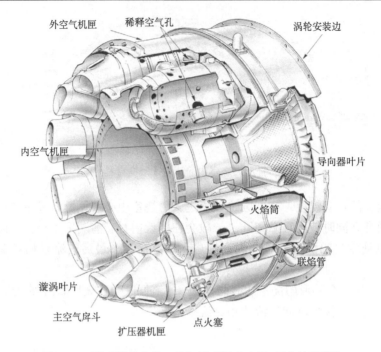

图 9.6　环管形燃烧室的三维视图【图片由罗-罗友情提供】

　　我们可以比较一下这三种燃烧室的优缺点。首先管形燃烧室可周向且非常容易地控制油气比。如果使用过程中监测到某一个燃烧管失效，只需要更换那一个部件，非常经济。而测试时，只需要测试一个燃烧管，这也降低了测试所需的气流流率、试验段体积和成本。但在整体安装时，管形燃烧室比其他类燃烧室大而重，而且压降更大(约 7%)，且每一个燃烧管中都需要安装点火器，更糟的是进入涡轮的气流温度分布比另外两种燃烧室更不均匀。由于这些缺点，管形燃烧室在现代的大型发动机中极少使用。它们直径小，长度相对较大且耐用性好，在装有离心式压气机的小型涡轴发动机中广泛使用。

　　环管形燃烧室的截面面积更小、重量更轻。由于气流可以周向传播，需要的点火系统也更少。这种燃烧室中控制周向温度分布更加困难，但它们会自然形成均匀的出口温度分布。但是如果一个部件失效，仅更换对应部件还是比管形燃烧室贵很多。最后，由于采用了将燃烧区域连接的方式，热增长会产生热应力。这种燃烧室中的压降比管形燃烧室低(约 6%)。总之，环管形燃烧室兼具另外两类燃烧室的优点，多用于涡喷和涡扇发动机中。

　　环形燃烧室是最简单、紧凑和最轻的燃烧室。其压降最小(约 5%)，具有很好的混合特性和较高的效率。控制环形燃烧室周向温度变化是最困难的，但在环形燃烧室出口也会自然形成均匀的出口温度分布。从机械结构上说，环形燃烧室并没有另外两种类型的燃烧室坚固，但是在过去几年中得益于材料方面的进步而取得了大幅度改善。这种燃烧室也是最难维护的，通常如果一个发动机需要更换环形燃烧室，必须从飞机上拆下整个发动机重新组装。

　　大部分的主燃烧室由镍基合金制作，陶瓷复合材料是未来的理想备选材料。很多现代燃烧室采用环形燃烧室，包括 GE 的 CF6 和 GE90、普惠的 F100 和 PW4098、罗-罗的 RB211和遄达系列。燃烧室出口温度范围为 2200~3100°R。总压比典型值为 0.94~0.96。

9.2.2　加力燃烧室

如第 2、3 章所述，加力燃烧室的作用是短时间内将推力增加 1.5~2.0 倍。在这段时间内，TSFC 也会显著增大(增加约 2.0 倍)。主燃烧室只消耗约 25% 的空气(它们在化学计量工况以下运行良好)。因此，加力燃烧室可以消耗剩下的多达 75% 的初始空气量。由于加力燃烧室很少使用(如舰载机起飞、紧急情况等)，这类部件的设计相对简单。也就是说，它们仅在起飞、爬升、突然加速和最大速度时点火。但是，由于它们始终都安装在发动机上，即使不接通加力燃烧室(称为干工况)，它们也会增大气流的总压损失，因而减小发动机的推力，增大 TSFC。因此设计加力燃烧室时要求不产生高度湍流。因此，在加力燃烧室中，燃油与空气的混合并不如主燃烧室那样充分，燃烧效率也比主燃烧室低。实际上，使用加力燃烧室时，很大一部分的燃油是在喷管中或者是喷管后燃烧的(图 1.22)。但是，它们不会像主燃烧室那样产生那么大的压降。其结构如图 9.7 所示。其中燃油通过一系列的径向喷油杆或(和)周向(环形)喷油环喷射进入加力燃烧室。燃油通常是横着喷入(也就是与气流成 90° 夹角)，这样可以通过自由来流的剪切作用促进燃油雾化与混合。加力燃烧室中通常会用小型火焰稳定器。加力燃烧室的设计与简单冲压发动机类似。为防止机匣过热，通常还会使用一个冷却衬套沿边界逐渐供给冷气流。在图 9.7 中还给出了可调喷管(与加力燃烧室整合在一起)的两个喷口位置。

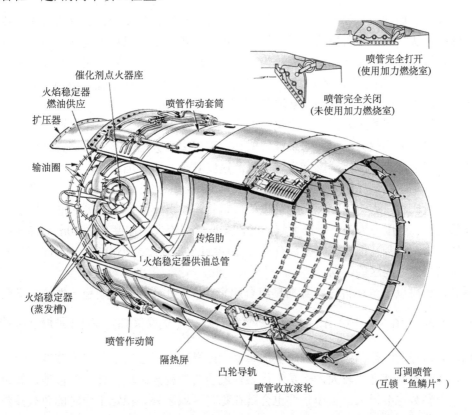

图 9.7　罗-罗加力燃烧室和喷管的三维视图【图片由罗-罗友情提供】

下面讨论一些加力燃烧室设计的注意事项。首先火焰温度不能过高，否则会烧坏喷管（或衬套）。加力燃烧室应设计成能在相对大的温度范围内工作。通常这是借助燃油逐级喷射来实现的。燃烧的不稳定性（称为啸音）应最小化。啸音是由燃烧过程中焓的不稳定释放引起的周期性高压波动。这种强等级的噪声不仅是有害的有声信号，而且会导致火焰稳定器、加力燃烧室管路和喷管的机械疲劳。通常采用防振隔热屏来吸收振荡。最后，考虑到军事应用和环境因素，应尽可能减少可见信号（如外部火焰和过量烟）。大部分加力燃烧室由镍基合金或陶瓷复合材料制成。典型的加力燃烧室出口温度为 3000~3700°R。

9.3　火焰稳定、点火与发动机起动

9.3.1　火焰稳定

在 9.1 节我们曾提到，为维持燃烧的高效，持续产生推力，燃烧室内的火焰必须保持稳定。为了使火焰保持在燃烧室内，并保证燃烧室中局部区域内稳定燃烧，可参照一些与燃油类别相关的特定指导准则。图 9.8 和图 9.9 中，两个重要的一般典型曲线描述了这些指导准则。

图 9.8 所示为一个广义可燃性曲线，Olson 等(1955)给出了汽油或宽馏分燃油的可燃性数据。图 9.8 给出了可燃的燃烧压力和油气比区域。注意之前我们说过，整机上的典型总油气比为 0.02。而图 9.8 表明，如果燃烧室中的当地油气比与发动机的总油气比一致，就不可能燃烧。从图 9.8 中可以看出，在燃烧室内的可燃区必须保持较高的压力，这也说明了为何需要从压气机中获得高压气流；为了确保工况处于稳定燃烧区域，油气比需要足够高。如 9.4 节所述，航空煤油的化学恰当比约为 0.067。因此，在燃烧区域的中心，油气混合物通常接近化学计量值，或略微富油（略大于化学计量比）。

在一个稳定燃烧的燃烧室内，火焰速度也非常重要。如果油气混合物以火焰速度向火焰反方向传播，火焰就会稳定。如果混气的移动速度大于火焰速度，火焰就会被带出燃烧室，发动机就会熄火。因此，燃烧室内的气流速度必须小于火焰速度。为了使局部区域中的速度低于火焰速度，在燃烧室中经常采用火焰稳定器。另外还要注意的是，当油气混合接近化学计量比时，火焰速度几乎为最大值，也就是说可燃区的中心区域的燃烧条件接近化学计量条件。当压力为一个标准大气压时，典型的湍流火焰速度高达 40m/s（该速度还与燃油、油气比、混合过程和湍流参数有关），而层流火焰速度要小得多。Olson 等(1955)也给出了宽馏分燃油的这些数据。

另外，还可以谨慎地将这些数据集组合起来（图 9.9），给出火焰稳定性的广义数据集 (Oates，1989)。图 9.9 中给出了油气比和负载参数 $\dfrac{\dot{m}}{Vp^n}$ 的交叉图，其中 V 是燃烧区域的有效体积，n 是经验参数。例如，若质量流率太大或燃烧室尺寸太小，气流速度就会大于火焰速度，负载参数就会比较大，于是工作条件就会落在稳定区域之外。类似地，如果压力太小，负载参数也会很大，工作条件也会落在稳定区域之外。稳定工作时的负载参数峰值通常处于略贫油混合区域。

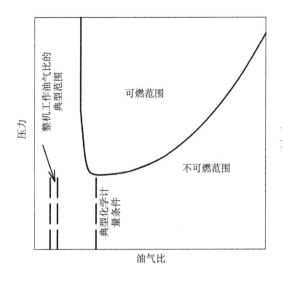

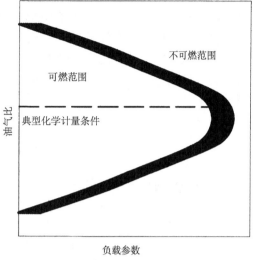

图 9.8　广义可燃性曲线　　　　　　　　　图 9.9　组合可燃性和火焰速度信息

9.3.2　点火与发动机起动

燃烧室点火与发动机的起动直接相关。换句话说，如果压气机不工作，燃烧室内需要的高压气流条件就不能满足。因此实际上燃烧室内点火的第一个步骤是先转动压气机。对双转子发动机通常只需要驱动高压压气机。为了在初始阶段转动压气机，有六种不同的基本技术可供使用，但是它们都需要高扭矩，具体如下。

(1)对于小型发动机(涡桨等)，通常采用高扭矩直流电起动机通过离合器带动传动轴。

(2)对于大部分大的发动机(涡扇等)，可使用压缩空气来驱动空气涡轮(或空气起动机)，然后经由离合器驱动传动轴。

(3)对于某些大型发动机，还会使用一个小的辅助燃气轮机。此时必须先起动这种辅助涡轮，要么利用加压式燃料罐膨胀并燃烧气体，进而驱动辅助涡轮；或利用电动机起动。普惠的 PW901A 就是这类辅助燃气轮机。

(4)对于涡轴发动机或燃气轮机，通常利用地面的高压液压油源驱动的液压马达来带动传动轴。

(5)对于小型发动机，可利用(3)中最开始的加压燃料罐直接驱动涡轮。

(6)一些较老的涡喷发动机中，还利用辅助的压缩空气喷入高压涡轮，通过冲击涡轮叶片来驱动传动轴。

通过辅助起动系统带动传动轴之后，当压气机达到部分转速时，就产生了足够燃烧的高压气流。在主燃烧室中通常采用高能火花点火。燃油喷射进入燃烧室后，高压电嘴就会产生火花点燃燃油。这样，燃烧产生的高压低密度气流进入涡轮中，使涡轮能够驱动压气机，进而使传动轴加速到全转速。

通常加力燃烧室内的点火与此差别较大，因为它与发动机起动无关。加力燃烧室中一种通常用到的点火方法是射流点火。此时，在主燃烧室内短暂地喷射出一股额外燃油。这些额外的燃油边燃烧边穿过涡轮进入加力燃烧室内，并进一步点燃加力燃烧室内的燃油。当加力燃烧室点火之后，主燃烧室内的燃油恢复正常。另外一种方法是"火炬"点火。这种方法是在其中的一个燃油喷杆上安装一个飞行员控制的辅助点火器。从名字可以看出，"火炬"始终燃烧，当加力燃油喷射时，"火炬"点燃燃油。第三种方法是电火花点火，这种方法与主燃烧室类似。第四种有时用到的方法是铂基元素催化点火，其安装在燃油喷杆上燃油的下游。

9.4 绝热火焰温度

由于发动机的总体性能和涡轮寿命与燃烧室出口温度密切相关，准确预测该温度非常重要。在之前的循环分析中，我们采用了一种相对简单的方法来分析燃烧室性能。这种方法中我们用到了燃油的热值，且假设在所有条件下都取同一个值。另外我们对燃油和空气还采用了同一个比热容，且认为空气和燃油具有相同的温度。但实际上并非如此。而且之前我们认为燃烧室内空气的比热容为常数，但由于存在极端温度区域，这一假设也不成立。本节中我们去掉这些假设来分析绝热火焰温度。

9.4.1 化学分析

首先，我们来复习一下燃烧室内先后发生的化学反应。最好是用一个包含燃烧室内化学平衡方程的例子来说明。所有航空燃油都是碳氢化合物，且大多数具有与航空煤油相似的特性。正癸烷($C_{10}H_{22}$)能比较准确地代表航空煤油。进一步开展燃烧过程的热力学分析之前，我们首先需要对化学计量方程式进行配平。化学计量条件通常又称为100%空气条件。化学计量条件下氧气和燃油的比例恰好，因此所有的氧气和燃油都发生了反应，在燃烧产物中没有一点氧气和燃油存留。其他条件下，空气百分比定义为实际空气质量与化学计量条件下所需的空气质量之比。

例 9.1 如果航空煤油可用正癸烷来代替，对空气中这种燃油的化学计量燃烧化学方程进行配平，并求出化学计量油气比。

解题的第一步是配平燃油燃烧过程的化学计量方程式。也就是所有氧气和燃油都完全燃烧，在产物中无存留。即

$$C_{10}H_{22} + Y\,O_2 + 3.76Y\,N_2 \longrightarrow X\,H_2O + Z\,CO_2 + 3.76Y\,N_2$$

式中，空气由 Y 份氧气和 $3.76Y$ 份氮气组成。要配平上述方程式，必须求出 X、Y、Z。注意到其中氮气并不实际参与化学反应。但是它会影响热力过程。考虑各元素的守恒，可得

$$C: 10 = Z, \text{ 于是 } Z=10$$
$$H: 22 = 2X, \text{ 于是 } X=11$$
$$O: 2Y = X + 2Z, \text{ 于是 } Y = Z + X/2 \text{ 或 } Y = 15.5$$

得到配平后的方程为

$$C_{10}H_{22} + 15.5\,O_2 + 3.76(15.5)\,N_2 \longrightarrow 11\,H_2O + 10\,CO_2 + 3.76(15.5)\,N_2$$

C、H、O、N 的相对分子质量 $\mathcal{M}$ 分别为 12、1、16 和 14。于是正癸烷的相对分子质量等于 142。对于喷气式发动机，燃烧产物都是气态的，因此产物中的水为气态水。于是可得到化学计量条件下的油气比为

$$
f = \frac{\dot{m}_f}{\dot{m}_{air}} = \frac{1(10\mathcal{M}_C + 22\mathcal{M}_H)}{15.5 \times 2\mathcal{M}_O + 3.76 \times 15.5 \times 2\mathcal{M}_N}
$$

$$
= \frac{1(10 \times 12 + 22 \times 1)}{15.5(2 \times 16 + 3.76 \times 2 \times 14)} = \frac{142}{2127.8} = 0.0667
$$

该值远大于整机工作条件下的总油气比。实际上，如果在燃烧室内保持这一油气比，其出口温度会非常高，进而使涡轮快速损坏。因此，为了降低涡轮温度，大部分发动机工作在贫油状态。当然如前所述，在燃烧室的局部燃烧区域是富油燃烧。

9.4.2　热力学分析

回顾了化学反应过程后，我们利用热力学分析燃烧室内的过程。接下来的分析中，我们忽略燃烧产物的进一步化学反应和由此引起的化学平衡移动。尽管高温情况下这些过程对温度和产物的影响是可测的，但考虑燃烧产物的进一步反应会使热力学分析过于复杂。而且相比采用绝热火焰温度和简单热值的分析方法，这些影响是次要的。我们认为反应过程是完全反应且不考虑化学平衡。雷诺(1986)在分析过程中，将平衡影响引入进来。因此，对燃烧室使用热力学第一定律可得

$$
\dot{Q} + \dot{W} = \Delta\dot{h} + \Delta\dot{KE} + \Delta\dot{PE} \tag{9.4.1}
$$

没有做功、热传递和内能变化时，式(9.4.1)变为

$$
\Delta h_t = 0 \tag{9.4.2}
$$

或

$$
\sum\left(N_i h_{ti}\right)_{产物} = \sum\left(N_i h_{ti}\right)_{反应物} \tag{9.4.3}
$$

式中，h_{ti} 是成分 i 的总焓；N_i 是成分 i 的摩尔数。任意温度 T 下，给定物质的比静焓为

$$
h_{iT} = \Delta h_{if}^\circ + \left(h_T - h_{298}\right)_i \tag{9.4.4}
$$

式中，Δh_{if}° 是标准状态下(298K)该物质的生成焓；h_T 是温度 T 时的焓值；h_{298} 是温度为 298K 时的焓值。若在物质的形成过程中对外放热，其生成焓为负值。如果在物质形成过程中，物质和其组分处于确定状态，那么就可以确定生成焓。给定物质和状态下，生成焓是定值，它与燃烧热值不同。要得到 $h_T - h_{298}$ 可通过查阅实际气体表或通过式(9.4.5)估算：

$$
\left(h_T - h_{298}\right)_i = \int_{298}^{T} c_{pi}\,\mathrm{d}T \tag{9.4.5}
$$

有时候，给定温度范围(但是相对较小)比热容可由式(9.4.6)估算：

$$
c_{pi} = a_i + b_i T \tag{9.4.6}
$$

利用这种方法可求燃烧过程的热值，在第 2 章和第 3 章燃烧分析时我们就曾使用过该方法。如果反应物和产物都是气体，如喷气式发动机中，这一值称为低热值。因此，燃烧过程中释放的热命名为热值(在任何温度 T 下)；其定义如下：

$$\Delta H_T = -\sum \left(N_i \left(\Delta h_{if}^o + (h_T - h_{298})_i \right) \right)_{产物} + \sum \left(N_i \left(\Delta h_{if}^o + (h_T - h_{298})_i \right) \right)_{反应物} \tag{9.4.7}$$

例如，如果反应物和产物都在标准温度下，标准条件下的热值可由式(9.4.8)给出：

$$\Delta H_{298} = -\sum \left(N_i \Delta h_{if}^o \right)_{产物} + \sum \left(N_i \Delta h_{if}^o \right)_{反应物} \tag{9.4.8}$$

该计算过程适用于任何化合物，而且热值随温度的变化并不大。但是进行这类计算时，我们需要知道不同物质的标准生成焓。通常可通过查询 JANAF 表(Chase，1998)或相似的制表得到。在表 9.1 中我们列出了一些选定化合物的重要热力学参数，而且 a 和 b 的数值已经在典型温度范围内经过验证。

表 9.1　一些化合物的热力学参数

化合物	Δh_{if}^o /(kJ/(kg·mol))	c_p (298K) /(kJ/(kg·mol·K))	a/(kJ/(kg·mol·K))	b/(kJ/(kg·mol·K))
CO	−110530	29.1	27.4	0.0058
CO_2	−393520	37.1	28.8	0.0280
H_2O	−241820	33.6	30.5	0.0103
H_2	0	28.9	28.3	0.0019
N_2	0	29.1	27.6	0.0051
O_2	0	29.4	27.0	0.0079
C_4H_{10}(气)	−126150	98.0	35.6	0.2077
C_8H_{18}(液)	−249950	254	254	0
$C_{10}H_{22}$(液)	−294366	296	296	0

例 9.2　利用生成焓求 298K 时液态正癸烷的热值。

首先，需要所有反应物和产物的生成焓：

$H_2O(g)$： $\Delta h_{if}^o = -241820 \, kJ/(kg·mol)$

$O_2(g)$： $\Delta h_{if}^o = 0 \, kJ/(kg·mol)$

$N_2(g)$： $\Delta h_{if}^o = 0 \, kJ/(kg·mol)$

$CO_2(g)$： $\Delta h_{if}^o = -393520 \, kJ/(kg·mol)$

$C_{10}H_{22}(l)$： $\Delta h_{if}^o = -294366 \, kJ/(kg·mol)$

而正癸烷的相对分子质量为 142，由下式可求得 298K 时正癸烷的热值：

$$\Delta H_{298} = -N_{H_2O} \Delta h_{H_2Of}^o - N_{CO_2} \Delta h_{CO_2f}^o + N_{C_{10}H_{22}} \Delta h_{C_{10}H_{22}f}^o$$

$$\Delta H_{298} = -11(-241820) - 10(-393520) + 1(-294366)$$

$$= 6300854 \, kJ/(kg·mol)$$

$$= 6300854 \, kJ/(kg·mol) / (4.186 J/cal \times 142 kg/(kg·mol))$$

$$= 10600 \, cal/g$$

$$= 19080 \, Btu/lbm$$

题毕。

在本书之前的章节中，使用热值来近似描述实际的燃烧过程。但是若要更好地预估燃烧室内的工作温度，最好还是使用绝热火焰温度。下面我们用一个例子来演示这种方法。在表 9.2 中我们列出了一些不同燃料的低热值。需要注意，正癸烷非常接近 Jet-A、JP-4 和 JP-5。

表 9.2　一些燃油的低热值

名称	化学式	低热值/(cal/g)
异丁烷(气)	C_4H_{10}	10897
正辛烷(液)	C_8H_{18}	10611
正壬烷(液)	C_9H_{20}	10587
正癸烷(液)	$C_{10}H_{22}$	10567
Jet-A(液)	$CH_{1.94}$	10333
JP-4(液)	$CH_{2.0}$	10389
JP-5(液)	$CH_{1.92}$	10277

例 9.3　燃烧室中燃烧的航空煤油可用正癸烷近似替代。燃油的进口总温 $T_{t1} = 444.44\text{K}(800°\text{R})$，燃油在化学计量条件下与 100% 空气燃烧，其温度为 $T_{t2} = 666.67\text{K}(1200°\text{R})$。忽略产物的进一步分解，求出口总温。

利用例 9.1 中已经配平好的化学方程式和能量方程(9.4.3)，其中产物中不再有氧气和燃油，可得

$$11\left(\Delta h_f^o + \left(h_{Tt} - h_{298}\right)\right)_{H_2O} + 10\left(\Delta h_f^o + \left(h_{Tt} - h_{298}\right)\right)_{CO_2}$$
$$+ 3.76 \times 15.5\left(\Delta h_f^o + \left(h_{Tt} - h_{298}\right)\right)_{N_2}$$
$$= 1\left(\Delta h_f^o + \left(h_{Tt1} - h_{298}\right)\right)_{C_{10}H_{22}} + 15.5\left(\Delta h_f^o + \left(h_{Tt2} - h_{298}\right)\right)_{O_2}$$
$$+ 3.76 \times 15.5\left(\Delta h_f^o + \left(h_{Tt2} - h_{298}\right)\right)_{N_2}$$

为此，必须要求出 T_t。为求得 T_t，必须知道每种产物的 $\left(h_{Tt} - h_{298}\right)_i$。这些可通过查表得到。为简化求解过程，也可由下式估算：

$$\left(h_T - h_{298}\right)_i = \int_{298}^{T} c_{pi}\,\mathrm{d}T$$

而且在此例中，每个 c_{pi} 都采用如下形式来计算：

$$c_{pi} = a_i + b_i T$$

于是有

$$\left(h_T - h_{298}\right)_i = \left(a_i T + b_i \frac{T^2}{2}\right)_{298}^{T_t} = a_i T_t + b_i \frac{T_t^2}{2} - a_i(298) - b_i \frac{298^2}{2}$$

于是对每种组分，有

$$h_i = \Delta h_{if}^o + \left(h_T - h_{298}\right)_i = \Delta h_{if}^o + a_i T_t + b_i \frac{T_t^2}{2} - a_i(298) - b_i \frac{298^2}{2}$$

利用表 9.1，可得到如下数据：

$C_{10}H_{22}$: $a = 296$, $b = 0.000$

O_2: $a = 27.0$, $b = 0.0079$

N_2: $a = 27.6$, $b = 0.0051$

H_2O: $a = 30.5$, $b = 0.0103$

CO_2: $a = 28.8$, $b = 0.0280$

得到的 c_p 单位取 $kJ/(kg \cdot mol \cdot K)$。

于是每种反应物的总焓为

$$h_{tC_{10}H_{22}} = -294366 + 296 \times 444 + 0 - 296 \times 298 - 0 = -251150(kJ/(kg \cdot mol))$$

$$h_{tO_2} = 0 + 27 \times 667 + 0.0079\frac{667^2}{2} - 27 \times 298 - 0.0079\frac{298^2}{2} = 11370(kJ/(kg \cdot mol))$$

$$h_{tN_2} = 0 + 27.6 \times 667 + 0.0051\frac{667^2}{2} - 27.6 \times 298 - 0.0051\frac{298^2}{2} = 11092(kJ/(kg \cdot mol))$$

可得

$$\sum\left((N_i h_i)\right)_{反应物} = N_{C_{10}H_{22}} h_{tC_{10}H_{22}} + N_{O_2} h_{tO_2} + N_{N_2} h_{tN_2}$$
$$= 1(-251150) + 15.5(11370) + 15.5 \times 3.76(11092)$$
$$= 571527(kJ)$$

接着我们求出所有产物的总焓为

$$h_{tH_2O} = -241820 + 30.5 \times T_{t产物} + 0.0103\frac{T_{t产物}^2}{2} - 30.5 \times 298$$
$$- 0.0103\frac{298^2}{2} kJ/(kg \cdot mol)$$

$$h_{tCO_2} = -393520 + 28.8 \times T_{t产物} + 0.028\frac{T_{t产物}^2}{2} - 28.8 \times 298$$
$$- 0.028\frac{298^2}{2} kJ/(kg \cdot mol)$$

$$h_{tN_2} = 0 + 27.6 \times T_{t产物} + 0.0051\frac{T_{t产物}^2}{2} - 27.6 \times 298$$
$$- 0.0051\frac{298^2}{2} kJ/(kg \cdot mol)$$

在假定的比热容下，得到一个仅含一个未知变量的二次方程，可以直接求解出 $T_{t产物}$。但是，一般情况下，如果查表，这就成了一个迭代问题。此例中我们使用迭代方法求解。首先，我们假设出口温度为 2531K，并通过后面的运算来检验。于是，产物的总焓为

$$h_{tH_2O} = -241820 + 30.5 \times 2531 + 0.0103\frac{2531^2}{2} - 30.5 \times 298 - 0.0103\frac{298^2}{2}$$
$$= -141180(kJ/(kg \cdot mol))$$

$$h_{tCO_2} = -393520 + 28.8 \times 2531 + 0.028 \frac{2531^2}{2} - 28.8 \times 298 - 0.028 \frac{298^2}{2}$$

$$= -240769(kJ/(kg \cdot mol))$$

$$h_{tN_2} = 0 + 27.6 \times 2531 + 0.0051 \frac{2531^2}{2} - 27.6 \times 298 - 0.0051 \frac{298^2}{2}$$

$$= 77740(kJ/(kg \cdot mol))$$

于是有

$$\sum (N_i h_i)_{产物} = N_{H_2O} h_{tH_2O} + N_{CO_2} h_{tCO_2} + N_{N_2} h_{tN_2}$$
$$= 11(-141180) + 10(-240769) + 15.5 \times 3.76(77740)$$
$$= 570127(kJ)$$

可以发现

$$\sum (N_i h_{ti})_{反应物} \approx \sum (N_i h_{ti})_{产物}$$

且猜测的 T_t 也比较准确。于是，绝热火焰温度 $T_t = 2531K(4556°R)$。

另一种可用来求解总温但准确性稍差的方法是利用之前提到的简化热值方法。下面我们利用这种方法求解并与绝热火焰温度法的求解结果进行比较。首先我们假设进出燃烧室的气体都是空气。

$$\dot{m}_f \Delta H = \dot{m} c_p (T_{t4} - T_{t3}) + \dot{m}_f c_p T_{t4}$$

或

$$T_{t4} = \frac{f \Delta H + c_p T_{t3}}{(1+f) c_p} \text{ ①}$$

对于正癸烷，$\Delta H = 10567 cal/g (44230kJ/kg)$，于是

$$T_{t4} = \frac{0.0667 \times 44230 + 666.67 c_p}{1.0667 c_p} = \frac{2766}{c_p} + 625.0$$

式中，c_p 又是平均温度的函数，因此这又是迭代问题。通过迭代运算可求得

$$T_{t4} = 2778K \text{ 且 } c_p = 1.284 kJ/(kg \cdot K)$$

于是，总温的差别为 247K，且随着温度上升，相对偏差为 $247/(2531-667) = 13.2\%$。

在 300% 的空气（化学计量条件下的空气的三倍，$f = 0.0222$）条件下重复这一过程，则需要在化学方程式和热力学方程中同时考虑未燃氧气和另外的氮气。例如，300% 空气时的化学方程式变为

$$C_{10}H_{22} + 3 \times 15.5 O_2 + 3 \times 3.7(15.5) N_2$$
$$\longrightarrow 11 H_2O + 10 CO_2 + 3 \times 3.76(15.5) N + 2 \times 15.5 O_2$$

由于多余的氧气和氮气在燃烧过程中被加热，最终的温度会低一些，导致绝热火焰温度为 1453K，采用简单热值分析会得到 $T_{t4} = 1489K (c_p = 1.147 kJ/(kg \cdot K))$。此时温度偏差为

---

① 译者注：原文为 $\frac{f \Delta H + c_p T_{t4}}{(1+f) c_p}$，应为 $\frac{f \Delta H + c_p T_{t3}}{(1+f) c_p}$。

36K，相对偏差为 4.6%。具体求解过程作为习题留给读者，读者也可使用软件 "EROSENE" 进行求解。

从例 9.3 我们可以看到，随着油气比的减小，简单分析的准确度会提高。主要原因是在简化分析中将所有气体都假设成空气。而在绝热火焰温度分析时，进入的气流是空气，但出口气流是水蒸气、二氧化碳、氮气和氧气。随着油气比的减小，绝热火焰温度分析方法对应的出口气流中空气比例就增大。因而，随着 f 的减小，简单分析中假设的纯空气就更为合理。而油气比比较大时，最终的绝热火焰温度也比较大，进一步分解的产物也会更多。这也会降低绝热火焰温度。因此，也正是由于这一原因，随着 f 的减小，简化方法越来越准确。

9.5　压力损失

在主燃烧室和加力燃烧室中会出现不必要的总压损失。造成这种损失的原因是多方面的。首先，在燃烧室中燃气的燃烧过程是不可逆或非等熵加热过程；这本质上是一种瑞利线流。其次，当气流流经小节流口时，会与燃烧室内壁和衬套刮擦，引发摩擦损失；这本质上是一种法诺流。最后，用以产生湍流和分离作用的火焰稳定器会对气流产生阻力，这同时还是一种耗散过程，而且会增加气流的熵。下面我们分别讨论这三种影响，然后讨论一种时考虑三种影响的更常规的方法。

9.5.1　瑞利线流

前面我们刚提到，燃烧室内压力的下降和总压损失存在多种机制。我们要分析的第一种原因就是对气流加热。这种分析基于瑞利线流，这种流动中只有加热而不存在摩擦。该过程是一个等面积过程。我们利用附录 H 中的控制体方法来分析，可以得到 10 个方程，包含 14 个变量。因此，如果指定其中 4 个变量，就可以求得剩余 10 个。一般情况下，进口条件 M_1、 p_{t1}、 T_{t1} 以及出口条件 T_{t2} 是已知的，于是可求得其余变量。

例 9.4　气流的进口马赫数为 0.3，进口总压为 300psi，加热后总温从 1200°R 增加到 2400°R。如果比热容比为 1.30，求总压比。

解　从马赫数为 0.3 下的瑞利线表可知，温度比和压比可由下式给出：

$$\frac{T_{t1}}{T_t^*} = 0.3363$$

$$\frac{p_{t1}}{p_t^*} = 1.1909$$

因此，虽未给出但作为参考值的声速条件下的总压和总温为

$$p_t^* = 300/1.1909 = 251.9\text{psi}$$

$$T_t^* = 1200/0.3363 = 3568°\text{R}$$

于是得到出口温比为

$$\frac{T_{t2}}{T_t^*} = \frac{2400}{3568} = 0.6726$$

查表得此总温比下，有

$$M_2 = 0.495$$

此马赫数下，有

$$\frac{p_{t2}}{p_t^*} = 1.1131$$

于是出口的总压为

$$p_{t2} = 1.1131 \times 251.9 = 280.4 \text{psi}$$

最终，仅由加热(瑞利线流)引起的总压比为

$$\pi = \frac{p_{t2}}{p_{t1}} = 0.935 \qquad\qquad\qquad 题毕。$$

9.5.2　法诺流

燃烧室内存在多种导致压力下降和总压损失的机制。我们将要分析的第二种机制就是由气流中的摩擦所引起的。这种分析以法诺流为基础，在这种流动中仅考虑摩擦，而忽略热量传递。这也是一个恒定面积的变化过程。在附录 H 中我们利用控制体方法分析了这种流动。从中我们得到了 11 个方程和 17 个变量，因此需要给定其中 6 个变量。例如，当进口条件 M_1、T_1 和 p_{t1} 以及几何参数 L、D 和 f 都确定时，我们就可以求出包括 p_{t2} 在内的出口条件。

例 9.5　气流以马赫数为 0.3，总压为 300psi 进入一个长 18in 直径为 5in 的通道中，法诺摩擦系数为 0.040，当比热容比为 1.30 时，求总压比。

解　查马赫数为 0.3 时的表可得出无量纲化长度直径比与压力参数分别为

$$\frac{4fL^*}{D}\bigg]_1 = 5.7594$$

$$\frac{p_{t1}}{p_t^*} = 2.0537$$

于是可得到声速条件下的总压，这可作为一个参考条件(实际情况下可能不会出现)：

$$p_t^* = 300/2.0537 = 146.2 \text{psi}$$

接着，由流道几何参数可得

$$\frac{4fL^*}{D}\bigg]_{1-2} = \frac{4 \times 0.040 \times 18}{5} = 0.576$$

由此可求出出口处对应的长度直径比：

$$\frac{4fL^*}{D}\bigg]_2 = \frac{4fL^*}{D}\bigg]_1 - \frac{4fL^*}{D}\bigg]_{1-2} = 5.1834$$

查表得出口马赫数为

$$M_2 = 0.312$$

因此，由于摩擦导致马赫数增加了约 10%。再查表得此马赫数下有

$$\frac{p_{t2}}{p_t^*} = 1.9829$$

可求得出口总压为

$$p_{t2} = 1.9829 \times 146.2 = 289.8 \text{psi}$$

因此，燃烧室内仅由摩擦引起（法诺流）的总压比为

$$\pi = \frac{p_{t2}}{p_{t1}} = \frac{289.8}{300} = 0.966$$ 　　　　　题毕。

9.5.3　摩擦与加热管流

在 9.5.1 节和 9.5.2 节中，我们是分开讨论加热和摩擦的。但是在燃烧室中这两种影响同时存在。因此，这一节中我们同时分析这两种影响。此处用到的分析手段是所谓的广义一维流方法，具体描述见附录 H。一般来说，为了获得这两种影响同时存在时的总压损失，需要对得到的微分方程在初始和终端状态间进行数值积分。

例 9.6　气流以马赫数为 0.3，总压为 300psi 进入一个长 18in 直径为 5in 的通道中，法诺摩擦系数为 0.040。总温从 1200°R 增加到 2400°R。当比热容比为 1.30 时，求总压比。请注意本例是将例 9.4 和例 9.5 结合，同时考虑加热和摩擦。

解　求解此题需要对式（H.13.3）和式（H.13.4）进行数值积分。此处我们采用 100 步增量，并假设加热和摩擦都是均匀的。于是，有 $\Delta x = 18/100 = 0.18 \text{in}$ 且 $\Delta T_t = 1200/100 = 12°R$。此处利用前向差分法。因此，对于方程（H.13.1），第一步得到的马赫数平方的增量为

$$\Delta\left(M^2\right) = M^2\left(\left(1 + \gamma M^2\right)\frac{\left(1 + \dfrac{\gamma - 1}{2}M^2\right)}{1 - M^2}\frac{\Delta T_t}{T_t} + 4f\gamma M^2\frac{\left(1 + \dfrac{\gamma - 1}{2}M^2\right)}{1 - M^2}\frac{\Delta x}{D}\right)$$

于是，在第一步增量之后马赫数的平方为

$$M_i^2 = M_{i-1}^2 + \Delta\left(M^2\right)$$

$$M^2 = 0.3^2 + 0.3^2\left(\left(1 + 1.3 \times 0.3^2\right)\frac{\left(1 + \dfrac{1.3 - 1}{2}0.3^2\right)}{1 - 0.3^2}\frac{12}{1200}\right.$$

$$\left. + 4 \times 0.04 \times 1.3 \times 0.3^2\frac{\left(1 + \dfrac{1.3 - 1}{2}0.3^2\right)}{1 - 0.3^2}\frac{0.18}{5}\right)$$

$$= 0.091187$$

或第一个增量后的马赫数为

$$M = 0.3020$$

由方程(H.13.2)可得单步总压增量为

$$\Delta p_t = p_t \left(-\frac{\gamma M^2}{2} \frac{\Delta T_t}{T_t} - \frac{4 f \gamma M^2}{2} \frac{\Delta x}{D} \right)$$

于是，第一步之后的总压为

$$p_{ti} = p_{ti-1} + \Delta p_t$$

$$p_t = 300 + \left(-\frac{1.3 \times 0.3^2}{2} \frac{12}{1200} - \frac{4 \times 0.04 \times 1.3 \times 0.3^2}{2} \frac{0.18}{5} \right) = 299.7234 \text{psi}$$

重复上述过程 100 步，其中每一步需要将上一步的结论作为初始条件。100 步之后可得到

$$M = 0.550$$
$$p_t = 261.55 \text{psi}$$

于是有

$$\pi = \frac{p_{t2}}{p_{t1}} = \frac{261.55}{300} = 0.872$$

这比将之前两个例子中的压比直接相乘的结果($0.935 \times 0.966 = 0.903$)小，但是更精确。

图 9.10 中还给出了其他进口马赫数和总温比下的结果。可以看出，随着马赫数的增加，总压比从 1 很快下降。而且随着总温比的增加(如随着油气比的增加)，总压比也会下降。

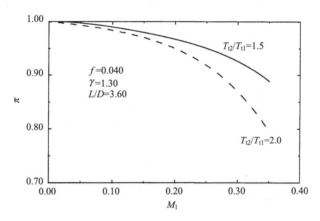

图 9.10　例 9.6 总压比随马赫数和总压力的变化趋势(包含热传递的摩擦流)

9.5.4　有阻力的流动

当气流流道中遇到障碍物时，湍流与分离流会产生摩擦，会使气流的总压降低。在很多主燃烧室和大多数加力燃烧室中都有用以保证局部速度低于火焰速度的火焰稳定器就属于这类障碍物。因此还需要对这种损失进行分析。在附录 H 中我们描述了一个利用控制体分析恒定面积流动的方法，并假设进出口参数均匀。总之，其中还有 16 个变量和 11 个方程。因此，如果给定其中 5 个变量，就可以求解方程组。典型情况下，进口条件 M_1、T_1 和 p_{t1} 以及火焰稳定器的几何参数 A_d/A、C_d 都是已知的。因此可以求出出口条件，包括总压。

例 9.7　气流以马赫数为 0.3，总压为 2069kPa，进口总温为 666.7K 进入一个带火焰稳定器的流道中。火焰稳定器的阻力系数为 0.5 且占总流道面积的 10%。当比热容比为 1.30 时，求总压比。

解　首先根据已知的进口马赫数和滞止条件，可得到静态条件为

$$T_1 = 657.8\text{K}$$

$$p_1 = 1952\text{kPa}$$

进而可得进口处声速为

$$a_1 = 495.3\text{m/s}$$

再由马赫数得到进口速度为

$$V_1 = 148.6\text{m/s}$$

利用理想气体方程，在上述压力和温度下，进口气流密度为

$$\rho_1 = 10.34\text{kg/m}^3$$

再由方程（H.9.8），有

$$p_1 + \rho_1 V_1^2 - \frac{1}{2}C_\text{d}\rho_1 V_1^2 \frac{A_\text{d}}{A} = \rho_1 V_1\left(\frac{RT_2}{\sqrt{2c_\text{p}\left(T_\text{t1} - T_2\right)}} + \sqrt{2c_\text{p}\left(T_\text{t1} - T_2\right)}\right)$$

$$1952\text{kPa} \times \frac{1000\text{N}}{\text{m}^2 \cdot \text{kPa}} \times \frac{\text{kg} \cdot \text{m}}{\text{N} \cdot \text{s}^2} + 10.34\frac{\text{kg}}{\text{m}^3} \times 148.6^2\frac{\text{m}^2}{\text{s}^2}$$

$$-\frac{1}{2} \times 0.5 \times 10.34\frac{\text{kg}}{\text{m}^3} \times 148.6^2\frac{\text{m}^2}{\text{s}^2} \times 0.10$$

$$= 10.34\frac{\text{kg}}{\text{m}^3} \times 148.6\frac{\text{m}}{\text{s}}\left(\frac{287.1\dfrac{\text{J}}{\text{kg} \cdot \text{K}} \times \dfrac{\text{N} \cdot \text{m}}{\text{J}} \times \dfrac{\text{kg} \cdot \text{m}}{\text{N} \cdot \text{s}^2} \times T_2(\text{K})}{\sqrt{2 \times 1.244\dfrac{\text{J}}{\text{kg} \cdot \text{K}} \times \dfrac{1000\text{J}}{\text{kJ}} \times \dfrac{\text{kg} \cdot \text{m}}{\text{N} \cdot \text{s}^2} \times (666.7 - T_2)\text{K}}}\right.$$

$$\left. + \sqrt{2 \times 1.244\frac{\text{J}}{\text{kg} \cdot \text{K}} \times \frac{1000\text{J}}{\text{kJ}} \times \frac{\text{kg} \cdot \text{m}}{\text{N} \cdot \text{s}^2} \times (666.7 - T_2)\text{K}}\right)$$

$$2174000 = 1537\left(\frac{287.1T_2}{\sqrt{2488\left(666.7 - T_2\right)}} + \sqrt{2488\left(666.7 - T_2\right)}\right)$$

通过迭代求解，得到出口静温 T_2 为

$$T_2 = 657.7\text{K}$$

于是出口速度为

$$V_2 = \sqrt{2c_\text{p}\left(T_\text{t1} - T_2\right)}$$

$$= \sqrt{2 \times 1.244\frac{\text{kJ}}{\text{kg} \cdot \text{K}} \times \frac{\text{N} \cdot \text{m}}{\text{J}} \times \frac{1000\text{J}}{\text{kJ}} \times \frac{\text{kg} \cdot \text{m}}{\text{N} \cdot \text{s}^2} \times (666.7 - 657.7)\text{K}} = 149.1\text{m/s}$$

出口声速 $a_2 = 495.3\text{m/s}$ 。于是出口马赫数为 $M_2 = 0.3010$ 。

又出口处的密度为

$$\rho_2 = \rho_1 V_1 / V_2 = 10.34 \times 148.6 / 149.1 = 10.30 (\text{kg/m}^3)$$

由理想气体方程，在密度和温度已知时，可得 $p_2 = 1945\text{kPa}$ 。

最后，当 $M_2 = 0.3010$ ， $p_2 = 1945\text{kPa}$ 时，得到出口总压为

$$p_{t2} = 2062\text{kPa}$$

仅由火焰稳定器的阻碍导致的总压比为

$$\pi = p_{t2} / p_{t1} = 2062 / 2069 = 0.997 \qquad\qquad \text{题毕。}$$

可以看出，相较于其他效应，这一总压损失要小很多。而且还要注意的是，利用广义分析方法，可以同时计算由加热、摩擦和阻力导致的总压损失。

9.6 特 性 图

9.6.1 量纲分析

燃烧室特性曲线或"图"是燃烧室工程师通常用到的一种工作工具。借助这种工具，工程师能快速而准确地判断燃烧室的工作条件和条件变化时燃烧室性能的变化。对于燃烧室，我们最为关注的是它的总压比和燃烧效率；也就是主燃烧室的 p_{t4}/p_{t3}（或 π_b）和 η_b 与加力燃烧室的 π_{ab} 和 η_{ab} 。对于主燃烧室，总压比是一个多变量函数，其函数关系 f_1 可表述为

$$p_{t4} / p_{t3} = f_1 (\dot{m}, T_{t3}, A, p_{t3}, f, \Delta H, \gamma, R) \tag{9.6.1}$$

使用无量纲化参数可以减少独立参数的数量。结合白金汉 π 定理，在给定 γ 值的情况下，可以得到

$$p_{t4} / p_{t3} = f_1 \left(\frac{\dot{m}\sqrt{RT_{t3}}}{A p_{t3}}, f, \frac{\Delta H}{RT_{t3}} \right) \tag{9.6.2}$$

但是很少用这种形式来描述燃烧室的性能。如果分别考虑法诺流和瑞利线流或包含加热与摩擦的广义一维流动，在给定燃烧室直径、长度和摩擦系数时，压比是进口马赫数和总温度的函数 (f_2) ，即

$$p_{t4} / p_{t3} = f_2 \left(M_3, \frac{T_{t4}}{T_{t3}} \right) \tag{9.6.3}$$

或者利用马赫数的定义，得到

$$p_{t4} / p_{t3} = f_2 \left(\frac{V_3}{\sqrt{\gamma R T_3}}, \frac{T_{t4}}{T_{t3}} \right) \tag{9.6.4}$$

然后利用一致性，可得

$$p_{t4} / p_{t3} = f_2 \left(\frac{\dot{m}_3}{\rho_3 A_3 \sqrt{\gamma R T_3}}, \frac{T_{t4}}{T_{t3}} \right) \tag{9.6.5}$$

但严格来说 T_{t3}/T_3 和 p_{t3}/p_3 都是马赫数的函数，式 (9.6.5) 可以写为

$$p_{t4}/p_{t3} = f_2\left(\frac{\dot{m}_3}{\rho_3 A_3 \sqrt{\gamma R T_{t3}}}, \frac{T_{t4}}{T_{t3}}\right) \tag{9.6.6}$$

或利用理想气体方程，可得

$$p_{t4}/p_{t3} = f_2\left(\frac{\dot{m}_3 R T_{t3}}{p_{t3} A_3 \sqrt{\gamma R T_{t3}}}, \frac{T_{t4}}{T_{t3}}\right) \tag{9.6.7}$$

于是可得

$$p_{t4}/p_{t3} = f_2\left(\frac{\dot{m}_3 \sqrt{R T_{t3}}}{p_{t3} A_3 \sqrt{\gamma}}, \frac{T_{t4}}{T_{t3}}\right) \tag{9.6.8}$$

或对给定的 γ 值，有

$$p_{t4}/p_{t3} = f_2\left(\frac{\dot{m}_3 \sqrt{R T_{t3}}}{p_{t3} A_3}, \frac{T_{t4}}{T_{t3}}\right) \tag{9.6.9}$$

因此，方程 (9.6.9) 与方程 (9.6.2) 相同。如果采用一个小油气比的简化燃烧室分析（热值分析），利用方程 (3.2.27)[①]可得

$$\frac{\eta_b f \Delta H}{c_p T_{t3}} = \frac{T_{t4}}{T_{t3}} - 1 \tag{9.6.10}$$

于是，在给定 γ 和 η_b 时，有

$$p_{t4}/p_{t3} = f_2\left(\frac{\dot{m}_3 \sqrt{R T_{t3}}}{p_{t3} A_3}, \frac{f \Delta H}{R T_{t3}}\right) \tag{9.6.11}$$

　　将这一分析结果与量纲化分析的结果进行比较，将方程 (9.6.2) 中最后两项直接关联并合并。因此，对于给定的燃油，可得

$$p_{t4}/p_{t3} = f_2\left(\frac{\dot{m}_3 \sqrt{R T_{t3}}}{p_{t3} A_3}, \frac{f}{T_{t3}}\right) \tag{9.6.12}$$

将式 (9.6.12) 代入式 (9.6.9) 并进行"无量纲化"或修正，类似于压气机和涡轮，可得到如下一般表达式：

$$p_{t4}/p_{t3} = f\left(\frac{\dot{m}_3 \sqrt{\theta_{t3}}}{\delta_{t3}}, \frac{f}{\theta_{t3}}\right) = f\left(\dot{m}_{c3}, \frac{f}{\theta_{t3}}\right) \tag{9.6.13}$$

式中

$$\delta_{t3} = p_{t3}/p_{stp} \tag{9.6.14}$$

$$\theta_{t3} = T_{t3}/T_{stp} \tag{9.6.15}$$

且 f 是通常的油气比。值得注意的是，这两个独立参数并非真正的无量纲。第一个称为换算质量流量，具有质量流量的量纲；第二个参数是无量纲的。由于它们并非都是无量纲的，

_____

① 译者注：原文为方程 (3.2.24)，结合上下文应为方程 (3.2.27)。

得到的函数不能用来关联或比较不同的燃烧室、燃料或两者都有。但是通常情况下可用于某一特定的燃烧室和燃油。类似地，可得到燃烧室的效率为

$$\eta_b = g\left(\frac{\dot{m}_3 \sqrt{\theta_{t3}}}{\delta_{t3}}, \frac{f}{\theta_{t3}}\right) = g\left(\dot{m}_{c3}, \frac{f}{\theta_{t3}}\right) \tag{9.6.16}$$

式中，函数 g 与函数 f 不同。对加力燃烧室也可进行类似的分析。函数 f 和 g 通常结合经验与建模得到。类似于压气机和涡轮，可以在一组不同条件下得到特性图，并利用换算参数使之适用于其他条件。

9.6.2　趋势

p_{t4}/p_{t3} 和 η_b 的典型趋势分别见图 9.11 和图 9.12。从图中可以看出，随着换算质量流量的增加和油气比的增大，总压比都会下降。与图 9.10 进行对比，我们能发现相同的趋势。从图 9.12 中我们还可看见燃烧效率存在一个相对的最大值，尽管这一变化趋势强烈依赖于燃烧室的设计，包括燃油喷射方式和混合方式的设计。因此，效率曲线的形状和趋势随燃烧室变化而变化。需要注意，主燃烧室和加力燃烧室的特性图规则是相同的。

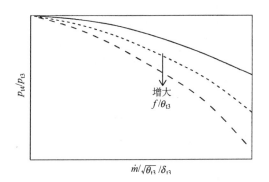

图 9.11　主燃烧室的一般性能曲线（p_{t4}/p_{t3}）

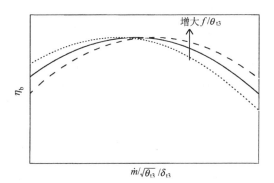

图 9.12　主燃烧室的一般性能曲线（η_b）

9.7　燃油类型与性质

到目前为止，我们仅关注了燃油基本特性中的热值。但是，在燃油精炼与混合过程中还需要考虑和控制很多不同的特性。从化学性质、组成和化学结构的角度，碳氢燃料通常可分为烷烃（C_nH_{2n+2}）、烯烃（C_nH_{2n}）、二烯烃类（C_nH_{2n-2}）、环烷（C_nH_{2n}）和芳烃（C_nH_{2n-6} 或 C_nH_{2n-12}）。燃油又可分为军用与商用两大类。军用级别有 JP-1，…，JP-5（美海军），…，JP-8（美空军），…，JP-10。商用级别的有 Jet A 级，Jet A-1 级和 Jet B 级。燃油性质的选择取决于特定的发动机以及飞行条件，包括高度和地理位置。所有的燃油都是基于航空煤油，但又具有不同的性质。首先，燃油是多种碳氢化合物的混合物。航空煤油包含 n 从 8 到 16 的碳氢化合物。因此航空煤油不是单一的化合物，而是一种混合物，具有混合物的性质。例如，为了确定混合物的黏度，需要对所有成分的黏度取质量平均值。又如，每种成分都有各自的蒸汽压，因而有些成分会先挥发。在 9.4 节中，我们将航空煤油近似为 $C_{10}H_{22}$，这是 n

范围内中间值的一个准确估计。另外，宽馏分燃油是由更多化合物组成的混合物，并不需要像航空煤油那样进行精炼，因而相对便宜。这种混合物的 n 取值范围为 5~16，它们包含汽油类的化合物，通常视为航空煤油和汽油的混合物，且更容易挥发。由于这种宽馏分燃料在加工处理和碰撞时更容易出现火灾危险，在美国通常是不用的。在表 9.3 和表 9.4 中我们给出了关于商用燃油和军用燃油的对比。

表 9.3　商用燃油说明

燃油	类别	备注
Jet A	航空煤油	在美国广泛使用
Jet A-1	航空煤油	美国外，国际上广泛使用，比 A 有更低的冰点
Jet B	宽馏分	在超低温的地理环境下使用，比 A-1 的冰点更低

表 9.4　军用燃油说明

燃油	类别	备注
JP-1	航空煤油	美军原来的燃油，不再使用
JP-2	宽馏分	试验用油，从未使用
JP-3	宽馏分	约 1/3 航空煤油，2/3 汽油，不再使用
JP-4	宽馏分	美空军燃油(限制使用)，与喷气-B 类具有非常低的冰点
JP-5	航空煤油	美海军燃油，由于航母上使用安全，闪点很高
JP-6	宽馏分航空煤油	低冰点，不再使用
JP-7	航空煤油	用于 SR-71，低黏度
JP-8	航空煤油	美空军燃油(主要用油)，很类似喷气-A1 级
JP-8+100	航空煤油	美空军燃油，含热稳定剂
JP-9	NA	研发中，高能量燃油
JP-10	NA	研发中，高能量燃油

商用燃油的特性由美国材料与试验协会(ASTM)定义，而军用燃油标准由美国政府设定并受政府监管。无论何种应用场景，需要测量燃油各种特性(但部分参照 ASTM 标准，由 Bacha 等(2000)整理)，并分类如下：速成胶含量(衡量高温时形成的非挥发性物质)、酸度(标准定义)、芳烃含量(组成成分)、颜色(一般检查——应当处于亮白到亮浅黄色之间)、腐蚀性(对金属，如铝材和发动机材料)、精馏等级(组成成分或燃油成分)、实际胶质含量("黏滞性"的不挥发性杂质)、闪点(可能发生燃烧的温度)、冰点(对不同组分而言是不同的)、润滑性(弹流润滑如滚珠轴承的润滑特性)、辉光值(火焰辐射热传递指标)、硫醇含量等级(硫化物杂质)、萘成分(可引发碳沉积的组分)、净热值(不因组分混合而剧烈变化的值)、石蜡成分(部分组分)、流动点(燃油为液态的最低温度)、比重或密度(标准定义)、烟点(火焰尺寸的一种描述)、热稳定性(对颗粒形成的敏感性，这些颗粒会阻塞系统部件)、含硫量(燃油中纯硫含量，燃烧时会引发毒性)、蒸汽压(在给定温度下组分汽化的分压力，标准温度是 100°F)、黏性(通常采用运动黏度)、水反应等级(燃油中水的混合能力)和水分离性(不需要的水可从燃油中分离的难易度)等。

另外还会监测一些其他特性，包括微生物生长特性(储存的油料中细菌、真菌或其他微生物的数量与生长，这种污染随着时间推移而变严重）、导电性（标准定义——当燃油通大电流时存在的潜在危险）和热扩张系数（标准定义——影响油罐的大小和压力）。另外有时候还会使用一些添加剂，包括但不受限于抗氧化剂、防冻材料、泄漏探测剂（为便于查询系统燃油泄漏提供踪迹）、防蚀剂、润滑改进剂和杀虫剂。更多燃油特性细节可查阅 Bacha 等（2000）和 Boyce 的著作。

9.8　小　　结

本章主要阐述了主燃烧室和加力燃烧室中的化学、热力学和气动特性。主燃烧室的作用是给推进系统增加热能，提高工质的总温；其中一部分热能被涡轮利用，剩下的则在喷管中转化为气流的高动能。加力燃烧室的作用则是将增加的热能全部转化为流体的动能。首先我们介绍了燃烧室的几何结构并总结了一些燃烧室设计时的重要设计注意事项。主燃烧室的设计比加力燃烧室复杂得多。主燃烧室有三种类型：管形燃烧室、环形燃烧室和环管形燃烧室。相比加力燃烧室，主燃烧室有更高的燃油效率和更小的总压比。燃烧室内的燃烧区域是低速富油区。为了保证高的燃烧效率，需要对燃油进行充分混合；另外，伴随高湍流度而来的总压损失是我们所不期望的。因此，在燃烧室设计过程中，需要在这两个矛盾的设计概念中进行平衡和折中。加力燃烧室的出口温度比主燃烧室高很多，这一温度受喷管材料限制。可燃性和火焰速度对燃烧室内的稳定性至关重要。一般来说，燃烧室的设计并不像压气机或涡轮那样直接。之后，我们讨论了点火过程和不同发动机的起动方法，因为在燃烧室点火之前，必须先使传动轴转动起来。另外我们还提及了燃烧室内的化学过程，讨论了化学计量情况（产物中不含氧气和燃油）和其他条件下的化学方程式的平衡。之后我们讨论了绝热火焰温度的热力学，并利用此方法推导了热值。我们还比较了这种方法与简单热值方法之间的区别，结果表明，随着油气混合比越来越小，热值方法的可信度越来越高。喷气推进燃油的化学计量油气比一般为 0.06~0.07，但如果在实际发动机中采用这一比值，工作温度会太高。但是为了燃烧稳定性，在燃烧室内局部区域的工作条件接近化学计量条件。再之后，我们分析了燃烧室中的总压损失，以及引起总压损失的原因包括加热、摩擦和流动阻力（火焰稳定器）。我们还回顾了一维瑞利线流和法诺流过程并利用这些方法预测压力损失。利用广义一维流动方法，还可以对包含加热和流阻的摩擦气流进行更精确的预测。一般来说，最大的损失来自加热，还有很小一部分损失是由流动阻力引起的。另外我们还给出了基于量纲化分析和经验的燃烧室性能曲线和趋势图。最后，我们讨论了不同类型的燃油和其重要属性。

本章符号表

A	面积	f	油气比
c_p	比定压热容	f	法诺摩擦系数
C_d	阻力系数	h	比焓
D	直径	Δh_f^o	标准生成焓
F	力	ΔH	生产热

L	长度	V	速度
$\dot{m}$	质量流量	$\mathcal{V}$	燃烧体积
M	马赫数	$\dot{W}$	功率
$\mathcal{M}$	相对分子质量	γ	比热容比
N	摩尔数	δ	压力与标准气压比
p	压力	η	效率
$\dot{Q}$	热流量	θ	温度与标准气温比
R	理想气体常数	π	总压比
s	熵	ρ	密度
T	温度		

本章脚标表

air	空气	stp	标准条件
c	换算	t	总(滞止)
d	阻力	T	温度 T 时
f	燃油	1,2	过程分析的截面
i	计数器	3	燃烧室进口
i	第 i 种组分		

本章上角标表

*	壅塞

习　题

9.1　将化学计量条件下的正壬烷和 300%空气的化学方程进行配平。

9.2　如果进口燃油总温是 900°R，进口空气总温是 1350°R，求液态正癸烷与 250%空气燃烧时的绝热火焰温度。油气比是多少？

9.3　气流进入燃烧室时总温是 1300°R，比热容比是 1.3，总压是 200psi。如果出口总温是 2500°R，求燃烧室总压比随进口马赫数的关系，并将结果绘制成曲线。

9.4　气流进入燃烧室时总温是 1300°R，比热容比是 1.3，总压是 200psi。如果摩擦系数是 0.035，燃烧室长 13in，燃烧管直径是 4in，求燃烧室总压比随进口马赫数的关系，并将结果绘制成曲线。

9.5　气流进入燃烧室时总温是 1300°R，比热容比是 1.3，总压是 200psi。如果摩擦系数是 0.035，燃烧室长 13in，燃烧管直径是 4in，且出口总温是 2500°R，求燃烧室总压比与进口马赫数之间的关系，并将结果绘制成曲线。

9.6　气流进入一个含火焰稳定器的加力燃烧室时总温是 1600°R，比热容比是 1.3，总压是 60psi。火焰稳定器的阻力系数是 0.45，且火焰稳定器与加力燃烧室总面积之比为 0.15。求燃烧室总压比随进口马赫数的函数，并将结果绘制成曲线。

9.7　气流进入一个含火焰稳定器的加力燃烧室时总温是 1300°R，比热容比是 1.3，总压是 200 psi。

摩擦系数是 0.035，燃烧室长 13in，燃烧管直径是 4in。火焰稳定器的阻力系数是 0.55，火焰稳定器与加力燃烧室总面积之比为 0.12 且出口总温是 2500°R。求燃烧室总压比随进口马赫数的函数，并将结果绘制成曲线。

9.8　液态正癸烷的绝热火焰温度是 2750°R。燃油进口总温是 900°R 且空气进口总温是 1350°R。油气比等于多少？

9.9　气流进入燃烧室时的总温是 1230°R，比热容比是 1.35，总压是 200psi。如果进口马赫数是 0.38，求燃烧室的总压比随出口总温的变化关系并将结果绘制成曲线。

9.10　气流进入燃烧室时的总温是 1230°R，比热容比是 1.35，总压是 200psi。如果燃烧室长是 15in，燃烧管直径 5in，进口马赫数是 0.38，求燃烧室的总压比随出口总温的变化关系并将结果绘制成曲线。

9.11　气流进入一个含火焰稳定器的燃烧室时总温是 1230°R，比热容比是 1.35，总压是 200 psi。如果摩擦系数是 0.030，燃烧室长是 15in，燃烧管直径是 5in 且火焰稳定器的阻力系数是 0.50，火焰稳定器与加力燃烧室总面积之比为 0.13，进口马赫数是 0.38，求燃烧室的总压比随出口总温的变化关系并将结果绘制成曲线。

9.12　将化学计量条件下的正辛烷和 350%空气的化学方程进行配平。

9.13　如果进口燃油总温是 1020°R，进口空气总温是 1150°R，求液态正癸烷和 350%空气的绝热火焰温度。油气比是多少？

9.14　气流进入一个含火焰稳定器的加力燃烧室时总温是 1670°R，比热容比是 1.36，总压是 73psi。火焰稳定器的阻力系数是 0.53，火焰稳定器与加力燃烧室总面积之比为 0.18 且出口总温是 3450°R。求燃烧室总压比随进口马赫数的函数，并将结果绘制成曲线。

9.15　如果进口燃油总温是 935°R，进口气流总温是 1040°R，求液态正辛烷和 300%空气的绝热火焰温度。油气比是多少？

9.16　利用生成焓求 298K 时液态正辛烷的热值。

9.17　给定 950°R 的煤油（正癸烷）与 1400°R 的气流燃烧。

(1)当空气分别是 100%、200%、350%和 1000%时，产物的温度是多少？

(2)准确绘制产物温度（T_{prod}）随空气百分数（%空气）的曲线。

(3)这些条件下的油气比 f 等于多少？

(4)绘制产物温度（T_{prod}）随 f 的曲线。

9.18　一个燃烧室的进口马赫数是 M_3，进口总压是 275psi，进口气流总温是 1400°R，进口面积是 0.30ft²，出口总温是 T_{t4}。假设 $\gamma = 1.30$。如下条件时燃烧室的总压比（π_b）等于多少？

(1) $T_{t4} = 2490$°R，$M_3 = 0.1, 0.22, 0.42$ 时，绘制 π_b 随 M_3 的变化曲线。绘制 π_b 随 $\dot{m}$ 的变化曲线。

(2) $M_3 = 0.42$，$T_{t4} = 1400, 2060, 2490$°R 时，绘制 π_b 随 T_{t4} 的变化曲线。如果燃料是煤油，绘制 π_b 随 f 的变化曲线(参见题 9.17 求解 f 如何随 T_{t4} 变化)。

9.19　一个燃烧室的进口马赫数是 0.35，进口总压是 250psi，进口总温是 1100°R。出口总温是 2300°R。燃烧室长 18in，直径为 3.5in，摩擦系数是 0.037。求燃烧室总压比。假设比热容比为 1.30 且摩擦和热量增加可以分开考虑。

9.20　给定 1100°R 的煤油（正癸烷）与 1200°R 的气流燃烧。

(1)当空气分别是 100%、200%和 400%时，产物的温度是多少？

(2)准确绘制产物温度（T_{prod}）随空气百分数（%空气）的曲线。

(3)这些条件下的油气比 f 等于多少？

(4) 绘制产物温度(T_{prod})随 f 的曲线。

9.21 一个燃烧室的进口马赫数是 M_3，进口总压是 250psi，进口气流总温是 1200°R，进口面积是 0.40ft²，出口总温是 T_{t4}。假设 $\gamma = 1.32$。确定如下给定条件时的特性曲线；也就是说，如下条件下燃烧室的总压比(π_b)等于多少？

(1) $T_{t4} = 2500$°R，$M_3 = 0.1, 0.25, 0.37$ 时，绘制 π_b 随 M_3 的变化曲线。绘制 π_b 随 $\dot{m}$ (lbm/s) 的变化曲线。

(2) $M_3 = 0.37$，$T_{t4} = 1200, 2000, 2500$°R 时，绘制 π_b 随 T_{t4} 的变化曲线。如果燃料是煤油，绘制 π_b 随 f 的变化曲线(参见题 9.20 求解 f 如何随 T_{t4} 变化)。

9.22 一个燃烧室的进口马赫数是 0.25，进口总压是 250psi，进口总温是 1100°R。出口总温是 2300°R。燃烧室长 18in，直径为 3.5in，摩擦系数是 0.037。求燃烧室总压比。假设比热容比为 1.30 且摩擦和热量增加可以分开考虑。

9.23 给定 1000°R 的煤油(正癸烷)与 1250°R 的气流燃烧。

(1) 当空气分别是 100%、200%、400% 和 800% 时，产物的温度是多少？

(2) 准确绘制产物温度(T_{prod})随空气百分数(%空气)的曲线。

(3) 这些条件下的油气比 f 等于多少？

(4) 绘制产物温度(T_{prod})随 f 的曲线。

9.24 一个燃烧室的进口马赫数是 M_3，进口总压是 260psi，进口气流总温是 1250°R，进口面积是 0.42ft²，出口总温是 T_{t4}。假设 $\gamma = 1.31$。确定如下给定条件时的特性曲线；也就是说，如下条件下燃烧室的总压比(π_b)等于多少？

(1) $T_{t4} = 2700$°R，$M_3 = 0.1, 0.25, 0.35$ 时，绘制 π_b 随 M_3 的变化曲线。绘制 π_b 随 $\dot{m}$ 的变化曲线。

(2) $M_3 = 0.35$，$T_{t4} = 1700, 2200, 2700$°R 时，绘制 π_b 随 T_{t4} 的变化曲线。如果燃料是煤油，绘制 π_b 随 f 的变化曲线(参见题 9.23 求解 f 如何随 T_{t4} 变化)。

9.25 给定 1100°R 的正癸烷与 1200°R 的气流燃烧。当空气为 300% 时，产物的温度是多少？为了简化，可以假设比热容比不是温度的函数且 CO、CO_2、H_2、H_2O、N_2、O_2 和 $C_{10}H_{22}$ 的比热容分别是 33.19、54.37、30.20、41.26、32.70、34.88 和 296.0kJ/(kg·mol·K)。

9.26 给定 611K(1100°R) 的正癸烷与 667K(1200°R) 的气流燃烧。当空气为百分比为多少时出口总温等于 1465K(2637°R)？为了简化，可以假设比热容比不是温度的函数且 CO、CO_2、H_2、H_2O、N_2、O_2 和 $C_{10}H_{22}$ 的比热容分别是 33.19、54.37、30.20、41.26、32.70、34.88 和 296.0kJ/(kg·mol·K)。

9.27 给定 667K(1200°R) 的正癸烷与 556K(1000°R) 的气流燃烧。当空气为百分比为多少时出口温度等于 1502K(2704°R)？为了简化，可以假设比热容比不是温度的函数且 CO、CO_2、H_2、H_2O、N_2、O_2 和 $C_{10}H_{22}$ 的比热容分别是 33.4、57.7、30.3、41.1、32.9、35.2 和 296.0kJ/(kg·mol·K)。

9.28 给定 444K(800°R) 的正癸烷与 556K(1000°R) 的气流燃烧。当空气百分比为多少时出口温度等于 1358K(2444°R)？为了简化，可以假设比热容比不是温度的函数且 CO_2、H_2O、N_2、O_2 和 $C_{10}H_{22}$ 的比热容分别是 57.7、40.4、32.5、34.6 和 296.0kJ/(kg·mol·K)。

9.29 气流进入燃烧室时总压是 200psi，总温是 1250°R，马赫数是 0.25。气流被加热到 2760°R。如果摩擦可忽略不计，求燃烧室出口温度和出口马赫数。假设比热容比等于 1.350。

第10章 涵道和混合室

10.1 引 言

影响涡扇发动机总体性能的部件还有两个——外涵道和混合室，如图10.1所示。相较于发动机中的其他部件，它们相对简单，但这两个部件都会产生总压损失，因此需要对其进行分析。由于外涵道的流道宽高比较大，在流道中会出现明显的压力损失。同样，由于我们期望进入加力燃烧室或喷管的气流具有均匀的温度，使这些部件在最高效率附近工作。而将两股不同温度的气流混合是一个高度不可逆过程，而在混合室中还存在径向与周向(环向)的三维叶片。因此，将外涵道的低温气流与涡轮出口的高温气流充分混合会进一步引起大量的损失。鉴于涡轮出口的气流温度较高，混合室通常由镍基合金制成。本章中我们分析这两种部件中的总压损失。

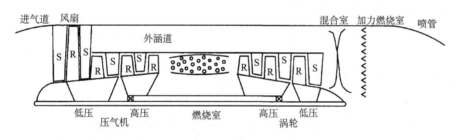

图10.1 含外涵道和混合室的涡扇发动机

10.2 总 压 损 失

在外涵道和混合室中存在三种压力与总压损失机制。第一种是流道中的摩擦损失，这主要是由边界层中的黏滞效应所致。第二种是混合室中两种不同属性气流的不可逆混合过程。第三种是混合室中用于改善混合效果的部件引起的阻力障碍损失，这种损失与火焰稳定器中的损失相似。本节我们分别分析这三种损失，附录H中给出了可同时分析多种损失的数值方法(广义一维不可压缩气流)。

10.2.1 法诺流

我们首先分析由摩擦引起的损失。这种摩擦通常是由边界层与流道管壁之间的摩擦和自由流湍流（导致黏性耗散）引起的。对这种流动可利用法诺流进行分析，这种流动仅包含摩擦，不考虑加热。该过程是一个等面积的不可逆过程。我们采用附录 H 中的控制体方法进行分析。在分析过程中包含 11 个方程，而其中有 17 个变量，因此必须指定其中 6 个。例如，当进口条件 M_1、T_1 和 p_1，以及流道的相关信息 L、D 和 f 都已知，我们就可以求出 p_{t2}，进而得到总压降或总压比。另外还可以利用本书附带的软件"FANNO"直接求解。

例 10.1　入口马赫数为 0.50、总压为 25psi 的气流进入发动机外涵道，涵道长 110in，平均外部直径为 19in，平均内部直径 13in，形成的液力直径为 6in，涵道的法诺摩擦系数为 0.003，当比热容比为 1.40 时，求总压比。

解　查表得当马赫数为 0.50 时，无量纲化的长-径比和压比参数为

$$\left.\frac{4fL^*}{D}\right]_1 = 1.0691, \quad \frac{p_{t1}}{p_t^*} = 1.3398$$

于是可求得声速条件下的总压，并将其作为一个参考条件（实际可能并不会出现）：

$$p_t^* = 25/1.3398 = 18.659 \text{psi}$$

接着，由涵道的几何参数可求得

$$\left.\frac{4fL}{D}\right]_{1-2} = \frac{4 \times 0.003 \times 110}{6} = 0.2200$$

于是得到出口处对应的长-径比参数为

$$\left.\frac{4fL^*}{D}\right]_2 = \left.\frac{4fL^*}{D}\right]_1 - \left.\frac{4fL}{D}\right]_{1-2} = 1.0691 - 0.2200 = 0.8491$$

查表或根据方程可求得出口马赫数为

$$M_2 = 0.5301$$

因此，由于摩擦导致马赫数增加约 6%。再查表可得，在该马赫数下有

$$p_{t2}/p_t^* = 1.2863$$

于是可求得出口总压为

$$p_{t2} = 1.2863 \times 18.659 = 24.00 \text{psi}$$

涵道的总压比为

$$\pi = p_{t2}/p_{t1} = 24.00/25 = 0.960 \qquad\qquad 题毕。$$

这是很明显的损失，需要进一步通过降低（如果可能）摩擦系数或马赫数以减少总压损失。

10.2.2 混合过程

第二类导致总压损失的过程是不可逆混合过程。在这种情况下，两股静温和总温、马赫数、流量、速度、总压等不同的气流（一股来自外涵道，另一股来自涡轮出口）不可逆地

混合成一股均匀（期望结果）气流。注意尽管实际情况下混合过程是存在摩擦的（见 10.2.3 节），但是此处我们假设是理想无摩擦混合。因此，实际上在混合室中存在两种导致总压损失的机制。这一过程在附录 H 中也有详细分析。由分析可得到 27 个变量和 19 个方程。因此，如果能知道其中 8 个变量，即可求出剩余的 19 个变量。例如，若进口条件 $\dot{m}_1$、$\dot{m}_2$、T_{t1}、T_{t2}、p_{t1}、p_{t2}、M_1 和 M_2 已知，就可求出包括总压在内的出口条件。另外还可以利用本书附带的软件"GENERAL1D"直接求解。

例 10.2　两股不同总温的气流混合。来自风扇外涵道的气流总温（T_{t1}）为 800°R（444.4K），而来自涡轮出口的气流总温（T_{t2}）为 1600°R（888.9K）。外涵气流流量（$\dot{m}_1$）为 100lbm/s（45.35kg/s），主通道气流流量（$\dot{m}_2$）为 200lbm/s（90.70kg/s）。两股气流的马赫数均为 0.5546，且总压均为 23.29psi（160.6kPa）。设比热容比为 1.400，求最终完全混合后的气流条件。

解　首先从式（H.10.13）和式（H.10.14），可求得静温为

$$T_1 = \frac{T_{t1}}{\left(1+\dfrac{\gamma-1}{2}M_1^2\right)} = \frac{444.4}{\left(1+\dfrac{0.4}{2}0.5546^2\right)} = 418.8\text{K}(753.6°\text{R})$$

$$T_2 = \frac{T_{t2}}{\left(1+\dfrac{\gamma-1}{2}M_2^2\right)} = \frac{888.9}{\left(1+\dfrac{0.4}{2}0.5546^2\right)} = 837.4\text{K}(1507.3°\text{R})$$

再由式（H.10.16）和式（H.10.17）可得静压为

$$p_1 = p_{t1}\left(\frac{1}{\left(1+\dfrac{\gamma-1}{2}M_1^2\right)}\right)^{\frac{\gamma}{\gamma-1}} = 160.6\left(\frac{1}{\left(1+\dfrac{0.4}{2}0.5546^2\right)}\right)^{\frac{1.4}{0.4}} = 130.3(\text{kPa})(18.90\text{psi})$$

$$p_2 = p_{t2}\left(\frac{1}{\left(1+\dfrac{\gamma-1}{2}M_2^2\right)}\right)^{\frac{\gamma}{\gamma-1}} = 160.6\left(\frac{1}{\left(1+\dfrac{0.4}{2}0.5546^2\right)}\right)^{\frac{1.4}{0.4}} = 130.3(\text{kPa})(18.90\text{psi})$$

由上述计算得到的温度可求得声速为

$$a_1 = \sqrt{\gamma R T_1} = \sqrt{1.4\times287.1\frac{\text{J}}{\text{kg}\cdot\text{K}}\times418.7\text{K}\times\frac{\text{N}\cdot\text{m}}{\text{J}}\frac{\text{kg}\cdot\text{m}}{\text{N}\cdot\text{s}^2}} = 410.3(\text{m/s})(1345.7\text{ft/s})$$

$$a_2 = \sqrt{\gamma R T_2} = \sqrt{1.4\times287.1\frac{\text{J}}{\text{kg}\cdot\text{K}}\times837.4\text{K}\times\frac{\text{N}\cdot\text{m}}{\text{J}}\frac{\text{kg}\cdot\text{m}}{\text{N}\cdot\text{s}^2}} = 580.0(\text{m/s})(1903.1\text{ft/s})$$

再由马赫数可得

$$V_1 = M_1 a_1 = 0.5546\times410.3 = 227.5(\text{m/s})(746.31\text{ft/s})$$

$$V_2 = M_2 a_2 = 0.5546\times580.0 = 321.7(\text{m/s})(1055.4\text{ft/s})$$

利用理想气体方程，可求得气体密度为

$$\rho_1 = 0.2229\text{kg/m}^3(0.002104\text{slug/ft}^3)$$

$$\rho_2 = 0.5423\text{kg/m}^3(0.001052\text{slug/ft}^3)$$

因而由式(H.10.2)和式(H.10.3)，可求得进口面积为

$$A_1 = \frac{\dot{m}_1}{\rho_1 V_1} = \frac{45.35\dfrac{\text{kg}}{\text{s}}}{1.085\dfrac{\text{kg}}{\text{m}^3} \times 227.5\dfrac{\text{m}}{\text{s}}} = 0.1839(\text{m}^2)(1.9797\text{ft}^2)$$

$$A_2 = \frac{\dot{m}_2}{\rho_2 V_2} = \frac{90.70\dfrac{\text{kg}}{\text{s}}}{0.5423\dfrac{\text{kg}}{\text{m}^3} \times 321.7\dfrac{\text{m}}{\text{s}}} = 0.5201(\text{m}^2)(5.5993\text{ft}^2)$$

再根据方程(H.10.1)可得出口面积为

$$A_3 = A_1 + A_2 = 0.1839 + 0.5201 = 0.7040(\text{m}^2)(7.5790\text{ft}^2)$$

由式(H.10.4)和式(H.10.5)，可求得出口总质量流量为

$$\dot{m}_3 = \dot{m}_1 + \dot{m}_2 = 45.35 + 90.70 = 136.1(\text{kg/s})(300\text{lbm/s})$$

从方程(H.10.9)可求得出口总温(假定比热容比不变)为

$$T_{t3} = \frac{\dot{m}_1 c_p T_{t1} + \dot{m}_2 c_p T_{t2}}{\dot{m}_3 c_p} = \frac{45.35 \times 444.4 + 90.70 \times 888.9}{136.1} = 740.7(\text{K})(1333.3°\text{R})$$

接着，利用式(H.10.25)可得

$$\left(p_1 + \rho_1 V_1^2\right)A_1 + \left(p_2 + \rho_2 V_2^2\right)A_2 = \dot{m}_3\left(\frac{RT_3}{\sqrt{2c_p\left(T_{t3} - T_3\right)}} + \sqrt{2c_p\left(T_{t3} - T_3\right)}\right)$$

$$\left(130.3\text{kPa} \times 1000\frac{\text{N/m}^2}{\text{kPa}} + 1.085\frac{\text{kg}}{\text{m}^3} \times 227.5^2\frac{\text{m}^2}{\text{s}^2} \times \frac{\text{N}}{\frac{\text{kg·m}}{\text{s}^2}}\right) \times 0.1839\text{m}^2$$

$$+ \left(130.3\text{kPa} \times 1000\frac{\text{N/m}^2}{\text{kPa}} + 0.5423\frac{\text{kg}}{\text{m}^3} \times 321.7^2\frac{\text{m}^2}{\text{s}^2} \times \frac{\text{N}}{\frac{\text{kg·m}}{\text{s}^2}}\right) \times 0.5201\text{m}^2$$

$$= 136.1\frac{\text{kg}}{\text{s}} \times \left(\frac{287.1\frac{\text{J}}{\text{kg·K}} \times T_3(\text{K})}{\sqrt{2 \times 1.005\frac{\text{kJ}}{\text{kg·K}} \times (740.7\text{K} - T_3(\text{K})) \times 1000\frac{\text{J}}{\text{kJ}} \times \frac{\text{N·m}}{\text{J}} \times \frac{\text{kg·m}}{\text{N·s}^2}}}\right.$$

$$\left. + \sqrt{2 \times 1.005\frac{\text{kJ}}{\text{kg·K}} \times (740.7\text{K} - T_3(\text{K})) \times 1000\frac{\text{J}}{\text{kJ}} \times \frac{\text{N·m}}{\text{J}} \times \frac{\text{kg·m}}{\text{N·s}^2}}\right)$$

代入已知数值，可求得出口静温为

$$T_3 = 695.7\text{K}(1252.2°\text{R})$$

再由方程(H.10.24)可得出口速度为

$$V_3 = \sqrt{2c_p\left(T_{t3} - T_3\right)}$$

$$= \sqrt{2 \times 1.005 \frac{\text{kJ}}{\text{kg} \cdot \text{K}} \times (740.7\text{K} - 695.7\text{K}) \times 1000 \frac{\text{J}}{\text{kJ}} \times \frac{\text{N} \cdot \text{m}}{\text{J}} \times \frac{\text{kg} \cdot \text{m}}{\text{N} \cdot \text{s}^2}}$$

$$= 300.9(\text{m/s})(987.26\text{ft/s})$$

由方程(H.10.4)求得出口密度为

$$\rho_3 = \frac{\dot{m}_3}{V_3 A_3} = \frac{136.1 \dfrac{\text{kg}}{\text{s}}}{300.9 \dfrac{\text{m}}{\text{s}} \times 0.7040\text{m}^2} = 0.6515(\text{kg/m}^3)(0.001246\text{slug/ft}^3)$$

根据方程(H.10.21)，可求得出口马赫数为

$$M_3 = \frac{V_3}{\sqrt{\gamma R T}} = \frac{300.9 \dfrac{\text{m}}{\text{s}}}{\sqrt{1.4 \times 287.1 \dfrac{\text{J}}{\text{kg} \cdot \text{K}} \times 695.7\text{K} \times \dfrac{\text{N} \cdot \text{m}}{\text{J}} \times \dfrac{\text{kg} \cdot \text{m}}{\text{N} \cdot \text{s}^2}}} = 0.5692$$

对已知静温和密度的理想气体(方程(H.10.12))，其出口静压为

$$p_3 = 128.3\text{kPa}(18.60\text{psi})$$

最后，由方程(H.10.18)可得出口的总压为

$$p_{t3} = p_3 \left(\frac{T_{t3}}{T_3}\right)^{\frac{\gamma}{\gamma - 1}} = 128.3\left(\frac{740.7}{695.7}\right)^{\frac{1.4}{0.4}} = 159.8(\text{kPa})(23.171\text{psi})$$

因而得到由于不可逆混合导致的总压损失为

$$\frac{p_{t3}}{p_{t1}} = \left(\frac{159.8}{160.6}\right) = 0.9949 \qquad\qquad 题毕。$$

可以看出，由混合过程导致的总压损失不到 1%。

10.2.3 含阻力物体的气流

流场中存在障碍物时也会出现总压损失,这是因为在障碍物附近会出现边界层的摩擦,以及引起黏性耗散的附加的尾迹湍流、边界层分离和流体剪切。混合室中为了促进两股气流的折叠与混合，通常包含这一类障碍物。因此，需要一种能分析这种损失的方法作为纯混合过程的补充。此处我们假设进出口气流都是均匀的，并利用控制体方法进行分析，具体推导过程详见附录 H。最终我们得到包含 16 个变量的 11 个独立方程。因此，指定其中五个就可求解此问题。典型情况下，若已知混合室进口条件 M_1、p_{t1} 和 T_{t1} 以及混合室几何参数 A_d/A 和 C_d，就可求出包括总压损失在内的出口条件。另外还可以利用本书附带的软件 "GENERAL1D" 直接求解。

例 10.3 例 10.2 中混合之后的气流进入一个混合促进器中。气流进口马赫数为 0.5692，进口总压为 23.171psi，总温为 1333.33°R。混合器阻力系数为 0.4，且占据总流道的 8%。求当比热容比为 1.40 时的总压比。

解 首先根据已知的进口马赫数和滞止条件，可求得静温、静压为

$$T_1 = 1252.2°\text{R}$$

$$p_1 = 18.600\text{psi}$$

温度 T_1 时的声速为

$$a_1 = 1734.57\text{ft/s}$$

再由马赫数得到进口速度为

$$v_1 = 987.32\text{ft/s}$$

利用理想气体方程，结合 T_1 和 p_1，求得进口气流密度为

$$\rho_1 = 0.001246\text{slug/ft}^3$$

因此，由方程(H.9.8)有

$$p_1 + \rho_1 V_1^2 - \frac{1}{2}C_d \rho_1 V_1^2 \frac{A_d}{A} = \rho_1 V_1 \left(\frac{RT_2}{\sqrt{2c_p(T_{t1} - T_2)}} + \sqrt{2c_p(T_{t1} - T_2)} \right)$$

$$= 18.600 \times 144 + 0.001246 \times 987.32^2 - \frac{1}{2} \times 0.4 \times 0.001246 \times 987.32^2 \times 0.08$$

$$= 0.001246 \times 987.32 \times \left(\frac{53.35 \times 32.17 \times T_2}{\sqrt{2 \times 0.2400 \times 32.17 \times 778.16 \times (1333.3 - T_2)}} \right)$$

$$+ \sqrt{2 \times 0.2400 \times 32.17 \times 778.16 \times (1333.3 - T_2)}$$

迭代求解出口静温可求得

$$T_2 = 1250.4°\text{R}$$

因此，由方程(H.9.7)得到出口速度为

$$V_2 = \sqrt{2c_p(T_{t1} - T_2)}$$

$$= \sqrt{2 \times 0.2400 \frac{\text{Btu}}{\text{lbm} \cdot °\text{R}} \times 778.16 \frac{\text{ft} \cdot \text{lbf}}{\text{Btu}} \times 32.17 \frac{\text{lbm}}{\text{slug}}}$$

$$\times \sqrt{(1333.3°\text{R} - 1250.4°\text{R}) \frac{\text{slug} \cdot \text{ft}}{\text{lbf} \cdot \text{s}^2}}$$

$$= 998.1\text{ft/s}$$

出口声速为

$$a_2 = 1733.3\text{ft/s}$$

因此，出口马赫数为

$$M_2 = 0.5758$$

且出口气流密度为

$$\rho_2 = \rho_1 V_1 / V_2 = 0.001246 \times 987.32 / 988.10 = 0.001233(\text{slug/ft}^3)$$

由理想气体方程可得出口压力为

$$p_2 = 18.3727\text{psi}$$

最后，根据 M_2 和 p_2，得出口总压为

$$p_{t2} = 23.002\text{psi}$$

且由混合促进器中摩擦引起的总压比为

$$\pi = p_{t2}/p_{t1} = 23.002/23.171 = 0.9927$$

可以看出，由阻力障碍导致的总压损失很小，且与例 10.2 中混合过程引起的损失是同一数量级。因此，结合例 10.2 的总压比，将两者相乘可得到混合室中的合总压比为

$$\pi = 0.9949 \times 0.9927 = 0.9876$$　　　　　　　　　　　　题毕。

由这两种因素导致的总压损失低于 2%。

10.3　小　　结

本章我们分析了涡扇发动机外涵道和混合室中的总压损失。外涵气流沿外涵道进入混合室。混合室将外涵气流与核心机气流进行混合，使其以基本均匀的状态进入加力燃烧室或喷管。尽管这两个部件很简单，但是它们都会导致总压损失。涵道中的气流采用摩擦流（法诺流）来建模并进行分析；其中的总压损失源自于管壁的摩擦和湍流剪切。而混合室中的损失则分别采用不可逆混合过程与阻力障碍模型来分析。外涵道中的总压损失并不是很大。其他的损失则是由混合过程以及改进混合效果的阻力障碍物引起的。通过采用光滑的壁面，减小摩擦系数可以降低摩擦损失。在减小混合过程中的损失时，我们必须要进行权衡和折中，因为要获得最佳的混合效果，必定有一定的总压损失。但是，如果混合效果不好，进入加力燃烧室和喷管的气流就不均匀，进而会使它们不能贴近最佳效率工作状态。

本章符号表

A	面积	M	马赫数
c_p	比定压热容	p	压力
C_d	阻力系数	R	理想气体常数
D	直径	s	熵
F	力	T	温度
f	法诺摩擦系数	V	速度
h	比焓	γ	比热容比
L	长度	π	总压比
$\dot{m}$	质量流率	ρ	密度

本章脚标表

d	阻力	1,2,3	过程分析截面
t	总（滞止）		

本章上角标表

*	壅塞

习　题

10.1　分析一个混合室。来自外涵道的气流质量流量是 200lbm/s，马赫数是 0.45；而核心机质量流量是 75lbm/s 且马赫数是 0.75。外涵气流和核心机气流的总温分别是 900°R 和 1500°R。两股气流的静压都是 15psi。只考虑混合过程时，求混合过程的出口条件。也就是说，求出口总温、静压、总压和马赫数。假设 $\gamma = 1.40$。

10.2　分析一个混合室。来自外涵道的气流质量流量是 200lbm/s，马赫数是 0.45；而核心机质量流量是 75lbm/s 且马赫数是 0.75。外涵气流和核心机气流的总温分别是 900°R 和 1500°R。两股气流的静压都是 15psi。在混合室中采用了一个结构促进这两股气流的混合，该结构的阻力系数是 0.60，且其前端面积是总流道面积的 7%。求含阻力物体的混合过程的出口条件。也就是说，求出口总温、静压、总压和马赫数。假设 $\gamma = 1.40$。

10.3　分析外涵道中的气流。气流进入涵道时马赫数是 0.4，总温是 900°R，总压是 20psi。涵道长 4.5ft，平均有效直径是 0.35ft。法诺摩擦系数是 0.035。求出口条件，包括马赫数和总压。假设 $\gamma = 1.40$。

10.4　分析一个混合室。来自外涵道的气流质量流量是 60lbm/s，马赫数是 0.55；而核心机质量流量是 120lbm/s 且马赫数是 0.85。外涵气流和核心机气流的总温分别是 1000°R 和 1700°R。两股气流的静压都是 20psi。混合室有阻力系数，且混合室占总流道面积的 6%。只考虑混合过程时求如下两种情况出口条件。也就是说，求出口总温、静压、总压和马赫数。假设 $\gamma = 1.40$。①阻力系数为 0.0；②阻力系数等于 0.60。

10.5　分析一个混合室。来自外涵道的气流质量流量是 100lbm/s，马赫数是 0.60；而核心机质量流量是 100lbm/s 且马赫数是 0.80。外涵气流和核心机气流的总温分别是 900°R 和 1800°R。两股气流的静压都是 24psi。混合室有阻力系数，且混合室占总流道面积的 8%。只考虑混合过程时求如下两种情况出口条件。也就是说，求出口总温、静压、总压和马赫数。假设 $\gamma = 1.38$。①阻力系数为 0.0；②阻力系数等于 0.70。

第三篇
系统匹配与分析

普惠 J57【图片由普惠友情提供】

第 *11* 章 燃气涡轮发动机部件匹配

||||||||||||||||||||||||||||

11.1 引　言

　　第 4~10 章中我们更多地关注燃气涡轮发动机中各部件的单独分析与设计。在第 2 章和第 3 章中，我们将发动机不同部件组合为一个整体，进行了理想循环与非理想循环分析。但是在第 3 章中，在进行整体循环分析之前，我们假设部件效率和一些性能参数都是已知的或已指定的。然而，通过第 4~10 章的分析我们发现，无论采用理论分析还是经验化的特性曲线(或特性图)，在不同条件下，如在不同的气体质量流率和转速条件下，部件效率和其他工作特性变化非常大。

　　为了理解工作条件的改变对发动机总体性能的影响，可以从一些稳态工作点开始分析。但随着燃烧室内燃油流量的改变，涡轮进口温度和压力都会发生变化，进而涡轮转速会发生改变。又由于涡轮与压气机处在同一根传动轴上，转速的改变又会使压气机的进气流量和压比发生变化，从而影响燃烧室进口压力和涡轮进口压力，如此循环往复。最终，发动机会迁移到一个新的稳态工作点上。换句话说，随着发动机飞行条件的改变，不同部件相互作用和影响，最终决定着发动机的总体性能，包括质量流率、转速、压比、推力、输出功率等。所有这些部件之间相互影响的方式以及它们各自的物理特性是如何影响整机稳态工作点的问题被称为部件匹配，这正是本章将要讨论的主题。

　　到目前为止，我们一直将发动机各部件作为彼此独立的个体对待，这么做是不符合实际的，因为它们之间存在强烈的耦合作用。因此，这种相互作用或部件匹配影响着燃气涡轮发动机的总体性能，诚如 El-Masri (1988)、Johnsen 和 Bullock (1965)、Kurzke (1995, 1998)、Mirza-Baig 和 Saravanamuttoo (1991)，以及 Saito 等 (1993) 所论述的那样。要想最大限度地发挥燃气涡轮发动机的整机性能，不仅要求各部件自身以较高的效率运转，而且要求发动机各个部件之间作为一个系统也应该精确匹配。因此，必须严格选取合适的部件，这样才能使各个部件在整机环境下始终处在临近最高效率点的工况下工作。

　　本章的主要目的：首先提出一个在已知各部件特性曲线的情况下，通过部件匹配确定压气机、燃烧室和涡轮(统称为燃气发生器)稳态工作点的方法。然后将燃气发生器与其他部件组合，进而确定发动机整机或动力装置的匹配工作点。为实现这一目标，首先需要根据发动机各个部件的特性曲线或数据开展发动机部件数学建模，这些部件通常包括进气道、压气机、燃烧室、涡轮、喷管、进气扩压器以及排气装置。这些模型可以借助计算机进行分析和计算，从而使得部件匹配过程简单且高效。将发动机各个部件的模型组合起来构成一个完整的整机模型可以快速地完成发动机整机性能的匹配，从而获得不同的燃油流量输入条件下，发动机整机的稳态工作点以及工作线。这样既可对发动机设计点进行稳态性能分析，也可对发动机非设计点进行稳态性能分析。上述分析方法是一种相对简单的方法，它可以将大量而复杂的发动机稳态性能数据浓缩为有限的对应不同工况下的工作点。本章中，我们仅将这种方法用于分析一个简单的不含加力燃烧室的单转子涡喷发动机(图 2.40)和简单的单轴燃气轮机或涡轴发动机(图 2.61)。但一般来说，这种方法适用于之前提及的所有类别的发动机或燃气轮机的稳态性能评估。此外，本章最后我们还将讨论喷气发动机与飞机机身的匹配问题，从而分析不同燃油消耗率下的飞行速度。

11.2 部 件 匹 配

由于燃气涡轮发动机每个部件不能独立工作，首先必须提出一个确定燃气涡轮发动机匹配工作点的一般步骤。这通常包括三种情况。第一种情况是一个单轴的燃气发生器(压气机、燃烧室和涡轮)。第二种情况是 Flack(1990) 曾论述过的一个完整的单轴涡喷发动机(进气道、燃气发生器和喷管)。第三种情况是 Flack(2002) 描述的一个完整的单轴燃气轮机(进气装置、燃气发生器、排气装置和负载)。当我们已知发动机各个部件的性能特性曲线时，可以对发动机的工作条件进行仿真。由于前述章节中我们已经讨论了特性图的大部分基本概念，本章不再详细讨论这些内容，但是会进行必要的复习和总结。Kurzke(1996) 也提出了一种估计特性图的方法。

11.2.1 燃气发生器

1. 压气机

第 6 章的量纲分析表明，压气机的总压比和效率仅是两个变量的函数——换算质量流量和换算转速，而与高度、绝对速度等无关。压气机性能曲线(图 6.14)的一般函数关系，即压比和效率，已在第 6 章中得到，它们是

$$\pi_c = \phi_c(\dot{m}_{c2}, N_{c2}) \tag{11.2.1}$$

$$\eta_c = \psi_c(\dot{m}_{c2}, N_{c2}) \tag{11.2.2}$$

式中，经验函数 ϕ_c 和 ψ_c 既可以进行推导，也可通过对给定压气机进行试验得到，其表述形式可以是图形、表格或公式。对于其他部件亦为如此。回顾一下，压气机换算质量流量和换算转速的定义为

$$\dot{m}_{c2} \equiv \dot{m}_2 \frac{\sqrt{T_{t2}/T_{stp}}}{p_{t2}/p_{stp}} = \dot{m} \frac{\sqrt{T_{t2}/T_{stp}}}{p_{t2}/p_{stp}} \tag{11.2.3}$$

$$N_{c2} \equiv \frac{N}{\sqrt{T_{t2}/T_{stp}}} \tag{11.2.4}$$

脚标 stp 表征标准大气条件($p_{stp} = 14.69 \text{psi}$ 或 101.33kPa 且 $T_{stp} = 518.7°\text{R}$ 或 288.2K)，滞止

条件是指根据压气机进口截面参数评估的，进入压气机的物理质量流率是 $\dot{m}$，N 是传动轴的实际物理转速。对于其他部件，部件换算质量流量和换算转速的定义与此类似。

如第 3 章(方程(3.2.8))和第 6 章的热力学分析，压气机的总压比与总温比之间的关系可由式(11.2.5)给出：

$$\pi_{\mathrm{c}} = \left(1 + \eta_{\mathrm{c}}\left(\tau_{\mathrm{c}} - 1\right)\right)^{\frac{\gamma}{\gamma-1}} \tag{11.2.5}$$

与之前章节一致，对于给定的压气机，比热容根据平均温度来计算，此处不再赘述。

2. 涡轮

类似地，在第 8 章中我们也讨论了涡轮的工作特性(图 8.12)。尽管其特性曲线的形状与压气机明显不同，但是总压比和效率仍是两个参数的函数——涡轮的换算质量流量和换算转速，而同样与高度、绝对转速等无关。一般函数关系式为

$$\pi_{\mathrm{t}} = \phi_{\mathrm{t}}\left(\dot{m}_{\mathrm{c4}}, N_{\mathrm{c4}}\right) \tag{11.2.6}$$

$$\eta_{\mathrm{t}} = \psi_{\mathrm{t}}\left(\dot{m}_{\mathrm{c4}}, N_{\mathrm{c4}}\right) \tag{11.2.7}$$

同样，这两个函数的表达形式可以是图形、表格或公式。由第 3 章(方程(3.2.19))和第 8 章，涡轮总压比与总温比之间的关系式为

$$\pi_{\mathrm{t}} = \left(1 + \frac{\left(\tau_{\mathrm{t}} - 1\right)}{\eta_{\mathrm{t}}}\right)^{\frac{\gamma}{\gamma-1}} \tag{11.2.8}$$

3. 燃烧室

在第 3 章中，我们首先利用热力学第一定律得到的燃烧室内的一个简单能量平衡方程(方程(3.2.24))为

$$f\left(\eta_{\mathrm{b}}\Delta H - c_{\mathrm{p}}T_{\mathrm{t3}}\tau_{\mathrm{b}}\right) = c_{\mathrm{p}}T_{\mathrm{t3}}\left(\tau_{\mathrm{b}} - 1\right) \tag{11.2.9}$$

式中，ΔH 是化学反应的热焓；f 是油气比。需要注意，根据第 9 章中相关内容，式(11.2.9)可用更精确的绝热火焰温度计算式替代。第 9 章中，我们曾描述了典型燃烧室的特性图，并通过图 9.11 和图 9.12 给出了形象的表述。燃烧室的效率和总压损失同时受流动损失和燃烧过程的影响，它们仅是两个变量的函数：

$$\eta_{\mathrm{b}} = \psi_{\mathrm{b}}\left(\dot{m}_{\mathrm{c3}}, \frac{f}{T_{\mathrm{t3}}/T_{\mathrm{stp}}}\right) \tag{11.2.10}$$

$$\pi_{\mathrm{b}} = \phi_{\mathrm{b}}\left(\dot{m}_{\mathrm{c3}}, \frac{f}{T_{\mathrm{t3}}/T_{\mathrm{stp}}}\right) \tag{11.2.11}$$

4. 闭式方程组

为进行匹配，必须要将以上各式中的一些部件参数关联起来。结合涡轮和压气机换算质量流量和换算转速的定义，假设质量流量守恒，忽略所有气体泄漏 $\left(\dot{m}_4 = (1 + f)\dot{m}_2\right)$，就可以将两者的换算质量流量和换算转速进行关联，而且压气机和涡轮在同一个传动轴上

（$N_4 = N_2$），因此有

$$\dot{m}_{c2} = \frac{\dot{m}_{c4}\pi_b\pi_c}{(1+f)\sqrt{\tau_b\tau_c}} \tag{11.2.12}$$

$$N_{c2} = N_{c4}\sqrt{\tau_b\tau_c} \tag{11.2.13}$$

类似地，基于质量流量守恒（$\dot{m}_3 = \dot{m}_2$）可以将燃烧室与压气机的换算质量流量关联：

$$\dot{m}_{c2} = \frac{\dot{m}_{c3}\pi_c}{\sqrt{\tau_c}} \tag{11.2.14}$$

在没有任何其他额外功率提取时，即除了轴承和节流损失（方程(3.2.22)）外，所有的涡轮功率都用来驱动压气机，考虑能量平衡，可得

$$c_{pc}(\tau_b - 1) = \eta_m(1+f)c_{pt}\tau_b\tau_c(1-\tau_t) \tag{11.2.15}$$

式中，轴机械效率描述了传动轴上的损失，是转速的函数：

$$\eta_m = \psi_m(N) \tag{11.2.16}$$

最后，利用压气机总温比 τ_c 的定义，可将燃烧室进口总温与压气机总温比联系起来：

$$T_{t3} = T_{t2}\tau_c \tag{11.2.17}$$

至此，我们得到 17 个方程（式(11.2.1)~式(11.2.17)）和 20 个变量（$\dot{m}$、$\dot{m}_{c2}$、$\dot{m}_{c3}$、$\dot{m}_{c4}$、N、N_{c2}、N_{c4}、π_c、π_b、π_t、τ_c、τ_b、τ_t、η_c、η_b、η_t、η_m、T_{t2}、f 和 T_{t3}）。对于燃气发生器，可以指定其中任意三个参数（通常是 T_{t2}、f 和 N_{c2}），就可以求出其余 15 个变量。在 11.2.5 节，我们将会给出一个具体的求解方法。

11.2.2 喷气式发动机

11.2.1 节中，我们详细说明了一个燃气发生器(压气机、燃烧室和涡轮)部件的主要方程组。本节我们将补充一个喷气式发动机中的进气道和喷管的方程。

1. 进气道

进气道内的气流是绝热的，因而其中的总温可由(方程(2.2.9))[①]式(11.2.18)给出：

$$T_{t2} = T_a\left(1 + \frac{\gamma-1}{2}M_a^2\right) \tag{11.2.18}$$

式中，M_a 是自由来流的马赫数。考虑第 4 章中所讨论的进气道内外的损失，进气道的总压比可表述为马赫数的函数：

$$\pi_d = \phi_d(M_a) \tag{11.2.19}$$

因此，进气道出口总压(在方程(8.2.13)和方程(3.2.1)的基础上)为

$$p_{t2} = p_a\pi_d\left(1 + \frac{\gamma-1}{2}M_a^2\right)^{\frac{\gamma}{\gamma-1}} \tag{11.2.20}$$

---

① 译者注：原文为方程(8.2.9)，根据上下文应为方程(2.2.9)。

2. 尾喷管

在第 5 章中,我们已经得出一般的喷管特性仅是两个参数的函数。喷管特性(图 5.19)表达为

$$\eta_{\mathrm{n}} = \psi_{\mathrm{n}}\left(p_{\mathrm{t5}}/p_{\mathrm{a}}\right) \tag{11.2.21}$$

$$\dot{m}_{\mathrm{c5}} = \phi_{\mathrm{n}}\left(\eta_{\mathrm{n}}, p_{\mathrm{t5}}/p_{\mathrm{a}}\right) \tag{11.2.22}$$

3. 闭式方程组

类似于燃气发生器,需要利用方程组将一些部件特性进行关联。例如,由式(11.2.23)可以将喷管进口总压与进气道出口总压联系起来:

$$p_{\mathrm{t5}} = p_{\mathrm{t2}}\pi_{\mathrm{c}}\pi_{\mathrm{b}}\pi_{\mathrm{t}} \tag{11.2.23}$$

假设质量守恒($\dot{m}_4 = \dot{m}_5$),则喷管和涡轮的换算质量流量满足

$$\dot{m}_{\mathrm{c4}} = \frac{\dot{m}_{\mathrm{c5}}\pi_{\mathrm{t}}}{\sqrt{\tau_{\mathrm{t}}}} \tag{11.2.24}$$

于是,我们得到了另外七个方程和八个新的变量(T_{a}、p_{a}、M_{a}、π_{d}、p_{t2}、η_{n}、$\dot{m}_{\mathrm{c5}}$ 和 p_{t5})。至此,我们总共有 24 个方程和 28 个变量。其中三个变量是飞行条件(T_{a}、p_{a} 和 M_{a})。因此,在任意给定的飞行条件下,我们有 23 个未知变量和 22 个方程。因此,只要指定一个变量(通常为 f),就可以得到剩下的所有参数。例如,对给定的发动机部件(和相应的特性曲线),在特定的飞行条件下,随着油气比的变化,发动机工作时的压比、效率、换算转速、换算质量流量、折合转速、物理流量等都可以确定了。11.2.5 节中我们将讨论一种求解未知参数的方法。

进一步,当求解部件共同工作点的匹配问题解决后,就可以利用第 2 章和第 3 章中讨论的方法求解关键的整机特性,它们分别是发动机推力和燃油消耗率。例如,量纲化推力为(由方程(1.6.10)):

$$F = \dot{m}\left((1+f)u_8 - u_{\mathrm{a}}\right) + A_8\left(p_8 - p_{\mathrm{a}}\right) \tag{11.2.25}$$

最后,我们需要注意,表征部件特性的经验方程是之前的 10 个方程(包括了 ψ_{c}、ϕ_{c}、ψ_{b}、ϕ_{b}、ψ_{t}、ϕ_{t}、ψ_{m}、ϕ_{d}、ψ_{n} 和 ϕ_{n})。要求解部件匹配参数,这 10 个方程必须给出,其表达形式可以是图形、表格或数学表达式。它们也可以通过经验数据或理论分析得出。在 11.2.4 节中,我们给出了用曲线拟合部件特性函数的数学模型。

11.2.3　燃气轮机

11.2.1 节中给出了燃气发生器的数学模型。本节,我们讨论燃气轮机进气装置、排气装置和负载系统的匹配方程。虽然燃气轮机的燃气发生器与喷气发动机本质是一致的,但在部件的工作性质上还是存在微妙的差别。Flack(2002)曾讨论了回热布雷顿循环燃气轮机的部件匹配问题。

1. 进气装置

进气装置中的气流是绝热的，且在远离进气装置的位置，气流速度非常低（$M_a = 0$），因此，进气装置出口气流的总温为

$$T_{t2} = T_a \tag{11.2.26}$$

而且，进气装置总压的摩擦损失与自由来流的进口速度直接相关。因此，进气装置总压恢复系数可表达为

$$\pi_i = \phi_i(\dot{m}_{c1}) \tag{11.2.27}$$

于是，进气装置的出口总压为（建立在 $M_a = 0$ 的基础上，因此 $p_a = p_{ta}$）

$$p_{t2} = p_a \pi_i \tag{11.2.28}$$

2. 排气装置

排气装置中的总压损失主要是由黏滞效应所致，因此总压损失是气流速度的函数。因此，总压比可表达为

$$\pi_e = \phi_e(\dot{m}_{c5}) \tag{11.2.29}$$

排气装置的气流速度非常小（$p_{ta} = p_a = p_e = p_{te}$），因此排气装置的进口总压可由式(11.2.30)得到：

$$p_{t5} = \frac{p_a}{\pi_e} \tag{11.2.30}$$

3. 负载系统

进一步地，当通过传动轴连接外部负载时，如舰船的螺旋桨，此时功率负载与转速直接相关，可由式(11.2.31)表达：

$$P_l = \phi_l(N) \tag{11.2.31}$$

需要注意，此时的负载功率 P_l 是燃气轮机系统实际净可用或输出功率。在发电场合下，机组通常在恒定转速下运转。此时，由于转速 N 是常数，而为了维持转速恒定，需要调整功率负载，功率负载方程可由其他方程替代。还有一种情况，燃气发生器与自由涡轮不在同一传动轴上，这需要另外进行建模。

4. 闭式方程组

类似于喷气式发动机，我们需要用一些方程来关联部件的特性。例如，利用质量守恒（$\dot{m}_1 = \dot{m}_2$），可以将进气装置与压气机的换算质量流量平衡方程表达为

$$\dot{m}_{c1} = \dot{m}_{c2} \pi_i \tag{11.2.32}$$

排气装置进口处的总压也可以与压气机进口总压进行关联 $\left(\pi_c = \dfrac{p_{t3}}{p_{t2}}, \quad \pi_b = \dfrac{p_{t4}}{p_{t3}} \right.$ 和

$\pi_t = \dfrac{p_{t5}}{p_{t4}} \Bigg):$

$$p_{t5} = p_{t2}\pi_c\pi_b\pi_t \tag{11.2.33}$$

再次使用质量守恒 $(\dot{m}_4 = \dot{m}_5)$，可得排气装置和涡轮的换算质量流量平衡方程为

$$\dot{m}_{c4} = \frac{\dot{m}_{c5}\pi_t}{\sqrt{\tau_t}} \tag{11.2.34}$$

对处在同一传动轴上的功率负载，除了轴承和阻尼器上的损失外，所有的涡轮功率都用来驱动压气机和外部负载，由能量平衡分析可得

$$c_{pc}(\tau_c - 1) + \frac{P_l}{\dot{m}T_{t2}} = \eta_m(1+f)c_{pt}\tau_b\tau_c(1-\tau_t) \tag{11.2.35}$$

可以看到，该方程与喷气式发动机中的方程 (11.2.15) 相对应。因此，前面 10 个方程增加了 9 个新的变量 (T_a、p_a、p_{t2}、p_{t5}、π_i、π_e、$\dot{m}_{c1}$、$\dot{m}_{c5}$ 和 P_l)。于是，我们得到 26 个方程和 29 个变量。其中又有 2 个变量是环境条件 (p_a 和 T_a)。因此，在任意给定的环境条件下，我们有 27 个变量和 26 个方程。一旦确定其中的一个变量 (通常是 f)，我们就可以求出剩下的参数。例如，对于确定的部件特性曲线，在给定环境条件下，我们改变油气比，可以确定负载或输出功率、转速、质量流率等燃气轮机的输出参数。我们将在 11.2.5 节中给出求解过程。求解出部件工作点的匹配问题后，我们还可以按照第 1~3 章中讨论的方法求解燃气轮机的整机热力学效率和单位推力燃油消耗率。

表征部件特性曲线的经验函数已经在前面 10 个方程中 (ϕ_c、ψ_c、ϕ_b、ψ_b、ϕ_t、ψ_t、ψ_m、ϕ_i、ϕ_e 和 ϕ_l) 给出。与前面相似，在求解匹配问题之前，必须先给出这 10 个方程，其表达形式可以为图、表或数学方程。而且它们可以由经验数据或理论分析得到。

11.2.4 部件建模

本节我们分析燃气涡轮喷气式发动机或燃气轮机九类部件的数学模型：压气机、燃烧室、涡轮、传动轴、进气道、尾喷管、进气装置、排气装置和轴负载。本节我们会讨论每种部件的数学模型，通过合理选择曲线拟合参数来拟合数据，其中部分内容可参见 Flack(1990)。这些推导的函数关系一般能与试验数据和趋势相吻合，但并不能准确地与所有试验数据一致。其推导过程建立在已知特性的物理依赖关系、已知特性参数与最优值的偏差以及简单的曲线拟合的基础上。特别需要注意的是，对一般的匹配求解方法来说，不必为每种部件都建立数学模型。建立模型的目的是便于使用商用数学求解器来进行仿真运算。

1. 压气机

在通用压气机特性曲线上，一条换算转速线的压气机模型为

$$\pi_c = 1 + c_1\dot{m}_{c2}\sqrt{\frac{\dfrac{\dot{m}_{c2}}{c_2 N_{c2}} - 1}{c_3 - 1}} \tag{11.2.36}$$

当我们考虑任一特定速度线 (N_{c2}) 时，定义 $\pi_c = 1$ 时的流量为 $\dot{m}_{c2o}$，发生喘振时的流量为 $\dot{m}_{c2s}$。于是可由方程 (11.2.36) 确定三条曲线。首先，质量流量约正比于速度，于是

$$c_2 = \dot{m}_{c2o}/N_{c2} \tag{11.2.37}$$

$$c_3 = \dot{m}_{c2s}/\dot{m}_{c2o} \tag{11.2.38}$$

而且，在一定的范围内，喘振线近乎是一条直线：

$$c_1 = \frac{\pi_{cs} - 1}{\dot{m}_{c2s}} \tag{11.2.39}$$

已知转速和质量流量都变化时，效率会从最大值下降，我们可以将压气机效率建模为

$$\eta_c = \eta_{cd} - c_4 |N_{c2d} - N_{c2}| - \frac{c_5}{N_{c2}}(\dot{m}_{c2d} - \dot{m}_{c2})^2 \tag{11.2.40}$$

在速度线 N_{c2} 上最大的效率点，其换算质量流量为 $\dot{m}_{c2d}$：

$$\dot{m}_{c2d} = c_6 \dot{m}_{c2o} = c_6 c_2 N_{c2} \tag{11.2.41}$$

可以将曲线拟合参数 c_6 与喘振裕度（μ）的关系描述为

$$c_6 = c_3(\mu + 1) \tag{11.2.42}$$

式中，喘振裕度的定义为

$$\mu = \frac{\dot{m}_{c2d}}{\dot{m}_{c2s}} - 1 \tag{11.2.43}$$

特性曲线上的最大效率为 η_{cd}，出现在换算转速 N_{c2d} 处。在选择参数 c_3 和 c_4 时，应以与试验测试数据或预测最吻合为准。

2. 燃烧室

我们知道，随着质量流量或热量的增加，压力下降的幅度快过这两个参数任意一个的增量，由法诺流和瑞利线分析，可以将燃烧室总压比的特性曲线建模为

$$\pi_b = 1 - b_1 \dot{m}_{c3}^2 \left(\frac{f}{T_{t3}/T_{stp}} \right)^2 \tag{11.2.44}$$

且燃烧效率 η_b 可建模为

$$\eta_b = \eta_{bd} - \frac{b_2}{\left(\dfrac{\dot{m}_{c3} f}{T_{t3}/T_{stp}} \right)^2} \tag{11.2.45}$$

燃烧室的最大效率为 η_{bd}，参数 b_1 和 b_2 由试验测试数据或预测分析确定。

3. 涡轮

涡轮特性曲线的模型为

$$\dot{m}_{c4} = \dot{m}_{c4c} \left(2 \left(\frac{\dfrac{1}{\pi_t} - 1}{\dfrac{1}{\pi_{tc}} - 1} \right)^n - \left(\frac{\dfrac{1}{\pi_t} - 1}{\dfrac{1}{\pi_{tc}} - 1} \right)^{2n} \right) \tag{11.2.46}$$

式中，参数 π_{tc} 是气流壅塞时的压比；$\dot{m}_{c4c}$ 是对应极端状态下的换算质量流量。参数 n 由式 (11.2.47) 确定：

$$n = \frac{N_{c4}}{2N_{c4d}} \tag{11.2.47}$$

式中，N_{c4d} 为最大效率时的换算转速。涡轮效率的模型为

$$\eta_t = \eta_{td} \left(1 - k_1 \left(\frac{\dfrac{1}{\pi_t} - \dfrac{1}{\pi_{tc}}}{\dfrac{1}{\pi_{tc}} - 1} \right)^2 - k_2 \left(\frac{\dot{m}_{c4c} N_{c4d} - \dot{m}_{c4} N_{c4}}{\dot{m}_{c4c} N_{c4d}} \right)^2 \right) \tag{11.2.48}$$

式中，η_{td} 是最大效率；参数 k_1 和 k_2 的确定以最佳拟合试验数据或预测为准。

4. 传动轴

试验数据和分析预测都表明，机械传动轴的效率可由如下模型高效地描述：

$$\eta_m = 1 - s_1 N^{s_2} \tag{11.2.49}$$

式中，对于防摩擦或滚珠轴承，s_2 约等于 1，而对于液膜轴承，其数值约为 2；参数 s_1 依赖于具体的支承设计，可从数据或分析中得到。

5. 进气道

在第 4 章中，进气道的总压恢复系数模型 (方程 (4.4.2)) 为

$$\pi_d = \pi_{dd} \left(1 - d \left(M_a - 1 \right)^{1.35} \right) \tag{11.2.50}$$

式中，π_{dd} 为最大压力恢复系数，在亚声速条件下，参数 d 等于 0.0，而在超声速条件下，一般为 0.075。

6. 尾喷管

类似于 5.7.2 节，此处我们讨论四种类型的喷管，并分析每种喷管的工作特性。喷管的一般特性曲线参见图 5.19，而所有类别的喷管，都可建模为

$$\dot{m}_{c5} = \dot{m}_n a_2 M_8 \frac{p_8}{p_{t5}} \sqrt{1 + \frac{\gamma - 1}{2} M_8^2} \tag{11.2.51}$$

式中，$\dot{m}_n$ 是典型的流率。我们知道，随着马赫数的增加，摩擦损失也会增大，与法诺流相似，我们可将喷管效率 η_n 建模为

$$\eta_n = \eta_{nd} - a_1 M_8^2 \tag{11.2.52}$$

式中，η_{nd} 是最大效率；参数 a_1 的选择应与试验数据匹配。出口马赫数 M_8 由式 (11.2.53) 给出：

$$M_8 = \sqrt{\frac{2\left(\dfrac{1}{\eta_n\left(\dfrac{p_8}{p_{t5}}\right)^{\frac{\gamma-1}{\gamma}}+1-\eta_n}\right)}{\gamma-1}} \tag{11.2.53}$$

固定收敛型喷管：这种喷管的特性曲线见图 5.16。对于这类喷管，其出口最大的马赫数为 1。在第 5 章中我们曾讨论过，给定压比 p_{t5}/p_a 下，要分析这种喷管，首先必须判断是否出现气流壅塞。如果喷管壅塞，出口马赫数为 1。否则喷管未壅塞，则 p_8 等于 p_a，马赫数 M_8 可由方程(11.2.53)求得。对于这种几何类型的喷管，有(由方程(5.7.8))

$$\dot{m}_n = \rho_{stp}a_{stp}A_8 \tag{11.2.54}$$

而且，a_2 可由式(11.2.55)(参见方程(5.7.8))给出

$$a_2 = \sqrt{\frac{\gamma}{\gamma_{stp}}\frac{R_{stp}}{R}} \tag{11.2.55}$$

出口面积固定的可调收-扩喷管：这种喷管几何可调，因此出口压力与环境压力相等(喉道面积随工作条件变化而变化)，且出口面积固定。这类喷管可在超声速条件下工作，式(11.2.51)~式(11.2.55)仍适用这种喷管。

喉道面积固定的可调收-扩喷管：图 5.18 为这种喷管的特性图。由于这种喷管有可调几何结构，因此，其出口压力与环境压力相等，且有固定的喉道面积，而出口面积随着工作条件的变化而变化。式(11.2.51)~式(11.2.53)仍适用，但是此时有

$$\dot{m}_n = \rho_{stp}a_{stp}A^* \tag{11.2.56}$$

而且由式(5.7.15)和式(5.7.16)有

$$a_2 = \frac{\sqrt{\dfrac{\gamma+1}{2+(\gamma-1)M_8^2}}\sqrt{\dfrac{\gamma}{\gamma_{stp}}\dfrac{R_{stp}}{R}}}{M_8\left(\dfrac{1}{\eta_n}\left(\dfrac{\eta_n}{\dfrac{2}{\gamma+1}-1+\eta_n}\right)\left(\dfrac{1}{1+\dfrac{\gamma-1}{2}M_8^2}-1+\eta_n\right)\right)^{\frac{\gamma}{\gamma-1}}} \tag{11.2.57}$$

在第 5 章我们已经说过，对于这种喷管，所有条件下 $\dot{m}_{c5}$ 都是不变的。

7. 进气装置(燃气轮机)

燃气轮机进气装置必须要分析的唯一参数是由边界层分离、湍流等引起的总压损失。类似于亚声速进气道(第 4 章以及 11.2.4 节)，基于几何外形可得到压力恢复系数 π_i，且与气流速度或质量流率直接有关。已知其损失类似法诺流，我们可将损失建模为

$$\pi_i = 1 - z_1\dot{m}_{c1}^2 \tag{11.2.58}$$

式中，z_1 是数学模型与试验或预测数据的匹配参数。有时候该模型还适用于亚声速喷气式

发动机的进气道。

8. 排气装置(燃气轮机)

燃气轮机出口唯一必须要建模的参数是由黏滞流动引起的总压损失。类似前面章节中的亚声速进气道，压力恢复系数 π_e 可基于几何外形得到，且与气流速度或质量流率直接有关。同样，已知其损失类似法诺流，我们可将损失建模为

$$\pi_e = 1 - z_2 \dot{m}_{c5}^2 \tag{11.2.59}$$

式中，z_2 是数学模型与试验或预测数据的匹配参数。

9. 轴负载(燃气轮机)

当存在外部重要负载(舰用螺旋桨、坦克驱动等)时，通过传动轴传递功率用以驱动外部设备。此时传动轴上负载的一般模型为

$$P_1 = z_3 N^{z_4} \tag{11.2.60}$$

式中，参数 z_4 的典型取值为 1~2；z_3 则与特定的负载类型密切相关。

10. 模型匹配应用

本节我们给出了燃气轮机压气机、燃烧室、涡轮、传动轴、进气道、喷管、进气装置、排气装置以及负载特性的数学模型。与前面分析一样，这些模型可以用来进行曲线拟合，以促进匹配计算。一般来说，使用这些部件模型时，如表 11.1 总结的，对喷气式发动机需要指定 24 个参数，对燃气轮机需要指定 23 个参数。

表 11.1　部件经验参数总表

部件	参数数目	参数
压气机	8	c_1、c_2、c_3、c_4、c_5、N_{c2d}、μ、η_{cd}
燃烧室	3	b_1、b_2、η_{bd}
涡轮	6	k_1、k_2、$\dot{m}_{c4c}$、N_{c4d}、η_{td}、π_{tc}
传动轴	2	s_1、s_2
进气道	2	π_{dd}、d
喷管	3	a_1、$\dot{m}_n$、η_{nd}
进气装置(涡轴)	1	z_1
排气装置(涡轴)	1	z_2
功率负载(涡轴)	2	z_3、z_4

但是，由于这些模型对一般问题的求解是不必要的，我们不能过分重视它们。读者需要认识到，这些模型仅用于促进匹配问题计算——例如，借助计算机数学求解器。而且，如果之前的曲线拟合方程不能够精确地与部件特性吻合，我们可以采用查表或其他方程作为一般求解方法。

11.2.5　匹配问题解析

前面内容讨论了 3 种情况：一个单轴的燃气发生器、一个完整的单轴涡喷发动机和一个单轴燃气轮机或涡轴发动机。燃气发生器有 15 个控制方程和 18 个变量，完整的涡喷发

动机有 22 个控制方程和 26 个变量，而燃气轮机有 26 个方程和 29 个变量。我们还分析了部件特性曲线的广义关系。11.2.4 节还给出了部件特性曲线的曲线拟合关系。本节中，我们给出已知部件特性时一种可能的求解方法。由于方程组是非线性的，特性曲线可能不是以方程的形式给出，因此求解过程是迭代的。我们给出一步步的求解过程。无论采用的是11.2.4 节中的部件数值拟合模型，还是图形化的曲线，或者部件的数表，都可采用相同的一般的解决方法。

1. 燃气发生器

对燃气发生器而言，进行求解必须确定三个参数，一般我们选择 T_{t2}、N_{c2} 和 f。图 11.1 所示为燃气发生器匹配问题的求解流程。

(1) 利用 N_{c2} 和 T_{t2}，由方程 (11.2.4) 可以求出 N。

(2) 开始迭代之前，首先需要预估一个 $\dot{m}_{c2}$ 值。

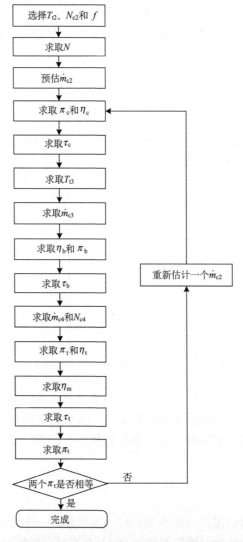

图 11.1　燃气发生器匹配问题求解流程图

(3)根据 N_{c2} 和 $\dot{m}_{c2}$，利用图形、表格(方程(11.2.1)和图 6.14)或模型方程(方程(11.2.2)和图 6.14)形式的压气机特性可以求解 π_c，利用图表(方程(11.2.2)和图 6.14)或模型(方程(11.2.40))来求解 η_c。

(4)根据 π_c 和 η_c，结合压气机的压比、温升比和效率方程(方程(11.2.5))，可以求得压气机的温比 τ_c。

(5)已知 T_{t2}，由方程(11.2.17)可求得 T_{t3}。

(6)利用压气机的换算质量流量(方程(11.2.14))，可以求得燃烧室的换算质量流量 $\dot{m}_{c3}$。

(7)由 $\dot{m}_{c3}$ 和 f，结合图表(式(11.2.10)和式(11.2.11)，图 9.11 和图 9.12)或模型(式(11.2.44)和式(11.2.45))形式的燃烧室特性，可求得 η_b 和 π_b。

(8)由于 η_b 和 T_{t3} 均已知，根据燃烧室的能量平衡(方程(11.2.9))可求得 τ_b。

(9)涡轮的换算质量流量 $\dot{m}_{c4}$ 和换算转速 N_{c4} 可以与压气机的对应数值关联起来，并结合式(11.2.12)和式(11.2.13)进行求解。

(10)已知 $\dot{m}_{c4}$ 和 N_{c4} 已知，利用图形或表格形式的涡轮特性(式(11.2.6)、式(11.2.7)和图 8.12)或模型(式(11.2.46)和式(11.2.48))，可求得 η_t 和 π_t。

(11)结合图表形式(方程(11.2.16))或模型(方程(11.2.49))的轴特性，结合 N，可求得传动轴机械效率 η_m。

(12)利用表征无额外功率负载的轴功率平衡方程(11.2.15)，结合 f、η_m、τ_b 和 τ_c，可求得 τ_t。

(13)利用 τ_t 和 η_t，结合涡轮压比、温比和效率方程(方程(11.2.8))，可求得 π_t。

(14)至此，可通过两种不同方式得到两个 π_t 的值，如果这两个数值的偏差在容许范围内，我们就利用预估的 $\dot{m}_{c2}$；否则，当偏差很明显时，需要重新预估 $\dot{m}_{c2}$ 并重复上述过程。为减少迭代次数，可采用附录 G 中给出的试位法。下面的例子中我们将采用这一方法进行分析。

2. 喷气式发动机

对于喷气式发动机，需要确定四个参数，它们是 p_a、T_a、M_a 和 f。这种匹配问题，我们选用的方法是一种二次嵌套循环迭代。图 11.2 所示为其求解流程图。

(1)需要估计 N_{c2} 的值。

(2)预估一个 $\dot{m}_{c2}$。

(3)利用 M_a，由绝热进气道方程(方程(11.2.18))计算 T_{t2}。

(4)利用图表形式(方程(11.2.19))或模型(方程(11.2.50))的进气道特性，根据 M_a，求进气道的压比 π_d。

(5)已知 M_a、π_d 和 p_a，利用方程(11.2.20)求压气机进口总压 p_{t2}。

(6)对给定的 N_{c2}，迭代求解燃气发生器中压气机的换算质量流量 $\dot{m}_{c2}$(采用之前描述的燃气发生器方法)，直到得到一个收敛解。这显然是一个很长的过程。

(7)根据涡轮的换算质量流量，利用方程(11.2.24)可求解喷管的换算质量流量 $\dot{m}_{c5}$。

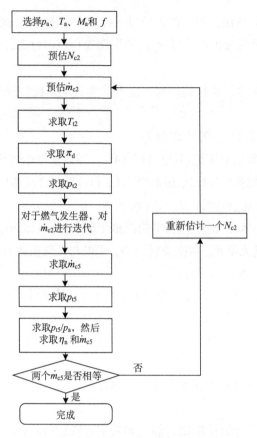

图 11.2 喷气式发动机匹配问题求解流程图

(8) 已知 p_{t2}、π_b 和 π_c，结合压气机进口的总压，利用方程(11.2.23)我们可以求解 p_{t5} 的值。

(9) 我们先求出 p_{t5}/p_a，然后通过预测或喷管的试验特性曲线，由图形或表格信息(方程(11.2.21)、方程(11.2.22)和图 5.19)或通过模型(方程(11.2.54)、方程(11.2.52)和方程(11.2.51))求出 η_n 和 $\dot{m}_{c5}$。

(10) 至此，我们分别求得两个独立的 $\dot{m}_{c5}$ 值。如果这两个值在一定的容差范围内，这种求解方法就是收敛的。否则，就需要对 N_{c2} 进行迭代并重复上述过程。为加快收敛过程，两个环路都可使用试位法。与第 3 章类似，为了估计部件的比热容比，我们均采用部件的平均总温。

在不同油气比下使用该方法，我们就有可能判断发动机的工作线。这样我们就能得到发动机的设计点与非设计点。最优状态下，同一设计工作点上所有部件都达到最大效率。若非如此，利用这种方法也能说明，为使整机达到一个更高的效率，应该对哪些部件进行改进。

3. 燃气轮机

对于一个包含与速度相关的负载的燃气轮机，进行求解必须指定三个参数，我们选择 p_a、T_a 和 f。这种情况下的求解过程也是一个二次嵌套循环。其求解流程图如图 11.3 所示。

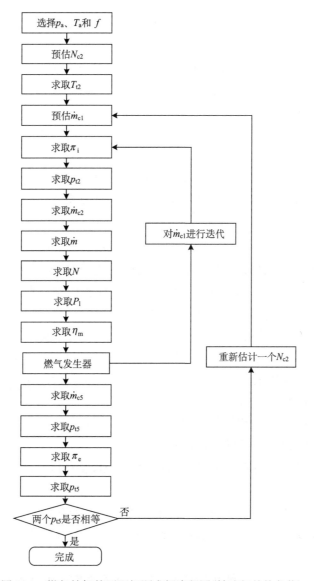

图 11.3　燃气轮机的匹配问题求解流程图(转速相关的负载)

(1)估计一个 N_{c2} 的值。

(2)利用 T_a 和方程(11.2.26)求解 T_{t2}。

(3)预估一个进气道的换算质量流量 $\dot{m}_{c1}$。

(4)由 $\dot{m}_{c1}$，通过预测或数据(方程(11.2.27))或模型(方程(11.2.58))求得进气道的压比 π_i。

(5)结合 π_i、p_a 和方程(11.2.28)，可求得压气机的进口总压 p_{t2}。

(6)求得进气道的换算质量流量和总压比后,由方程(11.2.32)中可以求得压气机的换算质量流量 $\dot{m}_{c2}$。

(7)结合 $\dot{m}_{c2}$、T_{t2} 和 p_{t2}，利用方程(11.2.3)可求得实际质量流率 $\dot{m}$。

(8)结合 N_{c2} 和 T_{t2}，利用方程(11.2.4)还可求得实际转速 N。

(9)利用速度 N，结合预测或数据(方程(11.2.31))或模型(方程(11.2.60))可以求出外部功率负载 P_l 。

(10)利用传动轴的特性，根据转速 N 可以得到机械效率 η_m 。

(11)在给定 N_{c2} 的前提下，对进气道换算质量流量 $\dot{m}_{c1}$ 和对应的燃气发生器的 $\dot{m}_{c2}$ 进行迭代，直至得到收敛的结果。无疑，这是一个费时的步骤。

(12)由方程(11.2.34)和已知的 $\dot{m}_{c4}$ ，我们可求得排气装置进口的换算质量流量 $\dot{m}_{c5}$ ，以及涡轮的总压比与温比。

(13)已知 p_{t2} 、 π_c 、 π_b 和 π_t ，由方程(11.2.33)，可求得排气装置进口的总压 p_{t5} 。

(14)求出 $\dot{m}_{c5}$ 后，通过预测或数据(方程(11.2.29))或模型(方程(11.2.59))，我们可求得排气装置的压比 π_e 。

(15)利用方程(11.2.30)，结合 p_e 和 π_e ，可求得 p_{t5} 。

(16)至此，我们独立计算得到了两个不同 p_{t5} 的值。如果两者的偏差在容许范围内，求解过程就是收敛的。否则，必须对 N_{c2} 进行迭代并重复上述过程。与喷气式发动机类似，为了估计部件的比热容比，我们均采用部件的平均总温。

对于转速恒定的燃气轮机(如在发电场合)，必须指定三个参数，我们选择 p_a 、 T_a 和 f 。这种情况下的求解是一个单环迭代过程，而且由于轴转速已知，求解过程更加直接一些。其求解流程图如图 11.4 所示。

(1) N 是指定的。

(2)利用方程(11.2.26)，根据 T_a 求出 T_{t2} 的值。

(3)预估一个进气道的换算质量流量 $\dot{m}_{c1}$ 。

(4)利用 $\dot{m}_{c1}$ ，通过预测或数据(方程(11.2.27))或模型(方程(11.2.58))，求得进气道的压比 π_i 。

(5)结合 p_a 、 π_i 和方程(11.2.28)，求得压气机的进口总压 p_{t2} 。

(6)已知进口的换算质量流量和总压比后，由方程(11.2.32)可以求得压气机的换算质量流量 $\dot{m}_{c2}$ 。

(7)结合 $\dot{m}_{c2}$ 、 T_{t2} 和 p_{t2} ，利用方程(11.2.3)可求得真实的质量流率 $\dot{m}$ 。

(8)利用方程(11.2.4)，从 N 和 T_{t2} 可求得换算转速 N_{c2} 。

(9)利用求得的 N_{c2} 和 $\dot{m}_{c2}$ ，通过预测或利用图表形式的数据(方程(11.2.1)和图 6.14)或模型(方程(11.2.40))，可求得 π_c 和 η_c 。

(10)由于已知 π_c 和 η_c ，结合压气机的压比、温比和效率方程(方程(11.2.5))可求得 τ_c 。

(11)利用 T_{t2} ，由方程(11.2.17)可求得 T_{t3} 。

(12)由压气机换算质量流量和方程(11.2.14)可求得燃烧室的换算质量流量 $\dot{m}_{c3}$ 。

(13)结合 $\dot{m}_{c3}$ 和 f ，通过图或表形式的燃烧室特性曲线(方程(11.2.10)、方程(11.2.11)和图 9.11、图 9.12)或模型(方程(11.2.45)和方程(11.2.44))，可以求得 η_b 和 π_b 。

(14)当 η_b 和 T_{t3} 已知，利用燃烧室内的能量守恒(方程(11.2.9))可求出 τ_b 。

(15)结合方程(11.2.12)和方程(11.2.13)，通过与压气机的对应项关联，可以求得涡轮

的换算质量流量 $\dot{m}_{c4}$ 和换算转速 N_{c4}。

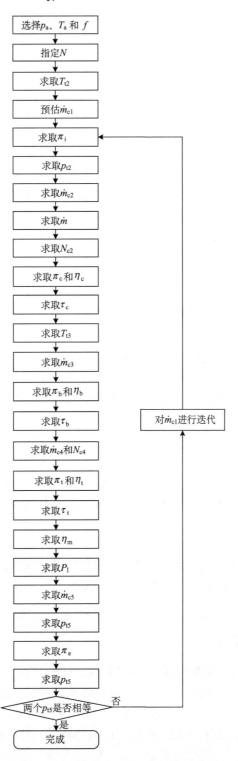

图 11.4　燃气轮机的求解流程图(恒定转速)

(16) 利用 $\dot{m}_{c4}$ 和 N_{c4}，通过图或表形式的涡轮特性曲线(方程(11.2.6)、方程(11.2.7)和图 8.12)或模型(方程(11.2.46)和(11.2.48))，可求得涡轮的压比 π_t 和效率 η_t。

(17) 再结合 π_t 和 η_t，利用涡轮的压比、温比和效率方程(方程(11.2.8))可求得 τ_t。

(18) 再利用图或表形式的轴特性曲线(方程(11.2.16))或模型(方程(11.2.49))，可以利用 N 来确定机械效率 η_m。

(19) 利用轴功率平衡方程(11.2.35)，我们可由 f、η_m、τ_b、τ_t 和 τ_c 求得用于发电的外部功率负载 R_l。

(20) 利用 $\dot{m}_{c4}$、涡轮的总压比以及总温比，从方程(11.2.34)可得到排气装置的换算质量流量 $\dot{m}_{c5}$。

(21) 已知 p_{t2}、π_c、π_b 和 π_t，从方程(11.2.33)可以计算排气装置的进口总压 p_{t5}。

(22) 利用已知的 $\dot{m}_{c5}$，通过预测或数据(方程(11.2.29))或模型(方程(11.2.59))，可求得排气装置的压比 π_e。

(23) 利用方程(11.2.30)，根据 p_e 和 π_e 计算得 p_{t5}。

(24) 至此，我们独立计算得到了两个 p_{t5}，如果两者偏差在容许范围内，求解过程就是收敛的。否则，必须对 $\dot{m}_{c1}$ 进行迭代并重复上述过程。与前面类似，我们均采用部件的平均总温来估计部件的比热容比。

在不同油气比下使用该方法，就可能预判燃气轮机的工作线。与喷气式发动机类似，我们能得到设计点与非设计点。最优情况下，在同一设计工作点上所有部件都达到最大效率。若非如此，这种方法也可说明，为达到一个更高的整机效率，应该对哪些部件进行改进。

11.2.6　其他应用

行文至此，我们仅讨论了单轴燃气涡轮发动机，但这却是喷气式发动机六个部件匹配与燃气轮机七个部件匹配的基础。而且这种方法适用于更复杂的发动机。例如，对双轴涡扇或涡喷发动机，我们可以开展类似的分析。以包含加力燃烧室的分开排气双轴涡扇发动机为例，需要对 12 个部件(以及对应的部件特性)进行匹配(主要包括进气道、风扇、低压压气机、高压压气机、主燃烧室、高压涡轮、低压涡轮、加力燃烧室、尾喷管、外涵喷管和两个传动轴)。因此，虽然使用的方法相同，但是这种求解方法变得难处理得多，需要更多级的嵌套与迭代，且要耗费更长的求解时间。因此，求解这一类的匹配问题需要借助计算机。

11.2.7　动态响应(暂态响应)

至此，我们所讨论的匹配分析都是严格的稳态性能分析。也就是说指定油气比后我们求出了整机的稳态工作点。而到目前为止，分析时我们都没讨论过燃气涡轮发动机到达这一稳态工作点所需的时间。尽管燃气涡轮发动机中的燃油喷射、燃烧、流动惯性以及气流的可压缩性均会影响动态过程，但最大的影响因素是转子的转动惯量 I。对于喷气式发动机，转子动力学控制方程是

$$T_t - T_c - T_m = I \frac{\partial \omega}{\partial t} \tag{11.2.61}$$

式中，T_t、T_c 和 T_m 分别是涡轮、压气机和机械损失对应的力矩。要开展动态分析，按照下列步骤进行：

(1) 分析燃气涡轮发动机在一些已知的条件下的工作。

(2) 假设燃烧室的进口条件尚未改变，改变油气比，可获得瞬时涡轮进口温度。

(3) 基于新的瞬时涡轮进口温度，求得涡轮力矩。

(4) 求出净力矩后，可求出转子转动的角加速度或转子转速的变化。

(5) 将方程 (11.2.61) 在一个选定的离散时间 (很短) 间隔内进行离散化，利用离散化形式的方程 (11.2.61) 求得本周期末尾的新转速。

(6) 将新的转速用于 11.2.5 节，求解诸如质量流量、压气机压比等参数。

(7) 将新的条件用于计算燃烧室出口温度，并在一个新的时间周期内重复上述过程，如此往复迭代，直到达到新的稳态条件为止。

稳态条件与 11.2.5 节中讨论的一致，但是在这一分析过程中，我们需要预测所需的时间，并将其作为动态响应的一部分。这种分析已被 Kurzke (1995) 和 Afjeh (2000) 等采用。

例 11.1 利用已知的部件组装一个单轴涡喷发动机。这种发动机包含进气道、压气机、燃烧室、涡轮、传动轴和喷管。本例中的部件特性已经在 11.2.4 节中用方程给出。压气机、燃烧室和涡轮的特性图如图 11.5~图 11.7 所示。表 11.2 所示为与数据相拟合的不同的模型参数。喷管有固定的喉道面积和可调出口面积，即喷管出口压力与环境压力相等。发动机的工作条件为 $p_a=101.3\text{kPa}(14.69\text{psi})$，$T_a=289\text{K}(520°\text{R})$，$M_a=0.5$。求油气比从 0.010 到 0.035 变化时 (步长为 0.005) 发动机的工作特性。

表 11.2　例 11.1 参数表

部件或对象	参数	部件或对象	参数
进气道	$\pi_{dd}=1$	涡轮	$k_1=1.0$
	$d=0$		$k_2=0.20$
压气机	$c_1=0.1764\text{s/kg}(0.08\text{s/lbm})$		$N_{c4d}=4000\text{rpm}$
	$c_2=0.00907\text{kg/(s·rpm)}(0.02\text{lbm/(s·rpm)})$		$\dot{m}_{c4d}=15.87\text{kg/s}(35\text{lbm/s})$
	$c_3=0.80$		$\eta_{td}=0.90$
	$c_4=0.00001/\text{rpm}$		$\pi_{td}=0.28$
	$c_5=9.724\text{rpm·s}^2/\text{kg}^2(2.0\text{rpm·s}^2/\text{lbm}^2)$	传动轴	$s_1=0$
	$N_{c2d}=10000\text{rpm}$		$s_2=0$
	$\eta_{cd}=0.88$	喷管：收-扩喷管，固定喉道面积	$a_1=0$
	$\mu=0.10$		$\dot{m}_n=88.08\text{kg/s}(194.2\text{lbm/s})$
燃烧室	$b_1=9.068\text{s}^2/\text{kg}^2(1.865\text{s}^2/\text{lbm}^2)$		$\eta_{nd}=0.98$
	$b_2=0.0\text{s}^2/\text{kg}^2(0.0\text{s}^2/\text{lbm}^2)$	环境	$T_a=289\text{K}(520°\text{R})$
	$\Delta H=10000\text{kcal/kg}(18000\text{B/lbm})$		$p_a=101.3\text{kPa}(14.69\text{psi})$
	$\eta_{bd}=0.91$		$M_a=0.5$

注：rpm 即 r/min。

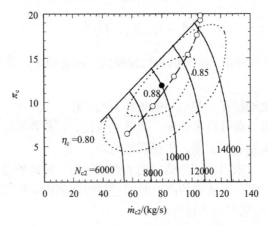

图 11.5　例 11.1 的压气机特性曲线

解　作为一个示例，我们仅以 $f = 0.02$ 为例，演示求解过程。首先我们估计 N_{c2} 转速为 10954rpm，并选择 $\dot{m}_{c2}$ 的第一个估计值为 88.12kg/s（194.3lbm/s）。

由方程（11.2.18）我们可知，当 $T_a = 289\mathrm{K}(520°\mathrm{R})$，$M_a = 0.5$ 时，取 $\gamma = 1.401$，可得到进气道出口总温为

$$T_{t2} = T_a\left(1 + \frac{\gamma - 1}{2}M_a^2\right) = 303\mathrm{K}(546°\mathrm{R})$$

因为马赫数和环境温度已知，可按下式求得空速为

$$u_a = M_a\sqrt{\gamma R T_a} = 170.4\mathrm{m/s}(559.1\mathrm{ft/s})$$

由于进气道内自由来流为亚声速，可由模型方程求得其总压恢复系数为

$$\pi_d = \pi_{dd}\left(1 - d(M_a - 1)^{1.35}\right)$$

$$\pi_d = 1(1 - 0.0) = 1.00$$

利用方程（11.2.20）可求得 $\gamma = 1.401$ 时进气道出口总压为

$$p_{t2} = p_a\pi_d\left(1 + \frac{\gamma - 1}{2}M_a^2\right)^{\frac{\gamma}{\gamma - 1}} = 120.2\mathrm{kPa}(17.43\mathrm{psi})$$

于是我们就能求解问题中的燃气发生器。利用方程（11.2.3）和方程（11.2.4）有

$$\dot{m}_{c2} \equiv \dot{m}\frac{\sqrt{T_t/T_{stp}}}{p_t/p_{stp}}, \quad N_{c2} \equiv \frac{N}{\sqrt{T_t/T_{stp}}}$$

由 $\dot{m}_{c2} = 88.12\mathrm{kg/s}(194.3\mathrm{lbm/s})$，$N_{c2} = 10954\mathrm{rpm}$ 我们可求得真实质量流率和转速为

$$\dot{m} = 102.0\mathrm{kg/s}(224.9\mathrm{lbm/s}), \quad N = 11225\mathrm{rpm}$$

同样，利用 $\dot{m}_{c2} = 88.12\mathrm{kg/s}(194.3\mathrm{lbm/s})$ 和 $N_{c2} = 10954\mathrm{rpm}$，结合图 11.5 或压气机模型（方程（11.2.36）），可求得压气机的总压比：

$$\pi_c = 12.69$$

再次利用 $\dot{m}_{c2} = 88.12\mathrm{kg/s}(194.3\mathrm{lbm/s})$ 和 $N_{c2} = 10954\mathrm{rpm}$，我们可以由图 11.5 或模型（方

程(11.2.40))，得到压气机的效率：

$$\eta_c = 0.870$$

由于已求得 π_c，由方程(11.2.5)可求压气机的总压比为

$$\pi_c = \left(1 + \eta_c \left(\tau_c - 1\right)\right)^{\frac{\gamma}{\gamma-1}}$$

可求得当 $\gamma = 1.384$ 时，$\tau_c = 2.177$。

再由方程(11.2.17)可得到压气机出口的总温为

$$T_{t3} = \tau_c T_{t2} = 661K(1189°R)$$

利用方程(11.2.14)有

$$\dot{m}_{c2} = \frac{\dot{m}_{c3} \pi_c}{\sqrt{\tau_c}}$$

由于已知 $\dot{m}_{c2}$ 和 τ_c，可求得燃烧室换算质量流量为

$$\dot{m}_{c3} = 10.25kg/s(22.60lbm/s)$$

又因为已知 f 和 T_{t3}，可求得

$$f / \left(T_{t3} / T_{stp}\right) = 0.00872$$

燃烧室的效率已给出为 $\eta_b = 0.91$，结合 $f / \left(T_{t3} / T_{stp}\right) = 0.00872$ 和 $\dot{m}_{c3} = 10.25kg/s$ (22.60lbm/s)，可由图 11.6 或燃烧室模型方程(11.2.44)求得燃烧室的总压比为

$$\pi_b = 0.927$$

利用燃烧室内的能量方程(11.2.9)有

$$f \left(\eta_b \Delta H - c_p T_{t3} \tau_b\right) = c_p T_{t3} \left(\tau_b - 1\right)$$

式中，f、η_b、ΔH 和 T_{t3} 已知；可求得当 $\gamma = 1.341$ 时燃烧室的总温比为

$$\tau_b = 1.982$$

因此燃烧室出口总温为

$$T_{t4} = \tau_b T_{t3} = 1309K(2357°R)$$

于是，利用方程(11.2.12)有

$$\dot{m}_{c2} = \frac{\dot{m}_{c4} \pi_b \pi_c}{(f+1)\sqrt{\tau_b \tau_c}}$$

由于 $\dot{m}_{c2}$、π_c、τ_c、π_b 和 τ_b 已知，可求得涡轮的换算质量流量为

$$\dot{m}_{c4} = 15.87kg/s(35.00lbm/s)$$

利用方程(11.2.13)：

$$N_{c2} = N_{c4} \sqrt{\tau_b \tau_c}$$

可求得涡轮换算转速为

$$N_{c4} = 5273rpm$$

再利用涡轮特性(图 11.7 或方程(11.2.46))，结合 $\dot{m}_{c4} = 15.87kg/s(35.00lbm/s)$ 和 $N_{c4} =$

5273rpm，求得涡轮的总压比为

$$\pi_t = 0.280$$

再次结合 $\dot{m}_{c4} = 15.87\text{kg/s}(35.00\text{lbm/s})$ 和 $N_{c4} = 5273\text{rpm}$，由图11.7或模型（方程（11.2.48）），可求得涡轮的效率为

$$\eta_t = 0.882$$

对于传动轴，由模型方程（11.2.49）可得到机械效率为

$$\eta_m = 1 - s_1 N^{s_2} = 1.00$$

于是利用轴上的功率平衡方程（11.2.15）：

$$c_{pc}\left(\tau_c - 1\right) = \eta_m\left(1 + f\right)c_{pt}\tau_b\tau_c\left(1 - \tau_t\right)$$

由于 f、τ_c 和 τ_b 已知，可求得当压气机和涡轮的比热容比分别为 1.384 和 1.328 时涡轮的温比为

$$\tau_t = 0.762$$

于是，涡轮出口总温为

$$T_{t5} = \tau_t T_{t4} = 998\text{K}(1797°\text{R})$$

因此，当 $\gamma = 1.328$ 时由方程（11.2.8）可得到另一涡轮总压比的计算方法（因为 τ_t 和 η_t 已知）：

$$\pi_t = \left(1 + \frac{\tau_t - 1}{\eta_t}\right)^{\frac{\gamma}{\gamma - 1}} = 0.280$$

这一结果与之前的计算得到的 π_t 相吻合。因此，最初估计的 $\dot{m}_{c2}$ 很合适。若这两个 π_t 的值相差较大，就需要重新估计 $\dot{m}_{c2}$ 值并重复上述过程。至此我们完成了燃气发生器的求解。现在需要进一步验证最初估计的 N_{c2} 是否有效。由于涡轮的换算质量流量、总压比和总温比均已知，利用方程（11.2.24）可得

$$\dot{m}_{c4} = \frac{\dot{m}_{c5}\pi_t}{\sqrt{\tau_t}}$$

可求得喷管的换算质量流量为

$$\dot{m}_{c5} = 49.51\text{kg/s}(109.2\text{lbm/s})$$

又由于 p_{t2}、π_c、π_b 和 π_t 已知，利用方程（11.2.23）可求得涡轮出口总压为

$$p_{t5} = p_{t2}\pi_c\pi_b\pi_t = 395.9\text{kPa}(57.41\text{psi})$$

于是可得喷管的参数为

$$p_{t5}/p_a = 3.906$$

喷管效率已给出为

$$\eta_n = 0.98$$

接下来利用方程（11.2.52），有

$$M_8 = \sqrt{\frac{2\left(\cfrac{1}{\eta_n\left(\cfrac{p_8}{p_{t5}}\right)^{\frac{\gamma-1}{\gamma}}+1-\eta_n}\right)}{\gamma-1}}$$

当 $\gamma=1.340$, $p_{t5}/p_a=3.906$ 和 $p_8=p_a$ 时,可得喷管出口马赫数为

$$M_8 = 1.537$$

对于绝热气流, $T_{t5}=T_8\left(1+\dfrac{\gamma-1}{2}M_8^2\right)$,由于 $T_{t5}=998\text{K}$,可求得喷管出口静温为

$$T_8 = 712\text{K}(1282°\text{R})$$

出口处声速为

$$a_8 = \sqrt{\gamma R T_8} = 523.3\text{m/s}(1717\text{ft/s})$$

因此喷管出口处的气流速度为

$$u_8 = M_8 a_8 = 804.2\text{m/s}(2639\text{ft/s})$$

由模型方程(方程(11.2.51)和方程(11.2.57))有

$$a_2 = \frac{\sqrt{\cfrac{\gamma+1}{2+(\gamma-1)M_8^2}}\sqrt{\cfrac{\gamma}{\gamma_{stp}}\cfrac{R_{stp}}{R}}}{M_8\left(\cfrac{1}{\eta_n}\left(\cfrac{\eta_n}{\cfrac{2}{\gamma+1}-1+\eta_n}\right)\left(\cfrac{1}{1+\cfrac{\gamma-1}{2}M_8^2}-1+\eta_n\right)\right)^{\frac{\gamma}{\gamma-1}}}$$

$$\dot{m}_{c5} = \dot{m}_n a_2 M_8 \frac{p_8}{p_{t5}}\sqrt{1+\frac{\gamma-1}{2}M_8^2}$$

利用之前已得到的值 p_{t5} 、 p_8 、 M_8 和 η_n ,可得到又一个(独立的计算方法)喷管的换算质量流量 $\dot{m}_{c5}$ 为

$$\dot{m}_{c5}=49.51\text{kg/s}(109.2\text{lbm/s})$$

这一 $\dot{m}_{c5}$ 值与之前的计算结果是相符的。因此最初我们对 N_{c2} 的预估是正确的。否则,若这两个 $\dot{m}_{c5}$ 值相差较大,需要重新预估 N_{c2} 并重复上述过程(包括对 $\dot{m}_{c2}$ 的嵌套迭代)。至此,我们得到了 $f=0.02$ 时的答案。既然已经得到了部件的工作点,可根据方程(11.2.25)求得此时发动机的推力为

$$F = \dot{m}\left((1+f)u_8-u_a\right)+A_8(p_8-p_a)$$

可求得推力为 66310N(14907lbf),由此可进一步求得 TSFC 为 0.1108kg/(N·h)(1.086lbm/(lbf·h))。

对其他 f 值(0.010~0.035),重复上述步骤进行一系列计算。在图 11.5~图 11.7 中我们给

出了随 f 变化时工作线的变化。从图 11.5 中可以看出，当 $f = 0.02$ 时，发动机工作点接近压气机的最大效率点。从图 11.5 中还可看出，在一个给定的油气比范围内，压气机工作效率从 82.7% 到 87%，再到 77.7%，而压气机总压比一直单调增加，工作线临近穿过最大效率点。在油气比为 0.037 时，压气机喘振，在第 6 章我们已经讨论过，此时伴随着剧烈的振动，还有可能使燃烧室熄火，导致发动机完全失去推力。

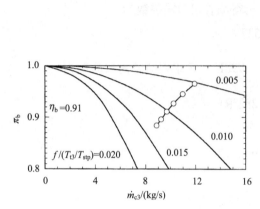
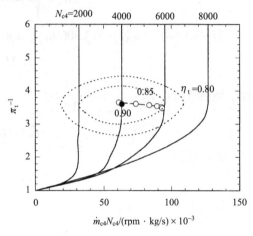

图 11.6　例 11.1 中四组 $f/(T_{t3}/T_{stp})$ 值时燃烧室特性曲线　　图 11.7　例 11.1 的涡轮特性曲线

在图 11.6 中，随着换算质量流量从 11.92 kg/s 下降到 8.89kg/s，燃烧室的压比从 0.965 下降到 0.884。而在涡轮中随着效率从 0.899 到 0.860，压比从 0.274 到 0.287，涡轮的特性（图 11.7）变化非常小。需要注意的是，工作线通过涡轮的最大效率点，说明涡轮与压气机之间匹配良好。

在图 11.8 中我们给出了油气比变化范围内其他参数的结果。从图中我们可以很容易看到：随着油气比的增大，涡轮进口温度、出口马赫数和压气机的换算转速均增大。在高油气比下，涡轮进口温度过高。压气机换算质量流量一般先增加，但当压气机接近喘振时质量流率趋向于不变。

最后，在图 11.8 中我们还给出了推力和 TSFC 随油气比的变化曲线。从图中可以看出，随着油气比 f 的增大，推力始终在增大。但是 TSFC 在油气比为 0.014 时达到最小值。最优状态下，为了获得最佳的燃油经济性，部件的组合应该在油气比为 0.014 时工作。但是其他结果也会影响工作点的选择。

例 11.1a　作为例 11.1 的一个拓展，此处我们分析另一个给定部件的单轴涡喷发动机。同样进气道、压气机、燃烧室、涡轮、传动轴和喷管的特性图都是已知的。除涡轮外，其余部件与例 11.1 一致。本例中，涡轮设计在更高的压降（在壅塞状态下的 π_t 更小）和更大的转速工况下工作。压气机和涡轮的特性图见图 11.9 和图 11.10。同样我们求出了发动机的工作特性，并在图中标示出了工作线。在例 11.1 中，我们特意提到，压气机和涡轮匹配良好。但是在本例中，这两个部件的工作线都偏离最大效率点。显然，压气机与涡轮并未较好地实现匹配。此例我们也是为了给出一组非匹配的压气机和涡轮"装配"的可能场景。这可以应用在一个新发动机的设计初始迭代步骤中。而例 11.1 则可表征设计时的最终迭代。在 11.4 节中我们会进一步论述设计阶段。

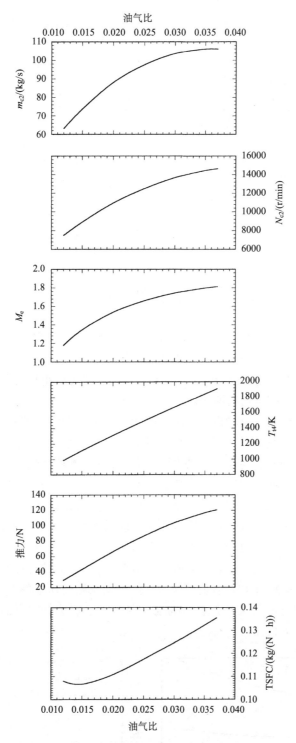

图 11.8 例 11.1 中发动机工作状态随油气比的变化

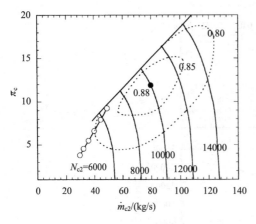
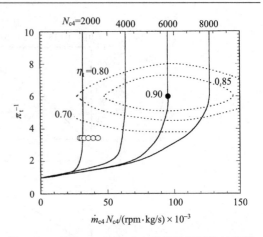

图 11.9　例 11.1a 中包含工作线的压气机特性曲线　　　图 11.10　例 11.1a 中包含工作线的涡轮特性曲线

11.3　发动机和飞机的匹配

在此之前，本书一直都是脱离于飞机来分析发动机的性能的。但就像涡轮必须与压气机匹配，一台发动机也必须与一架飞机相匹配。例如，如果一架飞机有两个发动机，每个发动机产生一个给定的推力，在一个给定的高度下，这架飞机将只会在一个马赫数下巡航。飞行员通过调整油门杆控制巡航速度。

之前的章节我们讨论了发动机部件之间的相互作用。我们是独立地处理油气比和马赫数的。于是，对于一个包含已知部件的给定发动机，可以推导并得到不同高度下的工作特性曲线，如图 11.11 所示。对于给定的发动机（含部件及部件特性图），图中给出了其产生的推力随进口马赫数和油气比的变化规律。例如，在例 11.1 中我们已经计算出了这类图中的一个点。在一定的马赫数和油气比范围内，进行类似的计算就可得到此图。

如果仅考虑飞机机体本身，在给定高度下，随着飞机速度的增加，驱动飞机所需的推力也会更大。换而言之，来自一个或多个发动机的总推力与飞机的总阻力相平衡。这些机身阻力特性需要经由诸如风洞试验等来确定。图 11.12 所示为给定高度下阻力的一般变化。因此，结合图 11.11 和图 11.12，我们可决定在给定马赫数下所需的发动机条件。从数学上讲，由这两张图我们可得到四个变量（马赫数、油气比、推力和飞行高度）。因此，这两张图有两个方程。对发动机而言，有

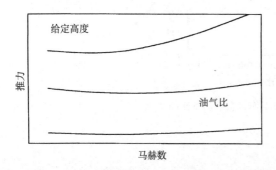
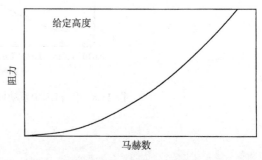

图 11.11　给定高度下发动机的一般整体工作特性曲线　　　图 11.12　机身的一般阻力特性

$$F = f(M, f, h) \tag{11.3.1}$$

而对飞机机体而言，有

$$F = g(M, h) \tag{11.3.2}$$

以上两式中，h 为飞行高度[①]。因此，如果已知其中的两个变量(即飞行高度和马赫数)，即可得到另外两个变量(即油气比和推力)。作为发动机与飞机机体匹配的一个结论，对给定飞机机体上给定的发动机(或一组发动机)，一旦确定了马赫数和飞行高度，也就确定了所需的油气比。

一个通常可用于给定飞机机体并在计算匹配求解中用到的模型为

$$F_{\mathrm{airframe}} = C_{\mathrm{dm}} M_{\mathrm{a}}^2 \tag{11.3.3}$$

但是需要注意的是，式中的模型参数 C_{dm} 不是传统意义上无量纲的阻力系数，而具有力的单位。

例 11.2　根据已知的部件为一个确定的飞机组装一个单轴涡喷发动机。本例中我们对发动机的进气道、压气机、燃烧室、涡轮、传动轴和尾喷管进行建模分析。其中压气机、燃烧室和涡轮的部件特性图见图 11.5~图 11.7，而这些模型的参数见表 11.2，且这些参数都与试验数据相拟合。尾喷管有一个固定的喉道面积和可调出口面积。飞机机身的阻力特性见图 11.13。飞机装配双发，在接近标准温度和压力的条件下以 0.90 马赫数飞行。求所需的油气比和此时的 TSFC。并求当 $T_{\mathrm{a}} = 289\mathrm{K}(520^{\circ}\mathrm{R})$ 和 $p_{\mathrm{a}} = 101.3\mathrm{kPa}\,(14.69\mathrm{psi})$ 时，随着飞行马赫数从 0.4 到 1.2 变化时，油气比和 TSFC 的变化规律。

解　首先注意此处的发动机与例 11.1 中的发动机完全一致。因此，发动机部件匹配的具体计算过程在此不再赘述。然而，图 11.14 中发动机(图中实线)是采用与例 11.1 完全相同的方法，通过改变马赫数和油气比两个参数并多次求解发动机匹配问题得到的。而且每一发动机所需的推力(总力/双发)也在图中给出(虚线)。而这两条线的交点决定了发动机的工作条件。例如，当马赫数分别为 0.47、0.71 和 0.91 时，所需的油气比分别为 0.01、0.015 和 0.02。

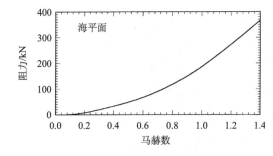

图 11.13　例 11.2 中机身的阻力特性

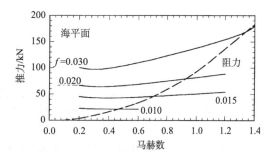

图 11.14　例 11.2 中海平面处发动机整机工作特性曲线

特别是在马赫数为 0.90 时，单台发动机所需的推力是 75800N(17040lbf)。对马赫数进行迭代，并重复例 11.1 中的方法，可求得这些条件下所需的油气比为 0.0199。马赫数为 0.90

---

① 译者注：原文公式为 $F=f(M,f,\mathrm{altitude})$ 和 $F=g(M,\mathrm{altitude})$，此处译者用变量 h 替代高度 altitude。

时的其他条件如表 11.3 所示。

表 11.3　　0.90 马赫数时例 11.2 详细结果

部件或对象	参数	部件或对象	参数
进气道	$\pi_{dd}=1.0$		$\dot{m}_{c4}=15.87\text{kg/s}(35\text{lbm/s})$
	$\gamma_{d}=1.400$		$\gamma_{t}=1.326$
压气机	$\dot{m}_{c2}=82.63\text{kg/s}(182.2\text{lbm/s})$	涡轮	$N_{c4}=5070\text{rpm}$
	$\eta_{c}=0.876$		$T_{t4}=1342\text{K}(2416°\text{R})$
	$N_{c2}=10140\text{rpm}$		$\pi_{t}=0.280$
	$\gamma_{c}=1.381$		$\eta_{t}=0.876$
	$\pi_{c}=11.38$		$\dot{m}_{c5}=49.52\text{kg/s}(109.2\text{lbm/s})$
燃烧室	$\dot{m}_{c3}=10.50\text{kg/s}(23.15\text{lbm/s})$	喷管：收-扩喷管，固定喉道面积	$A_{8}/A^{*}=1.393$
	$\gamma_{b}=1.338$		$M_{8}=1.700$
	$\pi_{b}=0.933$		$p_{8}/p_{a}=5.029$
	$\eta_{b}=0.91$		$\eta_{n}=0.98$
	$f=0.0199$		$\gamma_{n}=1.338$
传动轴	$\eta_{m}=1.00$	整机	$F=75790\text{N}(17040\text{lbf})$
			$N=10929\text{rpm}$
			$\text{TSFC}=0.1227\text{kg/(N·h)}(1.203\text{lbm/(lbf·h)})$
			$\dot{m}=129.8\text{kg/s}(286.1\text{lbm/s})$

　　而且，我们在图 11.15 中给出了油气比（由图 11.14）和相应的 TSFC 随马赫数的变化关系，并以此判断不同马赫数下发动机的整体工作特性。从图中可以看出，所需的油气比基本与马赫数呈线性变化。而 TSFC 的值几乎处在设计点下的最低值，这并非我们所期望的，同时也说明可通过改进得到更好的设计。如果期望改进设计，应设计新的特性图，尤其是压气机特性图，通过增加压气机压比，进而降低 TSFC。

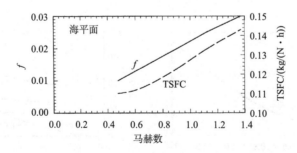

图 11.15　例 11.2 中油气比和 TSFC 随飞行马赫数变化关系

11.4　第二设计阶段中匹配和循环分析的使用

　　本章至此，我们阐述了部件匹配的概念，并在示例中直接利用这些概念分析了给定特性曲线的发动机或燃气涡轮。实际上，这一方法通常用于对一个新发动机或燃气涡轮进行第二阶段设计分析(通常称为高级设计分析)。在初级设计阶段基本确定发动机的类别和发动机的尺寸,在第 3 章中我们已经进行了说明。在喷气式发动机第二设计阶段,通常由军方或商业企业向发动机制造商提供一组发动机的整体设计条件,包括设计点条件与非设计点条件,这些条件包括但不限于不同高度的推力和 TSFC。之后一组系统设计工程师借用部件匹配分析方法,通过参数化调整发动机类型和迭代调整部件特性来实现整体设计目标并保证所有的部件相互匹配。例如,例 11.1a 就可表征一个初始匹配分析,分析得到的工作点表明该发动机部件间的匹配明显不太好。压气机的设计转速(或质量流量)太高,压比也太大;或者是涡轮初始设计的 π_t 太小,转速太高;或者说压气机与涡轮设计都不太合适。因此需要对应地调整特性图,直到所有部件的最高效率点与发动机的最佳性能点重合,涡轮功率与压气机功率匹配,达到期望的推力等。由例 11.1a 中的特性图可知,压气机的设计转速应该更低一些,或者转子或静子中的气流偏转角应该减小,抑或应该减少压气机的级数;而对于涡轮,也许应该依次减小转子或者静子偏转角,或减少级数,抑或降低转速。最终得到的一组特性曲线(如例 11.1)可以使总体性能最优。在这一设计阶段中由系统设计团队确定的特性曲线将作为部件设计团队的具体设计目标。例如,压气机或涡轮设计团队需要设计满足这些特性的转子、静子以及级数以实现这些特性曲线。再之后,通过借用前面七章中的方法和其他高级技术,对部件进行详细的分析和设计。这种设计方法是系统反设计的一部分,换句话说就是,设计过程是从整体设计目标开始,逐级回溯来决定实现目标的部件特性。这些部件特性一旦确定,就可详细设计符合这些特性的部件几何参数。因此这是工业发动机或燃气涡轮设计过程中的第二步。

11.5 小 结

本章从统领全书的角度出发,提出一种燃气涡轮发动机部件匹配的方法。在经历这样一个复杂而昂贵的设计和研发过程后,发动机必须能在较宽的范围内以较高(且已知)的性能运行。匹配是一个将部件综合起来以对整体发动机性能进行预测的过程。首先,针对包含通用特性曲线的部件,我们描述了部件匹配的一般性方法。本章中我们讨论了三种情况:燃气发生器(压气机、燃烧室、涡轮)、单轴涡喷发动机(进气道、燃气发生器、喷管)和单轴燃气轮机(进气装置、燃气发生器、排气装置、负载)。其次,我们推导了不同部件不同特性图的曲线拟合函数数学模型,如此通过分配参数值就能定义部件特性。这种模型对匹配过程来说并非是必需的,仅仅是便于计算机分析运算,简化求解过程。然后,我们结合部件特性或图表形式的数学模型和匹配方程进行求解,完成了单轴涡喷发动机和燃气轮机的稳态匹配分析。并通过一个给定部件特性的单轴涡喷发动机实例演示了具体的求解过程。例如,我们在一个算例中分析了一定范围内变化的油气比条件下发动机的稳态特性,随着油气比增大,压气机转速增高,并最终出现喘振。借用这种方法,我们可以合理地选择发动机部件特性以优化整机性能,还可以预测发动机的非设计点性能。本章中仅将此方法应用于分析单轴涡喷发动机和燃气轮机,实际上还可对其拓展并用于分析更复杂的发动机,包括带加力燃烧室的双轴涡扇发动机。只不过对于这些情况,需要更多的部件特性图和方程组来实现所有部件的匹配。而且,还可对这种方法进行拓展,利用其分析燃气涡轮发动机加减速过程中的动态或瞬态响应。

在前面的章节中，我们并未考虑发动机部件之间的相互影响。其中，第 2 章和第 3 章是从循环分析的角度考虑整个发动机的，但是并未对部件参数(效率、压比、流量等)进行考虑。第 4~10 章我们对各部件进行了单独分析，并且知道诸如部件的压比和效率是部件几何外形、流量和转速的强函数。本章进而将之前所有章节综合起来，与循环分析一样，再次对发动机进行整体分析，但是本章中更多考量的是部件之间的相互作用和效率的变化。

最后，我们还分析了发动机与飞机之间的匹配。发动机(或发动机组)的性能参数必须与飞机相匹配。在这一匹配中，巡航条件下，发动机的总推力必须与机身的总气动阻力相匹配。因此，当发动机与飞机匹配时，油气比与飞行速度并不是独立变化的。因此当我们将飞机的阻力特性与部件特性均已知的发动机结合时，通过调整油气比(通常由飞行员完成)，就可决定发动机所有部件的工作点与飞机的飞行速度。

通过本章的分析，如果给定一组设计目标(包括设计点与非设计点)，读者应能将发动机作为一个系统，从反设计开始，展开一系列重要的分析。读者应能分析在工作条件范围内参数化调整部件特性曲线和发动机类别的影响，直至实现整个发动机设计目标。因此，可将整个发动机作为一个系统，对其进行精确的性能预估。借助这种方法，采用反设计流程来确定期望的工作特性，即不同部件的特性曲线，来实现整体的设计目标。一旦确定了设计特性，即可设计部件来实现这些特性。这就是实际工业界发动机设计过程中的第二步。

本章符号表

符号	含义	符号	含义
A	面积	R	理想气体常数
a	声速	T	温度
c_p	比定压热容	T	力矩
F	力	TSFC	单位推力燃油消耗率
f	油气比	γ	比热容比
ΔH	热值	η	效率
I	转动惯量	π	总压比
m	质量流量	τ	总温比
M	马赫数	ϕ	一般函数
N	转速	ψ	一般函数
p	压力	ω	转速
P	功率		

本章脚标表

符号	含义	符号	含义
a	自由来流或环境	f	燃油
b	主燃烧室	i	进气装置
c	压气机	l	负载
c	换算	m	机械(轴)
d	进气道	n	喷管
e	排气装置	stp	标准条件

t	总（滞止）	3	压气机出口，燃烧室进口
t	涡轮	4	燃烧室出口，涡轮进口
1	进气道进口	5	涡轮出口，喷管进口
2	进气道出口，压气机进口	8	喷管出口或排气

本章上角标表

| * | 壅塞 |

习　题

11.1　根据已知特性曲线的压气机、涡轮、燃烧室和收敛喷管组成一个涡喷发动机。发动机在海平面以 0.75 马赫数运转。部件的特性曲线见图 11.P.1～图 11.P.4。机械效率是 0.995，燃烧室效率是 0.91，燃油热值是 17800Btu/(lbm·°R)，进气道总压恢复系数是 0.92，喷管效率是 0.96。如果油气比是 0.03，求推力、TSFC、发动机空气质量流量和轴转速。并在这些特性图上标注出工作点。

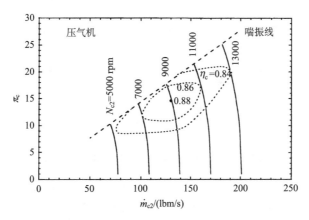

图 11.P.1　题 11.1～题 11.3 的压气机特性曲线

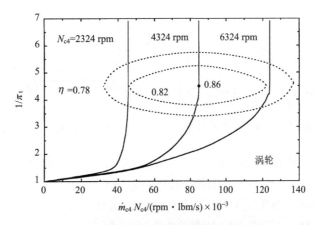

图 11.P.2　题 11.1～题 11.3 的涡轮特性曲线

11.2　根据已知特性曲线的压气机、涡轮和燃烧室组成一个涡喷发动机的燃气发生器。部件的特性曲线见图 11.P.1~图 11.P.3。机械效率是 0.995，燃烧室效率是 0.91，燃油热值是 17800Btu/(lbm·°R)。如果油气比是 0.020，压气机换算转速是 9000rpm，压气机进口总温是 577°R，求压气机的换算空气质量流量、压机总压比和轴转速。并在这些特性图上标注出工作点。

11.3　根据已知特性曲线的压气机、涡轮、燃烧室和收敛喷管组装三个相同的涡喷发动机，它们用在同一架已知的飞机上。飞机在海平面飞行。发动机的特性曲线见图 11.P.1~图 11.P.4，且飞机的机身阻力特性见图 11.P.5。机械效率是 0.995，燃烧室效率是 0.91，燃油热值是 17800Btu/(lbm·°R)，进气道总压恢复系数是 0.92，喷管效率是 0.96。如果油气比是 0.021，求工作马赫数、每台发动机的推力、TSFC、发动机空气质量流量和轴转速。并在这些特性图上标注出工作点。

11.4　根据已知特性曲线的压气机、涡轮、燃烧室、收敛喷管和轴组装一个涡喷发动机。发动机在 27000ft 高度工作。这些部件的特性曲线见图 11.P.6~图 11.P.10。燃油热值是 17800Btu/(lbm·°R)，进气道的最大总压恢复系数是 0.96 且当马赫数大于 1 时随马赫数增大而减小。

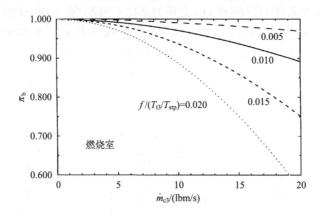

图 11.P.3　题 11.1~题 11.3 的燃烧室特性曲线

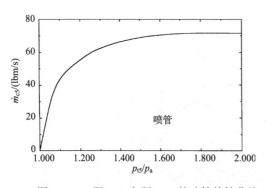 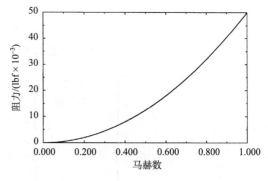

图 11.P.4　题 11.1 和题 11.3 的喷管特性曲线　　　　图 11.P.5　题 11.3 的飞机机身阻力曲线

(1)如果油气比是 0.026 且马赫数是 0.85，求发动机的推力、TSFC、发动机空气质量流量和轴转速。并在这些特性图上标注出工作点。并将该分析与题 3.34 进行比较。

(2)如果马赫数是 0.85，求压气机和涡轮特性曲线上的工作线。

(3)如果马赫数是 0.60，求压气机和涡轮特性曲线上的工作线。

(4)如果马赫数是 1.10，求压气机和涡轮特性曲线上的工作线。

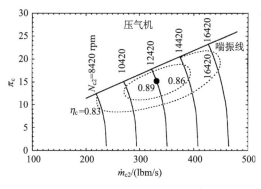

图 11.P.6　题 11.4 和题 11.5 的压气机特性曲线

图 11.P.7　题 11.4 和题 11.5 的涡轮特性曲线

11.5　根据已知特性曲线的压气机、涡轮、燃烧室、收敛喷管和轴组装三个相同的涡喷发动机，它们用在同一架已知的飞机上。飞机在 27000ft 高度飞行。这些部件的特性曲线见图 11.P.6~图 11.P.10，且飞机的机身阻力特性见图 11.P.11。每台发动机的燃油热值都是 17800Btu/(lbm·°R)，进气道的最大总压恢复系数是 0.96 且当马赫数大于 1 时随马赫数增大而减小。

(1)如果油气比是 0.026，求发动机工作的马赫数、每台发动机的推力、TSFC、发动机空气质量流量和轴转速。并在这些特性图上标注出工作点。

(2)当涡轮总温从 1900 到 3900°R 时，求工作马赫数随油气比的变化关系。

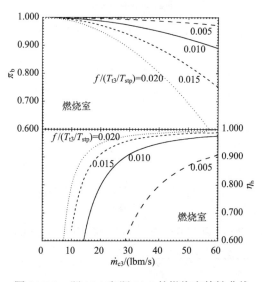

图 11.P.8　题 11.4 和题 11.5 的燃烧室特性曲线

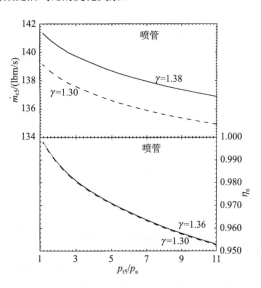

图 11.P.9　题 11.4 和题 11.5 的喷管特性曲线

11.6　根据已知特性曲线的压气机、涡轮、燃烧室、进气装置、排气装置和发电负载组装一个燃气轮机。该装置在标准海平面运行。这些部件的特性曲线见图 11.P.12~图 11.P.16。机械效率是 0.995，燃烧室效率是 0.91，燃油热值是 10000kcal/kg。如果油气比从 0.012 到 0.032 变化，求净输出功率、热效率、空气质量流量和轴转速。并在这些特性图上标注出工作点。

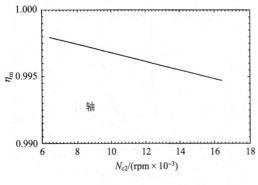

图 11.P.10　题 11.4 和题 11.5 的轴特性曲线

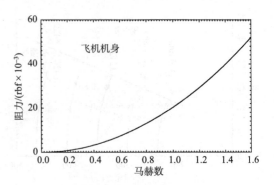

图 11.P.11　题 11.5 的飞机机身阻力曲线

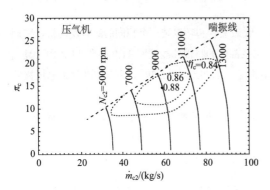

图 11.P.12　题 11.6 的压气机特性曲线

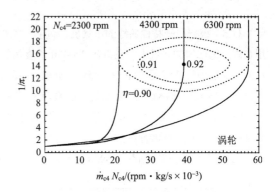

图 11.P.13　题 11.6 的涡轮特性曲线

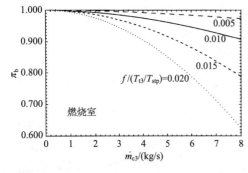

图 11.P.14　题 11.6 的燃烧室特性曲线

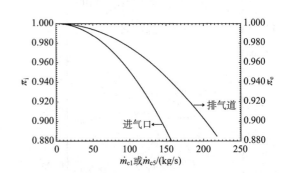

图 11.P.15　题 11.6 的进气装置和排气装置特性曲线

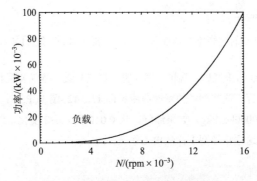

图 11.P.16　题 11.6 的负载特性曲线

11.7 一架飞机装配有三台发动机。标准温度压力下机身的阻力见下表。发动机部件已经匹配,其在标准温度压力时的发动机推力特性同样见下表。如果油气比是 0.020,飞机的工作马赫数等于多少?

机身阻力	
马赫数	推力/lbf
0.00	0.0
0.20	3000
0.40	10000
0.60	23000
0.80	40000
1.00	63000

单台发动机推力/lbf			
马赫数	$f = 0.015$	$f = 0.020$	$f = 0.025$
0.40	5700	7800	10800
0.60	5000	7300	10200
0.80	5200	7500	10300

11.8 一架飞机装配有两台涡扇发动机。标准温度压力下机身的阻力见下表。发动机部件已经匹配,其在标准温度压力时的发动机推力特性同样见下表。如果油气比是 0.022,飞机的工作马赫数等于多少?

机身阻力	
马赫数	推力/lbf
0.00	0.0
0.20	4000
0.40	16000
0.60	26000
0.80	64000
1.00	100000

单台发动机推力/lbf			
马赫数	$f = 0.016$	$f = 0.020$	$f = 0.024$
0.40	18000	29000	40000
0.60	17000	28000	39000
0.80	18000	29000	40000
1.00	20000	31000	42000

11.9 一架飞机装配有三台涡扇发动机。标准温度压力下机身的阻力见下表。发动机部件已经匹配,其在标准温度压力时的发动机推力特性同样见下表。如果油气比是 0.021,飞机的工作马赫数等于多少?

机身阻力	
马赫数	推力/lbf
0.00	0.0
0.20	4700
0.40	18800
0.60	42200
0.80	75000
1.00	117200

单台发动机推力/lbf			
马赫数	$f=0.017$	$f=0.020$	$f=0.023$
0.40	20500	27300	34000
0.60	20000	26700	33300
0.80	20700	27200	34000
1.00	23700	29000	36700

11.10 一架飞机装配有两台涡扇发动机。在 20000ft 下飞机机身的阻力见下表。发动机部件已经匹配，其在 20000ft 时的发动机推力特性同样见下表。如果油气比是 0.022，飞机的工作马赫数等于多少？

机身阻力	
马赫数	推力/lbf
0.00	0.0
0.20	4500
0.40	18000
0.60	40500
0.80	72000
1.00	112500

单台发动机推力/lbf			
马赫数	$f=0.017$	$f=0.020$	$f=0.023$
0.40	30500	37300	44000
0.60	30000	36700	43300
0.80	30700	37200	44000
1.00	33700	40000	46700

11.11 根据已知部件组装一台单轴涡喷发动机。该情况下的发动机包括进气道、压气机、燃烧室、涡轮、传动轴和喷管。这里我们将所有的部件都利用 11.2.4 节中的方程来建模。喷管有固定喉道面积和可调的出口面积，出口压力等于环境压力。发动机在 0.5 马赫数下工作。$T_a = 289K(520°R)$，$p_a = 101.3kPa(14.69psi)$，绘制部件的特性曲线并求油气比从 0.010 以 0.005 的步长增加到 0.035 时发动机的工作特性。已知：进气道（$\pi_{dd}=1$）；压气机（$c_1 = 0.1764s/kg(0.08s/lbm)$，$c_2 = 0.00907kg/(s \cdot rpm)$ $(0.02lbm/(s \cdot rpm))$，$c_3 = 0.80$，$c_4 = 0.00001/rpm$，$c_5 = 9.724rpm \cdot s^2/kg^2$ $(2.0rpm \cdot s^2/lbm^2)$，$N_{c2d} =$

8000rpm，$\eta_{cd} = 0.88$，$\mu = 0.10$）；燃烧室（$b_1 = 9.068s^2/kg^2(1.865s^2/lbm^2)$，$b_2 = 0.0s^2/kg^2(0.0s^2/lbm^2)$，$\Delta H = 10000kcal/kg(18000Btu/lbm)$ [①]，$\eta_{bd} = 0.91$）；涡轮（$k_1 = 1.0$，$k_2 = 0.20$，$N_{c4d} = 4000rpm$，$\dot{m}_{c4c} = 15.87kg/s(35lbm/s)$，$\eta_{td} = 0.85$，$\pi_{td} = 0.20$ [②]）；轴（$s_1 = 0$，$s_2 = 0$）；喷管——喉道面积 A^* 固定的收-扩喷管（$a_1 = 0$，$\dot{m}_n = 88.08kg/s(194.2lbm/s)$，$\eta_{nd} = 0.98$）

11.12　根据题 11.11 中已知的部件为一个给定的飞机组装一个单轴涡喷发动机。飞机的阻力特性为 $C_{dm} = 163460N(36750lbf)$。飞机装有两台发动机，飞行马赫数为 0.7。绘制飞机机身特性曲线并求所需和油气比和该条件下的 TSFC。当 $T_a = 289K(520°R)$，$p_a = 101.3kPa(14.69psi)$ 时，马赫数从 0.1 到 1.2 变化时，确定油气比和 TSFC 随飞行马赫数的变化关系。

11.13　气流进入一个已进行部件匹配的燃气发生器时总压为 14psi，总温为 577°R。在匹配工作点，未换算（实际）的质量流量为 118.3lbm/s，且转速为 9492rpm。压气机、燃烧室和涡轮的特性曲线见图 11.P.1、图 11.P.3 和图 11.P.2。燃烧室效率为 91%，机械效率为 99.5%。油气比为 0.020，燃烧室出口总温是 2435°R，燃油热值是 17800Btu/(lbm·°R)。压气机、燃烧室和涡轮的比热容比分别是 1.381、1.337 和 1.326。求：

(1) 压气机压比和效率；

(2) 压气机出口总压和总温；

(3) 燃烧室出口总压；

(4) 涡轮出口总压和总温。

---

① 原文为 $\Delta H = 10000kcal/kg(18000B/lbm)$，根据热值的单位进行修改。

② 原文为 $\pi_{te} = 0.20$，根据上下文，应为涡轮的总压比，且压气机压比不可能这么小。

第四篇
附　　录

附录 A 标准大气

现行的参考标准大气是 1962 年确立的，标准的参考压力和温度是高度的函数。此处的信息引自美国政府印刷局（U. S. Government Printing Office, 1976）。根据这一标准：当高度低于 36000ft（11000m）时，温度随着高度增大而线性降低；当高度处于 36000ft（11000m）至 66000ft（21000m）时，温度基本不变；再之后，当高度到 105000ft（32000m）之前，温度线性增加。在同样的高度范围内，压力则以不同的指数函数减小。对应的函数图形见图 A.1 和图 A.2。同时我们还给出了压力和温度分布表。另外还可利用本书附赠的软件"ATMOSPHERE"直接查询。参考标准条件 p_{stp}=14.69psi（101.3kPa）且 T_{stp}=518.7°R（288.2K）。

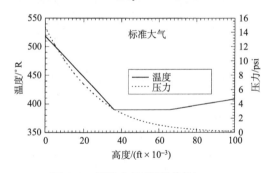
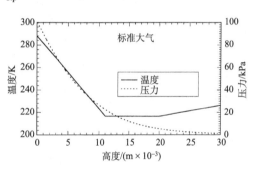

图 A.1　标准大气（英制单位）　　　　图 A.2　标准大气（国际标准单位制）

标准大气表（英制单位）

高度/ft	$T/°R$	p/psi	高度/ft	$T/°R$	p/psi
0	518.7	14.70	11000	479.5	9.727
1000	515.1	14.17	12000	476.0	9.353
2000	511.6	13.67	13000	472.4	8.991
3000	508.0	13.17	14000	468.8	8.641
4000	504.4	12.70	15000	465.3	8.301
5000	500.9	12.23	16000	461.7	7.973
6000	497.3	11.78	17000	458.2	7.655
7000	493.7	11.34	18000	454.6	7.347
8000	490.2	10.92	19000	451.0	7.050
9000	486.6	10.51	20000	447.5	6.762
10000	483.1	10.11	21000	443.9	6.484

续表

高度/ft	T/°R	p/psi	高度/ft	T/°R	p/psi
22000	440.4	6.215	62000	390.0	0.9532
23000	436.8	5.956	63000	390.0	0.9087
24000	433.2	5.705	64000	390.0	0.8663
25000	429.7	5.463	65000	390.0	0.8258
26000	426.1	5.229	66000	390.1	0.7873
27000	422.6	5.003	67000	390.6	0.7507
28000	419.0	4.786	68000	391.2	0.7158
29000	415.4	4.576	69000	391.7	0.6826
30000	411.9	4.373	70000	392.3	0.6509
31000	408.3	4.178	71000	392.8	0.6208
32000	404.7	3.990	72000	393.3	0.5921
33000	401.2	3.809	73000	393.9	0.5648
34000	397.6	3.635	74000	394.4	0.5388
35000	394.1	3.467	75000	395.0	0.5140
36000	390.5	3.305	76000	395.5	0.4904
37000	390.0	3.151	77000	396.1	0.4678
38000	390.0	3.004	78000	396.6	0.4464
39000	390.0	2.864	79000	397.2	0.4260
40000	390.0	2.730	80000	397.7	0.4065
41000	390.0	2.602	81000	398.2	0.3879
42000	390.0	2.481	82000	398.8	0.3702
43000	390.0	2.365	83000	399.3	0.3534
44000	390.0	2.255	84000	399.9	0.3373
45000	390.0	2.149	85000	400.4	0.3220
46000	390.0	2.049	86000	401.0	0.3074
47000	390.0	1.953	87000	401.5	0.2935
48000	390.0	1.862	88000	402.0	0.2802
49000	390.0	1.775	89000	402.6	0.2675
50000	390.0	1.692	90000	403.1	0.2555
51000	390.0	1.613	91000	403.7	0.2440
52000	390.0	1.538	92000	404.2	0.2330
53000	390.0	1.466	93000	404.8	0.2225
54000	390.0	1.398	94000	405.3	0.2125
55000	390.0	1.332	95000	405.9	0.2030
56000	390.0	1.270	96000	406.4	0.1939
57000	390.0	1.211	97000	406.9	0.1852
58000	390.0	1.154	98000	407.5	0.1770
59000	390.0	1.100	99000	408.0	0.1691
60000	390.0	1.049	100000	408.6	0.1616
61000	390.0	0.9999			

标准大气表(国际标准单位)

高度/m	T/K	p/kPa	高度/m	T/K	p/kPa
0	288.2	101.33	15500	216.7	11.21
500	284.9	95.47	16000	216.7	10.36
1000	281.7	89.90	16500	216.7	9.581
1500	278.4	84.59	17000	216.7	8.858
2000	275.2	79.53	17500	216.7	8.190
2500	271.9	74.73	18000	216.7	7.572
3000	268.7	70.16	18500	216.7	7.001
3500	265.4	65.82	19000	216.7	6.473
4000	262.2	61.70	19500	216.7	5.984
4500	259.0	57.79	20000	216.7	5.533
5000	255.7	54.09	20500	217.1	5.117
5500	252.5	50.58	21000	217.6	4.733
6000	249.2	47.25	21500	218.1	4.379
6500	246.0	44.11	22000	218.6	4.052
7000	242.7	41.13	22500	219.1	3.750
7500	239.5	38.33	23000	219.6	3.471
8000	236.3	35.68	23500	220.1	3.214
8500	233.0	33.17	24000	220.6	2.976
9000	229.8	30.82	24500	221.0	2.756
9500	226.5	28.60	25000	221.5	2.553
10000	223.3	26.51	25500	222.0	2.365
10500	220.0	24.55	26000	222.5	2.191
11000	216.8	22.70	26500	223.0	2.031
11500	216.7	20.99	27000	223.5	1.883
12000	216.7	19.41	27500	224.0	1.745
12500	216.7	17.94	28000	224.5	1.618
13000	216.7	16.59	28500	225.0	1.501
13500	216.7	15.34	29000	225.5	1.392
14000	216.7	14.18	29500	226.0	1.291
14500	216.7	13.11	30000	226.5	1.198
15000	216.7	12.12			

等熵气流表 ($\gamma=1.4$)

M	T/T_t	p/p_t	ρ/ρ_t	A/A^*
0.0000	1.0000	1.0000	1.0000	∞
0.0100	1.0000	0.9999	0.9999	57.874
0.0200	0.9999	0.9997	0.9998	28.942
0.0300	0.9998	0.9994	0.9996	19.301
0.0400	0.9997	0.9989	0.9992	14.482
0.0500	0.9995	0.9983	0.9988	11.591
0.0600	0.9993	0.9975	0.9982	9.6659
0.0700	0.9990	0.9966	0.9976	8.2915
0.0800	0.9987	0.9955	0.9968	7.2616
0.0900	0.9984	0.9944	0.9960	6.4613
0.1000	0.9980	0.9930	0.9950	5.8218
0.1100	0.9976	0.9916	0.9940	5.2992
0.1200	0.9971	0.9900	0.9928	4.8643
0.1300	0.9966	0.9883	0.9916	4.4969
0.1400	0.9961	0.9864	0.9903	4.1824
0.1500	0.9955	0.9844	0.9888	3.9103
0.1600	0.9949	0.9823	0.9873	3.6727
0.1700	0.9943	0.9800	0.9857	3.4635
0.1800	0.9936	0.9776	0.9840	3.2779
0.1900	0.9928	0.9751	0.9822	3.1123
0.2000	0.9921	0.9725	0.9803	2.9635
0.2100	0.9913	0.9697	0.9783	2.8293
0.2200	0.9904	0.9668	0.9762	2.7076
0.2300	0.9895	0.9638	0.9740	2.5968
0.2400	0.9886	0.9607	0.9718	2.4956
0.2500	0.9877	0.9575	0.9694	2.4027
0.2600	0.9867	0.9541	0.9670	2.3173
0.2700	0.9856	0.9506	0.9645	2.2385

续表

M	T/T_t	p/p_t	ρ/ρ_t	A/A^*
0.2800	0.9846	0.9470	0.9619	2.1656
0.2900	0.9835	0.9433	0.9592	2.0979
0.3000	0.9823	0.9395	0.9564	2.0351
0.3100	0.9811	0.9355	0.9535	1.9765
0.3200	0.9799	0.9315	0.9506	1.9219
0.3300	0.9787	0.9274	0.9476	1.8707
0.3400	0.9774	0.9231	0.9445	1.8229
0.3500	0.9761	0.9188	0.9413	1.7780
0.3600	0.9747	0.9143	0.9380	1.7358
0.3700	0.9733	0.9098	0.9347	1.6961
0.3800	0.9719	0.9052	0.9313	1.6587
0.3900	0.9705	0.9004	0.9278	1.6234
0.4000	0.9690	0.8956	0.9243	1.5901
0.4100	0.9675	0.8907	0.9207	1.5587
0.4200	0.9659	0.8857	0.9170	1.5289
0.4300	0.9643	0.8807	0.9132	1.5007
0.4400	0.9627	0.8755	0.9094	1.4740
0.4500	0.9611	0.8703	0.9055	1.4487
0.4600	0.9594	0.8650	0.9016	1.4246
0.4700	0.9577	0.8596	0.8976	1.4018
0.4800	0.9559	0.8541	0.8935	1.3801
0.4900	0.9542	0.8486	0.8894	1.3595
0.5000	0.9524	0.8430	0.8852	1.3398
0.5100	0.9506	0.8374	0.8809	1.3212
0.5200	0.9487	0.8317	0.8766	1.3034
0.5300	0.9468	0.8259	0.8723	1.2865
0.5400	0.9449	0.8201	0.8679	1.2703
0.5500	0.9430	0.8142	0.8634	1.2549
0.5600	0.9410	0.8082	0.8589	1.2403
0.5700	0.9390	0.8022	0.8544	1.2263
0.5800	0.9370	0.7962	0.8498	1.2130
0.5900	0.9349	0.7901	0.8451	1.2003
0.6000	0.9328	0.7840	0.8405	1.1882
0.6100	0.9307	0.7778	0.8357	1.1767
0.6200	0.9286	0.7716	0.8310	1.1656
0.6300	0.9265	0.7654	0.8262	1.1552
0.6400	0.9243	0.7591	0.8213	1.1451
0.6500	0.9221	0.7528	0.8164	1.1356
0.6600	0.9199	0.7465	0.8115	1.1265

M	T/T_t	p/p_t	ρ/ρ_t	A/A^*
0.6700	0.9176	0.7401	0.8066	1.1179
0.6800	0.9153	0.7338	0.8016	1.1097
0.6900	0.9131	0.7274	0.7966	1.1018
0.7000	0.9107	0.7209	0.7916	1.0944
0.7100	0.9084	0.7145	0.7865	1.0873
0.7200	0.9061	0.7080	0.7814	1.0806
0.7300	0.9037	0.7016	0.7763	1.0742
0.7400	0.9013	0.6951	0.7712	1.0681
0.7500	0.8989	0.6886	0.7660	1.0624
0.7600	0.8964	0.6821	0.7609	1.0570
0.7700	0.8940	0.6756	0.7557	1.0519
0.7800	0.8915	0.6691	0.7505	1.0471
0.7900	0.8890	0.6625	0.7452	1.0425
0.8000	0.8865	0.6560	0.7400	1.0382
0.8100	0.8840	0.6495	0.7347	1.0342
0.8200	0.8815	0.6430	0.7295	1.0305
0.8300	0.8789	0.6365	0.7242	1.0270
0.8400	0.8763	0.6300	0.7189	1.0237
0.8500	0.8737	0.6235	0.7136	1.0207
0.8600	0.8711	0.6170	0.7083	1.0179
0.8700	0.8685	0.6106	0.7030	1.0153
0.8800	0.8659	0.6041	0.6977	1.0129
0.8900	0.8632	0.5977	0.6924	1.0108
0.9000	0.8606	0.5913	0.6870	1.0089
0.9100	0.8579	0.5849	0.6817	1.0071
0.9200	0.8552	0.5785	0.6764	1.0056
0.9300	0.8525	0.5721	0.6711	1.0043
0.9400	0.8498	0.5658	0.6658	1.0031
0.9500	0.8471	0.5595	0.6604	1.0021
0.9600	0.8444	0.5532	0.6551	1.0014
0.9700	0.8416	0.5469	0.6498	1.0008
0.9800	0.8389	0.5407	0.6445	1.0003
0.9900	0.8361	0.5345	0.6392	1.0001
1.0000	0.8333	0.5283	0.6339	1.0000
1.0100	0.8306	0.5221	0.6287	1.0001
1.0200	0.8278	0.5160	0.6234	1.0003
1.0300	0.8250	0.5099	0.6181	1.0007
1.0400	0.8222	0.5039	0.6129	1.0013
1.0500	0.8193	0.4979	0.6077	1.0020

续表

M	T/T_t	p/p_t	ρ/ρ_t	A/A^*
1.0600	0.8165	0.4919	0.6024	1.0029
1.0700	0.8137	0.4860	0.5972	1.0039
1.0800	0.8108	0.4800	0.5920	1.0051
1.0900	0.8080	0.4742	0.5869	1.0064
1.1000	0.8052	0.4684	0.5817	1.0079
1.1100	0.8023	0.4626	0.5766	1.0095
1.1200	0.7994	0.4568	0.5714	1.0113
1.1300	0.7966	0.4511	0.5663	1.0132
1.1400	0.7937	0.4455	0.5612	1.0153
1.1500	0.7908	0.4398	0.5562	1.0175
1.1600	0.7879	0.4343	0.5511	1.0198
1.1700	0.7851	0.4287	0.5461	1.0222
1.1800	0.7822	0.4232	0.5411	1.0248
1.1900	0.7793	0.4178	0.5361	1.0276
1.2000	0.7764	0.4124	0.5311	1.0304
1.2100	0.7735	0.4070	0.5262	1.0334
1.2200	0.7706	0.4017	0.5213	1.0366
1.2300	0.7677	0.3964	0.5164	1.0398
1.2400	0.7648	0.3912	0.5115	1.0432
1.2500	0.7619	0.3861	0.5067	1.0468
1.2600	0.7590	0.3809	0.5019	1.0504
1.2700	0.7561	0.3759	0.4971	1.0542
1.2800	0.7532	0.3708	0.4923	1.0581
1.2900	0.7503	0.3658	0.4876	1.0621
1.3000	0.7474	0.3609	0.4829	1.0663
1.3100	0.7445	0.3560	0.4782	1.0706
1.3200	0.7416	0.3512	0.4736	1.0750
1.3300	0.7387	0.3464	0.4690	1.0796
1.3400	0.7358	0.3417	0.4644	1.0842
1.3500	0.7329	0.3370	0.4598	1.0890
1.3600	0.7300	0.3323	0.4553	1.0940
1.3700	0.7271	0.3277	0.4508	1.0990
1.3800	0.7242	0.3232	0.4463	1.1042
1.3900	0.7213	0.3187	0.4418	1.1095
1.4000	0.7184	0.3142	0.4374	1.1149
1.4100	0.7155	0.3098	0.4330	1.1205
1.4200	0.7126	0.3055	0.4287	1.1262
1.4300	0.7097	0.3012	0.4244	1.1320
1.4400	0.7069	0.2969	0.4201	1.1379
1.4500	0.7040	0.2927	0.4158	1.1440

M	T/T_t	p/p_t	ρ/ρ_t	A/A^*
1.4600	0.7011	0.2886	0.4116	1.1501
1.4700	0.6982	0.2845	0.4074	1.1565
1.4800	0.6954	0.2804	0.4032	1.1629
1.4900	0.6925	0.2764	0.3991	1.1695
1.5000	0.6897	0.2724	0.3950	1.1762
1.5100	0.6868	0.2685	0.3909	1.1830
1.5200	0.6840	0.2646	0.3869	1.1899
1.5300	0.6811	0.2608	0.3829	1.1970
1.5400	0.6783	0.2570	0.3789	1.2042
1.5500	0.6754	0.2533	0.3750	1.2116
1.5600	0.6726	0.2496	0.3710	1.2190
1.5700	0.6698	0.2459	0.3672	1.2266
1.5800	0.6670	0.2423	0.3633	1.2344
1.5900	0.6642	0.2388	0.3595	1.2422
1.6000	0.6614	0.2353	0.3557	1.2502
1.6100	0.6586	0.2318	0.3520	1.2584
1.6200	0.6558	0.2284	0.3483	1.2666
1.6300	0.6530	0.2250	0.3446	1.2750
1.6400	0.6502	0.2217	0.3409	1.2836
1.6500	0.6475	0.2184	0.3373	1.2922
1.6600	0.6447	0.2152	0.3337	1.3010
1.6700	0.6419	0.2119	0.3302	1.3100
1.6800	0.6392	0.2088	0.3266	1.3190
1.6900	0.6364	0.2057	0.3232	1.3283
1.7000	0.6337	0.2026	0.3197	1.3376
1.7100	0.6310	0.1996	0.3163	1.3471
1.7200	0.6283	0.1966	0.3129	1.3567
1.7300	0.6256	0.1936	0.3095	1.3665
1.7400	0.6229	0.1907	0.3062	1.3764
1.7500	0.6202	0.1878	0.3029	1.3865
1.7600	0.6175	0.1850	0.2996	1.3967
1.7700	0.6148	0.1822	0.2964	1.4070
1.7800	0.6121	0.1794	0.2931	1.4175
1.7900	0.6095	0.1767	0.2900	1.4282
1.8000	0.6068	0.1740	0.2868	1.4390
1.8100	0.6041	0.1714	0.2837	1.4499
1.8200	0.6015	0.1688	0.2806	1.4610
1.8300	0.5989	0.1662	0.2776	1.4723
1.8400	0.5963	0.1637	0.2745	1.4836
1.8500	0.5936	0.1612	0.2715	1.4952

续表

M	T/T_t	p/p_t	ρ/ρ_t	A/A^*
1.8600	0.5910	0.1587	0.2686	1.5069
1.8700	0.5885	0.1563	0.2656	1.5187
1.8800	0.5859	0.1539	0.2627	1.5308
1.8900	0.5833	0.1516	0.2598	1.5429
1.9000	0.5807	0.1492	0.2570	1.5553
1.9100	0.5782	0.1470	0.2542	1.5677
1.9200	0.5756	0.1447	0.2514	1.5804
1.9300	0.5731	0.1425	0.2486	1.5932
1.9400	0.5705	0.1403	0.2459	1.6062
1.9500	0.5680	0.1381	0.2432	1.6193
1.9600	0.5655	0.1360	0.2405	1.6326
1.9700	0.5630	0.1339	0.2378	1.6461
1.9800	0.5605	0.1318	0.2352	1.6597
1.9900	0.5580	0.1298	0.2326	1.6735
2.0000	0.5556	0.1278	0.2300	1.6875
2.0200	0.5506	0.1239	0.2250	1.7160
2.0400	0.5458	0.1201	0.2200	1.7451
2.0600	0.5409	0.1164	0.2152	1.7750
2.0800	0.5361	0.1128	0.2104	1.8056
2.1000	0.5314	0.1094	0.2058	1.8369
2.1200	0.5266	0.1060	0.2013	1.8690
2.1400	0.5219	0.1027	0.1968	1.9018
2.1600	0.5173	0.0996	0.1925	1.9354
2.1800	0.5127	0.0965	0.1882	1.9698
2.2000	0.5081	0.0935	0.1841	2.0050
2.2200	0.5036	0.0906	0.1800	2.0409
2.2400	0.4991	0.0878	0.1760	2.0777
2.2600	0.4947	0.0851	0.1721	2.1153
2.2800	0.4903	0.0825	0.1683	2.1538
2.3000	0.4859	0.0800	0.1646	2.1931
2.3200	0.4816	0.0775	0.1609	2.2333
2.3400	0.4773	0.0751	0.1574	2.2744
2.3600	0.4731	0.0728	0.1539	2.3164
2.3800	0.4689	0.0706	0.1505	2.3593
2.4000	0.4647	0.0684	0.1472	2.4031
2.4200	0.4606	0.0663	0.1439	2.4479
2.4400	0.4565	0.0643	0.1408	2.4936
2.4600	0.4524	0.0623	0.1377	2.5403
2.4800	0.4484	0.0604	0.1346	2.5880
2.5000	0.4444	0.0585	0.1317	2.6367

M	T/T_t	p/p_t	ρ/ρ_t	A/A^*
2.5200	0.4405	0.0567	0.1288	2.6864
2.5400	0.4366	0.0550	0.1260	2.7372
2.5600	0.4328	0.0533	0.1232	2.7891
2.5800	0.4289	0.0517	0.1205	2.8420
2.6000	0.4252	0.0501	0.1179	2.8960
2.6200	0.4214	0.0486	0.1153	2.9511
2.6400	0.4177	0.0471	0.1128	3.0073
2.6600	0.4141	0.0457	0.1103	3.0647
2.6800	0.4104	0.0443	0.1079	3.1233
2.7000	0.4068	0.0430	0.1056	3.1830
2.7200	0.4033	0.0417	0.1033	3.2439
2.7400	0.3998	0.0404	0.1010	3.3061
2.7600	0.3963	0.0392	0.0989	3.3695
2.7800	0.3928	0.0380	0.0967	3.4342
2.8000	0.3894	0.0368	0.0946	3.5001
2.8200	0.3860	0.0357	0.0926	3.5674
2.8400	0.3827	0.0347	0.0906	3.6359
2.8600	0.3794	0.0336	0.0886	3.7058
2.8800	0.3761	0.0326	0.0867	3.7771
2.9000	0.3729	0.0317	0.0849	3.8498
2.9200	0.3696	0.0307	0.0831	3.9238
2.9400	0.3665	0.0298	0.0813	3.9993
2.9600	0.3633	0.0289	0.0796	4.0762
2.9800	0.3602	0.0281	0.0779	4.1547
3.0000	0.3571	0.0272	0.0762	4.2346
3.1000	0.3422	0.0234	0.0685	4.6573
3.2000	0.3281	0.0202	0.0617	5.1209
3.3000	0.3147	0.0175	0.0555	5.6286
3.4000	0.3019	0.0151	0.0501	6.1837
3.5000	0.2899	0.0131	0.0452	6.7896
3.6000	0.2784	0.0114	0.0409	7.4501
3.7000	0.2675	0.0099	0.0370	8.1690
3.8000	0.2572	0.0086	0.0335	8.9506
3.9000	0.2474	0.0075	0.0304	9.7989
4.0000	0.2381	0.0066	0.0277	10.719
4.1000	0.2293	0.0058	0.0252	11.715
4.2000	0.2208	0.0051	0.0229	12.792
4.3000	0.2129	0.0044	0.0209	13.955
4.4000	0.2053	0.0039	0.0191	15.210
4.5000	0.1980	0.0035	0.0174	16.562

续表

M	T/T_t	p/p_t	ρ/ρ_t	A/A^*
4.6000	0.1911	0.0031	0.0160	18.018
4.7000	0.1846	0.0027	0.0146	19.583
4.8000	0.1783	0.0024	0.0134	21.264
4.9000	0.1724	0.0021	0.0123	23.067
5.0000	0.1667	0.0019	0.0113	25.000
5.1000	0.1612	0.0017	0.0104	27.070
5.2000	0.1561	0.0015	0.0096	29.283
5.3000	0.1511	0.0013	0.0089	31.649
5.4000	0.1464	0.0012	0.0082	34.175
5.5000	0.1418	0.0011	0.0076	36.869
5.6000	0.1375	0.0010	0.0070	39.740
5.7000	0.1334	0.0009	0.0065	42.797
5.8000	0.1294	0.0008	0.0060	46.050
5.9000	0.1256	0.0007	0.0056	49.507
6.0000	0.1220	0.0006	0.0052	53.180
6.5000	0.1058	0.0004	0.0036	75.134
7.0000	0.0926	0.0002	0.0026	104.14
7.5000	0.0816	0.0002	0.0019	141.84
8.0000	0.0725	0.0001	0.0014	190.11
8.5000	0.0647	0.0001	0.0011	251.09
9.0000	0.0581	0.0000	0.0008	327.19
9.5000	0.0525	0.0000	0.0006	421.13
10.0000	0.0476	0.0000	0.0005	535.94
20.0000	0.0123	0.0000	0.0000	15377.0
∞	0.0000	0.0000	0.0000	∞

等熵气流表 ($\gamma=1.35$)

M	T/T_t	p/p_t	ρ/ρ_t	A/A^*
0.0000	1.0000	1.0000	1.0000	∞
0.0100	1.0000	0.9999	0.9999	58.197
0.0200	0.9999	0.9997	0.9998	29.104
0.0300	0.9998	0.9994	0.9995	19.408
0.0400	0.9997	0.9989	0.9992	14.562
0.0500	0.9996	0.9983	0.9988	11.656
0.0600	0.9994	0.9976	0.9982	9.7194
0.0700	0.9991	0.9967	0.9976	8.3373
0.0800	0.9989	0.9957	0.9968	7.3015
0.0900	0.9986	0.9946	0.9960	6.4967
0.1000	0.9983	0.9933	0.9950	5.8536

M	T/T_t	p/p_t	ρ/ρ_t	A/A^*
0.1100	0.9979	0.9919	0.9940	5.3280
0.1200	0.9975	0.9903	0.9928	4.8906
0.1300	0.9971	0.9887	0.9916	4.5210
0.1400	0.9966	0.9869	0.9903	4.2047
0.1500	0.9961	0.9850	0.9888	3.9311
0.1600	0.9955	0.9829	0.9873	3.6921
0.1700	0.9950	0.9807	0.9857	3.4816
0.1800	0.9944	0.9784	0.9840	3.2949
0.1900	0.9937	0.9760	0.9822	3.1282
0.2000	0.9930	0.9735	0.9803	2.9786
0.2100	0.9923	0.9708	0.9783	2.8436
0.2200	0.9916	0.9680	0.9762	2.7211
0.2300	0.9908	0.9651	0.9740	2.6096
0.2400	0.9900	0.9621	0.9718	2.5078
0.2500	0.9892	0.9589	0.9694	2.4143
0.2600	0.9883	0.9557	0.9670	2.3283
0.2700	0.9874	0.9523	0.9644	2.2490
0.2800	0.9865	0.9488	0.9618	2.1756
0.2900	0.9855	0.9452	0.9591	2.1075
0.3000	0.9845	0.9415	0.9563	2.0443
0.3100	0.9835	0.9377	0.9535	1.9853
0.3200	0.9824	0.9338	0.9505	1.9303
0.3300	0.9813	0.9298	0.9475	1.8788
0.3400	0.9802	0.9257	0.9444	1.8306
0.3500	0.9790	0.9214	0.9412	1.7854
0.3600	0.9778	0.9171	0.9379	1.7429
0.3700	0.9766	0.9127	0.9346	1.7029
0.3800	0.9754	0.9082	0.9312	1.6652
0.3900	0.9741	0.9036	0.9277	1.6297
0.4000	0.9728	0.8990	0.9241	1.5962
0.4100	0.9714	0.8942	0.9205	1.5644
0.4200	0.9701	0.8893	0.9168	1.5344
0.4300	0.9687	0.8844	0.9130	1.5060
0.4400	0.9672	0.8794	0.9092	1.4791
0.4500	0.9658	0.8743	0.9053	1.4536
0.4600	0.9643	0.8691	0.9013	1.4293
0.4700	0.9628	0.8639	0.8973	1.4063
0.4800	0.9612	0.8586	0.8932	1.3844
0.4900	0.9597	0.8532	0.8891	1.3636
0.5000	0.9581	0.8478	0.8848	1.3438

续表

M	T/T_t	p/p_t	ρ/ρ_t	A/A^*
0.5100	0.9565	0.8422	0.8806	1.3250
0.5200	0.9548	0.8367	0.8763	1.3070
0.5300	0.9531	0.8310	0.8719	1.2899
0.5400	0.9514	0.8253	0.8674	1.2736
0.5500	0.9497	0.8196	0.8630	1.2581
0.5600	0.9480	0.8138	0.8584	1.2433
0.5700	0.9462	0.8079	0.8539	1.2292
0.5800	0.9444	0.8020	0.8492	1.2158
0.5900	0.9426	0.7961	0.8445	1.2029
0.6000	0.9407	0.7901	0.8398	1.1907
0.6100	0.9389	0.7840	0.8351	1.1790
0.6200	0.9370	0.7779	0.8303	1.1679
0.6300	0.9351	0.7718	0.8254	1.1573
0.6400	0.9331	0.7657	0.8205	1.1472
0.6500	0.9312	0.7595	0.8156	1.1375
0.6600	0.9292	0.7532	0.8107	1.1283
0.6700	0.9272	0.7470	0.8057	1.1196
0.6800	0.9251	0.7407	0.8007	1.1113
0.6900	0.9231	0.7344	0.7956	1.1033
0.7000	0.9210	0.7281	0.7905	1.0958
0.7100	0.9189	0.7217	0.7854	1.0886
0.7200	0.9168	0.7154	0.7803	1.0818
0.7300	0.9147	0.7090	0.7751	1.0753
0.7400	0.9126	0.7026	0.7699	1.0692
0.7500	0.9104	0.6962	0.7647	1.0634
0.7600	0.9082	0.6898	0.7595	1.0579
0.7700	0.9060	0.6833	0.7542	1.0527
0.7800	0.9038	0.6769	0.7490	1.0478
0.7900	0.9015	0.6704	0.7437	1.0432
0.8000	0.8993	0.6640	0.7384	1.0389
0.8100	0.8970	0.6575	0.7330	1.0348
0.8200	0.8947	0.6511	0.7277	1.0310
0.8300	0.8924	0.6447	0.7224	1.0274
0.8400	0.8901	0.6382	0.7170	1.0241
0.8500	0.8878	0.6318	0.7116	1.0210
0.8600	0.8854	0.6253	0.7063	1.0182
0.8700	0.8830	0.6189	0.7009	1.0156
0.8800	0.8807	0.6125	0.6955	1.0132
0.8900	0.8783	0.6061	0.6901	1.0110
0.9000	0.8758	0.5997	0.6847	1.0090

M	T/T_t	p/p_t	ρ/ρ_t	A/A^*
0.9100	0.8734	0.5933	0.6793	1.0073
0.9200	0.8710	0.5870	0.6739	1.0057
0.9300	0.8685	0.5806	0.6685	1.0043
0.9400	0.8661	0.5743	0.6631	1.0032
0.9500	0.8636	0.5680	0.6577	1.0022
0.9600	0.8611	0.5617	0.6523	1.0014
0.9700	0.8586	0.5555	0.6469	1.0008
0.9800	0.8561	0.5492	0.6416	1.0003
0.9900	0.8536	0.5430	0.6362	1.0001
1.0000	0.8511	0.5369	0.6308	1.0000
1.0100	0.8485	0.5307	0.6254	1.0001
1.0200	0.8460	0.5246	0.6201	1.0003
1.0300	0.8434	0.5185	0.6147	1.0008
1.0400	0.8408	0.5124	0.6094	1.0013
1.0500	0.8383	0.5064	0.6041	1.0021
1.0600	0.8357	0.5004	0.5988	1.0030
1.0700	0.8331	0.4944	0.5935	1.0040
1.0800	0.8305	0.4885	0.5882	1.0052
1.0900	0.8279	0.4826	0.5829	1.0066
1.1000	0.8253	0.4767	0.5777	1.0081
1.1100	0.8226	0.4709	0.5724	1.0098
1.1200	0.8200	0.4651	0.5672	1.0116
1.1300	0.8174	0.4594	0.5620	1.0135
1.1400	0.8147	0.4537	0.5568	1.0156
1.1500	0.8121	0.4480	0.5517	1.0179
1.1600	0.8094	0.4424	0.5465	1.0203
1.1700	0.8067	0.4368	0.5414	1.0228
1.1800	0.8041	0.4312	0.5363	1.0255
1.1900	0.8014	0.4257	0.5312	1.0283
1.2000	0.7987	0.4203	0.5262	1.0312
1.2100	0.7960	0.4149	0.5211	1.0343
1.2200	0.7934	0.4095	0.5161	1.0376
1.2300	0.7907	0.4042	0.5112	1.0409
1.2400	0.7880	0.3989	0.5062	1.0444
1.2500	0.7853	0.3936	0.5013	1.0481
1.2600	0.7826	0.3884	0.4964	1.0518
1.2700	0.7799	0.3833	0.4915	1.0557
1.2800	0.7772	0.3782	0.4866	1.0598
1.2900	0.7745	0.3731	0.4818	1.0640
1.3000	0.7718	0.3681	0.4770	1.0683

续表

M	T/T_t	p/p_t	ρ/ρ_t	A/A^*
1.3100	0.7690	0.3632	0.4722	1.0727
1.3200	0.7663	0.3582	0.4675	1.0773
1.3300	0.7636	0.3534	0.4628	1.0820
1.3400	0.7609	0.3486	0.4581	1.0868
1.3500	0.7582	0.3438	0.4534	1.0918
1.3600	0.7555	0.3391	0.4488	1.0969
1.3700	0.7528	0.3344	0.4442	1.1022
1.3800	0.7500	0.3297	0.4396	1.1075
1.3900	0.7473	0.3252	0.4351	1.1131
1.4000	0.7446	0.3206	0.4306	1.1187
1.4100	0.7419	0.3161	0.4261	1.1245
1.4200	0.7392	0.3117	0.4217	1.1304
1.4300	0.7365	0.3073	0.4173	1.1364
1.4400	0.7337	0.3030	0.4129	1.1426
1.4500	0.7310	0.2987	0.4085	1.1489
1.4600	0.7283	0.2944	0.4042	1.1554
1.4700	0.7256	0.2902	0.3999	1.1620
1.4800	0.7229	0.2861	0.3957	1.1687
1.4900	0.7202	0.2819	0.3915	1.1756
1.5000	0.7175	0.2779	0.3873	1.1826
1.5100	0.7148	0.2739	0.3831	1.1897
1.5200	0.7121	0.2699	0.3790	1.1970
1.5300	0.7094	0.2660	0.3749	1.2044
1.5400	0.7067	0.2621	0.3709	1.2120
1.5500	0.7040	0.2583	0.3669	1.2197
1.5600	0.7013	0.2545	0.3629	1.2275
1.5700	0.6986	0.2508	0.3589	1.2355
1.5800	0.6960	0.2471	0.3550	1.2436
1.5900	0.6933	0.2434	0.3511	1.2519
1.6000	0.6906	0.2398	0.3473	1.2603
1.6100	0.6879	0.2363	0.3434	1.2689
1.6200	0.6853	0.2328	0.3397	1.2776
1.6300	0.6826	0.2293	0.3359	1.2864
1.6400	0.6800	0.2259	0.3322	1.2954
1.6500	0.6773	0.2225	0.3285	1.3046
1.6600	0.6747	0.2192	0.3248	1.3139
1.6700	0.6720	0.2159	0.3212	1.3233
1.6800	0.6694	0.2126	0.3176	1.3329
1.6900	0.6667	0.2094	0.3141	1.3427
1.7000	0.6641	0.2062	0.3106	1.3526

M	T/T_t	p/p_t	ρ/ρ_t	A/A^*
1.7100	0.6615	0.2031	0.3071	1.3627
1.7200	0.6589	0.2000	0.3036	1.3729
1.7300	0.6563	0.1970	0.3002	1.3833
1.7400	0.6537	0.1940	0.2968	1.3938
1.7500	0.6511	0.1910	0.2934	1.4045
1.7600	0.6485	0.1881	0.2901	1.4153
1.7700	0.6459	0.1852	0.2868	1.4264
1.7800	0.6433	0.1824	0.2835	1.4375
1.7900	0.6407	0.1796	0.2803	1.4489
1.8000	0.6382	0.1768	0.2771	1.4604
1.8100	0.6356	0.1741	0.2739	1.4721
1.8200	0.6330	0.1714	0.2708	1.4839
1.8300	0.6305	0.1688	0.2677	1.4960
1.8400	0.6280	0.1662	0.2646	1.5082
1.8500	0.6254	0.1636	0.2616	1.5205
1.8600	0.6229	0.1611	0.2586	1.5331
1.8700	0.6204	0.1586	0.2556	1.5458
1.8800	0.6178	0.1561	0.2527	1.5587
1.8900	0.6153	0.1537	0.2497	1.5717
1.9000	0.6128	0.1513	0.2468	1.5850
1.9100	0.6103	0.1489	0.2440	1.5984
1.9200	0.6079	0.1466	0.2412	1.6120
1.9300	0.6054	0.1443	0.2384	1.6258
1.9400	0.6029	0.1420	0.2356	1.6398
1.9500	0.6004	0.1398	0.2328	1.6540
1.9600	0.5980	0.1376	0.2301	1.6684
1.9700	0.5955	0.1355	0.2274	1.6829
1.9800	0.5931	0.1333	0.2248	1.6977
1.9900	0.5907	0.1312	0.2222	1.7126
2.0000	0.5882	0.1292	0.2196	1.7278
2.0200	0.5834	0.1251	0.2145	1.7587
2.0400	0.5786	0.1212	0.2095	1.7904
2.0600	0.5738	0.1174	0.2046	1.8229
2.0800	0.5691	0.1137	0.1998	1.8563
2.1000	0.5644	0.1101	0.1951	1.8905
2.1200	0.5597	0.1067	0.1905	1.9256
2.1400	0.5551	0.1033	0.1861	1.9616
2.1600	0.5505	0.1000	0.1817	1.9984
2.1800	0.5460	0.0969	0.1774	2.0363
2.2000	0.5414	0.0938	0.1732	2.0750

续表

M	T/T_t	p/p_t	ρ/ρ_t	A/A^*
2.2200	0.5369	0.0908	0.1692	2.1147
2.2400	0.5325	0.0880	0.1652	2.1554
2.2600	0.5280	0.0852	0.1613	2.1970
2.2800	0.5236	0.0825	0.1575	2.2397
2.3000	0.5193	0.0798	0.1538	2.2834
2.3200	0.5150	0.0773	0.1501	2.3282
2.3400	0.5107	0.0749	0.1466	2.3740
2.3600	0.5064	0.0725	0.1431	2.4209
2.3800	0.5022	0.0702	0.1397	2.4690
2.4000	0.4980	0.0680	0.1364	2.5182
2.4200	0.4939	0.0658	0.1332	2.5685
2.4400	0.4897	0.0637	0.1301	2.6200
2.4600	0.4857	0.0617	0.1270	2.6727
2.4800	0.4816	0.0597	0.1240	2.7266
2.5000	0.4776	0.0578	0.1211	2.7818
2.5200	0.4736	0.0560	0.1182	2.8382
2.5400	0.4697	0.0542	0.1154	2.8960
2.5600	0.4658	0.0525	0.1127	2.9550
2.5800	0.4619	0.0508	0.1101	3.0154
2.6000	0.4581	0.0492	0.1075	3.0772
2.6200	0.4543	0.0477	0.1049	3.1403
2.6400	0.4505	0.0462	0.1025	3.2049
2.6600	0.4468	0.0447	0.1001	3.2709
2.6800	0.4431	0.0433	0.0977	3.3384
2.7000	0.4394	0.0419	0.0954	3.4074
2.7200	0.4358	0.0406	0.0932	3.4780
2.7400	0.4322	0.0393	0.0910	3.5500
2.7600	0.4286	0.0381	0.0889	3.6237
2.7800	0.4251	0.0369	0.0868	3.6990
2.8000	0.4216	0.0357	0.0848	3.7760
2.8200	0.4181	0.0346	0.0828	3.8546
2.8400	0.4147	0.0335	0.0809	3.9349
2.8600	0.4113	0.0325	0.0790	4.0170
2.8800	0.4079	0.0315	0.0771	4.1008
2.9000	0.4046	0.0305	0.0754	4.1865
2.9200	0.4013	0.0295	0.0736	4.2739
2.9400	0.3980	0.0286	0.0719	4.3633
2.9600	0.3947	0.0277	0.0702	4.4545
2.9800	0.3915	0.0269	0.0686	4.5477
3.0000	0.3883	0.0260	0.0670	4.6429

续表

M	T/T_t	p/p_t	ρ/ρ_t	A/A^*
3.1000	0.3729	0.0223	0.0597	5.1496
3.2000	0.3582	0.0191	0.0532	5.7111
3.3000	0.3441	0.0163	0.0475	6.3326
3.4000	0.3308	0.0140	0.0424	7.0193
3.5000	0.3181	0.0121	0.0379	7.7769
3.6000	0.3060	0.0104	0.0339	8.6117
3.7000	0.2945	0.0090	0.0304	9.5301
3.8000	0.2835	0.0077	0.0273	10.539
3.9000	0.2731	0.0067	0.0245	11.646
4.0000	0.2632	0.0058	0.0221	12.860
4.1000	0.2537	0.0050	0.0199	14.187
4.2000	0.2447	0.0044	0.0179	15.639
4.3000	0.2361	0.0038	0.0162	17.223
4.4000	0.2279	0.0033	0.0146	18.950
4.5000	0.2201	0.0029	0.0132	20.830
4.6000	0.2126	0.0026	0.0120	22.876
4.7000	0.2055	0.0022	0.0109	25.098
4.8000	0.1987	0.0020	0.0099	27.509
4.9000	0.1922	0.0017	0.0090	30.123
5.0000	0.1860	0.0015	0.0082	32.952
5.1000	0.1801	0.0013	0.0075	36.013
5.2000	0.1745	0.0012	0.0068	39.320
5.3000	0.1690	0.0011	0.0062	42.889
5.4000	0.1639	0.0009	0.0057	46.737
5.5000	0.1589	0.0008	0.0052	50.882
5.6000	0.1541	0.0007	0.0048	55.342
5.7000	0.1496	0.0007	0.0044	60.137
5.8000	0.1452	0.0006	0.0040	65.287
5.9000	0.1410	0.0005	0.0037	70.814
6.0000	0.1370	0.0005	0.0034	76.739
6.5000	0.1191	0.0003	0.0023	113.19
7.0000	0.1044	0.0002	0.0016	163.53
7.5000	0.0922	0.0001	0.0011	231.77
8.0000	0.0820	0.0001	0.0008	322.73
8.5000	0.0733	0.0000	0.0006	442.17
9.0000	0.0659	0.0000	0.0004	596.82
9.5000	0.0595	0.0000	0.0003	794.59
10.000	0.0541	0.0000	0.0002	1044.6
20.000	0.0141	0.0000	0.0000	47728.0
∞	0.0000	0.0000	0.0000	∞

等熵气流表 ($\gamma=1.30$)

M	T/T_t	p/p_t	ρ/ρ_t	A/A^*
0.0000	1.0000	1.0000	1.0000	∞
0.0100	1.0000	0.9999	0.9999	58.526
0.0200	0.9999	0.9997	0.9998	29.268
0.0300	0.9999	0.9994	0.9996	19.518
0.0400	0.9998	0.9990	0.9992	14.644
0.0500	0.9996	0.9984	0.9988	11.721
0.0600	0.9995	0.9977	0.9982	9.7740
0.0700	0.9993	0.9968	0.9976	8.3840
0.0800	0.9990	0.9959	0.9968	7.3423
0.0900	0.9988	0.9948	0.9960	6.5329
0.1000	0.9985	0.9935	0.9950	5.8860
0.1100	0.9982	0.9922	0.9940	5.3574
0.1200	0.9978	0.9907	0.9928	4.9174
0.1300	0.9975	0.9891	0.9916	4.5457
0.1400	0.9971	0.9874	0.9903	4.2275
0.1500	0.9966	0.9855	0.9888	3.9522
0.1600	0.9962	0.9835	0.9873	3.7118
0.1700	0.9957	0.9814	0.9857	3.5001
0.1800	0.9952	0.9792	0.9840	3.3123
0.1900	0.9946	0.9769	0.9822	3.1446
0.2000	0.9940	0.9744	0.9803	2.9940
0.2100	0.9934	0.9718	0.9783	2.8581
0.2200	0.9928	0.9691	0.9762	2.7349
0.2300	0.9921	0.9663	0.9740	2.6227
0.2400	0.9914	0.9634	0.9717	2.5202
0.2500	0.9907	0.9604	0.9694	2.4262
0.2600	0.9900	0.9572	0.9669	2.3396
0.2700	0.9892	0.9540	0.9644	2.2598
0.2800	0.9884	0.9506	0.9618	2.1859
0.2900	0.9875	0.9471	0.9591	2.1174
0.3000	0.9867	0.9435	0.9563	2.0537
0.3100	0.9858	0.9399	0.9534	1.9943
0.3200	0.9849	0.9361	0.9505	1.9389
0.3300	0.9839	0.9322	0.9474	1.8871
0.3400	0.9830	0.9282	0.9443	1.8385
0.3500	0.9820	0.9241	0.9411	1.7930
0.3600	0.9809	0.9200	0.9378	1.7502
0.3700	0.9799	0.9157	0.9345	1.7099
0.3800	0.9788	0.9113	0.9311	1.6719
0.3900	0.9777	0.9069	0.9276	1.6361

续表

M	T/T_t	p/p_t	ρ/ρ_t	A/A^*
0.4000	0.9766	0.9023	0.9240	1.6023
0.4100	0.9754	0.8977	0.9203	1.5704
0.4200	0.9742	0.8930	0.9166	1.5401
0.4300	0.9730	0.8882	0.9128	1.5115
0.4400	0.9718	0.8833	0.9090	1.4843
0.4500	0.9705	0.8784	0.9051	1.4586
0.4600	0.9692	0.8734	0.9011	1.4341
0.4700	0.9679	0.8683	0.8970	1.4109
0.4800	0.9666	0.8631	0.8929	1.3888
0.4900	0.9652	0.8579	0.8888	1.3678
0.5000	0.9639	0.8525	0.8845	1.3479
0.5100	0.9625	0.8472	0.8802	1.3288
0.5200	0.9610	0.8417	0.8759	1.3107
0.5300	0.9596	0.8362	0.8715	1.2935
0.5400	0.9581	0.8307	0.8670	1.2770
0.5500	0.9566	0.8251	0.8625	1.2614
0.5600	0.9551	0.8194	0.8579	1.2464
0.5700	0.9535	0.8137	0.8533	1.2322
0.5800	0.9520	0.8079	0.8487	1.2186
0.5900	0.9504	0.8021	0.8440	1.2056
0.6000	0.9488	0.7962	0.8392	1.1932
0.6100	0.9471	0.7903	0.8344	1.1814
0.6200	0.9455	0.7843	0.8296	1.1702
0.6300	0.9438	0.7783	0.8247	1.1595
0.6400	0.9421	0.7723	0.8198	1.1492
0.6500	0.9404	0.7662	0.8148	1.1395
0.6600	0.9387	0.7601	0.8098	1.1302
0.6700	0.9369	0.7540	0.8048	1.1213
0.6800	0.9351	0.7478	0.7997	1.1129
0.6900	0.9333	0.7416	0.7946	1.1049
0.7000	0.9315	0.7354	0.7895	1.0972
0.7100	0.9297	0.7292	0.7843	1.0900
0.7200	0.9279	0.7229	0.7791	1.0831
0.7300	0.9260	0.7166	0.7739	1.0765
0.7400	0.9241	0.7103	0.7686	1.0703
0.7500	0.9222	0.7040	0.7634	1.0644
0.7600	0.9203	0.6976	0.7581	1.0589
0.7700	0.9183	0.6913	0.7528	1.0536
0.7800	0.9164	0.6849	0.7474	1.0486
0.7900	0.9144	0.6786	0.7421	1.0439

M	T/T_t	p/p_t	ρ/ρ_t	A/A^*
0.8000	0.9124	0.6722	0.7367	1.0395
0.8100	0.9104	0.6658	0.7313	1.0354
0.8200	0.9084	0.6594	0.7259	1.0315
0.8300	0.9063	0.6530	0.7205	1.0279
0.8400	0.9043	0.6466	0.7151	1.0245
0.8500	0.9022	0.6403	0.7097	1.0214
0.8600	0.9001	0.6339	0.7042	1.0185
0.8700	0.8980	0.6275	0.6987	1.0159
0.8800	0.8959	0.6211	0.6933	1.0134
0.8900	0.8938	0.6148	0.6878	1.0112
0.9000	0.8917	0.6084	0.6823	1.0092
0.9100	0.8895	0.6021	0.6769	1.0074
0.9200	0.8873	0.5957	0.6714	1.0058
0.9300	0.8852	0.5894	0.6659	1.0044
0.9400	0.8830	0.5831	0.6604	1.0032
0.9500	0.8808	0.5769	0.6549	1.0022
0.9600	0.8785	0.5706	0.6495	1.0014
0.9700	0.8763	0.5643	0.6440	1.0008
0.9800	0.8741	0.5581	0.6385	1.0004
0.9900	0.8718	0.5519	0.6330	1.0001
1.0000	0.8696	0.5457	0.6276	1.0000
1.0100	0.8673	0.5396	0.6221	1.0001
1.0200	0.8650	0.5334	0.6167	1.0003
1.0300	0.8627	0.5273	0.6113	1.0008
1.0400	0.8604	0.5213	0.6058	1.0014
1.0500	0.8581	0.5152	0.6004	1.0021
1.0600	0.8558	0.5092	0.5950	1.0030
1.0700	0.8534	0.5032	0.5896	1.0041
1.0800	0.8511	0.4972	0.5842	1.0054
1.0900	0.8487	0.4913	0.5789	1.0068
1.1000	0.8464	0.4854	0.5735	1.0083
1.1100	0.8440	0.4796	0.5682	1.0100
1.1200	0.8416	0.4737	0.5629	1.0119
1.1300	0.8393	0.4680	0.5576	1.0139
1.1400	0.8369	0.4622	0.5523	1.0160
1.1500	0.8345	0.4565	0.5470	1.0184
1.1600	0.8321	0.4508	0.5418	1.0208
1.1700	0.8296	0.4452	0.5366	1.0234
1.1800	0.8272	0.4396	0.5314	1.0262
1.1900	0.8248	0.4340	0.5262	1.0291

M	T/T_t	p/p_t	ρ/ρ_t	A/A^*
1.2000	0.8224	0.4285	0.5211	1.0321
1.2100	0.8199	0.4230	0.5159	1.0353
1.2200	0.8175	0.4176	0.5108	1.0386
1.2300	0.8150	0.4122	0.5057	1.0421
1.2400	0.8126	0.4068	0.5007	1.0457
1.2500	0.8101	0.4015	0.4957	1.0495
1.2600	0.8077	0.3963	0.4906	1.0533
1.2700	0.8052	0.3911	0.4857	1.0574
1.2800	0.8027	0.3859	0.4807	1.0616
1.2900	0.8002	0.3807	0.4758	1.0659
1.3000	0.7978	0.3757	0.4709	1.0703
1.3100	0.7953	0.3706	0.4660	1.0749
1.3200	0.7928	0.3656	0.4612	1.0797
1.3300	0.7903	0.3607	0.4564	1.0846
1.3400	0.7878	0.3558	0.4516	1.0896
1.3500	0.7853	0.3509	0.4468	1.0948
1.3600	0.7828	0.3461	0.4421	1.1001
1.3700	0.7803	0.3413	0.4374	1.1055
1.3800	0.7778	0.3366	0.4328	1.1111
1.3900	0.7753	0.3319	0.4281	1.1169
1.4000	0.7728	0.3273	0.4235	1.1227
1.4100	0.7703	0.3227	0.4190	1.1288
1.4200	0.7678	0.3182	0.4144	1.1349
1.4300	0.7653	0.3137	0.4099	1.1412
1.4400	0.7628	0.3093	0.4055	1.1477
1.4500	0.7602	0.3049	0.4010	1.1543
1.4600	0.7577	0.3005	0.3966	1.1610
1.4700	0.7552	0.2962	0.3922	1.1679
1.4800	0.7527	0.2920	0.3879	1.1750
1.4900	0.7502	0.2878	0.3836	1.1822
1.5000	0.7477	0.2836	0.3793	1.1895
1.5100	0.7451	0.2795	0.3751	1.1970
1.5200	0.7426	0.2754	0.3709	1.2046
1.5300	0.7401	0.2714	0.3667	1.2124
1.5400	0.7376	0.2674	0.3626	1.2203
1.5500	0.7351	0.2635	0.3585	1.2284
1.5600	0.7326	0.2596	0.3544	1.2367
1.5700	0.7301	0.2558	0.3504	1.2451
1.5800	0.7276	0.2520	0.3464	1.2536
1.5900	0.7251	0.2483	0.3424	1.2624

续表

M	T/T_t	p/p_t	ρ/ρ_t	A/A^*
1.6000	0.7225	0.2446	0.3385	1.2712
1.6100	0.7200	0.2409	0.3346	1.2803
1.6200	0.7175	0.2373	0.3307	1.2895
1.6300	0.7150	0.2337	0.3269	1.2988
1.6400	0.7125	0.2302	0.3231	1.3083
1.6500	0.7100	0.2268	0.3194	1.3180
1.6600	0.7075	0.2233	0.3156	1.3279
1.6700	0.7051	0.2199	0.3119	1.3379
1.6800	0.7026	0.2166	0.3083	1.3481
1.6900	0.7001	0.2133	0.3047	1.3585
1.7000	0.6976	0.2100	0.3011	1.3690
1.7100	0.6951	0.2068	0.2975	1.3797
1.7200	0.6926	0.2036	0.2940	1.3906
1.7300	0.6902	0.2005	0.2905	1.4016
1.7400	0.6877	0.1974	0.2871	1.4129
1.7500	0.6852	0.1944	0.2836	1.4243
1.7600	0.6828	0.1914	0.2803	1.4359
1.7700	0.6803	0.1884	0.2769	1.4476
1.7800	0.6778	0.1855	0.2736	1.4596
1.7900	0.6754	0.1826	0.2703	1.4717
1.8000	0.6729	0.1797	0.2671	1.4841
1.8100	0.6705	0.1769	0.2638	1.4966
1.8200	0.6681	0.1741	0.2607	1.5093
1.8300	0.6656	0.1714	0.2575	1.5222
1.8400	0.6632	0.1687	0.2544	1.5353
1.8500	0.6608	0.1660	0.2513	1.5486
1.8600	0.6584	0.1634	0.2482	1.5621
1.8700	0.6559	0.1608	0.2452	1.5758
1.8800	0.6535	0.1583	0.2422	1.5897
1.8900	0.6511	0.1558	0.2393	1.6038
1.9000	0.6487	0.1533	0.2363	1.6182
1.9100	0.6463	0.1509	0.2334	1.6327
1.9200	0.6439	0.1485	0.2306	1.6474
1.9300	0.6415	0.1461	0.2277	1.6624
1.9400	0.6392	0.1438	0.2249	1.6775
1.9500	0.6368	0.1415	0.2222	1.6929
1.9600	0.6344	0.1392	0.2194	1.7085
1.9700	0.6321	0.1370	0.2167	1.7243
1.9800	0.6297	0.1348	0.2140	1.7404
1.9900	0.6273	0.1326	0.2114	1.7567

M	T/T_t	p/p_t	ρ/ρ_t	A/A^*
2.0000	0.6250	0.1305	0.2087	1.7732
2.0200	0.6203	0.1263	0.2036	1.8069
2.0400	0.6157	0.1222	0.1985	1.8416
2.0600	0.6110	0.1183	0.1936	1.8772
2.0800	0.6064	0.1145	0.1888	1.9138
2.1000	0.6019	0.1108	0.1841	1.9514
2.1200	0.5973	0.1072	0.1795	1.9901
2.1400	0.5928	0.1037	0.1750	2.0298
2.1600	0.5883	0.1004	0.1706	2.0706
2.1800	0.5838	0.0971	0.1663	2.1125
2.2000	0.5794	0.0939	0.1621	2.1555
2.2200	0.5750	0.0909	0.1580	2.1997
2.2400	0.5706	0.0879	0.1541	2.2451
2.2600	0.5662	0.0850	0.1502	2.2916
2.2800	0.5619	0.0822	0.1464	2.3394
2.3000	0.5576	0.0795	0.1427	2.3885
2.3200	0.5533	0.0769	0.1391	2.4388
2.3400	0.5490	0.0744	0.1355	2.4904
2.3600	0.5448	0.0720	0.1321	2.5434
2.3800	0.5406	0.0696	0.1287	2.5978
2.4000	0.5365	0.0673	0.1255	2.6535
2.4200	0.5324	0.0651	0.1223	2.7107
2.4400	0.5283	0.0629	0.1192	2.7694
2.4600	0.5242	0.0609	0.1161	2.8295
2.4800	0.5201	0.0589	0.1132	2.8912
2.5000	0.5161	0.0569	0.1103	2.9545
2.5200	0.5121	0.0550	0.1075	3.0193
2.5400	0.5082	0.0532	0.1047	3.0858
2.5600	0.5043	0.0515	0.1021	3.1539
2.5800	0.5004	0.0498	0.0995	3.2238
2.6000	0.4965	0.0481	0.0969	3.2954
2.6200	0.4927	0.0465	0.0945	3.3688
2.6400	0.4889	0.0450	0.0921	3.4440
2.6600	0.4851	0.0435	0.0897	3.5211
2.6800	0.4814	0.0421	0.0874	3.6001
2.7000	0.4777	0.0407	0.0852	3.6811
2.7200	0.4740	0.0394	0.0830	3.7640
2.7400	0.4703	0.0381	0.0809	3.8489
2.7600	0.4667	0.0368	0.0789	3.9360
2.7800	0.4631	0.0356	0.0769	4.0251

续表

M	T/T_t	p/p_t	ρ/ρ_t	A/A^*
2.8000	0.4596	0.0344	0.0749	4.1165
2.8200	0.4560	0.0333	0.0730	4.2100
2.8400	0.4525	0.0322	0.0711	4.3058
2.8600	0.4490	0.0311	0.0693	4.4039
2.8800	0.4456	0.0301	0.0676	4.5044
2.9000	0.4422	0.0291	0.0659	4.6073
2.9200	0.4388	0.0282	0.0642	4.7126
2.9400	0.4354	0.0272	0.0626	4.8205
2.9600	0.4321	0.0264	0.0610	4.9310
2.9800	0.4288	0.0255	0.0595	5.0440
3.0000	0.4255	0.0247	0.0580	5.1598
3.1000	0.4096	0.0209	0.0510	5.7807
3.2000	0.3943	0.0177	0.0450	6.4776
3.3000	0.3797	0.0151	0.0396	7.2586
3.4000	0.3658	0.0128	0.0350	8.1328
3.5000	0.3524	0.0109	0.0309	9.1098
3.6000	0.3397	0.0093	0.0273	10.200
3.7000	0.3275	0.0079	0.0242	11.416
3.8000	0.3159	0.0068	0.0215	12.769
3.9000	0.3047	0.0058	0.0190	14.274
4.0000	0.2941	0.0050	0.0169	15.944
4.1000	0.2840	0.0043	0.0151	17.796
4.2000	0.2743	0.0037	0.0134	19.847
4.3000	0.2650	0.0032	0.0120	22.116
4.4000	0.2561	0.0027	0.0107	24.622
4.5000	0.2477	0.0024	0.0095	27.387
4.6000	0.2396	0.0020	0.0085	30.433
4.7000	0.2318	0.0018	0.0077	33.786
4.8000	0.2244	0.0015	0.0069	37.472
4.9000	0.2173	0.0013	0.0062	41.519
5.0000	0.2105	0.0012	0.0056	45.956
5.1000	0.2040	0.0010	0.0050	50.818
5.2000	0.1978	0.0009	0.0045	56.137
5.3000	0.1918	0.0008	0.0041	61.950
5.4000	0.1861	0.0007	0.0037	68.297
5.5000	0.1806	0.0006	0.0033	75.219
5.6000	0.1753	0.0005	0.0030	82.762
5.7000	0.1703	0.0005	0.0027	90.968
5.8000	0.1654	0.0004	0.0025	99.890
5.9000	0.1607	0.0004	0.0023	109.58

M	T/T_t	p/p_t	ρ/ρ_t	A/A^*
6.0000	0.1563	0.0003	0.0021	120.10
6.5000	0.1363	0.0002	0.0013	187.22
7.0000	0.1198	0.0001	0.0008	285.34
7.5000	0.1060	0.0001	0.0006	425.81
8.0000	0.0943	0.0000	0.0004	623.12
8.5000	0.0845	0.0000	0.0003	895.50
9.0000	0.0760	0.0000	0.0002	1265.6
9.5000	0.0688	0.0000	0.0001	1761.2
10.000	0.0625	0.0000	0.0001	2416.1
20.000	0.0164	0.0000	0.0000	204202.0
∞	0.0000	0.0000	0.0000	∞

法诺线气流表 ($\gamma = 1.4$)

M	ρ^*/ρ	T/T^*	p/p^*	p_t/p_t^*	$4fL^*/D$
0.0000	0.0000	1.2000	∞	∞	∞
0.0100	0.0110	1.2000	109.54	57.874	7134.4
0.0200	0.0219	1.1999	54.770	28.942	1778.5
0.0300	0.0329	1.1998	36.512	19.301	787.08
0.0400	0.0438	1.1996	27.382	14.482	440.35
0.0500	0.0548	1.1994	21.903	11.591	280.02
0.0600	0.0657	1.1991	18.251	9.6659	193.03
0.0700	0.0766	1.1988	15.642	8.2915	140.66
0.0800	0.0876	1.1985	13.684	7.2616	106.72
0.0900	0.0985	1.1981	12.162	6.4613	83.496
0.1000	0.1094	1.1976	10.944	5.8218	66.922
0.1100	0.1204	1.1971	9.9466	5.2992	54.688
0.1200	0.1313	1.1966	9.1156	4.8643	45.408
0.1300	0.1422	1.1960	8.4123	4.4969	38.207
0.1400	0.1531	1.1953	7.8093	4.1824	32.511
0.1500	0.1639	1.1946	7.2866	3.9103	27.932
0.1600	0.1748	1.1939	6.8291	3.6727	24.198
0.1700	0.1857	1.1931	6.4253	3.4635	21.115
0.1800	0.1965	1.1923	6.0662	3.2779	18.543
0.1900	0.2074	1.1914	5.7448	3.1123	16.375
0.2000	0.2182	1.1905	5.4554	2.9635	14.533
0.2100	0.2290	1.1895	5.1936	2.8293	12.956
0.2200	0.2398	1.1885	4.9554	2.7076	11.596
0.2300	0.2506	1.1874	4.7378	2.5968	10.416
0.2400	0.2614	1.1863	4.5383	2.4956	9.3865
0.2500	0.2722	1.1852	4.3546	2.4027	8.4834
0.2600	0.2829	1.1840	4.1851	2.3173	7.6876
0.2700	0.2936	1.1828	4.0279	2.2385	6.9832

M	ρ^*/ρ	T/T^*	p/p^*	p_t/p_t^*	$4 f L^*/D$
0.2800	0.3043	1.1815	3.8820	2.1656	6.3572
0.2900	0.3150	1.1802	3.7460	2.0979	5.7989
0.3000	0.3257	1.1788	3.6191	2.0351	5.2993
0.3100	0.3364	1.1774	3.5002	1.9765	4.8507
0.3200	0.3470	1.1759	3.3887	1.9219	4.4467
0.3300	0.3576	1.1744	3.2840	1.8707	4.0821
0.3400	0.3682	1.1729	3.1853	1.8229	3.7520
0.3500	0.3788	1.1713	3.0922	1.7780	3.4525
0.3600	0.3893	1.1697	3.0042	1.7358	3.1801
0.3700	0.3999	1.1680	2.9209	1.6961	2.9320
0.3800	0.4104	1.1663	2.8420	1.6587	2.7054
0.3900	0.4209	1.1646	2.7671	1.6234	2.4983
0.4000	0.4313	1.1628	2.6958	1.5901	2.3085
0.4100	0.4418	1.1610	2.6280	1.5587	2.1344
0.4200	0.4522	1.1591	2.5634	1.5289	1.9744
0.4300	0.4626	1.1572	2.5017	1.5007	1.8272
0.4400	0.4729	1.1553	2.4428	1.4740	1.6915
0.4500	0.4833	1.1533	2.3865	1.4487	1.5664
0.4600	0.4936	1.1513	2.3326	1.4246	1.4509
0.4700	0.5038	1.1492	2.2809	1.4018	1.3441
0.4800	0.5141	1.1471	2.2313	1.3801	1.2453
0.4900	0.5243	1.1450	2.1838	1.3595	1.1539
0.5000	0.5345	1.1429	2.1381	1.3398	1.0691
0.5200	0.5548	1.1384	2.0519	1.3034	0.9174
0.5400	0.5750	1.1339	1.9719	1.2703	0.7866
0.5600	0.5951	1.1292	1.8976	1.2403	0.6736
0.5800	0.6150	1.1244	1.8282	1.2130	0.5757
0.6000	0.6348	1.1194	1.7634	1.1882	0.4908
0.6200	0.6545	1.1143	1.7026	1.1656	0.4172
0.6400	0.6740	1.1091	1.6456	1.1451	0.3533
0.6600	0.6934	1.1038	1.5919	1.1265	0.2979
0.6800	0.7127	1.0984	1.5413	1.1097	0.2498
0.7000	0.7318	1.0929	1.4935	1.0944	0.2081
0.7200	0.7508	1.0873	1.4482	1.0806	0.1721
0.7400	0.7696	1.0815	1.4054	1.0681	0.1411
0.7600	0.7883	1.0757	1.3647	1.0570	0.1145
0.7800	0.8068	1.0698	1.3261	1.0471	0.0917
0.8000	0.8251	1.0638	1.2893	1.0382	0.0723
0.8200	0.8433	1.0578	1.2542	1.0305	0.0559

续表

M	ρ^*/ρ	T/T^*	p/p^*	p_t/p_t^*	$4fL^*/D$
0.8400	0.8614	1.0516	1.2208	1.0237	0.0423
0.8600	0.8793	1.0454	1.1889	1.0179	0.0310
0.8800	0.8970	1.0391	1.1584	1.0129	0.0218
0.9000	0.9146	1.0327	1.1291	1.0089	0.0145
0.9200	0.9320	1.0263	1.1011	1.0056	0.0089
0.9400	0.9493	1.0198	1.0743	1.0031	0.0048
0.9600	0.9663	1.0132	1.0485	1.0014	0.0021
0.9800	0.9832	1.0066	1.0238	1.0003	0.0005
1.0000	1.0000	1.0000	1.0000	1.0000	0.0000
1.0200	1.0166	0.9933	0.9771	1.0003	0.0005
1.0400	1.0330	0.9866	0.9551	1.0013	0.0018
1.0600	1.0492	0.9798	0.9338	1.0029	0.0038
1.0800	1.0653	0.9730	0.9133	1.0051	0.0066
1.1000	1.0812	0.9662	0.8936	1.0079	0.0099
1.1200	1.0970	0.9593	0.8745	1.0113	0.0138
1.1400	1.1126	0.9524	0.8561	1.0153	0.0182
1.1600	1.1280	0.9455	0.8383	1.0198	0.0230
1.1800	1.1432	0.9386	0.8210	1.0248	0.0281
1.2000	1.1583	0.9317	0.8044	1.0304	0.0336
1.2200	1.1732	0.9247	0.7882	1.0366	0.0394
1.2400	1.1879	0.9178	0.7726	1.0432	0.0455
1.2600	1.2025	0.9108	0.7574	1.0504	0.0517
1.2800	1.2169	0.9038	0.7427	1.0581	0.0582
1.3000	1.2311	0.8969	0.7285	1.0663	0.0648
1.3200	1.2452	0.8899	0.7147	1.0750	0.0716
1.3400	1.2591	0.8829	0.7012	1.0842	0.0785
1.3600	1.2729	0.8760	0.6882	1.0940	0.0855
1.3800	1.2864	0.8690	0.6755	1.1042	0.0926
1.4000	1.2999	0.8621	0.6632	1.1149	0.0997
1.4200	1.3131	0.8551	0.6512	1.1262	0.1069
1.4400	1.3262	0.8482	0.6396	1.1379	0.1142
1.4600	1.3392	0.8413	0.6282	1.1501	0.1215
1.4800	1.3519	0.8344	0.6172	1.1629	0.1288
1.5000	1.3646	0.8276	0.6065	1.1762	0.1360
1.5500	1.3955	0.8105	0.5808	1.2116	0.1543
1.6000	1.4254	0.7937	0.5568	1.2502	0.1724
1.6500	1.4544	0.7770	0.5342	1.2922	0.1902
1.7000	1.4825	0.7605	0.5130	1.3376	0.2078
1.7500	1.5097	0.7442	0.4930	1.3865	0.2250

续表

M	ρ^*/ρ	T/T^*	p/p^*	p_t/p_t^*	$4fL^*/D$
1.8000	1.5360	0.7282	0.4741	1.4390	0.2419
1.8500	1.5614	0.7124	0.4562	1.4952	0.2583
1.9000	1.5861	0.6969	0.4394	1.5553	0.2743
1.9500	1.6099	0.6816	0.4234	1.6193	0.2899
2.0000	1.6330	0.6667	0.4082	1.6875	0.3050
2.1000	1.6769	0.6376	0.3802	1.8369	0.3339
2.2000	1.7179	0.6098	0.3549	2.0050	0.3609
2.3000	1.7563	0.5831	0.3320	2.1931	0.3862
2.4000	1.7922	0.5576	0.3111	2.4031	0.4099
2.5000	1.8257	0.5333	0.2921	2.6367	0.4320
2.6000	1.8571	0.5102	0.2747	2.8960	0.4526
2.7000	1.8865	0.4882	0.2588	3.1830	0.4718
2.8000	1.9140	0.4673	0.2441	3.5001	0.4898
2.9000	1.9398	0.4474	0.2307	3.8498	0.5065
3.0000	1.9640	0.4286	0.2182	4.2346	0.5222
3.1000	1.9866	0.4107	0.2067	4.6573	0.5368
3.2000	2.0079	0.3937	0.1961	5.1209	0.5504
3.3000	2.0278	0.3776	0.1862	5.6286	0.5632
3.4000	2.0466	0.3623	0.1770	6.1837	0.5752
3.5000	2.0642	0.3478	0.1685	6.7896	0.5864
3.6000	2.0808	0.3341	0.1606	7.4501	0.5970
3.7000	2.0964	0.3210	0.1531	8.1690	0.6068
3.8000	2.1111	0.3086	0.1462	8.9506	0.6161
3.9000	2.1250	0.2969	0.1397	9.7989	0.6248
4.0000	2.1381	0.2857	0.1336	10.720	0.6331
4.5000	2.1936	0.2376	0.1083	16.562	0.6676
5.0000	2.2361	0.2000	0.0894	25.000	0.6938
5.5000	2.2691	0.1702	0.0750	36.869	0.7140
6.0000	2.2953	0.1463	0.0638	53.180	0.7299
6.5000	2.3163	0.1270	0.0548	75.134	0.7425
7.0000	2.3333	0.1111	0.0476	104.14	0.7528
7.5000	2.3474	0.0980	0.0417	141.84	0.7612
8.0000	2.3591	0.0870	0.0369	190.11	0.7682
8.5000	2.3689	0.0777	0.0328	251.09	0.7740
9.0000	2.3772	0.0698	0.0293	327.19	0.7790
9.5000	2.3843	0.0630	0.0264	421.13	0.7832
10.0000	2.3905	0.0571	0.0239	535.94	0.7868
11.0000	2.4004	0.0476	0.0198	841.91	0.7927
12.0000	2.4080	0.0403	0.0167	1276.2	0.7972

续表

M	ρ^*/ρ	T/T^*	p/p^*	p_t/p_t^*	$4fL^*/D$
13.0000	2.4140	0.0345	0.0143	1876.1	0.8007
14.0000	2.4188	0.0299	0.0123	2685.4	0.8036
15.0000	2.4227	0.0261	0.0108	3755.2	0.8058
∞	2.4495	0.0000	0.0000	∞	0.8215

法诺线气流表 ($\gamma=1.35$)

M	ρ^*/ρ	T/T^*	p/p^*	p_t/p_t^*	$4fL^*/D$
0.0000	0.0000	1.1750	∞	∞	∞
0.0100	0.0108	1.1750	108.40	58.197	7398.8
0.0200	0.0217	1.1749	54.197	29.104	1844.4
0.0300	0.0325	1.1748	36.130	19.408	816.34
0.0400	0.0434	1.1747	27.096	14.562	456.76
0.0500	0.0542	1.1745	21.675	11.656	290.48
0.0600	0.0650	1.1743	18.061	9.7194	200.26
0.0700	0.0758	1.1740	15.479	8.3373	145.94
0.0800	0.0867	1.1737	13.542	7.3015	110.74
0.0900	0.0975	1.1733	12.036	6.4967	86.656
0.1000	0.1083	1.1729	10.830	5.8536	69.464
0.1100	0.1191	1.1725	9.8439	5.3280	56.774
0.1200	0.1299	1.1720	9.0218	4.8906	47.147
0.1300	0.1407	1.1715	8.3260	4.5210	39.676
0.1400	0.1515	1.1710	7.7294	4.2047	33.767
0.1500	0.1623	1.1704	7.2123	3.9311	29.016
0.1600	0.1730	1.1698	6.7597	3.6921	25.141
0.1700	0.1838	1.1691	6.3603	3.4816	21.942
0.1800	0.1946	1.1684	6.0051	3.2949	19.272
0.1900	0.2053	1.1676	5.6872	3.1282	17.022
0.2000	0.2160	1.1668	5.4010	2.9786	15.111
0.2100	0.2268	1.1660	5.1420	2.8436	13.473
0.2200	0.2375	1.1651	4.9064	2.7211	12.061
0.2300	0.2482	1.1642	4.6913	2.6096	10.836
0.2400	0.2589	1.1633	4.4940	2.5078	9.7667
0.2500	0.2695	1.1623	4.3124	2.4143	8.8288
0.2600	0.2802	1.1613	4.1447	2.3283	8.0022
0.2700	0.2908	1.1602	3.9894	2.2490	7.2704
0.2800	0.3015	1.1591	3.8450	2.1756	6.6201
0.2900	0.3121	1.1580	3.7106	2.1075	6.0399
0.3000	0.3227	1.1568	3.5851	2.0443	5.5207

续表

M	ρ^*/ρ	T/T^*	p/p^*	p_t/p_t^*	$4fL^*/D$
0.3100	0.3332	1.1556	3.4677	1.9853	5.0544
0.3200	0.3438	1.1543	3.3575	1.9303	4.6345
0.3300	0.3544	1.1530	3.2539	1.8788	4.2553
0.3400	0.3649	1.1517	3.1564	1.8306	3.9121
0.3500	0.3754	1.1503	3.0644	1.7854	3.6006
0.3600	0.3859	1.1489	2.9775	1.7429	3.3173
0.3700	0.3964	1.1475	2.8952	1.7029	3.0591
0.3800	0.4068	1.1460	2.8172	1.6652	2.8234
0.3900	0.4172	1.1445	2.7432	1.6297	2.6078
0.4000	0.4276	1.1430	2.6728	1.5962	2.4102
0.4100	0.4380	1.1414	2.6058	1.5644	2.2289
0.4200	0.4484	1.1398	2.5420	1.5344	2.0623
0.4300	0.4587	1.1382	2.4811	1.5060	1.9089
0.4400	0.4691	1.1365	2.4229	1.4791	1.7677
0.4500	0.4794	1.1348	2.3673	1.4536	1.6373
0.4600	0.4896	1.1330	2.3140	1.4293	1.5169
0.4700	0.4999	1.1313	2.2630	1.4063	1.4056
0.4800	0.5101	1.1295	2.2141	1.3844	1.3026
0.4900	0.5203	1.1276	2.1671	1.3636	1.2072
0.5000	0.5305	1.1257	2.1220	1.3438	1.1187
0.5200	0.5508	1.1219	2.0369	1.3070	0.9605
0.5400	0.5710	1.1180	1.9580	1.2736	0.8239
0.5600	0.5910	1.1139	1.8846	1.2433	0.7059
0.5800	0.6110	1.1097	1.8162	1.2158	0.6036
0.6000	0.6308	1.1054	1.7523	1.1907	0.5148
0.6200	0.6505	1.1009	1.6924	1.1679	0.4378
0.6400	0.6701	1.0964	1.6361	1.1472	0.3709
0.6600	0.6896	1.0918	1.5832	1.1283	0.3129
0.6800	0.7090	1.0870	1.5333	1.1113	0.2625
0.7000	0.7282	1.0822	1.4861	1.0958	0.2189
0.7200	0.7473	1.0773	1.4416	1.0818	0.1811
0.7400	0.7663	1.0722	1.3993	1.0692	0.1485
0.7600	0.7851	1.0671	1.3592	1.0579	0.1205
0.7800	0.8038	1.0619	1.3212	1.0478	0.0966
0.8000	0.8223	1.0567	1.2849	1.0389	0.0762
0.8200	0.8408	1.0513	1.2504	1.0310	0.0590
0.8400	0.8590	1.0459	1.2175	1.0241	0.0446
0.8600	0.8772	1.0403	1.1860	1.0182	0.0327
0.8800	0.8952	1.0348	1.1560	1.0132	0.0230

续表

M	ρ^*/ρ	T/T^*	p/p^*	p_t/p_t^*	$4fL^*/D$
0.9000	0.9130	1.0291	1.1272	1.0090	0.0153
0.9200	0.9307	1.0234	1.0996	1.0057	0.0094
0.9400	0.9483	1.0176	1.0732	1.0032	0.0051
0.9600	0.9657	1.0118	1.0478	1.0014	0.0022
0.9800	0.9829	1.0059	1.0234	1.0003	0.0005
1.0000	1.0000	1.0000	1.0000	1.0000	0.0000
1.0200	1.0169	0.9940	0.9775	1.0003	0.0005
1.0400	1.0337	0.9880	0.9557	1.0013	0.0019
1.0600	1.0504	0.9819	0.9348	1.0030	0.0041
1.0800	1.0669	0.9758	0.9147	1.0052	0.0070
1.1000	1.0832	0.9697	0.8952	1.0081	0.0105
1.1200	1.0994	0.9635	0.8764	1.0116	0.0147
1.1400	1.1154	0.9573	0.8583	1.0156	0.0193
1.1600	1.1313	0.9510	0.8407	1.0203	0.0244
1.1800	1.1470	0.9448	0.8237	1.0255	0.0299
1.2000	1.1625	0.9385	0.8073	1.0312	0.0358
1.2200	1.1779	0.9322	0.7914	1.0376	0.0420
1.2400	1.1932	0.9259	0.7760	1.0444	0.0484
1.2600	1.2082	0.9195	0.7610	1.0518	0.0551
1.2800	1.2232	0.9132	0.7466	1.0598	0.0620
1.3000	1.2379	0.9068	0.7325	1.0683	0.0691
1.3200	1.2526	0.9004	0.7189	1.0773	0.0764
1.3400	1.2670	0.8941	0.7056	1.0868	0.0838
1.3600	1.2813	0.8877	0.6928	1.0969	0.0913
1.3800	1.2955	0.8813	0.6803	1.1075	0.0989
1.4000	1.3095	0.8749	0.6681	1.1187	0.1066
1.4200	1.3234	0.8685	0.6563	1.1304	0.1143
1.4400	1.3371	0.8621	0.6448	1.1426	0.1221
1.4600	1.3506	0.8558	0.6336	1.1554	0.1300
1.4800	1.3640	0.8494	0.6227	1.1687	0.1378
1.5000	1.3773	0.8430	0.6121	1.1826	0.1457
1.5500	1.4097	0.8272	0.5868	1.2197	0.1654
1.6000	1.4413	0.8115	0.5630	1.2603	0.1849
1.6500	1.4720	0.7958	0.5407	1.3046	0.2043
1.7000	1.5017	0.7803	0.5196	1.3526	0.2234
1.7500	1.5306	0.7650	0.4998	1.4045	0.2421
1.8000	1.5587	0.7498	0.4811	1.4604	0.2605
1.8500	1.5859	0.7349	0.4634	1.5205	0.2784
1.9000	1.6123	0.7201	0.4466	1.5850	0.2959

M	ρ^*/ρ	T/T^*	p/p^*	p_t/p_t^*	$4fL^*/D$
1.9500	1.6379	0.7055	0.4307	1.6540	0.3130
2.0000	1.6627	0.6912	0.4157	1.7278	0.3296
2.1000	1.7102	0.6632	0.3878	1.8905	0.3613
2.2000	1.7547	0.6362	0.3625	2.0750	0.3911
2.3000	1.7966	0.6102	0.3396	2.2834	0.4192
2.4000	1.8359	0.5852	0.3187	2.5182	0.4454
2.5000	1.8728	0.5612	0.2997	2.7818	0.4700
2.6000	1.9075	0.5383	0.2822	3.0772	0.4930
2.7000	1.9401	0.5163	0.2661	3.4074	0.5145
2.8000	1.9707	0.4954	0.2514	3.7760	0.5346
2.9000	1.9995	0.4754	0.2377	4.1865	0.5535
3.0000	2.0265	0.4563	0.2252	4.6429	0.5711
3.1000	2.0520	0.4381	0.2135	5.1496	0.5876
3.2000	2.0759	0.4208	0.2027	5.7111	0.6030
3.3000	2.0985	0.4044	0.1927	6.3326	0.6175
3.4000	2.1197	0.3887	0.1834	7.0193	0.6311
3.5000	2.1397	0.3738	0.1747	7.7769	0.6439
3.6000	2.1586	0.3595	0.1666	8.6117	0.6559
3.7000	2.1765	0.3460	0.1590	9.5301	0.6671
3.8000	2.1933	0.3331	0.1519	10.539	0.6778
3.9000	2.2092	0.3209	0.1452	11.646	0.6877
4.0000	2.2243	0.3092	0.1390	12.860	0.6972
4.5000	2.2884	0.2586	0.1130	20.830	0.7369
5.0000	2.3378	0.2186	0.0935	32.952	0.7671
5.5000	2.3764	0.1867	0.0786	50.882	0.7905
6.0000	2.4072	0.1610	0.0669	76.739	0.8090
6.5000	2.4319	0.1400	0.0576	113.19	0.8238
7.0000	2.4522	0.1227	0.0500	163.53	0.8358
7.5000	2.4688	0.1084	0.0439	231.77	0.8456
8.0000	2.4827	0.0963	0.0388	322.74	0.8538
8.5000	2.4944	0.0861	0.0345	442.17	0.8607
9.0000	2.5044	0.0774	0.0309	596.82	0.8665
9.5000	2.5129	0.0700	0.0278	794.59	0.8714
10.0000	2.5202	0.0635	0.0252	1044.6	0.8757
11.0000	2.5321	0.0530	0.0209	1744.8	0.8826
12.0000	2.5413	0.0448	0.0176	2799.8	0.8879
13.0000	2.5485	0.0384	0.0151	4340.3	0.8921
14.0000	2.5542	0.0333	0.0130	6529.0	0.8954
15.0000	2.5589	0.0291	0.0114	9566.0	0.8981
∞	2.5912	0.0000	0.0000	∞	0.9167

法诺线气流表 ($\gamma=1.30$)

M	ρ^*/ρ	T/T^*	p/p^*	p_t/p_t^*	$4fL^*/D$
0.0000	0.0000	1.1500	∞	∞	∞
0.0100	0.0107	1.1500	107.24	58.526	7683.5
0.0200	0.0214	1.1499	53.617	29.268	1915.5
0.0300	0.0322	1.1498	35.744	19.518	847.85
0.0400	0.0429	1.1497	26.806	14.644	474.43
0.0500	0.0536	1.1496	21.444	11.721	301.75
0.0600	0.0643	1.1494	17.868	9.7740	208.05
0.0700	0.0750	1.1492	15.314	8.3840	151.63
0.0800	0.0857	1.1489	13.398	7.3423	115.08
0.0900	0.0965	1.1486	11.908	6.5329	90.060
0.1000	0.1072	1.1483	10.716	5.8860	72.202
0.1100	0.1179	1.1479	9.7401	5.3574	59.020
0.1200	0.1285	1.1475	8.9269	4.9174	49.020
0.1300	0.1392	1.1471	8.2386	4.5457	41.259
0.1400	0.1499	1.1466	7.6486	4.2275	35.120
0.1500	0.1606	1.1461	7.1372	3.9522	30.183
0.1600	0.1713	1.1456	6.6895	3.7118	26.157
0.1700	0.1819	1.1450	6.2945	3.5001	22.833
0.1800	0.1926	1.1444	5.9432	3.3123	20.058
0.1900	0.2032	1.1438	5.6289	3.1446	17.720
0.2000	0.2138	1.1431	5.3459	2.9940	15.732
0.2100	0.2245	1.1424	5.0898	2.8581	14.030
0.2200	0.2351	1.1417	4.8569	2.7349	12.562
0.2300	0.2457	1.1409	4.6441	2.6227	11.288
0.2400	0.2563	1.1401	4.4491	2.5202	10.177
0.2500	0.2668	1.1393	4.2696	2.4262	9.2012
0.2600	0.2774	1.1385	4.1038	2.3396	8.3413
0.2700	0.2880	1.1376	3.9502	2.2598	7.5801
0.2800	0.2985	1.1366	3.8076	2.1859	6.9035
0.2900	0.3090	1.1357	3.6748	2.1174	6.2999
0.3000	0.3196	1.1347	3.5507	2.0537	5.7594
0.3100	0.3301	1.1337	3.4346	1.9943	5.2741
0.3200	0.3406	1.1326	3.3257	1.9389	4.8370
0.3300	0.3510	1.1315	3.2234	1.8871	4.4422
0.3400	0.3615	1.1304	3.1271	1.8385	4.0848
0.3500	0.3719	1.1292	3.0362	1.7930	3.7604
0.3600	0.3824	1.1281	2.9503	1.7502	3.4653
0.3700	0.3928	1.1269	2.8690	1.7099	3.1963
0.3800	0.4032	1.1256	2.7920	1.6719	2.9507

M	ρ^*/ρ	T/T^*	p/p^*	p_t/p_t^*	$4fL^*/D$
0.3900	0.4135	1.1243	2.7189	1.6361	2.7259
0.4000	0.4239	1.1230	2.6493	1.6023	2.5200
0.4100	0.4342	1.1217	2.5832	1.5704	2.3310
0.4200	0.4446	1.1204	2.5202	1.5401	2.1572
0.4300	0.4549	1.1190	2.4600	1.5115	1.9973
0.4400	0.4651	1.1175	2.4026	1.4843	1.8499
0.4500	0.4754	1.1161	2.3477	1.4586	1.7139
0.4600	0.4856	1.1146	2.2951	1.4341	1.5882
0.4700	0.4959	1.1131	2.2448	1.4109	1.4720
0.4800	0.5061	1.1116	2.1965	1.3888	1.3645
0.4900	0.5163	1.1100	2.1502	1.3678	1.2648
0.5000	0.5264	1.1084	2.1056	1.3479	1.1724
0.5200	0.5467	1.1052	2.0217	1.3107	1.0071
0.5400	0.5668	1.1018	1.9438	1.2770	0.8643
0.5600	0.5869	1.0983	1.8715	1.2464	0.7408
0.5800	0.6069	1.0948	1.8040	1.2186	0.6338
0.6000	0.6267	1.0911	1.7409	1.1932	0.5409
0.6200	0.6465	1.0873	1.6818	1.1702	0.4602
0.6400	0.6662	1.0834	1.6264	1.1492	0.3901
0.6600	0.6857	1.0795	1.5742	1.1302	0.3292
0.6800	0.7052	1.0754	1.5250	1.1129	0.2763
0.7000	0.7245	1.0713	1.4786	1.0972	0.2305
0.7200	0.7437	1.0670	1.4347	1.0831	0.1908
0.7400	0.7628	1.0627	1.3931	1.0703	0.1566
0.7600	0.7818	1.0583	1.3536	1.0589	0.1271
0.7800	0.8007	1.0538	1.3161	1.0486	0.1019
0.8000	0.8195	1.0493	1.2804	1.0395	0.0804
0.8200	0.8381	1.0446	1.2464	1.0315	0.0623
0.8400	0.8566	1.0399	1.2140	1.0245	0.0471
0.8600	0.8750	1.0352	1.1831	1.0185	0.0346
0.8800	0.8932	1.0303	1.1535	1.0134	0.0243
0.9000	0.9114	1.0254	1.1251	1.0092	0.0162
0.9200	0.9294	1.0204	1.0980	1.0058	0.0100
0.9400	0.9472	1.0154	1.0720	1.0032	0.0054
0.9600	0.9649	1.0103	1.0470	1.0014	0.0023
0.9800	0.9825	1.0052	1.0231	1.0004	0.0006
1.0000	1.0000	1.0000	1.0000	1.0000	0.0000
1.0200	1.0173	0.9948	0.9778	1.0003	0.0005
1.0400	1.0345	0.9895	0.9565	1.0014	0.0020

续表

M	ρ^*/ρ	T/T^*	p/p^*	p_t/p_t^*	$4f L^*/D$
1.0600	1.0516	0.9841	0.9359	1.0030	0.0043
1.0800	1.0685	0.9788	0.9160	1.0054	0.0074
1.1000	1.0852	0.9733	0.8969	1.0083	0.0112
1.1200	1.1019	0.9679	0.8784	1.0119	0.0156
1.1400	1.1184	0.9624	0.8605	1.0160	0.0206
1.1600	1.1347	0.9569	0.8433	1.0208	0.0260
1.1800	1.1509	0.9513	0.8266	1.0262	0.0319
1.2000	1.1670	0.9457	0.8104	1.0321	0.0382
1.2200	1.1829	0.9401	0.7947	1.0386	0.0448
1.2400	1.1987	0.9345	0.7796	1.0457	0.0517
1.2600	1.2143	0.9288	0.7649	1.0533	0.0589
1.2800	1.2298	0.9231	0.7506	1.0616	0.0663
1.3000	1.2452	0.9174	0.7368	1.0703	0.0739
1.3200	1.2604	0.9117	0.7234	1.0797	0.0817
1.3400	1.2755	0.9060	0.7103	1.0896	0.0896
1.3600	1.2904	0.9002	0.6977	1.1001	0.0977
1.3800	1.3052	0.8945	0.6853	1.1111	0.1059
1.4000	1.3198	0.8887	0.6734	1.1227	0.1142
1.4200	1.3343	0.8829	0.6617	1.1349	0.1225
1.4400	1.3487	0.8772	0.6504	1.1477	0.1309
1.4600	1.3629	0.8714	0.6394	1.1610	0.1394
1.4800	1.3770	0.8656	0.6286	1.1750	0.1479
1.5000	1.3909	0.8598	0.6182	1.1895	0.1564
1.5500	1.4251	0.8454	0.5932	1.2284	0.1777
1.6000	1.4585	0.8309	0.5697	1.2712	0.1989
1.6500	1.4910	0.8165	0.5477	1.3180	0.2200
1.7000	1.5226	0.8022	0.5269	1.3690	0.2408
1.7500	1.5535	0.7880	0.5073	1.4243	0.2613
1.8000	1.5835	0.7739	0.4887	1.4841	0.2814
1.8500	1.6127	0.7599	0.4712	1.5486	0.3010
1.9000	1.6411	0.7460	0.4546	1.6182	0.3203
1.9500	1.6687	0.7323	0.4388	1.6929	0.3390
2.0000	1.6956	0.7188	0.4239	1.7732	0.3573
2.1000	1.7471	0.6921	0.3962	1.9514	0.3924
2.2000	1.7958	0.6663	0.3710	2.1555	0.4255
2.3000	1.8417	0.6412	0.3482	2.3885	0.4567
2.4000	1.8851	0.6170	0.3273	2.6535	0.4860
2.5000	1.9261	0.5935	0.3082	2.9545	0.5135
2.6000	1.9647	0.5710	0.2906	3.2954	0.5394

续表

M	ρ^*/ρ	T/T^*	p/p^*	p_t/p_t^*	$4fL^*/D$
2.7000	2.0011	0.5493	0.2745	3.6811	0.5636
2.8000	2.0355	0.5285	0.2596	4.1165	0.5864
2.9000	2.0680	0.5085	0.2459	4.6073	0.6077
3.0000	2.0986	0.4894	0.2332	5.1598	0.6277
3.1000	2.1276	0.4710	0.2214	5.7807	0.6465
3.2000	2.1549	0.4535	0.2104	6.4776	0.6642
3.3000	2.1807	0.4367	0.2002	7.2586	0.6808
3.4000	2.2051	0.4206	0.1908	8.1328	0.6964
3.5000	2.2282	0.4053	0.1819	9.1098	0.7110
3.6000	2.2500	0.3906	0.1736	10.200	0.7248
3.7000	2.2707	0.3766	0.1659	11.416	0.7379
3.8000	2.2902	0.3632	0.1586	12.769	0.7501
3.9000	2.3088	0.3504	0.1518	14.274	0.7617
4.0000	2.3263	0.3382	0.1454	15.944	0.7726
4.5000	2.4016	0.2848	0.1186	27.387	0.8189
5.0000	2.4602	0.2421	0.0984	45.956	0.8543
5.5000	2.5064	0.2077	0.0829	75.220	0.8819
6.0000	2.5434	0.1797	0.0706	120.10	0.9037
6.5000	2.5733	0.1567	0.0609	187.22	0.9212
7.0000	2.5978	0.1377	0.0530	285.34	0.9355
7.5000	2.6181	0.1219	0.0465	425.81	0.9472
8.0000	2.6350	0.1085	0.0412	623.12	0.9570
8.5000	2.6493	0.0971	0.0367	895.51	0.9652
9.0000	2.6615	0.0875	0.0329	1265.6	0.9722
9.5000	2.6719	0.0791	0.0296	1761.2	0.9781
10.0000	2.6810	0.0719	0.0268	2416.1	0.9832
11.0000	2.6956	0.0601	0.0223	4374.3	0.9915
12.0000	2.7069	0.0509	0.0188	7566.5	0.9979
13.0000	2.7158	0.0436	0.0161	12581.0	1.0030
14.0000	2.7230	0.0378	0.0139	20209.0	1.0070
15.0000	2.7287	0.0331	0.0121	31494.0	1.0102
∞	2.7689	0.0000	0.0000	∞	1.0326

瑞利线气流表($\gamma=1.4$)

M	ρ^*/ρ	T/T^*	p/p^*	p_t/p_t^*	T_t/T_t^*
0.0000	0.0000	0.0000	2.4000	1.2679	0.0000
0.0100	0.0002	0.0006	2.3997	1.2678	0.0005
0.0200	0.0010	0.0023	2.3987	1.2675	0.0019
0.0300	0.0022	0.0052	2.3970	1.2671	0.0043
0.0400	0.0038	0.0092	2.3946	1.2665	0.0076
0.0500	0.0060	0.0143	2.3916	1.2657	0.0119
0.0600	0.0086	0.0205	2.3880	1.2647	0.0171
0.0700	0.0117	0.0278	2.3836	1.2636	0.0232
0.0800	0.0152	0.0362	2.3787	1.2623	0.0302
0.0900	0.0192	0.0456	2.3731	1.2608	0.0381
0.1000	0.0237	0.0560	2.3669	1.2591	0.0468
0.1100	0.0286	0.0674	2.3600	1.2573	0.0563
0.1200	0.0339	0.0797	2.3526	1.2554	0.0666
0.1300	0.0396	0.0929	2.3445	1.2533	0.0777
0.1400	0.0458	0.1069	2.3359	1.2510	0.0895
0.1500	0.0524	0.1218	2.3267	1.2486	0.1020
0.1600	0.0593	0.1374	2.3170	1.2461	0.1151
0.1700	0.0667	0.1538	2.3067	1.2434	0.1289
0.1800	0.0744	0.1708	2.2959	1.2406	0.1432
0.1900	0.0825	0.1884	2.2845	1.2377	0.1581
0.2000	0.0909	0.2066	2.2727	1.2346	0.1736
0.2100	0.0997	0.2253	2.2604	1.2314	0.1894
0.2200	0.1088	0.2445	2.2477	1.2281	0.2057
0.2300	0.1182	0.2641	2.2345	1.2247	0.2224
0.2400	0.1279	0.2841	2.2209	1.2213	0.2395
0.2500	0.1379	0.3044	2.2069	1.2177	0.2568
0.2600	0.1482	0.3250	2.1925	1.2140	0.2745
0.2700	0.1588	0.3457	2.1777	1.2102	0.2923

M	ρ^*/ρ	T/T^*	p/p^*	p_t/p_t^*	T_t/T_t^*
0.2800	0.1696	0.3667	2.1626	1.2064	0.3104
0.2900	0.1806	0.3877	2.1472	1.2025	0.3285
0.3000	0.1918	0.4089	2.1314	1.1985	0.3469
0.3100	0.2033	0.4300	2.1154	1.1945	0.3653
0.3200	0.2149	0.4512	2.0991	1.1904	0.3837
0.3300	0.2268	0.4723	2.0825	1.1863	0.4021
0.3400	0.2388	0.4933	2.0657	1.1822	0.4206
0.3500	0.2510	0.5141	2.0487	1.1779	0.4389
0.3600	0.2633	0.5348	2.0314	1.1737	0.4572
0.3700	0.2757	0.5553	2.0140	1.1695	0.4754
0.3800	0.2883	0.5755	1.9964	1.1652	0.4935
0.3900	0.3010	0.5955	1.9787	1.1609	0.5113
0.4000	0.3137	0.6151	1.9608	1.1566	0.5290
0.4100	0.3266	0.6345	1.9428	1.1523	0.5465
0.4200	0.3395	0.6535	1.9247	1.1480	0.5638
0.4300	0.3525	0.6721	1.9065	1.1437	0.5808
0.4400	0.3656	0.6903	1.8882	1.1394	0.5975
0.4500	0.3787	0.7080	1.8699	1.1351	0.6139
0.4600	0.3918	0.7254	1.8515	1.1308	0.6301
0.4700	0.4049	0.7423	1.8331	1.1266	0.6459
0.4800	0.4181	0.7587	1.8147	1.1224	0.6614
0.4900	0.4313	0.7747	1.7962	1.1182	0.6765
0.5000	0.4444	0.7901	1.7778	1.1141	0.6914
0.5200	0.4708	0.8196	1.7409	1.1059	0.7199
0.5400	0.4970	0.8469	1.7043	1.0979	0.7470
0.5600	0.5230	0.8723	1.6678	1.0901	0.7725
0.5800	0.5489	0.8955	1.6316	1.0826	0.7965
0.6000	0.5745	0.9167	1.5957	1.0753	0.8189
0.6200	0.5998	0.9358	1.5603	1.0682	0.8398
0.6400	0.6248	0.9530	1.5253	1.0615	0.8592
0.6600	0.6494	0.9682	1.4908	1.0550	0.8771
0.6800	0.6737	0.9814	1.4569	1.0489	0.8935
0.7000	0.6975	0.9929	1.4235	1.0431	0.9085
0.7200	0.7209	1.0026	1.3907	1.0376	0.9221
0.7400	0.7439	1.0106	1.3585	1.0325	0.9344
0.7600	0.7665	1.0171	1.3270	1.0278	0.9455
0.7800	0.7885	1.0220	1.2961	1.0234	0.9553
0.8000	0.8101	1.0255	1.2658	1.0193	0.9639
0.8200	0.8313	1.0276	1.2362	1.0157	0.9715

续表

M	ρ^*/ρ	T/T^*	p/p^*	p_t/p_t^*	T_t/T_t^*
0.8400	0.8519	1.0285	1.2073	1.0124	0.9781
0.8600	0.8721	1.0283	1.1791	1.0095	0.9836
0.8800	0.8918	1.0269	1.1515	1.0070	0.9883
0.9000	0.9110	1.0245	1.1246	1.0049	0.9921
0.9200	0.9297	1.0212	1.0984	1.0031	0.9951
0.9400	0.9480	1.0170	1.0728	1.0017	0.9973
0.9600	0.9658	1.0121	1.0479	1.0008	0.9988
0.9800	0.9831	1.0064	1.0236	1.0002	0.9997
1.0000	1.0000	1.0000	1.0000	1.0000	1.0000
1.0200	1.0164	0.9930	0.9770	1.0002	0.9997
1.0400	1.0325	0.9855	0.9546	1.0008	0.9989
1.0600	1.0480	0.9776	0.9327	1.0017	0.9977
1.0800	1.0632	0.9691	0.9115	1.0031	0.9960
1.1000	1.0780	0.9603	0.8909	1.0049	0.9939
1.1200	1.0923	0.9512	0.8708	1.0070	0.9915
1.1400	1.1063	0.9417	0.8512	1.0095	0.9887
1.1600	1.1198	0.9320	0.8322	1.0124	0.9856
1.1800	1.1330	0.9220	0.8137	1.0157	0.9823
1.2000	1.1459	0.9118	0.7958	1.0194	0.9787
1.2200	1.1584	0.9015	0.7783	1.0235	0.9749
1.2400	1.1705	0.8911	0.7613	1.0279	0.9709
1.2600	1.1823	0.8805	0.7447	1.0328	0.9668
1.2800	1.1938	0.8699	0.7287	1.0380	0.9624
1.3000	1.2050	0.8592	0.7130	1.0437	0.9580
1.3200	1.2159	0.8484	0.6978	1.0497	0.9534
1.3400	1.2264	0.8377	0.6830	1.0561	0.9487
1.3600	1.2367	0.8269	0.6686	1.0629	0.9440
1.3800	1.2467	0.8161	0.6546	1.0701	0.9391
1.4000	1.2564	0.8054	0.6410	1.0777	0.9343
1.4200	1.2659	0.7947	0.6278	1.0856	0.9293
1.4400	1.2751	0.7840	0.6149	1.0940	0.9243
1.4600	1.2840	0.7735	0.6024	1.1028	0.9193
1.4800	1.2927	0.7629	0.5902	1.1120	0.9143
1.5000	1.3012	0.7525	0.5783	1.1215	0.9093
1.5500	1.3214	0.7268	0.5500	1.1473	0.8967
1.6000	1.3403	0.7017	0.5236	1.1756	0.8842
1.6500	1.3580	0.6774	0.4988	1.2066	0.8718
1.7000	1.3746	0.6538	0.4756	1.2402	0.8597
1.7500	1.3901	0.6310	0.4539	1.2767	0.8478

M	ρ^*/ρ	T/T^*	p/p^*	p_t/p_t^*	T_t/T_t^*
1.8000	1.4046	0.6089	0.4335	1.3159	0.8363
1.8500	1.4183	0.5877	0.4144	1.3581	0.8250
1.9000	1.4311	0.5673	0.3964	1.4033	0.8141
1.9500	1.4432	0.5477	0.3795	1.4516	0.8036
2.0000	1.4545	0.5289	0.3636	1.5031	0.7934
2.1000	1.4753	0.4936	0.3345	1.6162	0.7741
2.2000	1.4938	0.4611	0.3086	1.7434	0.7561
2.3000	1.5103	0.4312	0.2855	1.8860	0.7395
2.4000	1.5252	0.4038	0.2648	2.0451	0.7242
2.5000	1.5385	0.3787	0.2462	2.2218	0.7101
2.6000	1.5505	0.3556	0.2294	2.4177	0.6970
2.7000	1.5613	0.3344	0.2142	2.6343	0.6849
2.8000	1.5711	0.3149	0.2004	2.8731	0.6738
2.9000	1.5801	0.2969	0.1879	3.1358	0.6635
3.0000	1.5882	0.2803	0.1765	3.4244	0.6540
3.1000	1.5957	0.2650	0.1660	3.7408	0.6452
3.2000	1.6025	0.2508	0.1565	4.0871	0.6370
3.3000	1.6088	0.2377	0.1477	4.4655	0.6294
3.4000	1.6145	0.2255	0.1397	4.8783	0.6224
3.5000	1.6198	0.2142	0.1322	5.3280	0.6158
3.6000	1.6247	0.2037	0.1254	5.8173	0.6097
3.7000	1.6293	0.1939	0.1190	6.3488	0.6040
3.8000	1.6335	0.1848	0.1131	6.9255	0.5987
3.9000	1.6374	0.1763	0.1077	7.5505	0.5937
4.0000	1.6410	0.1683	0.1026	8.2268	0.5891
4.5000	1.6559	0.1354	0.0818	12.502	0.5698
5.0000	1.6667	0.1111	0.0667	18.635	0.5556
5.5000	1.6747	0.0927	0.0554	27.211	0.5447
6.0000	1.6809	0.0785	0.0467	38.946	0.5363
6.5000	1.6858	0.0673	0.0399	54.683	0.5297
7.0000	1.6897	0.0583	0.0345	75.414	0.5244
7.5000	1.6928	0.0509	0.0301	102.29	0.5200
8.0000	1.6954	0.0449	0.0265	136.62	0.5165
8.5000	1.6975	0.0399	0.0235	179.92	0.5135
9.0000	1.6993	0.0356	0.0210	233.88	0.5110
9.5000	1.7008	0.0321	0.0188	300.41	0.5088
10.000	1.7021	0.0290	0.0170	381.61	0.5070
11.000	1.7042	0.0240	0.0141	597.74	0.5041
12.000	1.7058	0.0202	0.0118	904.05	0.5018

续表

M	ρ^*/ρ	T/T^*	p/p^*	p_t/p_t^*	T_t/T_t^*
13.000	1.7071	0.0172	0.0101	1326.7	0.5001
14.000	1.7081	0.0149	0.0087	1896.3	0.4986
15.000	1.7089	0.0130	0.0076	2648.8	0.4975
∞	1.7143	0.0000	0.0000	∞	0.4898

瑞利线气流表 ($\gamma=1.35$)

M	ρ^*/ρ	T/T^*	p/p^*	p_t/p_t^*	T_t/T_t^*
0.0000	0.0000	0.0000	2.3500	1.2616	0.0000
0.0100	0.0002	0.0006	2.3497	1.2615	0.0005
0.0200	0.0009	0.0022	2.3487	1.2613	0.0019
0.0300	0.0021	0.0050	2.3471	1.2608	0.0042
0.0400	0.0038	0.0088	2.3449	1.2602	0.0075
0.0500	0.0059	0.0137	2.3421	1.2595	0.0117
0.0600	0.0084	0.0197	2.3386	1.2586	0.0168
0.0700	0.0114	0.0267	2.3346	1.2575	0.0227
0.0800	0.0149	0.0347	2.3299	1.2562	0.0296
0.0900	0.0188	0.0438	2.3246	1.2548	0.0373
0.1000	0.0232	0.0538	2.3187	1.2532	0.0458
0.1100	0.0280	0.0647	2.3122	1.2515	0.0552
0.1200	0.0332	0.0765	2.3052	1.2496	0.0653
0.1300	0.0388	0.0892	2.2976	1.2476	0.0762
0.1400	0.0449	0.1027	2.2894	1.2454	0.0877
0.1500	0.0513	0.1170	2.2807	1.2431	0.1000
0.1600	0.0582	0.1321	2.2715	1.2407	0.1129
0.1700	0.0654	0.1478	2.2618	1.2381	0.1265
0.1800	0.0729	0.1642	2.2515	1.2354	0.1406
0.1900	0.0809	0.1813	2.2408	1.2326	0.1552
0.2000	0.0892	0.1988	2.2296	1.2296	0.1704
0.2100	0.0978	0.2169	2.2180	1.2265	0.1861
0.2200	0.1068	0.2355	2.2059	1.2234	0.2021
0.2300	0.1160	0.2545	2.1934	1.2201	0.2186
0.2400	0.1256	0.2739	2.1804	1.2167	0.2354
0.2500	0.1354	0.2935	2.1671	1.2133	0.2525
0.2600	0.1456	0.3135	2.1535	1.2097	0.2700
0.2700	0.1560	0.3337	2.1394	1.2061	0.2876
0.2800	0.1666	0.3541	2.1251	1.2024	0.3055
0.2900	0.1775	0.3746	2.1104	1.1986	0.3235
0.3000	0.1886	0.3952	2.0954	1.1948	0.3416

M	ρ^*/ρ	T/T^*	p/p^*	p_t/p_t^*	T_t/T_t^*
0.3100	0.1999	0.4158	2.0801	1.1909	0.3598
0.3200	0.2114	0.4365	2.0646	1.1870	0.3781
0.3300	0.2231	0.4571	2.0488	1.1830	0.3964
0.3400	0.2350	0.4777	2.0328	1.1789	0.4148
0.3500	0.2470	0.4981	2.0165	1.1749	0.4330
0.3600	0.2592	0.5184	2.0001	1.1708	0.4512
0.3700	0.2715	0.5386	1.9834	1.1666	0.4693
0.3800	0.2840	0.5585	1.9666	1.1625	0.4873
0.3900	0.2965	0.5782	1.9497	1.1583	0.5051
0.4000	0.3092	0.5976	1.9326	1.1541	0.5228
0.4100	0.3220	0.6167	1.9153	1.1499	0.5403
0.4200	0.3348	0.6355	1.8980	1.1457	0.5575
0.4300	0.3477	0.6539	1.8806	1.1415	0.5745
0.4400	0.3607	0.6720	1.8631	1.1374	0.5913
0.4500	0.3737	0.6897	1.8455	1.1332	0.6078
0.4600	0.3868	0.7070	1.8279	1.1290	0.6240
0.4700	0.3999	0.7238	1.8102	1.1249	0.6398
0.4800	0.4130	0.7403	1.7925	1.1208	0.6554
0.4900	0.4261	0.7562	1.7747	1.1167	0.6707
0.5000	0.4393	0.7718	1.7570	1.1126	0.6856
0.5200	0.4655	0.8014	1.7216	1.1047	0.7143
0.5400	0.4917	0.8291	1.6862	1.0968	0.7416
0.5600	0.5178	0.8548	1.6510	1.0892	0.7674
0.5800	0.5436	0.8786	1.6161	1.0818	0.7917
0.6000	0.5693	0.9003	1.5814	1.0746	0.8145
0.6200	0.5947	0.9201	1.5471	1.0677	0.8357
0.6400	0.6198	0.9379	1.5132	1.0610	0.8555
0.6600	0.6446	0.9539	1.4798	1.0547	0.8737
0.6800	0.6690	0.9680	1.4468	1.0486	0.8904
0.7000	0.6930	0.9802	1.4144	1.0429	0.9058
0.7200	0.7167	0.9908	1.3825	1.0375	0.9197
0.7400	0.7399	0.9997	1.3511	1.0324	0.9323
0.7600	0.7627	1.0070	1.3204	1.0277	0.9437
0.7800	0.7850	1.0128	1.2903	1.0233	0.9538
0.8000	0.8069	1.0172	1.2607	1.0193	0.9627
0.8200	0.8283	1.0203	1.2318	1.0157	0.9705
0.8400	0.8492	1.0221	1.2035	1.0124	0.9773
0.8600	0.8697	1.0227	1.1759	1.0095	0.9830
0.8800	0.8897	1.0222	1.1489	1.0070	0.9878

续表

M	ρ^*/ρ	T/T^*	p/p^*	p_t/p_t^*	T_t/T_t^*
0.9000	0.9092	1.0206	1.1225	1.0049	0.9918
0.9200	0.9283	1.0182	1.0968	1.0031	0.9949
0.9400	0.9469	1.0148	1.0717	1.0018	0.9972
0.9600	0.9651	1.0106	1.0472	1.0008	0.9988
0.9800	0.9828	1.0056	1.0233	1.0002	0.9997
1.0000	1.0000	1.0000	1.0000	1.0000	1.0000
1.0200	1.0168	0.9937	0.9773	1.0002	0.9997
1.0400	1.0332	0.9869	0.9552	1.0008	0.9989
1.0600	1.0491	0.9796	0.9337	1.0018	0.9976
1.0800	1.0646	0.9717	0.9127	1.0031	0.9958
1.1000	1.0797	0.9635	0.8923	1.0049	0.9936
1.1200	1.0945	0.9549	0.8725	1.0071	0.9911
1.1400	1.1088	0.9460	0.8532	1.0096	0.9882
1.1600	1.1227	0.9367	0.8344	1.0126	0.9849
1.1800	1.1363	0.9272	0.8160	1.0159	0.9814
1.2000	1.1495	0.9175	0.7982	1.0197	0.9777
1.2200	1.1623	0.9076	0.7809	1.0238	0.9737
1.2400	1.1748	0.8976	0.7640	1.0284	0.9694
1.2600	1.1869	0.8874	0.7476	1.0333	0.9651
1.2800	1.1988	0.8771	0.7317	1.0386	0.9605
1.3000	1.2103	0.8667	0.7161	1.0444	0.9558
1.3200	1.2215	0.8563	0.7010	1.0505	0.9510
1.3400	1.2324	0.8458	0.6863	1.0571	0.9460
1.3600	1.2430	0.8353	0.6720	1.0641	0.9410
1.3800	1.2533	0.8248	0.6581	1.0714	0.9359
1.4000	1.2633	0.8143	0.6445	1.0792	0.9307
1.4200	1.2731	0.8038	0.6314	1.0874	0.9254
1.4400	1.2826	0.7933	0.6185	1.0961	0.9202
1.4600	1.2918	0.7829	0.6060	1.1051	0.9148
1.4800	1.3008	0.7725	0.5939	1.1146	0.9095
1.5000	1.3096	0.7622	0.5820	1.1245	0.9041
1.5500	1.3305	0.7368	0.5538	1.1511	0.8908
1.6000	1.3501	0.7120	0.5274	1.1805	0.8774
1.6500	1.3684	0.6878	0.5026	1.2128	0.8643
1.7000	1.3856	0.6643	0.4794	1.2480	0.8513
1.7500	1.4017	0.6416	0.4577	1.2862	0.8386
1.8000	1.4168	0.6196	0.4373	1.3275	0.8263
1.8500	1.4310	0.5983	0.4181	1.3720	0.8142
1.9000	1.4444	0.5779	0.4001	1.4199	0.8025

M	ρ^*/ρ	T/T^*	p/p^*	p_t/p_t^*	T_t/T_t^*
1.9500	1.4569	0.5582	0.3832	1.4713	0.7912
2.0000	1.4687	0.5393	0.3672	1.5262	0.7803
2.1000	1.4904	0.5037	0.3380	1.6476	0.7595
2.2000	1.5097	0.4709	0.3119	1.7852	0.7402
2.3000	1.5269	0.4407	0.2886	1.9407	0.7223
2.4000	1.5424	0.4130	0.2678	2.1156	0.7058
2.5000	1.5563	0.3875	0.2490	2.3116	0.6905
2.6000	1.5688	0.3641	0.2321	2.5308	0.6764
2.7000	1.5802	0.3425	0.2168	2.7753	0.6634
2.8000	1.5905	0.3227	0.2029	3.0474	0.6513
2.9000	1.5998	0.3043	0.1902	3.3497	0.6402
3.0000	1.6084	0.2874	0.1787	3.6849	0.6299
3.1000	1.6162	0.2718	0.1682	4.0559	0.6203
3.2000	1.6233	0.2573	0.1585	4.4660	0.6115
3.3000	1.6299	0.2439	0.1497	4.9185	0.6033
3.4000	1.6359	0.2315	0.1415	5.4172	0.5956
3.5000	1.6415	0.2200	0.1340	5.9660	0.5885
3.6000	1.6466	0.2092	0.1271	6.5690	0.5819
3.7000	1.6514	0.1992	0.1206	7.2309	0.5757
3.8000	1.6558	0.1899	0.1147	7.9564	0.5699
3.9000	1.6599	0.1811	0.1091	8.7505	0.5645
4.0000	1.6637	0.1730	0.1040	9.6188	0.5595
4.5000	1.6793	0.1393	0.0829	15.286	0.5385
5.0000	1.6906	0.1143	0.0676	23.831	0.5230
5.5000	1.6991	0.0954	0.0562	36.380	0.5112
6.0000	1.7056	0.0808	0.0474	54.375	0.5021
6.5000	1.7107	0.0693	0.0405	79.624	0.4948
7.0000	1.7148	0.0600	0.0350	114.36	0.4890
7.5000	1.7181	0.0525	0.0305	161.29	0.4843
8.0000	1.7208	0.0463	0.0269	223.69	0.4804
8.5000	1.7231	0.0411	0.0238	305.44	0.4772
9.0000	1.7250	0.0367	0.0213	411.08	0.4744
9.5000	1.7266	0.0330	0.0191	545.96	0.4721
10.000	1.7279	0.0299	0.0173	716.22	0.4701
11.000	1.7301	0.0247	0.0143	1192.2	0.4669
12.000	1.7318	0.0208	0.0120	1908.0	0.4644
13.000	1.7331	0.0178	0.0103	2951.7	0.4625
14.000	1.7342	0.0153	0.0088	4432.8	0.4610
15.000	1.7350	0.0134	0.0077	6486.1	0.4597
∞	1.7407	0.0000	0.0000	∞	0.4513

瑞利线气流表 ($\gamma = 1.30$)

M	ρ^*/ρ	T/T^*	p/p^*	p_t/p_t^*	T_t/T_t^*
0.0000	0.0000	0.0000	2.3000	1.2552	0.0000
0.0100	0.0002	0.0005	2.2997	1.2551	0.0005
0.0200	0.0009	0.0021	2.2988	1.2548	0.0018
0.0300	0.0021	0.0047	2.2973	1.2544	0.0041
0.0400	0.0037	0.0084	2.2952	1.2539	0.0073
0.0500	0.0057	0.0131	2.2925	1.2531	0.0114
0.0600	0.0082	0.0189	2.2893	1.2523	0.0164
0.0700	0.0112	0.0256	2.2854	1.2512	0.0223
0.0800	0.0146	0.0333	2.2810	1.2500	0.0290
0.0900	0.0184	0.0420	2.2760	1.2486	0.0365
0.1000	0.0227	0.0516	2.2705	1.2471	0.0449
0.1100	0.0274	0.0620	2.2644	1.2455	0.0540
0.1200	0.0325	0.0734	2.2577	1.2437	0.0640
0.1300	0.0380	0.0856	2.2506	1.2417	0.0746
0.1400	0.0440	0.0986	2.2429	1.2397	0.0860
0.1500	0.0503	0.1124	2.2346	1.2374	0.0980
0.1600	0.0570	0.1268	2.2259	1.2351	0.1107
0.1700	0.0641	0.1420	2.2167	1.2326	0.1240
0.1800	0.0715	0.1578	2.2070	1.2300	0.1379
0.1900	0.0793	0.1742	2.1969	1.2273	0.1523
0.2000	0.0875	0.1912	2.1863	1.2245	0.1673
0.2100	0.0959	0.2087	2.1753	1.2215	0.1827
0.2200	0.1047	0.2266	2.1639	1.2185	0.1985
0.2300	0.1138	0.2450	2.1520	1.2153	0.2147
0.2400	0.1233	0.2637	2.1398	1.2121	0.2313
0.2500	0.1329	0.2828	2.1272	1.2088	0.2482
0.2600	0.1429	0.3022	2.1142	1.2053	0.2654
0.2700	0.1532	0.3218	2.1009	1.2018	0.2829
0.2800	0.1636	0.3416	2.0873	1.1983	0.3005
0.2900	0.1744	0.3615	2.0733	1.1946	0.3183
0.3000	0.1853	0.3816	2.0591	1.1909	0.3363
0.3100	0.1965	0.4017	2.0446	1.1872	0.3544
0.3200	0.2079	0.4219	2.0298	1.1834	0.3725
0.3300	0.2194	0.4421	2.0148	1.1795	0.3907
0.3400	0.2311	0.4622	1.9995	1.1756	0.4089
0.3500	0.2430	0.4822	1.9840	1.1716	0.4270
0.3600	0.2551	0.5021	1.9684	1.1677	0.4451
0.3700	0.2673	0.5219	1.9525	1.1637	0.4631
0.3800	0.2796	0.5415	1.9365	1.1596	0.4811

M	ρ^*/ρ	T/T^*	p/p^*	p_t/p_t^*	T_t/T_t^*
0.3900	0.2921	0.5609	1.9203	1.1556	0.4988
0.4000	0.3046	0.5800	1.9040	1.1515	0.5165
0.4100	0.3173	0.5989	1.8875	1.1474	0.5339
0.4200	0.3300	0.6175	1.8710	1.1434	0.5511
0.4300	0.3429	0.6358	1.8543	1.1393	0.5682
0.4400	0.3557	0.6537	1.8375	1.1352	0.5849
0.4500	0.3687	0.6713	1.8207	1.1312	0.6014
0.4600	0.3817	0.6885	1.8038	1.1271	0.6177
0.4700	0.3947	0.7053	1.7869	1.1231	0.6336
0.4800	0.4078	0.7217	1.7699	1.1191	0.6493
0.4900	0.4209	0.7377	1.7529	1.1151	0.6646
0.5000	0.4340	0.7533	1.7358	1.1111	0.6796
0.5200	0.4602	0.7831	1.7018	1.1033	0.7086
0.5400	0.4863	0.8111	1.6678	1.0957	0.7361
0.5600	0.5124	0.8372	1.6339	1.0882	0.7622
0.5800	0.5383	0.8614	1.6002	1.0809	0.7868
0.6000	0.5640	0.8837	1.5668	1.0739	0.8099
0.6200	0.5895	0.9041	1.5336	1.0671	0.8315
0.6400	0.6147	0.9226	1.5008	1.0605	0.8516
0.6600	0.6397	0.9393	1.4684	1.0543	0.8702
0.6800	0.6642	0.9542	1.4365	1.0483	0.8873
0.7000	0.6885	0.9673	1.4050	1.0426	0.9029
0.7200	0.7123	0.9787	1.3740	1.0373	0.9172
0.7400	0.7357	0.9885	1.3436	1.0323	0.9302
0.7600	0.7587	0.9967	1.3136	1.0276	0.9418
0.7800	0.7813	1.0034	1.2843	1.0233	0.9522
0.8000	0.8035	1.0088	1.2555	1.0193	0.9614
0.8200	0.8252	1.0127	1.2272	1.0157	0.9694
0.8400	0.8464	1.0154	1.1996	1.0124	0.9764
0.8600	0.8672	1.0169	1.1726	1.0095	0.9824
0.8800	0.8876	1.0173	1.1461	1.0070	0.9874
0.9000	0.9075	1.0166	1.1203	1.0049	0.9914
0.9200	0.9269	1.0150	1.0951	1.0031	0.9947
0.9400	0.9458	1.0124	1.0704	1.0018	0.9971
0.9600	0.9643	1.0090	1.0464	1.0008	0.9987
0.9800	0.9824	1.0049	1.0229	1.0002	0.9997
1.0000	1.0000	1.0000	1.0000	1.0000	1.0000
1.0200	1.0172	0.9945	0.9777	1.0002	0.9997
1.0400	1.0339	0.9883	0.9559	1.0008	0.9988

续表

M	ρ^*/ρ	T/T^*	p/p^*	p_t/p_t^*	T_t/T_t^*
1.0600	1.0502	0.9817	0.9347	1.0018	0.9975
1.0800	1.0661	0.9745	0.9140	1.0032	0.9956
1.1000	1.0816	0.9669	0.8939	1.0049	0.9933
1.1200	1.0967	0.9588	0.8743	1.0071	0.9906
1.1400	1.1114	0.9504	0.8552	1.0097	0.9876
1.1600	1.1257	0.9417	0.8366	1.0127	0.9842
1.1800	1.1396	0.9328	0.8185	1.0161	0.9805
1.2000	1.1532	0.9235	0.8008	1.0199	0.9765
1.2200	1.1664	0.9141	0.7837	1.0241	0.9723
1.2400	1.1793	0.9044	0.7670	1.0288	0.9679
1.2600	1.1918	0.8947	0.7507	1.0338	0.9632
1.2800	1.2040	0.8847	0.7348	1.0392	0.9584
1.3000	1.2158	0.8747	0.7194	1.0451	0.9534
1.3200	1.2274	0.8646	0.7044	1.0514	0.9483
1.3400	1.2386	0.8544	0.6898	1.0581	0.9431
1.3600	1.2496	0.8442	0.6756	1.0653	0.9377
1.3800	1.2602	0.8339	0.6617	1.0728	0.9323
1.4000	1.2706	0.8237	0.6483	1.0809	0.9268
1.4200	1.2807	0.8134	0.6351	1.0893	0.9212
1.4400	1.2905	0.8031	0.6223	1.0982	0.9156
1.4600	1.3001	0.7929	0.6099	1.1075	0.9100
1.4800	1.3094	0.7827	0.5978	1.1173	0.9043
1.5000	1.3185	0.7726	0.5860	1.1276	0.8986
1.5500	1.3401	0.7475	0.5578	1.1552	0.8843
1.6000	1.3604	0.7230	0.5314	1.1858	0.8701
1.6500	1.3795	0.6990	0.5067	1.2195	0.8560
1.7000	1.3973	0.6756	0.4835	1.2563	0.8421
1.7500	1.4141	0.6529	0.4617	1.2964	0.8286
1.8000	1.4298	0.6309	0.4413	1.3400	0.8153
1.8500	1.4446	0.6097	0.4221	1.3872	0.8024
1.9000	1.4585	0.5892	0.4040	1.4381	0.7898
1.9500	1.4715	0.5695	0.3870	1.4929	0.7776
2.0000	1.4839	0.5505	0.3710	1.5518	0.7659
2.1000	1.5065	0.5146	0.3416	1.6827	0.7435
2.2000	1.5266	0.4815	0.3154	1.8325	0.7227
2.3000	1.5446	0.4510	0.2920	2.0032	0.7034
2.4000	1.5608	0.4229	0.2710	2.1970	0.6855
2.5000	1.5753	0.3971	0.2521	2.4165	0.6690
2.6000	1.5885	0.3733	0.2350	2.6644	0.6537

M	ρ^*/ρ	T/T^*	p/p^*	p_t/p_t^*	T_t/T_t^*
2.7000	1.6004	0.3513	0.2195	2.9438	0.6396
2.8000	1.6112	0.3311	0.2055	3.2582	0.6265
2.9000	1.6210	0.3124	0.1927	3.6114	0.6144
3.0000	1.6299	0.2952	0.1811	4.0074	0.6032
3.1000	1.6381	0.2792	0.1705	4.4508	0.5928
3.2000	1.6456	0.2645	0.1607	4.9467	0.5832
3.3000	1.6525	0.2508	0.1517	5.5005	0.5742
3.4000	1.6588	0.2380	0.1435	6.1181	0.5659
3.5000	1.6647	0.2262	0.1359	6.8061	0.5582
3.6000	1.6701	0.2152	0.1289	7.5714	0.5510
3.7000	1.6751	0.2050	0.1224	8.4218	0.5442
3.8000	1.6797	0.1954	0.1163	9.3655	0.5379
3.9000	1.6841	0.1865	0.1107	10.412	0.5321
4.0000	1.6881	0.1781	0.1055	11.570	0.5266
4.5000	1.7045	0.1435	0.0842	19.437	0.5037
5.0000	1.7164	0.1178	0.0687	32.062	0.4867
5.5000	1.7254	0.0984	0.0570	51.779	0.4739
6.0000	1.7322	0.0833	0.0481	81.794	0.4639
6.5000	1.7376	0.0715	0.0411	126.42	0.4560
7.0000	1.7419	0.0619	0.0355	191.33	0.4496
7.5000	1.7454	0.0542	0.0310	283.87	0.4444
8.0000	1.7482	0.0478	0.0273	413.41	0.4402
8.5000	1.7506	0.0424	0.0242	591.72	0.4366
9.0000	1.7526	0.0379	0.0216	833.39	0.4336
9.5000	1.7543	0.0341	0.0194	1156.3	0.4311
10.000	1.7557	0.0308	0.0176	1582.3	0.4289
11.000	1.7581	0.0255	0.0145	2852.9	0.4254
12.000	1.7598	0.0215	0.0122	4919.1	0.4227
13.000	1.7612	0.0184	0.0104	8158.6	0.4206
14.000	1.7623	0.0158	0.0090	13079.0	0.4189
15.000	1.7632	0.0138	0.0078	20350.0	0.4175
∞	1.7692	0.0000	0.0000	∞	0.4083

正激波气流表 ($\gamma = 1.4$)

M_1	M_2	ρ_2/ρ_1	T_2/T_1	p_2/p_1	p_{t2}/p_{t1}	p_{t2}/p_1
1.0000	1.0000	1.0000	1.0000	1.0000	1.0000	1.8929
1.0100	0.9901	1.0167	1.0066	1.0235	1.0000	1.9152
1.0200	0.9805	1.0334	1.0132	1.0471	1.0000	1.9379
1.0300	0.9712	1.0502	1.0198	1.0710	1.0000	1.9610
1.0400	0.9620	1.0671	1.0263	1.0952	0.9999	1.9844
1.0500	0.9531	1.0840	1.0328	1.1196	0.9999	2.0083
1.0600	0.9444	1.1009	1.0393	1.1442	0.9998	2.0325
1.0700	0.9360	1.1179	1.0458	1.1690	0.9996	2.0570
1.0800	0.9277	1.1349	1.0522	1.1941	0.9994	2.0819
1.0900	0.9196	1.1520	1.0586	1.2194	0.9992	2.1072
1.1000	0.9118	1.1691	1.0649	1.2450	0.9989	2.1328
1.1100	0.9041	1.1862	1.0713	1.2708	0.9986	2.1588
1.1200	0.8966	1.2034	1.0776	1.2968	0.9982	2.1851
1.1300	0.8892	1.2206	1.0840	1.3230	0.9978	2.2118
1.1400	0.8820	1.2378	1.0903	1.3495	0.9973	2.2388
1.1500	0.8750	1.2550	1.0966	1.3762	0.9967	2.2661
1.1600	0.8682	1.2723	1.1029	1.4032	0.9961	2.2937
1.1700	0.8615	1.2896	1.1092	1.4304	0.9953	2.3217
1.1800	0.8549	1.3069	1.1154	1.4578	0.9946	2.3500
1.1900	0.8485	1.3243	1.1217	1.4854	0.9937	2.3786
1.2000	0.8422	1.3416	1.1280	1.5133	0.9928	2.4075
1.2100	0.8360	1.3590	1.1343	1.5414	0.9918	2.4367
1.2200	0.8300	1.3764	1.1405	1.5698	0.9907	2.4663
1.2300	0.8241	1.3938	1.1468	1.5984	0.9896	2.4961
1.2400	0.8183	1.4112	1.1531	1.6272	0.9884	2.5263
1.2500	0.8126	1.4286	1.1594	1.6562	0.9871	2.5568
1.2600	0.8071	1.4460	1.1657	1.6855	0.9857	2.5875
1.2700	0.8016	1.4634	1.1720	1.7150	0.9842	2.6186

M_1	M_2	ρ_2/ρ_1	T_2/T_1	p_2/p_1	p_{t2}/p_{t1}	p_{t2}/p_1
1.2800	0.7963	1.4808	1.1783	1.7448	0.9827	2.6500
1.2900	0.7911	1.4983	1.1846	1.7748	0.9811	2.6816
1.3000	0.7860	1.5157	1.1909	1.8050	0.9794	2.7136
1.3100	0.7809	1.5331	1.1972	1.8354	0.9776	2.7458
1.3200	0.7760	1.5505	1.2035	1.8661	0.9758	2.7784
1.3300	0.7712	1.5680	1.2099	1.8970	0.9738	2.8112
1.3400	0.7664	1.5854	1.2162	1.9282	0.9718	2.8444
1.3500	0.7618	1.6028	1.2226	1.9596	0.9697	2.8778
1.3600	0.7572	1.6202	1.2290	1.9912	0.9676	2.9115
1.3700	0.7527	1.6376	1.2354	2.0230	0.9653	2.9455
1.3800	0.7483	1.6549	1.2418	2.0551	0.9630	2.9798
1.3900	0.7440	1.6723	1.2482	2.0874	0.9607	3.0144
1.4000	0.7397	1.6897	1.2547	2.1200	0.9582	3.0492
1.4100	0.7355	1.7070	1.2612	2.1528	0.9557	3.0844
1.4200	0.7314	1.7243	1.2676	2.1858	0.9531	3.1198
1.4300	0.7274	1.7416	1.2741	2.2190	0.9504	3.1555
1.4400	0.7235	1.7589	1.2807	2.2525	0.9476	3.1915
1.4500	0.7196	1.7761	1.2872	2.2862	0.9448	3.2278
1.4600	0.7157	1.7934	1.2938	2.3202	0.9420	3.2643
1.4700	0.7120	1.8106	1.3003	2.3544	0.9390	3.3011
1.4800	0.7083	1.8278	1.3069	2.3888	0.9360	3.3382
1.4900	0.7047	1.8449	1.3136	2.4234	0.9329	3.3756
1.5000	0.7011	1.8621	1.3202	2.4583	0.9298	3.4133
1.5100	0.6976	1.8792	1.3269	2.4934	0.9266	3.4512
1.5200	0.6941	1.8963	1.3336	2.5288	0.9233	3.4894
1.5300	0.6907	1.9133	1.3403	2.5644	0.9200	3.5279
1.5400	0.6874	1.9303	1.3470	2.6002	0.9166	3.5667
1.5500	0.6841	1.9473	1.3538	2.6362	0.9132	3.6057
1.5600	0.6809	1.9643	1.3606	2.6725	0.9097	3.6450
1.5700	0.6777	1.9812	1.3674	2.7090	0.9062	3.6846
1.5800	0.6746	1.9981	1.3742	2.7458	0.9026	3.7244
1.5900	0.6715	2.0149	1.3811	2.7828	0.8989	3.7646
1.6000	0.6684	2.0317	1.3880	2.8200	0.8952	3.8050
1.6100	0.6655	2.0485	1.3949	2.8574	0.8915	3.8456
1.6200	0.6625	2.0653	1.4018	2.8951	0.8877	3.8866
1.6300	0.6596	2.0820	1.4088	2.9330	0.8838	3.9278
1.6400	0.6568	2.0986	1.4158	2.9712	0.8799	3.9693
1.6500	0.6540	2.1152	1.4228	3.0096	0.8760	4.0110
1.6600	0.6512	2.1318	1.4299	3.0482	0.8720	4.0531

M_1	M_2	ρ_2/ρ_1	T_2/T_1	p_2/p_1	p_{t2}/p_{t1}	p_{t2}/p_1
1.6700	0.6485	2.1484	1.4369	3.0870	0.8680	4.0953
1.6800	0.6458	2.1649	1.4440	3.1261	0.8639	4.1379
1.6900	0.6431	2.1813	1.4512	3.1654	0.8599	4.1807
1.7000	0.6405	2.1977	1.4583	3.2050	0.8557	4.2238
1.7100	0.6380	2.2141	1.4655	3.2448	0.8516	4.2672
1.7200	0.6355	2.2304	1.4727	3.2848	0.8474	4.3108
1.7300	0.6330	2.2467	1.4800	3.3250	0.8431	4.3547
1.7400	0.6305	2.2629	1.4873	3.3655	0.8389	4.3989
1.7500	0.6281	2.2791	1.4946	3.4062	0.8346	4.4433
1.7600	0.6257	2.2952	1.5019	3.4472	0.8302	4.4880
1.7700	0.6234	2.3113	1.5093	3.4884	0.8259	4.5330
1.7800	0.6210	2.3273	1.5167	3.5298	0.8215	4.5782
1.7900	0.6188	2.3433	1.5241	3.5714	0.8171	4.6237
1.8000	0.6165	2.3592	1.5316	3.6133	0.8127	4.6695
1.8100	0.6143	2.3751	1.5391	3.6554	0.8082	4.7155
1.8200	0.6121	2.3909	1.5466	3.6978	0.8038	4.7618
1.8300	0.6099	2.4067	1.5541	3.7404	0.7993	4.8084
1.8400	0.6078	2.4224	1.5617	3.7832	0.7948	4.8552
1.8500	0.6057	2.4381	1.5693	3.8262	0.7902	4.9023
1.8600	0.6036	2.4537	1.5770	3.8695	0.7857	4.9497
1.8700	0.6016	2.4693	1.5847	3.9130	0.7811	4.9973
1.8800	0.5996	2.4848	1.5924	3.9568	0.7765	5.0452
1.8900	0.5976	2.5003	1.6001	4.0008	0.7720	5.0934
1.9000	0.5956	2.5157	1.6079	4.0450	0.7674	5.1418
1.9100	0.5937	2.5310	1.6157	4.0894	0.7627	5.1905
1.9200	0.5918	2.5463	1.6236	4.1341	0.7581	5.2394
1.9300	0.5899	2.5616	1.6314	4.1790	0.7535	5.2886
1.9400	0.5880	2.5767	1.6394	4.2242	0.7488	5.3381
1.9500	0.5862	2.5919	1.6473	4.2696	0.7442	5.3878
1.9600	0.5844	2.6069	1.6553	4.3152	0.7395	5.4378
1.9700	0.5826	2.6220	1.6633	4.3610	0.7349	5.4881
1.9800	0.5808	2.6369	1.6713	4.4071	0.7302	5.5386
1.9900	0.5791	2.6518	1.6794	4.4534	0.7255	5.5894
2.0000	0.5774	2.6667	1.6875	4.5000	0.7209	5.6404
2.0200	0.5740	2.6962	1.7038	4.5938	0.7115	5.7433
2.0400	0.5707	2.7255	1.7203	4.6885	0.7022	5.8473
2.0600	0.5675	2.7545	1.7369	4.7842	0.6928	5.9522
2.0800	0.5643	2.7833	1.7536	4.8808	0.6835	6.0583
2.1000	0.5613	2.8119	1.7704	4.9783	0.6742	6.1654

M_1	M_2	ρ_2/ρ_1	T_2/T_1	p_2/p_1	p_{t2}/p_{t1}	p_{t2}/p_1
2.1200	0.5583	2.8402	1.7875	5.0768	0.6649	6.2735
2.1400	0.5554	2.8683	1.8046	5.1762	0.6557	6.3827
2.1600	0.5525	2.8962	1.8219	5.2765	0.6464	6.4929
2.1800	0.5498	2.9238	1.8393	5.3778	0.6373	6.6042
2.2000	0.5471	2.9512	1.8569	5.4800	0.6281	6.7165
2.2200	0.5444	2.9784	1.8746	5.5831	0.6191	6.8298
2.2400	0.5418	3.0053	1.8924	5.6872	0.6100	6.9442
2.2600	0.5393	3.0319	1.9104	5.7922	0.6011	7.0597
2.2800	0.5368	3.0584	1.9285	5.8981	0.5921	7.1761
2.3000	0.5344	3.0845	1.9468	6.0050	0.5833	7.2937
2.3200	0.5321	3.1105	1.9652	6.1128	0.5745	7.4122
2.3400	0.5297	3.1362	1.9838	6.2215	0.5658	7.5318
2.3600	0.5275	3.1617	2.0025	6.3312	0.5572	7.6525
2.3800	0.5253	3.1869	2.0213	6.4418	0.5486	7.7742
2.4000	0.5231	3.2119	2.0403	6.5533	0.5401	7.8969
2.4200	0.5210	3.2367	2.0595	6.6658	0.5317	8.0207
2.4400	0.5189	3.2612	2.0788	6.7792	0.5234	8.1455
2.4600	0.5169	3.2855	2.0982	6.8935	0.5152	8.2713
2.4800	0.5149	3.3095	2.1178	7.0088	0.5071	8.3982
2.5000	0.5130	3.3333	2.1375	7.1250	0.4990	8.5261
2.5200	0.5111	3.3569	2.1574	7.2421	0.4911	8.6551
2.5400	0.5092	3.3803	2.1774	7.3602	0.4832	8.7851
2.5600	0.5074	3.4034	2.1976	7.4792	0.4754	8.9161
2.5800	0.5056	3.4263	2.2179	7.5991	0.4677	9.0482
2.6000	0.5039	3.4490	2.2383	7.7200	0.4601	9.1813
2.6200	0.5022	3.4714	2.2590	7.8418	0.4526	9.3154
2.6400	0.5005	3.4936	2.2797	7.9645	0.4452	9.4506
2.6600	0.4988	3.5157	2.3006	8.0882	0.4379	9.5868
2.6800	0.4972	3.5374	2.3217	8.2128	0.4307	9.7241
2.7000	0.4956	3.5590	2.3429	8.3383	0.4236	9.8624
2.7200	0.4941	3.5803	2.3642	8.4648	0.4166	10.004
2.7400	0.4926	3.6015	2.3858	8.5922	0.4097	10.142
2.7600	0.4911	3.6224	2.4074	8.7205	0.4028	10.284
2.7800	0.4896	3.6431	2.4292	8.8498	0.3961	10.426
2.8000	0.4882	3.6636	2.4512	8.9800	0.3895	10.569
2.8200	0.4868	3.6838	2.4733	9.1111	0.3829	10.714
2.8400	0.4854	3.7039	2.4955	9.2432	0.3765	10.859
2.8600	0.4840	3.7238	2.5179	9.3762	0.3701	11.006
2.8800	0.4827	3.7434	2.5405	9.5101	0.3639	11.154

M_1	M_2	ρ_2/ρ_1	T_2/T_1	p_2/p_1	p_{t2}/p_{t1}	p_{t2}/p_1
2.9000	0.4814	3.7629	2.5632	9.6450	0.3577	11.302
2.9200	0.4801	3.7821	2.5861	9.7808	0.3517	11.452
2.9400	0.4788	3.8012	2.6091	9.9175	0.3457	11.603
2.9600	0.4776	3.8200	2.6322	10.055	0.3398	11.754
2.9800	0.4764	3.8387	2.6555	10.194	0.3340	11.907
3.0000	0.4752	3.8571	2.6790	10.333	0.3283	12.061
3.0200	0.4740	3.8754	2.7026	10.474	0.3227	12.216
3.0400	0.4729	3.8935	2.7264	10.615	0.3172	12.372
3.0600	0.4717	3.9114	2.7503	10.758	0.3118	12.529
3.0800	0.4706	3.9291	2.7744	10.901	0.3065	12.687
3.1000	0.4695	3.9466	2.7986	11.045	0.3012	12.846
3.1200	0.4685	3.9639	2.8230	11.190	0.2960	13.006
3.1400	0.4674	3.9811	2.8475	11.336	0.2910	13.167
3.1600	0.4664	3.9981	2.8722	11.483	0.2860	13.329
3.1800	0.4654	4.0149	2.8970	11.631	0.2811	13.492
3.2000	0.4643	4.0315	2.9220	11.780	0.2762	13.656
3.2200	0.4634	4.0479	2.9471	11.930	0.2715	13.821
3.2400	0.4624	4.0642	2.9724	12.081	0.2668	13.987
3.2600	0.4614	4.0803	2.9979	12.232	0.2622	14.155
3.2800	0.4605	4.0963	3.0234	12.385	0.2577	14.323
3.3000	0.4596	4.1120	3.0492	12.538	0.2533	14.492
3.3200	0.4587	4.1276	3.0751	12.693	0.2489	14.663
3.3400	0.4578	4.1431	3.1011	12.848	0.2446	14.834
3.3600	0.4569	4.1583	3.1273	13.005	0.2404	15.006
3.3800	0.4560	4.1734	3.1537	13.162	0.2363	15.180
3.4000	0.4552	4.1884	3.1802	13.320	0.2322	15.354
3.4200	0.4544	4.2032	3.2069	13.479	0.2282	15.530
3.4400	0.4535	4.2178	3.2337	13.639	0.2243	15.706
3.4600	0.4527	4.2323	3.2607	13.800	0.2205	15.884
3.4800	0.4519	4.2467	3.2878	13.962	0.2167	16.062
3.5000	0.4512	4.2609	3.3150	14.125	0.2129	16.242
3.6000	0.4474	4.3296	3.4537	14.953	0.1953	17.156
3.7000	0.4439	4.3949	3.5962	15.805	0.1792	18.095
3.8000	0.4407	4.4568	3.7426	16.680	0.1645	19.060
3.9000	0.4377	4.5156	3.8928	17.578	0.1510	20.051
4.0000	0.4350	4.5714	4.0469	18.500	0.1388	21.068
4.1000	0.4324	4.6245	4.2048	19.445	0.1276	22.111
4.2000	0.4299	4.6749	4.3666	20.413	0.1173	23.179
4.3000	0.4277	4.7229	4.5322	21.405	0.1080	24.273

M_1	M_2	ρ_2/ρ_1	T_2/T_1	p_2/p_1	p_{t2}/p_{t1}	p_{t2}/p_1
4.4000	0.4255	4.7685	4.7017	22.420	0.0995	25.393
4.5000	0.4236	4.8119	4.8751	23.458	0.0917	26.539
4.6000	0.4217	4.8532	5.0523	24.520	0.0846	27.710
4.7000	0.4199	4.8926	5.2334	25.605	0.0781	28.907
4.8000	0.4183	4.9301	5.4184	26.713	0.0721	30.130
4.9000	0.4167	4.9659	5.6073	27.845	0.0667	31.379
5.0000	0.4152	5.0000	5.8000	29.000	0.0617	32.653
5.1000	0.4138	5.0326	5.9966	30.178	0.0572	33.954
5.2000	0.4125	5.0637	6.1971	31.380	0.0530	35.280
5.3000	0.4113	5.0934	6.4014	32.605	0.0491	36.632
5.4000	0.4101	5.1218	6.6097	33.853	0.0456	38.009
5.5000	0.4090	5.1489	6.8218	35.125	0.0424	39.412
5.6000	0.4079	5.1749	7.0378	36.420	0.0394	40.841
5.7000	0.4069	5.1998	7.2577	37.738	0.0366	42.296
5.8000	0.4059	5.2236	7.4814	39.080	0.0341	43.777
5.9000	0.4050	5.2464	7.7091	40.445	0.0318	45.283
6.0000	0.4042	5.2683	7.9406	41.833	0.0297	46.815
6.5000	0.4004	5.3651	9.1564	49.125	0.0211	54.862
7.0000	0.3974	5.4444	10.469	57.000	0.0154	63.553
7.5000	0.3949	5.5102	11.880	65.458	0.0113	72.887
8.0000	0.3929	5.5652	13.387	74.500	0.0085	82.865
8.5000	0.3912	5.6117	14.991	84.125	0.0064	93.488
9.0000	0.3898	5.6512	16.693	94.333	0.0050	104.75
9.5000	0.3886	5.6850	18.492	105.13	0.0039	116.66
10.000	0.3876	5.7143	20.388	116.50	0.0030	129.22
11.000	0.3859	5.7619	24.471	141.00	0.0019	156.26
12.000	0.3847	5.7987	28.944	167.83	0.0013	185.87
13.000	0.3837	5.8276	33.805	197.00	0.0009	218.06
14.000	0.3829	5.8507	39.055	228.50	0.0006	252.82
15.000	0.3823	5.8696	44.694	262.33	0.0004	290.16
16.000	0.3817	5.8851	50.722	298.50	0.0003	330.08
17.000	0.3813	5.8980	57.138	337.00	0.0002	372.56
18.000	0.3810	5.9088	63.944	377.83	0.0002	417.63
19.000	0.3806	5.9180	71.139	421.00	0.0001	465.27
20.000	0.3804	5.9259	78.722	466.50	0.0001	515.48
21.000	0.3802	5.9327	86.694	514.33	0.0001	568.27
22.000	0.3800	5.9387	95.055	564.50	0.0001	623.64
23.000	0.3798	5.9438	103.81	617.00	0.0001	681.58
24.000	0.3796	5.9484	112.94	671.83	0.0000	742.09
25.000	0.3795	5.9524	122.47	729.00	0.0000	805.18
∞	0.3780	6.0000	∞	∞	0.0000	∞

正激波气流表 ($\gamma=1.35$)

M_1	M_2	ρ_2/ρ_1	T_2/T_1	p_2/p_1	p_{t2}/p_{t1}	p_{t2}/p_1
1.0000	1.0000	1.0000	1.0000	1.0000	1.0000	1.8627
1.0100	0.9901	1.0171	1.0059	1.0231	1.0000	1.8843
1.0200	0.9805	1.0342	1.0118	1.0464	1.0000	1.9063
1.0300	0.9711	1.0514	1.0177	1.0700	1.0000	1.9287
1.0400	0.9620	1.0686	1.0235	1.0938	0.9999	1.9514
1.0500	0.9530	1.0859	1.0293	1.1178	0.9999	1.9745
1.0600	0.9443	1.1033	1.0351	1.1420	0.9997	1.9980
1.0700	0.9358	1.1207	1.0408	1.1665	0.9996	2.0218
1.0800	0.9275	1.1382	1.0466	1.1912	0.9994	2.0460
1.0900	0.9194	1.1557	1.0523	1.2161	0.9992	2.0705
1.1000	0.9115	1.1733	1.0579	1.2413	0.9989	2.0954
1.1100	0.9037	1.1909	1.0636	1.2667	0.9986	2.1206
1.1200	0.8962	1.2086	1.0692	1.2923	0.9982	2.1461
1.1300	0.8888	1.2263	1.0749	1.3181	0.9977	2.1720
1.1400	0.8815	1.2441	1.0805	1.3442	0.9972	2.1982
1.1500	0.8745	1.2619	1.0861	1.3705	0.9966	2.2247
1.1600	0.8675	1.2797	1.0917	1.3971	0.9960	2.2516
1.1700	0.8608	1.2976	1.0973	1.4238	0.9953	2.2787
1.1800	0.8541	1.3155	1.1029	1.4508	0.9945	2.3062
1.1900	0.8476	1.3335	1.1084	1.4781	0.9936	2.3340
1.2000	0.8413	1.3514	1.1140	1.5055	0.9927	2.3620
1.2100	0.8350	1.3694	1.1196	1.5332	0.9917	2.3904
1.2200	0.8289	1.3875	1.1252	1.5611	0.9906	2.4191
1.2300	0.8230	1.4055	1.1307	1.5893	0.9894	2.4481
1.2400	0.8171	1.4236	1.1363	1.6177	0.9882	2.4774
1.2500	0.8114	1.4417	1.1419	1.6463	0.9868	2.5070
1.2600	0.8057	1.4598	1.1475	1.6751	0.9854	2.5369
1.2700	0.8002	1.4780	1.1530	1.7042	0.9839	2.5671
1.2800	0.7948	1.4961	1.1586	1.7335	0.9824	2.5976
1.2900	0.7895	1.5143	1.1642	1.7630	0.9807	2.6283
1.3000	0.7843	1.5325	1.1698	1.7928	0.9790	2.6594
1.3100	0.7792	1.5507	1.1754	1.8228	0.9772	2.6908
1.3200	0.7742	1.5689	1.1810	1.8530	0.9753	2.7224
1.3300	0.7693	1.5871	1.1867	1.8834	0.9733	2.7543
1.3400	0.7644	1.6054	1.1923	1.9141	0.9712	2.7865
1.3500	0.7597	1.6236	1.1979	1.9450	0.9691	2.8190
1.3600	0.7550	1.6418	1.2036	1.9761	0.9669	2.8518
1.3700	0.7505	1.6601	1.2093	2.0075	0.9646	2.8848
1.3800	0.7460	1.6783	1.2150	2.0391	0.9622	2.9181

M_1	M_2	ρ_2/ρ_1	T_2/T_1	p_2/p_1	p_{t2}/p_{t1}	p_{t2}/p_1
1.3900	0.7416	1.6966	1.2206	2.0709	0.9598	2.9517
1.4000	0.7372	1.7148	1.2264	2.1030	0.9573	2.9856
1.4100	0.7330	1.7331	1.2321	2.1353	0.9547	3.0198
1.4200	0.7288	1.7513	1.2378	2.1678	0.9520	3.0542
1.4300	0.7247	1.7695	1.2436	2.2005	0.9492	3.0889
1.4400	0.7206	1.7877	1.2493	2.2335	0.9464	3.1239
1.4500	0.7167	1.8060	1.2551	2.2667	0.9435	3.1592
1.4600	0.7128	1.8242	1.2609	2.3001	0.9405	3.1947
1.4700	0.7089	1.8424	1.2667	2.3338	0.9375	3.2305
1.4800	0.7051	1.8605	1.2726	2.3677	0.9344	3.2666
1.4900	0.7014	1.8787	1.2784	2.4018	0.9312	3.3029
1.5000	0.6978	1.8969	1.2843	2.4362	0.9280	3.3395
1.5100	0.6942	1.9150	1.2902	2.4708	0.9247	3.3764
1.5200	0.6907	1.9331	1.2961	2.5056	0.9213	3.4136
1.5300	0.6872	1.9512	1.3021	2.5406	0.9179	3.4510
1.5400	0.6838	1.9693	1.3080	2.5759	0.9144	3.4887
1.5500	0.6804	1.9874	1.3140	2.6114	0.9108	3.5266
1.5600	0.6771	2.0054	1.3200	2.6471	0.9072	3.5649
1.5700	0.6738	2.0234	1.3260	2.6831	0.9036	3.6033
1.5800	0.6706	2.0414	1.3320	2.7193	0.8999	3.6421
1.5900	0.6674	2.0594	1.3381	2.7557	0.8961	3.6811
1.6000	0.6643	2.0773	1.3442	2.7923	0.8922	3.7204
1.6100	0.6613	2.0953	1.3503	2.8292	0.8884	3.7600
1.6200	0.6582	2.1132	1.3564	2.8663	0.8844	3.7998
1.6300	0.6553	2.1310	1.3626	2.9037	0.8804	3.8398
1.6400	0.6523	2.1489	1.3687	2.9412	0.8764	3.8802
1.6500	0.6495	2.1667	1.3749	2.9790	0.8723	3.9208
1.6600	0.6466	2.1844	1.3812	3.0171	0.8682	3.9617
1.6700	0.6438	2.2022	1.3874	3.0553	0.8641	4.0028
1.6800	0.6411	2.2199	1.3937	3.0938	0.8599	4.0442
1.6900	0.6383	2.2375	1.4000	3.1325	0.8556	4.0858
1.7000	0.6357	2.2552	1.4063	3.1715	0.8513	4.1278
1.7100	0.6330	2.2728	1.4127	3.2107	0.8470	4.1699
1.7200	0.6304	2.2904	1.4190	3.2501	0.8426	4.2124
1.7300	0.6279	2.3079	1.4254	3.2897	0.8383	4.2551
1.7400	0.6253	2.3254	1.4318	3.3296	0.8338	4.2980
1.7500	0.6228	2.3428	1.4383	3.3697	0.8294	4.3412
1.7600	0.6204	2.3602	1.4448	3.4100	0.8249	4.3847
1.7700	0.6180	2.3776	1.4513	3.4506	0.8204	4.4285

M_1	M_2	ρ_2/ρ_1	T_2/T_1	p_2/p_1	p_{t2}/p_{t1}	p_{t2}/p_1
1.7800	0.6156	2.3949	1.4578	3.4914	0.8158	4.4725
1.7900	0.6132	2.4122	1.4644	3.5324	0.8112	4.5167
1.8000	0.6109	2.4295	1.4709	3.5736	0.8066	4.5612
1.8100	0.6086	2.4467	1.4775	3.6151	0.8020	4.6060
1.8200	0.6063	2.4638	1.4842	3.6568	0.7974	4.6510
1.8300	0.6041	2.4810	1.4908	3.6987	0.7927	4.6963
1.8400	0.6019	2.4980	1.4975	3.7409	0.7880	4.7419
1.8500	0.5997	2.5151	1.5043	3.7833	0.7833	4.7877
1.8600	0.5976	2.5320	1.5110	3.8259	0.7786	4.8338
1.8700	0.5955	2.5490	1.5178	3.8688	0.7738	4.8801
1.8800	0.5934	2.5659	1.5246	3.9119	0.7691	4.9267
1.8900	0.5913	2.5827	1.5314	3.9552	0.7643	4.9735
1.9000	0.5893	2.5995	1.5383	3.9987	0.7595	5.0206
1.9100	0.5873	2.6163	1.5451	4.0425	0.7547	5.0679
1.9200	0.5853	2.6329	1.5521	4.0865	0.7499	5.1156
1.9300	0.5834	2.6496	1.5590	4.1307	0.7451	5.1634
1.9400	0.5815	2.6662	1.5660	4.1752	0.7402	5.2115
1.9500	0.5796	2.6827	1.5730	4.2199	0.7354	5.2599
1.9600	0.5777	2.6992	1.5800	4.2648	0.7305	5.3086
1.9700	0.5758	2.7157	1.5871	4.3100	0.7257	5.3575
1.9800	0.5740	2.7321	1.5942	4.3553	0.7208	5.4066
1.9900	0.5722	2.7484	1.6013	4.4010	0.7160	5.4560
2.0000	0.5704	2.7647	1.6084	4.4468	0.7111	5.5057
2.0200	0.5669	2.7971	1.6228	4.5392	0.7014	5.6058
2.0400	0.5635	2.8293	1.6373	4.6325	0.6917	5.7069
2.0600	0.5602	2.8613	1.6519	4.7267	0.6819	5.8090
2.0800	0.5569	2.8931	1.6667	4.8218	0.6722	5.9121
2.1000	0.5537	2.9246	1.6815	4.9179	0.6625	6.0163
2.1200	0.5506	2.9560	1.6965	5.0148	0.6529	6.1215
2.1400	0.5476	2.9871	1.7116	5.1127	0.6432	6.2277
2.1600	0.5446	3.0180	1.7268	5.2115	0.6337	6.3349
2.1800	0.5418	3.0486	1.7422	5.3113	0.6241	6.4432
2.2000	0.5389	3.0790	1.7577	5.4119	0.6146	6.5524
2.2200	0.5362	3.1092	1.7733	5.5135	0.6052	6.6627
2.2400	0.5335	3.1392	1.7890	5.6160	0.5958	6.7740
2.2600	0.5309	3.1689	1.8048	5.7194	0.5865	6.8863
2.2800	0.5283	3.1984	1.8208	5.8237	0.5772	6.9996
2.3000	0.5258	3.2277	1.8369	5.9289	0.5680	7.1140
2.3200	0.5233	3.2567	1.8531	6.0351	0.5589	7.2293

M_1	M_2	ρ_2/ρ_1	T_2/T_1	p_2/p_1	p_{t2}/p_{t1}	p_{t2}/p_1
2.3400	0.5209	3.2855	1.8695	6.1422	0.5499	7.3457
2.3600	0.5185	3.3141	1.8859	6.2502	0.5409	7.4631
2.3800	0.5162	3.3424	1.9025	6.3591	0.5321	7.5814
2.4000	0.5140	3.3705	1.9193	6.4689	0.5233	7.7008
2.4200	0.5118	3.3984	1.9361	6.5797	0.5146	7.8213
2.4400	0.5096	3.4260	1.9531	6.6914	0.5060	7.9427
2.4600	0.5075	3.4534	1.9702	6.8040	0.4975	8.0651
2.4800	0.5054	3.4805	1.9875	6.9175	0.4891	8.1886
2.5000	0.5034	3.5075	2.0048	7.0319	0.4807	8.3130
2.5200	0.5014	3.5341	2.0223	7.1473	0.4725	8.4385
2.5400	0.4995	3.5606	2.0400	7.2635	0.4644	8.5649
2.5600	0.4975	3.5868	2.0577	7.3807	0.4564	8.6924
2.5800	0.4957	3.6128	2.0756	7.4988	0.4484	8.8209
2.6000	0.4938	3.6386	2.0936	7.6179	0.4406	8.9504
2.6200	0.4920	3.6641	2.1118	7.7378	0.4329	9.0809
2.6400	0.4903	3.6894	2.1301	7.8587	0.4253	9.2125
2.6600	0.4886	3.7145	2.1485	7.9805	0.4178	9.3450
2.6800	0.4869	3.7393	2.1670	8.1032	0.4104	9.4785
2.7000	0.4852	3.7639	2.1857	8.2268	0.4031	9.6131
2.7200	0.4836	3.7883	2.2045	8.3513	0.3959	9.7486
2.7400	0.4820	3.8125	2.2234	8.4768	0.3888	9.8852
2.7600	0.4804	3.8364	2.2425	8.6032	0.3818	10.023
2.7800	0.4789	3.8601	2.2617	8.7305	0.3749	10.161
2.8000	0.4774	3.8836	2.2810	8.8587	0.3681	10.301
2.8200	0.4759	3.9069	2.3005	8.9879	0.3615	10.442
2.8400	0.4744	3.9300	2.3201	9.1179	0.3549	10.583
2.8600	0.4730	3.9528	2.3398	9.2489	0.3484	10.726
2.8800	0.4716	3.9755	2.3597	9.3808	0.3421	10.869
2.9000	0.4702	3.9979	2.3797	9.5136	0.3358	11.014
2.9200	0.4689	4.0201	2.3998	9.6473	0.3296	11.160
2.9400	0.4676	4.0421	2.4200	9.7820	0.3236	11.306
2.9600	0.4663	4.0639	2.4404	9.9176	0.3176	11.454
2.9800	0.4650	4.0854	2.4610	10.054	0.3117	11.603
3.0000	0.4637	4.1068	2.4816	10.192	0.3060	11.752
3.0200	0.4625	4.1280	2.5024	10.330	0.3003	11.903
3.0400	0.4613	4.1489	2.5233	10.469	0.2947	12.054
3.0600	0.4601	4.1697	2.5444	10.609	0.2893	12.207
3.0800	0.4589	4.1902	2.5656	10.750	0.2839	12.361
3.1000	0.4578	4.2106	2.5869	10.892	0.2786	12.516

M_1	M_2	ρ_2/ρ_1	T_2/T_1	p_2/p_1	p_{t2}/p_{t1}	p_{t2}/p_1
3.1200	0.4566	4.2307	2.6083	11.035	0.2734	12.671
3.1400	0.4555	4.2507	2.6299	11.179	0.2683	12.828
3.1600	0.4544	4.2705	2.6517	11.324	0.2633	12.986
3.1800	0.4533	4.2901	2.6735	11.470	0.2584	13.144
3.2000	0.4523	4.3095	2.6955	11.616	0.2535	13.304
3.2200	0.4512	4.3287	2.7176	11.764	0.2488	13.465
3.2400	0.4502	4.3477	2.7399	11.912	0.2441	13.626
3.2600	0.4492	4.3665	2.7623	12.062	0.2395	13.789
3.2800	0.4482	4.3851	2.7848	12.212	0.2350	13.953
3.3000	0.4472	4.4036	2.8075	12.363	0.2306	14.118
3.3200	0.4463	4.4219	2.8303	12.515	0.2263	14.283
3.3400	0.4453	4.4400	2.8532	12.668	0.2220	14.450
3.3600	0.4444	4.4579	2.8763	12.822	0.2179	14.618
3.3800	0.4435	4.4756	2.8995	12.977	0.2138	14.787
3.4000	0.4426	4.4932	2.9228	13.133	0.2098	14.956
3.4200	0.4417	4.5106	2.9463	13.290	0.2058	15.127
3.4400	0.4409	4.5278	2.9699	13.447	0.2019	15.299
3.4600	0.4400	4.5449	2.9936	13.606	0.1981	15.472
3.4800	0.4392	4.5618	3.0175	13.765	0.1944	15.645
3.5000	0.4383	4.5785	3.0415	13.926	0.1908	15.820
3.6000	0.4344	4.6597	3.1635	14.741	0.1735	16.709
3.7000	0.4307	4.7370	3.2890	15.580	0.1578	17.623
3.8000	0.4273	4.8106	3.4178	16.442	0.1436	18.562
3.9000	0.4241	4.8807	3.5500	17.326	0.1307	19.526
4.0000	0.4211	4.9474	3.6856	18.234	0.1191	20.516
4.1000	0.4184	5.0109	3.8246	19.165	0.1085	21.530
4.2000	0.4158	5.0714	3.9670	20.118	0.0989	22.570
4.3000	0.4134	5.1291	4.1128	21.095	0.0902	23.634
4.4000	0.4111	5.1841	4.2619	22.094	0.0824	24.724
4.5000	0.4090	5.2366	4.4145	23.117	0.0753	25.838
4.6000	0.4070	5.2866	4.5705	24.163	0.0688	26.978
4.7000	0.4051	5.3344	4.7299	25.231	0.0629	28.143
4.8000	0.4034	5.3800	4.8927	26.323	0.0576	29.333
4.9000	0.4017	5.4235	5.0589	27.437	0.0528	30.548
5.0000	0.4001	5.4651	5.2285	28.574	0.0484	31.788
5.1000	0.3986	5.5049	5.4015	29.735	0.0444	33.053
5.2000	0.3972	5.5429	5.5780	30.918	0.0408	34.343
5.3000	0.3959	5.5793	5.7578	32.125	0.0375	35.659
5.4000	0.3946	5.6141	5.9411	33.354	0.0345	36.999

M_1	M_2	ρ_2/ρ_1	T_2/T_1	p_2/p_1	p_{t2}/p_{t1}	p_{t2}/p_1
5.5000	0.3934	5.6475	6.1278	34.606	0.0318	38.364
5.6000	0.3923	5.6794	6.3179	35.882	0.0293	39.755
5.7000	0.3912	5.7100	6.5114	37.180	0.0270	41.170
5.8000	0.3902	5.7394	6.7083	38.501	0.0250	42.611
5.9000	0.3892	5.7675	6.9086	39.846	0.0231	44.076
6.0000	0.3883	5.7945	7.1124	41.213	0.0213	45.567
6.5000	0.3842	5.9144	8.1824	48.394	0.0146	53.396
7.0000	0.3810	6.0131	9.3378	56.149	0.0102	61.852
7.5000	0.3783	6.0951	10.579	64.479	0.0072	70.934
8.0000	0.3762	6.1639	11.905	73.383	0.0052	80.643
8.5000	0.3743	6.2222	13.317	82.862	0.0038	90.978
9.0000	0.3728	6.2718	14.815	92.915	0.0028	101.94
9.5000	0.3715	6.3145	16.398	103.54	0.0021	113.53
10.000	0.3704	6.3514	18.066	114.75	0.0016	125.74
11.000	0.3686	6.4115	21.660	138.87	0.0010	152.05
12.000	0.3673	6.4580	25.596	165.30	0.0006	180.86
13.000	0.3662	6.4947	29.874	194.02	0.0004	212.18
14.000	0.3654	6.5241	34.494	225.04	0.0003	246.01
15.000	0.3647	6.5480	39.457	258.36	0.0002	282.34
16.000	0.3641	6.5677	44.761	293.98	0.0001	321.17
17.000	0.3637	6.5841	50.408	331.89	0.0001	362.52
18.000	0.3633	6.5979	56.398	372.11	0.0001	406.36
19.000	0.3629	6.6097	62.729	414.62	0.0000	452.71
20.000	0.3627	6.6197	69.403	459.43	0.0000	501.57
21.000	0.3624	6.6284	76.419	506.53	0.0000	552.94
22.000	0.3622	6.6359	83.777	555.94	0.0000	606.81
23.000	0.3620	6.6425	91.477	607.64	0.0000	663.18
24.000	0.3619	6.6483	99.520	661.64	0.0000	722.06
25.000	0.3617	6.6535	107.90	717.94	0.0000	783.45
∞	0.3600	6.7143	∞	∞	0.0000	∞

正激波气流表 ($\gamma=1.30$)

M_1	M_2	ρ_2/ρ_1	T_2/T_1	p_2/p_1	p_{t2}/p_{t1}	p_{t2}/p_1
1.0000	1.0000	1.0000	1.0000	1.0000	1.0000	1.8324
1.0100	0.9901	1.0174	1.0052	1.0227	1.0000	1.8533
1.0200	0.9805	1.0349	1.0104	1.0457	1.0000	1.8746
1.0300	0.9711	1.0525	1.0155	1.0688	1.0000	1.8963
1.0400	0.9619	1.0702	1.0206	1.0922	0.9999	1.9183
1.0500	0.9530	1.0880	1.0257	1.1159	0.9999	1.9407

续表

M_1	M_2	ρ_2/ρ_1	T_2/T_1	p_2/p_1	p_{t2}/p_{t1}	p_{t2}/p_1
1.0600	0.9442	1.1058	1.0307	1.1397	0.9997	1.9634
1.0700	0.9357	1.1237	1.0357	1.1638	0.9996	1.9865
1.0800	0.9273	1.1416	1.0407	1.1881	0.9994	2.0099
1.0900	0.9192	1.1596	1.0457	1.2126	0.9992	2.0337
1.1000	0.9112	1.1777	1.0506	1.2374	0.9989	2.0578
1.1100	0.9034	1.1959	1.0556	1.2624	0.9986	2.0822
1.1200	0.8958	1.2141	1.0605	1.2876	0.9982	2.1070
1.1300	0.8883	1.2324	1.0654	1.3130	0.9977	2.1321
1.1400	0.8810	1.2507	1.0703	1.3387	0.9972	2.1575
1.1500	0.8739	1.2691	1.0752	1.3646	0.9966	2.1832
1.1600	0.8669	1.2876	1.0801	1.3907	0.9959	2.2092
1.1700	0.8600	1.3061	1.0850	1.4170	0.9952	2.2355
1.1800	0.8533	1.3246	1.0898	1.4436	0.9944	2.2622
1.1900	0.8468	1.3432	1.0947	1.4704	0.9935	2.2891
1.2000	0.8403	1.3618	1.0995	1.4974	0.9926	2.3164
1.2100	0.8340	1.3805	1.1044	1.5246	0.9915	2.3439
1.2200	0.8278	1.3993	1.1092	1.5521	0.9904	2.3718
1.2300	0.8218	1.4180	1.1141	1.5798	0.9892	2.3999
1.2400	0.8159	1.4368	1.1189	1.6077	0.9880	2.4283
1.2500	0.8100	1.4557	1.1238	1.6359	0.9866	2.4571
1.2600	0.8043	1.4746	1.1286	1.6642	0.9852	2.4861
1.2700	0.7987	1.4935	1.1335	1.6928	0.9836	2.5154
1.2800	0.7932	1.5125	1.1383	1.7217	0.9820	2.5449
1.2900	0.7878	1.5314	1.1432	1.7507	0.9803	2.5748
1.3000	0.7825	1.5505	1.1480	1.7800	0.9786	2.6050
1.3100	0.7773	1.5695	1.1529	1.8095	0.9767	2.6354
1.3200	0.7722	1.5886	1.1578	1.8392	0.9748	2.6661
1.3300	0.7672	1.6077	1.1627	1.8692	0.9728	2.6971
1.3400	0.7623	1.6268	1.1676	1.8994	0.9706	2.7283
1.3500	0.7575	1.6459	1.1725	1.9298	0.9685	2.7599
1.3600	0.7527	1.6651	1.1774	1.9604	0.9662	2.7917
1.3700	0.7481	1.6843	1.1823	1.9913	0.9638	2.8238
1.3800	0.7435	1.7035	1.1872	2.0224	0.9614	2.8561
1.3900	0.7390	1.7227	1.1922	2.0537	0.9589	2.8888
1.4000	0.7346	1.7419	1.1971	2.0852	0.9563	2.9217
1.4100	0.7302	1.7611	1.2021	2.1170	0.9536	2.9548
1.4200	0.7260	1.7804	1.2070	2.1490	0.9508	2.9883
1.4300	0.7218	1.7996	1.2120	2.1812	0.9480	3.0220
1.4400	0.7176	1.8189	1.2170	2.2136	0.9451	3.0559

M_1	M_2	ρ_2/ρ_1	T_2/T_1	p_2/p_1	p_{t2}/p_{t1}	p_{t2}/p_1
1.4500	0.7136	1.8382	1.2220	2.2463	0.9421	3.0902
1.4600	0.7096	1.8574	1.2271	2.2792	0.9391	3.1247
1.4700	0.7057	1.8767	1.2321	2.3123	0.9359	3.1595
1.4800	0.7018	1.8960	1.2372	2.3457	0.9327	3.1945
1.4900	0.6980	1.9153	1.2422	2.3792	0.9294	3.2298
1.5000	0.6942	1.9346	1.2473	2.4130	0.9261	3.2654
1.5100	0.6906	1.9539	1.2524	2.4471	0.9227	3.3012
1.5200	0.6869	1.9731	1.2575	2.4813	0.9192	3.3373
1.5300	0.6834	1.9924	1.2627	2.5158	0.9157	3.3736
1.5400	0.6799	2.0117	1.2678	2.5505	0.9121	3.4102
1.5500	0.6764	2.0310	1.2730	2.5854	0.9084	3.4471
1.5600	0.6730	2.0502	1.2782	2.6206	0.9046	3.4842
1.5700	0.6697	2.0695	1.2834	2.6560	0.9008	3.5216
1.5800	0.6664	2.0887	1.2886	2.6916	0.8970	3.5593
1.5900	0.6631	2.1079	1.2939	2.7274	0.8931	3.5972
1.6000	0.6599	2.1272	1.2991	2.7635	0.8891	3.6353
1.6100	0.6568	2.1464	1.3044	2.7998	0.8851	3.6737
1.6200	0.6537	2.1656	1.3097	2.8363	0.8810	3.7124
1.6300	0.6506	2.1847	1.3150	2.8730	0.8769	3.7514
1.6400	0.6476	2.2039	1.3204	2.9100	0.8727	3.7906
1.6500	0.6446	2.2230	1.3257	2.9472	0.8685	3.8300
1.6600	0.6417	2.2422	1.3311	2.9846	0.8642	3.8697
1.6700	0.6388	2.2613	1.3365	3.0222	0.8599	3.9097
1.6800	0.6360	2.2803	1.3419	3.0601	0.8555	3.9499
1.6900	0.6332	2.2994	1.3474	3.0982	0.8511	3.9903
1.7000	0.6304	2.3185	1.3529	3.1365	0.8466	4.0311
1.7100	0.6277	2.3375	1.3583	3.1751	0.8421	4.0720
1.7200	0.6250	2.3565	1.3638	3.2138	0.8376	4.1133
1.7300	0.6224	2.3754	1.3694	3.2528	0.8330	4.1548
1.7400	0.6198	2.3944	1.3749	3.2921	0.8284	4.1965
1.7500	0.6172	2.4133	1.3805	3.3315	0.8238	4.2385
1.7600	0.6146	2.4322	1.3861	3.3712	0.8191	4.2807
1.7700	0.6121	2.4510	1.3917	3.4111	0.8144	4.3232
1.7800	0.6097	2.4698	1.3973	3.4512	0.8097	4.3660
1.7900	0.6072	2.4886	1.4030	3.4916	0.8049	4.4090
1.8000	0.6048	2.5074	1.4087	3.5322	0.8001	4.4522
1.8100	0.6025	2.5261	1.4144	3.5730	0.7953	4.4957
1.8200	0.6001	2.5448	1.4201	3.6140	0.7905	4.5395
1.8300	0.5978	2.5635	1.4259	3.6553	0.7856	4.5835

M_1	M_2	ρ_2/ρ_1	T_2/T_1	p_2/p_1	p_{t2}/p_{t1}	p_{t2}/p_1
1.8400	0.5955	2.5821	1.4317	3.6968	0.7807	4.6278
1.8500	0.5933	2.6007	1.4375	3.7385	0.7758	4.6723
1.8600	0.5911	2.6193	1.4433	3.7804	0.7709	4.7170
1.8700	0.5889	2.6378	1.4491	3.8226	0.7659	4.7621
1.8800	0.5867	2.6563	1.4550	3.8650	0.7610	4.8073
1.8900	0.5846	2.6747	1.4609	3.9076	0.7560	4.8528
1.9000	0.5825	2.6932	1.4668	3.9504	0.7510	4.8986
1.9100	0.5804	2.7115	1.4728	3.9935	0.7460	4.9446
1.9200	0.5784	2.7299	1.4788	4.0368	0.7410	4.9909
1.9300	0.5764	2.7481	1.4848	4.0803	0.7360	5.0374
1.9400	0.5744	2.7664	1.4908	4.1241	0.7309	5.0842
1.9500	0.5724	2.7846	1.4968	4.1680	0.7259	5.1312
1.9600	0.5704	2.8028	1.5029	4.2122	0.7208	5.1784
1.9700	0.5685	2.8209	1.5090	4.2567	0.7158	5.2259
1.9800	0.5666	2.8390	1.5151	4.3013	0.7107	5.2737
1.9900	0.5647	2.8570	1.5212	4.3462	0.7056	5.3217
2.0000	0.5629	2.8750	1.5274	4.3913	0.7006	5.3700
2.0200	0.5592	2.9108	1.5398	4.4822	0.6904	5.4672
2.0400	0.5557	2.9465	1.5523	4.5740	0.6803	5.5655
2.0600	0.5522	2.9820	1.5650	4.6667	0.6701	5.6647
2.0800	0.5488	3.0173	1.5777	4.7603	0.6600	5.7650
2.1000	0.5455	3.0524	1.5905	4.8548	0.6499	5.8662
2.1200	0.5423	3.0873	1.6034	4.9502	0.6398	5.9684
2.1400	0.5391	3.1219	1.6165	5.0465	0.6298	6.0717
2.1600	0.5361	3.1564	1.6296	5.1437	0.6198	6.1759
2.1800	0.5331	3.1907	1.6428	5.2418	0.6099	6.2811
2.2000	0.5301	3.2248	1.6562	5.3409	0.6000	6.3872
2.2200	0.5272	3.2587	1.6696	5.4408	0.5901	6.4944
2.2400	0.5244	3.2923	1.6832	5.5416	0.5804	6.6026
2.2600	0.5217	3.3257	1.6969	5.6434	0.5707	6.7117
2.2800	0.5190	3.3590	1.7106	5.7460	0.5611	6.8219
2.3000	0.5163	3.3920	1.7245	5.8496	0.5515	6.9330
2.3200	0.5138	3.4248	1.7385	5.9540	0.5420	7.0451
2.3400	0.5112	3.4573	1.7526	6.0594	0.5326	7.1582
2.3600	0.5088	3.4896	1.7668	6.1656	0.5234	7.2722
2.3800	0.5064	3.5218	1.7812	6.2728	0.5141	7.3873
2.4000	0.5040	3.5536	1.7956	6.3809	0.5050	7.5033
2.4200	0.5017	3.5853	1.8101	6.4898	0.4960	7.6204
2.4400	0.4994	3.6167	1.8248	6.5997	0.4871	7.7384

M_1	M_2	ρ_2/ρ_1	T_2/T_1	p_2/p_1	p_{t2}/p_{t1}	p_{t2}/p_1
2.4600	0.4972	3.6479	1.8395	6.7105	0.4783	7.8574
2.4800	0.4950	3.6789	1.8544	6.8222	0.4696	7.9773
2.5000	0.4929	3.7097	1.8694	6.9348	0.4610	8.0983
2.5200	0.4908	3.7402	1.8845	7.0483	0.4525	8.2202
2.5400	0.4888	3.7705	1.8997	7.1627	0.4441	8.3432
2.5600	0.4868	3.8005	1.9150	7.2780	0.4358	8.4671
2.5800	0.4848	3.8304	1.9304	7.3942	0.4276	8.5920
2.6000	0.4829	3.8600	1.9459	7.5113	0.4196	8.7178
2.6200	0.4810	3.8893	1.9616	7.6293	0.4116	8.8447
2.6400	0.4791	3.9185	1.9774	7.7482	0.4038	8.9725
2.6600	0.4773	3.9474	1.9932	7.8681	0.3961	9.1013
2.6800	0.4755	3.9761	2.0092	7.9888	0.3885	9.2311
2.7000	0.4738	4.0045	2.0253	8.1104	0.3810	9.3619
2.7200	0.4721	4.0328	2.0415	8.2330	0.3736	9.4936
2.7400	0.4704	4.0608	2.0578	8.3564	0.3664	9.6263
2.7600	0.4687	4.0885	2.0743	8.4808	0.3592	9.7600
2.7800	0.4671	4.1161	2.0908	8.6060	0.3522	9.8947
2.8000	0.4655	4.1434	2.1075	8.7322	0.3452	10.030
2.8200	0.4639	4.1705	2.1243	8.8592	0.3384	10.167
2.8400	0.4624	4.1973	2.1412	8.9872	0.3317	10.305
2.8600	0.4609	4.2240	2.1582	9.1161	0.3252	10.443
2.8800	0.4594	4.2504	2.1753	9.2458	0.3187	10.583
2.9000	0.4580	4.2766	2.1925	9.3765	0.3123	10.723
2.9200	0.4565	4.3026	2.2099	9.5081	0.3061	10.865
2.9400	0.4551	4.3283	2.2273	9.6406	0.2999	11.008
2.9600	0.4538	4.3538	2.2449	9.7740	0.2939	11.151
2.9800	0.4524	4.3792	2.2626	9.9083	0.2880	11.296
3.0000	0.4511	4.4043	2.2804	10.044	0.2822	11.441
3.0200	0.4498	4.4291	2.2983	10.180	0.2765	11.587
3.0400	0.4485	4.4538	2.3164	10.317	0.2708	11.735
3.0600	0.4472	4.4783	2.3345	10.455	0.2653	11.883
3.0800	0.4460	4.5025	2.3528	10.593	0.2599	12.033
3.1000	0.4448	4.5265	2.3711	10.733	0.2546	12.183
3.1200	0.4436	4.5503	2.3896	10.874	0.2494	12.334
3.1400	0.4424	4.5739	2.4082	11.015	0.2443	12.487
3.1600	0.4412	4.5973	2.4270	11.158	0.2393	12.640
3.1800	0.4401	4.6205	2.4458	11.301	0.2344	12.794
3.2000	0.4389	4.6435	2.4648	11.445	0.2296	12.949
3.2200	0.4378	4.6663	2.4838	11.590	0.2249	13.105

续表

M_1	M_2	ρ_2/ρ_1	T_2/T_1	p_2/p_1	p_{t2}/p_{t1}	p_{t2}/p_1
3.2400	0.4368	4.6889	2.5030	11.736	0.2202	13.263
3.2600	0.4357	4.7113	2.5223	11.883	0.2157	13.421
3.2800	0.4346	4.7335	2.5417	12.031	0.2112	13.580
3.3000	0.4336	4.7555	2.5613	12.180	0.2069	13.740
3.3200	0.4326	4.7772	2.5809	12.330	0.2026	13.901
3.3400	0.4316	4.7988	2.6007	12.480	0.1984	14.063
3.3600	0.4306	4.8202	2.6206	12.632	0.1943	14.226
3.3800	0.4296	4.8415	2.6405	12.784	0.1903	14.390
3.4000	0.4287	4.8625	2.6607	12.937	0.1863	14.555
3.4200	0.4277	4.8833	2.6809	13.092	0.1824	14.721
3.4400	0.4268	4.9039	2.7012	13.247	0.1787	14.888
3.4600	0.4259	4.9244	2.7217	13.403	0.1749	15.056
3.4800	0.4250	4.9447	2.7423	13.560	0.1713	15.225
3.5000	0.4241	4.9648	2.7630	13.717	0.1677	15.395
3.6000	0.4199	5.0625	2.8681	14.520	0.1510	16.259
3.7000	0.4160	5.1559	2.9762	15.345	0.1360	17.147
3.8000	0.4123	5.2451	3.0873	16.193	0.1224	18.060
3.9000	0.4089	5.3303	3.2012	17.064	0.1103	18.997
4.0000	0.4058	5.4118	3.3180	17.957	0.0993	19.959
4.1000	0.4028	5.4896	3.4378	18.872	0.0895	20.945
4.2000	0.4000	5.5639	3.5605	19.810	0.0807	21.955
4.3000	0.3975	5.6350	3.6861	20.771	0.0728	22.990
4.4000	0.3950	5.7029	3.8147	21.755	0.0657	24.049
4.5000	0.3927	5.7678	3.9462	22.761	0.0594	25.133
4.6000	0.3906	5.8299	4.0806	23.790	0.0537	26.240
4.7000	0.3886	5.8893	4.2180	24.841	0.0486	27.373
4.8000	0.3867	5.9461	4.3582	25.915	0.0440	28.529
4.9000	0.3849	6.0005	4.5015	27.011	0.0398	29.710
5.0000	0.3832	6.0526	4.6476	28.130	0.0361	30.915
5.1000	0.3816	6.1025	4.7967	29.272	0.0328	32.145
5.2000	0.3801	6.1503	4.9488	30.437	0.0298	33.399
5.3000	0.3786	6.1961	5.1037	31.623	0.0271	34.678
5.4000	0.3773	6.2400	5.2617	32.833	0.0246	35.980
5.5000	0.3760	6.2822	5.4225	34.065	0.0224	37.308
5.6000	0.3747	6.3226	5.5863	35.320	0.0204	38.659
5.7000	0.3736	6.3614	5.7531	36.597	0.0186	40.035
5.8000	0.3725	6.3986	5.9227	37.897	0.0170	41.435
5.9000	0.3714	6.4344	6.0954	39.220	0.0156	42.860
6.0000	0.3704	6.4687	6.2709	40.565	0.0142	44.309

M_1	M_2	ρ_2/ρ_1	T_2/T_1	p_2/p_1	p_{t2}/p_{t1}	p_{t2}/p_1
6.5000	0.3660	6.6218	7.1930	47.630	0.0092	51.919
7.0000	0.3625	6.7485	8.1886	55.261	0.0061	60.138
7.5000	0.3596	6.8543	9.2579	63.456	0.0041	68.966
8.0000	0.3573	6.9434	10.401	72.217	0.0028	78.403
8.5000	0.3553	7.0190	11.618	81.543	0.0020	88.448
9.0000	0.3536	7.0837	12.908	91.435	0.0014	99.103
9.5000	0.3522	7.1393	14.272	101.89	0.0010	110.37
10.000	0.3510	7.1875	15.710	112.91	0.0007	122.24
11.000	0.3491	7.2663	18.806	136.65	0.0004	147.81
12.000	0.3476	7.3274	22.198	162.65	0.0002	175.82
13.000	0.3464	7.3757	25.884	190.91	0.0001	206.26
14.000	0.3455	7.4145	29.865	221.44	0.0001	239.14
15.000	0.3448	7.4460	34.141	254.22	0.0001	274.45
16.000	0.3442	7.4721	38.712	289.26	0.0000	312.20
17.000	0.3436	7.4938	43.578	326.57	0.0000	352.38
18.000	0.3432	7.5121	48.739	366.13	0.0000	395.00
19.000	0.3429	7.5277	54.194	407.96	0.0000	440.06
20.000	0.3426	7.5410	59.945	452.04	0.0000	487.55
21.000	0.3423	7.5525	65.990	498.39	0.0000	537.47
22.000	0.3421	7.5625	72.331	547.00	0.0000	589.83
23.000	0.3419	7.5713	78.966	597.87	0.0000	644.63
24.000	0.3417	7.5789	85.896	651.00	0.0000	701.86
25.000	0.3415	7.5858	93.121	706.39	0.0000	761.53
∞	0.3397	7.6667	∞	∞	0.0000	∞

附录 F 常用单位换算表

长度：

    1 in = 0.08333 ft

    1 mi = 1609.26 m

    1 cm = 0.03281 ft

    1 m = 3.281 ft = 39.372 in

    1 μm(微米) = 3.281 × 10^{-6} ft = 10^{-6} m

    1 Å(埃) = 10^{-10} m

    1 mil = 0.001 in

质量：

    1 lbm = 0.4535 kg = 7000 gr

    1 kg = 2.205 lbm

    1 slug = 32.1736 lbm

力：

    1 lbf = 4.448 N

    1 N = 0.2248 lbf

    1 pdl = 0.03108 lbf

    1 lbf = 1 slug·ft/s^2

    1 dyn = 1 g·cm/s^2

    1 N = 1 kg·m/s^2

    1 kgf = 9.8 N

能量：

    1 Btu = 778.16 ft·lbf

    1 Btu = 1055.07 J

    1 Btu = 0.2520 kcal

    1 J = 0.9478 × 10^{-3} Btu

    1 kW·h(千瓦时) = 3413 Btu

    1 cal = 4.186 J

$$1 \text{ kcal} = 1.1626 \text{ W·h}$$

$$1 \text{ ft·lbf} = 1.3558 \text{ J}$$

$$1 \text{ J} = 10^7 \text{ ergs} = 10^7 \text{ dyne·cm} = 1 \text{ N·m}$$

功率：

$$1 \text{ Btu/h} = 0.293 \text{ W}$$

$$1 \text{ hp}(马力) = 2545 \text{ Btu/h}$$

$$1 \text{ hp} = 745.7 \text{ W} = 550 \text{ ft·lbf/s}$$

$$1 \text{ W} = 3.413 \text{ Btu/h}$$

$$1 \text{ W} = 1 \text{ J/s}$$

$$1 \text{ 冷冻吨} = 200 \text{ Btu/min}$$

密度：

$$1 \text{ lbm/in}^3 = 1728 \text{ lbm/ft}^3$$

$$1 \text{ lbm/in}^3 = 2.77 \times 104 \text{ kg/m}^3$$

$$1 \text{ kg/m}^3 = 0.06243 \text{ lbm/ft}^3 = 0.001940 \text{ slug/ft}^3$$

TSFC：

$$1 \text{ lbm/(lbf·h)} = 0.1020 \text{ kg/(N·h)}$$

SFC：

$$1 \text{ lbm/(hp·h)} = 0.6082 \text{ kg/(kW·h)}$$

压力：

$$1 \text{ atm} = 2116 \text{ psf}$$

$$1 \text{ ft H}_2\text{O} = 62.43 \text{ psf} = 0.4335 \text{ psi}$$

$$1 \text{ in Hg} = 70.77 \text{ psf}$$

$$1 \text{ atm} = 101325 \text{ N/m}^2 = 14.696 \text{ psi} = 29.92 \text{ in Hg}$$

$$1 \text{ psi} = 6895 \text{ Pa} = 27.69 \text{ in H}_2\text{O} = 6895 \text{ N/m}^2$$

$$1 \text{ torr} = 1 \text{ mm Hg}$$

$$1 \text{ bar} = 0.9869 \text{ atm} = 100 \text{ kPa}$$

$$1 \text{ Pa} = 1 \text{ N/m}^2$$

速度：

$$1 \text{ m/s} = 3.281 \text{ ft/s} = 2.237 \text{ mi/h} = 3.60 \text{ km/h}$$

$$1 \text{ ft/s} = 0.6818 \text{ mi/h}$$

温度：

$$T(^\circ\text{R}) = T(^\circ\text{F}) + 459.67$$

$$T(\text{K}) = T(^\circ\text{C}) + 273.15$$

$$T(^\circ\text{F}) = (9/5) T(^\circ\text{C}) + 32$$

$$T(^\circ\text{R}) = 9/5 T(^\circ\text{K})$$

$$1 \text{ K} = 1.8 \,^\circ\text{R}$$

动力学黏度：

$$1 \text{ lbf·s/ft}^2 = 32.174 \text{ lbm/(s·ft)}$$

$$1 \text{ cP}(厘泊) = 0.000672 \text{ lbm/(s·ft)}$$

$$1 \text{ cP} = 2.42 \text{ lbm/(h·ft)}$$

运动学黏度：

$$1 \text{ ft}^2/\text{s} = 0.0929 \text{ m}^2/\text{s}$$
$$1 \text{ cSt} = 1 \text{ mm}^2/\text{s} = 1.0764 \times 10^{-5} \text{ ft}^2/\text{s}$$

体积：

$$1 \text{ gal (美制单位)} = 0.1337 \text{ ft}^3$$
$$1 \text{ ft}^3 = 28.32 \text{ L} = 0.02832 \text{ m}^3$$

热通量：

$$1 \text{ Btu/(h·ft}^2) = 3.1537 \text{ W/m}^2$$
$$1 \text{ W/m}^2 = 0.317 \text{ Btu/(h·ft}^2)$$

比热容：

$$1 \text{ Btu/(lbm·°F)} = 4186 \text{ J/(kg·℃)}$$
$$1 \text{ J/(kg·℃)} = 2.389 \times 10^{-4} \text{ Btu/(lbm·°F)}$$

热传导率：

$$1 \text{ Btu/(h·ft·°F)} = 1.7303 \text{ W/(m·℃)}$$
$$1 \text{ W/(m·℃)} = 0.578 \text{ Btu/(h·ft·°F)}$$

热传递系数：

$$1 \text{ Btu/(h·ft}^2\text{·°F)} = 5.6783 \text{ W/(m}^2\text{·℃)}$$
$$1 \text{ W/(m}^2\text{·℃)} = 0.1761 \text{ Btu/(h·ft}^2\text{·°F)}$$

热值：

$$1 \text{ Btu/lbm} = 2.326 \text{ kJ/kg}$$

附录 G 迭代算法简述

G.1 引　言

在很多实际工程问题的求解和设计中，遗憾的是，我们通常需要进行迭代计算。无论一个压气机的机械设计，还是确定一个燃烧室的工作温度(或者介于两者之间的其他问题)，由于非线性方程组的复杂性和多变量之间的耦合，在获得最终设计或求得最终解以前，我们需要进行很多尝试。

最简单的形式下，我们可将待求解的问题定义为如下的方程：

$$y = f(x) \qquad\qquad (G.1.1)$$

尤其需要注意的是，式中的 f 并不一定是解析式函数或闭式方程。例如，y 可能仅由 x 决定，而 x 用于任意数目的独立"函数"中，而这些"函数"可以是方程、图、表，将这些组合起来确定一个特定的 y 值。通常，我们需要求解上述方程的根，即

$$f(x) = 0 \qquad\qquad (G.1.2)$$

因此，需要求得使该函数等于 0 的 x 的取值。除了极端枯燥且费时的试凑法，还有很多可快速求解的数值方法。其中一些方法会比另一些方法更复杂。而其中常用的方法有 Graeffe 方法、Bernoulli 方法、Newton 求解法、Rutihauser 方法和因式分解法。本书中我们介绍两种相对简单的方法：Regula-Falsi 方法(试位法)和逐次代换法。本书主体部分的例子就是利用这两种迭代方法求解的。

G.2 试　位　法

首先我们讨论 Regula-Falsi 方法或试位法。参见图 G.1 可非常容易理解这种方法。此处的函数 y 是因变量，将其绘制为随自变量 x 变化的曲线。我们需要求解出跨 x 轴的点。这一方法的基本前提是利用一系列 x 值逐步迭代能得到一个最终正确的答案。这种方法基本使用两个 x 前值和对应的 y 值来猜测第三个 x 值。使用该方法时，需要首先猜想两个 x 值。具体步骤如下：

(1) 猜想 x_1 并利用函数求出 y_1；

(2) 猜想 x_2 并利用函数求出 y_2；

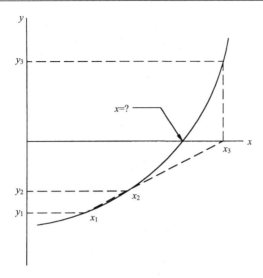

图 G.1 试位法图示

(3)连接这两点作一条直线,并插值求出 $y = 0$ 来估计 x,于是有

$$m = 斜率 = \frac{0 - y_1}{x_3 - x_1} = \frac{y_2 - y_1}{x_2 - x_1} \tag{G.2.1}$$

求解 x_3 得到

$$x_3 = -\left(\frac{x_2 - x_1}{y_2 - y_1}\right) y_1 + x_1 \tag{G.2.2}$$

或者展开并合并同类项得

$$x_3 = \frac{x_1 y_2 - x_2 y_1}{y_2 - y_1} \tag{G.2.3}$$

(4)利用估计的 x,根据方程求出 y_3;

(5)重复之前步骤,可求得 x_4 为

$$x_4 = \frac{x_2 y_3 - x_3 y_2}{y_3 - y_2} \tag{G.2.4}$$

(6)利用 x_4 可以求得 y_4,以此类推;

(7)重复上述过程求得 x_n,直至 y_n 的绝对值小于事先定义的容差——此时对应的点就是我们成功求得的解。

例 G.1 一理想涡喷发动机在海平面高度以 0.75 马赫数飞行。空气质量流量为 165lbm/s(74.83kg/s),压气机在一特定的压比下工作,发动机推力为 11600lbf(2607N)。燃油热值为 17800Btu/lbm(41400kJ/kg),燃烧室出口总温为 2500°R(1389K)。求发动机获得该推力时的压气机总压比。

解 本例与例 2.2 非常相似——仅未给压气机总压比。我们利用试位法来求解 π_c 使计算的推力误差在 0.1lbf 以内。首先我们猜一个 $\pi_c = 15$,得出的推力为 $F = 11502$lbf,如同例 2.2。我们再猜另一个 $\pi_c = 16$,得推力 $F = 11458$lbf。于是,压气机压比是自变量,且 $x_1 = 15$,

$x_2 = 16$。待求解的函数是 $y = 11600\text{lbf} - F$；即该值应基本等于 0。我们猜两个初始值分别为 $y_1 = 98\text{lbf}$ 和 $y_2 = 142\text{lbf}$。根据这两组值可以估计实际值为

$$x_3 = \frac{15 \times 142 - 98 \times 16}{142 - 98} = 12.77$$

利用这一压气机压比值计算得 $F = 11575\text{lbf}$。于是 $x_3 = 12.77$ 且 $y_3 = 25\text{lbf}$，进而根据最近的两组值演算可得

$$x_4 = \frac{16 \times 25 - 142 \times 12.77}{25 - 142} = 12.08$$

且

$$F = 11590.2\text{lbf}，\quad y_4 = 9.8\text{lbf}$$

$$x_5 = \frac{12.77 \times 9.8 - 25 \times 12.08}{9.8 - 25} = 11.64$$

且

$$F = 11596.7\text{lbf}，\quad y_5 = 3.3\text{lbf}$$

$$x_6 = \frac{12.08 \times 3.3 - 9.8 \times 11.64}{3.3 - 9.8} = 11.42$$

且

$$F = 11599.0\text{lbf}，\quad y_6 = 1\text{lbf}$$

$$x_7 = \frac{11.64 \times 1.0 - 3.3 \times 11.42}{1.0 - 3.3} = 11.32$$

且

$$F = 11599.8\text{lbf}，\quad y_7 = 0.2\text{lbf}$$

$$x_8 = \frac{11.42 \times 0.2 - 1.0 \times 11.32}{0.2 - 1.0} = 11.30$$

且

$$F = 11599.99\text{lbf} \text{ 且 } y_8 = 0.01\text{lbf}$$

这小于我们指定的容许误差范围 0.1lbf。因此，答案为 $\pi_c = 11.30$。注意这里我们只需进行 8 次迭代。

例 G.2　一涡扇发动机在海平面以 0.75 马赫数飞行。空气质量流量为 165lbm/s（74.83kg/s）。压气机的压比为 15，工作效率为 88%。发动机涵道比为 3，分流比为 0.25。风扇的效率为 90%。燃油的热值为 17800Btu/lbm（41400kJ/kg），燃烧室的总温是 2500°R（1389K），燃烧室效率为 91% 且总压比为 0.95。涡轮的效率为 85%。外涵道的总压比为 0.98，混合室的压比为 0.97。尾喷管为一个可调的收-扩喷管（使出口压力与环境压力相等），效率为 96%。外涵喷管为收敛喷管，效率为 95%。进气道总压恢复系数是 0.92，且传动轴效率为 99.5%。求风扇的总压比。注意，本例与例 3.3 非常相似，其中对风扇的总压比利用了很准确的估计值。本节我们给读者演示如何利用迭代方法来求解这一风扇总压比。

解

同样，本例与例 3.3 非常相似，只是需要通过迭代求解风扇的总压比 π_f。例 3.3 中，π_f 估计值的准确性是通过混合室中 $p_{t7.5}$ 与 p_{t5} 的匹配程度来衡量的；也就是说，这两个值应该相等。本例中，我们利用试位法来进行求解，容许的总压差值为 0.0001psi。首先我们可以猜测 $\pi_f=2.0$，得到 $p_{t7.5}=38.467\text{psi}$ 和 $p_{t5}=12.157\text{psi}$，两者的差值（$\Delta p_t=p_{t7.5}-p_{t5}$）为 17.310psi。具体的热力学计算过程详见例 3.3。我们再猜测另一个 $\pi_f=2.2$，得到 $p_{t7.5}=42.314\text{psi}$ 和 $p_{t5}=17.195\text{psi}$，此时两者的差值为 25.118psi。实际上，第二个估计值比第一个更不准确，但是这并不重要。因此，开始猜测的两组变量为 $x_1=2.0$ 和 $x_2=2.2$。此时的函数为 $y=0-\Delta p_t$。因此，初始的两个因变量为 $y_1=-17.310\text{psi}$ 和 $y_2=-25.118\text{psi}$。现在我们可以利用这两个初始值估算风扇压比的真实值：

$$x_3=\frac{2.0\times(-25.118)-(-17.310)\times 2.2}{-25.118-(-17.310)}=1.5566$$

利用该值，可以计算得 $p_{t7.5}=29.939\text{psi}$ 和 $p_{t5}=34.000\text{psi}$，两者的差值 $\Delta p_t=-4.061\text{psi}$，这已经比之前的值准确很多。现在 $x_3=1.5566$，$y_3=-4.061\text{psi}$，基于此可进行下一次迭代：

$$x_4=\frac{2.2\times 4.061-(-25.118)\times 1.5566}{4.061-(-25.118)}=1.6461$$

得

$$p_{t7.5}=31.661\text{psi}，\quad p_{t5}=30.883\text{psi}，\quad \Delta p_t=0.8278\text{psi}，\quad y_4=-0.8278\text{psi}$$

$$x_5=\frac{1.5566\times(-0.8278)-4.061\times 1.6461}{-0.8278-4.061}=1.6310$$

因此得

$$p_{t7.5}=31.3695\text{psi}，\quad p_{t5}=31.3449\text{psi}$$

因此

$$\Delta p_t=0.0246\text{psi}，\quad y_5=-0.0246\text{psi}$$

$$x_6=\frac{1.6461\times(-0.0246)-(-0.8278)\times 1.6310}{-0.0246-(-0.8278)}=1.63052$$

得

$$p_{t7.5}=31.36059\text{psi}，\quad p_{t5}=31.36105\text{psi}$$

于是

$$\Delta p_t=-0.000458\text{psi}，\quad y_6=0.000458\text{psi}$$

$$x_7=\frac{1.6310\times 0.000458-(-0.0246)\times 1.63052}{0.000458-(-0.0246)}=1.63053\ ^{①}$$

于是得 $p_{t7.5}=31.36075\text{psi}$ 和 $p_{t5}=31.36078\text{psi}$，于是 $\Delta p_t=-0.000032\text{psi}$，这一差值已经低于可接受的偏差（0.0001psi）。因此，答案是 $\pi_f=1.6305$，这也是例 3.3 中的预估值。此处我

---

① 译者注：原文为：$x_7=\frac{1.6310\times 0.000458-(0.0246)\times 1.63052}{0.000458-(-0.0246)}=1.63053$，分子中少个负号。

们仅用了 7 次迭代。

G.3　逐次代换法

我们要讨论的第二种方法是逐次代换法。使用这种方法时，我们首先必须将目标函数写成如下形式：

$$x = g(x) \tag{G.3.1}$$

与之前类似，并不要求函数的形式是闭式代数方程或其他任意闭合形式的方程。它可以是任何一组方程、图或表，可用于计算 x。这种方法的求解过程如图 G.2 所示。图中给出的是 $g(x)$ 随 x 的图像，同时给出了 $x=x$ 的图像。明显，第二个函数的图像是一个斜率为 1 的直线。图中两根线条相交的点就是我们期望的解。这种方法仅需要一个初始的估计值。具体的求解过程描述如下：

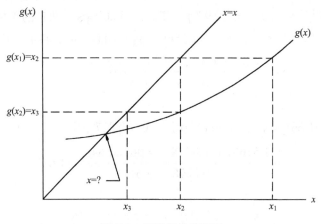

图 G.2　逐次代换法图示

(1) 估计一个 x 的初始解 x_1；
(2) 根据 x_1，可以利用方程 (G.3.1) 求得 $g(x_1)$，并使之等于 x_2；
(3) 利用 x_2，利用方程 (G.3.1) 求得 $g(x_2)$，并使之等于 x_3；
(4) 重复这一过程，直至 $x - g(x)$ 的绝对值小于某指定的容许偏差。当这一差值小于容许值时，我们就成功得到解。

例 G.3　气流以总温 577.0°R 进入压气机。压气机的总压比是 15，效率为 88%。如果比热容比依赖于平均总温，求该部件的比热容比。注意本例的条件与例 3.1 压气机和进口条件一致。

解

为求解比热容比，首先必须知道平均总温。但是在已知压比的情况下求温比或温度变化，又必须知道比热容比。因此，γ 是未知量 (x) 且求解过程是迭代的，我们将利用逐次代换法来求解，且 γ 的容许误差是 0.00001。首先我们可猜测比热容比为 $\gamma_1 = 1.4$。因此，利用

$$T_{t3} = T_{t2} \left(\frac{(\pi_c)^{\frac{\gamma-1}{\gamma}} - 1}{\eta_c} + 1 \right)$$

根据已知的总压比 15，我们可求得

$$T_{t3_1} = 577.0 \left(\frac{(15)^{\frac{1.4-1}{1.4}} - 1}{0.88} + 1 \right) = 1324.7°R$$

且

$$\bar{T} = \frac{T_{t2} + T_{t3}}{2}$$

于是

$$\bar{T_1} = \frac{577.0 + 1342.7}{2} = 959.9°R$$

利用 $c_p = 0.2269807 e^{0.000097247\bar{T}}$（方程（H.3.1））可得 $c_{p1} = 0.249188 \text{Btu/(lbm·°R)}$。又有

$$\gamma = \frac{c_p}{c_p - R}$$

且

$$R = 53.35(\text{ft·lbf})/(\text{lbm·°R})\ (778.16\text{ft·lbf/Btu}) = 0.068559\text{Btu/(lbm·°R)}$$

于是

$$\gamma_2 = 1.37956$$

于是得到了 γ 的一个修正值。

重复该过程可得

$$T_{t3_2} = 1302.6°R，\quad \bar{T_2} = 939.8°R，\quad \gamma_3 = 1.38058$$

继续有

$$T_{t3_3} = 1304.6°R，\quad \bar{T_3} = 940.8°R，\quad \gamma_4 = 1.38053$$

重复可得

$$T_{t3_4} = 1304.5°R，\quad \bar{T_4} = 940.7°R，\quad \gamma_5 = 1.38053$$

最后，γ 的变化小于容许误差（0.00001）。因此我们得到了答案，即

$$\gamma = 1.38053$$

且 $T_{t3} = 1304.5°R$。仅需迭代 4 次我们就得到了答案。

附录 H 一维可压缩气流

H.1 引　言

可压缩气流的基本概念在本书的所有章节中均有应用。尤其在第 4 章(进气道)、第 5 章(喷管)、第 9 章(燃烧室)和第 10 章(混合室),我们利用基本分析、可压缩、稳态、一维气流等概念来分析不同部件的总压损失和其他特性。因此,为避免重复,本附录中我们总结了不同的基本过程。这些过程包括滞止过程、理想气体属性、变截面的等熵过程、固定面积的绝热摩擦流动(法诺流动)、同时包含加热和面积变化的流动(瑞利流动)、正激波和斜激波、含阻力物体的流动、混合过程以及包含两种或两种以上基本现象的广义一维流动。在前面所有这些分析过程中,我们利用控制体方法并假设不同气流截面上的气流稳定且均匀。这些过程的详述参见基础气动力学教材,如 Anderson(1982)、Liepmann 和 Roshko(1957)、Shapiro(1953)以及 Zucrow 和 Hoffman(1976)。我们假设气流是一维的。尽管在这些部件中,气流可能是二维或三维的,但在很多情况下,一维分析仍可得到合理的结果。所有情况下,我们均假设气体是理想气体。

H.2　理想气体方程和滞止参数

首先,借助理想气体方程,我们可以将不同压力、温度和密度进行关联:

$$pv = p/\rho = RT \tag{H.2.1}$$

式中,R 是理想气体常数,等于 1545ft·lbf/(lb·mol·°R)(或者 8.315kJ/(kg·mol·K))。对分子质量为 28.97lbm/(lb·mol)的气体,我们可以发现理想气体常数为 1545/28.97 或 53.35(ft·lb)/(lbm·°R)(或 0.2871kJ/(kg·K))。而且我们还可以用下式描述比定压热容与理想气体常数的关系:

$$c_p = \frac{\gamma R}{\gamma - 1} \tag{H.2.2}$$

式中,γ 是比热容比:

$$\gamma = \frac{c_p}{c_v} \tag{H.2.3}$$

其中，c_v 是比定容热容。而且我们可以将理想气体常数与比热容进行关联：

$$R = c_p - c_v \tag{H.2.4}$$

接下来我们复习在本书中被广泛使用的滞止参数。考虑一段气流，流经点 D 时速度为 u 且静压和静温分别为 p 和 T，气流的静焓为 h，如图 H.1 所示。在另一点 B，气流速度降为 0($u=0$)。利用稳态和绝热条件下的能量方程可得

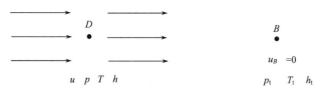

图 H.1 滞止参数的定义

$$h_t = h + \frac{1}{2}u^2 \tag{H.2.5}$$

方程中的 h_t 称为总焓或滞止焓。如果我们分析理想气体($dh = c_p dT$)有

$$c_p T_t = c_p T + \frac{1}{2}u^2 \tag{H.2.6}$$

在该方程中，T_t 称为总温或滞止温。务必要注意，这里我们并未假设气流是等熵的，仅仅认为气流是绝热的。因此，随着气流速度的降低，温度上升。此处我们还需要复习一些其他量的定义。例如，马赫数的定义为

$$M = u/a \tag{H.2.7}$$

式中，a 是当地声速且对理想气体有

$$a = \sqrt{\gamma R T} \tag{H.2.8}$$

其中，R 是理想气体常数；γ 是前面定义的比热容比。因此。结合方程(H.2.6)可得

$$T_t = T\left(1 + \frac{\gamma - 1}{2}M^2\right) \tag{H.2.9}$$

同样，这是针对绝热过程。接下来，我们回忆热力学，对于一个等熵过程(通常是可逆(无摩擦)且绝热)：

$$\frac{T}{p^{\frac{\gamma - 1}{\gamma}}} = 常数 \tag{H.2.10}$$

将式(H.2.10)用于任意两个状态 1 和 2 时可得

$$\frac{p_2}{p_1} = \left(\frac{T_2}{T_1}\right)^{\frac{\gamma}{\gamma - 1}} \tag{H.2.11}$$

这也可用于图 H.1 中流场中的点 B 和 D，于是

$$\frac{p_t}{p} = \left(\frac{T_t}{T}\right)^{\frac{\gamma}{\gamma - 1}} \tag{H.2.12}$$

或利用方程(H.2.9)，我们可得滞止压力或总压 p_t 为

$$p_t = p\left(1 + \frac{\gamma-1}{2}M^2\right)^{\frac{\gamma}{\gamma-1}} \tag{H.2.13}$$

再次回忆，这是针对等熵过程的，因此这比总温的定义(方程(H.2.9))更严苛，总温的定义仅是绝热过程。

H.3　可变比热容

表 H.1(源自美国海军部(1953))中列出了温度从 360°R 到 5400°R，压力从 1 到 100 标准大气压下 c_p 的值。从表中可以看出，温度低于 3600°R(2000K)时，c_p 和 γ 是压力的弱函数。但由于 c_p 和 γ 都依赖于温度，气体可视作理想的，但并不是很严格。在某一种大气压力下，我们可以从表中求得一个 c_p 最小二乘曲线拟合，这非常适用于计算机分析：

$$c_p = 0.2269807e^{0.000097247T} \tag{H.3.1}$$

式中，c_p 单位为 Btu/(blm·°R)，T 的单位是°R。然后可由式(H.3.2)求得 γ：

$$\gamma = \frac{c_p}{c_p - R} \tag{H.3.2}$$

表 H.1a　比定压热容 c_p　　　　　　　　　（单位：Btu/(lbm·°R)）

$T(°R)$\压力(atm)	1	4	7	10	40	70	100
360	0.2405	—	—	0.2499	—	—	0.4170
492	0.2403	—	—	0.2446	—	—	—
540	0.2405	—	—	0.2439	—	—	0.2776
720	0.2424	—	—	0.2441	—	—	0.2599
900	0.2462	0.2465	0.2469	0.2476	0.2506	—	—
1080	0.2513	0.2515	0.2517	0.2520	0.2542	—	—
1440	0.2626	0.2627	0.2629	0.2630	0.2642	0.2653	—
1800	0.2730	0.2731	0.2732	0.2733	0.2739	0.2746	—
2160	0.2819	0.2820	0.2820	0.2820	0.2825	0.2830	0.2833
2520	0.2902	0.2902	0.2902	0.2903	0.2906	0.2910	0.2912
2880	0.2986	0.2985	0.2985	0.2985	0.2987	0.2989	0.2992
3600	0.3198	0.3173	0.3167	0.3165	0.3158	0.3159	0.3159
5400	0.6835	0.5217	0.4796	0.4613	0.4052	0.3895	0.3843

表 H.1b　比定压热容比 γ（无量纲）

$T(°R)$\压力(atm)	1	4	7	10	40	70	100
360	1.3987	—	—	1.3781	—	—	1.1968
492	1.3992	—	—	1.3895	—	—	—
540	1.3987	—	—	1.3910	—	—	1.3280

续表

$T(°R)\backslash$压力(atm)	1	4	7	10	40	70	100
720	1.3944	—	—	1.3906	—	—	1.3583
900	1.3859	1.3853	1.3844	1.3829	1.3766	—	—
1080	1.3752	1.3748	1.3744	1.3737	1.3693	—	—
1440	1.3533	1.3531	1.3528	1.3526	1.3504	1.3485	—
1800	1.3353	1.3352	1.3350	1.3349	1.3339	1.3327	—
2160	1.3214	1.3212	1.3212	1.3212	1.3205	1.3197	1.3193
2520	1.3093	1.3093	1.3093	1.3092	1.3088	1.3082	1.3079
2880	1.2980	1.2982	1.2982	1.2982	1.2979	1.2976	1.2973
3600	1.2729	1.2756	1.2763	1.2765	1.2773	1.2772	1.2772
5400	1.1115	1.1513	1.1668	1.1746	1.2037	1.2136	1.2171

摘自美国海军部军械署《超声速气动力学手册》第 5 卷，华盛顿特区，1953。

表 H.1c　比定压热容 c_p　　　　　　　　（单位：kJ/(kg·K)）

$T(K)\backslash$压力(atm)	1	4	7	10	40	70	100
200	1.007	—	—	1.046	—	—	1.746
273	1.006	—	—	1.024	—	—	—
300	1.007	—	—	1.021	—	—	1.162
400	1.015	—	—	1.022	—	—	1.088
500	1.031	1.032	1.034	1.036	1.049	—	—
600	1.052	1.053	1.054	1.055	1.064	—	—
800	1.099	1.100	1.100	1.101	1.106	1.111	—
1000	1.143	1.143	1.144	1.144	1.147	1.149	—
1200	1.180	1.180	1.180	1.180	1.183	1.185	1.186
1400	1.215	1.215	1.215	1.215	1.216	1.218	1.219
1600	1.250	1.250	1.250	1.250	1.250	1.251	1.252
2000	1.339	1.328	1.326	1.325	1.322	1.322	1.322
3000	2.861	2.184	2.008	1.931	1.696	1.630	1.609

　　注意，这仍然是一个基于 $dh = c_p dT$ 假设下的近似理想气体。如果真要剔除理想气体的假设，就必须利用焓值表，其中焓是温度和压力的函数，参见 Chase (1998) 或 Keenan 等 (1983) 的 JANAF 表。

表 H.1d　比定压热容比 γ（无量纲）

$T(K)\backslash$压力(atm)	1	4	7	10	40	70	100
200	1.3987	—	—	1.3781	—	—	1.1968
273	1.3992	—	—	1.3895	—	—	—
300	1.3987	—	—	1.3910	—	—	1.3280
400	1.3944	—	—	1.3906	—	—	1.3583
500	1.3859	1.3853	1.3844	1.3829	1.3766	—	—

续表

T(K)\压力(atm)	1	4	7	10	40	70	100
600	1.3752	1.3748	1.3744	1.3737	1.3693	—	—
800	1.3533	1.3531	1.3528	1.3526	1.3504	1.3485	—
1000	1.3353	1.3352	1.3350	1.3349	1.3339	1.3327	—
1200	1.3214	1.3212	1.3212	1.3212	1.3205	1.3197	1.3193
1400	1.3093	1.3093	1.3093	1.3092	1.3088	1.3082	1.3079
1600	1.2980	1.2982	1.2982	1.2982	1.2979	1.2976	1.2973
2000	1.2729	1.2756	1.2763	1.2765	1.2773	1.2772	1.2772
3000	1.1115	1.1513	1.1668	1.1746	1.2037	1.2136	1.2171

在第 3 章和其他章节中,我们基于部件的不同温度,假定不同部件中的比热容不同。为了验证不同部件中具有固定比热容的假设,需要分析 $h_{t_i} - h_{t_j}$ 的值,其中 i 和 j 是任意两个状态。因为部件间可能存在很大的温度差异,这一点必须考虑。

一般地,焓值的变化可由式(H.3.3)给出:

$$\Delta h = \int_{T_j}^{T_i} c_p \mathrm{d}T \tag{H.3.3}$$

我们需要确定 Δh 的最佳近似值是否等于 $\bar{c}_p \Delta T$,其中 $\bar{c}_p$ 是根据平均温度 $\left(\bar{T} = (T_i + T_j)/2\right)$ 估算的;或最佳近似值是否等于 $c_{p_i} T_i - c_{p_j} T_j$,其中比热容是根据末端状态估算的。作为确定哪种方法最好的一种近似,我们可以将 c_p 随 T 的关系建模为

$$c_p = C + BT \tag{H.3.4}$$

因此

$$\bar{c}_p = C + B\bar{T} \tag{H.3.5}$$

现在,将方程(H.3.4)代入方程(H.3.3)[①]并积分可得

$$\Delta h = C(T_i - T_j) + B\left(\frac{T_i^2 - T_j^2}{2}\right) \tag{H.3.6}$$

对该式进行因式分解可得到

$$\Delta h = \left(C + B\left(\frac{T_i + T_j}{2}\right)\right)(T_i - T_j) \tag{H.3.7}$$

将式(H.3.7)与方程(H.3.5)进行比较,我们可以发现

$$\Delta h = \bar{c}_p \Delta T \tag{H.3.8}$$

因此我们可得到如下结论:我们应该使用平均温度估算的 c_p 值和温度差来计算焓的变化。

为进一步证明这一点,我们以一个温度分别为 1000°R 和 2000°R 之间的气流作为示例。查气流表可得这两个温度下的焓值分别是 241.0Btu/lbm 和 504.7Btu/lbm,c_p 分别是

---

① 译者注:原文为"将方程 3.1.4 代入方程 3.1.3",根据上下文,此处应修改为如此。

0.249Btu/(lbm·°R) 和 0.277Btu/(lbm·°R)。在平均温度 (1500°R) 时 c_p 是 0.246Btu/lbm。因此焓值的实际变化是 $504.7-241.0=263.7(\text{Btu/lbm})$。作为比较，$c_{p_i}T_i - c_{p_j}T_j =$ $0.277\text{Btu/(lbm·°R)} \times 2000°R - 0.249\text{Btu/(lbm·°R)} \times 1000°R = 305\ \text{Btu/lbm}$。当采用平均温度的 c_p 时，我们需要求得 $\overline{c}_p\left(T_i - T_j\right) = 0.246\text{Btu/(lbm·°R)} \times 1000°R = 264\ \text{Btu/lbm}$。显然，利用平均温度下的 c_p 来估算 Δh 最好。

H.4 变截面等熵流动

在很多部件中，气流的轴向截面积会发生变化，理想情况下气流没有摩擦或热交换。喷管和进气道就是两种截面积变化最明显的部件。随着面积的变化，马赫数、速度和其他属性也会变化。本节中我们分析这些变量之间的相互关系。图 H.2 为变截面等熵流动流场几何示意图，图中还包括控制体。均匀气流的入口属性为 1（包括 p_1、T_1、V_1、M_1 等）；在出口处的属性为 2（包括 p_2、T_2、V_2、M_2 等）。我们并未给出 h-s 图像，因为这是一个等熵过程，在 h-s 图中只是一个简单的垂直线。对于 h-s 图中的等熵过程线，可使用连续性和能量方程。

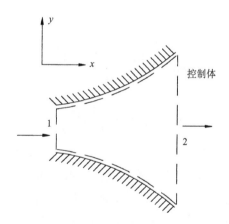

图 H.2 变截面等熵流动流场几何示意图

对于理想气体，使用控制体方法进行分析。首先使用的方程是能量方程，根据稳态绝热条件可得

$$c_p T_1 + \frac{1}{2}V_1^2 = c_p T_2 + \frac{1}{2}V_2^2 \tag{H.4.1}$$

式中，T 是静温；V 是气流速度。接着，利用连续性方程可得

$$\rho_1 V_1 A_1 = \rho_2 V_2 A_2 \tag{H.4.2}$$

利用热力学第二定律可得到一个等熵气流 ($s_1 = s_2$) 的过程方程，即

$$\frac{p}{\rho^{\gamma}} = \text{常数}$$

或者，针对状态 1 和 2 之间的过程有

$$\frac{p_1}{\rho_1^{\gamma}} = \frac{p_2}{\rho_2^{\gamma}} \tag{H.4.3}$$

而且，根据滞止温度或总温的定义，在绝热条件下有

$$T_{t1} = T_1 \left(1 + \frac{\gamma - 1}{2} M_1^2\right) \tag{H.4.4}$$

$$T_{t2} = T_2 \left(1 + \frac{\gamma - 1}{2} M_2^2\right) \tag{H.4.5}$$

再根据马赫数的定义：

$$M_1 = \frac{V_1}{a_1} = \frac{V_1}{\sqrt{\gamma R T_1}} \tag{H.4.6}$$

$$M_2 = \frac{V_2}{a_2} = \frac{V_2}{\sqrt{\gamma R T_2}} \tag{H.4.7}$$

式中，a 是声速。对于理想气体：

$$p_1 = \rho_1 R T_1 \tag{H.4.8}$$

$$p_2 = \rho_2 R T_2 \tag{H.4.9}$$

再由总压的定义：

$$p_{t1} = p_1 \left(1 + \frac{\gamma - 1}{2} M_1^2\right)^{\frac{\gamma}{\gamma - 1}} \tag{H.4.10}$$

$$p_{t2} = p_2 \left(1 + \frac{\gamma - 1}{2} M_2^2\right)^{\frac{\gamma}{\gamma - 1}} \tag{H.4.11}$$

此时，分析式(H.4.1)~式(H.4.11)，总计 11 个方程，16 个变量，因此必须确定其中 5 个。例如，若指定 M_1、T_1、p_1、A_1 和 A_2，我们可求出 M_2。因此，这些方程定义了 h-s 图中的过程。对于亚声速的内部气流（通常是进气道内的情况），随着面积的增大，马赫数减小。但是对于超声速气流，由于面积增大，马赫数增大——如在一个喷管内的扩张段。

为便于求解这些方程，在很多气动力学和流体力学的著作中给出了 M、T/T_t、p/p_t、A/A^* 等其他变量随马赫数的数表，其中上标*指声速时的参考条件。本书在附录 B 中给出了三种 γ 值时一些数值表。借用本书提供的软件"ISENTROPIC"可辅助求解。

H.5 法诺流

边界层和其他的黏性流是进气道和涵道中总压损失的主要原因。在燃烧室和加力燃烧室中这种流动也非常明显，因为在燃烧室内壁的一些小孔或洞上存在这种黏性流动。我们基于包含摩擦但无热传递或热量损失的法诺流来分析这种气流。法诺流是一种固定面积的流动过程，并不能完全准确地表征进气道或燃烧室内的状态。但是，对于进气道，当出口、进口面积比接近 1 时，不会出现气流分离，可基于这种机制合理地分析和预测总压损失。图 H.3 为此时的流态模型，图中还标注了对应的控制体，相应的 h-s 图见图 H.4。对于法诺

流过程的 $h\text{-}s$ 图，可利用连续性方程和能量方程。由于这一过程也是绝热的（$T_{t1}=T_{t2}$），H.4节中的很多方程可以直接使用。

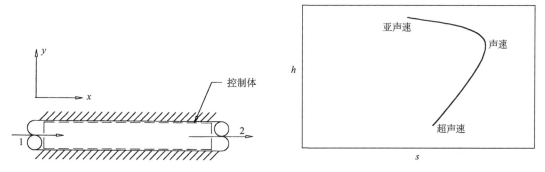

图 H.3　摩擦绝热气流（法诺流）的几何示意图　　　　　　图 H.4　法诺流的 $h\text{-}s$ 图

例如，根据 $A_1=A_2$，利用之前的连续性方程可得

$$\rho_1 V_1 = \rho_2 V_2 \tag{H.5.1}$$

因此，使用式（H.4.1）、式（H4.4）~式（H.4.11）和式（H.5.1），总计 10 个方程和 14 个变量，需要指定其中 4 个变量。例如，如果已知 M_1、T_1、T_2 和 p_{t1}，我们就可以求出 p_{t2}。但是利用这些方程不能求解包含摩擦的气流，且通常 T_2 是未知的。因此，需要根据动量方程得到第 11 个方程为

$$\int 4f\rho\frac{1}{2}V^2\mathrm{d}\left(\frac{x}{D}\right) = p_2 - p_1 + \rho_1 V_1\left(V_2 - V_1\right) \tag{H.5.2}$$

式中，等号左侧是沿流道的积分；f 是法诺系数；D 是流道的有效直径。摩擦系数是雷诺数和流道粗糙度的函数。Moody（1944）在公认的"穆迪图"中提出了达西摩擦因数（通常简称为摩擦系数），且被收录到大多数流体力学的介绍性教材中。对于充分发展的流动，达西摩擦因数是法诺系数的四倍。

根据这些方程可得到 $h\text{-}s$ 图。对亚声速内部气流（通常对应于进气道），当气流沿流道流动时，摩擦的存在导致马赫数增大。但要注意流道面积也在增大，因此，总的结果是马赫数减小。但在超声速气流中，摩擦的存在使得马赫数减小。因此，我们总计得到 11 个方程和 17 个变量。要求解方程组，必须指定其中 6 个变量。例如，如果已知 M_1、T_1、L、D、f 和 p_{t1}，我们就可以求出 p_{t2}。

为便于求解这些方程，在很多气动力学和流体力学的著作中给出了 T/T^*、p_t/p_t^*、$4fL^*/D$ 和其他变量随马赫数的变化数表，其中上标 * 指声速时的参考条件。$4fL^*/D$ 的数值是根据方程（H.5.2）中第一项推导出来的综合项。本书附录 C 中给出了这些数值表。借用本书提供的软件"FANNO"可辅助求解。

H.6　瑞利线流

第 9 章中我们曾讨论了导致燃烧室内压力下降和总压损失的多种因素。本节分析由加

热导致的损失。我们基于瑞利线流分析这种气流，瑞利线流只有热传递而无摩擦。这种过程是一个等面积过程。其控制体示意图见图 H.5，对应的 h-s 图见图 H.6。对于瑞利线流的 h-s 图，可以利用连续性方程和动量方程。

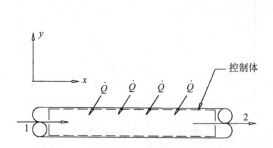

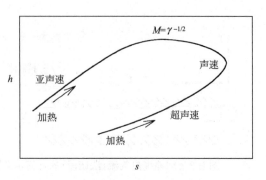

图 H.5　无摩擦的加热气流(瑞利线流)的几何示意图　　图 H.6　瑞利线流的 h-s 图

我们利用控制体方法来分析理想气体，首先利用动量方程可得

$$p_1 A - p_2 A = V_1(-\rho_1 V_1 A) + V_2(\rho_2 V_2 A) \tag{H.6.1}$$

再利用连续性方程(H.5.1)可得

$$p_1 - p_2 = \rho_1 V_1(V_2 - V_1) \tag{H.6.2}$$

至此，我们得到 10 个独立的方程(式(H.4.4)~式(H.4.11)[①]，以及式(H.5.1)和式(H.6.2))和 14 个变量。因此，当我们指定其中 4 个变量后，即可求得剩下的 10 个变量。典型情况下，M_1、p_{t1}、T_{t1} 和 T_{t2} 是已知的。注意，尽管 T_{t1} 和 T_{t2} 已知，利用能量方程可求得传递给气流的总热量，但是此处并未使用能量方程。

根据这些方程我们可得到 h-s 图。对于亚声速气流，随着热量的增加(总温 T_t 增加)，出口马赫数增加。但是对于超声速气流，随着热量的增加，马赫数却减小。对超声速气流来说，当加热时会出现一个很有趣的现象：在马赫数到达 $1/\sqrt{\gamma}$ 前，静温 T 一直增加，之后温度开始下降。前面我们曾提及，此处我们并未使用能量方程。但是，对燃烧室而言，可以利用能量方程(且通常会使用)来分析总温变化和燃油流量之间的关系。

为便于求解这些方程，在很多气动力学和流体力学的著作中给出了 T/T^*、p_t/p_t^* 和其他变量随马赫数的变化数值表，其中上标*指声速点下的参考条件。本书附录 D 中给出了这些数值表。利用本书提供的软件"RAYLEIGH"可辅助求解。

H.7　正　激　波

激波是导致进气道外部总压损失的主要原因。正激波属于一维流动，会导致较大的总压损失。我们在无摩擦和热量传递或损失的基础上来分析这种气流。正激波过程同时也是一个等面积过程。该过程的模型如图 H.7 所示，其中还给出了控制体，图 H.8 为其对应的

---

① 译者注：原文为式(H.6.4)~式(H.6.11)，实际上本书中无式(H.6.4)~式(H.6.11)，应为式(H.4.4)~式(H.4.11)。

h-s 图。在分析正激波过程时，我们需要综合利用 *h-s* 图、连续性、线动量和能量方程。因此，这个过程本质上是一个前面已讨论的法诺流过程和瑞利线流过程的叠加。前面的很多方程可以直接采用。

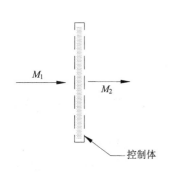

图 H.7　正激波几何示意图

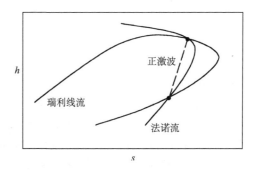

图 H.8　正激波的 *h-s* 图

组合式（H.4.1）、式（H.4.4）~式（H.4.11），以及式（H.5.1）和式（H.6.2），我们可得到 11 个方程和 14 个变量。因此，我们指定其中 3 个变量后，即可求得剩下的 11 个变量。典型情况下，对于发动机中的正激波，进口马赫数、进口总温和进口总压是已知的，从而可求得出口马赫数与滞止参数。

为便于求解这些方程，在很多气动力学和流体力学的著作中给出了 M_2、p_{t2}/p_{t1}、p_2/p_1 和其他变量随马赫数的数表。本书附录 E 中给出了这些数值表。可利用本书提供的软件"NORMALSHOCK"或"SHOCK"来求得答案。

进一步，我们将这组方程结合起来还得到六个有用的闭式表达式：

$$M_2^2 = \frac{M_1^2 + \dfrac{2}{\gamma - 1}}{\dfrac{2\gamma}{\gamma - 1}M_1^2 - 1} \tag{H.7.1}$$

$$\frac{p_2}{p_1} = \frac{1 + \gamma M_1^2}{1 + \gamma M_2^2} \tag{H.7.2}$$

$$\frac{p_2}{p_1} = \frac{2\gamma}{\gamma + 1}M_1^2 - \frac{\gamma - 1}{\gamma + 1} \tag{H.7.3}$$

$$\frac{p_{t2}}{p_{t1}} = \frac{\left(\dfrac{\dfrac{\gamma + 1}{2}M_1^2}{1 + \dfrac{\gamma - 1}{2}M_1^2}\right)^{\frac{\gamma}{\gamma - 1}}}{\left(\dfrac{2\gamma}{\gamma - 1}M_1^2 - \dfrac{\gamma - 1}{\gamma + 1}\right)^{\frac{1}{\gamma - 1}}} \tag{H.7.4}$$

$$T_{t2} = T_{t1} \tag{H.7.5}$$

$$\frac{T_2}{T_1} = \frac{1 + \dfrac{\gamma - 1}{2} M_1^2}{1 + \dfrac{\gamma - 1}{2} M_2^2} \tag{H.7.6}$$

H.8　平面斜激波

　　由第 4 章可知，斜激波引起的总压损失比正激波引起的损失小。本节分析二维平面激波。虽然气流是二维的，但是这种气流具备一维气流的很多特征。在平面激波之前的气流一致地平行于轴向；而在平面激波之后，气流一致地与斜面平行。

　　图 H.9 所示为气流流经角度为 δ 的楔角时形成的斜激波。在斜激波周围我们绘制了控制体。图中还将速度矢量分解为与激波垂直和与激波平行两个方向的分量。首先根据连续性可得

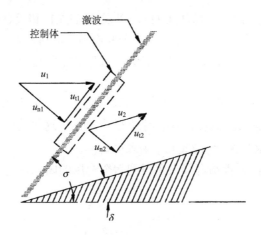

图 H.9　含控制体的斜激波

$$\rho_1 u_{n1} = \rho_2 u_{n2} \tag{H.8.1}$$

接着，根据平行于激波方向的动量方程有

$$\left(\rho_1 u_{n1}\right) u_{t1} = \left(\rho_2 u_{n2}\right) u_{t2} \tag{H.8.2}$$

于是，由方程 (H.8.1) 可得非常简单的结论：

$$u_{t1} = u_{t2} \tag{H.8.3}$$

然后，在垂直于激波方向上，根据动量方程有

$$p_1 - p_2 = \rho_2 u_{n2}^2 - \rho_1 u_{n1}^2 \tag{H.8.4}$$

最后，根据能量方程有

$$h_1 - h_2 = \frac{1}{2}\left(u_2^2 - u_1^2\right) \tag{H.8.5}$$

因此，对于理想气体，有

$$c_{\mathrm{p}}\left(T_1 - T_2\right) = \frac{1}{2}\left(u_2^2 - u_1^2\right) \tag{H.8.6}$$

下面，由毕达哥拉斯定理(勾股定理)，我们可得到

$$u_2^2 - u_1^2 = \left(u_{\mathrm{n}2}^2 + u_{\mathrm{t}2}^2\right) - \left(u_{\mathrm{n}1}^2 + u_{\mathrm{t}1}^2\right) \tag{H.8.7}$$

因此，由方程(H.8.3)可得

$$u_2^2 - u_1^2 = u_{\mathrm{n}2}^2 - u_{\mathrm{n}1}^2 \tag{H.8.8}$$

结合式(H.2.1)、式(H.2.2)、式(H.8.8)、式(H.8.6)变为

$$\frac{\gamma}{\gamma - 1}\left(\frac{p_2}{\rho_2} - \frac{p_1}{\rho_1}\right) = \frac{1}{2}\left(u_{\mathrm{n}2}^2 - u_{\mathrm{n}1}^2\right) \tag{H.8.9}$$

再结合方程(H.8.1)和方程(H.8.4)，可得

$$p_2 - p_1 = \rho_1 u_{\mathrm{n}1}^2\left(1 - \frac{\rho_1}{\rho_2}\right) \tag{H.8.10}$$

或

$$p_1 - p_2 = \rho_2 u_{\mathrm{n}2}^2\left(1 - \frac{\rho_2}{\rho_1}\right) \tag{H.8.11}$$

因此

$$u_{\mathrm{n}1}^2 = \left(\frac{p_2 - p_1}{\rho_2 - \rho_1}\right)\frac{\rho_2}{\rho_1} \tag{H.8.12}$$

类似地，结合式(H.8.1)和式(H.8.4)可得

$$u_{\mathrm{n}2}^2 = \left(\frac{p_2 - p_1}{\rho_2 - \rho_1}\right)\frac{\rho_1}{\rho_2} \tag{H.8.13}$$

接下来，结合式(H.8.12)、式(H.8.13)和式(H.8.9)我们可求得

$$\frac{p_2}{p_1} = \frac{\left(\dfrac{\gamma + 1}{\gamma - 1}\right)\dfrac{\rho_2}{\rho_1} - 1}{\left(\dfrac{\gamma + 1}{\gamma - 1}\right) - \dfrac{\rho_2}{\rho_1}} \tag{H.8.14}$$

或

$$\frac{\rho_2}{\rho_1} = \frac{\left(\dfrac{\gamma + 1}{\gamma - 1}\right)\dfrac{p_2}{p_1} - 1}{\left(\dfrac{\gamma + 1}{\gamma - 1}\right) + \dfrac{p_2}{p_1}} \tag{H.8.15}$$

值得一提的是，以上的两个方程称为 Rankine-Hugoniot 方程组，这两个方程描述激波前后压力和密度的关系。接下来，我们对图 H.9 中的激波进行几何分析，可得到

$$u_{\mathrm{t}1} = u_1 \cos \sigma \tag{H.8.16}$$

$$u_{\mathrm{n}1} = u_1 \sin \sigma \tag{H.8.17}$$

$$u_{\mathrm{t}2} = u_2 \cos\left(\sigma - \delta\right) \tag{H.8.18}$$

$$u_{t2} = u_2 \sin(\sigma - \delta) \tag{H.8.19}$$

式中，σ 是相对进口气流的激波角度；δ 是相对进口气流的气流偏转角。再根据式(H.8.3)、式(H.8.16)和式(H.8.18)可得

$$\frac{u_1}{u_2} = \frac{\cos(\sigma - \delta)}{\cos \sigma} \tag{H.8.20}$$

然后结合式(H.8.1)、式(H.8.17)和式(H.8.19)，有

$$\rho_1 u_1 \sin \sigma = \rho_2 u_2 \sin(\sigma - \delta) \tag{H.8.21}$$

因此

$$\frac{\rho_2}{\rho_1} = \frac{u_1}{u_2} \frac{\sin \sigma}{\sin(\sigma - \delta)} \tag{H.8.22}$$

再利用方程(H.8.20)，可以发现

$$\frac{\rho_2}{\rho_1} = \frac{\tan \sigma}{\tan(\sigma - \delta)} \tag{H.8.23}$$

接着，利用式(H.8.10)和式(H.8.17)可得到

$$p_2 - p_1 = \rho_1 u_1^2 \sin^2 \sigma \left(1 - \frac{\rho_1}{\rho_2}\right) \tag{H.8.24}$$

因为对理想气体 $M = \dfrac{u}{a} = \dfrac{u}{\sqrt{\dfrac{\gamma p}{\rho}}}$，可得

$$\frac{p_2}{p_1} = 1 + \gamma M_1^2 \sin^2 \sigma \left(1 - \frac{\rho_1}{\rho_2}\right) \tag{H.8.25}$$

类似地，利用式(H.8.11)和式(H.8.17)，有

$$\frac{p_1}{p_2} = 1 + \gamma M_2^2 \sin^2(\sigma - \delta) \left(1 - \frac{\rho_2}{\rho_1}\right) \tag{H.8.26}$$

最后，利用方程(H.2.12)可得

$$\frac{p_{t2}}{p_{t1}} = \frac{p_2}{p_1} \left(\frac{1 + \dfrac{\gamma - 1}{2} M_2^2}{1 + \dfrac{\gamma - 1}{2} M_1^2}\right)^{\frac{\gamma}{\gamma - 1}} \tag{H.8.27}$$

　　至此，当我们分析式(H.8.14)、式(H.8.23)、式(H.8.25)、式(H.8.26)和式(H.8.27)时，总共有七个独立的变量：σ、δ、M_1、M_2、p_2/p_1、p_{t2}/p_{t1} 和 ρ_2/ρ_1。因此，指定其中2个变量后，我们就可求出剩下的5个。例如，若给定进口马赫数(M_1)和偏转角(δ)，就可以求出激波角、出口马赫数、总压比和所有其他变量。借助商用求解器，可以很容易编程求解这些方程。为帮助理解理论解，在图4.6中我们给出了 $\gamma = 1.40$ 时的一组曲线。利用本书提供的软件"SHOCK"可辅助求解。

H.9 含阻力物体的气流

当流道中存在一个障碍物时，湍流与分离导致的摩擦也会使总压下降。在很多主燃烧室和加力燃烧室中为降低气流速度，就存在这一类障碍物，例如，火焰稳定器，可以使火焰速度高于气流速度，防止熄火。在混合室中也有这一类的障碍物来提高两股气流的混合，从而产生期望的均匀出口气流。因此，有必要讨论计算这种损失的方法。

图 H.10 所示为一个包含障碍物的一般气流，图中还给出了控制体。对这一过程，我们利用连续性、动量和能量方程进行分析。若我们采用固定面积和绝热气流的控制体方程，并假设进口和出口气流具有理想的一致性，可得到如下的动量方程：

$$p_1 A - p_2 A - F_d = \rho_2 V_2^2 A - \rho_1 V_1^2 A \quad ^{①} \tag{H.9.1}$$

式中，F_d 是障碍物的阻力；A 是流道的横截面积。定义阻力系数为

$$C_d \equiv \frac{F_d}{\frac{1}{2}\rho_1 V_1^2 A_d} \tag{H.9.2}$$

式中，A_d 是障碍物的前端面积。或者根据式(H.9.2)求解阻力得

$$F_d = \frac{1}{2} C_d \rho_1 V_1^2 A \frac{A_d}{A} \tag{H.9.3}$$

再结合方程(H.9.1)，我们可得

$$p_1 + \rho_1 V_1^2 - \frac{1}{2} C_d \rho_1 V_1^2 \frac{A_d}{A} = p_2 + \rho_2 V_2^2 \quad ^{②} \tag{H.9.4}$$

将该方程与式(H.4.1)、式(H.4.4)~式(H.4.11)和式(H.5.1)组合在一起，共有 16 个变量和 11 个方程。因此，当确定其中 5 个变量时，就可求解这一问题。对火焰稳定器来说，典型情况下，A_d/A、C_d、M_1、p_{t1} 和 T_{t1} 是已知的。

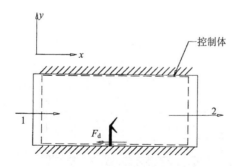

图 H.10 含阻力障碍的流道几何示意图

例如，根据式(H.9.4)和式(H.4.9)，有

---

① 译者注：原文为 $p_1 A - p_2 A - F_d = \rho_2 V_2^2 A - \rho_1 V_1^2$，根据分析并结合后续方程(H.9.4)应为 $p_1 A - p_2 A - F_d = \rho_2 V_2^2 A - \rho_1 V_1^2 A$。

② 译者注：原文为 $p_1 + \rho_1 V_1^2 - \frac{1}{2} C_d \rho_1 V_1^2 A \frac{A_d}{A} = p_2 + \rho_2 V_2^2$。

$$p_1 + \rho_1 V_1^2 - \frac{1}{2} C_d \rho_1 V_1^2 \frac{A_d}{A} = \rho_2 R T_2 \frac{V_2}{V_2} + \rho_2 V_2^2 \tag{H.9.5}$$

或结合方程(H.5.1)可得

$$p_1 + \rho_1 V_1^2 - \frac{1}{2} C_d \rho_1 V_1^2 \frac{A_d}{A} = \rho_1 V_1 \left(\frac{R T_2}{V_2} + V_2 \right) \tag{H.9.6}$$

根据 2 截面总、静参数建立的绝热能量方程，可求得气流速度为

$$V_2 = \sqrt{2 c_p (T_{t2} - T_2)} \tag{H.9.7}$$

因此，由式(H.9.6)、式(H.9.7)和式(H.4.1)，并意识到 $T_{t1} = T_{t2}$（过程是绝热的），可得

$$p_1 + \rho_1 V_1^2 - \frac{1}{2} C_d \rho_1 V_1^2 \frac{A_d}{A} = \rho_1 V_1 \left(\frac{R T_2}{\sqrt{2 c_p (T_{t1} - T_2)}} + \sqrt{2 c_p (T_{t1} - T_2)} \right) \tag{H.9.8}$$

至此，当进口条件已知时，可利用之前的方程进行迭代求得 T_2，进而求得其他的出口条件。利用本书附带的软件"GENERAL1D"也可求解。

H.10　混　合　过　程

另一个导致总压损失的是高度不可逆的混合过程。在这种情况下，两股（如一个来自外涵道，一个来自涡轮出口）温度、总温、马赫数、流量、速度、总压等均不同的气流不可逆地混合形成一股均匀气流（这是我们期望的）。这种情况的示意图见图 H.11，图中也给出了控制体。两股属性分别为 1 和 2 的气流进入，一股属性均匀（p_3、T_3、V_3、M_3 等）的气流从截面 3 流出。我们必然能根据两个进口条件求出出口条件。我们再次利用连续性、动量和能量方程来分析这一过程。

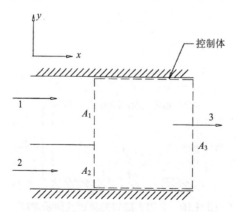

图 H.11　混合过程的几何示意图

首先，我们考虑进出口处的面积：

$$A_1 + A_2 = A_3 \tag{H.10.1}$$

各处的质量流量为

$$\dot{m}_1 = \rho_1 V_1 A_1 \tag{H.10.2}$$

$$\dot{m}_2 = \rho_2 V_2 A_2 \tag{H.10.3}$$

$$\dot{m}_3 = \rho_3 V_3 A_3 \tag{H.10.4}$$

于是，根据连续性有

$$\rho_3 V_3 A_3 = \rho_1 V_1 A_1 + \rho_2 V_2 A_2 \tag{H.10.5}$$

接着，利用 x 方向上的动量方程可得

$$p_1 A_1 + p_2 A_2 - p_3 A_3 = -\rho_1 V_1^2 A_1 - \rho_2 V_2^2 A_2 + \rho_3 V_3^2 A_3 \tag{H.10.6}$$

将式 (H.10.6) 重新组合得

$$\left(p_1 + \rho_1 V_1^2\right) A_1 + \left(p_2 + \rho_2 V_2^2\right) A_2 = \left(p_3 + \rho_3 V_3^2\right) A_3 \tag{H.10.7}$$

或利用方程 (H.10.4) 可得

$$\left(p_1 + \rho_1 V_1^2\right) A_1 + \left(p_2 + \rho_2 V_2^2\right) A_2 = p_3 A_3 + \dot{m}_3 V_3 \tag{H.10.8}$$

现在，利用稳态能量方程，我们可得到

$$\dot{m}_1 h_{t1} + \dot{m}_2 h_{t2} = \dot{m}_3 h_{t3} \tag{H.10.9}$$

而且对于理想气体，有

$$p_1 = \rho_1 R T_1 \tag{H.10.10}$$

$$p_2 = \rho_2 R T_2 \tag{H.10.11}$$

$$p_3 = \rho_3 R T_3 \tag{H.10.12}$$

再根据总温的定义，可得

$$T_{t1} = T_1 \left(1 + \frac{\gamma - 1}{2} M_1^2\right) \tag{H.10.13}$$

$$T_{t2} = T_2 \left(1 + \frac{\gamma - 1}{2} M_2^2\right) \tag{H.10.14}$$

$$T_{t3} = T_3 \left(1 + \frac{\gamma - 1}{2} M_3^2\right) \tag{H.10.15}$$

且根据总压的定义

$$\frac{p_1}{p_{t1}} = \left(\frac{T_1}{T_{t1}}\right)^{\frac{\gamma}{\gamma - 1}} \tag{H.10.16}$$

$$\frac{p_2}{p_{t2}} = \left(\frac{T_2}{T_{t2}}\right)^{\frac{\gamma}{\gamma - 1}} \tag{H.10.17}$$

$$\frac{p_3}{p_{t3}} = \left(\frac{T_3}{T_{t3}}\right)^{\frac{\gamma}{\gamma - 1}} \tag{H.10.18}$$

最后，由马赫数的定义：

$$M_1 = \frac{V_1}{a_1} = \frac{V_1}{\sqrt{\gamma R T_1}} \tag{H.10.19}$$

$$M_2 = \frac{V_2}{a_2} = \frac{V_2}{\sqrt{\gamma R T_2}} \tag{H.10.20}$$

$$M_3 = \frac{V_3}{a_3} = \frac{V_3}{\sqrt{\gamma R T_3}} \tag{H.10.21}$$

至此，上述方程中有 27 个变量，但只有 19 个独立方程（式（H.10.1）~式（H.10.5）和式（H.10.8）~式（H.10.21））。因此，如果指定其中 8 个变量，就可求得其余 19 个。例如，对于混合室，通常已知 $\dot{m}_1$、$\dot{m}_2$、T_{t1}、T_{t2}、p_{t1}、p_{t2}、M_1 和 M_2。

为辅助求解，我们利用式（H.10.8）和式（H.10.12）可得

$$\left(p_1 + \rho_1 V_1^2\right) A_1 + \left(p_2 + \rho_2 V_2^2\right) A_2 = \rho_3 R T_3 A_3 \frac{V_3}{V_3} + \dot{m}_3 V_3 \tag{H.10.22}$$

或利用方程（H.10.4）得

$$\left(p_1 + \rho_1 V_1^2\right) A_1 + \left(p_2 + \rho_2 V_2^2\right) A_2 = \frac{\dot{m}_3 R T_3}{V_3} + \dot{m}_3 V_3 \tag{H.10.23}$$

在状态 t3 和 3 之间再次利用绝热能量方程，求得截面 3 处的气流速度为

$$V_3 = \sqrt{2 c_p \left(T_{t3} - T_3\right)} \tag{H.10.24}$$

至此，根据式（H.10.23）和式（H.10.24），我们可求得

$$\left(p_1 + \rho_1 V_1^2\right) A_1 + \left(p_2 + \rho_2 V_2^2\right) A_2 = \dot{m}_3 \left(\frac{R T_3}{\sqrt{2 c_p \left(T_{t3} - T_3\right)}} + \sqrt{2 c_p \left(T_{t3} - T_3\right)}\right) \tag{H.10.25}$$

至此，检查方程（H.10.25），方程左侧通常是已知的。而且 T_{t3} 和 $\dot{m}_3$ 可分别由式（H.10.9）和式（H.10.5）很容易求出，于是方程（H.10.25）中唯一的未知量是 T_3，可通过迭代进行求解。使用本书附带的软件"GENERAL1D"也可进行求解。

H.11　广义一维可压缩气流

前面几节我们分别讨论了面积变化、摩擦、热传递和阻力的情况。但是，在一个发动机部件中，可能同时存在多种效应。因此，本节我们介绍一种分析多种效应的方法。此处我们采用的技术是在很多气动力学教材（如 Shapiro（1953））中提到的广义一维可压缩气流方法。这是一种微分方程分析法，根据微分方程我们推导得到效应系数。这些系数可以描述变量间的相互影响。本书中，我们不介绍一般性方法的推导过程。

图 H.12 所示为广义一维可压缩气流的几何结构示意图。其中的微分分析包括面积变化、由加热导致的总温变化、摩擦和阻力物体。Shapiro（1953）还讨论过气流质量的增加，气流以速度 V_g 注入自由来流中，其速度的轴向分量为 V_{gx}。利用控制体微元以及微分形式的连续性方程，并利用控制体 x 方向的动量方程、能量方程和热力学第二定律求得效应系数。在表 H.2 中我们给出了微分方程和效应系数。我们还给出了马赫数、速度、声速、温

度、密度、压力、总压以及熵的递增量与面积变化、总温变化、摩擦和阻力之间的关系。对包含三种特定效应组合的气流，可用该方法的这些结论来得到控制微分方程并积分。无疑，这种方法也是一种通用方法，可用于分析同时包括面积变化、热传递、摩擦和附加阻力物体的气流。

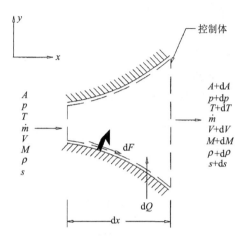

图 H.12 广义一维可压缩气流的几何示意图

表 H.2 广义一维可压缩气流的效应系数

	$\dfrac{dA}{A}$	$\dfrac{dT_t}{T_t}$	$4f\dfrac{dx}{D}+\dfrac{dF_x}{1/2\,\gamma pAM^2}$
$\dfrac{dM^2}{M^2}$	$-\dfrac{2\left(1+\frac{\gamma-1}{2}M^2\right)}{1-M^2}$	$\dfrac{\left(1+\gamma M^2\right)\left(1+\frac{\gamma-1}{2}M^2\right)}{1-M^2}$	$\dfrac{\gamma M^2\left(1+\frac{\gamma-1}{2}M^2\right)}{1-M^2}$
$\dfrac{dV}{V}$	$-\dfrac{1}{1-M^2}$	$\dfrac{1+\frac{\gamma-1}{2}M^2}{1-M^2}$	$\dfrac{\gamma M^2}{2\left(1-M^2\right)}$
$\dfrac{da}{a}$	$\dfrac{\frac{\gamma-1}{2}M^2}{1-M^2}$	$\dfrac{\frac{\left(1-\gamma M^2\right)}{2}\left(1+\frac{\gamma-1}{2}M^2\right)}{1-M^2}$	$-\dfrac{\gamma(\gamma-1)M^4}{4\left(1-M^2\right)}$
$\dfrac{dT}{T}$	$\dfrac{(\gamma-1)M^2}{1-M^2}$	$\dfrac{\left(1-\gamma M^2\right)\left(1+\frac{\gamma-1}{2}M^2\right)}{1-M^2}$	$-\dfrac{\gamma(\gamma-1)M^4}{2\left(1-M^2\right)}$
$\dfrac{d\rho}{\rho}$	$\dfrac{M^2}{1-M^2}$	$-\dfrac{\left(1+\frac{\gamma-1}{2}M^2\right)}{1-M^2}$	$\dfrac{\gamma M^2}{2\left(1-M^2\right)}$
$\dfrac{dp}{p}$	$\dfrac{\gamma M^2}{1-M^2}$	$\dfrac{\gamma M^2\left(1+\frac{\gamma-1}{2}M^2\right)}{1-M^2}$	$-\dfrac{\gamma M^2\left(1+(\gamma-1)M^2\right)}{2\left(1-M^2\right)}$
$\dfrac{dp_t}{p_t}$	0	$-\dfrac{\gamma M^2}{2}$	$-\dfrac{\gamma M^2}{2}$
$\dfrac{ds}{c_p}$	0	$1+\dfrac{\gamma-1}{2}M^2$	$\dfrac{\gamma-1}{2}M^2$

H.12　变截面摩擦管流

在 H.4 节和 H.5 节，我们分别讨论了面积变化和摩擦对气流的影响。但是，在进气道或外涵道中这两种现象同时存在。因此，本节我们同时分析这两种现象。我们采用的是 H.11 节中介绍的广义一维可压缩气流方法。此处，我们直接利用这种方法的结论来确定同时包括面积变化与摩擦的气流的控制微分方程。

目前，这种情况下最重要的两个方程是马赫数和总压方程（根据表 H.2 可很简单而类似地得到其他属性变化的方程），根据表 H.2 可得

$$\frac{\mathrm{d}M^2}{M^2} = -2\left(\frac{1+\dfrac{\gamma-1}{2}M^2}{1-M^2}\right)\frac{\mathrm{d}A}{A} + 4f\gamma M^2\left(\frac{1+\dfrac{\gamma-1}{2}M^2}{1-M^2}\right)\frac{\mathrm{d}x}{D} \tag{H.12.1}$$

$$\frac{\mathrm{d}p_\mathrm{t}}{p_\mathrm{t}} = -\frac{1}{2}4f\gamma M^2\frac{\mathrm{d}x}{D} \tag{H.12.2}$$

可以注意到，面积变化并不会直接影响总压。但是面积变化却会间接影响总压变化。这是因为马赫数随着面积变化而变化，而马赫数会影响总压损失。因此一般来说，上述两个方程并不能直接得到解析解，但是可对两个终端状态进行数值积分，进而获取由摩擦和面积变化（和对应的直径变化）引起的总压降。即在任意两个状态 1 和 2：

$$M_2^2 - M_1^2 = -2\int_{A_1}^{A_2} M^2\left(\frac{1+\dfrac{\gamma-1}{2}M^2}{1-M^2}\right)\frac{\mathrm{d}A}{A} + 4f\gamma\int_0^L M^4\left(\frac{1+\dfrac{\gamma-1}{2}M^2}{1-M^2}\right)\frac{\mathrm{d}x}{D} \tag{H.12.3}$$

$$p_{\mathrm{t}2} - p_{\mathrm{t}1} = -2f\gamma\int_0^L p_\mathrm{t}M^2\frac{\mathrm{d}x}{D} \tag{H.12.4}$$

对方程（H.12.4）进行数值分析时，必须先根据方程（H.12.3）得到马赫数的变化，并把直径变化包含进来。注意到，若 $A_2 = A_1$，就变成了法诺流。另外，若 $f = 0$，就成了变截面的等熵气流。因此，这两种气流的已知结论为广义方法提供了一种有价值的验证。关于数值积分技术的细节参见第 4 章的例 4.3。另外还可以利用软件"GENERAL1D"获得答案。

H.13　摩擦与加热管流

在 H.6 节和 H.5 节，我们分别讨论了加热和摩擦对气流的影响。但是在燃烧室中同时存在这两种效应。因此本节我们分析同时包括这两种效应的气流。同样，我们再次利用广义一维可压缩气流方法。我们直接利用这种方法的结论来得到同时包括加热与摩擦的气流的控制微分方程。

同样，最重要的两个方程是马赫数和总压方程（根据表 H.2 可很简单而类似地得到其他属性变化的方程），根据表 H.2 可得

$$\frac{\mathrm{d}M^2}{M^2} = \left(1+\gamma M^2\right)\left(\frac{1+\dfrac{\gamma-1}{2}M^2}{1-M^2}\right)\frac{\mathrm{d}T_\mathrm{t}}{T_\mathrm{t}} + 4f\gamma M^2\left(\frac{1+\dfrac{\gamma-1}{2}M^2}{1-M^2}\right)\frac{\mathrm{d}x}{D} \tag{H.13.1}$$

$$\frac{\mathrm{d}p_\mathrm{t}}{p_\mathrm{t}} = -\frac{\gamma M^2}{2}\frac{\mathrm{d}T_\mathrm{t}}{T_\mathrm{t}} - \frac{1}{2}4f\gamma M^2\frac{\mathrm{d}x}{D} \tag{H.13.2}$$

一般地，可在两个终端状态下进行数值积分，进而得到由摩擦和加热引起的总压降(同样，不能得到解析积分解)。即在任意两个状态 1 和 2:

$$M_2^2 - M_1^2 = \int_{T_{t1}}^{T_{t2}}\left(1+\gamma M^2\right)M^2\left(\frac{1+\dfrac{\gamma-1}{2}M}{1-M^2}\right)\frac{\mathrm{d}T_\mathrm{t}}{T_\mathrm{t}} + 4f\gamma\int_0^L M^4\left(\frac{1+\dfrac{\gamma-1}{2}M^2}{1-M^2}\right)\frac{\mathrm{d}x}{D} \tag{H.13.3}$$

$$p_{t2} - p_{t1} = -\frac{1}{2}\gamma\int_{T_{t1}}^{T_{t2}}p_\mathrm{t}M^2\frac{\mathrm{d}T_\mathrm{t}}{T_\mathrm{t}} - 2f\gamma\int_0^L p_\mathrm{t}M^2\frac{\mathrm{d}x}{D} \tag{H.13.4}$$

对方程(H.13.4)进行数值积分时，必须先根据方程(H.13.3)得到马赫数的变化和面积变化。注意到，若 $T_{t2}=T_{t1}$，这种方法就变成了法诺流。另外，若 $f=0$，这一方法就变成了瑞利线流。因此，这两种气流的已知结论为广义方法提供了一种有价值的校验。数值积分技术的细节参见第 9 章的例 9.6。另外还可以利用软件"GENERAL1D"获得答案。

H.14 变截面摩擦与加热管流

我们还可再进一步使用这种方法。例如，在一个发动机部件中同时存在三种或三种以上的效应。本节我们分析包括面积变化、加热和摩擦的气流。例如，在喷管中就存在这三类过程。我们再次采用广义一维可压缩气流方法来分析。我们直接利用这种方法的结论来得到同时包括面积变化、加热与摩擦的气流的控制微分方程。

同样，最重要的两个方程是马赫数和总压方程(根据表 H.2 可很简单而类似地得到其他属性变化的方程)，根据表 H.2 可得

$$\frac{\mathrm{d}M^2}{M^2} = -2\left(\frac{1+\dfrac{\gamma-1}{2}M^2}{1-M^2}\right)\frac{\mathrm{d}A}{A} + \left(1+\gamma M^2\right)\left(\frac{1+\dfrac{\gamma-1}{2}M^2}{1-M^2}\right)\frac{\mathrm{d}T_\mathrm{t}}{T_\mathrm{t}}$$
$$+ 4f\gamma M^2\left(\frac{1+\dfrac{\gamma-1}{2}M^2}{1-M^2}\right)\frac{\mathrm{d}x}{D} \tag{H.14.1}$$

$$\frac{\mathrm{d}p_\mathrm{t}}{p_\mathrm{t}} = -\frac{\gamma M^2}{2}\frac{\mathrm{d}T_\mathrm{t}}{T_\mathrm{t}} - \frac{1}{2}4f\gamma M^2\frac{\mathrm{d}x}{D} \tag{H.14.2}$$

一般地，可在两个终端状态下进行数值积分，从而获取由摩擦和加热引起的总压降(同样，不能得到解析积分解)。即在任意两个状态 1 和 2:

$$M_2^2 - M_1^2 = -2\int_{A_1}^{A_2} M^2 \left(\frac{1 + \dfrac{\gamma-1}{2}M^2}{1-M^2} \right) \frac{\mathrm{d}A}{A}$$

$$+ \int_{T_{t1}}^{T_{t2}} \left(1 + \gamma M^2 \right) M^2 \left(\frac{1 + \dfrac{\gamma-1}{2}M}{1-M^2} \right) \frac{\mathrm{d}T_t}{T_t}$$

(H.14.3)

$$+ 4f\gamma \int_0^L M^4 \left(\frac{1 + \dfrac{\gamma-1}{2}M^2}{1-M^2} \right) \frac{\mathrm{d}x}{D}$$

$$p_{t2} - p_{t1} = -\frac{1}{2}\gamma \int_{T_{t1}}^{T_{t2}} p_t M^2 \frac{\mathrm{d}T_t}{T_t} - 2f\gamma \int_0^L p_t M^2 \frac{\mathrm{d}x}{D} \qquad (\text{H.14.4})$$

对方程(H.14.4)进行数值积分时，必须先根据方程(H.14.3)得到马赫数的变化和面积变化。还可以利用软件"GENERAL1D"获得答案。

本章符号表

a	声速	R	理想气体常数
A	面积	s	熵
c_p	比定压热容	T	温度
D	直径	U	速度
f	法诺摩擦系数	V	速度
F	力	x	轴向位置
h	比焓	y	速度比
L	轴向长度	δ	气流偏转角
M	马赫数	γ	比热容比
$\dot{m}$	质量流量	ρ	动力密度
p	压力	μ	黏度
$\dot{Q}$	热流量	σ	激波角

本章脚标表

d	阻力物体	x	轴向位置
g	气流	1	截面
n	垂直方向	2	截面
t	总(滞止)	3	截面
t	切向		

本章上角标表

*	声速条件

附录 I 燃气涡轮基础

I.1 引　言

本书中我们直接讨论了六种基本类型的叶轮机械：轴流式压气机、轴流式泵、离心式压气机、离心式泵、轴流式燃气涡轮和轴流式水轮机。还有两种实际中用到的基本类并未包括，因为它们在推进中的应用很有限：径流式燃气涡轮和径流式水轮机。在正文中我们未给出每类机械方程的基本推导过程，在此附录中予以补充。我们将会看到，得到的基本方程适用于所有类别的叶轮机械，无论其如何分类。但是对于不同类别的叶轮机械，在使用这些方程时，对应的速度三角形是不一样的。更多细节参见相关著作，包括 Balje(1981)、Cohen 等(1996)、Dixon(1998，1975)、Hah(1997)、Hill 和 Peterson(1992)、Howell(1945a，1945b)、Japikse 和 Baines(1994)、Logan(1993)、Osborn(1977)、Shepherd (1956)、Stodola(1927)、Turton(1984)、Vavra(1974)、Wallis(1983)、Whittle(1981)以及 Wilson(1984)。而且 Rhie 等(1998)、LeJambre 等(1998)、Adamczyk(2000)论述了如何有效地利用现代计算流体力学工具协助叶轮机械复杂的三维分析与设计。

I.2　单级能量分析

在本节中我们推导出可描述内部流体速度与压力变化、功率以及其他叶轮机特性的重要参数之间关系的方程。我们通过分析一个广义的单级(对于轴流式机械，为一个转子级和一个静子级；对于离心式机械，为一个叶轮和一个扩压器)来推导方程。推导过程中，我们采用的是控制体方法。图 I.1 所示为一个轴流式叶轮机械的单级控制体；而图 I.2 所示为一个离心式叶轮机械的单级控制体。无论哪种机械，在单级的转动部件(转子或叶轮)周围我们绘制了两个不同的斜圆柱体控制体——一个静止，一个旋转。对于轴流式机械，在静子周围还绘制了另一个静止的控制体。如图 I.1 和图 I.2 所示，所有的控制体均横切机匣和传动轴。其目的是描述进出口条件与属性变化之间的关系。由分析可知，相同的控制体分析方法适用于轴流式压气机、离心式压气机和轴流式涡轮。通过分析我们可得到相同的基本方程，但是对这三种不同机械，在使用这些方程的过程中又存在一定的差异。

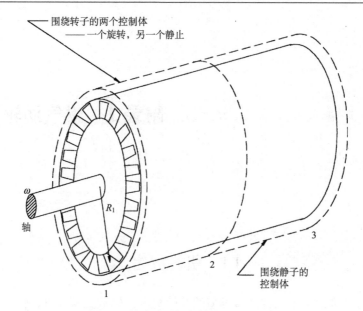

图 I.1　轴流式叶轮机械的控制体定义

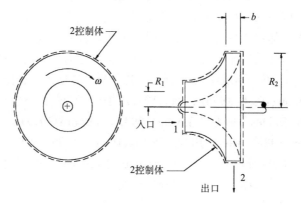

图 I.2　单级离心式叶轮机械的控制体定义

I.2.1　总压比

本节我们利用连续性、动量矩和能量三个基本方程开始分析。首先我们对控制体利用广义连续性方程可得

$$0 = \frac{\partial}{\partial t} \iiint_{CV} \rho \mathrm{d}V + \iint_{CS} \rho \boldsymbol{V} \cdot \mathrm{d}\boldsymbol{A} \tag{I.2.1}$$

第二个方程是动量矩方程，即

$$\boldsymbol{r} \times \boldsymbol{F}_s + \iiint_{CV} (\boldsymbol{r} \times \boldsymbol{g}) \rho \mathrm{d}V + \boldsymbol{T}_{sh} = \frac{\partial}{\partial t} \iiint_{CV} (\boldsymbol{r} \times \boldsymbol{V}) \rho \mathrm{d}V + \iint_{CS} (\boldsymbol{r} \times \boldsymbol{V}) \rho \boldsymbol{V} \cdot \mathrm{d}\boldsymbol{A} \tag{I.2.2}$$

式中，$\boldsymbol{F}_s$ 是控制体上的表面力；$\boldsymbol{g}$ 是体加速度；$\boldsymbol{T}_{sh}$ 是作用在轴上的力矩。最后一个基本方程是能量方程，对于控制体，其能量方程为

$$\dot{Q} + \dot{W}_{\text{sh}} + \dot{W}_{\text{loss}} = \frac{\partial}{\partial t} \iiint_{\text{CV}} \left(u + V^2/2 + gz \right) \rho \mathrm{d}V$$
$$+ \iint_{\text{CS}} \left(u + pv + V^2/2 + gz \right) \rho V \cdot \mathrm{d}A \qquad (\text{I.2.3})$$

式中，$\dot{Q}$ 是热流量；$\dot{W}_{\text{sh}}$ 是控制体给轴或从轴中获得的功率；$\dot{W}_{\text{loss}}$ 是控制体内的功率损失；v 是比体积；u 是比内能。

为使这些方程易于处理，我们必须做一些假设。首先，我们假设气流是稳定的；其次我们认为控制体上不存在任何体积力(影响内能)和表面力。我们还假设控制体是绝热的。另外，我们还假设功率损失是可忽略的，尽管在最后我们会以效率的形式将这种损失包含进来。而且假设进出控制体的气流都是均匀的。我们还假设气流是二维平面的，可采用"平均中径"或"子午线"的方法分析。即在轴流式机械和离心式机械的进口，利用叶根和叶尖中间位置处一个点来估算半径、流体属性和速度。而且对于轴流式机械，这意味着不存在速度的径向分量。对于离心式机械，这意味着在进口平面无速度的径向分量，在出口平面无速度的轴向分量。最后，我们认为气流是理想气体。尽管这些假设看似严格，但是在很多场合分析却能得到与现实较一致的结论。这些假设总结如下：

(1)稳态；

(2)无体积力；

(3)无表面力；

(4)绝热；

(5)无功率损失；

(6)气流均匀；

(7)气流是平面二维气流；

(8)理想气体。

于是，根据假设(1)，方程(I.2.1)简化为

$$0 = \iint_{\text{CS}} \rho V \cdot \mathrm{d}A \qquad (\text{I.2.4})$$

根据假设(1)~(3)，方程(I.2.2)简化为

$$T_{\text{sh}} = \iint_{\text{CS}} \left(r \times V \right) \rho V \cdot \mathrm{d}A \qquad (\text{I.2.5})$$

再根据假设(1)、(2)、(4)和(5)，方程(I.2.3)简化为

$$\dot{W}_{\text{sh}} = \iint_{\text{CS}} \left(u + pv + V^2/2 \right) \rho V \cdot \mathrm{d}A \qquad (\text{I.2.6})$$

现在，我们将方程(I.2.4)与假设(6)、(7)应用到包围转子或叶轮的静止控制体，可得到

$$\rho_1 c_{\text{a}1} A_1 = \rho_2 c_{\text{e}2} A_2 \qquad (\text{I.2.7})$$

式中，A_1 是进口处的环状通流面积；$c_{\text{a}1}$ 是进口轴向速度，以此类推。注意到对轴流式机械绝对出口速度 $c_{\text{e}2}$ 等于 $c_{\text{a}2}$，对离心式机械绝对出口速度 $c_{\text{e}2}$ 则为 $c_{\text{r}2}$。方程(I.2.7)还可写为

$$\dot{m}_1 = \dot{m}_2 \qquad (\text{I.2.8})$$

接着，我们将方程(I.2.4)和相同的假设用于静子(仅针对轴流式机械)周围的静态控制体可得

$$\rho_2 c_{a2} A_2 = \rho_3 c_{a3} A_3 \tag{I.2.9}$$

或

$$\dot{m}_2 = \dot{m}_3 \tag{I.2.10}$$

现在我们将动量矩方程(I.2.5)用于转动部件的静态控制体。注意到所有通过轴传递的力矩是轴向的($\hat{k}$),卷积($r \times V$)也可通过积分得到。所有类型的叶轮机械中,矢量 r 与轴向垂直。而且,由于叉乘的结果是只在轴向上,唯一产生力矩的速度分量是绝对切向分量(c_u)。因此,我们可得到

$$T_{\mathrm{sh}} = T_z \hat{k} = \hat{k} \iint_{\mathrm{CS}} R c_u \rho V \cdot \mathrm{d}A \tag{I.2.11}$$

式中,T_z 是轴向力矩的大小。再根据连续性方程,发现式(I.2.11)可简化为

$$T_z \hat{k} = \hat{k} \iint_{\mathrm{CS}} R c_u \mathrm{d}\dot{m} \tag{I.2.12}$$

因为我们还假设气流是均匀且是二维的,在转子或叶轮控制体的进出口平面间的积分可按式(I.2.13)估算:

$$T_z = -R_1 c_{u1} \dot{m}_1 + R_2 c_{u2} \dot{m}_2 \tag{I.2.13}$$

对于压气机或泵,这是一个正值。但对于涡轮,该值是负值,意味着涡轮从工质中获取力矩。最后,利用方程(I.2.8),可得

$$T_z = \dot{m}(R_2 c_{u2} - R_1 c_{u1}) \tag{I.2.14}$$

因此,我们将气流速度与作用在轴上以传递功率或从单级提取功率的力矩关联起来了。根据施加或获取的力矩可很容易求得输入或输出功率为

$$\dot{W}_{\mathrm{sh}} = T_z \omega \tag{I.2.15}$$

式中,ω 是轴的角速度。而且还可给出平均叶片速度与轴转速之间的关系如下:

$$U = R\omega \tag{I.2.16}$$

式中,R 是从叶片中心到轴心线的距离。因此,结合方程(I.2.14)~方程(I.2.16)可得

$$\dot{W}_{\mathrm{sh}} = \dot{m}(U_2 c_{u2} - U_1 c_{u1}) \tag{I.2.17}$$

对于涡轮,功率将为负值,说明涡轮是从工质中获取功率。对于转子或叶轮静止的控制体,利用方程(I.2.6)和假设(6)、(7)可得

$$\dot{W}_{\mathrm{sh}} = \dot{m}_2 \left(u_2 + p_2 v_2 + \frac{1}{2} c_2^2 \right) - \dot{m}_1 \left(u_1 + p_1 v_1 + \frac{1}{2} c_1^2 \right) \tag{I.2.18}$$

式中,c 是绝对速度。将焓与内能结合:

$$h = u + pv \tag{I.2.19}$$

再结合式(I.2.8)、式(I.2.18)和式(I.219)可得

$$\dot{W}_{\mathrm{sh}} = \dot{m}\left(h_2 + 1/2\, c_2^2 - h_1 - 1/2\, c_1^2 \right) \tag{I.2.20}$$

再根据方程(H.2.5)中总焓的定义,我们可得

$$\dot{W}_{\mathrm{sh}} = \dot{m}(h_{t2} - h_{t1}) \tag{I.2.21}$$

至此,我们发现传输的功率等于总焓的变化。对于压气机,通过传动轴传递给转子级的功

率等于总焓的增加。对于涡轮，传动轴从转子级汲取的功率等于总焓的下降量。到目前为止，我们在推导过程中一直都忽略了非理想情况下的功率损失。类似于整个叶轮机械中效率的定义，我们可发现

$$\dot{W}_{\mathrm{sh}} = \varepsilon \dot{m}(h'_{\mathrm{t}2} - h_{\mathrm{t}1}) \tag{I.2.22}$$

式中，$h'_{\mathrm{t}2}$ 是截面 2 处的理想总焓(与非理想情况具有相同的总压增加量)。而且对于压气机，ε 等于 $1/\eta_{12}$；对于涡轮，ε 等于 η_{12}(η_{12} 是转子或叶轮的气动效率)。注意，理想功或功率小于压气机消耗的功率或大于涡轮实际输出的功率。对于理想气体(假设(8))，方程(I.2.22)变为

$$\dot{W}_{\mathrm{sh}} = \varepsilon \dot{m} c_{\mathrm{p}} T_{\mathrm{t}1} \left(\frac{T'_{\mathrm{t}2}}{T_{\mathrm{t}1}} - 1 \right) \tag{I.2.23}$$

对于等熵流动，我们可以利用方程(H.2.11)求得

$$\dot{W}_{\mathrm{sh}} = \varepsilon \dot{m} c_{\mathrm{p}} T_{\mathrm{t}1} \left(\left(\frac{p_{\mathrm{t}2}}{p_{\mathrm{t}1}} \right)^{\frac{\gamma-1}{\gamma}} - 1 \right) \tag{I.2.24}$$

根据式(I.2.24)求解 $p_{\mathrm{t}2}/p_{\mathrm{t}1}$ 可得

$$\frac{p_{\mathrm{t}2}}{p_{\mathrm{t}1}} = \left(\frac{\dot{W}_{\mathrm{sh}}}{\varepsilon c_{\mathrm{p}} T_{\mathrm{t}1} \dot{m}} + 1 \right)^{\frac{\gamma}{\gamma-1}} \tag{I.2.25}$$

再利用动量矩方程(I.2.17)的结果，可得

$$\frac{p_{\mathrm{t}2}}{p_{\mathrm{t}1}} = \left(\frac{U_2 c_{\mathrm{u}2} - U_1 c_{\mathrm{u}1}}{\varepsilon c_{\mathrm{p}} T_{\mathrm{t}1}} + 1 \right)^{\frac{\gamma}{\gamma-1}} \tag{I.2.26}$$

对于压气机，式(I.2.26)大于 1；但是对于涡轮，式(I.2.26)小于 1。至此，已知转子的转速信息和效率后，可求得总压比。但是需要注意的是，因为本质上的不同，对于压气机，ε 等于 $1/\eta_{12}$；对于涡轮，ε 等于 η_{12}。注意，方程(I.2.26)同时适用于轴流式或离心式机械。但是由于这两种叶轮机械速度多边形的差异，在使用该方程时还是有些不同之处。

I.2.2 反力度

轴流式压气机或轴流式涡轮中的一个重要特性是反力度。这一参数并不适用于离心式叶轮机械。该参数近似描述了转子和静子上的相对负载。对于可压缩气流，该参数可定义为跨转子的焓变化量与跨整级的总焓变化量之比。用方程表示即为

$$\%R \equiv \frac{h_2 - h_1}{h_{\mathrm{t}3} - h_{\mathrm{t}1}} \tag{I.2.27}$$

但在跨静子时，由于没有对气流做功或者从气流中汲取功率，因此 $h_{\mathrm{t}2}$ 与 $h_{\mathrm{t}3}$ 相同，从而有

$$\%R = \frac{h_2 - h_1}{h_{\mathrm{t}2} - h_{\mathrm{t}1}} \tag{I.2.28}$$

结合方程(H.2.5)和方程(I.2.28)可得

$$\%R=\frac{1}{1+1/2\left(\dfrac{c_2^2-c_1^2}{h_2-h_1}\right)} \tag{I.2.29}$$

如果对转子级采用一个转动的控制体，就没有轴功率跨该控制体，方程(I.2.6)变化为

$$0=\left(u_2+p_2v_2+\frac{1}{2}w_2^2\right)-\left(u_1+p_1v_1+\frac{1}{2}w_1^2\right) \tag{I.2.30}$$

或结合方程(I.2.19)得

$$h_2-h_1=\frac{1}{2}\left(w_2^2-w_1^2\right) \tag{I.2.31}$$

式中，w 是气流相对于转子叶片的相对速度。因此，由方程(I.2.29)可得

$$\%R=\frac{1}{1+\left(\dfrac{c_2^2-c_1^2}{w_1^2-w_2^2}\right)} \tag{I.2.32}$$

因此，对于可压缩气流，可直接用转子叶片的进出口绝对速度与相对速度来求解反力度。利用程序"TURBOMACHINERY"可分析 4 种不同类别的单级叶轮机械：轴流式压气机、离心式压气机、轴流式涡轮和径流式涡轮。

I.2.3　不可压缩气流

作为比较，我们求出不可压缩气流(即 $\rho_1=\rho_2=\rho$)中叶轮机械的压力变化。这种条件适用于泵或水轮机。方程(I.2.22)仍然适用但是可以进行简化。结合方程(I.2.18)和不可压缩假设，并认识到不可压缩气流的内能不会增加，可得

$$\dot{W}_{sh}=\varepsilon\dot{m}\left(\frac{p_2}{\rho}-\frac{p_1}{\rho}+\frac{c_2^2-c_1^2}{2}\right) \tag{I.2.33}$$

方程(I.2.17)也适用，即

$$\dot{W}_{sh}=\dot{m}\left(U_2c_{u2}-U_1c_{u1}\right) \tag{I.2.34}$$

接着，将方程(I.2.30)与伯努利方程($pv+w^2/2=$ 常数)进行比较，我们看到除了 $\Delta u=u_2-u_1$ 项不同之外，它们非常相似。对于可逆流动，$u_2=u_1$，因此，对于理想气流：

$$p_2-p_1=\frac{\rho}{2}\left(w_1^2-w_2^2\right) \tag{I.2.35}$$

但是对于不可压缩气流，总压为

$$p_t=p+\frac{1}{2}\rho c^2 \tag{I.2.36}$$

因此，结合式(I.2.33)、式(I.2.34)和式(I.2.36)可得

$$p_{t2}-p_{t1}=\frac{\rho}{\varepsilon}\left(U_2c_{u2}-U_1c_{u1}\right) \tag{I.2.37}$$

式中，效率参数($\varepsilon_c=1/\eta_{12}$ 和 $\varepsilon_t=\eta_{12}$)对应非理想效应。再结合式(I.2.35)和式(I.2.36)可得

$$p_{t2} - p_{t1} = \frac{\rho}{2}\left(w_1^2 - w_2^2 + c_2^2 - c_1^2\right) \tag{I.2.38}$$

作为比较，我们下面求出不可压缩气流中轴流式叶轮机械的反力度。方程(I.2.27)中的反力度变为

$$\%R = \frac{1}{1 + \left(\dfrac{c_2^2 - c_1^2}{w_1^2 - w_2^2}\right)} \tag{I.2.39}$$

将此方程与可压缩气流下的进行比较可以发现它们是相同的。而且，利用式(I.2.18)和式(I.2.28)，我们可求得，对于不可压缩气流有

$$\%R = \frac{u_2 + \dfrac{p_2}{\rho} - u_1 - \dfrac{p_1}{\rho}}{u_{t3} + \dfrac{p_{t3}}{\rho} - u_{t1} - \dfrac{p_{t1}}{\rho}} \tag{I.2.40}$$

理想情况下，如式(I.2.40)所示，u_2 与 u_1 是相等的。类似地，总内能 u_{t3} 和 u_{t1} 也是相等的。因此，对于不可压缩的理想气流，其反力度方程简化为

$$\%R = \frac{p_2 - p_1}{p_{t3} - p_{t1}} \tag{I.2.41}$$

例如，理想的轴流式叶轮机械级反力度为 0.45~0.55。对于非理想泵或水轮机，反力度说明在转子和静子上的焓值变化约各一半。对于理想泵或水轮机，这还意味着在转子和静子上的压力变化约各一半。这也说明转子叶片和静子叶片上的力"负载"是基本相等的。对于压气机，如果跨转子和静子的压升相等，由于气流的可压缩性和径向变化，反力度会偏高。对于可压缩气流涡轮，气流的径向变化也会影响设计的反力度。对于压气机，如果在转子叶片或在静子叶片上出现更高的压力增量，叶栅上就有可能出现分离或部分分离。由此引起的附加损失，会使效率低于最优值。另外，对涡轮而言，如果在转子或静子中出现更高的压力降，叶栅就有可能出现壅塞或部分壅塞。同样，由于伴随的损失，效率也会低于最优值。而且，如果在一组转子叶片或静子叶片中存在高于所需的负载，也会影响部件的寿命。

I.3 相似理论

试验特性曲线或特性图通常为压气机工程师或可压缩流涡轮工程师提供一个可行而通用的数据组。这些数据应以最通用的形式表达，使空气速度、高度和其他变量的影响最小。这些数据为工程师提供了一般条件下工作的叶轮机械总体性能的一个快捷、深刻而准确的视图，有助于理解气流条件变化时机械性能的变化。对于压气机或涡轮，我们最关心的是总压比和效率。压比是 p_{te}/p_{ti}，其中脚标 e 表示出口条件，脚标 i 表示进口条件。因此，对于压气机有 $p_{te}/p_{ti} = p_{t3}/p_{t2}$，对于涡轮有 $p_{te}/p_{ti} = p_{t5}/p_{t4}$。从试验数据上看，压比和效率是很多变量的函数，压比的函数关系可表达为

$$p_{te}/p_{ti} = f(\dot{m}, T_{ti}, A, p_{ti}, U, \gamma, R) \tag{I.3.1}$$

我们可以利用无量纲化参数来减少独立变量的数目。利用白金汉 π 定理，对给定的 γ，我们可求得

$$p_{te}/p_{ti} = f\left(\dot{m}\frac{\sqrt{RT_{ti}}}{Ap_{ti}}, \frac{U}{\sqrt{\gamma RT_{ti}}}\right) \tag{I.3.2}$$

但是我们很少利用这种形式来描述可压缩流叶轮机械的特性。通常，我们对式(I.3.2)进行适当变化，因为对给定的气流，R 和 γ 是常数，而对于给定的压气机或涡轮，A 和 R 也是确定的($U = R\omega = 2\pi RN/60$)。变化后的方程为

$$p_{te}/p_{ti} = f\left(\dot{m}\frac{\sqrt{\theta_{ti}}}{\delta_{ti}}, \frac{N}{\sqrt{\theta_{ti}}}\right) \tag{I.3.3}$$

式中

$$\delta_{ti} = p_{ti}/p_{stp} \tag{I.3.4}$$

$$\theta_{ti} = T_{ti}/T_{stp} \tag{I.3.5}$$

其中，脚标 stp 表示标准条件；ti 表示部件的进口滞止条件。设计工程师或应用工程师也关注叶轮机械的效率。类似地，我们给出如下形式的效率：

$$\eta = g\left(\dot{m}\frac{\sqrt{\theta_{ti}}}{\delta_{ti}}, \frac{N}{\sqrt{\theta_{ti}}}\right) \tag{I.3.6}$$

下面我们定义两个新的参数：

$$\dot{m}_{ci} = \dot{m}\frac{\sqrt{\theta_{ti}}}{\delta_{ti}} \tag{I.3.7}$$

和

$$N_{ci} = \frac{N}{\sqrt{\theta_{ti}}} \tag{I.3.8}$$

注意，这两个独立参数并非真正的无量纲量。前者称为换算质量流量，其与质量流量具有相同的量纲；第二个称为换算转速，与转速具有相同的量纲。因此

$$p_{te}/p_{ti} = f(\dot{m}_{ci}, N_{ci}) \tag{I.3.9}$$

和

$$\eta = g(\dot{m}_{ci}, N_{ci}) \tag{I.3.10}$$

　　函数 f 和 g 可通过建模、试验数据或者两种结合得到。换算质量流量和换算转速也经常以设计点参数百分比的形式使用。例如，100%转速和 100%质量流量是最大效率时的设计条件或设计点。这些函数可以是解析式方程、拟合曲线、表格或图像。

　　因为这两个参数不是无量纲的，得到的函数不能用来关联或比较不同的可压缩流叶轮机械。但是，对某一特定的叶轮机械，我们可以利用这些函数，而且通常也是这么做的。函数 f 和 g 保留了大部分的无量纲特性。因此，我们可以在一组条件(如标准大气条件)下获取原始数据，而利用换算参数在很大的条件范围内使用这些数据。也就是说，这些特性

曲线适用于不同的高度、速度、大气条件等。因此，没有必要获取所有可能条件下的原始数据。

本章符号表

A	面积	T	理解
c	绝对速度	U	叶片速度
c_p	比定压热容	u	比内能
ε	效率参数	v	比体积
g	重力加速度	V	速度
h	比焓	w	相对速度
$\dot{m}$	质量流量	$\dot{W}$	功率
N	转速	γ	比热容比
p	压力	δ	压力与标准压力的比
$\dot{Q}$	热流量	η	效率
R	理想气体常数	θ	温度与标准温度的比
$r,\ R$	半径	ρ	密度
$\%R$	反力度	ω	转速
T	温度		

本章脚标表

a	轴向	stp	标准条件
c	压气机	t	总（滞止）
c	换算	t	涡轮
e	出口	u	切向
i	进口	z	轴向
loss	功率损失	1	转子进口
r	径向	2	转子出口和静子进口
sh	轴的	3	静子出口

本章上角标表

'	理想条件

部分习题答案

1.4	11244 lbf

1.4　　11244 lbf

1.8　　(b) 175 lbm/s(考虑有限燃油流量)

1.12　　5781 lbf

1.14　　97510 lbf, 0.332 lbm/(lbf·h)

2.2　　145.7 lbm/s, 1.55 lbm/(lbf·h)

2.6　　13221 lbf, 0.846 lbm/(lbf·h)

2.12　　π_f =2.873, 1.119 lbm/s, 0.530 lbm/(lbf·h)

2.14　　"A" 10369 lbf, 0.925 lbm/(lbf·h)

　　　　"B" 15696 lbf, 0.611 lbm/(lbf·h)

2.18　　156.9 lbm/s(核心机流量), π_f = 2.46, T_{t6} = 2808 °R, 1.43 lbm/(lbf·h)

2.22　　3636 lbf, 0.355 lbm/(lbf·h), M_8 = 0.834

2.26　　M_{8opt} = 3.6, 7786 lbf, 1.553 lbm/(lbf·h)

2.28　　1.55 lbm/s(核心机流量), π_f = 3.58, 0.531 lbm/(lbf·h)

2.30　　4942 lbf, 0.342 lbm/(lbf·h)

2.34　　3800 °R, 18920 lbf, 1.65 lbm/(lbf·h)

2.40　　2750 °R, 3772 ft/s

3.2　　(a) 11606 lbf, 1.134 lbm/(lbf·h)

3.4　　8186 lbf, 1.292 lbm/(lbf·h)

3.6　　11450 lbf, 0.980 lbm/(lbf·h)

3.8　　9652 lbf, 1.096 lbm/(lbf·h)

3.10　　9902 lbf, 1.068 lbm/(lbf·h), π_f = 1.6097

3.12　　加力接通 31359 lbf, 2.321 lbm/(lbf·h), π_f = 2.016

3.14　　2515 lbf, 0.603 lbm/(lbf·h)

3.20　　π_{fopt} = 2.60, 16271 lbf, 0.812 lbm/(lbf·h)

3.22　　1372 lbf, 10.79 lbm/(lbf·h)

3.24　　T_{t3} = 1595 °R, T_{t4} = 2113 °R, 17200 hp

3.30   11161 lbf, 0.924 lbm/(lbf·h)

3.38 $\pi_{copt} = 20.15$, 19501 lbf, 0.751 lbm/(lbf·h)

3.40 $\alpha_{opt} = 2.64$, $F = 25962$ lbf, 0.577 lbm/(lbf·h)

3.44 $p_{t3} = 168.2$ psi, $\dot{m}_f = 3.667$ lbm/s,

       TSFC = 1.979 lbm/(lbf·h)（加力接通）

       $F_{nd} = 3.25$, $T_{t5} = 1999$ °R, $\eta_f = 89\%$

3.48   (1) ② 21180 lbf, ③ 31590 lbf, ④ 47150 lbf, ⑤ 48730 lbf

3.52   ① ④ 13507 lbf, 0.931 lbm/(lbf·h)

3.54 $p_{t3} = 251$ psi, $p_{t3} = 318$ psi（理想条件下），

       $\eta_t = 91.9\%$, $F_{nd} = 2.08$, TSFC = 0.769 lbm/(lbf·h)

3.56 $\eta_t = 93.0\%$, $T_{t4} = 2950$ °R, $\eta_f = 91\%$

3.60 $T_{t5} = 1987$ °R, $T_{t6} = 3975$ °R, $\eta_f = 90.0\%$

       $M_8 = 1.00$, TSFC = 0.865 lbm/(lbf·h)

3.62   (1) $\eta_{th} = 0.358$, $P = 26627$ hp, 0.394 lbm/(hp·h)

       (2) $\eta_{th} = 0.369$, $P = 29642$ hp, 0.383 lbm/(hp·h)

4.2   (1) $\pi_d = 0.997$, (2) $\pi_d = 0.460$

4.6 $\pi_d = 0.977$

4.10   (1) $\pi_d = 0.970$, $A^*/A_1 = 0.800$

       (2) $\pi_d = 0.744$

4.12   (1) 4690 lbf, 2.10 lbm/(lbf·h)

       (3) 5617 lbf, 1.75 lbm/(lbf·h)

4.14 $\pi_d = 0.911$

4.16   (1) $\pi_d = 0.943$, $A^*/A_1 = 0.803$

       (2) $\pi_d = 0.6155$

4.18   (1) 1681 lbf, 2.16 lbm/(lbf·h)

       (2) 2413 lbf, 1.50 lbm/(lbf·h)

4.20 $\pi_d = 0.484$, $M = 0.513$

4.24 $\delta = 40.5°$, $\pi_d = 0.737$

4.26   (1) $\delta = 23.3°$, $M = 1.89$, $\pi_d = 0.932$

       (2) $\delta = 46.8°$, $M = 0.74$, $\pi_d = 0.53$

4.28 $M = 0.668$, $p_t = 19.02$ psi, $\pi_d = 0.877$

4.30 $M = 1.15$, $\sigma = 55.6°$, $M_{min} = 1.90$

4.34 $\pi_d = 0.53$, $C_p = 0.976$

5.4 $p_{t6}/p_a = 1.185$: $M_8 = 0.498$, $\dot{m}_{c6} = 71.72$ lbm/s

      $p_{t6}/p_a = 4.465$: $M_8 = 1.601$, $\dot{m}_{c6} = 71.72$ lbm/s

      $p_{t6}/p_a = 1.064$: $M_8 = 0.300$, $\dot{m}_{c6} = 47.31$ lbm/s

5.12   (1) $p_a = 3.196$ psi, (2) $p_a = 6.456$ psi

5.14 $M_8 = 1$, $\dot{m} = 26.71$ lbm/s

5.16 $\dot{m}_c = 90.2$ lbm/s

5.18 $\dot{m} = 79.8$ lbm/s, $\dot{m}_c = 53.0$ lbm/s

5.20 $p_8 = 59.3$ psi, $\eta_n = 98.2\%$

5.24 $M = 1.00$, $\dot{m} = 76.7$ lbm/s, $\dot{m}_c = 65.9$ lbm/s

5.26 $\dot{m} = 222$ lbm/s, $\dot{m}_c = 171.4$ lbm/s, $F = 26347$ lbf

5.28   (1) $\dot{m} = 261.1$ lbm/s, $\dot{m}_c = 268.3$ lbm/s, $M_8 = 0.588$

        (2) $\dot{m} = 251.6$ lbm/s, $\dot{m}_c = 268.3$ lbm/s

5.30 $p_8 = 53.63$ psi, $T_8 = 1277$ °R

5.32 $p_8 = 52.9$ psi, $T_8 = 1192$ °R, $M_6 = 0.1922$

5.34 $A_{exit}/A_{min} = 1.111$, $M_8 = 1.339$, $\dot{m} = 70.4$ lbm/s, $\dot{m}_c = 57.6$ lbm/s

6.2 $\pi = 1.205$, 2390 hp

6.4   (1) $\pi = 1.212$ (3) ① $\Delta = 18.2°$

6.10 $\%R = 0.502$

6.14 $\alpha_2 = 61.63°$, $\%R = 0.553$, $\pi = 1.540$, π 太大将会发生喘振 $- C_p = 0.707$

6.18 $\% R = 0.122$, $\delta_{23} = -15.3°$, 此设计不好——静子的负载太大

6.24 $\alpha_2 = 59.20°$, $\%R = 0.531$, $\pi = 1.262$

6.28 $\%R = 72.6\ \%$, $\pi = 1.215$, $\delta_{23} = -26.7°$

6.38   当 $N = 8303$, $\dot{m} = 245.9$ lbm/s 时

        $\eta = 70.0\ \%$, $\dot{m}_c = 182$ lbm/s, $\pi = 12.6$

6.40 $\%R = 0.46$, $\pi = 1.238$

6.42   对于 $\%R = 0.55$ 且 $\varphi = 0.75$, 效率为 94.1 %

6.48   (1) 在 300 cfm 时, 效率为 33.5 %

6.50 $p = 99$ psi

7.2 $\beta_{1\text{-mean}} = -41.48°$, $\pi = 3.34$, $M_{2rel} = 0.378$, $M_{2abs} = 1.059$, $P = 4076$ hp

7.3 $\beta_{1\text{-mean}} = -18.91°$, $\pi = 3.52$, $M_{1rel} = 0.809$, $M_{1abs} = 0.777$, $P = 5236$ hp

7.6 $\beta_{1\text{-mean}} = -42.1°$, $\eta = 0.90$, $P = 8325$ hp

7.10 $\pi = 2.78$, $P = 4190$ hp, $\beta_{1\text{-mean}} = -28.6°$

7.16 $\beta_{1\text{-mean}} = -25.5°$, $P = 1180$ hp, $\pi = 2.47$ ($N = 14500$ rpm)

7.22 $\mu = 0.839$, $\pi = 2.82$

7.24 $\mu = 0.866$

8.2 $t_2 = 1.324$ in, $t_3 = 1.564$ in, $p_2 = 204.0$ psi, $p_3 = 163.3$ psi, $\beta_2 = -62.2°$

        $\beta_3 = 48.3°$, $P = 7600$ hp, $\pi = 0.444$

8.4 $\%R = 0.502$, $\pi = 0.880$, $P = 2277$ hp

8.6 $p_2 = 178.0$ psi, $p_3 = 142.4$ psi, $\eta = 0.90$, $\delta_{23} = 58.0°$

8.12 $\pi = 0.731$, $\%R = 0.543$

9.2   2978 °R, $f = 0.02667$

9.4 $M_1 = 0.62$, $\pi = 0.8572$

9.6 $M_1 = 0.50$, $\pi = 0.989$

9.18 $M_1 = 0.42$, $T_{t2} = 2490$ °R, $\pi = 0.884$

9.22 $\pi = 0.9221$

9.26   300 %

9.28   300 %

10.4   ① $p_t = 29.99$ psi, ② $p_t = 29.61$ psi

11.2 $\dot{m}_{c2} = 131$ lbm/s, $\pi_c = 14.5$

11.6 $f = 0.02$, $P = 21964$ hp, $\eta_{th} = 34.4\%$, $\dot{m} = 125.3$ lbm/s, $N = 8772$ rpm

11.8 $M = 0.83$

11.10 $M = 0.832$

11.12 $f = 0.0202$, TSFC $= 0.1406$ kg/(N·h)

参 考 文 献

Abbott, I. H., and von Doenhoff, A. E. (1959). *Theory of Wing Sections*, Dover Publications, New York, NY.

Adamczyk, J. J. (2000). Aerodynamic analysis of multistage turbomachinery flows in support of aerodynamic design. *ASME Transactions, Journal of Turbomachinery.* 122 (2), 189–217.

Adler, D. (1980). Status of centrifugal impeller internal dynamics, parts I and II. *Transactions ASME, Journal of Engineering for Power.* 102 (3), 728–746.

Ainley, D. G., and Mathieson, G. C. R. (1951). A method of performance estimation for axial flow turbines. *Aeronautical Research Council*, R&M No. 2974.

Anderson, J. D. (1982). *Modern Compressible Flow with Historical Perspective*. McGraw-Hill, New York.

Application of an advanced cfd-based analysis system to the pw 6000 combustor to optimize exit temperature distribution – Part I: Description and validation of the analysis tool. TURBO EXPO 2001, New Orleans, LA. *ASME Paper No. 2001-GT-0062.* (2001).

Ashley, S. (1997). Turbines on a Dime. *Mechanical Engineering.* 119 (10), 78–81.

ASME International History and Heritage (1997). *Landmarks in Mechanical Engineering.* Purdue University Press, West Lafayette, IN.

Aungier, R. H. (2000). *Centrifugal Compressors – A Strategy for Aerodynamic Design and Analysis.* ASME Press, New York, NY.

Bacha, J., Barnes, F., Franklin, M., Gibbs, L., Hemighaus, G., Hogue, N., Lesnini, D., Lind, J., Maybury, J., and Morris, J. (2000). *Aviation Fuels Technical Review.* Chevron Products Company, FTR-3.

Balje, O. E. (1981). *Turbomachines.* Wiley, New York, NY.

Billington, D. P. (1996). *The Innovators.* Wiley, New York, NY.

Boyce, M. P. (1982). *Gas Turbine Engineering Handbook.* Gulf Publishing Co., Houston, TX.

Brennen, C. E. (1994). *Hydrodynamics of Pumps.* Concepts ETI & Oxford, Norwich, VT.

Busemann, A. (1928). Das Förderhöhenverhältnis radialer Kreiselpumpen mit logrithmischspiraligen Schaufeln. *Zeitschrift für Angewandte Mathematik und Mechanik.* 8, 372–384.

Caruthers, J. E., and Kurosaka, M. (1982). *Flow Induced Vibration of Diffuser Excited Radial Compressors.* NASA NAG No. 3–86.

Chase, M. W. (1998), NIST-JANAF Thermochemical Tables, 4th Edition, *Journal of Physical and Chemical Reference Data Monographs & Supplements, Monograph No. 9*, AIP Press, New York, NY.

Cohen, H., Rogers, G. F. C., and Saravanamuttoo, H. I. H. (1996). *Gas Turbine Theory*, 4th ed. Longman Group, Essex, UK.

Cumpsty, N. (1997). *Jet Propulsion.* Cambridge, Cambridge, UK.

Cumpsty, N. A. (1977). Critical review of turbomachinery noise. *Transactions of ASME, Journal of Fluids Engineering.* 99 (2), 278–293.

Cumpsty, N. A. (1988). *Compressor Aerodynamics.* Longman Group, Essex, UK.

Department of the U.S. Navy(1953). *Handbook of Supersonic Aerodynamics*, Vol. 5. Bureau of Ordnance, Washington, DC.

Dixon, S. L.(1975). *Worked Examples in Turbomachinery*. Pergamon Press, Oxford, UK.

Dixon, S. L.(1998). *Fluid Mechanics and Thermodynamics of Turbomachinery*, 4th ed. Butterworths, Boston, MA.

Dring, R. P., Joslyn, H. D., Hardin, L. W., and Wagner, J. H.(1982). Turbine rotor-stator interaction. 27th ASME

Dunham, J.(2000). A. R. Howell – Father of the British axial compressor. ASME TURBOEXPO 2000, May 8–11, Munich, Germany. *ASME Paper No. 2000-GT-8*.

Dunn, M. G.(2001). Convective heat transfer and aerodynamics in axial flow turbines. ASME TURBO EXPO 2001, New Orleans, LA. *ASME Paper No. 2001-GT-0506*.

Eckardt, D.(1975). Instantaneous measurements in the jet-wake discharge flow of a centrifugal compressor impeller. *ASME Transactions, Journal of Engineering for Power*. 91(3), 337–345.

El-Masri, M. A.(1988). GASCAN – An interactive code for thermal analysis of gas turbine systems. *ASME Transactions, Journal of Engineering for Gas Turbines and Power*. 110(2), 201–209.

Elmendorf, W., Mildner, F., Röper, R., Krüger, U., and Kluck, M. (1998). Three-dimensional analysis of a multistage compressor flow field. TURBO EXPO 1998, Stockholm, Sweden. *ASME Paper 98-GT-249*.

Engeda, A.(1998). Early historical development of the centrifugal impeller. TURBO EXPO 1998, Stockholm, Sweden. *ASME Paper 98-GT-22*.

Fielding, L.(2000). *Turbine Design – The Effect of Axial Flow Turbine Performance of Parameter Variation*. ASME Press, New York, NY.

Flack, R. D.(1987). Classroom analysis and design of axial flow compressors using a streamline analysis method. *International Journal of Turbo and Jet Engines*. 4(3–4), 285–296.

Flack, R. D.(1990). Analysis and matching of gas turbine components. *International Journal of Turbo and Jet Engines*. 7, 217–226.

Flack, R. D., and Thompson, H. D.(1975). Comparison of pressure and LDV velocity measurements with predictions in transonic flow. *AIAA Journal*. 13(1), 53–59.

Flack, R. D.(2004). "Component Matching Analysis for a Twin Spool Turbofan," 10th International Symposium onTransport Phenomena and Dynamics of Rotating Machinery(ISROMAC-10), March 7-11, Honolulu, Hawaii, Paper No. ISROMAC10-2004-067.

Flack, R.(2002). Component matching analysis for a power generation gas turbine – Classroom applications. ASME TURBO EXPO 2002, June 3–6, 2002, Amsterdam, The Netherlands. *ASME Paper No. GT-2002-30155*.

Fox, R.W., and Kline, S. J.(1962). Flowregime data and design methods for curved subsonic diffusers. *Transactions ASME, Journal of Basic Engineering*. 84, 303–312.

Glassman, A. J.(1972a, 1973, and 1975). *Turbine Design and Application,*Vols. 1, 2, and 3. NASA SP-290.

Glassman, A. J.(1972b). *Computer Program for Preliminary Design Analysis of Axial Flow Turbines*. NASA SP-6702.

Hah, C.(1997). *Turbomachinery Fluid Dynamics and Heat Transfer*. Marcel-Dekker, New York, NY.

Haines, A. B., MacDougall, A. R. C., and Monaghan, R. J.(1946). Charts for the Determination of the Performance of a Propeller under Static, Take-off, Climbing, and Cruising Conditions. *Aeronautical Research Council.*R&M No. 2086.

Han, J. C., Dutta, S., and Ekkad, S. (2000). *Gas Turbine Heat Transfer and Cooling*. Taylor and Francis, New York, NY.

Hawthorne, W. R. (1964). *Aerodynamics of Turbines and Compressors*. Princeton, Princeton, NJ.

Heppenheimer, T. A. (1993). The Jet Engine. *Invention and Technology*. 9 (2), 44–57.

Hesse, W. J., and Mumford, N. V. J. (1964). *Jet Propulsion for Aerospace Applications*. Pitman Publishing, New York, NY.

Hill, P. G., and Peterson, C. R. (1992). *Mechanics and Thermodynamics of Propulsion*, 2d ed. Addison Wesley, Reading, MA.

Horlock, J. H. (1958). *Axial Flow Compressors*. Krieger, Malabar, FL.

Horlock, J. H. (1966). *Axial Flow Turbines*. Krieger, Malabar, FL.

Howarth, L. (ed.) (1953). *Modern Developments in Fluid Dynamics, High Speed Flow*. Oxford, Oxford, UK.

Howell, A. R. (1942). The present basis of axial compressor design: Part I – Cascade theory and performance. *Aeronautical Research Council*. R&M No. 2095.

Howell, A. R. (1945a). Fluid dynamics of axial compressors. *Proceedings of the Institution of Mechanical Engineers*. 153 (12), 441–452.

Howell, A. R. (1945b). Design of axial compressors. *Proceedings of the Institution of Mechanical Engineers*. 153 (12), 452–462.

International Gas Turbine Exposition. *ASME Paper No. 82-GT-3*.

Japikse, D., and Baines, N. C. (1994). *Introduction to Turbomachinery*. Concepts ETI & Oxford, Norwich, VT.

Johnsen, I. A., and Bullock, R. O. (1965). *Aerodynamics Design of Axial-Flow Compressors*, Revised. NASA SP-36.

Karassik, I. J., Krutzsch, W. C., Fraser, W. H., Messina, J. P. (1976). *Pump Handbook*. McGraw-Hill, New York, NY.

Keenan, J. H. (1970). *Thermodynamics*. Wiley, New York, NY.

Keenan, J. H., Chao, J., and Kaye, J. (1983). *Gas Tables*, 2d ed. Wiley, New York, NY.

Kercher, D. M. (2000). Turbine airfoil leading edge film cooling bibliography: 1972–1998. *International Journal of Rotating Machinery*. 6 (5), 313–319.

Kercher, D. M. (1998). A filmcooling CFD bilbiography: 1971–1996. *International Journal of Rotating Machinery*. 4 (1), 61–72.

Kerrebrock, J. L. (1992). *Aircraft Engines and Gas Turbines*, 2d ed. MIT Press, Cambridge, MA.

Kurzke, J. (1995). Advanced user-friendly gas turbine performance calculations on a personal computer. ASME TURBOEXPO 1995, June 5–8, Houston, TX. *ASME Paper No. 95-GT-147*.

Kurzke, J. (1996). How to get component maps for aircraft gas turbine performance calculations. ASME TURBOEXPO 1996, June 10–13, Birmingham, UK. *ASME Paper No. 96-GT-164*.

Kurzke, J. (1998). Gas turbine cycle design methodology: A comparison of parameter variation with numerical optimization. ASME TURBOEXPO 1998, June 2–5, Stockholm, Sweden. *ASME Paper No. 98-GT-343*.

Lefebvre, A. H. (1983). *Gas Turbine Combustion*. Hemisphere Publishing, New York, NY.

LeJambre, C. R., Zacharias, R. M., Biederman, B. P., Gleixner, A. J., and Yetka, C. J. (1998). Development and application of a multistage Navier–Stokes solver: Part II – Application to a high-pressure compressor design. *ASME Transactions, Journal of Turbomachinery*. 120 (2), 215–223.

Liepmann, H. W., and Roshko, A. (1957). *Elements of Gas Dynamics*. Wiley, New York, NY.

Lloyd, P. (1945). Combustion in the gas turbine. *Proceedings of the Institution of Mechanical Engineers.* 153 (12), 462–472.

Logan, E. (1993). *Turbomachinery – Basic Theory and Applications*, 2d ed. Marcel Dekker, New York, NY.

Maccoll, J. W. (1937). The conical shock wave formed by a cone moving at high speed. *Proceedings of the Royal Society of London*, Series A. 159, 459–472.

Malecki, R. E., Rhie, C. M., McKinney, R. G., Ouyang, H., Syed, S. A., Colket, M. B., and Madabhushi, R. K.

Mattingly, J. D. (1996). *Elements of Gas Turbine Propulsion.* McGraw-Hill, New York, NY.

Mattingly, J. D., Heiser, W. H., and Daley, D. H. (1987). *Aircraft Engine Design.* AIAA Education Series, Reston, VA.

Meher-Homji, C. B. (1996). The development of the Junkers Jumo 004B – The world's first production turbojet. ASME TURBO EXPO 1996, June 10–13, Birmingham, UK. *ASME Paper No. 96-GT-457.*

Meher-Homji, C. B. (1997a). The development of the Whittle turbojet. ASME TURBO EXPO 1997, Orlando, Florida. *ASME Paper No. 97-GT-528.*

Meher-Homji, C. B. (1997b). Anselm Franz and the Jumo 004. *Mechanical Engineering.* 119 (9), 88–91.

Meher-Homji, C. B. (1999). Pioneering turbojet developments of Dr. Hans von Ohain – From the HeS 1 to the HeS 011. ASME TURBO EXPO 1999, June 7–10, Indianapolis, IN. *ASME Paper No. 99-GT-228.*

Merzkirch, W. (1974). *Flow Visualization.* Academic Press, New York, NY.

Miner, S. M., Beaudoin, R. J., and Flack, R. D. (1989). Laser velocimeter measurements in a centrifugal flow pump. *ASME Transactions, Journal of Turbomachinery.* 111 (3), 205–212.

Mirza-Baig, F. S., and Saravanamuttoo, H. I. H. (1991). Off-design performance prediction of turbofans using gasdynamics. 36th ASME International Gas Turbine Exposition, 1991, June 3–6, Orlando, FL. *ASME Paper No. 91-GT-389.*

Moody, L. F. (1944). Friction factors for pipe flow. *Transactions of the ASME.* 66 (8), 671–684.

Oates, G. C. (1997). *Aerothermodynamics of Gas Turbine and Rocket Propulsion*, 3d ed. AIAA Education Series, Reston, VA.

Oates, G. C. (ed.) (1985). Aerothermodynamics of Aircraft Engine Components. AIAA Education Series, Reston, VA.

Oates, G. C. (ed.) (1989). Aircraft Propulsion Systems Technology and Design. AIAA Education Series, Reston, VA.

Olson, W. T., Childs, J. H., and Jonash, E. R. (1955). The combustion-efficiency problem of the turbojet at high altitude. Transactions of the ASME. 77, 605–615.

Osborn, W. C. (1977). Fans, 2d ed. Pergamon Press, Oxford, UK.

Peters, J. E. (1988). Current gas turbine combustion and fuels research and development. AIAA Journal of Propulsion. 4 (3), 193–206.

Pfleiderer, C. (1961). *Pumps.* Springer-Verlag, Berlin.

Pratt&Whitney. (1988). *The Aircraft Gas Turbine Engine and Its Operation*, Revised ed.P&WOperations Manual 200, E. Hartford, CT.

Reed, J. A., and Afjeh, A. A. (2000). Computational simulation of gas turbines: Part 1–Foundations of componentbased models and part 2–Extensible domain framework. *ASME Transactions, Journal of Engineering for Gas Turbines and Power.* 122 (3), 366–386.

Reynolds, W. C. (1986). STANJAN: The Element Potential Method for Chemical Equilibrium Analysis.

Thermosciences Division, Department of Mechanical Engineering, Stanford University, Palo Alto, CA.

Rhie, C. M., Gleixner, A. J., Spear,D. A., Fischberg, C. J., and Zacharias, R.M. (1998).Development and application of a multistage Navier–Stokes solver: Part I – Multistage modeling using bodyforces and deterministic stresses. *ASME Transactions, Journal of Turbomachinery.* 120(2), 205–214.

Rolls-Royce. (1996). *The Jet Engine*, 5th ed. Rolls-Royce Technical Publication Department, Derby, UK.

Saito, Y., Sugiyama, N., Endoh, M., and Matsuda, Y.(1993). Conceptual study of separated core ultrahigh bypass engine. *Journal of Propulsion and Power.* 9(6), 867–873.

Shapiro, A. H.(1953). *The Dynamics and Thermodynamics of Compressible Fluid Flow*, Volumes 1 and 2. Ronald, New York, NY.

Shepherd, D. G.(1956). *Principles of Turbomachinery.* Macmillan, New York, NY.

Shih, T. I. P., and Sultanian, B. K.(2001). Computations of internal and film cooling," Chapter 5, 175–225, in *Heat Transfer in Gas Turbines*, Sunden, B. and Faghari, M.(eds.). WIT Press, Southampton, UK.

St. Peter, J.(1999). *History of Aircraft Gas Turbine Engine Development in The United States: A Tradition of Excellence.* ASME International, New York, NY.

Stanitz, J.D.(1952). Some theoretical aerodynamic investigations of impellers in radial and mixed-flowcentrifugal impellers. *ASME Transactions.* 74, 473–497.

Stepanoff, A. J.(1957). *Centrifugal and Axial Flow Pumps.* Wiley, New York, NY.

Stodola, A.(1927). *Steam and Gas Turbines*, Vols. 1 and 2. McGraw-Hill, New York, NY(also Peter Smith Publisher, Gloucester, MA., 1945).

Theodorsen, T.(1948). *Theory of Propellers.* McGraw-Hill, New York, NY.

Traupel, W.(1958). *Thermische Turbomaschinen.* Springer-Verlag, Berlin.

Treager, I. E.(1979). *Aircraft Gas Turbine Engine Technology.* McGraw-Hill, New York, NY.

Turton, R. K.(1984). *Principles of Turbomachinery.* Spon, New York, NY.

U. S. Government Printing Office. (1976). *The U.S. Standard Atmosphere.* Washington, D. C.

van den Hout, F., and Koullen, J.(1997). A tiny turbojet for model aircraft. *Mechanical Engineering.* 119(8), 66–69.

Vavra, M. H.(1974). *Aero-Thermodynamics and Flow in Turbomachines.* Krieger, New York, NY.

Wallis, R. A.(1983). *Axial Flow Fans and Ducts.* Wiley, New York, NY.

Wark, K., and Richards, D.(1999). *Thermodynamics.* McGraw-Hill, New York, NY.

Whittle, Sir F.(1981). *Gas Turbine Aero-thermodynamics.* Pergamon Press, Oxford, UK.

Wiesner, F. J.(1967).Areviewof slip factors for centrifugal impellers. *ASME Transactions, Journal of Engineering for Power.* 89, 558–572.

Wilson, D. G.(1982). Turbomachinery – From paddle wheels to turbojets. *Mechanical Engineering.* 104(10), 28–40.

Wilson, D. G.(1984). *The Design of High Efficiency Turbomachinery and Gas Turbines.* MIT Press, Cambridge, MA.

Zucrow, M. J., and Hoffman, J. D.(1976). *Gas Dynamics*, Vols. 1 and 2. Wiley, New York, NY.

有用的期刊

Aviation Week & Space Technology ——《航空周刊和空间技术》

Flight International ——《国际航空》

有用的网址

www.cfm56.com/

www.enginealliance.com/

www.geae.com/

www.gepower.com/dhtml/aeroenergy/en us/

www.pratt-whitney.com/

www.pwc.ca

www.rolls-royce.com/

www.snecma-moteurs.com/

www.V2500.com/

www.jet-engine.net

出版社在本书出版过程中已确保过本书中外部网址 URL 的准确性和可用性。但是，出版社不对网站的访问性负责，并不保证访问时当前内容的存在。

索　引

||||||||||||||||||||||||||||